Studienbücher Chemie

Herausgegeben von
C. Elschenbroich, Marburg, Deutschland
F. Hensel, Marburg, Deutschland
H. Hopf, Braunschweig, Deutschland

Die Studienbücher der Reihe Chemie sollen in Form einzelner Bausteine grundlegende und weiterführende Themen aus allen Gebieten der Chemie umfassen. Sie streben nicht die Breite eines Lehrbuchs oder einer umfangreichen Monographie an, sondern sollen den Studierenden der Chemie – aber auch den bereits im Berufsleben stehenden Chemiker – kompetent in aktuelle und sich in rascher Entwicklung befindende Gebiete der Chemie einführen. Die Bücher sind zum Gebrauch neben der Vorlesung, aber auch anstelle von Vorlesungen geeignet. Es wird angestrebt, im Laufe der Zeit alle Bereiche der Chemie in derartigen Lehrbüchern vorzustellen. Die Reihe richtet sich auch an Studierende anderer Naturwissenschaften, die an einer exemplarischen Darstellung der Chemie interessiert sind.

Herausgegeben von

Prof. Dr. rer. nat. Christoph Elschenbroich,
Marburg

Prof. Dr. phil. Henning Hopf,
Braunschweig

Prof. Dr. rer. nat. Dr. h.c. Friedrich Hensel,
Marburg

Lothar Beyer · Jorge Angulo Cornejo

Koordinationschemie

Grundlagen – Synthesen – Anwendungen

STUDIUM

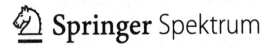 **Springer** Spektrum

Lothar Beyer
Universität Leipzig
Deutschland

Jorge Angulo Cornejo
Universidad Nacional Mayor de San Marcos
Lima, Peru

ISBN 978-3-8348-1800-3
DOI 10.1007/978-3-8348-8343-8

ISBN 978-3-8348-8343-8 (eBook)

Die Deutsche Nationalbibliothek verzeichnet diese Publikation in der Deutschen Nationalbibliografie; detaillierte bibliografische Daten sind im Internet über http://dnb.d-nb.de abrufbar.

Springer Spektrum

Lektorat: Ulrich Sandten, Kerstin Hoffmann
Einbandentwurf: KünkelLopka GmbH, Heidelberg

Gedruckt auf säurefreiem und chlorfrei gebleichtem Papier

Springer Spektrum ist eine Marke von Springer DE. Springer DE ist Teil der Fachverlagsgruppe Springer Science+Business Media.
www.springer-spektrum.de

Vorwort

Die Chemie der Koordinationsverbindungen ist Bestandteil 25 der Anorganischen Chemie. Traditionell nimmt sie eine integrierende Stellung innerhalb der klassischen Gebiete Anorganische Chemie, chemische Analytik, Organische Chemie und Physikalische Chemie ein. Aus der Konzentrationsanalytik zur Bestimmung von Metallgehalten hervorgegangen und ihr immanent, ist sie mit der Organischen Chemie durch die Vielzahl von Komplexliganden eng verbunden, und die Physikalische Chemie leistet essentielle Beiträge zur chemischen Bindung, zu Struktur und zum Reaktionsverhalten von Metallkomplexen. Aktuellen Tendenzen und den vielseitigen Anwendungen von Koordinationsverbindungen folgend, ergeben sich nützliche und gegenseitig befruchtende Wechselbeziehungen zu weiteren Teildisziplinen der Chemie, so besonders zur Technischen Chemie (homogene und heterogene Katalyse industrieller Prozesse, Hydrometallurgie, Nanotechnologie u.a.), Biochemie (Modellierung von Biomolekülen u.a.) und übergreifend zu weiteren Wissenschaftsgebieten wie der Medizin und Pharmazie (Diagnostik und Therapie mit Metallkomplexen), Materialwissenschaften (neue Funktionsmaterialien wie molekulare Schalter u.a.) und Umweltwissenschaften (Energiegewinnung, Abfallstoffe u.a.).

Angesichts dieses weitreichenden Umfeldes beschreiben die Autoren dieses Hochschullehrbuchs im ersten Kapitel leicht verständlich die Grundlagen der faszinierenden Welt der Chemie der Koordinationsverbindungen und vertiefen diese im zweiten Kapitel durch eine Praktikumsanleitung zur unkomplizierten Synthese von Komplexverbindungen ohne Inanspruchnahme der Inertgastechnik. Das dritte Kapitel zeigt die Anwendungsbreite der Koordinationsverbindungen an konkreten Beispielen auf. Dabei sind besonders neue und neueste Entwicklungsrichtungen der Koordinationschemie eingearbeitet. In diesem Kontext richtet sich der Inhalt der ersten beiden Abschnitte vorzugsweise an die Bachelorstudenten der Chemie und anderer Naturwissenschaften sowie an weitere Interessierte, der dritte Abschnitt zugleich und besonders an Studenten höherer Semester und Doktoranden.

In dieser Konzeption, Darstellungsweise und dem Anwendungsbezug des in *deutscher Sprache* abgefassten Buches für Studenten im deutschsprachigen Raum, der Heimat von Alfred Werner, dem Begründer der Koordinationschemie, kann es nach Meinung der Autoren eine Ergänzung zu Hochschullehrbüchern der Koordinationschemie sein. Auf solche Lehrbücher sowie auf einige Monografien und inhaltlich verwandte zur Organometallchemie, Bioanorganischen Chemie und ältere, in Bibliotheken befindliche, sei ausdrücklich hingewiesen ([A1] bis [A37]). Praktikumsbücher zur Koordinationschemie werden im Literaturverzeichnis zum Kapitel Synthesepraktikum aufgeführt ([B1] bis [B14]). Spezielle und weiterführende Literatur ist bei jedem Präparat angegeben. Damit wird zugleich aufgezeigt, dass selbst klassische und einfach herzustellende Koordinationsverbindungen von aktuellem wissenschaftlichen Interesse sind. Das Kapitel Anwendung enthält zahlreiche Originaltitel neueren Datums. Die Literaturverweise sind durch fortlaufende Zahlen in eckigen Klammern gekennzeichnet. Sie werden ab Seite 353 mit dem jeweils vollständigen Titel aufgeführt und sind thematisch geordnet. Die Abbildungen enthalten in den darunter angeführten Legenden die genauen Literaturangaben zu ihrer inhaltlich, originalen Herkunft.

Dieses Studienbuch basiert auf einer 2010 im Universitätsverlag Lima/Peru erschienenen Schrift der Autoren Lothar Beyer und Jorge Angulo Cornejo in spanischer Sprache, betitelt „Química de Coordinación", das von einem der Autoren (L. B.) in der von ihm besorgten deutschsprachigen Fassung umfassend überarbeitet und ergänzt wurde und neueren Entwicklungen Rechnung trägt.

Der Dank gilt den Herausgebern der „Teubner Studienbücher Chemie", den Professoren Christoph Elschenbroich, Friedrich Hensel, Henning Hopf und dem Verlag Vieweg + Teubner, Herrn Ulrich Sandten und Frau Kerstin Hoffmann (Wiesbaden) für die Aufnahme dieses Titels in die Reihe Studienbücherei und die stete, konstruktive Unterstützung. Für hilfreiche Diskussionen und Hinweise danken wir den Herren Prof. Dr. Vicente Fernandez Herrero (Universidad Autónoma de Madrid/ Spanien), Prof. Dr. Roland Benedix (Hochschule für Technik, Wirtschaft und Kultur Leipzig), Prof. Dr. Dr. h. c. Rudi van Eldik (Universität Erlangen-Nürnberg), Priv.-Doz. Dr. Roland Meier (Universität Erlangen-Nürnberg), Dr. Frank Dietze, Dr. Karl-Heinz Lubert und Prof. Dr. Joachim Sieler (Universität Leipzig). Für gestalterische Unterstützung gilt der Dank Herrn Fernando Barrientos, Lima.

Der ganz besondere Dank gilt Frau Gerhild Wiedemann, Wilhelm-Ostwald-Institut der Universität Leipzig, die die Anfertigung der zahlreichen Abbildungen, verbunden mit einem immensen Arbeitsaufwand, übernommen und kompetent ausgeführt hat. Ohne ihre bereitwillige, hilfreiche Unterstützung hätte das Buch zum jetzigen Zeitpunkt nicht abgeschlossen werden können.

Lothar Beyer   Jorge R. Angulo Cornejo
Universität Leipzig   Universidad Nacional Mayor de San Marcos Lima
Leipzig/BR Deutschland   Lima/Peru

Leipzig und Lima, April 2012

Inhaltsverzeichnis

1 Grundlagen 1
  1.1 Historisches 1
  1.2 Definitionen und Nomenklatur 9
     1.2.1 Definitionen 10
     1.2.2 Nomenklatur 15
  1.3 Isomerie 21
     1.3.1 Strukturisomerie (Konstitutionsisomerie) 22
     1.3.2 Stereoisomerie 24
  1.4 Chemische Bindung in Metallkomplexen 30
     1.4.1 Das elektrostatische Bindungmodell 31
     1.4.2 Die Valenzbindungstheorie 35
     1.4.3 Die Ligandenfeld-Theorie 43
     1.4.4 Molekülorbital-Theorie (MO-Theorie) 63
  1.5 Stabilität von Metallkomplexen 66
     1.5.1 Thermodynamische und kinetische Aspekte 66
     1.5.2 Gesetzmäßigkeiten für die thermodynamische
          Komplexstabilität 71
     1.5.3 Bestimmung der Komplexstabilitätskonstanten 83
  1.6 Reaktionsmechanismen und Reaktivität 89
     1.6.1 Substitutionsreaktionen 89
     1.6.2 Umwandlungen von Metallkomplexen durch
          intramolekulare Rotation 98
     1.6.3 Elektronenübertragung zwischen Metallkomplexen 98
     1.6.4 Reaktionen koordinierter Liganden 105

2 Synthesepraktikum 117
  2.1 Methodik 119
     2.1.1 Planung und Ausführung von Synthesen 119
     2.1.2 Gesundheitsschutz und Arbeitsschutz 120
     2.1.3 Trocknung von Lösungsmitteln 122
     2.1.4 Anaerobe Synthesetechnik (Schlenk-Technik) 125

2.2   Synthesen von Koordinationsverbindungen 129
        2.2.1   Addition der Komponenten 129
        2.2.2   Synthesen von Mehrkernkomplexen durch Eliminierung
                von Komponenten 149
        2.2.3   Synthesen mittels Redox-Reaktionen 152
        2.2.4   Synthesen durch Ligandensubstitution 173
        2.2.5   Synthesen mittels Reaktionen koordinierter Liganden 187
        2.2.6   Synthesen mittels Template-Reaktionen 190
        2.2.7   Isolierung von Metallkomplexen aus Naturstoffen 194

3   Anwendung 195
    3.1   Metallkomplexe in der Humanmedizin 195
            3.1.1   Therapeutische Metallkomplexe 198
            3.1.2   Metallkomplexe für die Diagnostik 214
    3.2   Metallkomplexe in Biosystemen und artifizielle Modellansätze 223
            3.2.1   Fixierung und Umwandlung von Stickstoff
                    durch Metallkomplexe 224
            3.2.2   Fixierung und Umwandlung von Sauerstoff durch
                    Metallkomplexe 233
            3.2.3   Fixierung und Umwandlung von Kohlendioxid durch
                    Metallkomplexe 244
    3.3   Metallkomplexe für Zukunftstechnologien 254
            3.3.1   Metallkomplexe als molekulare Schalter 254
            3.3.2   Precursor für die Erzeugung von
                    anorganischen Dünnschichten 265
    3.4   Metallkomplexe und Liganden in der Hydrometallurgie 300
            3.4.1   Entwicklung und Perspektiven der Hydrometallurgie 300
            3.4.2   Flüssig-Flüssig-Extraktion von Metallen 302
            3.4.3   Flotation von Erzen 322
    3.5   Katalytische Reaktionen mit Übergangsmetallkomplexen 328
            3.5.1   Homogenkatalyse 329
            3.5.2   Heterogenkatalyse 344

Literaturverzeichnis 353

Sachverzeichnis 367

Personenverzeichnis 369

Abbildungsnachweis

Abb. 1.1 Alfred Werner, Begründer der Koordinationschemie 4

Abb. 1.2 Oktaedrische Cobalt(III)-Komplexe. *I:* [CoCl(NH$_3$)$_5$]Cl$_2$,
II: [CoCl$_2$(NH$_3$)$_4$]Cl, *III:* [CoCl$_3$(NH$_3$)$_3$] 5

Abb. 1.3 *Trans-* und *cis*-isomere Cobalt(III)-Komplexe. *Praseo: trans*-[CoCl$_2$(NH$_3$)$_4$]$^+$,
Violeo: cis-[CoCl$_2$(NH$_3$)$_4$]$^+$ 5

Abb. 1.4 Elektrische Leitfähigkeit von oktaedrischen Cobalt(III)-Komplexen 6

Abb. 1.5 Optisch-aktive Isomere von [CoCl(NH$_3$)(en)$_2$]$^{2+}$ 7

Abb. 1.6 Syntheseschema von *cis*-[PtCl$_2$(NH$_3$)$_2$] und *trans*-[PtCl$_2$(NH$_3$)$_2$]
bei Nutzung des *trans*-Effektes 8

Abb. 1.7 Reflexionsspektren von [Al(ox)$_3$]$^{3-}$ und [Cr(ox)$_3$]$^{3-}$ 9

Abb. 1.8 Symbolik der Koordinationseinheit am Beispiel [Ni(H$_2$O)$_6$]$^{2+}$
und das oktaedrische Polyeder 11

Abb. 1.9 Symbolik der zentralen Metallkomplex-Gruppierung M...D–R 12

Abb. 1.10 Koordination eines zweizähnigen Chelatliganden D–R–D
am zentralen Metallatom M 13

Abb. 1.11 Drei Koordinationsformen des zweizähnigen Chelatliganden
Dithiooxalat, C$_2$O$_2$S$_2$$^{2-}$, an ein Metallatom 19

Abb. 1.12 Koordinationsform des Chelatliganden Tartrat(4-), O^2,O^3–C$_4$H$_2$O$_6$$^{4-}$,
an ein Metallatom über zwei Sauerstoffatome 20

Abb. 1.13 Strukturen der geometrischen Isomeren von quadratisch-planaren Platin(II)-
Komplexen. *Linksseitig: cis*-[Pt(Cl$_2$(NH$_3$)$_2$, *rechtsseitig: trans*-[Pt(Cl$_2$(NH$_3$)$_2$] 25

Abb. 1.14 Strukturen von geometrisch isomeren, oktaedrischen Cobalt(III)-Komplexen des
Typs Ma$_4$b$_2$. *cis*-[CoCl$_2$(NH$_3$)$_4$]$^+$ (*violeo*) und *trans*-[CoCl$_2$(NH$_3$)$_4$]$^+$ (*praseo*) 26

Abb. 1.15 Polyeder und Polygon (theoretisch) von Metallkomplexen mit der
Koordinationszahl 6. *Linksseitig:* Oktaeder, *Mitte:* trigonales Prisma,
rechtsseitig: reguläres Hexagon 26

Abb. 1.16 Diastereomere Formen von oktaedrischen Cobalt(III)-Komplexen vom Typ Ma$_3$b$_3$:
linksseitig: mer-[Ma$_3$b$_3$], *rechtsseitig:* fac-[Ma$_3$b$_3$] *mer*=meridional, *fac*=facial 27

Abb. 1.17 Zwei Strukturformen von Pentaphenylantimon, Sb(C$_6$H$_5$)$_5$. *Linksseitig:*
pyramidal-quadratisch, *rechtsseitig:* trigonal-bipyramidal 28

Abb. 1.18 Enantiomere von [Co{μ$_2$-(OH)$_2$Co(NH$_3$)$_4$}$_3$]$^{6+}$ 29

Abb. 1.19 Enantiomere von oktaedrischen Metallkomplexen 30

Abb. 1.20 Elektrostatisches, schematisches Modell für linear strukturierte anionische
Metallkomplexe des Typs [M^{I}L$_2$]$^-$ (M=Ag^I, Au^I, Cu^I, ...; L=Cl$^-$, Br$^-$, ...) 32

Abb. 1.21 Elektrostatisches, schematisches Modell für trigonal-planare anionische
Metallkomplexe des Typs [M^{I}L$_3$]$^{2-}$ 33

Abb. 1.22 Ausbildung eines Dipols im Iodid-Ion durch ein Metallion 35

Abb. 1.23 Lage der Liganden- und Zentralionen-Banden in UV/vis-Spektren von
Übergangsmetallkomplexen 44

Abb. 1.24 Schematische Übersicht zu Beiträgen der potentiellen Energie.
$E_{pot}(-)$=exotherm, Energie wird freigesetzt; $E_{pot}(+)$=endotherm,
es wird Energie benötigt. $\leftrightarrow$=Anziehung; $\rightarrow\leftarrow$=Abstoßung. 45

Abb. 1.25 Lage der fünf d-Orbitale (d_{x2-y2}, d_{z2}–d_{xy}, d_{xz}, d_{yz}) im kartesischen
Koordinatensystem 46

Abb. 1.26 Lage der fünf d-Orbitale im oktaedrischen Ligandenfeld.
Linksseitig: e_g-Orbitale, *Mitte:* t_{2g}-Orbitale, *rechtsseitig:* alle d-Orbitale 47

Abb. 1.27 Schema zur Energieaufspaltung der d-Orbitale im sphärischen und
oktaedrischen Ligandenfeld 47

Abb. 1.28 Lage der Absorptionsbanden im sichtbaren Spektralbereich von
Chromium(III)-Komplexen in Abhängigkeit von der Stärke der Liganden 51

Abb. 1.29 Vis-Absorptionsspektrum von Hexaquatitan(III), $[Ti(H_2O)_6]^{3+}$,
in wässeriger Lösung 53

Abb. 1.30 Verteilung der d-Elektronen (d^1 bis d^{10}) nach der 1. Hund'schen Regel 53

Abb. 1.31 $3d$-Elektronenverteilung und magnetisches Verhalten von anionischen
Eisen(III)-Komplexen im schwachen und starken Ligandenfeld.
Schwaches Feld: $[FeF_6]^{3-}$, *starkes Feld:* $[Fe(CN)_6]^{3-}$ 54

Abb. 1.32 Konfiguration der $3d$-Elektronen ($3d^1$ bis $3d^{10}$) im oktaedrischen Feld
von starken Liganden (Niederspin-Zustand) und schwachen Liganden
(Hochspin-Zustand) 56

Abb. 1.33 Lage der e_g-Orbitale ($d_{x2-y2;}$ d_{z2}) im Tetraeder 56

Abb. 1.34 Vergleich der Energielage der d-Orbitale im tetraedrischen Ligandenfeld
(*linksseitig*) und oktaedrischen Ligendenfeld (*rechtsseitig*) bei gleichem
Metallion und gleichem Liganden 57

Abb. 1.35 Energielage der d-Orbitale im quadratisch-planaren Ligandenfeld 58

Abb. 1.36 Effektive Ionenradien von Metallen der $3d$-Elemente in den
Oxidationszuständen M^{II} (Kurve oben) und M^{III} (Kurve unten) in Abhängigkeit
vom Hochspin- und Niederspin-Zustand (*Hochspin:* o, *Niederspin:* x) 61

Abb. 1.37 Aufspaltung der e_g-Orbitale im tetragonal verzerrten Oktaeder bei vollständig
besetzten t_{2g}-Orbitalen 63

Abb. 1.38 Molekülorbitaldiagramm eines oktaedrischen Metallkomplexes ML_6 ohne
Berücksichtigung von π-Orbitalen mit der Besetzung der 6 lone-pair-
Elektronenpaare der 6 Liganden an den Oktaederspitzen in den
Molekülorbitalen a_{1g}, t_{1u}, e_g 64

Abb. 1.39 Modellvorstellung zur möglichen Bildung eines a_{1g}-Molekülorbitals
aus einem zentrischen a_{1g}-Metallorbital durch Überlappung mit
sechs a_{1g}-Ligandorbitalen 65

Abb. 1.40 Situation zur Bildung von e_g-Molekülorbitalen durch Überlappung
von $3d_{x2-y2}$-Metallorbitalen mit e_g-Ligandorbitalen (*linksseitig*) und der
Situation zur Bildung des nichtbindenden Molekülorbitalsets t_{2g} aus einer
symmetrieverbotenen Überlappung von Metallorbitalen d_{xy}, mit
Ligandgruppenorbitalen 66

Abb. 1.41 Freie Energie ΔG als Funktion der Reaktionskoordinate 67

Abb. 1.42 Bruttostabilitätskonstanten ($lg\beta_2$) von oktaedrischen
$3d$-Übergangsmetallkomplexen mit den Liganden Ethylendiamin
$[M^{II}(en)_2]^{2+}$ und Oxalat $[M^{II}(ox)_2]^{2-}$ 72

Abb. 1.43 Hydratationsenthalpie ΔH versus M^{II} in Metallkomplexen. Stabilität
von Hexaquametallkomplexen $[M(H_2O)_6]^{2+}$ 73

Abb. 1.44 Bruttostabilitätskonstanten ($lgß_2$) versus Säuredissoziationskonstanten
(pK$_S$) von Nickel(II)-und Kupfer(II)-Komplexen unterschiedlich
substituierter ß-Diketon-Liganden 76

Abb. 1.45 Reaktionsschema des Hexaquacadmium(II)-Komplexes, $[Cd(H_2O)_6]^{2+}$
mit Methylamin, $H_2N–CH_3$ 77

Abb. 1.46 Reaktionsschema des Hexaquacadmium(II)-Komplexes, $[Cd(H_2O)_6]^{2+}$
mit zwei Molekülen Ethylendiamin, en 78

Abb. 1.47 Reaktionsschema des Hexaquacadmium(II)-Komplexes, $[Cd(H_2O)_6]^{2+}$
mit zwei Molekülen Ethylendiamin, en, in detaillierter Form 79

Abb. 1.48 Strukturen und Bruttostabilitätskonstanten ($lgß_2$) der Kupfer(II)-Komplexe
von 1,2-Ethandiamin (en): $[Cu(en)_2]_2^{2+}$ (Chelat-Fünfringe) und
1,3-Propandiamin (pren): $[Cu(pren)_2]^{2+}$ (Chelat-Sechsringe) 80

Abb. 1.49 Quadratisch-planare Metallkomplexe (M = Cu^{II}; Ni^{II}) mit den Liganden.
a Ammoniak (NH$_3$); **b** Ethylendiamin (en); **c** Triethylentetramin (tren);
d Tetraethylentetramin (tetren) 81

Abb. 1.50 Strukturen makrozyklischer Metallkomplexe: **a** Häm; **b** Jäger-Komplexe
(M = Ni^{II}; Cu^{II}); **c** Cu-Phthalocyanin 82

Abb. 1.51 Makrozyklische Kaliumkomplexe eines **a** Kronenethers;
b zyklischen Polyamids 83

Abb. 1.52 Bildungskurve (n̄ versus p$_L$) 85

Abb. 1.53 Grafische Ermittlung der Komplexstöchiometrie n/m im Metallkomplex
M$_m$L$_n$ mit Hilfe der spektralfotometrischen Methode nach JOB (Methode der
kontinuierlichen Variation). Ordinate: Extinktion; Abszisse:
Volumenanteile x/1 – x bei gleicher Ligand- bzw. Metall-Konzentration 90

Abb. 1.54 Ligandensubstitution nach dem assoziativen Mechanismus A 92

Abb. 1.55 Grinberg-Modell 93

Abb. 1.56 Ligandensubstitution in *cis*- bzw. *trans*-[PtCl$_2$(NH$_3$)$_2$] mit Thioharnstoff
(tu) nach der Kurnakov-Probe 94

Abb. 1.57 Die Wirkung des *trans*-Effektes in Substitutionsreaktionen von [PtCl$_4$]$^{2-}$
bei unterschiedlicher Abfolge der eintretenden Substituenten NH$_3$, Br$^-$
und Pyridin (py), bzw. von eintretendem Cl$^-$ in [Pt(NH$_3$)$_4$]$^{2+}$ 94

Abb. 1.58 Ligandensubstitution nach dem dissoziativen Mechanismus D 95

Abb. 1.59 Bindungsisomerisierung des rotfarbigen [Co(ONO)(NH$_3$)$_5$]Cl$_2$ in das gelbfarbige
[Co(NO$_2$)(NH$_3$)$_5$]Cl$_2$ nach dem assoziativen Austauschmechanismus I$_a$ 97

Abb. 1.60 *Cis–trans*-Isomerisierung von [PtCl$_2${P(CH$_3$)$_3$}$_2$] durch konsekutive
Ligandensubstitution 98

Abb. 1.61 Elektronenübertragung zwischen zwei Metallkomplexen nach dem
Außensphären-Mechanismus 100

Abb. 1.62 Franck-Condon- Barriere 101

Abb. 1.63 Elektronenübertragung zwischen zwei Metallkomplexen über einen
Brückenliganden nach dem Innensphären-Mechanismus 102

Abb. 1.64 Profil der freien Energie in Abhängigkeit von der Reaktionskoordinate 103

Abb. 1.65 Reaktion des Vasca-Komplexes mit Wasserstoff mittels oxidativer Addition 105

Abb. 1.66 Die Aquation von [Co(CO$_3$)(NH$_3$)$_5$]$^+$ im sauren Milieu zu [Co(NH$_3$)$_5$(H$_2$O)]$^{3+}$
unter Freisetzung von Kohlendioxid als Ergebnis einer Reaktion des
koordinierten Carbonato-Liganden mit H$_3$O$^+$ 107

Abb. 1.67 Reaktion des koordinierten Liganden RC≡N mit dem Hydroxid-Ion OH$^-$ im
oktaedrischen Komplex [Co(NH$_3$)$_5$NCR]$^{3+}$ unter Bildung eines koordinierten
Amido-Liganden 107

Abb. 1.68 Hydrolyse von koordiniertem Ethylglycinat in einem Kupfer(II)-Komplex
unter Bildung des entsprechenden Kupfer(II)-glycinato-Komplexes 109

Abb. 1.69 Unterschiedliche Reaktionswege und Produkte bei der Umsetzung des „freien"
bzw. an Nickel(II) koordinierten N,N-Diethyl-N'-benzoylthioharnstoffs mit
Benzoylchlorid, C_6H_5COCl, bzw. Thionylchlorid, $SOCl_2$ 110

Abb. 1.70 Strukturbilder eines ringoffenen und eines ringgeschlossenen Tetraamins 112

Abb. 1.71 Beispiele für Template-Reaktionen; **a** Die Synthese des Nickel(II)-Komplexes
$[Ni^{II}(tetr_{zykl})]^{2+}$ (Tab. 1.25); **b** Die Reaktion von $[Ni^{II}(en)_2]^{2+}$ mit Aceton $(CH_3)_2CO$
[A64]; **c** Die Synthese eines Ferrocenderivates, dem $[\{6.17$-Diferrocenyl-dibenzo-
[b.i.]5,9,14,18-tetraaza[14]annulen\}-nickel(II)] [A65]; **d** Die Synthese eines
Porphyrins aus Pyrrol und Benzaldehyd mit Zink(II); **e** Die Synthese von
Phthalocyanin-Kupfer (II) aus 1,2-Dicyanobenzen und Kupfer (II) 113

Abb. 1.72 Schematische Darstellung der Kavität eines zyklischen Liganden 114

Abb. 1.73 Unterschiedlicher Einfluss von Nickel(II) und Silber(I) auf die Zyklisierung
zweier gleicher Liganden 114

Abb. 1.74 Bildung unterschiedlich strukturierter [18]-Krone-6-Komplexe mit Kalium-
bzw. Cäsium-Ionen 114

Abb. 1.75 Strukturbilder eines **a** [2]-Catenans und eines, **b** [5]-Catenans 115

Abb. 1.76 **a** Allgemeiner Syntheseweg für die Darstellung von Catenanen; b) Beispiel
der Synthese eines [2]-Catenans über einen Kupfer-Komplex 115

Abb. 1.77 Synthesewege für die Darstellung von Catenanen 116

Abb. 2.1 Apparatur zur Trocknung von Lösungsmitteln nach der Ketyl-Methode 125

Abb. 2.2 Gasreinigungsapparatur **a** Hg-Überdruckventil mit Glasfritte (gegen Verspritzen
von Hg) **b** H_2SO_4-Waschflasche mit Glasfritte **c** KOH-Turm **d** beheizbarer
Kontaktturm mit Glasmantel **e** Thermometerstutzen **f** P_4O_{10}-Rohr **g** Puffer-
und Reservegerät **h** Hg-Manometer 126

Abb. 2.3 Einzelteile für den Aufbau einer Apparatur zu Synthesen unter anaeroben
Reaktionsbedingungen (Schlenk-Technik); **a** Hahnleiste, **b** Präparaterohr,
c „Schwan", **d** Schnitt durch die Hahnleiste: Hahnstellung für Argon, **e** Schnitt
durch die Hahnleiste: Hahnstellung für Vakuum, **f)** Kleine Destillationsbrücken,
g Krümmer, **h** Tropftrichter mit Hahnansatz, **i** Glasfritte, **k** Gasableitungsrohr
mit Hahn, **l** Destilliervorstoß für zwei Fraktionen, **m** Schlenk-Gefäß, **n** Kappe,
o Stockbürette, **p** Gasverteilungsrohr mit Hahn, **q** U-Stück, **r** Schlenk-Kreuz,
s Destillationsbrücke 127

Abb. 3.1 Cancerostatisch wirksame Platin(II)-Komplexe 199

Abb. 3.2 Schema der Hydrolyse-Reaktionen von cis-$[PtCl_2(NH_3)_2]$ mit den bei
variierten pH-Werten auftretenden Komplexspezies, darunter monomere,
dimere und trimere OH-verbrückte Spezies 200

Abb. 3.3 Die Purinbasen Adenin, Guanin, Cytosin, Uracil und Thymin sowie
Ribosetriphosphat (R) als Strukturbausteine der DNA. Die Pfeile zeigen
die Koordinationsstellen von Platin(II) bei der Komplexbildung mit DNA an 201

Abb. 3.4 Schema des Reaktionsmechanismus von cis-$[PtCl_2(NH_3)_2]$ mit DNA 202

Abb. 3.5 Watson–Crick-Basenpaar von Cytosin und Guanin. *Rechtsseitig*: Vereinfachte
Modellvorstellung des Watson–Crick-Basenpaares 203

Abb. 3.6 Schematische Darstellung der Anordnung von Watson–Crick-Paaren zwischen
zwei helicalen DNA-Strängen (*linksseitig*). Schematische Darstellung bei der
Störung der beiden DNA-Stränge bei Koordination von cis-$[PtCl_2(NH_3)_2]$
(*rechtsseitig*) 203

Abb. 3.7 Oktaedrische Platin(IV)-Komplexe mit cancerostatischer Wirkung 204

Abb. 3.8 Bindungswinkel < ClMCl [°] (M = Mo, V, Nb, Ti, Hf, Zr) und Atomabstände Cl...Cl [Å] in Metallocendichloriden, Cp_2MCl_2, im Vergleich mit dem Bindungswinkel <ClPtCl [°] und dem Atomabstand Cl...Cl [Å] in cis-$[PtCl_2(NH_3)_2]$ 205

Abb. 3.9 Cancerostatisch wirksame Komplexe von Titan, Gold, Ruthenium, Iridium und Rhodium 205

Abb. 3.10 Antiarthritisch wirksame Komplexe von Gold 207

Abb. 3.11 Strukturbild des komplexen Polykations $[Bi_6O_4(OH)_4]^{6+}$ 208

Abb. 3.12 Dimeres Bismutcitrat-Ion $[Bi_2(cit)_2]^{2-}$ in $Na_2[Bi_2(citr)_2] \cdot 7H_2O$ 209

Abb. 3.13 Antibakteriell wirksames Silber(I)-Sulfadiazin (*linksseitig*: Silber(I)-Komplex; *rechtsseitig*: Ligand) 211

Abb. 3.14 Metallkomplexe von Zinn und Lutetium für die fotodynamische Therapie bei Hauterkrankungen 211

Abb. 3.15 Modell für die Koordination von Eisen(III) mit Desferrioxamin 213

Abb. 3.16 Struktur von Desferrioxamin; **b** Schematische Abbildung der oktaedrischen Koordination von Eisen(III) mit Desferrioxamin 213

Abb. 3.17 **a** Schematische Darstellung der Leber-Diagnose am Menschen mit extern erzeugter Röntgenstrahlung und Erhalt eines Bild-Negativs; **b** Schematische Darstellung der Leber-Diagnose am Menschen mit Hilfe von Komplexen des Technetium-99m und Erhalt eines Bild-Positivs durch Detektion von intern erzeugter γ-Strahlung 215

Abb. 3.18 **a** Zerfall der radioaktiven Isotope ^{99}Mo und ^{99m}Tc/^{99}Tc zu ^{99}Ru mit jeweiligen Halbwertszeiten, emittierter Strahlung und Strahlungsenergien; **b** Schematische Abbildung eines ^{99}Mo/^{99m}Tc-Generators (Typ: ROTOP-Sterilgenerator) 216

Abb. 3.19 Schematische Darstellung der drei Generationen von ^{99m}Technetium-Radiodiagnostika (B = bioaktives Molekül) 218

Abb. 3.20 **a** Modellvorstellung der Anordnung und des Wasseraustauschs in und zwischen der äußeren und inneren Koordinationssphäre von Gadolinium(III)-Komplexen mit Polyamino-polyessigsäuren in der Magnetresonanztomographie; **b** Koordinationssphären von hydratisiertem Gadolinium(III), $[Gd(H_2O)_n]^{3+}(H_2O)_m$ 220

Abb. 3.21 Übersicht medizinisch relevanter Kontrastmittel von Gadolinium(III)-Polyaminopolycarboxylat-Komplexen, ihre Relaxivitäten und patentrechtlich geschützte Firmenbezeichnungen 221

Abb. 3.22 Strukturbilder von Magnevist® mit der dimeren Komplexeinheit $[Gd_2(dtpa)_2]^{4-}$ (I, im festen Zustand) und der monomeren Komplexeinheit $[Gd(Hdtpa)_2(H_2O)]^-$ nach Auflösen in Wasser (II) 222

Abb. 3.23 Stickstoff-Kreislauf zwischen Atmosphäre, Boden und Biosphäre 225

Abb. 3.24 Vorstellung der Molekülstruktur des Cofaktors FeMoCo in der Nitrogenase im Zentrum der Proteinhülle 226

Abb. 3.25 Unterschiedliche Modellvorstellungen zur Struktur des Cofaktors FeMoCo in der Nitrogenase 226

Abb. 3.26 Modellvorschlag des Zentrums der Nitrogenase nach Sellmann 227

Abb. 3.27 Reaktionskoordinate der unkatalysierten Reduktion von molekularem Stickstoff mit Wasserstoff zu Ammoniak (*obere Kurve*) und der mit Metallkomplexen katalysierten Reduktion (*Kurve unten*) sowie postulierten Reaktionsspezies 228

Abb. 3.28 **a** Molekülstruktur von Hydridodinitrogentris(triphenylphosphin)cobalt(I), $[CoH(N_2)\{(C_6H_5)_3P\}_3]$; **b** Bindungsmodell eines elektronenreichen d-Metalls mit molekularem Stickstoff 230

Abb. 3.29 Elektrochemisch geführter Kreislauf der Reduktion von molekularem
Stickstoff zu Ammoniak mit Hilfe des Katalysators
$[W(N_2)_2\{(C_6H_5)_2P(CH_2)_2P(C_6H_5)_2\}_2]$ 231

Abb. 3.30 Benzamid- und Heterocyclensynthese mit Luftstickstoff als Stickstoffquelle. 232

Abb. 3.31 Molekülstrukturen von Modell-Eisenkomplexen mit Diazen-Brückenliganden, μ-HN=NH, als Zwischenstufen bei der Reduktion von molekularem Stick-
stoff mit Nitrogenase. **a** Molekülstruktur von $[\mu$-$N_2H_2\{Fe(i\text{-}Prop)_3(„S_4“)\}]$; **b**
Molekülstruktur von $[\mu$-$N_2H_2\{Fe(N„S_4“)\}_2]$ 233

Abb. 3.32 Synthese eines Ruthenium(II)-Komplexes $[Ru(N_2)\{„N_2Me_2S_2“P(i\text{-}Prop)_3\}]$
mit N_2 als Ligand unter milden Reaktionsbedingungen (1 bar, 20 °C)
in Acetonitril 234

Abb. 3.33 **a** Tetraazamakrozyklus des Porphinmoleküls. In den Porphyrinen sind die
acht Pyrrol-Wasserstoffatome durch Substituenten ersetzt.
b Imidazol-Gruppe 234

Abb. 3.34 Schematische Struktur der Häm-Gruppe 235

Abb. 3.35 Schematische Strukturen von **a** Myglobin (mb) und **b** Hämoglobin (hb) mit
gleichen Koordinationszentren und unterschiedlichen Proteinhüllen,
c Koordination der Histidingruppe über das Donoratom N. 236

Abb. 3.36 Strukturbild der Häm-Gruppe im Hämoglobin und Myoglobin. Das zentrale
Eisenatom befindet sich oberhalb der Ebene des Porphyrinrings 236

Abb. 3.37 **a** Schematische Struktur der Häm-Gruppe ohne koordiniertem Sauerstoff
(Desoxi-Häm). Das Eisen(II)-atom befindet sich oberhalb der Ebene des
makrozyklischen Porphyrin-Ringes und ist über eine Histidingruppe an
die wie eine Feder spiralig gezeichnete Proteinkette, die die Proteinhülle
symbolisiert, gebunden. Die Elektronenverteilung im Eisenatom entspricht
einem Hochspin-Zustand; **b** Strukturänderung des unter **a** angegebenen
Modells bei Koordination von molekularem Sauerstoff am Eisenatom in
distaler Position zur Histidingruppe nach dem Perutz-Mechanismus. Das
Eisenatom, nun Fe^{III}, ändert die Elektronenverteilung zum Niederspin-Zustand,
sein Radius nimmt ab, und es wird um etwa 40 pm in die Ebene des
Porphyrin-Rings hineingezogen 237

Abb. 3.38 Sauerstoff-Sättigungskurven von Hämoglobin (*untere Kurve*) und Myoglobin
(*obere Kurve*). Aufgetragen sind Sauerstoff-Sättigungsgrad ($\alpha = 1$: vollständige
Sättigung) versus Sauerstoff-Partialdruck 238

Abb. 3.39 Zentrale Struktureinheit von Desoxy-Hämoerythrin 238

Abb. 3.40 Reversibel verlaufende Umwandlung von Desoxihämoerythrin durch Oxidation
mit O_2 zum Oxihämoeerythrin unter Änderung der Oxidationsstufe von
Eisen(II) zu Eisen(III) 239

Abb. 3.41 Oxidative Addition von Desoxihämocyanin mittels O_2 zu Oxihämocyanin.
Brücke: μ-η^2: η^2-O_2^{2-} 240

Abb. 3.42 Reversibel verlaufende Fixierung von O_2 im Vasca-Komplex,
$[Ir^ICl(CO)\{P(C_6H_5)_3\}_2]$, zu $[Ir^{III}Cl(O_2)(CO)_2\{P(C_2H_5)_3\}_2]$ 240

Abb. 3.43 Drei Koordinationsformen von O_2 in Metallkomplexen. **a** η^1-O; linear
(end-on; superoxo); **b** η^2-O; gewinkelt (edge-on; peroxo); **c** μ-O_2; M–O_2–M 241

Abb. 3.44 Artifizielles Modell zur Nachahmung von Hämoglobin und Myoglobin. Die
Position 6 distal zum *N*-Methylimidazolin ist durch eine Gruppe, die das
Porphyrin überkappt, geschützt. Die Bildung einer μ-oxo-Di-eisen(III)-Einheit
durch Annäherung von zwei Eisen-Porphyrin-Einheiten wird auf diese Weise
sterisch blockiert, und das koordinierte O_2-Molekül kann wie in eine Tasche
aufgenommen und geschützt werden 243

Abb. 3.45 Artifizielles Modell zur Nachahmung von Hämo-Erythrin durch Nutzung des **a** zyklischen Liganden N,N',N''-Trimethyl-triazacyclononan (Me_3TACN) der **b** den zweikernigen Komplex $[Fe(\mu\text{-}OH)(\mu\text{-}O_2CCH_3)_2(Me_3TACN)_2]^+$ bilden kann 243

Abb. 3.46 Artifizielles Modell zur Nachahmung von Hämocyanin unter Nutzung des Liganden Hydrido-tris-(3,5-^{i}propyl-1-pyrazolyl)borat, $HB(3,5\text{-}^i prop\text{-}pz)_3$, der den zweikernigen Komplex $[Cu\{HB(3,5\text{-}^i prop\text{-}pz)_3\}_2(O_2)]$ ausbilden kann 244

Abb. 3.47 Kohlendioxid-Kreislauf in Atmosphäre, Hydrosphäre und Boden 245

Abb. 3.48 Koordination von CO_2 in der Carboanhydrase und seine Freisetzung in Form von Hydrogencarbonat, HCO_3^- 247

Abb. 3.49 Orbital-Überlappung und elektronische Wechselwirkung von **a** $\eta^1(C)$ und **b** $\eta^2(C, O)$-side-on-Koordination von CO_2 248

Abb. 3.50 Reaktion des Substrats $(CH_3)_3P{=}CH_2$ mit am Nickelatom koordiniertem CO_2 ($Cy{=}Cyclohexyl; C_6H_{11}$) 249

Abb. 3.51 Reaktion von Wasserstoff mit koordiniertem CO_2 in einem Rhodiumkomplex 249

Abb. 3.52 Allgemeines Schema einer oxidativen Kupplung von CO_2 mit einem ungesättigten Substrat X=Y an einem Übergangsmetallkomplex 250

Abb. 3.53 Oxidative Kupplung von CO_2 mit einem ungesättigten Substrat R-CH=CH$_2$ an einem Nickelkomplex (Carboxylierung von Olefinen) mit nachfolgender saurer Hydrolyse zu isomeren Carbonsäuren 250

Abb. 3.54 Hypothetischer katalytischer Zyklus zur Bildung von Methylacrylat aus Ethylen, CO_2 und Methyliodid 251

Abb. 3.55 Zwei allgemeine Möglichkeiten des Einschubs von CO_2 in eine Bindung M–E (E$\cong$H, N) 251

Abb. 3.56 Einschub von CO_2 in eine M–H-Bindung 252

Abb. 3.57 Skizzierung des Übergangszustandes im Verlaufe des Einschubs von CO_2 in die M–H-Bindung 252

Abb. 3.58 Einschub von CO_2 in eine M–O-Bindung 252

Abb. 3.59 Artifizielles Modell in Nachahmung der Carboanhydrase: Tris(3-^{t}butyl-5-methyl-pyrazolyl)hydridoborat-zink-hydroxid, $[Zn(OH)\{\eta^3\text{-}HB(3\text{-}^tBu\text{-}5\text{-}Mepz)_3\}]$ (Me=Methyl, CH_3) 253

Abb. 3.60 Artifizielles Modell in Nachahmung der Carboanhydrase auf der Basis eines dimeren Kupfer-Komplexes und die Aufnahme von CO_2 254

Abb. 3.61 Strukturbild eines tripodalen Liganden, der „harte" Chelatligandsubgruppen (Hydroxamat) in einer inneren und „weiche" Chelatligandsubgruppen (Bipyridin) in einer äußeren Position enthält 255

Abb. 3.62 Schematische Struktur eines Eisen-Komplexes mit dem in der Abb. 3.61 gezeigten tripodalen Liganden, der reversibel bei elektrochemischer Oxidation bzw. Reduktion den Oxidationszustand von Fe^{II}/Fe^{III} bzw. Fe^{III}/Fe^{II} wechselt, einhergehend mit einem Platzwechsel des Eisenatoms von den „weichen" Subgruppen (Bipyridin) zu den „harten" Subgruppen (Hydroxamat) und umgekehrt 256

Abb. 3.63 Schematische Darstellung eines Redox-Schalters (*redox switch*) mit dem unter **a** abgebildeten Liganden, wobei mit Fe^{III} die „harte" Chelatsubgruppe bevorzugt (*linksseitig*) und bei Reduktion zu Fe^{II} die „weiche" Chelatsubgruppe (*rechtsseitig*) bevorzugt wird 256

Abb. 3.64 Elektrochemischer Reaktionsmechanismus für das in der Abb. 3.63 dargestellte System, das wie ein Uhrzeige in Bild **a** hin- und her pendeln kann 257

Abb. 3.65 Allgemeines Schema eines reversibel verlaufenden Platzwechsels von Metallionen zwischen zwei Chelatligandsubgruppen bei Änderung des pH-Wertes 257

Abb. 3.66 Ein molekularer Schalter auf der Basis eines Nickel(II)-Komplexes mit einem
Hexaza-Liganden bei Änderung des pH-Wertes 258

Abb. 3.67 **a** Struktur eines Calixaren-[4]-Moleküls, das unterschiedlich „harte"
(h, Hydroxamat) und „weiche" (w, Bipyridin) Chelatligandsubgruppen
enthält; b) mit Eisen$^{II/III}$ koordinieren die Chelatligandsubgruppen
unterschiedlich (vgl. mit Abb. 3.62). Die am Calixaren fixierten
Chelatgruppen „klappen" bildlich gesehen jeweils auf oder zu. X sind
Moleküle der Pufferlösung 259

Abb. 3.68 Molekularer Schalter auf der Basis eines Kupferkomplexes mit dem Liganden
(S)-N, N-Bis[2-chinolyl)methyl]-1-(2-chinolyl)ethylamin. Die Oxidation
von Cu^I im Komplex A zu Cu^{II} im Komplex B erfolgt mit Ammoniumpersulfat
und die Reduktion von B zu A mit Ascorbinsäure. Der *redox switch* wird
durch die Aufnahme von Circulardichroismus-Spektren (CD-Spektren)
detektiert (*rechtsseitig*) 260

Abb. 3.69 Modell eines molekularen Schalters durch Translokation eines Chloridions
in einem redoxaktiven Zweikernkomplex mit den Zentralatomen Cu^{II}
(koordiniert an eine tren-Subeinheit) und Ni$^{II/III}$ (koordiniert an eine cyclam-
Subeinheit). Beide Ligand-Subgruppen sind miteinander über einen
1,4-Xylylen-Spacer verbunden. Bei Oxidation/Reduktion wechselt
Cl$^-$ den Platz gemäß
$$Cl - Cu^{II} \cdots Ni^{II} \rightarrow Cu^{II} \cdots Ni^{III} - Cl \rightarrow Cl - Cu^{II} \cdots Ni^{II}.$$ 261

Abb. 3.70 Modell eines molekularen Schalters über ein Zweikomponenten-System.
Die aktive Subeinheit enthält einen makrozyklischen Thiaether-Komplex
des Ligandentyps 14-ane-S$_4$ mit dem redoxaktiven Zentrum Cu$^{I/II}$, assoziiert
mit einem fluoreszenzaktiven Anthracen-Fragment. Durch einen
Elektronentransfer zwischen beiden Einheiten lässt sich beim Umschalten
die Fluoreszenz anschalten bzw. löschen (eT = Elektronentransfer-Prozess;
ET = Energietransfer-Prozess; F = Fluorophor; F* = angeregtes Fluorophor;
M = Cu$^{II/I}$, n = 1) 263

Abb. 3.71 Modell eines molekularen Schalters, in dem eine redoxaktive Nickel$^{II/III}$-
cyclam-Komplex-Einheit mit einem zur Fluoreszenz befähigten Dansyl-Rest
verknüpft ist. Im Zustand Ni^{II} fluoreszeiert das System (on); im oxidierten
Zustand Ni^{III} dagegen nicht (off) (eT = Elektronentransfer) 263

Abb. 3.72 Modell eines fotoaktiven molekularen Schalters. Die Bestrahlung (h·v) des wegen
der inkorporierten Azo-Gruppierung (–N=N–) *trans*-ständigen Liganden
verursacht eine *cis*-Isomerisierung, verbunden mit der Aufnahme der quartärneren
H$_3$N$^+$-Gruppe in die Kavität des Kronenethers, die dadurch für den Eintritt eines
Alkali- bzw. Erdalkalimetallions blockiert ist. Bei Abschaltung des Lichts bzw.
Erwärmung verlässt die quarternäre H$_3$N$^+$-Gruppe den Kronenether, und dieser
kann einen makrozyklischen Komplex mit dem Metallion M^{n+} bilden 265

Abb. 3.73 Wesentliche Prozesse bei der chemischen Dampfabscheidung (Chemical
Vapour Deposition, CVD). Stofftransport der Reaktanten zur Reaktionszone;
homogene Gasphasenreaktionen der Reaktanten und Transport der Precursor
zur Substratoberfläche, gefolgt von deren Adsorption auf der Oberfläche.
Diffusion zu den Wachstumsbereichen und dort stattfindende
Oberflächenreaktionen mit stufenweisem Schichtwachstum. Desorptionsprozesse
mit Abtransport der Nebenprodukte 267

Abb. 3.74 Grundtypen von CVD-Reaktoren. **a** Horizontaler Heißwand-Rohrreaktor
(isotherm); **b** vertikaler Kaltwand-Rohrreaktor (nicht isotherm) mit
rotierendem Substrathalter 268

Abb. 3.75 a Die Abfolge der Pyrolyse-Prozesse bei der Bildung von Kupfer-Schichten
aus dem Precursor [(η^2-hfacac)Cu^I(η^2-H$_2$C=CHSi(CH$_3$)$_3$]
(Hfacac = hexafluoracetylacetonat); b MOCVD auf einer chemisch
vorstrukturierten Oberfläche (SiO$_2$/Si) mit unselektivem
Cu-Schichtwachstum; c Selektive MOCVD auf einer selektiv passivierten
Oberfläche (-OSiR$_3$) mit selektivem Schichtwachstum 273

Abb. 3.76 Spontane Selbstorganisation eines [2 × 2]-Metallkomplexes [M$^I_4${bis(pyridyl)
pyridazin}$_4$] mit tetraedrisch koordinierenden Metallionen (Ag^I; Cu^I) 275

Abb. 3.77 Selbstorganisation eines [2 × 2]-Gitterkomplexes aus einem Bis(terpyridin)-
Liganden und oktaedrisch koordinierenden Metallionen (M = Fe^{II}) 276

Abb. 3.78 Sukzessiver Schaltprozess zwischen Fe^{II}-Spinzuständen in
[2 × 2]-Gitterkomplexen mit einem Bis(terpyridin)-Liganden (Abb. 3.77)
[Fe$^{II}_4${bis(terpyridin)}$_4$], veranlasst durch Druck (p), Temperatur (T) oder
Licht (hv). *LS* Low Spin, Niederspin; *HS* High Spin; Hochspin. Die dunkel
gezeichneten Kugeln symbolisieren Fe^{II}-Atome im Niederspin-Zustand;
die heller gezeichneten im Hochspin-Zustand 277

Abb. 3.79 a Zweidimensionale Abbildung des [Zn$_4$–μ_4–O]$^{6+}$-Tetraeders.
b Struktureinheit {[Zn$_4$–μ_4–O](O$_2$C-R)$_6$. Jedes der 4 Zn-Atome ist umgeben
von 4 tetraedrisch angeordneten O-Atomen, die von den 6 R-COO-Gruppen
kommen, wobei jeweils 2 Tetraeder durch eine verbrückende R-COO-Gruppe
miteinander verbunden sind, wie dies die Abbildung zeigt. Jedes dieser 4
Tetraeder nutzt außerdem ein O-Atom der zentralen [Zn$_4$–μ_4–O]-Einheit zur
Komplettierung seiner Koordinationszahl. Die 6 Reste R zeigen in die 6 Ecken
eines Oktaeders, wobei das in der Abb. 3.80 abgebildete Oktaeder
entstehen kann 279

Abb. 3.80 Ausbildung eines dreidimensionalen Netzwerks auf der Basis von Zn$_4$O-MOFs,
deren Grundbausteine in die Ecken eines Oktaeders zeigen (hier am Beispiel
von MOF-5) 280

Abb. 3.81 Polydentate organische Linker-Liganden, die als Brücken zwischen den
Konnektoren häufig genutzt werden 281

Abb. 3.82 Modell eines „atmenden" Metal-Organic Frameworks. In MIL-53(Al)
kontrahiert sich die Struktur bei der Aufnahme von Wasser in die Mikroporen
des Netzwerks (*rechtseitig*). Die hydratisierte Form nimmt nur etwa 70 % des
Volumens der „offenen" Form ein 282

Abb. 3.83 Primärbausteine in a Zeolithen; b Zeolith-Imidazolat-Frameworks (ZIFs),
c Hybrid-Imidazolate Frameworks (HZIFs) (T = Tetraederzentrum; im$^-$ =
Imidazolat) 283

Abb. 3.84 Dreidimensionales Koordinationspolymer MOF-1030, das einen
außergewöhnlich langen, catenierten Liganden enthält a der Ligandenstrang
mit dem zur Komplexbildung befähigten [2]-Catenan; b Gerüststruktur mit
eingebauten [2]-Catenanen 284

Abb. 3.85 Kristallstruktur von MOF-1030 (CATME). a Ortep-Zeichnung des in
Abb. 3.84 unter a skizzierten Ligandenstrangs ohne Wasserstoffatome und
Counterionen. b Packung im Festkörper, wobei zwei [2]-Catenan-Einheiten im
Netzwerk abgebildet sind 285

Abb. 3.86 Poröses Koordinationspolymer MOF-5. Die im Zentrum dargestellte Pore
besitzt einen Durchmesser von 15,2 Å. Dieser ist wesentlich größer als das
darin befindliche Wasserstoff-Molekül H$_2$ mit einem kinetischen Durchmesser
von 2,89 Å (hier mit dem van-der-Waals-Atomradius von 1,2 Å) 286

Abb. 3.87 Poröses Koordinationspolymer MOF-177. Die im Zentrum dargestellte Pore besitzt einen Durchmesser von 11,8 Å. Sie ist in der Lage, ein C_{60}-Fullerenmolekül einzuschließen, das seinerseits weitere innere Oberflächen für die Physisorption von H_2 bereithält 287

Abb. 3.88 Exzess-Wasserstoff-Aufnahme bei 77 K versus BET-Oberfläche in verschiedenen porösen MOFs. Die Symbole kennzeichnen die jeweiligen Arbeitsgruppen (*Kreis*: AG Hirscher; *Dreieck*: AG Kaskel, *Quadrat*: AG Yaghi) 288

Abb. 3.89 Druckgasflaschen, die mit MOF-5 Pellets gefüllt sind (Basocube™, *obere Kurve*), nehmen bei gleichem Druck mehr Propan auf als die nicht mit MOF-5 Pellets gefüllten Druckgasflaschen (*untere Kurve*) 289

Abb. 3.90 Die Verknüpfung zweier quadratisch-pyramidal umgebener Cu^{2+}-Ionen durch die Carboxylatreste der Trimesinsäure liefert „Schaufelrad-Einheiten" (*paddle wheel*). Beispiel: HKUST-1 289

Abb. 3.91 Elektrische Leitfähigkeiten von Nichtmetallen, Metallen und Koordinationspolymeren. Abkürzungen: *PcNi* Phthalocyanin-Nickel; *PcFe(pyz)*$_2$ pyrazin-verbrücktes Phthalocyanin-Eisen; *TTSqNi* Nickelkomplex von Tetrathioquadratsäure (Square); *DADMTANi* 6,13-Diacetyl-5,14-dimethyl-1,4,8,11-tetraazacyclotetradeca-4,6,11,13-tetraenato-Nickel; *PpcCu* flächenvernetztes polymeres Kupferphthalocyanin; *Nitaa* Nickelkomplex von Dihydrodibenzotetraazacyclotetracin; *TTF* Tetrathiofulvalen; *TCNQ* Tetracyanoch(qu)inodimethan; *TMTSF* Tetramethyltetraselenofulvalen 291

Abb. 3.92 Kristallstruktur von $K_2[Pt(CN)_4]Cl_{0,32} \cdot 2,6H_2O$ 293

Abb. 3.93 Gestaffelt- kolumnare Struktur von $[Pt(CN)_4]^{n-}$ mit der Überlappung von $5d_{z^2}$-Orbitalen 294

Abb. 3.94 Leitfähige Koordinationspolymere mit Bauenheiten und Brückenliganden (*Pc* Phthalocyanin; *TPP* Tetraphenylporphyrin; *Hp* Hemiporphyrazin; *taa* Dihydrodibenzotetraazacyclotetradecin) 296

Abb. 3.95 Strukturformeln von Tetrathiafulvalen (TTF), 7,7,8,8-Tetracyano-*p*-chinodimethan (TCNQ) und Bis(2-thioxo-1,3-dithiol-4,5-dithiolat)-metall(II), $[M(dmit)_2]$ 296

Abb. 3.96 Syntheseschema für $Cat[M(dmit)_2]$-Teil1 Synthese von 4,5-Bis(benzoylthio)-1,3-dithiol-2-thion nach Steimecke und Hoyer 297

Abb. 3.97 Syntheseschema für $Cat_{(x)}[M(dmit)_2]$-Teil 2 Umwandlung des Thioesters (Abb. 3.96) mit $NaOCH_3$ und *in situ*-Behandlung mit Metallsalzen zum Komplex $Cat[M(dmit)_2]$ 298

Abb. 3.98 Gestaffelte Formen von Charge-Transfer (CT)-Salzen. **a** geneigte Stapelung, **b** gemischte Stapelung, **c** gespannte Stapelung 299

Abb. 3.99 Logarithmus der elektrischen Leitfähigkeit σ [S · cm^{-1}] *versus* Temperatur für einen $TTF[Ni(dmit)_2]$-Kristall (o Kühlung, □ Erwärmung) 299

Abb. 3.100 Übergang zur Supraleitung im $TTF[Ni(dmit)_2]$ – Kristall bei 7 kbar; $I=67,5$ μA; $Tc=1,62$ K; $\Delta Tc=0,57$ K 300

Abb. 3.101 Anwendungsmöglichkeiten von auf Molekülen basierten Materialien 300

Abb. 3.102 Fließschema für die Flüssig-Flüssig-Extraktion von Metallionen 304

Abb. 3.103 **a** Grafische Ermittlung des $pH_{1/2}$-Wertes ($\lg D_{Zn}$ *versus* pH) für die Extraktion von Zn^{2+}-Ionen mit dem Extraktanten N',N'-Di-^{n}butyl-N-benzoylthioharnstoff. **b** Extraktionskurve ($\lg D$ *versus* $\lg c_{HL}$) von Zn^{2+}-Ionen bei pH=4.

Experimentelle Bedingungen: $c_{ZnCl_2} = 10^{-3}$ M; $c_{KCl} = 10^{-1}$ M; $c_{HL} = 10^3$
bis $2 \cdot 10^{-1}$ M; Lösungsmittelgemisch Toluen/n-Decan 1:1 307

Abb. 3.104 Extraktionskurve (P_{ex} *versus* pH) von Ni^{2+}-Ionen mit Oxin (8-Oxychinolin) 309

Abb. 3.105 Extraktionskurven (lgD_M *versus* pH) von 3d-Metallionen mit
N',N'-Di-^{n}butyl-N-benzoylthioharnstoff im Lösungsmittel n-Decan.
Experimentelle Bedingungen: $c_M = 10^{-3}$ M; $c_{KCl} = 10^{-1}$ M; $c_{HL} = 10^{-2}$ M 309

Abb. 3.106 Extraktionskurven [lgDM *versus* lg $c_{L(org)}$] von Cu^{2+}, Hg^{2+}, Au^{3+}, Ag$^+$, Pd^{2+}
mit dem zyklischen Oxathiakronenether vom Typ Di-benzo-1,10-dithia[18]-
krone-6 im Extraktionssystem Metallnitrat bzw. Metallchlorid-Pikrinsäure-
Wasser/Thiakronenether-Chloroform. Experimentelle Bedingungen:
$c_{M(NO_3)n} = 1 \cdot 10^{-4}$ M (Ag^I, Hg^{II}, Cu^{II}); $c_{MCln} = 1 \cdot 10^{-4}$ M (Pd^{II}, Au^{III}); c_{Hpic}
$= 5 \cdot 10^{-3}$ M; $c_L = 2,5 \cdot 10^{-4}$ M bis $1 \cdot 10^{-2}$ M L/CHCl$_3$ 314

Abb. 3.107 a Schema einer industriellen MIXER-SETTLER-Anlage (Mischerabscheider)
in Kastenbauweise (System DENVER). *oben*: Seitenansicht; *unten*: Aufsicht. *1*
Mischzone; *2* Abscheidezone. *lPh* leichte Phase; *sPh* schwere Phase, *R* Rührer. **b**
Schema einer industriellen MIXER-SETTLER-Anlage (Mischerabscheider)
in Turmbauweise (System LURGI). *1* Mischzone; *2* Abscheidezone;
R Rührer; *PhG* Phasengrenzfläche; *lPh* leichte Phase; *sPh* schwere Phase;
Dr Drosselklappen 315

Abb. 3.108 *Syn-* und *anti*-Formen von 2-Hydroxybenzophenonen (LIX 64 und LIX 65),
Bildung des heterozyklischen Benzoxazols bei thermischer Behandlung und
die Komplexbildung mit Kupfer(II) 318

Abb. 3.109 Fließschema einer industriellen Flüssig-Flüssig-Extraktionsanlage von
Kupfer(II) und die elektrolytische Kupfer-Abscheidung (nach Rawling) 319

Abb. 3.110 Allgemeines Verfahrensschema zur Gewinnung von Metallen aus
Sekundärrohstoffen mittels Flüssig-Flüssig-Extraktion 321

Abb. 3.111 Funktionsmodell einer Flotationsanlage 322

Abb. 3.112 Abläufe beim Einsatz der Sammler in der Flotation von Erzen. **a** Anordnung der Moleküle des Sammlers an der Mineraloberfläche unter Bildung
von Oberflächenkomplexen. **b** Unterbrechung des Wasserfilms auf den
Monoschichten des Sammlers durch Luftblasen. **c** Fixierung der Luftblasen
auf Galenit in Wasser (*linksseitig*) und bei Eintrag des wässerigen Lösung des
Sammlers Natriumethylxanthogenat 323

Abb. 3.113 Oberflächenkomplexe bei der Flotation von Galenit und Pyrit mit
2-Mercapto-benzo-1,3-thiazol (MBT); **a** Bindung von MBT an der
Oberfläche von Galenit, PbS; **b** Disposition des Adsorptionskomplexes
von MBT mit Pyrit, FeS$_2$ 325

Abb. 3.114 Einfluss der Konzentration des Sammlers Natriumdiethyldithiophosphat,
NaSP(=S)(OC$_2$H$_5$), in Abhängigkeit vom regulierenden pH-Wert auf die
Flotation von Pyrit, FeS$_2$, Galenit, PbS, und Chalkopyrit, CuFeS$_2$ 327

Abb. 3.115 Fotochemisch angeregte elektronische Übergänge in oktaedrischen
Metallkomplexen in einem Molekülorbital-Diagramm. *LF* Ligand-Feld-
Übergänge (Elektronenübergänge d-d-Übergänge des Metalls); *LMCT*
Ligand-to-Metal-Charge-Transfer: Elektronenübergänge vom Liganden zum
Metall; *MLCT* Metal-to-Ligand-Charge-Transfer: Elektronenübergänge vom
Metall zum Liganden. Im Extremfall: Oxidation des Metallions, Reduktion
des Liganden; *CTTS* Charge-Transfer-To-Solvent: Elektronenübergänge von
besetzten Metall-Orbitalen zum Lösungsmittel (auch als *MSCT* Metal to
Solvent Charge Transfer bezeichnet); *IL* Intra-Ligand- Übergänge:

Ladungsübergänge zwischen den Ligand-Orbitalen
(σ–π–; π–π^*-Übergänge) 330

Abb. 3.116 Jablonski-Diagramm. Vereinfachtes Schema einer fotoinduzierten
katalytischen Reaktion (*1*) und einer fotoassistierten Reaktion (*2*)
auf der Basis lichtempfindlicher Metallkomplexe [ML_nX] 331

Abb. 3.117 Isomerisierung von Penten-1 zu Penten-2, ausgelöst durch die fotokatalytisch
aktive Spezies Eisenpentacarbonyl [$Fe(CO)_5$] in einem katalytischen Zyklus 331

Abb. 3.118 **a** Fotoassistierte Reaktionszyklen durch elektronisch angeregte
Metallkomplexspezies, die durch ständig kontinuierliche Bestrahlung
erzeugt werden; **b** Fotoassistierte Reaktionszyklen durch ständige
fotochemische Neubildung der katalytisch wirkenden
Metallkomplexspezies 332

Abb. 3.119 Fotoassistierte katalytische Reaktion mit einem Vanadium^{III}-Katalysator 333

Abb. 3.120 Energie-Diagramm für fotosensibilisierte katalytische Reaktionen 333

Abb. 3.121 Allgemeines Schema der sensibilisierten Fotolyse (*S* Sensibilisator; *S**
elektronisch angeregter Sensibilisator; *[ML_nX]* fotoempfindlicher Metallkomplex;
*[ML_n]** elektronisch angeregter Metallkomplex; *X* katalytisch aktive Spezies 334

Abb. 3.122 Die Heck-Reaktion (Et=$-C_2H_5$; Me=$-CH_3$; OAc=CH_3COO^-) 336

Abb. 3.123 Der katalytische Heck-Zyklus 337

Abb. 3.124 Der Wacker-Katalyse-Zyklus 338

Abb. 3.125 Katalytische Kreisprozesse im Monsanto-Essigsäure-Verfahren 340

Abb. 3.126 Der katalytische Kreisprozess bei der Oxo-Synthese 341

Abb. 3.127 Arlamann-Cossee-Mechanismus des Ziegler-Natta-Prozesses 343

Abb. 3.128 Präparierung der Oberfläche für das Aufbringen von Palladiumkomplexen
für die heterogene Katalyse 345

Abb. 3.129 Sol-Gel-Synthese von Micellen, die als Schablonen (*template*) für die auf der
Basis von siliciumhaltigen Unterlagen (*supports*) für die heterogene Katalyse
mit aufgebrachten Metallkomplexen geeignet sind 345

Abb. 3.130 Palladium(II)-Komplexe auf präparierten Unterlagen (*supports*) für die
heterogene Katalyse **a** MTS (*Micell Templates Silicas*) bzw. amorphe
mesoporöse Silicate werden mit Cyanoethylgruppen versehen, die dann
zu Carbonsäuren verseift werden und mit Palladiumkomplexsalzen reagieren
können **b** Palladiumkomplex-modifizierte Katalysatoren auf MTS bzw.
amorphem Silicatunterlagen, die mit Pyridyliminen für die Umsetzung mit
Palladiumsalzen geeignet sind 346

Abb. 3.131 **a** Schematisierte Struktur von Montmorillonit **b** Schematische Darstellung
eines in den Zwischenschichten von Montmorillonit eingekapselten
(intercalierten) [$Mn(III)$-Porphyrins]$^{4+}$ 348

Abb. 3.132 Intercalation von großvolumigen Kationen in Tonschichten zur Bildung
von Säulen (*pillars*) in den Zwischenschichten von Tonen (Schichtsilicaten) 349

Abb. 3.133 Geeignete, repräsentative Zeolith-Strukturen für die Intercalation von
Metallkomplexen für katalytische Zwecke **a** Zeolith A; **b** Zeolith Y; **c** Zeolith
ZSM-5; **d** Mordenit 350

In den Legenden zu den im Buch „Koordinationschemie" dargestellten Abbildungen sind die Abbildungsnachweise mit den entsprechenden Literaturangaben aufgeführt.

Die Autoren danken WILEY-VCH für die Genehmigung zur modifizierten Übernahme der Abbildungen 1.37; 2.2; 2.3; 3.2; 3.5; 3.6; 3.8; 3.30; 3.32; 3.67; 3.68; 3.73; 3.74; 3.75; 3.76; 3.77; 3.78; 3.80; 3.84; 3.85; 3.86; 3.87; 3.88; 3.89; 3.90; 3.92; 3.115; 3.124.

Die Autoren danken „Nachrichten aus der Chemie" für die Genehmigung zur Übernahme der Abbildung 3.82.

Wir danken dem Autor der Abbildungen 3.113, 3.118; 3.119; 3.120; 3.121 für die modifizierte Übernahme.

Die Abbildungen 3.28; 3.54; 3.59 und 3.70 entstammen genehmigungsfreien ACS-Publikationen.

Grundlagen

1

Das Studium der Metallkomplexe, ML (M=Metall, L=Ligand), steht im Mittelpunkt der Koordinationschemie. In diesem Kapitel befassen wir uns mit der Definition, dem Aufbau und der Struktur von Metallkomplexen sowie ihrer chemischen Bindung, der thermodynamischen Stabilität und der Reaktivität. Beginnen wir das Kapitel mit einer kurzen historischen Einführung.

1.1 Historisches

Der Mensch hat seit jeher eher unbewusst die Präsenz der Metallkomplexe wahrgenommen und ihre Bedeutung gespürt. An zwei Beispielen wollen wir diese Behauptung beleuchten.

Der grüne Pflanzenfarbstoff Chlorophyll ist ein Magnesiumkomplex, in dem das Zentralatom Magnesium von einem organischen, makrozyklischen Liganden umgeben ist. Der rote Blutfarbstoff „Häm" in Lebewesen ist ein Eisenkomplex, in dem das Zentralatom Eisen gleichfalls an einen organischen, makrozyklischen Liganden gebunden ist. Beide Stoffe waren seit Urzeiten sehr gut bekannt.

In historischen Schriften der Chemie findet man einige Texte, die sich auf Metallkomplexe beziehen, obwohl sie nicht als solche benannt werden. So findet man ein Zitat von Andreas Libavius (1540–1615), einem aus Halle/Saale gebürtigen Chymiker, das sich auf die Darstellung einer dunkelblaufarbenen Lösung, ausgehend von Ammoniumchlorid, NH_4Cl, Calciumhydroxid, $Ca(OH)_2$, und einer Kupfer-Zink-Legierung, bezieht. Heute wissen wir, dass es sich dabei um die Koordinationsverbindung Tetramminkupfer(II)-chlorid, $[Cu(NH_3)_4]Cl_2$, handelte. Im Jahre 1704 erwähnte der Berliner Farbenfabrikant Heinrich Diesbach einen blauen Farbstoff, den er synthetisiert und als einen Feststoff abgetrennt hatte. Diese Verbindung wurde ausgehend von einer Reaktionsmischung aus Eisen(II)sulfat-Heptahydrat (Eisenvitriol), $FeSO_4 \cdot 7\,H_2O$, Salzsäure, getrocknetem Rinderblut, Kaliumnitrat (Salpeter), KNO_3, Holzkohle und Kaliumhydrogen-tartrat, $KHC_4H_4O_6$, erhalten. Diese chemische Verbindung ist als „Berliner Blau", $Fe_4[Fe(CN)_6]_3$, bekannt.

L. Beyer, J. A. Cornejo, *Koordinationschemie*, Studienbücher Chemie,
DOI 10.1007/978-3-8348-8343-8_1,
© Vieweg+Teubner Verlag | Springer Fachmedien Wiesbaden 2012

Tab. 1.1 Historisch bedeutsame Metallkomplexe mit dem Namen ihrer Präparatoren und dem Jahr der Darstellung im 19. Jahrhundert

Komplexverbindung	Jahr der Synthese	Benannt nach	Bedeutung
$[Pd(NH_3)_4][PdCl_4]$	1813	Vauquelin	Erster Palladiumkomplex
$K[PtCl_3(C_2H_4)]$	1827	Zeise	Erster Olefin-Metallkomplex
$[Pt(NH_3)_4][PtCl_4]$	1828	Magnus	Erster Platin-Ammin-Komplex
cis-$[PtCl_2(NH_3)_2]$	1844	Peyrone	Erster Vertreter _cis_-trans-Isomerie
$trans$-$[PtCl_2(NH_3)_2]$	1844	Reiset	Erster Vertreter cis-_trans_-Isomerie
$[Cr_2(ac)_4(H_2O)_2]$	1844	Peligot	Erster Vertreter Metall-Metall-Bindung
$NH_4[Cr(NCS)_4](NH_3)_2 \cdot H_2O$	1863	Reinecke	Erster Chromium-Ammin-Komplex
$NH_4[Co(NO_2)_4(NH_3)_2]$	1864	Erdmann	Erster Vertreter mit Nitro-Liganden

Im Jahre 1798 synthetisierte der Franzose B. M. Citoyen Tassaert, ohne zu wissen worum es sich handelte, eine braunfarbige Lösung mittels Reaktion von Cobalt(II)-chlorid mit Ammoniak. Es hatte sich die Koordinationsverbindung $[Co(NH_3)_6]Cl_3$ (→ Präparat 25) gebildet.

In der ersten Hälfte des 19. Jahrhunderts wurden mehrere Metallkomplexe synthetisiert, denen später die Namen ihrer Präparatoren gegeben wurden (Tab. 1.1). Diese ersten Vertreter der Verbindungsklasse besitzen typische Eigenschaften. Sie dienten deshalb im Laufe der Zeit vielfach als Demonstrationsbeispiele.

Im 19. Jahrhundert erhielt die Koordinationschemie ihre wesentlichen Impulse durch die Synthese von neuen Cobalt- und Platinkomplexen. Eine vorläufige Systematisierung einer größeren Anzahl der dargestellten Komplexe wurde dank der Forschungen von Leopold Gmelin (1788–1853); Edmond Fremy (1814–1894), Thomas Graham (1805–1869), Sophus Mads Jörgensen (1837–1914) und Christian Wilhelm Blomstrand (1826–1897) erreicht. Sie beruht auf den unterschiedlichen Farben der Cobaltkomplexe und auf der Valenztheorie von Jacobus Hendricus van't Hoff (1852–1911) und Joseph Achille Le Bell (1847–1930). Von Anfang an stellte man eine gewisse Abweichung zwischen diesem neuen Typ von chemischen Verbindungen und den bis dahin bekannten fest. Deshalb wurde versucht, ihre Natur mit Hilfe der Ausweitung des Valenzkonzeptes zu erklären. Die Beispiele, die nachfolgend genannt sind, geben Informationen über solche frühen Systematisierungen. E. Fremy ordnete die Cobaltkomplexe nach ihren Farben und benannte sie mit Eigennamen (Tab. 1.2).

S. M. Jörgensen und C. W. Blomstrand entwickelten die so genannte _Ketten-Hypothese_, die auf der Valenztheorie von van't Hoff und Le Bel basiert, jedoch zwischen zwei Typen von Valenzen unterscheidet, der _Hauptvalenz_ und der _Nebenvalenz_. Damit konnten einige

Tab. 1.2 Cobalt(III)-Ammin-Komplexe, geordnet von Edmond Fremy und bezeichnet nach ihrer Farbigkeit

Komplex	Benennung nach Fremy	Farbe
cis-$[Co(NO_2)_2(NH_3)_4]^+$	Flavo-	Gelb
trans-$[Co(NO_2)_2(NH_3)_4]^+$	Croceo-	Braun
$[Co(NH_3)_6]^{3+}$	Luteo-	Goldbraun
$[CoCl(NH_3)_5]^{2+}$	Purpureo-	Rot
$[Co(NH_3)_5(H_2O)]^{3+}$	Roseo-	Rosa
trans-$[CoCl_2(NH_3)_4]^+$	Praseo-	Grün
cis-$[CoCl_2(NH_3)_5]^+$	Violeo	Blauviolett

Tab. 1.3 Struktur- bzw. Bindungshypothese Ketten-Hypothese nach Jörgensen und Blomstrand für Cobalt(III)-Ammin-Komplexe

Cobaltkomplexe (nach Jörgensen/Blomstrand)	Formel (aktuell)	Nr.
Co⟨ Cl / NH₃—Cl / NH₃—NH₃—NH₃—NH₃—Cl	$[CoCl(NH_3)_5]Cl_2$	I
Co⟨ Cl / Cl / NH₃—NH₃—NH₃—NH₃—Cl	$[CoCl_2(NH_3)_4]Cl$	II
Co⟨ Cl / Cl / NH₃—NH₃—NH₃—Cl	$[CoCl_3(NH_3)_3]$	III

chemische Eigenschaften der Cobaltkomplexe, wie zum Beispiel ihr thermisches Verhalten, gedeutet werden. Die Hauptkriterien dieser Hypothese waren die Beibehaltung der Dreiwertigkeit des Cobalts und die Unterscheidung zwischen fest bzw. locker an das Metall gebundenen Liganden.

Das erforderte allerdings die zusätzliche Annahme einer Erhöhung der Stickstoff-Valenz von drei auf fünf. In der Tab. 1.3 sind die Formeln von drei Cobalt-Komplexen nach der *Jörgensen/Blomstrand-Hypothese* aufgeführt.

Als experimenteller Beleg für diese Hypothese wurde angeführt, dass bei der Reaktion des Komplexes I mit Silbernitrat, $AgNO_3$, entsprechend zwei Äquivalente Silberchlorid, AgCl, ausfallen, während sich bei der Reaktion des Komplexes II mit Silbernitrat nur ein Äquivalent Silberchlorid bildet. Diese Beobachtung lässt den Schluss zu, dass die an Cobalt gebundenen Chloroliganden fest fixiert sind. Ein ähnliches Verhalten wurde bei einer Serie von Cobalt- und Platinkomplexen festgestellt. Allerdings gibt der Komplex III mit Silbernitrat unter denselben Reaktionsbedingungen wie bei den Komplexen I und II keinen Silberchlorid-Niederschlag [A38].

Angesichts eines solchen Versagens der Jörgensen/Blomstrand-Hypothese und um eine andere Deutung der Experimente zu geben, konnte der Begründer der Koordinationsche-

Abb. 1.1 Alfred Werner, Begründer der Koordinationschemie

Alfred Werner	
Geboren am 12. Dezember 1866	In Mulhouse/Frankreich
Gestorben am 15. November 1919	In Zürich/Schweiz
Nobelpreis für Chemie 1913	„In Anerkennung seiner Leistungen über die Bindung von Atomen in Molekülen, wodurch er ein neues Licht auf frühere Forschungen gelenkt und neue Forschungsfelder speziell in der anorganischen Chemie eröffnet hat"

mie Alfred Werner (Abb. 1.1), ein Schüler von Arthur Hantzsch (1857–1935), in brillanter Weise dieses Problem im Jahre 1892 lösen.

Nach den Vorstellungen von A. Werner besitzt das Zentralatom (Metall M) eine charakteristische Valenz/Oxidationszahl und eine charakteristische Koordinationszahl n.

In Abhängigkeit der Liganden gibt es spezifische Polyeder oder Polygone für jede Koordinationszahl. Die Liganden ihrerseits besetzen die Ecken in den Polyedern oder Polygonen, während sich das Metall im Zentrum der Polyeder bzw. Polygone befindet.

So lassen sich die oben genannten Cobalt-Komplexe im Lichte der Werner'schen Vorstellungen analysieren. Cobalt besitzt in den Komplexen I, II und III die Valenz/Oxidationszahl (III) und die Koordinationszahl 6. Die sich bildenden Polyeder sind reguläre Oktaeder, wie in der Abb. 1.2 zu sehen ist.

Angesichts dieser Strukturvorstellung sind die Reaktionen dieser drei Cobalt-Komplexe mit Silbernitrat zu verstehen. Bei der Umsetzung des Komplexes III fällt kein Silberchlorid-Niederschlag aus, weil die drei Chloroliganden in der „inneren Koordinationssphäre" direkt am Cobalt(III) gebunden sind. Dagegen sind die Chloroliganden in der *sekundären Koordinationssphäre* nur schwach am Metall gebunden und fallen so bei der Umsetzung mit Silbernitrat als schwerlösliches Silberchlorid aus.

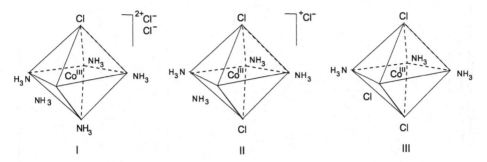

Abb. 1.2 Oktaedrische Cobalt(III)-Komplexe. *I*: [CoCl(NH$_3$)$_5$]Cl$_2$, *II*: [CoCl$_2$(NH$_3$)$_4$]Cl, *III*: [CoCl$_3$ (NH$_3$)$_3$]

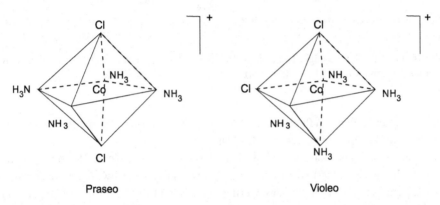

Abb. 1.3 *Trans-* und *cis-*isomere Cobalt(III)-Komplexe. *Praseo: trans-*[CoCl$_2$(NH$_3$)$_4$]$^+$, *Violeo: cis-* [CoCl$_2$(NH$_3$)$_4$]$^+$

Die Struktur lässt auch verstehen, weshalb der Komplex [CoCl$_2$(NH$_3$)$_4$]$^+$ zwei eigene Formen ausbildet, die als *cis-* und *trans-*Isomere bezeichnet werden. Im *Praseo*-Komplex sind die beiden Chloroliganden im Oktaeder diametral, in *trans*-Form, angeordnet, im *Violeo*-Komplex sind die beiden Chloroliganden in *cis*-Form, benachbart, am Zentralatom gebunden (Abb. 1.3).

Ein umfassenderer, experimenteller Beweis dieses neuen Konzeptes, das augenscheinlich der Jörgensen/Blomstrand-Hypothese überlegen ist, gelang A. Werner und dem Italiener Arturo Miolati (1869–1950) im Jahre 1894 mittels konduktometrischer Messungen der Komplexe I, II und III in wässerigen Lösungen [A39]. Die Ergebnisse zeigten, dass die Leitfähigkeit mit der Anzahl der ionischen Spezies in der sekundären Koordinationssphäre zunimmt, während die im Oktaeder direkt am Metall gebundenen Ligandspezies nicht zur Leitfähigkeit beitragen. Deshalb weist der Komplex III keine merkliche Leitfähigkeit auf (Abb. 1.4). Diese Leitfähigkeitsmessungen wurden bereits ein Jahr nach der 1893 er-

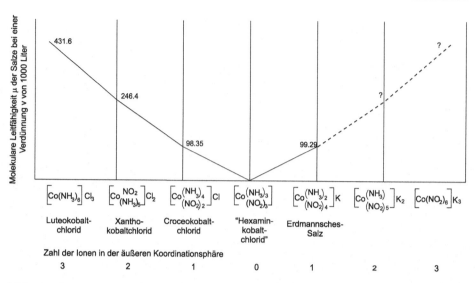

Abb. 1.4 Elektrische Leitfähigkeit von oktaedrischen Cobalt(III)-Komplexen. (Aus: Werner, A.; Miolati, A.: Z. Phys. Chem. **14** (1894), S. 510)

schienenen fundamentalen Publikation [A40] von Alfred Werner „*Beitrag zur Konstitution anorganischer Verbindungen*" veröffentlicht [A41].

Die Auftrennung des Razemats des Cobalt(III)-Komplexes [$Co^{III}Cl(NH_3)(en)_2$]Cl_2, der von S. M. Jörgensen (1890) synthetisiert worden war, erwies sich zweifellos als der wichtigste experimentelle Beweis für das Wernersche Konzept der Koordinationsverbindungen: Tatsächlich gelang es A. Werner und V. L. King im Jahre 1911, das Razemat der zwei optisch aktiven Isomeren aufzutrennen, indem sie (+)-Bromcamphersulfonat einsetzten [A42]. Für eine oktaedrische Struktur verursacht der Chelatligand Ethylendiamin (Abkürzung: *en*), $H_2N–CH_2–CH_2–NH_2$, eine optische Isomerie, das heißt im Falle der Komplexe IV und V, dass sie sich wie Bild und Spiegelbild zueinander verhalten (Abb. 1.5). Diese experimentellen Beweise überzeugten die Wissenschaftler jener Zeit von der Richtigkeit der *Wernerschen Theorie*, die in der Monographie „Neuere Anschauungen auf dem Gebiet der Anorganischen Chemie" (1905, 1908, 1913) [A8] zusammenfassend beschrieben ist und im Jahre 1913 mit dem Nobelpreis für Chemie an Alfred Werner anerkannt wurde.

„*Wir wissen aus Werners eigenem Munde, dass die Erleuchtung ihm blitzartig kam. Morgens um 2 Uhr schreckte er aus dem Schlafe auf, die von seinem Gehirn schon lange gesuchte Lösung hatte sich eingestellt. Er erhob sich sofort vom Lager, und abends um 5 Uhr war die Koordinationslehre in ihren wesentlichen Teilen abgeschlossen*", so entnommen vom Schüler Werners, Paul Pfeiffer (1875–1951), [A43] aus dem Nachruf auf Alfred Werner von Robert Huber [A44]. Die *Wernersche Theorie* bildet das Fundament der Koordinationschemie. Die Wissenschaftsdisziplin entwickelte sich im 20. Jahrhundert und erlangte eine eigene Dynamik, was die Synthese neuer Verbindungen, die Kenntnis der Natur der chemischen Bindung, der Strukturen und dem Reaktionsverhalten von Koordinationsverbindungen

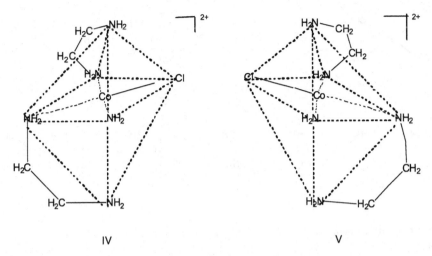

Abb. 1.5 Optisch-aktive Isomere von $[CoCl(NH_3)(en)_2]^{2+}$

betraf. Im Folgenden seien einige Meilensteine genannt, die die Entwicklung der Koordinationschemie markierten.

Die im Jahre 1926 durchgeführten Arbeiten von Iliya Tschernjajev (1893–1966) über den *trans-Effekt* ermöglichten die Vorausplanung zur Synthese neuer quadratisch-planarer Komplexe, speziell mit den Zentralmetallen Platin (II) und Palladium(II). Ein *Acidoligand*, wie zum Beispiel ein Chloroligand, schwächt die Bindung eines dazu *trans*-ständigen Liganden zum Zentralmetall mehr als ein *Neutralligand*. Das hat zur Folge, dass es möglich ist, diesen bezüglich seiner Fixierung geschwächten Liganden in *trans*-Position durch andere geeignete Liganden zu substituieren. Die Kenntnis dieses Effektes bewirkte einen substanziellen Schritt nach vorn beim Studium der Reaktivität von Metallkomplexen. Die Synthese der Platin(II)-Komplexe VI und VII zeigt eindrucksvoll den *trans-Effekt* (Abb. 1.6; s. auch Tab. 1.1) Bereits hier sei erwähnt, dass der Komplex VI, vom italienischen Chemiker Michele Peyrone (1813–1883) im Jahre 1844 synthetisiert [A45], cancerostatische Wirkung besitzt (Abschn. 3).

Eine andere wichtige Etappe in der Entwicklungsgeschichte der Koordinationschemie war in den 30er Jahren des 20. Jahrhunderts zweifellos die Ausarbeitung einer Theorie über die chemische Bindung in Metallkomplexen. Sie führte zum Verständnis der Farbenvielfalt (Spektren) der Komplexe und ihr magnetisches Verhalten. Diese Entwicklung vollzog sich synchron mit der Anwendung der Theorie der Quantenmechanik. Die Bindungstheorie in Metallkomplexen war eng verbunden mit der Valenzbindungstheorie von Linus Pauling (1901–1994)/John Clarke Slater (1900–1976) und mit dem Hybridisierungs-Konzept, das auf Metallkomplexe angewandt wurde: Die *Ligandenfeldtheorie*. Pioniere dieser Theorie waren Hans Albrecht Bethe (1906–2005) und John Hasbrouk Van Vleck (1899–1980), Hermann Arthur Jahn (1907–1979)/Edward Teller (1908–2003), Carl Johan Ballhausen (1926–2010) und Hermann Hartmann (1914–1984)/Claus Schäffer, F.-E. Ilse und Hans Ludwig Schläfer. Die Vielfalt der Farbigkeit von Übergangsmetallkomplexen ist ein wesent-

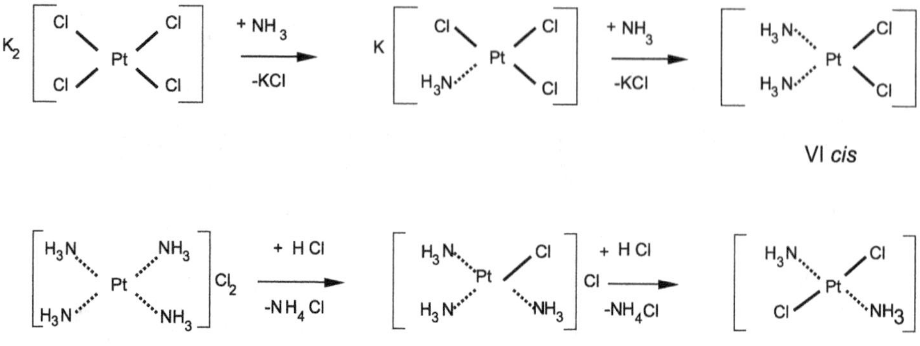

VI *cis*

VII *trans*

Abb. 1.6 Syntheseschema von *cis*-[PtCl$_2$(NH$_3$)$_2$] und *trans*-[PtCl$_2$(NH$_3$)$_2$] bei Nutzung des *trans*-Effektes

liches Charakteristikum, das im Vergleich mit Hauptgruppenmetallkomplexen ins Auge sticht. Dieser Befund zeigt sich sehr klar in den Spektren der Komplexe [Al(ox)$_3$]$^{3-}$ und [Cr(ox)$_3$]$^{3-}$ (ox=Oxalation, C$_2$O$_4$$^{2-}$) und wurde von H. L. Schläfer und Günter Gliemann (1931–1990) demonstriert [A9] (Abb. 1.7). Das Reflexionsspektrum des Chromium(III)-Komplexes wird erzeugt durch Energieübergänge in den *d*-Niveaus des Metalls, die durch die „Kraft" der Liganden beeinflusst werden. Die Liganden um das Übergangsmetallion erzeugen ein „Feld", das auf die Elektronenkonfiguration verändernd wirkt. Das Ergebnis dieses Einflusses wird in den elektronischen Eigenschaften des Zentralions, den Spektren und den magnetischen Eigenschaften, widergespiegelt.

Im 20. Jahrhundert entwickelte sich die *Organometallchemie* als eine eigene Linie innerhalb der Koordinationschemie. Einer der ersten Vertreter von *Organometallkomplexen* ist das *Zeise-Salz*, K[PtCl$_3$(C$_2$H$_4$)], (Tab. 1.1), das im Jahre 1827 von William Christopher Zeise (1789–1847) dargestellt worden war [A46].

Der Ligand Ethylen, H$_2$C=CH$_2$, ist an Platin(II) über eine π-Bindung koordiniert. Im Allgemeinen versteht man unter Organometallverbindungen solche, in denen das Metall direkt mit Kohlenstoffatomen in den organischen Resten verbunden ist, wie zum Beispiel in Lithiummethyl, Li-CH$_3$, oder wenn das Metall über ein π-System mit dem organischen Liganden verbunden ist, wie zum Beispiel im Zeise-Salz oder im Dibenzenchromium, (C$_6$H$_5$)$_2$Cr. Die ersten Studien auf dem Gebiet dieser Verbindungsklasse nahm Franz Hein (1892–1976) im Jahre 1919 in Leipzig mit der Synthese verschiedener Chromiumverbindungen mit Phenylresten vor [A47], nachdem bereits 1905 Walter Peters (1876–?) im Chemischen Laboratorium der Universität Leipzig bei Arthur Hantzsch (1857–1935) Arylquecksilberverbindungen R-HgCl (R=Phenyl, p-Toluyl) durch die Reaktion

$$RSO_2H + HgCl_2 \xrightarrow{100°C/H_2O} RHgCl + SO_2 + HCl$$

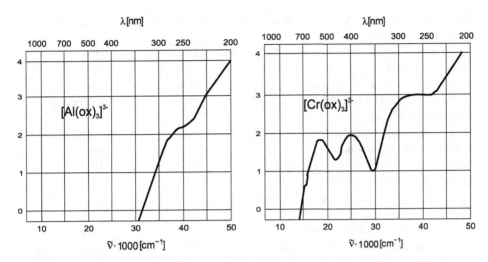

Abb. 1.7 Reflexionsspektren von $[Al(ox)_3]^{3-}$ und $[Cr(ox)_3]^{3-}$. (Aus: Schläfer, H.L.; Gliemann, G.: Einführung in die Ligandenfeldtheorie, Akademische Verlagsgesellschaft Frankfurt/M. 1967, S. 10)

dargestellt hatte [A48], die später nach ihm *Peters-Reaktion* genannt wurde [A49].

In den 50er Jahren des 20. Jahrhunderts synthetisierten Ernst Otto Fischer (1918–2007; Dibenzenchromium mit K. Hafner, 1955; Nobelpreis für Chemie 1973) und Geoffrey Wilkinson (1921–1996; Nobelpreis für Chemie 1973) viele neue Organometallverbindungen. Ihnen gelang die Aufklärung des speziellen Verhaltens und der Natur ihrer chemischen Bindung. In der Tab. 1.4 sind einige Meilensteine der Entwicklung der Koordinationschemie in chronologischer Folge zusammengestellt.

1.2 Definitionen und Nomenklatur

Im Abschn. 1.1 wurden kurz einige wichtige Ereignisse in der Entwicklung der Chemie der Koordinationsverbindungen genannt, ohne dabei präzise zu erläutern, wie denn eigentlich die wesentlichen Objekte der Koordinationschemie, Koordinationsverbindung und Metallkomplex, zu definieren sind. Natürlich setzen dabei die Autoren voraus, dass der Leser schon eine gewisse Grundkenntnis besitzt, die er sich durch vorangehende Studien erworben hat. Um jedoch die Grundlagen der Koordinationschemie zu entwickeln, ist es angebracht, sehr präzise Definitionen zu Formeln und Bezeichnungen hier einzuführen. Sie sind für das Verständnis der folgenden Abschnitte und den weiteren Gebrauch zweifellos nützlich. Für eine international abgestimmte Übereinkunft zur Verwendung einer einheitlichen Regelung in der chemischen Namen-und Formelsprache übernimmt die *Internationale Union für Reine und Angewandte Chemie* (IUPAC, International Union of Pure and Applied Chemistry) als weltweit anerkannte Chemie-Organisation die koordinierende

Tab. 1.4 Ausgewählte Meilensteine der Koordinationschemie vom Übergang in das 20. Jahrhundert bis in die 90er Jahre

Ausgewählte Meilensteine in der Koordinationschemie	Jahr	Entdecker
Synthese von [Ni(CO)$_4$]	1890	L. Mond
Theorie der Koordinationsverbindungen	1893	A. Werner
Synthese von Platin(II)-Komplexen	1893	N.S. Kurnakov
Synthese von CH$_3$MgI	1900	F.A. Grignard
Studien zur Komplexstabilität	1925	W. Job
Synthese von Metallcarbonylen	1928	W. Hieber
Synthese von Cu- und Fe-Phthalocyaninen	1934	H. Linstead
Hydrocarbonylierung von Ethylen	1936	W.J. Reppe
Entdeckung der spektrochemischen Serie der Liganden	1938	R. Tsuchida
Hydroformylierung von Ethylen	1938	O. Roelen
Sukzessive Komplexstabilitätskonstanten	1941	J. Bjerrum
Komplexone für die Analytik von Metallionen	1946	G. Schwarzenbach
Irving-Williams-Serie der Komplexstabilitäten	1948	H. Irving; R. Williams
Synthese von Ferrocen	1951	Kealy; Pauson
Anwendung der MO-Theorie	1952	M. Wolfsberg; M. Helmholtz
Tanabe-Sugano-Diagramme oktaedrischer Komplexe	1954	Y. Tanabe; S. Sugano
Niederdruck-Ethylen-Polymerisation	1955	K. Ziegler; G. Natta
VSEPR-Theorie	1957	R. Gillespie; R.S. Nyholm
Nephelauxetische Serie	1958	C. Schäffer; C.K. Jörgensen
HSAB-Konzept	1963	R.G. Pearson
Innersphären-Mechanismus der Elektronenübertragung	1965	H. Taube
Kronenether; Podanden; Cryptanden	1967	D. J. Cram; J.-M. Lehn; C. J. Pedersen
Supramolekulare Chemie	1992	J.-M. Lehn
Metal-Organic-Frameworks (MOFs)	1999	O.M. Yaghi

Funktion. Sie gibt den nationalen Chemischen Gesellschaften, ihren Mitgliedern und Institutionen, wie zum Beispiel den Verlagen chemischer Literatur, entsprechende Empfehlungen.

1.2.1 Definitionen

Das wichtige Objekt der Koordinationschemie ist der *Metallkomplex* oder, einfacher ausgedrückt, der *Komplex*. Er trägt auch die Bezeichnung *Koordinationseinheit*. Der Begriff *Koordinationsverbindung* wird oft nicht korrekt dazu synonym benutzt, obwohl es sich tat-

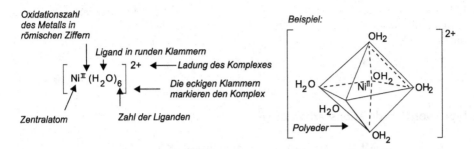

Abb. 1.8 Symbolik der Koordinationseinheit am Beispiel $[Ni(H_2O)_6]^{2+}$ und das oktaedrische Polyeder

sächlich um unterschiedliche Objekte handelt. Die alltägliche Benutzung solcher Bezeichnungen hat zu einer gewissen Unschärfe geführt. Deshalb ist es wohl angebracht, präzisere Definitionen vorzunehmen, um die Unterschiede zwischen den Begriffen erkennen lassen.

1.2.1.1 Die Koordinationseinheit (Komplex)

Jeder Metallkomplex und jede Koordinationsverbindung besitzen als essentiellen Bestandteil die Koordinationseinheit, das heißt, den Komplex:

$$Koordinationseinheit = Komplex$$

Die *Koordinationseinheit* (*Komplex*) besitzen ein *Zentralatom* M, umgeben von einer Zahl n der *Liganden* L, die sich um M in geeigneten Positionen innerhalb eines geometrischen Körpers, dem *Polyeder* bzw. in einer Fläche, dem *Polygon*, gruppieren. Man spricht in diesem Fall von einer *internen (inneren) Koordinationssphäre* des Zentralatoms. Für die Kennzeichnung einer Koordinationseinheit (Komplex) setzt man die entsprechende Formel in eckige Klammern

$$[Koordinationseinheit],$$

wie die Abb. 1.8 in einfacher Form zeigt.

Die *Koordinationseinheit* (*Komplex*) kann elektrisch geladen oder elektrisch neutral sein. Es kann ein *kationischer Komplex* $[ML_n]^{m+}$ (elektrisch positiv), ein *anionischer Komplex* $[ML_n]^{p-}$ (elektrisch negativ) oder ein *Neutralkomplex* $[ML_n]$ (elektrisch neutral) sein. Die Überschussladung resultiert aus der Oxidationszahl des Metall M (zum Beispiel Co^{II}, Fe^{III}, Cu^{I}) und der Ladung jedes Liganden (Molekül/Ion).

1.2.1.2 Die Koordinationsverbindung

Die *Koordinationsverbindung* ist definiert durch das komplexe Ion mit den jeweiligen Gegenionen. Wenn der Komplex elektrisch neutral ist, dann ist die Koordinationseinheit identisch mit der Koordinationsverbindung.

Abb. 1.9 Symbolik der zentralen Metallkomplex-Gruppierung M…D–R

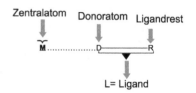

Typen von Koordinationsverbindungen

$$[ML_n]^{m+}(Anion)^{m-} \qquad (Kation)^{p+}[ML_n]^{p-} \qquad [ML_n]$$

Wie oben ausgeführt und hier wiederholt, wird oftmals keine solche strikte Unterscheidung der Begriffe vorgenommen. So wird zum Beispiel der Name *Metallkomplex* als ein generischer Name geführt.

Liganden und Ligatoren

Liganden L bestehen aus Molekülen oder Ionen. In der Mehrzahl der Fälle besitzen die Liganden geeignete Atome für die Koordination an das Metall und einen Rest R von Atomen bzw. Atomgruppen, die zwar integrierender Bestandteil, jedoch nicht essentiell für die Fähigkeit des Moleküls sind, Komplexe zu bilden (Abb. 1.9).

Die für die Komplexbildung essentiellen Atome zur Bindung an das Zentralatom (Metall) im Liganden sind die *Ligatoren* (*Dadoren, Donatoren, Donoratome, Haftatome*). Es gibt eine Gruppe von Liganden mit intrinsischen Ligatoren, die die Fähigkeit besitzen, sich an ein Zentralmetallatom über das eine oder das andere Donoratom zu binden. Als Beispiele gelten $\underline{N}O_2^-$ bzw. $N\underline{O}_2^-$ und $\underline{N}CS^-$ bzw. $NC\underline{S}^-$ (die unterstrichenen Atome sind die jeweiligen Donoratome).

Die Liganden, welche gleiche oder verschiedene Ligatoren in für die Bindung an ein Zentralmetall geeigneten Positionen besitzen, können als *Chelatliganden* (siehe unten) fungieren.

Liganden, die verschiedene Atome in ihrer Formel enthalten, schreibt man in runde Klammern, wie zum Beispiel (NH_3); $(NO_3)^-$, wobei dies auch für Abkürzungen von Liganden gilt, die man mit kleinen Buchstaben kennzeichnet, wie zum Beispiel Ethylendiamin, (en), $H_2N–CH_2–CH_2–NH_2$; Oxalat^{2-}, (ox)$^{2-}$, $C_2O_4^{2-}$.

Liganden, die sich zwischen zwei oder mehr Zentralatomen befinden (siehe unten Mehrkernkomplexe), werden als *Brückenliganden* bezeichnet.

$$M \cdots L \cdots M'$$

Chelatliganden, makrozyklische Liganden, Podanden und Metallchelate

Bidentate (zweizähnige) oder polydentate (mehrzähnige) Liganden besitzen die Fähigkeit, sich mit einem Zentralmetall über zwei oder mehr Ligatoren (Donoratome D) zu verbinden. Diese Komplexe werden als *Chelate, Chelatkomplexe* oder *Metallchelate* bezeichnet. Der Wortstamm „chela" rührt vom Lateinischen „chelae" bzw. vom Griechischen „chele" her und bedeutet Krebsschere (Abb. 1.10).

Abb. 1.10 Koordination eines
zweizähnigen Chelatliganden
D–R–D am zentralen Metallatom M

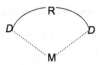

Tab. 1.5 IUPAC-konforme Abkürzungen für häufig genutzte Liganden

Ethylendiamin	Triethylentetramin	Tris(2-aminoethyl)amin
en	trien	tren
Iminodiessigsäure	Nitrilotriessigsäure	Ethylendiamintetraessigsäure
H_2ida	H_3nta	H_4edta
Pyridin	Dipyridin	Piperidin
py	dipy	pip
Dimethylformamid	Dimethylsulfoxid	Tetrahydrofuran
dmf	dmso	thf
Harnstoff	Thioharnstoff	Imidazol
ur	tu	him
Acetylaceton	Bis(salicylaldehyd)	
Hacac	ethylendiamin	
	H_2salen	

Ein bidentater Ligand verbindet sich mit dem Zentralatom M mittels zwei Donoratomen D, wobei ein *Chelatring* entsteht. Ein polydentater Ligand besitzt mehr als zwei
Donoratome D mit den jeweiligen Elektronenpaaren.

Ein *makrocyclischer Ligand*, der mehrere zur Koordination befähigte Donoratome D
besitzt, bildet ein *makrocyclisches Metallchelat*. Ein polymakrocyclischer Ligand ist demzufolge in der Lage, bei Bindung an ein Zentralatom *Käfigkomplexe* (*Clathrate*) zu bilden.
Besitzt ein Ligand mehrere „Arme" oder „Äste" mit Donoratomen D, dann bezeichnet
man solche Liganden als *Podanden*. Diese können einkernige (mononukleare) oder mehr-
kernige (polynukleare) Komplexe bilden.

Chelatliganden lassen sich in zwei Typen einteilen:

Saure Chelatliganden (Acidochelatliganden) können deprotonieren, das heißt, sie können Protonen abgeben, um anionische Chelatliganden zu bilden. *Neutralchelatliganden*
sind dazu nicht in der Lage. Zum Beispiel deprotoniert der potentielle Chelatligand Acetylaceton, $CH_3C(O)CHC(OH)CH_3$, Hacac, unter Bildung des Ligandanions Acetylacetonat, acac⁻, wohingegen der Chelatligand Ethylendiamin (en) nicht deprotoniert und folglich als neutraler Chelatligand fungiert (siehe unten).

Die Tab. 1.5 verzeichnet häufig verwendete Liganden, die zugleich die von der IUPAC
dafür empfohlenen Abkürzungen enthält. Zu beachten ist, dass die Abkürzungen stets mit
kleinen Lettern geschrieben werden. Lediglich für einige protonenabgebende Liganden-
abkürzungen werden die betreffenden H-Atome mit Großbuchstaben geschrieben.

Mehrkernkomplexe

Koordinationseinheiten mit zwei oder mehr Zentralatomen werden als dinukleare Komplexe (*Zweikernkomplexe*) oder polynukleare Komplexe (*Mehrkernkomplexe*) bezeichnet. Beide Typen können *homonukleare Komplexe* (besitzen nur eine Metallspezies) oder *heteronukleare Komplexe* (besitzen unterschiedliche Metallspezies) sein. In der Mehrzahl der Fälle fungieren Ligandmoleküle oder -ionen als Brücken zwischen den Zentralatomen (siehe oben). Als solche können auch die oben genannten Liganden mit zwei intrinsischen Donoratomen, wie SCN^-, CN^- u. a. genutzt werden.

Eine weitere Existenzform von di- oder polynuklearen Komplexen ist realisierbar, wenn die Zentralatome M direkt ohne Vermittlung eines Brückenliganden aneinander gebunden sind, verursacht durch eine *Metall–Metall-Bindung*.

Die Kombination von kationischen Komplexeinheiten mit anionischen Komplexeinheiten ist ebenfalls als ein Mehrkernkomplex aufzufassen (Tab. 1.10).

Bei homonuklearen Komplexen wird zwischen *symmetrischen Komplexen* und *asymmetrischen Komplexen* unterschieden.

Beispiele für Mehrkernkomplexe, die über Brückenliganden bzw. Metall-Metall-Bindungen gebildet werden, sind zusammen mit ihren Formeln und Namen im Abschn. 1.2.2 angegeben.

Homoleptische und heteroleptische Komplexe

Abhängig davon, ob sich innerhalb einer Koordinationseinheit Liganden gleicher oder verschiedener Art befinden, werden die Komplexe als *homoleptische Komplexe* (gleiche Ligandenart, zum Beispiel $[Ni^{II}Cl_4]^{2-}$) oder *heteroleptische Komplexe* (unterschiedliche Ligandenarten, zum Beispiel $[Co^{II}Cl_3(H_2O)]^-$) bezeichnet.

Polyeder, Polygone, Koordinationsgeometrien, Molekülstruktur

Man versteht unter dem Begriff *Polyeder* (Oktaeder, Tetraeder, …) einen räumlichen, geometrischen Körper, der durch die Liganden in der inneren Koordinationssphäre um das Metallatom gebildet wird. Die ebenen Figuren (Quadrat, Dreieck) werden als *Polygone* bezeichnet. Der geometrische Körper wird charakterisiert durch *Symmetrieelemente*, *Symmetrieoperationen* und *Symmetriegruppen*, die von Arthur Moritz Schönflies (1853–1928) eingeführt wurden. Man verwendet den Begriff *Koordinationsgeometrie* als Bezeichnung der Eigenschaft (oktaedrische, tetraedrische, …) oder für das Polyeder bzw. Polygon selbst. Es ist zu unterscheiden zwischen der Koordinationsgeometrie und der *Molekülstruktur des Komplexes*, das heißt, der realen, tatsächlichen Struktur. Das Polyeder, seine Form und Symmetrie sind idealisiert, weil die Liganden L im Komplex in der Mehrzahl der Fälle nicht nur über Haftatome D verfügen, sondern, wie oben gezeigt, noch weitere Atome bzw. Atomgruppen besitzen. Deshalb charakterisiert man die Molekülstruktur eines speziellen Komplexes innerhalb eines Polyeders bzw. Polygons, das die generelle Form des Komplexes wiedergibt, durch die Abstände zwischen den Atomen, den *Bindungsabständen*, und den Winkeln zwischen diesen, den *Bindungswinkeln*, wobei beide durch die Methode der *Röntgenkristallstrukturanalyse* (RKSA) ermittelt werden.

Das Zentralatom, das in der Mehrzahl der Fälle ein Übergangsmetallatom ist, bestimmt in erster Linie die durch die Liganden konstruierte Polyederform. Die Beziehungen zwischen der Elektronenkonfiguration des Zentralatoms und der Ausbildung der Polyederform wird im Abschn. 1.4 behandelt. Die Bildung des Polyeders kann von den Liganden und deren charakteristischen elektronischen und sterischen Eigenschaften abhängen. Der Einfluss der Liganden auf die Form des Polyeders und die Molekülstruktur wird theoretisch mit dem *Modell von Kepert* behandelt. Dieses Modell gründet sich auf dem *VSEPR-Modell* (valence shell electron pair repulsion; Valenzelektronenpaar-Abstoßung) von Ronald J. Gillespie (*1924) und Ronald S. Nyholm (1917–1971) (Tab. 1.4). Es wird nach D.L. Kepert angenommen, dass sich die Liganden auf einer Kugeloberfläche mit dem Zentrum Zentralatom befinden. Die Liganden stoßen sich gegenseitig ab und besetzen schließlich Positionen, die zu einem Energieminimum führen.

Wenn man nun die Größenrelation des Zentralatoms gegenüber denen der Liganden berücksichtigt, ist es möglich, das Polyeder in Abhängigkeit von diesem Größenverhältnis zu erklären.

In der Tab. 1.6 sind die Polyeder und Polygone, die Koordinationszahlen, die zugehörigen Kennzeichnungen und die Präferenzen durch die Zentralatome (Übergangsmetalle in ihren entsprechenden Oxidationsstufen) aufgeführt

1.2.2 Nomenklatur

Der Informationsaustausch innerhalb der internationalen Chemikergemeinschaft vollzieht sich über wissenschaftliche Publikationen in verschiedenen spezialisierten Zeitschriften sowie wissenschaftliche Veranstaltungen, besonders Kongresse, Seminare u. a. Die Registrierung der Forschungsergebnisse in Datenbanken (Current Contents, Chemical Abstracts, Sci-Finder® u. a.) erfordert die Kenntnis einer universellen Wissenschaftssprache (in der heutigen Zeit meist Englisch) und einer möglichst einheitlichen Symbolik und Nomenklatur. Für eine Vertiefung dieser Problematik und zur Anwendung auf spezielle Problemstellungen wird auf die Monografien [A25], [A26] und [A27] zur Nomenklatur anorganischer Verbindungen verwiesen. Für die Koordinationseinheiten und Koordinationsverbindungen gibt es generelle Nomenklaturregeln zur Schreibweise der chemischen Formeln und zur Namensgebung. Für chemische Formeln und Namen wird nach dem Prinzip der Hinzufügung der Liganden an das Zentralatom vorgegangen.

1.2.2.1 Schreibweise der Formeln der einkernigen Metallkomplexe

Zur Verdeutlichung dieser Regeln haben wir beispielhaft die folgenden Koordinationsverbindungen ausgewählt:

a) $[Co^{III}Cl(NH_3)_5]Cl_2$;
b) $[Pt^{II}BrCl(NO_2\text{-}N)(NH_3)]Cl$;
c) $[Pt^{II}Cl_2(py)(NH_3)]$ $py = C_5H_5N$

Tab. 1.6 Koordinationspolyeder und -polygone mit ihren Notationen, Symmetriesymbolen und ausgewählten Beispielen

Koordinations-zahlen	Polyeder; Polygone	Polyeder-, Polygonsymbol	Symmetrie-Symbol	Beispiele
2	Linear	L-2	$D_{\infty h}$	$[MCl_2]^-$ ($M = Au^I$, Ag^I, Cu^I); $[Ag(NH_3)_2]^+$
2	Angular	A-2		
3	Trigonal-planar	TP-3	D_{3h}	$[HgI_3]^-$; $[Au(PR_3)_2Cl]$
4	Tetraedrisch	T-4	T_d	$[CoCl_4]^{2-}$
4	Quadratisch-planar	SP-4	D_{4h}	$[PtCl_2(NH_3)_2]$
5	Trigonal-bipyramidal	TBPY-5	D_{3h}	$[CuCl_5]^{3-}$
5	Quadratisch-pyramidal	SBY-5	C_{4v}	$[SbCl_5]^{2-}$; $[VO(acac)_2]$
6	Oktaedrisch	OC-6	O_h	$[Co(NH_3)_6]^{3+}$; $[Ni(H_2O)_6]^{2+}$
6	Trigonal-prismatisch	TPR-6	D_{3h}	$[Mo(acac)_3]$
7	Pentagonal-bipyramidal	PBPY-7	D_{5h}	$[UF_7]^{3-}$; $[Mo(CN)_7]^{5-}$
7	Überkappt oktaedrisch	OCF-7		$[MoF_7]^-$, $[WBr_3(CO)_4]^-$
7	Überkappt trigonal prismatisch	TPRS-7		$[MoCl(CNBu)_6]^+$
8	Kubisch	CU-8		$[UF_8]^{3-}$
8	Quadratisch antiprismatisch	SAPR-8	D_{4d}	$[W(CN)_8]^{4-}$
8	Dodekaedrisch	DD-8	D_{2d}	$[Ti(NO_3)_4]$
9	3-fach überkappt trigonal prismatisch	TPRS-9		$[ReH_9]^{2-}$
9	Überkappt quadratisch antiprismatisch			$[LaCl(H_2O)_7]_2^{4+}$
10	2-Fach überkappt quadratisch antiprismatisch			$[Ce(NO_3)_5]^{2-}$
11	Oktadekaedrisch			$[Th(NO_3)_4(H_2O)_3]\cdot 2H_2O$;
12	Ikosaedrisch			$[Ce(NO_3)_6]^{3-}$

1. Die Koordinationseinheit wird in eckige Klammern [...] gesetzt. Wenn es notwendig ist, die Liganden innerhalb der eckigen Klammern zu markieren, werden runde Klammern in der Reihenfolge: [...(...)...] gesetzt. In anderen Fällen, in denen drei voneinander verschiedene Formen zu markieren sind, benutzt man eckige Klammern, geschweifte Klammern und runde Klammern in folgender Reihenfolge: Zuerst setzt man die eckigen Klammern, danach innerhalb dieser die geschweiften und dann innerhalb dieser die runden Klammern, wie die Anordnung: [...{...(...)...}...] zeigt.

2. Das zentrale M̲etallatom M (Zentralatom) ist das erste Symbol innerhalb der Formel
   Beispiele: a) Co, b) Pt, c) Pt

3. Die Oxidationszahl wird als Exponent in römischen Ziffern nach dem Symbol des Metalls geschrieben
   Beispiele: a) Co^{III}, b) Pt^{II}, c) Pt^{II}

4. Nach dem Zentralatom werden alle anionischen Liganden ohne Berücksichtigung der Größe ihrer Ladung angeordnet:
   Beispiele: a) Cl, b) Br, Cl, NO_2, c) Cl
   Die Reihenfolge ist alphabetisch, wobei der jeweils erste Buchstabe des Symbols gilt
   Beispiel: b) B̲r, C̲l, N̲O$_2$

5. Nach den anionischen Liganden werden die Neutralliganden geschrieben, ohne eine Leertaste einzufügen
   Beispiele: a) Cl(N̲H$_3$), b) (NO_2)(N̲H$_3$), c) Cl_2(p̲y)(N̲H$_3$)
   Beim Liganden py hat die Summenformel bei der alphabetischen Reihung Priorität
   py = C̲$_5$H$_5$N

6. Die Liganden mit mehreren Atomen werden in runde Klammern geschrieben (siehe oben)
   Beispiele: a) (NH_3), b) (NO_2)(NH_3), c) (py)(NH_3)
   Das gilt auch für Abkürzungen von Liganden
   Beispiel: c) (py)

7. Wenn die Liganden mehrere Donoratome D besitzen, die zur Koordination mit dem Zentralatom befähigt sind, schreibt man das griechische κ (kursiv) nach dem Liganden.
   Beispiel: b) (NO_2–κN)
   Eine andere übliche Möglichkeit besteht darin, das Donoratom D *kursiv* nach dem Liganden zu schreiben.
   Beispiel: b) (NO_2–*N*)

1.2.2.2 Benennung von einkernigen Metallkomplexen mit monodentaten Liganden

Ein Metallkomplex ist einkernig (mononuklear), wenn er nur über ein Metallzentrum verfügt. Ein Ligand ist monodentat, wenn er nur über einen Ligator (Donoratom) an das Metallzentrum gebunden ist.

Zunächst sollen die Regeln zur Benennung von Neutralkomplexen am Beispiel des Dichloro(diphenylphosphin)(thioharnstoff)platin(II), [$Pt^{II}Cl_2${PH(C_6H_5)$_2$}(tu)], erläutert werden. (tu = Thioharnstoff, H_2N–C(S)–NH_2)

1. Die Liganden werden in alphabetischer Reihung unabhängig von ihrer Ladung (anionisch oder neutral) vor dem Namen des Zentralatom geschrieben. Im gewählten Beispiel also: Dichloro(diphenylphosphin)(thioharnstoff)...
Die Anzahl der gleichartigen Liganden im Komplex wird mit den multiplikativen Präfixen mono, di, tri, tetra, penta, hexa, hepta, octa, ennea(nona), deca, hendeca, dodeca etc. vermerkt und zwar direkt am Namen des Liganden, ohne Leerzeichen oder Gedankenstrich, geschrieben. Im Beispiel wird das Präfix „di" benutzt, um die Präsenz von zwei Chloroliganden anzuzeigen. Diese Präfixe werden benutzt, wenn es sich um die Benennung der Anzahl von monoatomigen, kurzen polyatomigen oder Neutralliganden handelt. Man kann jedoch auch die Präfixe bis, tris, tetrakis...etc. im Falle von polydentaten Liganden verwenden, vor allem dann, wenn es notwendig ist, Mehrdeutigkeit zu vermeiden. Diese Präfixe werden häufig für organische Liganden benutzt, die in ihrem Namen ohnehin die Präfixe di, tri, tetra etc. tragen. Der Namen des Liganden steht immer in Klammern und mit dem Präfix ohne Leerzeichen oder Gedankenstrich verbunden. Der erste Buchstabe des Präfixes wird nicht für die alphabetische Reihung der Liganden berücksichtigt.
2. Die anionischen Liganden tragen ihren generischen Namen endend mit dem Suffix „o". Beispielsweise werden Chloridliganden, Cl^-, als Chloroliganden geführt. Im oben gegebenen Beispiel folgt Dichloro(diphenylphoshin)...
3. Nach den Namen der Liganden wird der Name des Metalls geschrieben, gefolgt von der Oxidationszahl in römischen Ziffern zwischen runden Klammern.
Im gewählten Beispiel: Dichloro(diphenylphosphin)(thioharnstoff)platin(II)
4. Die römischen Ziffern werden in derselben Schriftebene geschrieben wie der Rest des Formelnamens, also nicht als Exponent.

Nun sollen die Regeln für die Benennung von kationischen und anionischen Komplexen an den beiden folgenden Beispielen diskutiert werden:

Kationischer Komplex: $[Co^{III}Cl(NH_3)_5]^{2+}$
Anionischer Komplex: $[Ni^{II}Cl_4]^{2-}$

5. Im kationischen Komplex $[Co^{III}Cl(NH_3)_5]^{2+}$ bildet man den Namen in der alphabetischen Reihung der Liganden übereinstimmend mit den oben erläuterten Regeln: Pentaamminchlorocobalt(2+).
Es ist zu beachten, dass die positive Ladung der Koordinationseinheit nach dem Namen des Komplexes mit arabischen Ziffern in runde Klammern geschrieben wird. Eine alternativ zugelassene Form gibt den Namen des Metalls an, gefolgt von der formalen Ladung des Metalls in römischen Ziffern, die zwischen runde Klammern gesetzt werden. Für das Beispiel gilt somit auch: Pentaamminchlorocobalt(III).
6. Wenn die Koordinationseinheit eine negative Ladung trägt, endet der Namen des Komplexes mit dem Namen des Metalls, an dem das Suffix „ato" angebracht, und danach wird die negative Ladungsgröße ohne Leerzeichen mit in runden Klammern geschriebenen arabischen Ziffern in gleicher Schriftebene hinzugefügt.

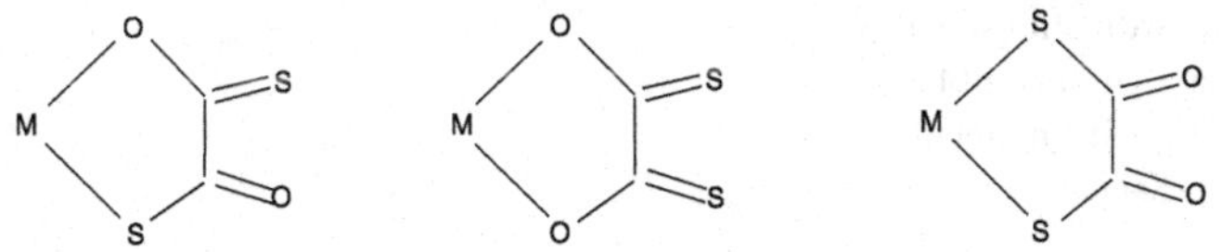

Dithiooxalat-S,O a | *Dithiooxalat-O,O* b | *Dithiooxalat-S,S* c

Abb. 1.11 Drei Koordinationsformen des zweizähnigen Chelatliganden Dithiooxalat, $C_2O_2S_2^{2-}$, an ein Metallatom

Der anionische Komplex $[Ni^{II}Cl_4]^{2-}$ trägt demnach den Namen Tetrachloroniccelato(2−). Es werden keine Gedankenstriche eingefügt.

Einige häufig benutzte Liganden tragen spezielle Namen:

H_2O	Aqua
NO	Nitrosyl
CO	Carbonyl
N_2	Nitrogenyl
H	Hydruro (stets als anionischer Ligand H^-)
NH_3	Ammin (Das doppelte „m" ist eingeführt, um den Ammoniak-Liganden von Amin-Liganden zu unterscheiden)

1.2.2.3 Regeln für Metallkomplexe mit bidentaten oder polydentaten Liganden

Prinzipiell gelten die vorher genannten Regeln, um jedweden Metallkomplex zu benennen. Trotzdem ist es zweckmäßig und notwendig, noch einige zusätzliche Regeln einzuführen

In solchen Fällen müssen die Donoratome des koordinierten Liganden mit dem griechischen Symbol κ (Kappa) versehen werden. Eine andere, erlaubte Schreibweise des koordinierten Liganden ist es, das koordinierte Donoratom kursiv zu setzen und mit einem Gedankenstrich an den Ligandennamen anzufügen (siehe oben). Zur Verdeutlichung der Ausführungen sind in der Abb. 1.11 drei Koordinationsformen der Donoratome O und S an das Zentralatom M im Dithiooxalato-Liganden (es ist zu beachten, dass wiederum der anionische Ligand das Suffix „O" trägt) aufgeführt: Dithiooxalato-*S,O*; Dithiooxalato-*O,O* und Dithiooxalato-*S,S*.

Um die Positionen der Donoratome im koordinierten Liganden zu indizieren, schreibt man diese Positionen als kursiv gesetzte Exponenten an das Donoratom, zum Beispiel im Liganden Tartrato(4-)-O^2,O^3 (Abb. 1.12) In komplizierteren Fällen ist es jedoch sinnvoller, die κ-Konvention (Kappa) anzuwenden, um Verwechselungen der koordinierenden Atome mit anderen Symbolen zu vermeiden.

Da das Ethylendiamin (en) ein häufig und gern genutzter Chelatligand ist, sei dessen Nomenklatur noch etwas vertieft: 1,2-Diaminoethan oder Ethylendiamin (en) wird

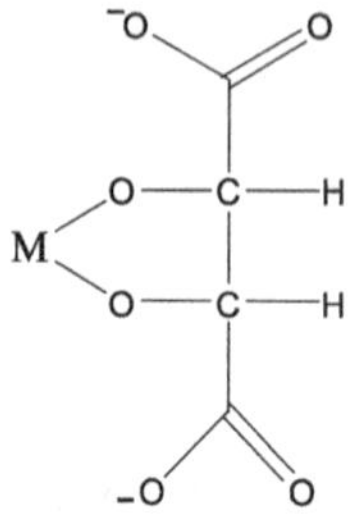

Abb. 1.12 Koordinationsform
des Chelatliganden Tartrat(4-),
O^2,O^3-$C_4H_2O_6^{4-}$, an ein Metallatom über zwei Sauerstoffatome

als koordinierter, bidentater Chelatligand angegeben mit (1,2-Diaminoethan)-$\kappa^{1,2}$N oder
(1,2-Diaminoethan)-*N,N'*.

Als Beispiel erhält die Koordinationsverbindung $[Cr(en)_3]_2(SO_4)_3$ ($\rightarrow$ Präparat 19)
die den kationischen Chelatkomplex $[Cr(en)_3]^{3+}$ enthält, den Namen Tris(ethylendiamin)chromium(III)-sulfat oder Tris{1,2-diaminoethan)-$\kappa^{1,2}$N}chromium(III)-sulfat oder
Tris{1,2-diaminoethan)-*N,N'*}chromium(III)sulfat.

1.2.2.4   Regeln für Mehrkernkomplexe
Mehrkernkomplexe mit Brückenliganden

Zur Kennzeichnung von Brückenliganden in Mehrkernkomplexen (polynuklearen Komplexen) wird vor dessen Formel oder Namen das Zeichen μ gesetzt. Einer Zahl n als Index
am Zeichen μ_n entspricht die Anzahl der durch den Brückenliganden verbundenen Metallatome. Im Trivialfall μ_2 (Verknüpfung von zwei Metallatomen über den Brückenliganden) wird die Ziffer 2 weggelassen.

In den folgenden zwei Beispielen sind regelgerecht Formel und Namen von homonuklearen, symmetrischen Zweikernkomplexen angegeben:

Formel: $[(H_3N)_5Cr^{III}$-μ-OH-$Cr^{III}(NH_3)_5]Cl_5$ oder $[\{Cr(NH_3)_5\}_2(\mu$-OH$)]Cl_5$.
Name: μ-Hydroxo-bis(pentaamminchromium)(5+)-pentachlorid
Formel: $[\{Ru^{III}Cl_4\}_2(\mu$-OH$)_2]^{2-}$
Name: Di-μ-hydroxo-bis(tetrachlororuthenato)(2-).

Die Anzahl der Brückenliganden wird mit einem Präfix angegeben, im angegebenen Beispiel des Rutheniumkomplexes ist es das Präfix di-.

Mehrkernkomplexe mit Metall-Metall-Bindungen

Die Kennzeichnung einer Metall-Metall-Bindung im Komplex wird in kursiven Lettern
der betreffenden Symbole der Metalle innerhalb runder Klammern vorgenommen.

Beispiel für einen symmetrischen Komplex:

Formel: $[Re^{III}_2Cl_8]^{2-}$
Name: Bis(tetrachlororhenato)(*Re-Re*)(2-)

Tab. 1.7 IUPAC-Empfehlung für die Prioritätsabfolge von Metallen bei der Nomenklatur von Komplexverbindungen

$Sc^{(27)}$	$Ti^{(24)}$	$V^{(21)}$	$Cr^{(19)}$	$Mn^{(16)}$	$Fe^{(13)}$	$Co^{(10)}$	$Ni^{(7)}$	$Cu^{(4)}$	$Zn^{(1)}$
$Y^{(28)}$	$Zr^{(25)}$	$Nb^{(22)}$	$Mo^{(20)}$	$Tc^{(17)}$	$Ru^{(14)}$	$Rh^{(11)}$	$Pd^{(8)}$	$Ag^{(5)}$	$Cd^{(2)}$
$La^{(29)}$	$Hf^{(26)}$	$Ta^{(23)}$	$W^{(21)}$	$Re^{(18)}$	$Os^{(15)}$	$Ir^{(12)}$	$Pt^{(9)}$	$Au^{(6)}$	$Hg^{(3)}$
$Ac^{(44)}$	$Lu^{(43)}$		$Lr^{(58)}$						

Beispiel für einen asymmetrischen, heteronuklearen Zweikernkomplex:

Formel: $[(CO)_5Re-Co(CO)_4]$
Name: Nonacarbonil-$1^5C,2^4$-C-cobaltrhenium(Co-Re)

An diesem Zweikernkomplex sei die Benennung noch näher erläutert:
1^5C bedeutet: 5 Carbonyl-Liganden sind am Rhenium-Zentralatom über die C-Atome gebunden. Das Rhenium besitzt die höhere Priorität 1 gegenüber Cobalt mit der Priorität 2 (s. Tab. 1.7).
2^4-C bedeutet: 4 Carbonyl-Liganden sind an das Cobalt-Zentralatom mit der Priorität 2 über ihre C-Atome gebunden. (Tab. 1.7).
In der Tab. 1.7 sind die durch die IUPAC empfohlenen Prioritätsregeln aufgeführt. Die Priorität wächst mit der in runden Klammern aufgeführten Zahl, das heißt, dass dem Metall mit der größten Zahl in diesem Schema die höchste Priorität zugeordnet wird. In unserem Beispiel besitzt $Re^{(18)}$ die höhere Priorität gegenüber $Co^{(10)}$.
Im folgenden Beispiel wird die Nomenklatur-Regel für einen asymmetrischen, homonuklearen Zweikernkomplex mit unterschiedlichen Koordinationssphären demonstriert. Die Priorität richtet sich nach der Gruppe mit den meisten Lokanten. Die *Lokanten* markieren die Zahl der gleichartigen Liganden an jedem Zentralatom innerhalb eines Zwei- oder Mehrkernkomplexes.

Formel: $[\{Co^{III}(NH_3)_3\}(\mu\text{-OH})_2(\mu\text{-NO}_2)\{Co^{III}(NC_5H_5)(NH_3)_2\}]Br_3$
Name: Pentaammin-$1^3N,2^2N$-di-μ-hydroxo-μ-nitrito-$1N{:}2O$-(pyridin-$2N$)dicobalt(III) tri-
  bromid

Das Cobalt-Zentralatom, das von drei Ammoniakliganden umgeben ist, besitzt die höhere Priorität 1 gegenüber dem Cobalt-Zentralatom mit der niedrigeren Priorität 2, weil letzteres nur zwei Ammoniakliganden gebunden hat.

1.3 Isomerie

Die große Vielfalt und Diversifikation von Koordinationsverbindungen ist unter anderem in der Möglichkeit zur Bildung und zum Auftreten isomerer Verbindungen begründet.

Tab. 1.8 Beispiele für die Ionisationsisomerie von Koordinationsverbindungen

Koordinationsverbindungen	Ionisationsisomere
$[CoBr(NH_3)_5]SO_4$ dunkelviolett	$[Co(SO_4)(NH_3)_5]Br$ violettrot
trans-$[CoCl_2(en)_2]NO_2$ grün	trans-$[CoCl(NO_2)(en)_2]Cl$ orange
trans-$[Co(NCS\text{-}\kappa N)(en)_2]Cl$ NCS blau	trans-$[Co(NCS\text{-}\kappa N)_2(en)_2]$ Cl rot

Tab. 1.9 Beispiele für die Hydratisomerie von Koordinationsverbindungen

Koordinationsverbindung	Hydratisomere
$[Cr(H_2O)_6]Cl_3$ grauviolett	$[CrCl(H_2O)_5]Cl_2 \cdot H_2O$ dunkelgrün
	$[CrCl_2(H_2O)_4]Cl \cdot 2H_2O$ grün

Die Isomerie von Metallkomplexen schließt die Existenz von verschiedenen individuellen Spezies mit einer identischen Summenformel, jedoch unterschiedlichen Eigenschaften, ein.

Es wird zwischen zwei Isomerie-Typen unterschieden:

Strukturisomerie (Konstitutionsisomerie), die sich auf die unterschiedliche Bindung der Atome in den Komplexen bei gleicher Summenformel bezieht;

und die

Stereoisomerie, die die unterschiedliche räumliche Anordnung der Metallkomplexe bei gleicher Summenformel unter Beibehaltung des Bindungstyps repräsentiert.

Jede dieser beiden Haupttypen enthält spezielle Isomeriearten, die im Folgenden abgehandelt werden.

1.3.1 Strukturisomerie (Konstitutionsisomerie)

1.3.1.1 Ionisationsisomerie

Diese Isomerieart tritt in ionischen Koordinationsverbindungen auf. Sie ist zurückzuführen auf den (formalen) Austausch von Gruppen innerhalb der Koordinationssphäre des ionischen Komplexes (kationischer oder anionischer Komplex) und den *Counterionen* (Gegenionen) in der entsprechenden Koordinationsverbindung. Diese isomeren Koordinationsverbindungen von ionischem Bindungscharakter besitzen jeweils dieselbe Summenformel, jedoch unterschiedliche Koordinationseinheiten. Einige Beispiele enthält die Tab. 1.8

Zu dieser Isomerieart gehört die *Hydratisomerie* als Spezialfall. Der Ligand Wasser, H_2O, kann sich bei gleicher Summenformel in der Koordinationseinheit bzw. im Counterion aufhalten, wie dies die Beispiele in der Tab. 1.9 veranschaulichen.

Durch Erwärmen oder Einfrieren kann eine Isomerenform in eine andere reversibel überführt werden.

Tab. 1.10 Beispiele für die Koordinationsisomerie von Metallkomplexen

Komplexsalze	Koordinationsisomere
$[Cu(NH_3)_4][PtCl_4]$	$[Pt(NH_3)_4][CuCl_4]$
$[Co(NH_3)_6][Cr(CN)_6]$	$[Cr(NH_3)_6][Co(CN)_6]$
$[Cr(en)_3][Cr(ox)_3]$	$[Cr(ox)(en)_2][Cr(ox)_2(en)]$
$[Pt^{II}(NH_3)_4][Pt^{IV}Cl_6]$	$[Pt^{IV}Cl_2(NH_3)_4][Pt^{II}Cl_4]$

Tab. 1.11 Beispiele für die Polymerisationsisomerie von Metallkomplexen

Koordinationsverbindungen	Polymerisationsisomere
$[Pt(NH_3)_4][PtCl_4]$	$[Pt(NH_3)_4][PtCl_3(NH_3)]_2$
	$[PtCl(NH_3)_3]_2[PtCl_4]$
$[Co(NO_2)_3(NH_3)_3]$	$[Co(NH_3)_6][Co(NO_2)_6]$

1.3.1.2 Koordinationsisomerie

Voraussetzung für die Existenz einer Koordinationsisomerie ist das Vorliegen von mindestens zwei heteronuklearen Koordinationseinheiten (zum Beispiel: Cu^{II}/Pt^{II}; Co^{III}/Cr^{III}) oder zwei homonuklearen Koordinationseinheiten mit dem Metall in unterschiedlichen Oxidationszuständen (zum Beispiel Pt^{II}/Pt^{IV}) und verschiedenen Ligandsphären. Jede Koordinationseinheit muss mindestens zwei verschiedene Ligandtypen aufweisen, zum Beispiel NH_3/Cl^- oder NH_3/CN^- oder (en)/(ox)$^{2-}$. Die Koordinationsisomerie ist durch den (formalen) Austausch der Liganden zwischen den Koordinationssphären charakterisiert. Einen Spezialfall der Koordinationsisomerie liegt in einigen ionischen Zweikernkomplexen vor, deren Koordinationseinheiten über Brückenliganden miteinander verbunden sind. Beispiele dafür sind die beiden Koordinationsisomeren Tetraamminchromium(II)-μ-dihydroxo-diammindichlorocobalt(III) und Triamminchlorochromium(II)-μ-dihydroxo-triamminchloro-cobalt(III).

Wenn diese Vorbedingungen gegeben sind, kann man Koordinationsisomere präparieren, in denen die Liganden bzw. die Metalle komplett ihren Koordinationstorso verändern, wie dies in der Tab. 1.10 an Beispielen belegt ist.

Die *Polymerisationsisomerie* ist im strengen Sinne kein Isomerie-Subtyp, sondern eher eine spezielle Form der Koordinationsisomerie. Die Isomere besitzen denselben prozentualen Anteil an jedem Element und die Liganden stehen zueinander in Beziehung im selben stöchiometrischen Verhältnis. Sie unterscheiden sich jedoch durch die Molmasse. Das ist den angeführten Beispielen in der Tab. 1.11 zu entnehmen.

1.3.1.3 Bindungsisomerie

Einige Liganden besitzen, wie bereits oben erwähnt, mehr als nur eine Koordinationsmöglichkeit an das Zentralatom mittels ihrer dazu fähigen Haftatome. Die mit diesen Liganden gebildeten Komplexe weisen die gleiche Summenformel auf. Klassische Liganden in diesem Sinne sind das schon erwähnte Nitrition, NO_2^-, das in der Nitro-Form über das Stickstoffatom $\underline{N}O_2^-$ und in der Nitrito-Form über ein Sauerstoffatom $\underline{O}NO^-$ an das

Tab. 1.12 Beispiele für die Bindungsisomerie von Koordinationsverbindungen	Koordinationsverbindungen	Bindungsisomere
	$[Co(\underline{N}O_2)(NH_3)_5]Cl_2$	$[Co(\underline{O}NO)(NH_3)_5]Cl_2$
	$[Rh(\underline{N}CS)(NH_3)_5]Cl_2$	$[Rh(\underline{S}CN)(NH_3)_5]Cl_2$
	$[Pd(\underline{N}CS)_2(dipy)]$	$[Pd(\underline{S}CN)_2(dipy)]$
	$[Rh(\underline{N}CO)\{P(C_6H_5)_3\}]$	$[Rh(\underline{O}CN)\{P(C_6H_5)_3\}]$

Zentralatom koordiniert und das Rhodanidion, SCN^-, das im Thiocyanato-Ion über das Schwefelatom $\underline{S}CN^-$ bzw. im Isothiocyanat-Ion über das Stickstoffatom $\underline{N}CS^-$ an das Metall bindet. Die Kennzeichnung der jeweils aktuierenden Haftatome erfolgt, wie im Abschn. 1.2.2 beschrieben, mit der κ-Nomenklatur bzw. der kursiv nachgestellten Haftatom-Indizierung. Relevante Beispiele enthält die Tab. 1.12

1.3.1.4 Ligandenisomerie

Wenn die eingesetzten organischen Liganden selbst isomer zueinander sind, sind die mit dem Metall gebildeten Komplexe ebenfalls isomer zueinander. Solche ligandisomeren Metallkomplexe erhält man zum Beispiel bei Einsatz der isomeren Diamine 1,2-Diaminopropan, $H_2N-CH_2-CH(NH_2)-CH_3$ und 1,3-Diaminopropan, $H_2N-CH_2-CH_2-CH_2-NH_2$ oder der isomeren aromatischen Monoamine o-, m- und p-Toluidin, $H_2N-C_6H_4-CH_3$.

1.3.2 Stereoisomerie

Diese Isomerieart bezieht sich auf die räumliche Anordnung der Liganden um das Zentralatom. Die *Stereoisomere* sind klassifiziert in zwei Haupt-Typen, die *Diastereoisomere* und die *Enantiomere*. Sie unterscheiden sich wesentlich in ihren Eigenschaften.

1.3.2.1 Diastereoisomerie (geometrische Isomerie; Ligandverteilungs-Isomerie)

Die geometrischen Isomere unterscheiden sich voneinander durch die Verteilung der Liganden um das Zentralatom in einer definierten geometrischen Anordnung. Solche Ligandenanordnungen sind unter Normalbedingungen stabil. So gebildete Komplexe sind *Konfigurationsisomere*. Im Falle des Einsatzes von *labilen* (beweglichen) Liganden in den Komplexen handelt es sich um *Konformationsisomere*.

Infolgedessen wird zwischen der *cis–trans-Isomerie* und der *polytopen Isomerie* (allogone Isomerie) unterschieden.

Cis-trans-Isomerie
Quadratisch-planare Metallkomplexe

Quadratisch planare Metallkomplexe besitzen die Koordinationszahl 4. Die Platin(II)-Komplexe vom Typ Ma_2b_2, hier vorgestellt an *cis*-$[Pt^{II}Cl_2(NH_3)_2]$ und *trans*-$[Pt^{II}Cl_2(NH_3)_2]$, sind illustrative Beispiele für geometrische Isomere von quadratisch-planaren Komplexen (Abb. 1.13)

Abb. 1.13 Strukturen der geometrischen Isomeren von quadratisch-planaren Platin(II)-Komplexen. *Linksseitig:* *cis*-[Pt(Cl$_2$(NH$_3$)$_2$, *rechtsseitig:* *trans*-[Pt(Cl$_2$(NH$_3$)$_2$]

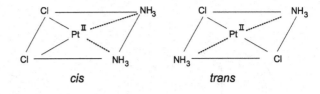

In der *cis*-isomeren Verbindung sind die beiden Chloroliganden zueinander benachbart positioniert (lateinisch: *cis* = diesseits). Das Gleiche gilt bezüglich ihrer Positionierung für die beiden Amminliganden. Im *trans*-Isomeren (lateinisch: *trans*=jenseits) sind sowohl die beiden Chloroliganden zueinander wie auch die beiden Amminliganden zueinander diametral positioniert. Die beiden Verbindungen haben individuelle chemische Charakteristika. Sie lassen sich unter Nutzung des *trans*-Effektes synthetisieren (Abb. 1.6):

$$[Pt^{II}Cl_4]^{2-} \xrightarrow[-Cl^-]{+NH_3} [Pt^{II}Cl_3(NH_3)]^- \xrightarrow[-Cl^-]{+NH_3} cis\text{-}[Pt^{II}Cl_2(NH_3)_2]$$

$$[Pt^{II}(NH_3)_4]^{2+} \xrightarrow[-NH_3]{+Cl^-} [Pt^{II}Cl(NH_3)_3]^+ \xrightarrow[-NH_3]{+Cl^-} trans\text{-}[Pt^{II}Cl_2(NH_3)_2]$$

Oktaedrische Metallkomplexe

Oktaedrische Metallkomplexe besitzen die Koordinationszahl 6. Die oktaedrischen Komplexe des Cobalt(III) vom Typ Ma$_4$b$_2$, das *cis*-[Co^{III}Cl$_2$(NH$_3$)$_4$]$^+$ (*violeo*) und das *trans*-[Co^{III}Cl$_2$(NH$_3$)$_4$] (*praseo)*, sind illustrative Beispiele für geometrische Isomere. Die beiden Chloroliganden sind im *cis*-Isomeren auf einer Oktaederkante benachbart und im *trans*-Isomeren gegenüberliegend auf einer Oktaederachse angeordnet (Abb. 1.14).

Die saure Hydrolyse der dinuklearen Komplexeinheit Di-μ-hydroxo-bis{tetraammin-cobalt(III)}(4+) ist eine elegante Synthese von zwei *cis*-isomeren Komplexen des Cobalt(III):

$$[(NH_3)_4Co^{III}\text{-}\mu\text{-}(OH)_2\text{-}Co^{III}(NH_3)_4]^{4+} \xrightarrow[-12°C]{+HCl/H_2O}$$

$$cis\text{-}[Co^{III}(NH_3)_4(H_2O)_2]^{3+} + cis\text{-}[Co^{III}Cl_2(NH_3)_4]^+$$

Die beiden Hydroxo-Brückenliganden favorisieren die ausschließliche Bildung von *cis*-isomeren Komplexen.

Außer diesen beiden Isomerentypen vom Typ Ma$_4$b$_2$ mit M=Co^{III} konnten experimentell keine anderen Komplexe erhalten werden. Denkbar wäre auch für Komplexe mit der Koordinationszahl 6 die Bildung einesa trigonalen Prismas oder eines regulären, planaren Hexagons (Abb. 1.15).

Im Falle des trigonalen Prismas und des ebenen Hexagons müssten für den Typ Ma$_4$b$_2$ jeweils drei Isomere mit der Anordnung der beiden b-Liganden in 1,2-; 1.3- und 1,4-Position isolierbar sein.

Tatsächlich wurde nachgewiesen, dass die Werner-Komplexe von Cobalt(III) des Typs Ma$_4$b$_2$ mit der Koordinationszahl 6 ausschließlich jeweils zwei Isomere (1,2- und 1,6-Posi-

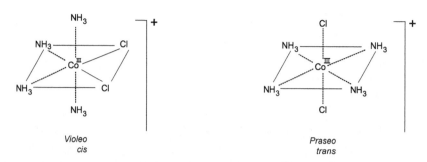

Abb. 1.14 Strukturen von geometrisch isomeren, oktaedrischen Cobalt(III)-Komplexen des Typs Ma_4b_2. cis-$[CoCl_2(NH_3)_4]^+$ ($violeo$) und $trans$-$[CoCl_2(NH_3)_4]^+$ ($praseo$)

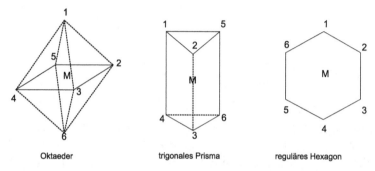

Abb. 1.15 Polyeder und Polygon (theoretisch) von Metallkomplexen mit der Koordinationszahl 6. *Linksseitig:* Oktaeder, *Mitte:* trigonales Prisma, *rechtsseitig:* reguläres Hexagon

tionen der zwei b-Liganden) bilden, womit die oktaedrische Struktur lange gesichert war, bevor diese durch die Röntgenkristallstrukturanalyse bestätigt wurde.

Nun sei noch ein anderer oktaedrischer Cobalt(III)-Komplex vom Typ Ma_3b_3 diskutiert. In diesem Falle gibt es ebenfalls zwei Diastereoisomere, wie die Abb. 1.16 zeigt.

mer (das ist die Abkürzung für *meridional*, herrührend vom lateinischen Wort meridionalis=Nord-Süd-Richtung) bedeutet, dass die drei Liganden a (oder b) sich auf einem Kugelmeridian rings um das Cobalt(III)-Atom herum befinden; *fac* (das ist die Abkürzung für *facial*, aus dem lateinischen Wort facies=Gesicht), bedeutet, dass sich die drei Liganden a (oder b) in den Scheitelpunkten von Dreiecken befinden, die jeweils Oktaederflächen entsprechen.

Allogon-Isomerie (polytope Isomerie)

Das Wort *allogon* kommt aus den griechischen Wortstämmen αλλοσ (anders) und γoμα (Winkel). Dieser Typ der geometrischen Isomerie tritt relativ selten auf im Vergleich mit der großen Anzahl von aufgefundenen Fällen der *cis-trans*-Isomerie. Er besitzt jedoch interessante theoretische Aspekte. Es handelt sich um die reale Existenz von Komplexen in

Abb. 1.16 Diastereomere
Formen von oktaedrischen
Cobalt(III)-Komplexen
vom Typ Ma_3b_3: *linksseitig:*
mer-[Ma_3b_3], *rechtsseitig:*
fac-[Ma_3b_3] *mer*=meridional,
fac=facial

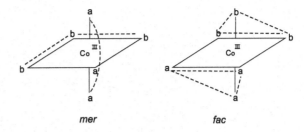

verschiedenen Polyeder-Formen mit jeweils gleichen Summenformeln. So haben wir im Falle von Komplexen mit der Koordinationszahl 4 die tetraedrische und die quadratisch planare Struktur; im Falle von Komplexen mit der Koordinationszahl 5 die trigonal bipyramidale Struktur und die pyramidale Struktur mit quadratischer Grundfläche.

Im Festzustand gibt es Beispiele für Komplexe des Typs Ma_2b_2, so den grünen, tetraedrischen Nickel(II)-Komplex [$Ni^{II}Br_2\{P(bz)(C_6H_5)_2\}_2$] und den isomeren roten, quadratisch-planaren Nickel(II)-Komplex *trans*-[$Ni^{II}Br_2\{P(bz)(C_6H_5)_2\}_2$] (Abkürzung bz=Benzyl). Ein weiteres Beispiel ist der im Festzustand quadratisch-planare Cobalt(II)-Komplex [$Co^{II}(NCS)_2\{P(C_2H_5)_3\}_2$], der in Lösung eine tetraedrische Struktur annimmt.

Aus den beiden Beispielen lässt sich folgern, dass die Bildung und Existenz allogoner Isomere sowohl vom Festzustand, verkörpert im Kristallgitter mit fixierter Struktur, als auch von der „Mobilität" des Polyeders in Lösung beeinflusst wird. Bisher wurden keine Komplexe des Typs Ma_4 mit vier gleichen Liganden aufgefunden, die eine solche polytope Isomerie zeigen. Der Einfluss des Lösungsmittels zeigt sich zum Beispiel im Komplextyp Ma_5 mit der Koordinationszahl 5, so im Organometallkomplex Pentaphenylantimon, [$Sb(C_6H_5)_5$]. Diese Verbindung besitzt im Festzustand ohne beteiligte Lösungsmittelmoleküle eine pyramidale Struktur mit quadratisch-planarer Basisfläche, dagegen im Festzustand mit stöchiometrisch gesehen einem halben Molekül des Lösungsmittels Cyclohexan eine trigonal-bipyramidale Struktur, [$Sb(C_6H_5)_5 \cdot 1/2\,C_6H_{12}$] (Abb. 1.17).

1.3.2.2 Enantiomerie (optische Isomerie; Spiegelbildisomerie; Chiralitätsisomerie)

Die *Enantiomere* (aus dem Griechischen „*enanti*" =Gegenbild; „*meros*" =Teil) sind Teile eines Molekülpaares (*Razemat*), die sich wie Bild und Spiegelbild zueinander verhalten. Ein Enantiomer lässt sich mit seinem gespiegelten Partner nicht zur Deckung bringen. Beide sind nicht kongruent und werden als *chirale Verbindungen* bzw. *chirale Moleküle* bezeichnet.

Diese Vorstellungen lassen sich mit einem einfachen Modell veranschaulichen, um das Wesentliche zu verstehen. Der Mensch besitzt zwei Hände mit fünf Fingern an jeder Hand, die sich nicht identisch übereinander legen lassen. Bei einer Spiegelung lassen sich beide zur Deckung bringen. So den beiden Händen ähnliche Beispiele gibt es zahlreiche: Die zwei Füße, die verschiedenen Schwänze der Schweine, die verschiedenen Quarzkristalle stellen jeweils Spiegelbilder dar, die nicht deckungsgleich mit den Originalen sind.

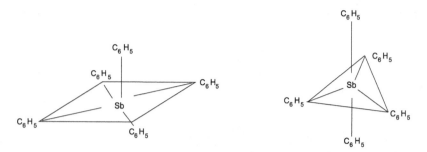

Abb. 1.17 Zwei Strukturformen von Pentaphenylantimon, Sb(C$_6$H$_5$)$_5$. *Linksseitig*: pyramidal-quadratisch, *rechtsseitig*: trigonal-bipyramidal

Das Verhalten des Molekülbildes und seines reflektierten Bildes zueinander wird als *Chiralität* (Händigkeit) bezeichnet. Der Wortstamm „*cheir*" kommt aus dem Griechischen und bedeutet „Hand", literarisch betrachtet bedeutet Chiralität die Form(en) der Hand. In diesem Kontext handelt es sich um eine allgemeine und fundamentale Eigenschaft in der Chemie, die man bei einer großen Zahl von organischen und anorganischen Molekülen antrifft.

Die zwei Isomere (Enantiomere) sind optisch aktiv, weil sie die Ebene des polarisierten Lichtes in entgegengesetzte Richtungen lenken. Ein Enantiomer einer chiralen Verbindung/eines chiralen Moleküls lenkt das polarisierte Licht in eine Richtung, während das andere Enantiomer das polarisierte Licht in die genau entgegengesetzte Richtung lenkt. Die Form des Enantiomers, die das polarisierte Licht nach rechts ablenkt, benennt man mit dem Zeichen „+" (Plus), das der Formel des Moleküls vorangestellt wird, und die Form des Enantiomers, die das polarisierte Licht in die entgegengesetzte Richtung, nach links, ablenkt, erhält das Zeichen „−"(Minus) vor der Formel. Es kann auch eine andere Nomenklatur mit den Symbolen „D" und „L" für chirale Verbindungen benutzt werden oder „R" und „S", nach einem Vorschlag von Robert Sidney Cahn, Christopher Kelk Ingold und Vladimir Prelog (1906–1998). Bei der Synthese einer großen Zahl von Verbindungen entsteht eine Mischung beider Enantiomeren-Formen „+" und „−" im Verhältnis 1:1. Diese Mischung ist ein *Razemat* bzw. eine *razemische Mischung*. In diesem Fall gibt es keine Drehung der Ebene des polarisierten Lichtes.

Die beiden Enantiomere besitzen gleiche chemische und physikalisch-chemische Eigenschaften, ausgenommen ihre Fähigkeit, die Ebene des polarisierten Lichtes in entgegengesetzte Richtungen zu lenken. Das erschwert die Trennung der Enantiomeren. Trotzdem ist es möglich, Enantiomere von kationischen Metallkomplexen eines von dem anderen durch Umsetzung mit einem optisch aktiven Anion zu trennen. Ein solches ist das Anion der D-Bromcamphersulfonsäure. Man erhält dann zwei diastereoisomere Salze unterschiedlicher Eigenschaften, die schließlich ihre Trennung ermöglichen, zum Beispiel aufgrund unterschiedlicher Löslichkeiten, unterschiedlicher Kristallisationsformen u. a.

Zurückkehrend zum eingangs erwähnten Beispiel der rechten und der linken Hand: Wenn man eine ungeordnete größere Menge von Handschuhen für beide Hände hat und

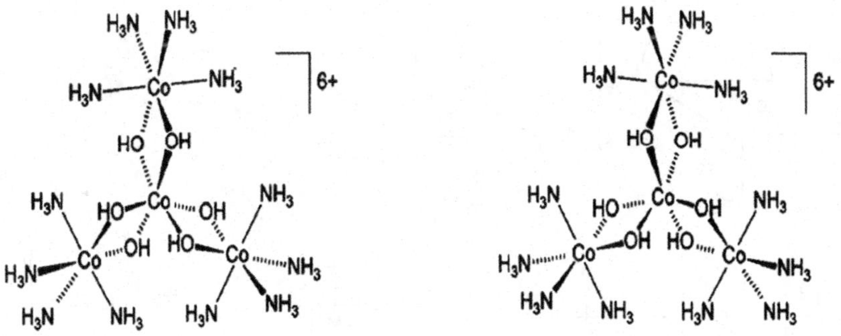

Abb. 1.18 Enantiomere von $[\mathrm{Co}\{\mu_2\text{-}(OH)_2\mathrm{Co}(NH_3)_4\}_3]^{6+}$

möchte sie sortieren, dann benutzt man beide Hände zur Anprobe und ermittelt, welche
für die rechte Hand und welche für die linke Hand passen und legt sie nun geordnet in
zwei getrennte Haufen.

Alfred Werner gelang es 1914, Koordinationseinheiten

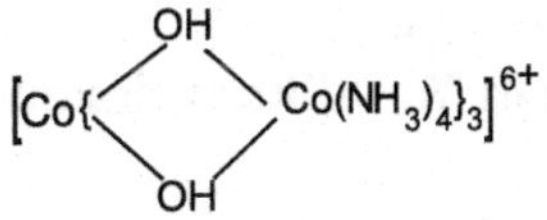

$$\left[\mathrm{Co}\left\{\begin{matrix}OH\\ \\OH\end{matrix}\right.\mathrm{Co}(NH_3)_4\right\}_3\right]^{6+}$$

voneinander zu trennen mittels des oben erwähnten D-Bromcamphersulfonat-Anions
(Abb. 1.18).

Wie aus den abgebildeten Formeln ersichtlich ist, enthalten die Komplexe kein C-Atom,
also auch kein optisch aktives, asymmetrisches C*, was man bis dahin als Voraussetzung
für optisch aktive Verbindungen angenommen hatte. Es sei erinnert, dass 1911 A. Werner
zusammen mit V. L. King die beiden Enantiomere des Komplexes $[\mathrm{Co^{III}Cl}(NH_3)(en)_2]\mathrm{Cl}_2$
getrennt hatte, die in den Ethylendiamin-Liganden Kohlenstoffatome enthalten.

In ähnlicher Weise lassen sich die Enantiomere von anionischen Komplexen voneinander trennen, indem man ein optisch aktives Kation einsetzt, beispielsweise das protonierte
Strychnin.

Die Erfahrung hat gezeigt, dass sich optische aktive Komplexe überschaubar und verständlich erhalten lassen, wenn oktaedrische Komplexe von Cobalt(III) oder Chrom(III)
mit zweizähnigen (bidentaten) Chelatliganden, wie Ethylendiamin (en), Oxalat^{2-} (ox).
Phenantrolin (phen), acetylacetonato$^-$ (acac) u. a., synthetisiert werden (Abb. 1.19a).

Dieses Beispiel zeigt die Möglichkeit zur Existenz *chiraler Komplexe* (Enantiomeren-
komplexe) von helicaler Struktur (Abb. 1.19a). Außerdem sind chirale Komplexe durch
Koordination von unterschiedlichen Ligandgruppen Mabcdef (Abb. 1.19b) oder durch
Koordination chiraler Liganden (Abb. 1.19c) zugänglich.

Die Koordinationschemie von chiralen Metallkomplexen ist von erheblicher Bedeutung in der bioanorganischen Chemie, bei der Synthese chiraler organischer Verbindungen, für die medizinische Chemie u. a.

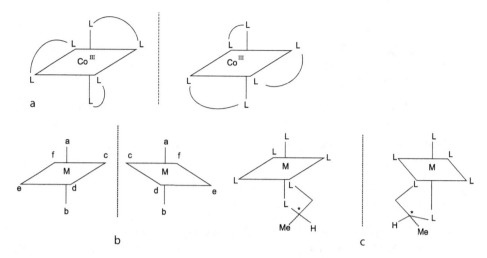

Abb. 1.19 Enantiomere von oktaedrischen Metallkomplexen

1.4 Chemische Bindung in Metallkomplexen

Die Kenntnis der Natur der chemischen Bindung zwischen dem Zentralatom und den Liganden ist fundamental zum Verständnis des Phänomens Metallkomplex an sich und zum Verständnis seiner elektronischen und magnetischen Eigenschaften, seiner Stabilität (Instabilität) und Reaktivität. Es handelt sich um die Bindung zwischen dem Metallatom M und den Donoratomen D des Liganden.

Es gibt zwei verschiedene Modelle für das Verständnis der chemischen Bindung in Metallkomplexen:

- Das elektrostatische Modell, in verfeinerter Form die *Ligandenfeldtheorie*;
- Das kovalente Modell, in Form der *Valenzbindungstheorie*, charakterisiert durch die Überlappung von Metall- und Ligandorbitalen

Beide Modelle sind idealisierte Extreme. Die chemische Realität befindet sich zwischen beiden. Ein weiterentwickeltes Modell, die *Molekülorbitaltheorie* (MO-Theorie), vereinigt beide Modellbetrachtungen und gibt die Natur der chemischen Bindung in Metallkomplexen besser wieder.

In dieser Einführung zur Koordinationschemie wollen wir weder quantenmechanische Aspekte diskutieren, noch mathematische Modelle entwickeln, die die Natur der chemischen Bindung profund erklären, sondern wir fokussieren auf das Verständnis der experimentellen Befunde in qualitativer Hinsicht. Für eine Vertiefung der Thematik sei den Lesern die Lektüre von Büchern empfohlen [A4], [A2], die darauf spezialisiert sind.

1.4.1 Das elektrostatische Bindungmodell

Mit der im Jahre 1916 von Walter Kossel (1888–1956) publizierten Arbeit [A50] wurde das elektrostatische Bindungsmodell eingeführt [A51].

Es geht von der Hypothese aus, dass die Komplexe Ionenaggregate oder Aggregate polarer Moleküle sind. Konsequenterweise sollten deshalb die Bindungskräfte und Bindungsenergien mit Hilfe des *Coulombschen Gesetzes* berechnet werden können.

Es gelten folgende Voraussetzungen:

a) Es gibt keinen dynamischen Austausch der Elektronen, dennoch schließt das starre Modell die Möglichkeit einer Wechselwirkung zwischen den Ionen oder den dipolaren Molekülen ein.
b) Das elektrische Feld der Ionen oder der dipolaren Moleküle wirkt in alle Richtungen, mit anderen Worten: Die Kräfte sind ungerichtet.
c) Die Ionen werden als starre Teilchen betrachtet.

Bei Annahme dieser Voraussetzungen ergibt sich die gegenseitige elektrostatische (ionische) Anziehungskraft der Partikel mit entgegengesetzter elektrischer Ladung (+, −) durch die Gleichung:

$$k_1 = \frac{n \cdot z \cdot e^2}{r^2} \tag{1}$$

n = Ligandenzahl
z = Zahl der elektrischen Ladungen
e = Ladung des Elektrons
r = $r^+ + r^-$

Für die elektrostatische (ionische) Abstoßungskraft zwischen den Liganden wird die Gl. (2) angewandt:

$$k_2 = \frac{n \cdot \sigma \cdot e^2}{r^2} \tag{2}$$

σ = Abschirmkonstante

Um die Bildungsenergie U des Komplexes zu berechnen, wird die Differenz zwischen der Anziehungsenergie U_1 und der Abstoßungsenergie U_2 gebildet:

$$U = U_1 - U_2 = \frac{n \cdot z \cdot e^2}{r^2} - \frac{n \cdot \sigma \cdot e^2}{r^2} = \frac{e^2 n}{r^2}(z - \sigma) \tag{3}$$

Bei der Annahme, dass die Abstände zwischen den Ionen mehr oder weniger ähnlich sind ($e^2/r \sim$ const.), dann ergibt sich die Vereinfachung:

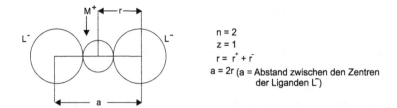

Abb. 1.20 Elektrostatisches, schematisches Modell für linear strukturierte anionische Metallkomplexe des Typs $[M^IL_2]^-$ ($M = Ag^I$, Au^I, Cu^I, ...; $L = Cl^-$, Br^-, ...)

$$U \sim n\,(z - \sigma) \qquad\qquad (4)$$

Ausgehend vom rein elektrostatischen Ansatz ist das Produkt $n\,(z - \sigma)$ ein Maß für die Bildungsenergie des Komplexes, die man in Abhängigkeit von der Zahl der Liganden n, der Größe der elektrischen Ladung z und der Abschirmkonstante σ für unterschiedliche Polyeder oder Polygone berechnen kann. Dazu dienen einfache geometrische Überlegungen bzw. Rechnungen. Betrachten wir die Durchführung solcher Berechnungen an praktischen Beispielen der Komplexe vom Typ $[ML_2]^-$: $[Ag^ICl_2]^-$; $[Au^ICl_2]^-$ und $[Cu^IBr_2]^-$.

In diesen Fällen beziehen wir uns auf die Ionen M^+ und L^-. Die Werte für die Berechnung der Abschirmungskonstante σ sind in der Abb. 1.20 angegeben.

Unter Anwendung der Gl. (2) für die Abstoßungsenergie wird erhalten:

$$U_2 = (e^2/a) = (e^2/2r) = n \cdot \sigma(e^2/r)$$

Nach Auflösung der Gleichung gilt:

$$\sigma = e^2 \cdot r/e^2 \cdot 2r \cdot n = 0,25$$

$$n\,(z - \sigma) = 1,5$$

In ähnlicher Weise lassen sich für einen trigonal planaren Komplex $[ML_3]^{2-}$ mit M^+ und drei Liganden L^- nach Abb. 1.21 berechnen:

$$n\,(z - \sigma) = 1{,}26 \text{ mit } \sigma = 0{,}58.$$

Für einen tetraedrischen Komplex $[ML_4]^{3-}$ mit 4 anionischen Liganden L^- um das Zentralatom M^+ ist $\sigma = 0{,}98$, und für einen quadratisch planaren Komplex $[ML_4]^{3-}$ ist $\sigma = 0{,}957$.

In der Tab. 1.13 sind einige Werte $n\,(z - \sigma)$ angegeben, die auf der Basis von berechneten Daten von n und z erhalten wurden. Man beachte, dass für $z = 1$ und für die Zahl der Liganden $n = 2$ ein Maximum erreicht wird, das tatsächlich konform geht mit der bevorzugten Anordnung der Komplexe des Typs $[ML_2]^-$ (übereinstimmend mit der Bildungsenergie U der Komplexe).

Für den Fall von $z = 2$ (M^{2+}) ist die tetraedrische Koordination mit $n = 4$ bevorzugt entsprechend $n\,(z - \sigma) = 4.32$, so wie dies auch real zum Beispiel in den Komplexen $[CoCl_4]^{2-}$,

Abb. 1.21 Elektrostatisches, schematisches Modell für trigonal-planare anionische Metallkomplexe des Typs $[M^I L_3]^{2-}$

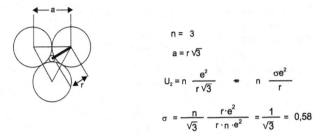

$$n = 3$$

$$a = r\sqrt{3}$$

$$U_2 = n\ \frac{e^2}{r\sqrt{3}}\ +\ n\ \frac{\sigma e^2}{r}$$

$$\sigma = \frac{n}{\sqrt{3}}\ \frac{r \cdot e^2}{r \cdot n \cdot e^2} = \frac{1}{\sqrt{3}} = 0{,}58$$

Tab. 1.13 Ermittlung von $n(z - \sigma)$ mit variierter Koordinationszahl $n = 1, 2, 3, 4$ und Ladungszahlen $z = 1, 2$ bei berechnetem σ

	$n=1$	$n=2$	$n=3$	$n=4$
$z=1$	1,00	1,50	1,26	0,32
$z=2$		3,50	4,26	4,32

$\sigma = 0{,}25$ ($n = 2$, linear); $0{,}58$ ($n = 4$, tetraedrisch)

$[NiCl_4]^{2-}$ und $[Cd(CN)_4]^{2-}$ u. a. angetroffen wird. Für eine quadratisch planare Konfiguration mit $n=4$ ergibt sich $\sigma = 0{,}957$ und $n(z - \sigma) = 4.17$.

Es lässt sich schlussfolgern, dass die Zunahme der Zahl der Liganden n am Metallion zu einem Energiegewinn führt. Wenn jedoch die Zahl der anionischen Liganden vergrößert wird, so manifestiert sich das in einer stärkeren gegenseitigen Abstoßung zwischen den Liganden, die ihrerseits zu einer geringeren Bildungsenergie des Komplexes führt.

Offensichtlich haben wir dabei nicht in Rechnung gestellt, dass die Metallionen und die Liganden unterschiedliche Radien bzw. Durchmesser besitzen, denn e^2/r wurde als konstant betrachtet. In der Realität sind die Coulomb-Kräfte von der Größe der geladenen Partikel und der Ladung abhängig. So ist es verständlich, dass für den Fall einer gleichen Koordinationszahl n die Anziehungskraft zwischen dem Zentralion und den Liganden sich mit der Verkleinerung der Radien und der Vergrößerung der Ladung der Ionen der Partizipanten erhöht.

Mit den folgenden Beispielen wird der Einfluss von Radien und Ladungen aufgezeigt. Die Stabilität nimmt bei den Halogenokomplexen in der Reihe $F^- > Cl^- > Br^- > I^-$ ab. Bei der Zunahme der Ionenradien der Elemente der Alkalimetall- bzw. Erdalkalimetallgruppe verringert sich die Tendenz zur Komplexbildung.

Zunahme des Ionenradius von Alkali- bzw. Erdalkalimetallionen und Abnahme der Tendenz zur Komplexbildung:

Zunahme der Ionenradien von Alkali- bzw. Erdalkalimetallionen	Abnahme der Komplexbildungstendenz
$Li^+ < Na^+ < K^+ < Cs^+ < Rb^+ < Fr^+$	$Li^+ > Na^+ > K^+ > Cs^+ > Rb^+ > Fr^+$
$Be^{2+} < Mg^{2+} < Ca^{2+} < Sr^{2+} < Ba^{2+}$	$Be^{2+} > Mg^{2+} > Ca^{2+} > Sr^{2+} > Ba^{2+}$

Tab. 1.14 Beziehungen zwischen den Radienverhältnissen Anion/Kation und den Koordinationszahlen

Verhältnis r_{Anion}/r_{Kation}	Koordinationszahl n
6,46	3
4,45	4
2,41	5
2,41	6
1,69	7
1,55	8
1,11	12

Die Präferenz für die Ausbildung des einen oder anderen Polyeders, verallgemeinert der geometrischen Form, ist ebenfalls abhängig von der Größe der Ionenradien, das heißt vom Radienverhältnis r_{Kation}/r_{Anion}.

Von der Position einer elektrostatischen Betrachtungsweise ist die Bildung von Polyedern im Vergleich zur Bildung von planaren geometrischen Formen begünstigt, weil eine starke Abstoßung zwischen den ionischen Liganden untereinander existiert. Deshalb lässt sich die Begünstigung der Bildung planarer Komplexe gegenüber tetraedrischen durch ein einfaches elektrostatisches Modell nicht erklären.

In der Tab. 1.14 sind die Radienverhältnisse r_{Anion}/r_{Kation} zu den entsprechenden Koordinationszahlen n in Beziehung gesetzt.

Wenn man allein von der oben angegebenen Voraussetzung c) des elektrostatischen Modells mit starren Ionensphären ausgeht, wird der Einfluss vernachlässigt, den das elektrische Feld jedes Ions ausübt. So beeinflusst im Falle des Lithiumiodids, LiI, jedes Lithiumion Li^+ mit seinem kleinen Ionenradius die Iodid-Ionen, I^-, mit großen Ionenradien, mit denen Li^+ in Wechselwirkung steht. Die Metallionen mit kleinen Ionenradien und positiver Ladung wirken stark polarisierend. Die Polarisation bewirkt eine Deformierung der Iodid-Ionen.

In Folge davon resultiert die Bildung eines Dipols, wie dies in der Abb. 1.22 gezeigt ist.

Die Gl. (5) ist ein Ausdruck für den Polarisationseffekt (μ = Dipolmoment [Debye])

$$\mu = e \cdot r \tag{5}$$

Wenn man Gl. (5) in (1) für den Fall der Anziehungskraft zwischen einem Ion und einem Dipol einsetzt unter der Voraussetzung n = 1; z = 1, so wird Gl. (6) erhalten:

$$K_{ion\text{-}dipol} = e \cdot \mu/r^3 \tag{6}$$

und für den Fall der Anziehungskraft zwischen zwei Dipolen erhält man Gl. (7):

$$K_{dipol\text{-}dipol} = \mu^2/r^4 \tag{7}$$

Die Gl. (6) und (7) nach dem elektrostatischen Modell lassen sich auf Komplexe anwenden, die neutrale, also nicht ionische, Liganden besitzen, wie zum Beispiel Wasser, H_2O, (μ_{H2O} = 1.85 Debye) und Ammoniak, NH_3 (μ_{NH3} = 1.49 Debye). Es sei auf die Berechnung

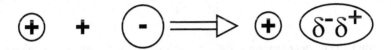

Abb. 1.22 Ausbildung eines Dipols im Iodid-Ion durch ein Metallion

der Bildungsenergie U der Komplexe von Alkalimetallionen und Erdalkalimetallionen mit Wasser bzw. Ammoniak als Liganden verzichtet: Unter Beachtung der oben angeführten Gleichungen lässt sich jedoch vorhersagen, dass die Komplexe $[M(H_2O)_n]^+$ mit $M^+=Li^+$, Na^+, ... und $[M(H_2O)_n]^{2+}$ mit $M^{2+}=Mg^{2+}$, Ca^{2+}, ... stabiler sind als die analogen Komplexe $[M(NH_3)_n]^+$ und $[M(NH_3)_n]^{2+}$. Die Realität bestätigt diese Vorhersage.

Trotz der hier zweifellos guten Übereinstimmung zwischen Annahme und Ergebnis bei Anwendung dieser einfachen theoretischen Vorstellung, lässt sich diese nicht auf alle anderen Zentralmetalle übertragen, zum Beispiel dann, wenn anstelle der Erdalkalimetallionen, wie Ca^{2+}, in Komplexen die Übergangsmetallionen, wie Cu^{2+}, betrachtet werden: Der Tetraamminkupfer(II)-Komplex, $[Cu(NH_3)_4]^{2+}$, ist stabiler als der Tetraaquakupfer(II)-Komplex, $[Cu(H_2O)_4]^{2+}$. Schon bei sehr geringen Konzentrationen von Ammoniak, NH_3, in wässerigen Kupfer(II)-Lösungen bildet sich der Komplex $[Cu(NH_3)_4]^{2+}$ aus dem Komplex $[Cu(H_2O)_4]^{2+}$ durch sukzessive Substitution von Wasser entsprechend der Bruttoreaktionsgleichung

$$[Cu(H_2O)_4]^{2+} + 4\,NH_3 \;\leftrightharpoons\; [Cu(NH_3)_4]^{2+} + 4\,H_2O$$

Als Schlussfolgerung aus der Behandlung dieser einfachen Beispiele folgt die Notwendigkeit, andere Modelle zu entwickeln, die noch besser die Natur der Bindung zwischen dem Zentralatom und den Liganden wiedergeben.

1.4.2 Die Valenzbindungstheorie

1.4.2.1 Einführung

Die Valenzbindungstheorie (*VB-Theorie, valence bond*) oder Elektronenpaartheorie geht von der Annahme der Ausbildung einer kovalenten Bindung zwischen dem Zentralatom M und dem Liganden L bzw. dem Donoratom D im Metallkomplex aus, wobei die Existenz eines gemeinsamen Elektronenpaares zwischen M und L bzw. D vorausgesetzt wird. Die Elektronendichte befinde sich in einem definierten Raum, der durch die Überlappung von Atomorbitalen beschrieben wird. Die dafür erforderlichen Bindungselektronen werden vom Liganden über dessen Donoratom D zur Verfügung gestellt. Aus dieser Sichtweise und einer Theorie von Gilbert Newton Lewis (1875–1946) folgend lässt sich folgern, dass der Ligand als eine *Lewis-Base* wegen seiner Fähigkeit, Elektronen zur Verfügung zu stellen, fungiert. Das Zentralmetall ist als eine *Lewis-Säure* aufzufassen, denn es ist defizitär an Elektronen.

$$M \leftarrow : L$$

Die ursprünglich entwickelten Vorstellungen zur Valenzbindungstheorie wurden von Nevil Vincent Sidgwick (1873–1952) im Jahre 1923 in Anlehnung an die von G.N. Lewis im Jahre 1916 gefundene *Oktettregel* entwickelt. Diese Regel besagt, dass die Hauptgruppenelemente die Tendenz zeigen, ein Elektronenoktett um die an der Bindung beteiligten Atome in einer Verbindung zu bilden. Nach N.V. Sidgwick begünstigt die Bildung eines Metallkomplexes ML_n durch Reaktion von M und n L, dass das Metall die Elektronenkonfiguration des ihm am nächsten stehenden Edelgases anzunehmen versucht bzw. annimmt, wobei mindestens ein Elektronenpaar von jedem Ligandion oder -molekül akzeptiert wird. Die in der Tab. 1.15 aufgeführten Beispiele belegen diese Hypothese.

1.4.2.2 Die 18-Elektronen-Regel

Anhand der Beispiele in der Tab. 1.15 lässt sich die Regel für ein *erweitertes Oktett* formulieren: Die *18-Elektronen-Regel*.

Nach N. V. Sidgwick resultiert die effektive Atomzahl als die Summe der Elektronen des Metalls und der Elektronen, die vom Liganden für die Komplexbildung bereitgestellt werden. Diese Regel schließt die Tendenz der Übergangsmetalle ein, die Edelgaskonfiguration durch Aufnahme von Elektronen des Liganden anzunehmen. Damit übereinstimmend ist ein Komplex stabil, dessen Zentralatom die Edelgaskonfiguration erreicht hat. Für die erste Serie der Übergangsmetalle ist die effektive Atomzahl 36, für die zweite Serie beträgt sie 54 und für die dritte Serie 86. Das bedeutet, dass die Komplexe die Strukturen von Krypton, Xenon bzw. Radon annehmen und stabil sein werden. Eine ähnliche Analyse für alle Fälle, in denen lediglich die Elektronen der Valenzschale $d^{10}s^2p^6$ des Zentralatoms betrachtet werden, zeigt an, dass die Komplexe der Metallatomzentren mit jeweils 18 Elektronen in der Valenzschale stabil sind. Daher rührt die Bezeichnung 18-Elektronen-Regel.

Unabhängig davon gibt es viele Metallkomplexe, die stabil sind und nicht die 18-Elektronen-Regel erfüllen. Das ist der Fall bei den Komplexen $[Cr^{III}(NH_3)_6]^{3+}$ (effektive Atomzahl = 33; 15 Valenzelektronen); $[Co^{II}Cl_4]^{2-}$ (effektive Atomzahl = 33; 15 Valenzelektronen); $[Ni^{II}(NH_3)_6]^{2+}$ (effektive Atomzahl = 38; 20 Valenzelektronen). In diesen Fällen spricht man von einer relativen Stabilität der Komplexe, die der Tendenz der Metalle genügen, solche Komplexe mit spezifischen Charakteristika zu bilden.

Der Komplex $[Fe^{III}(CN)_6]^{3-}$ besitzt zum Beispiel eine effektive Atomzahl = 35 (23 Elektronen von Fe^{III} und 12 Elektronen von 6 Liganden CN^-). Von diesen befinden sich 17 Elektronen ($3d^9 4s^2 4p^6$) in der Valenzschale des Komplexzentrums. Das benachbarte Edelgas Krypton besitzt 36 Valenzelektronen mit der Konfiguration $3d^{10}4s^24p^6$. Damit der Komplex $[Fe^{III}(CN)_6]^{3-}$ diese Edelgaskonfiguration annehmen kann, fehlt ihm ein Elektron. Aus dieser Überlegung resultiert folgerichtig, dass der Komplex ein Oxidationsmittel ist (Standardpotential $E_0 = +0{,}36$ V) entsprechend

$$[Fe^{III}(CN)_6]^{3-} + 1\ e^- \rightarrow [Fe^{II}(CN)_6]^{4-}$$

Tab. 1.15 Beispiele für die Bildung stabiler Metallkomplexe beim Erreichen der Edelgaskonfiguration (Kr; Xe; Rn) in der Valenzschale des Metalls durch Aufnahme von Elektronenpaaren der Liganden

Metallkomplexe mit 36 Elektronen in der Valenzschale (Krypton)			
$[Fe^{II}(CN)_6]^{4-}$	$[Cu^{I}(CN)_4]^{3-}$	$[Zn^{II}(CN)_4]^{2-}$	$[Cr(CO)_6]$
Fe^{II}　24 e$^-$	Cu^{I}　28 e$^-$	Zn^{II}　28 e$^-$	Cr^0　24 e$^-$
I6 CN$^-$　12 e$^-$	4 CN$^-$　8 e$^-$	4 CN$^-$　8 e$^-$	6 CO　12 e$^-$
-------------------	-------------------	-------------------	-------------------
36 e$^-$	36 e$^-$	36 e$^-$	36 e$^-$
$[Fe^{-II}(CO)_4]^{2-}$	$[Fe^0(CO)_5]$	$[Co^{III}(CN)_6]^{3-}$	$[Co^{I}H(N_2)(PR_3)_3]$
Fe^{-II}　28 e$^-$	Fe^0　26 e$^-$	Co^{III}　24 e$^-$	Co^{I}　26 e$^-$
4 CO　8 e$^-$	5 CO　10 e$^-$	6 CN$^-$　12 e$^-$	H$^-$　2 e$^-$
-------------------	-------------------	-------------------	N$_2$　2 e$^-$
36 e$^-$	36 e$^-$	36 e$^-$	3 PR$_3$　6 e$^-$
			-------------------
			36 e$^-$
Metallkomplexe mit 54 Elektronen in der Valenzschale (Xenon)			
$[Mo^{IV}(CN)_8]^{4-}$	$[Mo^0(PF_3)_6]$	$[Pd^{IV}Cl_6]^{2-}$	$[Ru^{II}(N_2)(NH_3)_5]^{2+}$
Mo^{IV}　38 e$^-$	Mo^0　42 e$^-$	Pd^{IV}　42 e$^-$	Ru^{II}　42 e$^-$
8 CN$^-$　16 e$^-$	6 PF$_3$　12 e$^-$	6 Cl$^-$　12 e$^-$	N$_2$　2 e$^-$
-------------------	-------------------	-------------------	5 NH$_3$　10 e$^-$
54 e$^-$	54 e$^-$	54 e$^-$	-------------------
			54 e$^-$
Metallkomplexe mit 86 Elektronen in der Valenzschale (Radon)			
$[Re^{V}(CN)_8]^{3-}$	$[Re^{I}(CO)_6]^{+}$	$[Ir^{III}Cl_6]^{3-}$	$[Re^{VII}H_9]^{2-}$
Re^{V}　70 e$^-$	Re^{I}　74 e$^-$	Ir^{III}　74 e$^-$	Re^{VII}　68 e$^-$
8 CN$^-$　16 e$^-$	6 CO　12 e$^-$	6 Cl$^-$　12 e$^-$	9 H$^-$　18 e$^-$
-------------------	-------------------	-------------------	-------------------
86 e$^-$	86 e$^-$	86 e$^-$	86 e$^-$

Der Komplex $[Co^{II}(CN)_6]^{4-}$ ist ein Reduktionsmittel ($E_0 = -0,83$ V), weil die effektive Elektronenzahl $= 37$ beträgt: Co^{II} verfügt formal über 25 Elektronen und von den 6 CN$^-$ Liganden werden 12 Elektronen beigesteuert. Davon befinden sich 19 Elektronen in der Valenzschale des Zentralatoms. Der Elektronenüberschuss bezüglich der Valenzschale des Edelgases Krypton ermöglicht, dass der Komplex leicht ein Elektron an ein Oxidationsmittel abgeben kann entsprechend

$$[Co^{II}(CN)_6]^{4-} \rightarrow [Co^{III}(CN)_6]^{3-} + 1\ e^-$$

Analysieren wir jetzt sinngemäß die folgende Reaktion:

$$Cu^{2+} + 5\ CN^- \rightarrow [Cu^I(CN)_4]^{3-} + 1/2\ (CN)_2$$

und fragen, weshalb diese in der in der Reaktionsgleichung angegebenen Weise abläuft. Die Antwort würde lauten: Damit das Kupfer(II)-Ion in einem Kupferkomplex mit den Liganden CN^- die Valenzelektronenkonfiguration des Kryptons annehmen kann, benötigt es ein Elektron und deshalb wird es reduziert zum stabilen Cu^I-Komplex

$$[\underline{Cu}^{II}(CN)_4]^{2-}\,(\ \underline{Zentrum}\text{: 35 Elektronen}) + 1\ e^-$$

$$\rightarrow [\underline{Cu}^I(CN)_4]^{3-}\,(\ \underline{Zentrum}\text{: 36 Elektronen})$$

Ein anderes Beispiel trägt ebenfalls zum Verständnis dieses nützlichen Konzeptes bei:

Die Frage lautet: Weshalb wird bei der Synthese von Pentacarbonylmangan(0), $[Mn(CO)_5]$ stets der dimere Komplex $[(CO)_5Mn\text{-}Mn(CO)_5]$ isoliert? Die Antwort lautet: Für die elektronische Struktur des Fragmentes $\underline{Mn}(CO)_5$ berechnet sich eine effektive Atomzahl = 35 mit 17 Valenzelektronen. Somit fehlt ein Elektron, um die Valenzschale des Kryptons anzunehmen. Wenn jedes Manganatom mit einem Elektron zur Bindung Mn-Mn beisteuert, wird formal die Valenzelektronenkonfiguration des Kryptons für jedes Mn-Atom erreicht, und die 18-Elektronen-Regel wird durch die Errichtung einer Metall–Metall-Bindung Mn-Mn erfüllt. Jedes Fragment des Dimeren besitzt somit 18 Elektronen in der Valenzschale (ein Mn-Atom trägt mit 7 Elektronen bei, die 5 CO-Liganden liefern 10 Elektronen und das andere Mn-Atom steuert 1 Elektron zu). Einschränkend sei hinzugefügt, dass die Mehrzahl von Carbonylkomplexen der ersten Übergangsmetallserie nicht die 18-Elektronen-Regel erfüllt bzw. sie nur in wenigen Ausnahmen erfüllt. Der Grund dafür ist, dass bei π-Akzeptorliganden wie CO die Oxidationszustände der Metalle sehr niedrig sind.

Die 18-Elektronen-Regel ist sehr nützlich, um mögliche Strukturen von Organometallkomplexen abzuschätzen. Das folgende Beispiel soll dies verdeutlichen: Wenn die wahrscheinliche Struktur des Komplexes mit der stöchiometrischen Zusammensetzung $[Fe(CO)_2(C_5H_5)_2]$ vorausgesagt werden soll, dann sind der Oxidationszustand des Metalls, und die Zahl der Elektronen, die jeder Ligand beisteuern kann, zu berücksichtigen. In diesem Falle kann der Cyclopentadienyl-Ligand $C_5H_5^-$ (Cp) 6 Elektronen (bei π-Bindung) oder nur 2 Elektronen (bei σ-Bindung) zur Verfügung stellen: $Fe^{II} \rightarrow [Ar]3d^6$ besitzt 6 Elektronen in der Valenzschale; dazu 4 Elektronen von den beiden CO-Ligandmolekülen, 1 Ligandmolekül $C_5H_5^-$ gibt 6 Elektronen, während das andere $C_5H_5^-$ nur 2 Elektronen beisteuert. Dies ergibt zusammen 18 Valenzelektronen des Zentralmetallatoms. Die Alternativvariante, wonach beide Cp-Liganden je 6 Elektronen zur Verfügung stellen mit zusammen 22 Elektronen in der Valenzschale des Metallatoms, ist nicht akzeptabel, weil damit die Stabilität des Komplexes nicht gegeben wäre.

$$Fe^{2+} \Rightarrow 6e^-$$
$$2\,CO \Rightarrow 4e^-$$
$$1\,C_5H_5^- \Rightarrow 6e^-$$
$$1\,C_5H_5 \Rightarrow 2e^-$$

Einen ähnlichen Fall können wir im Komplex mit der Formel $[Cr^{II}(CO)_3(C_5H_5)_2]$ antreffen, der in der oben beschriebenen Weise analysiert werden kann.

1.4.2.3 Das Isolobal-Konzept

Der oben behandelte Komplex $[(CO)_5Mn-Mn(CO)_5]$ lässt sich auch mit dem *Isolobal-Konzept* beschreiben. Dabei handelt es sich um eine Erweiterung der 18-Elektronen-Regel:

$$\text{Oktett-Regel} \rightarrow \text{18-Elektronen-Regel} \rightarrow \text{Isolobal-Konzept}$$

Dieses Konzept, das auch als Isolobal-Beziehung bezeichnet wird, ist ein umfassendes Ordungsprinzip besonders für die Stragie der Synthese in der Organometallchemie [A52].

Es sei vorausgesetzt, dass die „Molekülfragmente" EX_n und die „Übergangsmetallkomplex-Fragmente" ML_n verhältnismäßig ähnliche chemische Charakteristika aufweisen, wenn sie dieselbe elektronische Außenkonfiguration besitzen. Es sind *isoelektronische Fragmente*. Sie benötigen dieselbe Zahl an Elektronen, um die Valenzelektronenkonfiguration des ihnen am nächsten stehenden Edelgases zu erlangen. Die Fragmente ML_n können als Reste eines Oktaeders aufgefasst werden, so wie man analog zum Beispiel die Fragmente EX_n, wie CH_3, CH_2 und CH als Reste eines Tetraeders betrachten kann.

Die zwei isoelektronischen Fragmente $Mn(CO)_5$ (35 Elektronen) sind identisch, und sie verbinden sich miteinander unter Bildung von $[(CO)_5Mn-Mn(CO)_5]$. Betrachten wir nun in Analogie die Vereinigung von zwei Chlor-Atomen, von denen jedes 35 Elektronen besitzt, zur Bildung von molekularem Chlor, Cl_2, gemäß

$$Cl + Cl \rightarrow Cl_2.$$

Tatsächlich lässt sich schlussfolgern, dass die Partner des Paares $Mn(CO)_5/Cl$ *isoelektronisch* sind, und man kann weiter folgern, dass das Ion $[Mn(CO)_5]^-$ mit Bezug auf das Chlorid-Ion Cl^- ein *Pseudohalogenid* ist.

Andere Beispiele für solche *Isolobal-Paare* sind:

$$[\underline{Mn}(CO)_5]/CH_3; \quad [\underline{Fe}(CO)_4]/O; \quad [\underline{Co}(CO)_3]/N$$
$$17\,e^- \qquad 7\,e^- \qquad 16\,e^- \qquad 6\,e^- \qquad 15\,e^- \qquad 5\,e^-$$

Das Anion $[Fe(CO)_4]^{2-}$ verhält sich demnach im Vergleich mit O^{2-} wie ein *Pseudochalkogenid*-Ion.

Das von Roald Hoffmann (*1937, Nobelpreis für Chemie 1981) theoretisch fundierte Isolobal-Prinzip zum ähnlichen chemischen Verhalten von Isolobal-Paaren stellt eine Beziehung zwischen den Grenzorbitalen organischer Gruppen und denen von Metall-Ligand-Fragmenten dar und ist insoweit eine „Brücke zwischen Anorganischer und Organischer Chemie"[A53]. Die Zentren der Isolobal-Gruppen besitzen eine äquivalente Anzahl von Frontorbitalen, die zur Ausbildung kovalenter Bindungen fähig sind. Diese Beziehung wird als Isolobal-Prinzip bezeichnet. Im Allgemeinen besitzen zwei miteinander isolobale Gruppen dieselbe Zahl von Molekül-Frontorbitalen mit denselben Symmetrieeigenschaften, ähnlicher Energie und derselben elektronischen Besetzung. Dieser Umstand beinhaltet ihre Fähigkeit zu einer ähnlichen Bindungsbildung. Dies verhilft zum Verständnis der Struktur von Organometallverbindungen mit korrespondierenden organischen Verbindungen. Als Beispiel nehmen wir den Vergleich zwischen dem Radikal CH_3 und dem Fragment $Mn(CO)_5$. Das Radikal CH_3 bildet Verbindungen $H\text{-}CH_3$; $H_3C\text{-}CH_3$; $X\text{-}CH_3$ (X=Halogen). In Analogie bildet das Fragment $Mn(CO)_5$ die Verbindungen $H\text{-}Mn(CO)_5$; $(CO_5Mn\text{-}Mn(CO)_5$; $H_3C\text{-}Mn(CO)_5$; $X\text{-}Mn(CO)_5$.

Zusammenfassend lässt sich schlussfolgern, dass aufgrund der analogen Molekül-Frontorbitale die Komplexe d^7ML_5 {$Mn(CO)_5$; 17 e}; d^8ML_4 {$Fe(CO)_4$; 16 e} und d^9ML_3 {$Co(CO_3)$; 15 e}isolobal mit CH_3; CH_2 bzw. CH sind. Trotzdem muss einschränkend festgestellt werden, dass die Anwendung dieser Regel gewisse Grenzen hat. So könnte man im Falle des mit CH_2 isolobalen $[Fe(CO)_4]$ und in Übereinstimmung mit der Isolobal-Regel die Existenz der Verbindung $[(CO)_4Fe = Fe(CO)_4]$ in Analogie zum Ethylen, $H_2C = CH_2$ erwarten. Tatsächlich ist dieser Komplex jedoch sehr instabil und bis jetzt nicht dargestellt worden. Die Erklärung dafür ist, dass seine antibindenden Molekülorbitale ein sehr niedriges Energieniveau besitzen, so dass sie ungesättigt, sehr reaktiv sind und durch Reaktion mit CO oder mit einem anderen Fragment $[Fe(CO)_4]$ sich als $[Fe_2(CO)_9]$ oder als $[Fe_3(CO)_{12}]$ stabilisieren.

Folgende Fragmente sind isolobal:

Für jedes Zentrum mit 35 Elektronen:

$$\underline{Mn}(CO)_5 \quad \underline{Mn}Cl_5^{5-} \quad Cp^*\underline{Cr}(CO)_3$$

Für jedes Zentrum mit 34 Elektronen:

$$\underline{Cr}(CO)_5 \quad \underline{Fe}(CO)_4 \quad \underline{Re}(CO)_4^- \quad Cp^*\underline{Rh}(CO)$$

(* Der Cyclopentadienyl-Rest, Cp, steuert 6 Elektronen bei):

1.4.2.4 Das Konzept von Linus Pauling

Linus Pauling (1901–1994, Nobelpreis für Chemie 1954, Friedensnobelpreis 1962), wandte 1931 die Valenzbindungstheorie zur Erklärung der Natur der chemischen Bindung in Metallkomplexen an. Der große Erfolg bei der Anwendung dieser Theorie besteht in der Deutung der Strukturen (Koordinationspolyeder bzw. -polygone) und des magnetischen

Verhaltens (Para- bzw. Diamagnetismus) der Komplexe unter Zugrundelegung der experimentellen Daten.

Der Kern dieses Konzeptes besteht in der Annahme der Ausbildung kovalenter Bindungen durch Überlappung von mit Elektronen gefüllten Ligand-Orbitalen mit leeren Orbitalen des Metalls. Bei der Annäherung der Liganden an das Zentralatom entstehen *Hybridorbitale* mit einer mittleren Energie und mit einer definierten räumlichen Ausrichtung. Die Hybridorbitale entstehen durch eine *Linearkombination der Atomorbitale s, p* und *d* des Metalls, so sp^3 (tetraedrische Orientierung), d^2sp^3 (oktaedrische Orientierung) und dsp^2 (quadratisch planare Orientierung). Durch diese definierte räumliche Ausrichtung ergibt die Überlappung mit den Ligandorbitalen eine starke kovalente Bindung. Um ein leeres Orbital zu charakterisieren, wird zum besseren Verständnis das Zeichen ☐ benutzt. Dieses Orbital kann ein Elektron ↑ oder zwei gepaarte Elektronen ↑↓ entsprechend der *Regel von Pauli* aufnehmen. Die *d*-Elektronen (*3d, 4d, 5d*) der Zentralatome sind für die Ausbildung der Hybridorbitale und der Bindung zwischen Metall und Ligand wesentlich. Nach L. Pauling gibt es zwei Möglichkeiten für die Einstellung der *d*-Elektronen unter dem Einfluss der Liganden:

- Die *d*-Elektronen des Übergangsmetalls verändern ihren Energiezustand in den entsprechenden Niveaus unter dem Einfluss der Liganden nicht;
- Die ungepaarten *d*-Elektronen (Hochspin) werden unter dem Einfluss der Liganden gepaart und ergeben so einen Niederspin-Komplex.

In der Konsequenz resultieren zwei verschiedene Komplextypen:

1. Hochspin-Komplexe (magnetisch normale Komplexe, Anlagerungskomplexe)
2. Niederspin-Komplexe (magnetisch anomale Komplexe, Durchdringungskomplexe)

Die Hochspin-Komplexe besitzen ein magnetisches Moment im Bereich des „freien" Metallions. Die Niederspin-Komplexe besitzen ein geringeres magnetisches Moment als das, welche das „freie" Metallion aufweist. In beiden Fällen sind die „leeren" Orbitale des Metalls befähigt, Hybridorbitale in Gegenwart von Liganden auszubilden. Solche Orbitale werden durch die Elektronen des Liganden besetzt.

Es sei wiederholt, dass der große Vorteil des Pauling-Konzeptes in der Erklärung der Strukturen und des Magnetismus der Komplexe besteht. Die Ausbildung von Hochspin- bzw. Niederspin-Komplexen hängt von der Natur der Liganden ab. Der wesentliche Nachteil des Konzeptes besteht darin, dass sich die Farben (Spektren) der Komplexe nicht deuten lassen.

In der Tab. 1.16 sind einige Beispiele von Komplexen der *3d*-Metalle Eisen (Ordnungszahl 26), Cobalt (27), Nickel (28) und Kupfer (29) aufgeführt. Daraus lassen sich die Beziehungen zwischen der Elektronenkonfiguration, den Hybrid-Orbitalen, der resultierenden Struktur und dem magnetischen Verhalten erkennen. Zum Vergleich wurden die Werte der entsprechenden freien Ionen Fe^{3+}, Fe^{2+} – Co^{3+}, Co^{2+} – Ni^{2+} – Cu^{2+}, Cu^+ aufgenommen.

Tab. 1.16 Elektronenkonfigurationen der $3d$-Metallionen von Fe, Co, Ni und Cu und die Beziehungen zwischen den Elektronenkonfigurationen, Hybridorbitalen, resultierenden geometrischen Strukturen, Spinzuständen der Elektronen und dem experimentell ermittelten Magnetismus der Metallkomplexe mit den Liganden F^-, Cl^-, CN^-, acac$^-$, CO, H_2O, und NH_3

Metallion/ Metallkomplex	Elektronenkonfiguration (3d 4s 4p 4d)	Struktur	Komplextyp	Magnetismus $[\mu_{eff.}\,BM]$	Hybrid-Orbitale
Fe^{3+}	3d: ↑ ↑ ↑ ↑ ↑			paramagn. 5,9	
Fe^{2+}	3d: ↑↓ ↑ ↑ ↑ ↑			paramagn. 5,2	
$[Fe(H_2O)_6]^{2+}$	3d: ↑↓ ↑ ↑ ↑ ↑ · 4s: ↑ · 4p: ↑↓ ↑↓ ↑↓ · 4d: ↑↓ ↑↓	oktaedr.	Hochspin	paramagn. 5,0	sp³d²
$[FeF_6]^{3-}$	3d: ↑ ↑ ↑ ↑ ↑ · 4s: ↑ · 4p: ↑↓ ↑↓ ↑↓ · 4d: ↑↓ ↑↓ ↑↓	oktaedr.	Hochspin	paramagn. 5,9	sp³d²
$[Fe(acac)_3]$	3d: ↑ ↑ ↑ ↑ ↑ · 4s: ↑ · 4p: ↑↓ ↑↓ ↑↓ · 4d: ↑↓ ↑↓ ↑↓	oktaedr.	Hochspin	paramagn. 5,9	sp³d²
$[Fe(CN)_6]^{4-}$	3d: ↑↓ ↑↓ ↑↓ ↑↓ ↑↓ · 4s: ↑↓ · 4p: ↑↓ ↑↓ ↑↓	oktaedr.	Niederspin	diamagn. 0,0	d²sp³
$[Fe(CN)_6]^{3-}$	3d: ↑↓ ↑↓ ↑ ↑↓ ↑↓ · 4s: ↑↓ · 4p: ↑↓ ↑↓ ↑↓	oktaedr.	Niederspin	paramagn. 2,3	d²sp³
$[Fe(CO)_5]$	3d: ↑↓ ↑↓ ↑ ↑↓ ↑↓ ↑↓ · 4s: ↑↓ · 4p: ↑↓ ↑↓ ↑↓	bipyr.-trig.	Niederspin	diamagn. 0,0	d¹sp³
Co^{3+}	3d: ↑↓ ↑ ↑ ↑ ↑			paramagn. 5,2	
Co^{2+}	3d: ↑↓ ↑↓ ↑ ↑ ↑			paramagn. 4,4	
$[Co(H_2O)_6]^{2+}$	3d: ↑↓ ↑↓ ↑ ↑ ↑ · 4s: ↑↓ · 4p: ↑↓ ↑↓ ↑↓ · 4d: ↑↓ ↑↓	oktaedr.	Hochspin	paramagn. 5,0	sp³d²
$[CoF_6]^{3-}$	3d: ↑↓ ↑ ↑ ↑ ↑ · 4s: ↑↓ · 4p: ↑↓ ↑↓ ↑↓ · 4d: ↑↓ ↑↓ ↑↓	oktaedr.	Hochspin	paramagn. 5,3	sp³d²
$[Co(CN)_6]^{3-}$	3d: ↑↓ ↑↓ ↑↓ ↑↓ ↑↓ · 4s: ↑↓ · 4p: ↑↓ ↑↓ ↑↓	oktaedr.	Niederspin	diamagn. 0,0	d²sp³
$[Co(NH_3)_6]^{3+}$	3d: ↑↓ ↑↓ ↑↓ ↑↓ ↑↓ · 4s: ↑↓ · 4p: ↑↓ ↑↓ ↑↓	oktaedr.	Niederspin	diamagn. 0,0	d²sp³
$[Co(NO_2\text{-}\varkappa N)_6]^{4-}$	3d: ↑↓ ↑↓ ↑↓ ↑↓ ↑↓ · 4s: ↑↓ · 4p: ↑↓ ↑↓ ↑↓ · 4d: ↑	oktaedr.	Niederspin	paramagn. 1,9	d²sp³
Ni^{2+}	3d: ↑↓ ↑↓ ↑↓ ↑ ↑			paramagn. 3,2	
$[Ni(H_2O)_6]^{2+}$	3d: ↑↓ ↑↓ ↑↓ ↑ ↑ · 4s: ↑↓ · 4p: ↑↓ ↑↓ ↑↓ · 4d: ↑↓ ↑↓	oktaedr.	Hochspin	paramagn. 3,2	sp³d²
$[NiCl_4]^{2-}$	3d: ↑↓ ↑↓ ↑↓ ↑ ↑ · 4s: ↑↓ · 4p: ↑↓ ↑↓ ↑↓	tetraedr.	Hochspin	paramagn. 3,2	sp³
$[Ni(CN)_4]^{2-}$	3d: ↑↓ ↑↓ ↑↓ ↑↓ ↑↓ · 4s: ↑↓ · 4p: ↑↓ ↑↓	planar	Niederspin	diamagn. 0,0	dsp²
$[Ni(CO)_4]$	3d: ↑↓ ↑↓ ↑↓ ↑↓ ↑↓ · 4s: ↑↓ · 4p: ↑↓ ↑↓ ↑↓	tetraedr.	Niederspin	diamagn. 0,0	sp³
Cu^{2+}	3d: ↑↓ ↑↓ ↑↓ ↑↓ ↑				1,8
Cu^{+}	3d: ↑↓ ↑↓ ↑↓ ↑↓ ↑↓				0,0
$[Cu(NH_3)_4]^{2+}$	3d: ↑↓ ↑↓ ↑↓ ↑↓ ↑↓ · 4s: ↑↓ · 4p: ↑↓ ↑↓ ↑↓ · 4d: ↑	planar	Niederspin		1,9	dsp²
$[Cu(CN)_4]^{3-}$	3d: ↑↓ ↑↓ ↑↓ ↑↓ ↑↓ · 4s: ↑↓ · 4p: ↑↓ ↑↓ ↑↓	tetraedr.	Niederspin		0,0	sp³

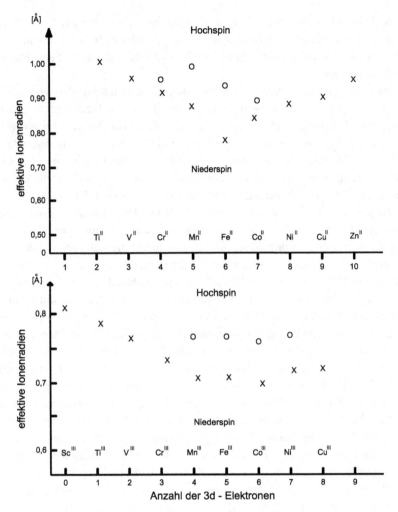

Abb. 1.36 Effektive Ionenradien von Metallen der 3*d*-Elemente in den Oxidationszuständen M^{II} (Kurve oben) und M^{III} (Kurve unten) in Abhängigkeit vom Hochspin- und Niederspin-Zustand (*Hochspin:* o, *Niederspin:* x)

1.4.3.5 Jahn-Teller-Effekt

Bei unvollständig besetzten e_g-und t_{2g}-Orbitalgruppen in oktaedrischen und tetraedrischen Komplexen treten im Spektrum weitere Banden zu den oben genannten *d–d*-Übergängen auf, die auf eine zusätzliche Aufspaltung dieser e_g-und t_{2g}-Orbitalgruppen zurückzuführen sind. Im oktaedrischen, starken Ligandenfeld von Komplexen betrifft dies die Elektronenkonfigurationen $d^4(t_{2g}^4)$; $d^5(t_{2g}^5)$, $d^6(t_{2g}^6)$ und $d^7(t_{2g}^6 e_g^1)$. Im oktaedrischen, schwachen Ligandenfeld von Komplexen handelt es sich um die Elektronenkonfigurationen $d^4(t_{2g}^3 e_g^1)$, $d^6(t_{2g}^4 e_g^2)$ und $d^7(t_{2g}^5 e_g^2)$.

Schließlich gibt es eine dritte Gruppe, die unabhängig von der Stärke des Liganden-feldes die Elektronenkonfigurationen $d^1(t_{2g}^{1})$, $d^2(t_{2g}^{2})$ und $d^9(t_{2g}^{6}e_g^{3})$ aufweisen. Ein klassi-sches Beispiel für die letztgenannte Elektronenkonfiguration, das näher betrachtet sei, sind Kupfer(II)-Komplexe.

Bei zahlreichen oktaedrischen Kupfer(II)-Komplexen, zum Beispiel im Hexamminkup-fer(II), $[Cu(NH_3)_6]^{2+}$, wurde experimentell festgestellt, dass bei ihnen im Gegensatz bei-spielsweise zu ideal oktaedrischen Cobalt(III)-Komplexen vom Werner-Typ ein verzerrtes Oktaeder durch Streckung oder Stauchung in der zentralen z-Achse (tetragonale Verzer-rung) vorliegt. Meist erfolgt eine Streckung: Zwei *trans*-ständig zueinander positionier-te Liganden besitzen eine größere Bindungslänge zum zentralen Cu^{II} als die vier übrigen Liganden. Im $[Cu(NH_3)_6]^{2+}$ beträgt der axiale Bindungsabstand $d(M-L_{axial}) = 1{,}87$ Å, der äqatoriale Bindungsabstand $d(M-L_{äqatorial}) = 1{,}32$ Å. Der Unterschied ist also beträchtlich. Auch die Spektren solcher Komplexe unterscheiden sich von denen der Oktaeder im re-gulären Zustand. Zur Deutung dieser Anormalität liefert die Aufspaltung der d-Orbitale im oktaedrischen Ligandenfeld eine plausible Erklärung. Das zentrale Cu^{II}-Atom besitzt 9 d-Elektronen ($3d^9$), die aufgrund der Aufspaltung im oktaedrischen Ligandenfeld in die zur Verfügung stehenden 3 t_{2g}-Orbitale (Aufnahme von 6 Elektronen) und in die beiden energetisch höher gelegenen e_g-Orbitale (Aufnahme von 3 Elektronen) eingebaut werden können. Somit resultiert in dieser elektronischen Konstellation die Elektronenkonfigura-tion $t_{2g}^{6}e_g^{3}$. Von Interesse bezüglich der oben aufgeführten Sachverhalte des gestörten Ok-taeders ist die e_g^{3}-Konfiguration. Das Aufspaltungsdiagramm (Abb. 1.27 und 1.35) zeigt, dass sich die e_g-Konfiguration aus den entarteten d_{z2} und d_{x2-y2}-Orbitalen zusammen-setzt. Für den Fall, dass 2 Elektronen im d_{z2}-Orbital eingebaut sind und nur 1 Elektron im d_{x2-y2}-Orbital ($e_{gdz2}^{2}{}_{dx2-y2}^{1}$), resultiert in der z-Achse eine erhöhte Elektronendichte, die auf die beiden in der z-Achse koordinierten Liganden mit ihren Elektronenpaaren abstoßend wirkt, so dass diese einen entsprechend größeren Abstand zum Zentralatom Cu^{II} einneh-men. Das Oktaeder wird gestreckt, wird annähernd quadratisch bipyramidal und geht im Grenzfall einer sehr großen Entfernung der beiden Liganden in z-Richtung in ein planar-quadratisches Polygon über (Abb. 1.35)

Im entgegengesetzten Fall, wonach nur 1 Elektron das d_{z2}-Orbital besetzt und 2 Elekt-ronen das d_{x2-y2}-Orbital besetzen, kommt es zur Stauchung des Oktaeders. Insgesamt ge-sehen führt damit die Orbitalaufspaltung mit der nun vom Idealzustand neu vorgenom-menen Elektronenbesetzung zu einer Energieerniedrigung, die in der Symmetrieabnahme des Polyeders ihren Ausdruck findet. Diese Aufspaltung der e_g-Orbitale bei vollbesetzten t_{2g}-Orbitalen wird in der Abb. 1.37 veranschaulicht.

Diese Symmetrieabnahme entspricht einem allgemeingültigen Prinzip, wonach nicht-lineare Systeme mit entarteten elektronischen Zuständen instabil sind und durch Auf-spaltung der entarteten Zustände eine Symmetrieerniedrigung erreichen wollen. Dieses Prinzip wurde 1937 von Hermann Arthur Jahn (1907–1979) und Edward Teller (1908–2003) [A56] erstmals erkannt und ist seither als *Jahn–Teller-Theorem* in die Literatur ein-gegangen. Es trifft nicht nur auf Kupfer(II)-Komplexe zu, sondern ist folgerichtig auch bei Chrom(II)- und Mangan(III)-Komplexen nachgewiesen worden, die eine Elektronenkon-

Abb. 1.37 Aufspaltung der e_g-Orbitale im tetragonal verzerrten Oktaeder bei vollständig besetzten t_{2g}-Orbitalen. (Aus: Gade, L.: Koordinationschemie, Wiley-VCH Weinheim, **1998**, S. 238 (Abb. 14.26))

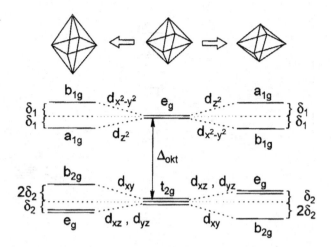

figuration $t_{2g}^{3}e_g^{1}$ besitzen. In diesen Fällen tritt zusätzlich zur Aufspaltung der entarteten e_g-Orbitale eine Auspaltung der entarteten t_{2g}-Orbitale auf. Generell ist der Jahn–Teller-Effekt bei Metallkomplexen mit relativ schwachem Ligandenfeld ausgeprägter als bei solchen mit starkem Ligandenfeld. Auch für tetraedrische Metallkomplexe mit entarteten elektronischen Zuständen lässt sich der Jahn–Teller-Effekt nachweisen. Die Aufspaltung entarteter Zustände, die ungleichmäßig besetzt sind, tritt auch in angeregten Zuständen auf. Das macht sich in den Spektren durch das Auftreten zusätzlicher Banden bemerkbar. Für eine tiefgründigere Behandlung dieses Effektes bzw. des Theorems sei auf die Lehrbücher von Joachim Reinhold [A4] und Lutz Gade [A2] verwiesen.

1.4.4   Molekülorbital-Theorie (MO-Theorie)

Die Molekülorbital-Theorie ist als ein ganzheitliches, holistisches Modell der chemischen Bindung, angewandt auf Metallkomplexe, aufzufassen. Es werden alle relevanten, an der Bindung in einem Metallkomplex beteiligten Atome berücksichtigt und in den daraus gebildeten Molekülorbitalen erfasst. Auf dieser Basis baut sich ein anspruchsvolles Theoriengebäude auf, das mathematisch die Gruppentheorie erfordert. Dem Charakter des ersten Kapitels in diesem Studienbuch als eine Einführung in die Grundlagen der Koordinationschemie entsprechend, soll im Folgenden nur eine sehr vereinfachte Beschreibung des MO-Modells für einen oktaedrischen $3d$-Metallkomplex vorgenommen werden, in dem keine π-Ligandorbitale zu berücksichtigen sind.

Durch Linearkombination von Orbitalen des Metallatoms mit Orbitalen der Liganden werden Molekülorbitale gebildet. Die Bedingung dafür ist die Existenz von Atomorbitalen gleicher Symmetrie. Erst diese Konstellation erlaubt die Überlappung von Metall- und Ligandenorbitalen. In pragmatischer Weise werden die Ligandorbitale (LO) in drei Gruppen jeweils gleicher Symmetrie geordnet: a_{1g} (Singulett); t_{1u} (Triplett), e_g (Dublett), die entartet

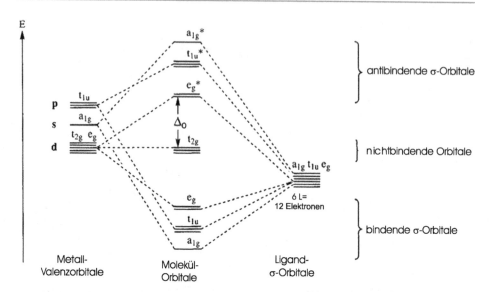

Abb. 1.38 Molekülorbitaldiagramm eines oktaedrischen Metallkomplexes ML_6 ohne Berücksichtigung von π-Orbitalen mit der Besetzung der 6 lone-pair-Elektronenpaare der 6 Liganden an den Oktaederspitzen in den Molekülorbitalen a_{1g}, t_{1u}, e_g

sind, also gleichen Energiegehalt besitzen. Von Seiten des Metalls sind 3d-Orbitale und die energetisch benachbarten 4s- und 4p-Orbitale an der Bildung der Molekülorbitale beteiligt. Diese lassen sich ebenfalls pragmatisch in drei Gruppen sortieren, wobei ein Set die entarteten e_g; t_{2g}-Orbitale bilden, dazu kommen ein energetisch höheres a_{1g}-Orbital und ein entartetes Set von t_{1u}-Orbitalen. Das gesamte Ligandorbitalset vom σ-Typ ist gegenüber den beteiligten Metallorbitalsets energetisch bevorzugt. In der anschaulichen Abb. 1.38 (rechte Seite) ist es deshalb tiefer gezeichnet. Die aufgeführten Symmetrieeigenschaften befähigen somit die Metall- und Ligandorbitale miteinander zur Linearkombination. Bezogen auf den Energiegehalt der Ausgangsorbitale besitzen die daraus erzeugten Molekülorbitale bindenden, antibindenden oder nichtbindenden* Charakter.

Betrachten wir nun den ausgewählten Fall des oktaedrischen 3d-Metallkomplexes ML_6 - es sei z. B. an den Werner-Komplex Hexammincobalt(III), $[Co(NH_3)_6]^{3+}$, gedacht – im Detail, was sich in der Abb. 1.38 zeigen lässt. Das Molekülorbital (MO) mit der geringsten Energie trägt die Bezeichnung $a_{1\,g}$ und das mit dem höchsten Energieinhalt ist das antibindende Set t_{1u}. Das a_{1g}-MO ist deshalb energetisch begünstigt, weil das 4s-Orbital des Metalls mit allen sechs a_{1g}-LO überlappen kann (Abb. 1.39).

Eine Bindung zwischen den Liganden und dem Zentralatom wird realisiert, wenn die seitens des Liganden zur Verfügung gestellten Elektronen (das sind im Beispielfall jeweils die „freien" Elektronenpaare, die „lone pairs" am Stickstoffatom der 6 NH_3-Liganden, in der Summe also 12 Elektronen) sukzessive die verfügbaren Molekülorbitale mit dem potentiell niedrigsten Energieinhalt besetzen. Diese liegen hier alle energetisch niedriger als das Ligandorbitalset und das entartete 3d-Metallatomset, und deshalb besetzen bevor-

Abb. 1.39 Modellvorstellung zur möglichen Bildung eines a_{1g}-Molekülorbitals aus einem zentrischen a_{1g}-Metallorbital durch Überlappung mit sechs a_{1g}-Ligandorbitalen

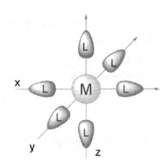

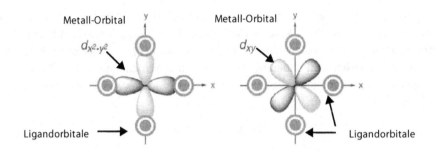

Abb. 1.40 Situation zur Bildung von e_g-Molekülorbitalen durch Überlappung von $3d_{x2-y2}$-Metallorbitalen mit e_g-Ligandorbitalen (*linksseitig*) und der Situation zur Bildung des nichtbindenden Molekülorbitalsets t_{2g} aus einer symmetrieverbotenen Überlappung von Metallorbitalen d_{xy}, mit Ligandgruppenorbitalen

zugt die Ligandelektronen die a_{1g}-, t_{1u}- und e_g-MOs, die zusammen zur Aufnahme von 12 Elektronen befähigt sind. Damit ist der energetisch günstigste Zustand erreicht und eine stabile Bindung gewährleistet, und es ist auch der herkömmlichen Vorstellung entsprochen, dass die Ligatoren D als Elektronendonoren fungieren. Die verbliebenen 6 d-Elektronen des Co^{III}-Zentralatoms halten sich im nichtbindenden t_{2g}-MO auf, das seine Energie gegenüber dem ursprünglich entarteten $3d$ (e_g, t_{2g})-Set des Metallatoms höchstens unwesentlich verändert hat. Die 4s- und 4p-Orbitale des Metalls (hier Co^{3+}) sind ja ohnehin leer, also nicht mit Elektronen gefüllt.

Bleibt die wesentliche Frage, wie es zu einer Separierung des entarteten $3d$ (e_g, t_{2g})-Set des Metallatoms (Abb. 1.38, linksseitig) bei der Bildung der Molekülorbitale in Wechselwirkung mit dem entarteten Ligandorbitalset kommt:

Die Antwort folgt logisch aus der Tatsache, dass die fünf $3d$-Orbitale des Metallatoms räumlich unterschiedlich in der Weise ausgerichtet sind, dass das d_{z2}-Orbital und d_{x2-y2}-Orbital, die zusammen das e_g-Set bilden, symmetrisch zu den 6 Achsen des Oktaeders ausgerichtet sind, somit am günstigsten mit den Ligandorbitalen wechselwirken können (Abb. 1.40, linksseitig am Beispiel des d_{x2-y2}-Orbitals gezeigt), während die drei Metallorbitale d_{xy}; d_{xz}; d_{yz}, die zusammen das t_{2g}-Set bilden, zwischen den Atomachsen M–L liegen, also nicht oder nur unwesentlich mit den LOs „überlappen" können (Abb. 1.40, rechts-seitig am Beispiel des d_{xy}-Orbitals gezeigt). Etwas komplizierter wird die Beschreibung, wenn es gilt, π-Ligandorbitale im MO-Modell von Metallkomplexen zu berücksichtigen (π-Bindungen, $d\pi$–$p\pi$-Rückbindung) und andere Koordinationsgeometrien einzubezie-hen. Dazu verweisen wir wiederum auf die Einsicht in die Lehrbücher [A4] und [A2].

1.5   Stabilität von Metallkomplexen

1.5.1   Thermodynamische und kinetische Aspekte

Die Stabilität von Metallkomplexen beinhaltet thermodynamische und kinetische Aspekte.
   Für das Verständnis der Stabilität von Metallkomplexen ML_n müssen die Bildungs- bzw. Zerfallsreaktionen der Metallkomplexe berücksichtigt werden, die mit einer Serie von che-mischen Gleichgewichtsreaktionen bei unterschiedlichen stöchiometrischen Zusammen-setzungen der Metallkomplexspezies verbunden sind und das Metall und die Liganden einschließen:

$$M + n\,L \rightleftarrows [ML_n]$$
$$\quad\ \ I \qquad\quad II$$

Da Wasser als Lösungsmittel am häufigsten bei der Bildung und beim Zerfall von Me-tallkomplexen eine Rolle spielt, beschäftigen wir uns hinfort mit wässerigen Systemen. Die Konzentration des Wassers ist dabei hoch. Sie wird als konstant betrachtet. Es ist zu berücksichtigen, dass wässerige Lösungen von Übergangsmetallsalzen die Präsenz von Aqua-Komplexen einschließt und dass es sich demzufolge bei der Reaktion mit weiteren Liganden L um Substitutionsreaktionen mit dem Ersatz der Wassermoleküle durch L han-delt.

$$[M(H_2O)_m] + n\,L \rightleftarrows [ML_n] + m\,H_2O$$

Diese Gleichung lässt sich verallgemeinern für jedweden Liganden L' anstelle von H_2O, so dass geschrieben werden kann:

$$[ML'_m] + n\,L \rightleftarrows [ML_n] + m\,L'$$

Auf Gleichgewichtsreaktionen dieses Typs lässt sich das Massenwirkungsgesetz nach Cato Maximilian Guldberg (1836–1902) und Peter Waage (1833–1900) anwenden.
   In der Abb. 1.41 sind wesentliche thermodynamische und kinetische Aspekte bzw. Parameter bezüglich der Stabilität von Metallkomplexen dargestellt. Die Edukte I besitzen eine höhere freie Energie $\Delta G\,(I)$ als die Finalprodukte $\Delta G\,(II)$. Im Reaktionsverlauf wird die freie Energie der Reaktion als Differenz zwischen beiden Energiezuständen angegeben:

$$\Delta[\Delta G\,(I) - \Delta G\,(II)].$$

$\Delta G\,(II)$ besitzt einen negativeren Wert als $\Delta G\,(I)$: Die Stabilität des Komplexes im Zustand II (Produkte) wird größer sein als die Stabilität des Ausgangskomplexes I (Abb. 1.41). Um

Abb. 1.41 Freie Energie ΔG als Funktion der Reaktionskoordinate

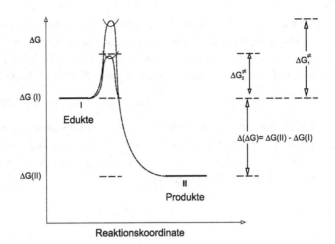

diesen stabilen Zustand II zu erreichen, muss bei der Reaktion eine Aktivierungsbarriere überwunden werden. Sie wird als *Aktivierungsenergie* $\Delta G^{\neq}$ bezeichnet. Der maximale Wert dieser Barriere vermittelt eine annähernde Vorstellung über die kinetische Stabilität der Metallkomplexe.

Ein Metallkomplex ist kinetisch stabil (*inert*), wenn die Aktivierungenergie $\Delta G^{\neq}$ (Aktivierungsbarriere) zu hoch ist, um sich in andere Komplexe oder Produkte umzuwandeln zu können. Hingegen ist ein Metallkomplex kinetisch instabil (*labil*), wenn diese Aktivierungsbarriere niedrig ist (siehe $\Delta G_2^{\neq}$ in der Abb. 1.41). Die Aktivierungsbarriere $\Delta G^{\neq}$ gibt es sowohl für thermodynamisch stabile wie auch für thermodynamisch instabile Metallkomplexe.

Zwei klassische Beispiele, die diese Feststellung belegen, sind die Komplexe $[Cr^{III}(CN)_6]^{3-}$ und $[Ni^{II}(CN)_4]^{2-}$. Bei diesen lassen sich die *Inertheit* bzw. die *Labilität* (kinetische Stabilität bzw. kinetische Instabilität) mittels einer Substitution der Liganden CN^- durch $^{14}CN^-$ belegen (^{14}C ist ein radioaktives Isotop):

$$[Cr(CN)_6]^{3-} + 6\,^{14}CN^- \rightarrow [Cr(^{14}CN)_6]^{3-} + 6\,CN^- \qquad \tau_{1/2} = 24 \text{ Tage}$$

$$[Ni(CN)_4]^{2-} + 4\,^{14}CN^- \rightarrow [Ni(^{14}CN)_4]^{2-} + 4\,CN^- \qquad \tau_{1/2} = 30 \text{ Sekunden}$$

Beide Komplexe sind thermodynamisch sehr stabil [A28]. Das Verhalten des Nickel(II)-Komplexes lässt sich durch die leichte Anlagerung der Liganden im quadratisch-planaren Polygon an die freien Koordinationspositionen 5 und 6 erklären. Das ist im Chrom(III)-Komplex nicht möglich.

Bezüglich der Bezeichnungen von Koordinationseinheiten bzw. Metallkomplexen und ihrer Unterscheidung als labile oder inerte gilt die Vereinbarung: Ein Komplex ist als labil zu benennen, wenn bei einer Temperatur von 25 °C der Austausch der Ionen bis zu etwa 1 min erfolgt ist; ein Komplex ist als stabil zu bezeichnen, wenn ein längerer Zeitraum benötigt wird. In diesem Sinne ist der Chrom(III)-Komplex $[Cr^{III}(CN)_6]^{3-}$ kinetisch stabil (inert) und der Nickel(II)-Komplex $[Ni(CN)_4]^{2-}$ kinetisch instabil (labil) (Abschn. 1.6).

Die Eigenschaft der Inertheit tritt sehr häufig bei Komplexen der Übergangsmetalle mit der Elektronenkonfiguration d^3 und d^6 auf, zum Beispiel bei Co^{III} und Cr^{III}.

Es gibt eine fundamentale Beziehung zwischen der freien Energie ΔG und der Gleichgewichtskonstante der Komplexbildung gemäß der Gleichung

$$\Delta G = -RT \ln\beta^a_n = -2{,}303 \; RT \; \lg\beta^a_n$$

Die Konstante β^a_n ist die Bruttostabilitätskonstante des Komplexes ML_n. Daraus ergibt sich logisch: Je größer β^a_n ist, umso größer ist die thermodynamische Stabilität des Komplexes.

Andererseits steht die freie Energie in einer funktionalen Beziehung zur Enthalpie und zur Entropie über die Gleichung:

$$\Delta G = \Delta H - T\Delta S$$

Bei der Zusammenfügung beider Gleichungen wird erhalten:

$$\ln\beta^a_n = \frac{1}{2{,}303 \; R}(\Delta S - \Delta H/T)$$

Wenn die Bildungsreaktion eines Komplexes exotherm erfolgt ($-\Delta H$), wird dieser stabiler sein. Ebenso werden die Komplexe stabil sein, wenn die Bildung mit einer Entropie-Erhöhung verläuft ($+\Delta S$). Mit anderen Worten: Die Bildung eines Komplexes ist favorisiert, wenn ΔH negativ und ΔS positiv ist, weil dann ΔG mehr negativ wird. Der Bildungsprozess des Metallkomplexes wird in spontaner Form erfolgen. Aus diesem Grunde ist die Substitution der Wassermoleküle (L'_n) im Aqua-Komplex $[ML'_n]$ durch die Liganden L begünstigt, und noch bevorzugter dann, wenn die Substitution der H_2O-Liganden durch Chelatliganden erfolgt (siehe bei *Chelateffekt*).

Die *Bruttostabilitätskonstante* β^a_n wird in Komplexen des Typs ML_n mit n=1, 2, 3, 4, ... als Produkt der *individuellen Konstanten* K_n des Komplexes ML_n nach der Beziehung ermittelt:

$$\beta^a_n = K^a_1 \cdot K^a_2 \cdot K^a_3 \dots K^a_n$$

Diese Beziehung resultiert aus der grundlegenden Erkenntnis, dass die Komplexe, die mehr als einen Liganden besitzen, sich schrittweise in Gleichgewichtsreaktionen bilden und stufenweise wieder zerfallen. Diese sukzessiv verlaufenden Reaktionen wurden erstmals von Jannik Bjerrum (1909–1992) in die Betrachtungen zur Stabilität der Metallkomplexe eingeführt [A57].

$$
\begin{array}{lll}
M + L & \leftrightarrows \quad ML & K^a_1 = \frac{a_{ML}}{a_M \cdot a_L} \\[4pt]
ML + L & \leftrightarrows \quad ML_2 & K^a_2 = \frac{a_{ML2}}{a_{ML} \cdot a_L} \\[4pt]
\dots \quad \dots & \qquad \dots & \dots \quad \dots \\[6pt]
\dots\dots\dots\dots & \qquad \dots & \dots\dots\dots\dots\dots \\[4pt]
ML_{n-1} + L & \leftrightarrows \quad ML_n & K^a_n = \frac{a_{MLn}}{a_{MLn-1} \cdot a_L}
\end{array}
$$

Tab. 1.21 Komplexstabilitätskonstanten (lgß$_n$) der Komplexe [Co(NH$_3$)$_{1-6}$]$^{2+}$ und [Co(NH$_3$)$_{1-6}$]$^{3+}$. (Aus: Aguilar, M.; Cortina, J.L.; Martinez, M.; Miralles, N.: Tablas de constantes de equilibrios, Barcelona, 1996)

	lg β$_n$	lg β$_n$ – lg β$_{n-1}$
System Cobalt(II)/Ammoniak		
Co^{2+} + NH$_3$ ⇆ [Co(NH$_3$)]$^{2+}$	2,10 (lg β$_1$)	2,10
Co^{2+} + 2 NH$_3$ ⇆ [Co(NH$_3$)$_2$]$^{2+}$	3,62 (lg β$_2$)	1,52
Co^{2+} + 3 NH$_3$ ⇆ [Co(NH$_3$)$_3$]$^{2+}$	4,61 (lg β$_3$)	0,99
Co^{2+} + 4 NH$_3$ ⇆ [Co(NH$_3$)$_4$]$^{2+}$	5,31 (lg β$_4$)	0,70
Co^{2+} + 5 NH$_3$ ⇆ [Co(NH$_3$)$_5$]$^{2+}$	5,43 (lg β$_5$)	0,12
Co^{2+} + 6 NH$_3$ ⇆ [Co(NH$_3$)$_6$]$^{2+}$	4,75 (lg β$_6$)	−0,68
System Cobalt(III)/Ammoniak		
Co^{3+} + NH$_3$ ⇆ [Co(NH$_3$)]$^{3+}$	7,3 (lg β$_1$)	7,3
Co^{3+} + 2 NH$_3$ ⇆ [Co(NH$_3$)$_2$]$^{3+}$	7,6 (lg β$_2$)	0,3
Co^{3+} + 3 NH$_3$ ⇆ [Co(NH$_3$)$_3$]$^{3+}$	20,1 (lg β$_3$)	13,5
Co^{3+} + 4 NH$_3$ ⇆ [Co(NH$_3$)$_4$]$^{3+}$	25,7 (lg β$_4$)	5,6
Co^{3+} + 5 NH$_3$ ⇆ [Co(NH$_3$)$_5$]$^{3+}$	30,8 (lg β$_5$)	5,1
Co^{3+} + 6 NH$_3$ ⇆ [Co(NH$_3$)$_6$]$^{3+}$	35,28 (lg β$_6$)	4,4

Dabei sind a_L, a_{ML}, a_{ML2}, $\ldots a_{MLn-1}$, a_{MLn}, a_M die Aktivitäten jeder dieser im Gesamtsystem vorhandenen Metallionen- bzw. Komplexspezies.

Die Konstante K^a charakterisiert die Stabilität jedes individuellen Komplexes. Die Konstanten K^a und $ß^a_n$ überstreichen einen großen Potenzbereich. Deshalb ist es üblich und nützlich, die Logarithmen dieser Konstanten zu verwenden: K^a (lgK^a oder pK^a = −lgK^a) und $ß^a_n$ (lgß^a_n).

Um dies an Beispielen zu zeigen, sind in der Tab. 1.21 die Bruttostabilitätskonstanten (lgß$_n$) der Komplexe [Co^{II}(NH$_3$)$_{1-6}$]$^{2+}$ und [Co^{III}(NH$_3$)$_{1-6}$]$^{3+}$ aufgeführt.

Aus der Differenz lgß$_n$ – lgß$_{n-1}$ kann man auf die individuellen Stabilitätskonstanten schließen, wobei $K_n > K_{n+1}$ ist.

Die Erklärung dafür, dass die Größe der individuellen Stabilitätskonstanten mit der Zunahme von *n* abnimmt, ist durch den sogenannten *statistischen Effekt* gegeben: Die Wahrscheinlichkeit, dass sich an einen Komplex, der schon Liganden enthält, ein Ligand oder weitere Liganden anlagern, verringert sich.

Diese statistische Beziehung kann man durch die folgende Gleichung ausdrücken:

$$\frac{K_{n+1}}{K_n} = \frac{(N - n)\,n}{[(N - n) + 1]\,(N + 1)}$$

N   = maximale Anzahl von Liganden in einem Komplex

n   = Zahl der Liganden

N − n   = Anzahl der freien Koordinationsstellen

Diese Beziehung lässt sich am Beispiel $[ML_6]$ (n=6) belegen. Es werden folgende statistische Verhältnisse erhalten: $K_6/K_5=0,42$; $K_5/K_4=0,53$; $K_4/K_3=0,56$; $K_3/K_2=53$; und $K_2/K_1=0,42$. Das heißt, dass die Relationen der individuellen Konstanten mehr oder weniger bei sukzessiver Abfolge konstant sind. Allerdings treten Sprünge dann auf, wenn sich ein Wechsel in der Koordinationsgeometrie vollzogen hat. Ein riguroser Wechsel in der Abfolge der individuellen Stabilitätskonstanten zeigt somit einen Wechsel in der Koordinationsgeometrie der Komplexe an. Ein klassisches Beispiel dafür ist die Bildung der Komplexe von Zink(II) mit Ethylendiamin (en) als Ligand. Der Komplex $[Zn(en)_2]^{2+}$ besitzt eine tetraedrische und der Komplex $[Zn(en)_3]^{2+}$ eine oktaedrische Koordinationsgeometrie. Dieser Wechsel lässt sich im Verhältnis $K_2 \gg K_3$ belegen. Die Werte für die individuellen Stabilitätskonstanten sind abhängig von den jeweiligen Messbedingungen (Temperatur, Lösungsmittel, Salzhintergrund; Messmethode). Sie betragen zum Beispiel im gegebenen Beispiel bei 25 °C; Ionenstärke 0,1 $(NaClO_4)$, gemessen mit einer Glaselektrode: $K_1=5,59\pm0,14$; $K_2=5.02$; $K_3=3,78$ [A58, S. 2230] und belegen damit den genannten Wechsel der Koordinationsgeometrie eindeutig.

Wie aus den vorangehenden Gleichungen ersichtlich, haben wir anstelle von Konzentrationen „c" die Aktivitäten „a" eingesetzt. Das ist gerechtfertigt, weil die Stabilitätskonstanten als Konstanten in Gleichgewichtssystemen aufzufassen sind, die Wechselwirkungen innerhalb aller in der Lösung vorhandenen Spezies beinhalten. Aus diesem Grund ist es üblich, die Ionenstärke der Lösung zu berücksichtigen, die die Gleichgewichte beeinflussen. Beachten Sie, dass wir diese Tatsache durch den Exponenten „a" am „K" berücksichtigen.

Um miteinander vergleichbare Stabilitätskonstanten zu erhalten, wird in der Praxis der Bestimmung von Stabilitätskonstanten ein Salzüberschuss in der Lösung gehalten (KCl, KNO_3 oder $NaClO_4$ u. a.), um eine konstante Ionenstärke zu haben. Die Stabilitätskonstanten, die sich lediglich auf Konzentrationen beziehen, werden als *stöchiometrische Stabilitätskonstanten* bezeichnet. Sie erhalten die Exponenten „c", so zum Beispiel in $ß^c$ oder K^c. Durch diese Angaben werden die thermodynamischen Konstanten voneinander unterschieden.

Da man die Aktivitäten „a" durch die Konzentrationen „c" und die Aktivitätskoeffizienten „f" über die Gleichung $a=c_L \cdot f_L$ miteinander in Beziehung setzen kann, lässt sich ein Zusammenhang zwischen der thermodynamischen Bruttostabilitätskonstante und der stöchiometrischen Bruttostabilitätskonstante ableiten:

$$ß^a = ß^c \cdot \frac{f_{MLn}}{f_M \cdot f_L{}^n}$$

Bei unendlicher Verdünnung, das heißt in der Praxis bei Anwendung sehr verdünnter Lösungen, nähert sich der Wert von f der Zahl 1. Das bedeutet folgerichtig, dass $ß^a=ß^c$ gesetzt werden kann. Eine andere Bestimmungsmöglichkeit besteht darin, verschiedene Messungen bei unterschiedlichen Konzentrationen vorzunehmen, um die stöchiometrischen Stabilitätskonstanten zu bestimmen und daraus auf eine Ionenstärke von Null zu extrapolieren. Auch lassen sich die Aktivitätskoeffizienten mit Hilfe der Debye-Hückel-Gleichungen berechnen.

1.5.2 Gesetzmäßigkeiten für die thermodynamische Komplexstabilität

Die thermodynamische Stabilität eines Metallkomplexes ML_n ist sowohl vom Zentralatom M wie auch von den Liganden L abhängig und sehr eng mit der chemischen Bindung zwischen M und L verknüpft. Die chemische Bindung zwischen M und den n Liganden L verhindert zumindest teilweise einen Zerfall oder eine Dissoziation der Koordinationseinheit in seine Bestandteile M und L über die Zwischenstufen ML_{n-1}, ML_{n-2} usw. Die Natur der chemischen Bindung zwischen M und L über die Donoratome D des Liganden ist die wesentliche Ursache der thermodynamischen Stabilität des Metallkomplexes [A29].

Im folgenden Abschnitt beleuchten wir die Faktoren, die die Stabilität der Komplexe von Seiten des Metalls und von Seiten der Liganden beeinflussen. Dabei seien die Donoratome D und die Chelatliganden inbegriffen.

1.5.2.1 Einfluss des Zentralatoms M

Es ist zu unterscheiden zwischen Zentralatomen, die keine zur Bindungsbildung mit Liganden befähigten Elektronen in d-Orbitalen enthalten, wie die Hauptgruppenmetalle, und Zentralatomen der Übergangsmetalle mit zur Bindungsbildung befähigten d-Orbitalen.

Komplexe von Hauptgruppenmetallen

Nach der Klassifizierung im HSAB-Konzept von Ralph G. Pearson (*1919) gehören solche Zentralmetallatome ohne zur Bindungsbildung befähigte d-Orbitale in die Kategorie der *A-Metalle*. In den Komplexen mit A-Metallen sind elektrostatische Kräfte (Coulomb-Kräfte) dominierend, folglich prägt das *Ionenpotential* der Zentralatome solcher Komplexe ihre Stabilität. Das Ionenpotential ist definiert durch die Beziehung Ladung/Radius des betreffenden Ions. Daraus leiten sich folgende Charakteristika ab:

Wenn die Ionenradien (in Å, Koordinationszahl 6) sich relativ ähnlich sind (zum Beispiel Na^+ 1,16; Ca^{2+} 1,14; Y^{3+} 1,04; Th^{4+} 1,08 Å), dann nimmt im Vergleich die thermodynamische Stabilität der Komplexe bei Verwendung des jeweils selben Liganden mit der Erhöhung der Ionenladung zu:

$$Na^+ < Ca^{2+} < Y^{3+} < Th^{4+}$$

Diese Gesetzmäßigkeit spiegelt sich zum Beispiel in den Werten für lgß der Metallkomplexe mit dem Liganden Ethylendiamintetraessigsäure, EDTA:

Na-EDTA: ~ 2,0; Ca-EDTA: 10,7; Y-EDTA: 18,1; Th-EDTA: 23,2.

Wenn die positiven Ladungen der Metallionen gleich sind, zum Beispiel bei den Erdalkalimetallionen, und wiederum jeweils derselbe Ligand eingesetzt ist, verringert sich die Komplexstabilität mit dem Anwachsen des Ionenradius:

Abb. 1.42 Bruttostabilitätskonstanten (lgß$_2$) von oktaedrischen 3d-Übergangsmetallkomplexen mit den Liganden Ethylendiamin [M^{II}(en)$_2$]$^{2+}$ und Oxalat [M^{II}(ox)$_2$]$^{2-}$

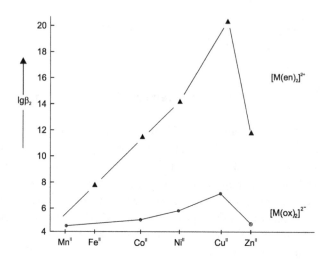

$$Be^{2+} > Mg^{2+} > Ca^{2+} > Sr^{2+} > Ba^{2+}$$

Diese Gesetzmäßigkeit wird in den Werten für lgß der Erdalkalimetallkomplexe mit dem Liganden Ammonik, NH$_3$, die von Jannik Bjerrum im Jahre 1941 in seiner Dissertationsschrift „Metal ammine complex formation in solution" niedergelegt sind [A57], bestätigt.

Eine Ausnahme von diesem Verhalten solcher Komplexe wird bei den Komplexstabilitätskonstanten lgß der Erdalkalimetallionen mit dem Chelatliganden EDTA gefunden:

Be-EDTA:9,27;   Mg-EDTA:8,65;   Ca-EDTA:10,07*;   Sr-EDTA:8,60;   Ba-EDTA:7,73

Das Wertemaximum von lgß = 10,07 bei Ca-EDTA ist der Betätigung einer größeren Zahl von Donoratomen D im Vergleich mit den Komplexen Be-EDTA und Mg-EDTA bei der Komplexbildung geschuldet.

Komplexe von Übergangsmetallen

Die thermodynamische Stabilität der 3d-Übergangsmetallkomplexe ist charakterisiert durch ein gesetzmäßiges Verhalten, das mit der *Irving-Williams-Serie* beschrieben wird.

Für verschiedene Übergangsmetallkomplexe M^{II} mit jeweils dem gleichen Liganden wurde die folgende Korrelation der thermodynamischen Stabilität aufgefunden:

$$Mn^{II} < Fe^{II} < Co^{II} < Ni^{II} < Cu^{II} > Zn^{II}$$

Das Maximum der Stabilität liegt bei den Kupfer(II)-Komplexen.

In der Abb. 1.42 sind die Stabilitätskonstanten lgß$_2$ oktaedrischer Komplexe mit den Chelatliganden Ethylendiamin, [M(en)$_2$]$^{2+}$, und Oxalat, [M(ox)$_2$]$^{2-}$, gegen die Übergangsmetallionen M^{2+} grafisch aufgetragen.

Die Abfolge der Ligandfeldstabilisierungsenergie LFSE (Abschn. 1.4.3.4) steht damit in Einklang, allerdings ist diese nur zu etwa 15 % für die Stabilität der Komplexe im Ganzen

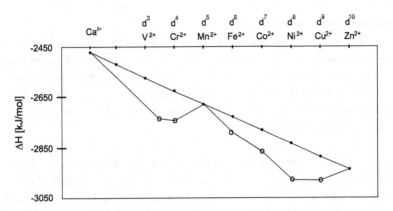

Abb. 1.43 Hydratationsenthalpie ΔH versus M^{II} in Metallkomplexen. Stabilität von Hexaquametallkomplexen $[M(H_2O)_6]^{2+}$

verantwortlich und zutreffend, wenn ein Vergleich zwischen den Stabilitäten der Übergangsmetallkomplexe mit demselben Liganden angestellt wird.

Der Einfluss des Ligandenfeldes wird auch in der Stabilität der Hexaquakomplexe $[M^{II}(H_2O)_6]^{2+}$ ($M=Ca^{II}$, Ti^{II}, V^{II}, Cr^{II}, Mn^{II}, Fe^{II}, Co^{II}, Ni^{II}, Cu^{II}, Zn^{II}) übereinstimmend mit der Enthalpie der Hydratation ΔH versus M^{II} in der Grafik (Abb. 1.43) reflektiert, die mit der exothermen Reaktion

$$M^{2+} + 6\ H_2O \leftrightarrows [M(H_2O)_6]^{2+}$$

korrespondiert.

Für $[M(H_2O)_6]^{2+}$ korrespondiert die Neigung der Geraden für die Stabilitätsabnahme mit der Abnahme der Ionenradien M^{2+} im Oktaeder und mit der Zunahme der Elektronegativität der Metallionen, während die Extrastabilisierung (siehe die experimentelle Kurve) auf den Einfluss des Ligandenfeldes im oktaedrischen System erklärt wird (Abschn. 1.4.3.2).

1.5.2.2 Einflüsse der Liganden

Der Einfluss der Liganden auf die thermodynamische Komplexstabilität ist von verschiedenen Faktoren abhängig:

- den Donoratomen der Liganden,
- der Basizität der Liganden,
- dem Chelateffekt,
- dem makrozyklischen Effekt.

Nachfolgend beschreiben wir jeden dieser Faktoren in Bezug auf die thermodynamische Stabilität der Komplexe.

Einfluss der Donoratome D

Eine Korrelation zur Stabilität der Komplexe mittels Kenntnis der Natur der Zentralatome M^{n+} und der Donoratome D der Liganden ist herstellbar über das Pearson'sche *Konzept der harten und weichen Säuren und Basen*. Dieses Konzept hat einen halbquantitativen Charakter und wird häufig benutzt, um die Stabilität der Komplexe zu pronostizieren.

Das Metallion M^{n+} fungiert als eine Lewis-Säure, während der Ligand über seine Donoratome D als Lewis-Base wirkt:

- Eine Säure M^{n+} in diesem Sinne ist „hart", wenn sie einen kleinen Radius bzw. eine hohe positive Ladung hat und wenig polarisierbar ist und zudem über wenige Elektronen in der Valenzschale verfügt. Die relativ hohe positive Ladung ist auf ein kleines Volumen konzentriert. Eine „weiche Säure" besitzt dagegen einen größeren Ionenradius, eine niedere Oxidationszahl des Metalls im Komplex und eine an Elektronen reiche Valenzschale.
- Die Liganden, die „harte Basen" repräsentieren, besitzen wenig polarisierbare Donoratome D von geringen Radien. Liganden, die den „weichen Basen" zugeordnet werden, besitzen Donoratome D mit großen Radien und leicht polarisierbaren Elektronenhüllen.
- Schließlich gibt es Gruppen von Metallionen und Liganden, die sich im Grenzbereich (*border line*) zwischen harten und weichen Säuren bzw analog zwischen harten und weichen Basen befinden.

Das Pearson'sche Konzept ist als ein qualitatives bzw. semiquantitatives zu betrachten. Dennoch liefert es heuristisch einen praktikablen Ansatz in der Voraussage von Komplexstabilitäten: Thermodynamisch stabile Metallkomplexe werden durch Kombination von harten Säuren mit harten Basen oder durch eine Kombination von weichen Säuren mit weichen Basen gebildet, oder mit anderen Worten: *Die Metallkomplexe sind stabil, wenn eine Wechselwirkung zwischen Metall und Ligand den Prinzipien hart-hart bzw. weich-weich folgt.*

Mit der folgenden Gleichung kann empirisch die „Härte η" ermittelt werden:

$$\eta = \tfrac{I+E_A}{2} \qquad \begin{array}{l} I = \text{Ionisierungsenergie} \\ E_A = \text{Elektronenaffinität} \end{array}$$

In der Tab. 1.22 sind einige harte und weiche Säuren und Basen klassifiziert.

Die Basizität der Liganden

Die Bildung eines Metallkomplexes aus einem Metallion und einem anionischen Liganden

$$M^+ + L^- \rightarrow [ML]$$

ist vergleichbar mit der Bildung einer Brönsted-Säure aus einem Proton und einem Anion (Brönsted-Base):

$$H^+ + L^- \rightarrow HL$$

Tab. 1.22 Beispiele von harten und weichen Säuren und harten und weichen Basen sowie Grenzfälle (*border line*) nach R.G. Pearson

Harte Säuren	Harte Basen	Weiche Säuren	Weiche Basen
H^+, Li^+, Na^+, K^+	F^-, Cl^-, H_2O, OH^-, O^{2-}, ROH	Pd^{2+}, Pt^{2+}, Cu^+, Ag^+, Au^+	I^-, R_2S, RS^-
Be^{2+}, Mg^{2+}, Ca^{2+}, Sr^{2+}	R_2O, ClO_4^-, SO_4^{2-}, NO_3^-, PO_4^{3-}	Cd^{2+}, Hg^{2+}, Hg_2^{2+}	SCN^-, $S_2O_3^{2-}$
Al^{3+}, Ga^{3+}, In^{3+}	CO_3^{2-}, NH_3, RNH_2		R_3P, R_3As, CO
Sc^{3+}, Cr^{3+}, Fe^{3+}, Co^{3+}			CN^-, RNC, H^-
Ti^{4+}, Zr^{4+}, Hf^{4+}, Ce^{4+}			C_2H_4, C_6H_6, R^-

Säuren und Basen an der Genze zwischen „hart" und „weich"„ borderline":

Säuren	Basen
Sn^{2+}, Pb^{2+}, Fe^{2+}, Co^{2+}, Ni^{2+}, Cu^{2+}, Zn^{2+}	Br^-, NO_2^-, SO_3^{2-}, N_2, N_3^-, $NH_2C_6H_5$
Ru^{3+}, Rh^{3+}, Os^{2+}, Ir^{3+}	

Aus dieser Analogiebetrachtung leitet sich eine Konkurrenzsituation zwischen dem Proton und dem Metallion um den anionischen Liganden L^- ab und daraus der Schluss, dass die Stabilität des Metallkomplexes umso größer sein wird, je basischer der Ligand ist.

$$H^+/M^+ + L^- \quad \begin{matrix} \nearrow & HL \\ \searrow & [ML] \end{matrix}$$

Nach der Brönsted-Theorie ist diese Analogie auch auf basische Neutralmoleküle als Liganden, wie NH_3, übertragbar. Als Beispiel sei die Bildung des Tetraamminkupfer(II)-Komplexes angeführt:

$$H^+ + NH_3 \rightarrow NH_4^+$$

$$Cu^{2+} + 4\,NH_3 \rightarrow [Cu^{II}(NH_3)_4]^{2+}.$$

Bei der grafischen Auftragung der thermodynamischen Bruttostabilitätskonstante $lg\beta_2$ gegen pK_S-Werte (auch als pK_A-Werte bezeichnet) von Liganden HL, erhält man eine Gerade, wenn Liganden des jeweils gleichen Typs, so zum Beispiel ß-Diketone oder Aminoessigsäuren oder *N*-Benzoylthioharnstoffe, eingesetzt werden (Abb. 1.44). Der pK_S-Wert ist der Logarithmus der Säuredissoziationskonstante K_S und zugleich ein Ausdruck für die Basizität des Ligandanions L^-.

Es gilt in Verallgemeinerung die Aussage:

Je basischer der Ligand, desto stabiler ist der mit ihm gebildete Metallkomplex.

Bei einigen Liganden gleichen Typs werden bei einer solchen grafischen Schematisierung beträchtliche Abweichungen von der Linearität bei gleichem Metallion festgestellt. Solche Irre-

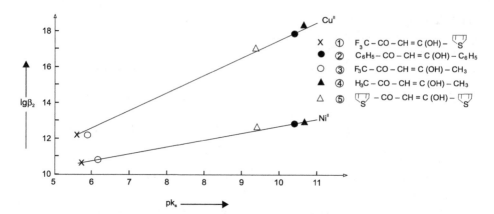

Abb. 1.44 Bruttostabilitätskonstanten ($\lg\beta_2$) versus Säuredissoziationskonstanten (pK_S) von Nickel(II)-und Kupfer(II)-Komplexen unterschiedlich substituierter ß-Diketon-Liganden

gularitäten resultieren zum Beispiel aus einem Wechsel der Koordinationsgeometrie. Ein solcher Wechsel wird erzwungen, wenn die Liganden voluminös sperrige Substituenten tragen.

Der Chelateffekt

Es ist experimentell nachgewiesen, dass Komplexe aus Metallionen mit zwei- und mehrzähnigen, polydentaten Liganden wegen der Ausbildung von Chelatringen eine erhöhte thermodynamische Stabilität aufweisen. Die erhöhte Stabilität dieser Chelatkomplexe im Vergleich mit einzähnigen, monodentaten Liganden ist ein Resultat der Zunahme der Entropie bei der Bildungsreaktion unter der Voraussetzung, dass die gleiche Zahl von Donoratomen D beteiligt und die Basizität der Liganden vergleichbar ist. Außerdem ist ein statistischer (kinetischer) Effekt zu berücksichtigen, der zur Stabilität der Metallchelate beiträgt (siehe unten).

Als Beispiel soll die Substitutionsreaktion des Hexaquanickel(II)-Komplexes durch den einzähnigen Liganden Ammoniak, NH_3, bzw. durch den zweizähnigen Chelatliganden Ethylendiamin, $H_2N-CH_2-CH_2-NH_2$, dienen (Tab. 1.23).

Die mit dem zweizähnigen Chelatliganden Ethylendiamin gebildeten Nickel(II)-Chelatkomplexe besitzen eine vergleichsweise höhere Stabilität als die mit dem einzähnigen Liganden Ammoniak gebildeten Nickel(II)-Ammin-Komplexe. Die Ammoniak-Moleküle besitzen einen höheren Freiheitsgrad als die Ethylendiamin-Moleküle.

Der sogenannte *Chelateffekt* widerspiegelt sich in der Erhöhung der Stabilitätskonstanten $\lg\beta_{chel}$ und in der Zunahme der freien Reaktionsenergie (ΔG_{chel}). Diese hat einen negativeren Wert als der mit einzähnigen Liganden erhaltene.

Es ist das Verdienst des Schweizer Komplexchemikers Gerold Schwarzenbach (1904–1978), den Chelateffekt aufgefunden zu haben. Dieser Effekt besitzt große Bedeutung bei der quantitativen analytischen Bestimmung von Metallionen mit polydentaten Polyaminopolyessigsäuren, wie EDTA, nach der komplexometrischen Methode [A30], [A31].

Am Beispiel des Hexaquacadmium(II)-Komplexes $[Cd^{II}(H_2O)_6]^{2+}$ lassen sich einige Aspekte des Chelateffektes erörtern. Er wird mit dem einzähnigen Liganden Methylamin,

Tab. 1.23 Komplexstabilitätskonstanten (lgß) für die Nickel(II)-Komplexe mit den Liganden Wasser, Ammoniak und Ethylendiamin (en). Aus dem Vergleich der Werte wird der Chelateffekt deutlich

Substitution durch Ammoniak	$lg\beta$
$[Ni(H_2O)_6]^{2+} + 2\,NH_3 \leftrightarrows [Ni(H_2O)_4(NH_3)_2]^{2+} + 2\,H_2O$	5,00
$[Ni(H_2O)_4(NH_3)_2]^{2+} + 2\,NH_3 \leftrightarrows [Ni(H_2O)_2(NH_3)_4]^{2+} + 2\,H_2O$	2,87
$[Ni(H_2O)_2(NH_3)_4]^{2+} + 2\,NH_3 \leftrightarrows [Ni(NH_3)_6]^{2+} + 2\,H_2O$	0,74
$lg\beta_{total} = 5,00 + 2,87 + 0,74 =$	*8,61*
Substitution durch Ethylendiamin, en	
$[Ni(H_2O)_6]^{2+} + en \leftrightarrows [Ni(H_2O)_4(en)]^{2+} + 2\,H_2O$	7,51
$[Ni(H_2O)_4(en)]^{2+} + en \leftrightarrows [Ni(H_2O)_2(en)_2]^{2+} + 2\,H_2O$	6,35
$[Ni(H_2O)_2(en)_2]^{2+} + en \leftrightarrows [Ni(en)_3]^{2+} + 2\,H_2O$	4,32
$lg\beta_{total} = 7,51 + 6,35 + 4,32 =$	*18,18*

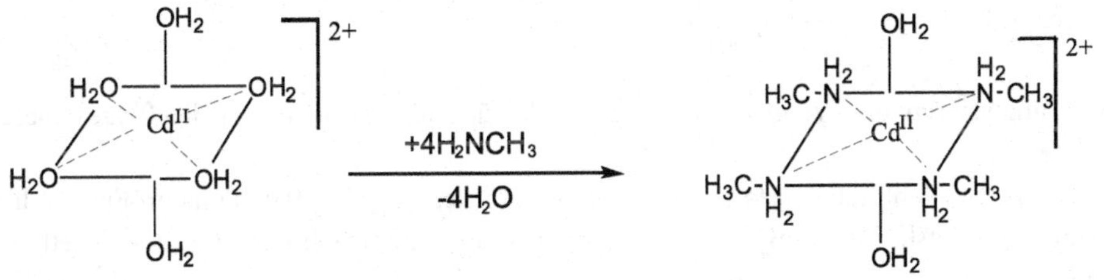

Abb. 1.45 Reaktionsschema des Hexaquacadmium(II)-Komplexes, $[Cd(H_2O)_6]^{2+}$ mit Methylamin, H_2N-CH_3

H_2N-CH_3, bzw. mit dem zweizähnigen Liganden Ethylendiamin, $H_2N-CH_2-CH_2-NH_2$, zur Reaktion gebracht. Beide Liganden sind für eine vergleichende Betrachtung hervorragend geeignet, weil der Ligand Ethylendiamin formal durch Zusammenfügen von zwei Molekülen Methylamin über ihre jeweiligen Kohlenstoffatome bei Substitution von je einem Wasserstoffatom gebildet ist, ohne dass sich die Basizität der Reste H_2N-signifikant ändert.

In wässeriger Lösung wird aus $[Cd^{II}(H_2O)_6]^{2+}$ mit H_2N-CH_3 der Komplex $[Cd^{II}(H_2N-CH_3)_4(H_2O)_2]^{2+}$ gebildet. Bei der Reaktion von $[Cd^{II}(H_2O)_6]^{2+}$ mit $H_2N-CH_2-CH_2-NH_2$, en, wird der Komplex $[Cd^{II}(en)_2(H_2O)_2]^{2+}$ erhalten. In beiden Fällen werden je vier Wassermoleküle substituiert.

Die Komplexbildungsreaktion mit Methylamin ist in der Abb. 1.45 veranschaulicht.

Die bei T = 298 K experimentell ermittelten und nach den gegebenen Gleichungen im Abschn. 1.5.1 berechneten thermodynamischen Werte sind:

$$\Delta H_{compl} = -57,3\ kJ\ mol^{-1};\quad \Delta S_{compl} = -67,3\ kJ\ mol^{-1};\quad T\Delta S_{compl} = -20,1\ kJ\ mol^{-1};$$
$$\Delta G_{compl} = -37,2\ kJ\ mol^{-1};\quad \beta_{4\ compl} = 3,3 \cdot 10^6$$

Die Chelatkomplexbildung mit Ethylendiamin ist in der Abb. 1.46 dargestellt.

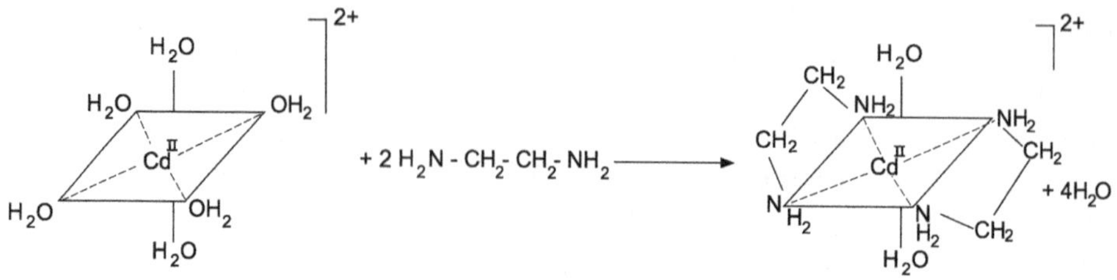

Abb. 1.46 Reaktionsschema des Hexaquacadmium(II)-Komplexes, $[Cd(H_2O)_6]^{2+}$ mit zwei Molekülen Ethylendiamin, en

Die bei $T = 298$ K experimentell ermittelten und nach den gegebenen Gleichungen im Abschn. 1.5.1 berechneten thermodynamischen Werte sind:

$\Delta H_{chel} = -56,6$ kJ mol^{-1}; $\Delta S_{chel} = +14,1$ kJ mol^{-1}; $T\Delta S_{chel} = +4,2$ kJ mol^{-1};
$\Delta G_{chel} = -60,7$ kJ mol^{-1}; $\beta_{2\,chel} = 4,0 \cdot 10^{10}$.

Nun analysieren und vergleichen wir unter Berücksichtigung des Chelateffektes diese Werte:

Die Bruttostabilitätskonstante des Chelatkomplexes β_{2chel} ist 10.000 mal größer als die Bruttostabilitätskonstante $\beta_{4\,compl}$ des Komplexes mit dem einzähnigen Liganden Methylamin.

Die Reaktionsenthalpien ΔH_{compl} und ΔH_{chel} besitzen fast ähnliche Werte: Die Basizitäten der Liganden sind somit fast gleich. Es gibt jedoch einen substantiellen Unterschied zwischen den Entropien der beiden Reaktionen:

$$\Delta S_{chel} \gg \Delta S_{compl}$$

Die Zunahme der Entropie im Falle der Chelatkomplexbildung wird durch die Substitution von vier Wassermolekülen durch zwei zweizähnige, eintretende Ethylendiamin-Moleküle bewirkt. Bei der Komplexbildung von $[Cd^{II}(H_2O)_6]^{2+}$ mit dem einzähnigen Methylamin werden dagegen vier Wassermoleküle durch die gleiche Zahl Moleküle des einzähnigen Liganden ersetzt. Die Zahl der Teilchen im System bleibt unverändert.

Daraus folgt: Die Zunahme der Entropie beeinflusst entscheidend den Wert der freien Reaktionsenergie ΔG_{chel}. Dieser ist negativer im Falle des Chelats, und dies wird in konsequenter Weise in einer größeren Stabilität des Chelatkomplexes im Vergleich mit dem Komplex, der aus dem einzähnigen Liganden mit demselben Metallion gebildet wird, reflektiert.

Nun soll der oben schon erwähnte „statistische, kinetische Effekt" erörtert und sein Beitrag zur Erhöhung der Komplexstabilität aufgezeigt werden. Wenn man von der begründeten Annahme ausgeht, dass die Komplexbildung stufenweise erfolgt (Abb. 1.47), muss berücksichtigt werden, dass der eindringende Ligand Ethylendiamin H$_2$N–CH$_2$–CH$_2$–NH$_2$, der den Komplex $[Cd^{II}(H_2O)_6]^{2+}$ attackiert, in dessen innere Koordinations-

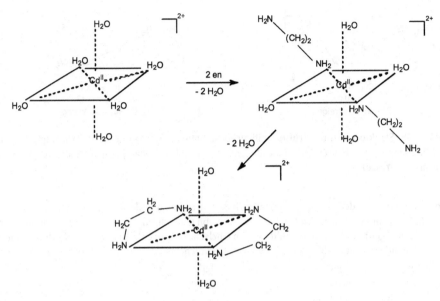

Abb. 1.47 Reaktionsschema des Hexaquacadmium(II)-Komplexes, $[Cd(H_2O)_6]^{2+}$ mit zwei Molekülen Ethylendiamin, en, in detaillierter Form

sphäre zunächst mit einem der beiden Donoratome $\underline{N}$ eintritt und sich so wie ein einzähniger Ligand verhält. Erst in einem zweiten Schritt vollzieht sich der Eintritt der zweiten koordinierenden Gruppe des en-Moleküls mit dem anderen Donoratom $\underline{N}$, wobei der *Chelatring* ausgebildet wird.

In diesem Prozess des Eindringens des Liganden Ethylendiamin und der Koordinierung des ersten Donoratoms $\underline{N}$ befindet sich das zweite Donoratom $\underline{N}$ in unmittelbarer Nähe zum Koordinationszentrum, wodurch dieses eine erhöhte Wahrscheinlichkeit gegenüber der Komplexbildung mit dem einzähnigen Liganden Methylamin hat, ebenfalls an das Zentralatom gezogen zu werden, was zur Koordination und zur Ausbildung des Chelatrings führt. Im Falle der Komplexbildung mit dem einzähnigen Liganden erfolgt die Annäherung jedes einzelnen Liganden sozusagen autonom, das heißt ohne Mithilfe eines anderen, bereits am Metallatom koordinierten, einzähnigen Ligandmoleküls.

Der Wahrheitswert dieser Hypothese wird experimentell im Falle der Chelatbildung mit zweizähnigen Liganden, die eine relativ lange Kette von Gliedern zwischen den beiden Donoratomen D besitzen, belegt. So wurde nachgewiesen, dass der Chelatkomplex des Kupfers mit 1,3-Propandiamin (pren), $H_2\underline{N}$–CH_2–CH_2–CH_2–$\underline{N}H_2$, das drei CH_2-Reste zwischen den beiden Donoratomen $\underline{N}$ besitzt, weniger stabil als der analoge Kupfer(II)-Komplex mit Ethylendiamin (en), $H_2\underline{N}$–CH_2–CH_2–$\underline{N}H_2$, das zwei CH_2-Reste zwischen den beiden Donoratomen $\underline{N}$ hat, ist. Im ersten Falle bildet sich ein Chelatsechsring, im zweiten Falle ein Chelatfünfring, beide unter Einbeziehung des Zentralatoms Cu^{II}, aus (Abb. 1.48).

In der Tab. 1.24 sind einige $lg\beta_2$-Werte von Komplexen aufgeführt, die mit den Zentralatomen Co^{II}, Ni^{II} und Cu^{II} und den zweizähnigen Liganden Oxalat^{2-}, Malonat^{2-} und-

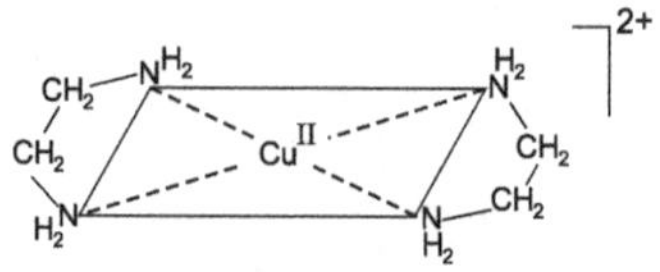

$[Cu(en)_2]^{2+}$
$lg\beta_2 = 20{,}03$
Chelat - Fünfringe

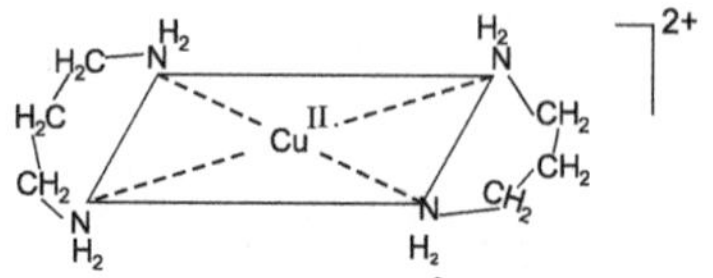

$[Cu(pren)_2]^{2+}$
$lg\beta_2 = 17{,}17$
Chelat - Sechsringe

Abb. 1.48 Strukturen und Bruttostabilitätskonstanten $(lg\beta_2)$ der Kupfer(II)-Komplexe von 1,2-Ethandiamin (en): $[Cu(en)_2]_2^{2+}$ (Chelat-Fünfringe) und 1,3-Propandiamin (pren): $[Cu(pren)_2]^{2+}$ (Chelat-Sechsringe)

Tab. 1.24 Vergleich der Komplexstabilitäten $(lg\beta_2)$ von Metallkomplexen des Cobalt(II), Nickel(II) und Kupfer(II) mit den Liganden Oxalat^{2-} (Bildung von Chelatfünfringen), Malonat^{2-} (Bildung von Chelatsechsringen), und Succinat^{2-}(Bildung von Chelatsiebenringen). Aus dem Vergleich wird die relative Stabilitätsabfolge 5-Ring > 6-Ring > 7-Ring deutlich

Metallion	Ligand	$lg\beta_2$
Co^{2+}	Oxalat^{2-}	4,5
	Malonat^{2-}	3,7
	Succinat^{2-}	2,2
Ni^{2+}	Oxalat^{2-}	5,2
	Malonat^{2-}	4,1
	Succinat^{2-}	2,4
Cu^{2+}	Oxalat^{2-}	6,2
	Malonat^{2-}	5,5
	Succinat^{2-}	3,3

Succinat^{2-} gebildet werden. Der Oxalat-Ligand, $^-OOC–COO^-$, bildet die jeweils stabilsten Chelatkomplexe mit den Metallionen Co^{2+}, Ni^{2+} und Cu^{2+}. Dabei entstehen Chelatfünf-ringe. Bei den Komplexen mit dem Liganden Malonat, $^-OOC–CH_2–COO^-$, entstehen mit den gleichen Metallionen Chelatsechsringe und mit dem Liganden Succinat, $^-OOC–CH_2–CH_2–COO^-$, werden Chelatsiebenringe ausgebildet. An diesem vergleichenden Beispiel ist auch die Stabilitätsabfolge in Übereinstimmung mit der Irving-Williams-Serie zu er-kennen:

$$Cu^{2+} > Ni^{2+} > Co^{2+}.$$

Verallgemeinernd ist festzustellen, dass bei *gesättigten Chelatliganden*, die keine Doppel-bindungen im Molekül aufweisen, die Bildung von Chelatfünfringen gegenüber der Bil-dung von Chelatsechsringen und sukzessive Chelatsiebenringen usw. bevorzugt ist. Auch andere Einflüsse beeinflussen den Chelateffekt in der einen oder anderen Weise und sind bei der Interpretation der Komplexstabilität zu berücksichtigen: Sterische Effekte, Ring-spannung, unterschiedliche Basizität der Donoratome D u. a.

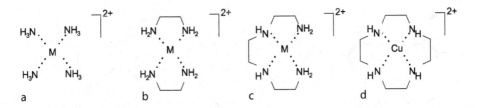

Abb. 1.49 Quadratisch-planare Metallkomplexe (M=Cu^{II}; Ni^{II}) mit den Liganden. **a** Ammoniak (NH$_3$); **b** Ethylendiamin (en); **c** Triethylentetramin (tren); **d** Tetraethylentetramin (tetren)

Tab. 1.25 Komplexstabilitätskonstanten (lgß) der Komplexe von Cu^{II} und Ni^{II} mit den Liganden. a) NH$_3$; b) en; c) tren; d) tetren; (s. Abb. 1.49)

M^{II}	a) lgβ$_4$	b) lgβ$_2$	c) lgβ	d) lgβ
Cu^{II}	12,59	20,03	20,5	23,3
Ni^{II}	7,87	13,86	19,3	

Wenn die Möglichkeit zur Ausbildung von mehr als einem Chelatring mit einem Ligandmolekül besteht, weil der Ligand polydentat ist, wird das mit dem Zentralatom gebildete polyzyklische Metallchelat eine größere thermodynamische Stabilität aufweisen als das Chelat, das aus einem Chelatliganden mit der Fähigkeit zur Bildung von nur einem Chelatring besteht. Diese Aussage lässt sich sehr schön an einem Vergleich der Stabilitäten von einigen Metallkomplexen bzw.-chelatkomplexen belegen, welche die Liganden NH$_3$, en, tren und tetren enthalten (Abb. 1.49 und Tab. 1.25).

Ein weiteres Beispiel dieser Art sind Chelatkomplexe mit den Liganden Polyaminopolycarbonsäuren (H$_6$ttha, H$_4$edta, H$_3$nta, H$_2$ida), die hier nicht weiter ausgeführt werden.

Der makrozyklische Effekt

Es wurde experimentell gefunden, dass die mit zahlreichen *makrozyklischen Liganden* gebildeten *makrozyklischen Metallchelate* im Vergleich mit Komplexen aus einzähnigen bzw. mit zwei- oder mehrzähnigen *linearen* oder *verzweigten Liganden* gebildeten eine wesentlich größere thermodynamische Stabilität aufweisen.

Derartige makrozyklische Liganden besitzen innerhalb eines Ringsystems Donoratome *D*, die für eine Koordination mit einem zentralen Metallatom in geeigneten Positionen günstig angeordnet sind und damit die Ausbildung vom Zentralmetallatom bevorzugten Polyedern oder Polygonen zwanglos über Chelatfünf- oder Chelatsechsringe ermöglichen. Damit wird zugleich in vielen Fällen ein besonderes elektronisches System im Metallchelatkomplex unter Einbeziehung des Zentralatoms aufgebaut, wenn zum Beispiel konjugierte Doppelbindungen im makrozyklischen Liganden vorhanden sind. Aus der Sicht des Metallions ist zu berücksichtigen, dass der Radius des Zentralatoms „passen" muss und eine adäquate Elektronenkonfiguration gegeben ist. So kann sich das Zentralatom innerhalb des makrozyklischen Ligandengerüstes einordnen. Das ist die Voraussetzung für intraelektronische Wechselwirkungen zwischen dem Zentralatom und dem zyklischen Liganden.

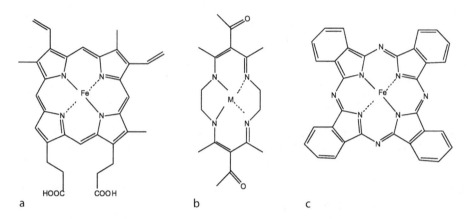

Abb. 1.50 Strukturen makrozyklischer Metallkomplexe: **a** Häm; **b** Jäger-Komplexe (M = Ni^{II}; Cu^{II}); **c** Cu-Phthalocyanin

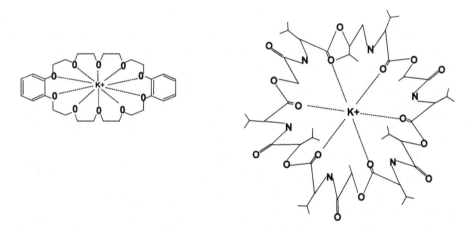

Abb. 1.51 Makrozyklische Kaliumkomplexe eines **a** Kronenethers; **b** zyklischen Polyamids

Viele makrozyklische Metallchelatkomplexe mit den sogenannten *Biometallen* (Fe, Co, Ni, Cu, …) besitzen eine außerordentlich hohe thermodynamische Stabilität. Dazu gehören u. a. Porphyrine, Häm (Abb. 1.50a) und Chlorophyll. Zu den makrozyklischen Metallchelatkomplexen zählen die nach Ernst Gottfried Jäger (1936–2007) benannten *Jäger-Komplexe* (Abb. 1.50b) und die elektrisch leitfähigen Metall-Phtalocyanine (Abb. 1.50c) (Abschn. 3.3.3.3). Die Synthese solcher makrozyklischen Chelatkomplexe wird oft über *Reaktionen an koordinierten Liganden* und *Template-Reaktionen* (Schablonen-Reaktionen) realisiert (Abschn. 1.6).

Die Kronenether (Abb. 1.51a) und die zyklischen Polyamide (Abb. 1.51b) sind makrozyklische Liganden, die Metallchelatkomplexe hoher Stabilität mit Alkali- bzw. Erdalkalimetallionen (A-Metallen) bilden. In den *Kronenether-Komplexen* oder in den Komplexen mit zyklischen Polyamiden kann sich das Metallion innerhalb einer Kavität des zyklischen Liganden oder oberhalb der Krone auf deren „Spitzen" platziert sein. In *sandwich-Strukturen* sitzt das Metallion zwischen zwei Kronenethern. Die Bindung zwischen Alkali- bzw. Erdalkalimetallion und Kronenether- bzw. zyklischen Polyamiden ist vorzugsweise elektrostatischer Natur (Abschn. 1.4.1).

1.5.3 Bestimmung der Komplexstabilitätskonstanten

Die Bedeutung der Komplexstabilitätskonstanten für analytische Anwendungen der Komplexe, bei der Trennung von Metallionen (Abschn. 3.4), in der Medizin (Abschn. 3.1) und für andere Anwendungen erfordert die Kenntnis der quantitativen Bestimmungsmethoden der Komplexstabilitätskonstanten in Lösung.

Für die Berechnung der Komplexstabilitätskonstanten muss die chemische Konzentration von einer von drei im Komplexbildungsgleichgewicht vorhandenen Spezies in einer Lösung bekannt sein:

*   Die Konzentration c_L des „freien Liganden", das ist der nicht komplexierte Ligand;
*   die Konzentration c_M des „freien Metalls", das ist das nicht komplexierte Metallion;
*   die Konzentration c_{MLn} des gebildeten Metallkomplexes.

Die Totalkonzentration des Liganden C_L erhält man durch Wägung des Liganden. Die Totalkonzentration des Metals C_M ist leicht zugänglich durch Wägung des Metallsalzes vor dem Auflösen. Die Kenntnis von C_L und C_M erlaubt die Berechnung der Stabilitätskonstanten. Im Folgenden beschreiben wir experimentelle Methoden zur Stabilitätsbestimmung auf der Basis der Werte c_L. Sie werden unter dem Begriff p_L-*Methoden* zusammengefasst. Diejenigen Methoden, die die Werte c_M als Basis der Berechnung heranziehen, sind als p_M-*Methoden* bekannt und werden ebenfalls charakterisiert.

Verursacht durch die rasante Entwicklung der automatisierten Berechnungsmethoden und durch die Modernisierung der analytischen Techniken wurden beträchtliche Verbesserungen erreicht, die punktuelle Messungen „per Hand" und ermüdende Berechnungen mit Bleistift auf Papier abgelöst haben.

1.5.3.1 Die p_L- und p_M-Methoden zur Bestimmung der Stabilitätskonstanten
Die p_L-Methode

Die Grundlagen der p_L-*Methode* wurden erstmals von Jannik Bjerrum [A57] vorgeschlagen. Zum Verständnis der nachfolgenden Überlegungen wird zunächst $\tilde{n}$ definiert:

$$\tilde{n} = \frac{\text{Totalkonzentration der am Metall koordinierten Liganden}}{\text{Totalkonzentration an Metall}}$$

$\tilde{n}$ repräsentiert die mittlere Zahl der Ligandmoleküle pro Metallatom.

Der Komplex bildet sich in wässeriger Lösung, wobei in sukzessiven Schritten verschiedener Gleichgewichte unterschiedliche Metallkomplexspezies ML, ML_2, ... ML_n beteiligt sind (Abschn. 1.5.1). Auf dieser Basis lässt sich eine Gleichung für ñ formulieren, in der vorausgesetzt wird, dass der gesamte Ligand an der Komplexbildung beteiligt ist.

$$\tilde{n} = \frac{c_{ML} + 2\,c_{ML2} + \ldots + n\,c_{MLn}}{c_M + c_{ML} + c_{ML2} + \ldots + c_{MLn}}$$

Um zu vereinfachen, verwenden wir die individuellen stöchiometrischen Stabilitätskonstanten und bezeichnen sie hier mit K_1, $K_2 \ldots K_n$ (anstelle von K_1^c etc.)

$$K_1 = \frac{c_{ML}}{c_M \cdot c_L}, \qquad K_2 = \frac{c_{ML2}}{c_{ML} \cdot c_L}, \qquad \ldots\ldots K_n = \frac{c_{MLn}}{c_{MLn-1} \cdot c_L}$$

Anschließend werden c_{ML}, $c_{ML2} \ldots c_{MLn}$ durch die Termini der individuellen Konstanten ersetzt:

$$c_{ML} = K_1 \cdot c_M \cdot c_L, \quad c_{ML2} = K_1 \cdot K_2 \cdot c_M \cdot c_L{}^2, \quad \ldots, \quad c_{MLn} = K_1 \cdot K_2 \ldots K_n \cdot c_M \cdot c_L{}^n$$

Beim Einsetzen in die Gleichung für ñ ergibt sich:

$$\tilde{n} = \frac{K_1 \cdot c_M \cdot c_L + 2\,K_1 K_2 \cdot c_M \cdot c_L{}^2 + \ldots + n\,K_1 K_2 \ldots K_n \cdot c_M \cdot c_L{}^n}{c_M + K_1 \cdot c_M \cdot c_L + K_1 K_2 \cdot c_M \cdot c_L{}^2 + \ldots + K_1 K_2 \ldots K_n \cdot c_M \cdot c_L{}^n}$$

Schließlich wird c_M aus den Gliedern eliminiert, und die Gleichung erhält die Form:

$$\tilde{n} = \frac{[K_1 \cdot c_L + 2\,K_1 K_2 \cdot c_L{}^2 + \ldots n\,K_1 K_2 \ldots K_n \cdot c_L{}^n]}{1 + K \cdot c_L + K_1 K_2 \cdot c_L{}^2 + \ldots + K_1 K_2 \ldots K_n \cdot c_L{}^n}$$

Auf diese Weise sind wir zu einer Gleichung gelangt, um ñ mit den Termini der individuellen Stabilitätskonstanten und der Konzentration des nicht koordinierten Liganden c_L zu berechnen.

Nun sei wiederholt, dass die Totalkonzentration des Metalls C_M durch direktes Einwägen bestimmt wird. Die Totalkonzentration der koordinierten Liganden an das Metall wird durch die Differenz zwischen der mittels Einwägung bestimmten Totalkonzentration des Liganden C_L und der Konzentration des „freien" Liganden c_L, der also nicht zum Komplex reagiert hat, bestimmt. Es gilt dafür $C_L - c_L$. Wenn man diese Ausdrücke in die Gleichung für ñ einbringt, wird erhalten:

$$\tilde{n} = \frac{C_L - c_L}{C_M}$$

Die Werte von ñ und c_L (p_L) lassen sich grafisch in der *Bildungskurve* darstellen (Abb. 1.52).

Abb. 1.52 Bildungskurve ($\tilde{n}$ versus p_L)

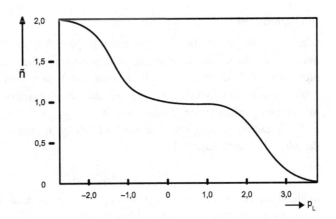

Ausgehend von den Wertepaaren $\tilde{n}/c_L$ lassen sich die Stabilitätskonstanten direkt mit Hilfe von Computerprogrammen, zum Beispiel mit den Softwares MINIQUAD®, HYPERQUAD® u. a. berechnen. Unabhängig davon lassen sich die individuellen Stabilitätskonstanten direkt aus der *Bildungskurve* berechnen. Betrachten wir das Gleichgewicht der Bildung eines Komplexes ML_2 über den Komplex ML.

Für die Reaktionen

$$M + L \leftrightarrows ML \quad \text{und} \quad ML + L \leftrightarrows ML_2$$

sind die Ausdrücke zum Erhalt der individuellen Stabilitätskonstanten K_1 und K_2:

$$K_1 = \frac{c_{ML}}{c_M \cdot c_L}, \qquad K_2 = \frac{c_{ML2}}{c_{ML} \cdot c_L}$$

Zunächst befassen wir uns mit K_1 und betrachten den Fall, dass $c_{ML} = c_M$ ist. Dann erhält man definitionsgemäß

$$\tilde{n} = \frac{c_{ML}}{(c_M + c_{ML})} = \frac{c_{ML}}{2\,c_{ML}} = 0,5, \quad \text{und es ergibt sich zur Berechnung für}$$

$$K_1 = \frac{1}{c_{L(\tilde{n}=0,5)}}$$

In ähnlicher Weise lässt sich K_2 betrachten. Als Bedingung gelten $c_{ML2} = c_{ML}$ und die Annahme, dass alle Metallionen komplexiert sind, d. h. $c_M = 0$.

Dann folgt

$$\tilde{n} = \frac{c_{ML} + 2\,c_{ML2}}{c_M + c_{ML} + c_{ML2}} = \frac{3\,c_{ML2}}{2\,c_{ML2}} = 1,5 \quad \text{und für} \quad K_2 = \frac{1}{c_{L\,(\tilde{n}=1,5)}}$$

Wenn aus den Bildungskurven die Werte für $\tilde{n}$ extrapoliert werden, lassen sich auf der Abszisse die Werte der Konzentrationen c_L (p_L) entnehmen und damit dann leicht die Stabilitätskonstanten K_1 und K_2 berechnen. Diese Methode ist dann geeignet, wenn nur wenige Gleichgewichte für die individuellen Komplexe zu beachten sind.

Die p_M-Methode

Diese Methode ist der oben beschriebenen p_L-Methode sehr ähnlich. Deshalb sollen hier nur die Grundlagen beschrieben werden. In diesem Falle werden die Konzentration des nichtkoordinierten Metallions c_M und die Konzentration des nichtkoordinierten Liganden c_L als bekannt vorausgesetzt. Das bedingt, dass die Konzentration des nichtkoordinierten Metallions c_M quantitativ zu bestimmen ist.

Die Totalkonzentration des Metalls im Bildungsgleichgewicht der Komplexe ist durch die folgende Gleichung gegeben:

$$C_M = c_M + c_{ML} + c_{ML2} + \ldots + c_{MLn}$$

In ähnlicher Weise wie oben lassen sich $c_{ML} \ldots c_{MLn}$ durch die Bruttostabilitätskonstanten ß und die Ligandkonzentrationen c_L beschreiben:

Es sei gegeben, dass $ß_1 = K_1$; $ß_2 = K_1 K_2$; $ß_3 = K_1 K_2 K_3$; $\ldots ß_n = K_1 K_2 K_3 \ldots K_n$ ist, dann folgt

$$C_M = c_M(1 + ß_1 \cdot c_L + ß_2 \cdot c_L^2 + \ldots ß_n \cdot c_L^n)$$

Mit Hilfe dieser Gleichung lassen sich die Bruttostabilitätskonstanten ß mit Hilfe der bekannten Totalkonzentration C_M, wiederum wie oben durch direkte Einwägung bestimmbar, und den Konzentrationen der nichtkoordinierten Metallionen und des nichtkoordinierten Liganden bestimmen.

1.5.3.2 Physikalisch-chemische Methoden zur Bestimmung der Stabilitätskonstanten

Im Abschn. 1.5.3.1 wurde die allgemeine Methodik zur Bestimmung von Stabilitätskonstanten der Komplexe erläutert. Nun soll beschrieben werden, wie die experimentellen Daten zur Bestimmung der Konzentrationen des nichtkoordinierten Liganden c_L, der Konzentration des nichtkoordinierten Metalls c_M und die Konzentration der Komplexe c_{MLn} gewonnen werden können.

In der Praxis kennt man inzwischen mehrere physikalisch-chemische Methoden, die die notwendigen Informationen für das Studium und die Bestimmung der Stabilitätskonstanten vermitteln. Unter diesen sind besonders relevant

- die potentiometrische Methode
- die polarografische Methode
- die UV/vis-spektroskopische Methode.

Ein weiterer Weg zur Berechnung der Komplexstabilitätskonstanten besteht in der Bestimmung von ΔH und ΔS auf kalorimetrischem Wege (Abschn. 1.5.1). Hier sollen nur die am häufigsten benutzten Methoden, die potentiometrische und die spektroskopische behandelt werden.

Die potentiometrische Methode

Sie findet Anwendung, wenn es sich um Liganden HL handelt, die leicht deprotonieren können, oder wenn es sich um Brönsted-Basen wie Ammoniak oder Diamine handelt. Mit der Bestimmung der Protonenkonzentration $[H^+]$ bzw. $[H_3O^+]$ lässt sich die Konzentration des freien Liganden c_L^- berechnen.

Die Bildung der Komplexe aus solchen sauren Liganden wie HL oder BH^+ mit Metallionen folgt den Gleichungen:

$$M^{n+} + n\ HL \leftrightarrows ML_n + n\ H^+$$
$$M^{n+} + n\ BH^+ \leftrightarrows MB_n + n\ H^+$$

In einem solchen Fall sind die Berechnungen einfach:

$$HL \leftrightarrows H^+ + L^-$$

bzw. analog

$$BH^+ \leftrightarrows H^+ + B$$

Wir beschreiben hier den Fall HL:

Unter Anwendung des Massenwirkungsgesetzes auf die Dissoziation des sauren Liganden ergibt sich:

$$K_S = \frac{c_H^+ \cdot c_L}{c_{HL}}$$

und durch Umformung der Gleichung

$$c_L^- = \frac{K_S \cdot c_{HL}}{c_H^+}$$

Vor Beginn der Durchführung der Messung der Wasserstoffionenkonzentration gibt man eine definierte Menge einer Säure c_S zu. Ein Teil der Wasserstoffionen liegt frei vor, während der Rest durch Liganden gebunden ist:

$$c_S = c_H^+ + c_{HL}$$

und umgeformt

$$c_{HL} = c_s - c_H^+$$

Dieser Ausdruck für c_{HL} wird in die obige Gleichung für c_L^- eingesetzt:

$$c_L^- = \frac{K_S \cdot (c_S - c_H^+)}{c_H^+}$$

Somit wird aus der vorher bestimmten Säuredissoziationskonstante K_S und der bekannten Konzentration an zugesetzter Säure c_S sowie der zu messenden Wasserstoffionenkonzentration die Konzentration an freiem Liganden c_L^- und danach die Stabilitätskonstante des Komplexes berechnet.

Spektrofotometrische Methode zur Bestimmung der Zusammensetzung des Komplexes

Das Ziel der Methode nach Wolfgang Job, eingeführt als Job'sche Methode oder als Methode der kontinuierlichen Variation bezeichnet, ist die Bestimmung des Verhältnisses n/m im Metallkomplex M_mL_n, wobei n der stöchiometrische Faktor für den Liganden L ist.

Es gilt die allgemeine Bildungsreaktion für den Komplex M_mL_n:

$$m\text{M} + n\text{L} \rightleftarrows \text{M}_m\text{L}_n \tag{1}$$

Die Randbedingung

$$c_M + c_L = c \tag{2}$$

ist einzuhalten.

Bei der experimentellen Durchführung dieser Methode wird mit gleichkonzentrierten Lösungen von M und L gearbeitet, so dass das Mischungsverhältnis über die Volumeneinheiten x reguliert werden kann.

Somit lassen sich vor Beginn des Experimentes definieren:

$$c_M = (1 - x) \cdot c \tag{3a}$$

$$c_L = x \cdot c \tag{3b}$$

Nach Einstellung des Komplexbildungsgleichgewichtes ist die Konzentration c_{MmLn} zu berücksichtigen, die auf Kosten der Konzentrationen c_M und c_L geht:

$$c_M = c \cdot (1 - x) - \boldsymbol{m} \cdot c_{MmLn} \tag{4a}$$

$$c_L = c \cdot x - \boldsymbol{n} \cdot c_{MmLn} \tag{4b}$$

Wesentlich ist somit bei der Betrachtung des Zusammenhangs zwischen den Gln. (3) und (4), dass die bei der Komplexbildung eingehenden Anteile der ursprünglich freien, unkomplexierten Metall- bzw. Ligandanteile an der Gesamtbilanz der Konzentrationen abgezogen werden müssen.

Als weiterer Schritt erfolgt nun eine Umstellung der Gln. (4a) und (4b), wobei c_{MmLn} auf eine Seite transferiert wird.

Aus (4a) wird (5a):

$$c_{MmLn} = \{c \cdot (1 - x) - c_M\}/\boldsymbol{m} \tag{5a}$$

Aus (4b) wird (5b):

$$c_{MmLn} = \{c \cdot x - c_L\}/\boldsymbol{n} \tag{5b}$$

Es folgt (5a)=(5b), woraus sich Gl. (6) ergibt:

$$\{c \cdot (1 - x) - c_M\}/m = \{c \cdot x - c_L\}/n \tag{6}$$

Einfaches Umformen der Gl. (6) ergibt die Gl. (7):

$$n \cdot \{c \cdot (1 - x) - c_M\} = m \cdot \{c \cdot x - c_L\} \tag{7}$$

Ein entscheidender Schritt zur Vereinfachung der Gl. (7) besteht in der vorauszusetzenden Annahme, dass die Komplexbildungskonstante K bzw. ß für die Gleichgewichtsreaktion (1) ausreichend groß sind, so dass die unkomplexierten Anteile c_M und c_L so klein werden, dass man diese vernachlässigen kann. Auf der Basis dieser Annahme folgt aus Gl. (7) die Gl. (8):

$$n \cdot \{c \cdot (1 - x)\} = m \cdot \{c \cdot x\} \tag{8}$$

Die Umstellung dieser Gl. (8) führt zu Gl. (9):

$$n/m = \{c \cdot x\}/\{c \cdot 1 - x\} \tag{9}$$

Ausklammern von c auf der rechten Seite der Gl. (9) und Kürzen von c ergibt die finale Gl. (10):

$$n/m = x/(1 - x) \tag{10}$$

Nach dieser Beziehung (10) kann die Zusammmensetzung des Komplexes bestimmt werden. Dazu muss man eine Eigenschaft der Lösung nutzen, die eine lineare Abhängigkeit von der Konzentration des Komplexes $M_m L_n$ zeigt und eine Funktion der Zusammensetzung der Lösung ist. Eine solche charakteristische Eigenschaft ist im Rahmen der spektrofotometrischen Methode die Extinktion des Metallkomplexes. Indem man die Volumenanteile der jeweils gleichkonzentrierten Metallionen- und Ligandlösungen kontinuierlich variiert (Abb. 1.53), ergibt sich aus dem abgelesenen Maximalwert der Messgröße beim grafischen Auftrag der Extinktion des Komplexes auf der Ordinate (bei einer vorher durch den Experimentator festgelegten Wellenlänge) als Funktion des Verhältnisses der Volumenanteile $x/1-x$ (auf der Abszisse) das gesuchte Verhältnis n/m.

1.6 Reaktionsmechanismen und Reaktivität

1.6.1 Substitutionsreaktionen

Die *nukleofugen Liganden* L' können in einem Metallkomplex [ML'$_n$] teilweise oder vollständig durch *nukleophile Liganden* L ersetzt werden.

Dieser Vorgang wird am Beispiel der Substitution von Wasser durch Ammoniak im Hexaquacadmium(II)-Komplex gezeigt:

Abb. 1.53 Grafische Ermittlung der Komplexstöchiometrie *n/m* im Metallkomplex M_mL_n mit Hilfe der spektralfotometrischen Methode nach JOB (Methode der kontinuierlichen Variation). Ordinate: Extinktion; Abszisse: Volumenanteile x/1 − x bei gleicher Ligand- bzw. Metall-Konzentration

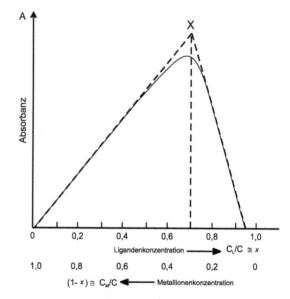

$$[Cd^{II}(H_2O)_6]^{2+} \xrightarrow[-4H_2O]{4NH_3} [Cd^{II}(H_2O)_2(NH_3)_4]^{2+}$$
Homoleptischer Komplex   Heteroleptischer Komplex (Gemischtligandkomplex)

$$\xrightarrow[-2H_2O]{+2NH_3} [Cd^{II}(NH_3)_6]^{2+}$$
Homoleptischer Komplex

Es findet ein *Ligandenaustausch* statt. Die Wassermoleküle des homoleptischen Edukt-Komplexes sind auf dem Wege über Gemischtligandkomplexe vollständig durch die Ammoniakmoleküle ersetzt worden. Das finale Produkt ist ein homoleptischer Komplex. Die im Zuge der Substitutionsreaktionen gebildeten Komplexe sind generell stabiler als die Ausgangskomplexe. Wenn wir die nukleophilen oder elektrophilen Substitutionsreaktionen in organischen Verbindungen mit Substitutionsreaktionen in Metallkomplexverbindungen vergleichen, dann sind letztere zusätzlich zu den nukleophilen oder elektrophilen Charakteristika durch elektronische und sterische Charakteristika der einzuführenden Liganden gekennzeichnet. Diese bewirken in einigen Fällen, dass Abweichungen von „reinen" nukleophilen oder elektrophilen Substitutionen auftreten. Es kann die Situation gegeben sein, dass der einzuführende Ligand als Nucleophil oder Elektrophil wirkt (charakteristisch für Liganden, die $d\pi$–$p\pi$-Rückbindungen ausbilden können); und tatsächlich sind solche Systeme höchst kompliziert, weil ein große Variationsbreite in der effektiven Ladung des Zentralatoms existiert.

Für eine Analyse der wesentlichen Charakteristika der Substitutionsreaktionen des Abgangsliganden L_{compl} durch den Eintrittsliganden L_{eintr} studieren wir nachfolgend nur das quadratisch-planare und das oktaedrische Metallkomplex-System. Zur Vereinfachung betrachten wir nur den Austausch eines einzigen Liganden.

Cooper H. Langford und Harry B. Gray (*1935) schlugen für solche Substitutionsreaktionen einen Mechanismus vor, der sich von einem früher von Fred Basolo (1920–2007) und Ralph G. Pearson gegebenen Mechanismus-Konzept, basierend auf Reaktionsordnung und Molekularität als entscheidendem geschwindigkeitsbestimmenden Schritt der Reaktion, unterschied.

Im *Langford-Gray-Mechanismus* ist je nach Fall die Aktivierungsenergie (Abb. 1.41) durch Eigenschaften des Eintrittsliganden oder des Abgangsliganden beeinflusst. Danach unterscheidet man zwischen drei möglichen stöchiometrischen Mechanismen der Reaktion:

- Der *dissoziative Mechanismus D*: In einem ersten Schritt wird der Abgangsligand L_{compl} aus dem Komplex entfernt. Dabei bildet sich ein Zwischenprodukt, das eine geringere Koordinationszahl besitzt. Danach erfolgt der Eintritt des Liganden L_{eintr}.
- Der *assoziative Mechanismus A*: Er ist durch den Eintritt des Liganden L_{eintr} in den Komplex im ersten Reaktionsschritt charakterisiert. Dabei wird die Koordinationszahl erhöht. Im zweiten Schritt wird der Abgangsligand L_{compl} entfernt.
- Der *Austauschmechanismus I*: Die Substitution erfolgt simultan, indem der Eintrittsligand L_{eintr} aus der äußeren Koordinationssphäre in die innere Koordinationssphäre eindringt und gleichzeitig der Abgangsligand L_{compl} die innere Koordinationssphäre des Komplexes verlässt und in die äußere wandert.

Der wesentliche Kern des von Langford und Gray postulierten Mechanismus beruht auf der Annahme komplexinterner Vorgänge, die als *assoziative* und *dissoziative Aktivierungen* bezeichnet werden:

- *Assoziativer Aktivierungweg a*: Der eintretende Ligand L_{eintr} besitzt einen größeren Einfluss auf die Reaktionsgeschwindigkeit als der Abgangsligand L_{compl}.
- *Dissoziativer Aktivierungsweg d*: Die Situation ist invers. Der Abgangsligand L_{compl} nimmt einen größeren Einfluss auf die Reaktionsgeschwindigkeit als der Eintrittsligand L_{eintr}.

Die internen Reaktionsmechanismen sind abhängig von der Struktur der Komplexe und der Bindung Metall-Ligand sowie von der Kapazität des Zentralatoms, einen neuen Liganden in die Koordinationssphäre aufzunehmen oder dazu nicht in der Lage zu sein.

Insgesamt unterscheidet man somit zwischen drei stöchiometrischen Reaktionswegen: *Assoziativer Mechanismus A; dissoziativer Mechanismus D, Austauschmechanismus I* und zwei assoziativen internen Aktivierungsmechanismen: *assoziative Aktivierung a und dissoziative Aktivierung d*. Die stöchimetrischen Mechanismen und die internen Mechanismen sind miteinander verknüpft. Der assoziative Mechanismus A korrespondiert mit dem internen Aktivierungsmechanismus *a*. Der dissoziative Mechanismus D steht in Bezug mit dem Aktivierungsmechanismus *d*. Der Austauschmechanismus I kann wahlweise mit dem assoziativen Aktivierungsmechanismus I_a oder dem dissoziativen Aktivierungsmechanismus I_d korrespondieren.

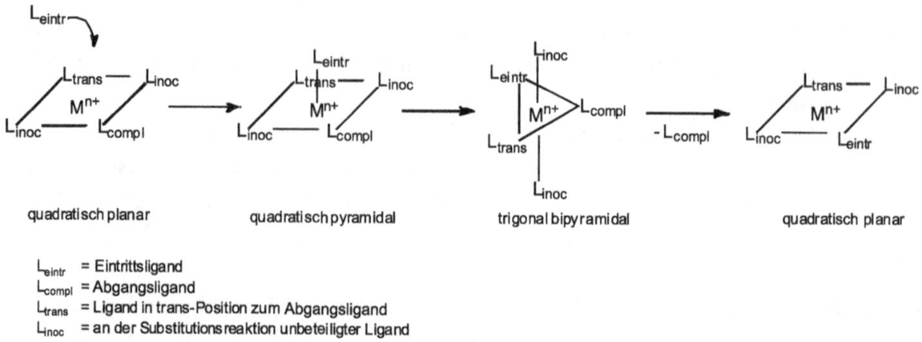

L_{eintr} = Eintrittsligand
L_{compl} = Abgangsligand
L_{trans} = Ligand in trans-Position zum Abgangsligand
L_{inoc} = an der Substitutionsreaktion unbeteiligter Ligand

Abb. 1.54 Ligandensubstitution nach dem assoziativen Mechanismus A

So existieren vier Mechanismen A, D, I_a und I_d, die sowohl stöchiometrische wie auch interne Aktivierungsmechanismen einschließen.

1.6.1.1   Assoziativer Mechanismus A und der trans-Effekt

In quadratisch-planaren Komplexen erfolgt die Substitution des Abgangsliganden L_{compl} durch den Eintrittsliganden L_{eintr} (Abb. 1.54) über den *assoziativen Mechanismus A*. Der nukleophile Eintrittsligand L_{eintr} besetzt eine Position oberhalb der Ebene, wobei eine Pyramide mit quadratischer Grundfläche gebildet wird. Durch eine Drehung des Polyeders ändert sich die Geometrie zu einer trigonalen Bipyramide, danach stabilisiert sich das System durch den Abgang des Liganden L_{compl}, wobei erneut ein quadratisch-planarer Komplex entsteht.

Die Koordination des Liganden L_{eintr} bewirkt eine Erhöhung der Koordinationszahl von 4 auf 5. Diese quadratisch-pyramidale Koordinationsform ist weniger favorisiert als die quadratisch-planare. Infolgedessen entsteht bei Abgang von L_{compl} erneut das quadratisch-planare Polygon. Deshalb erfolgt eine Umordnung über eine Pseudo-Rotation zu einer trigonal bipyramidalen Form, die ihrerseits eine starke Abstoßung auf den Abgangsliganden L_{compl} ausübt.

Die Substitution des Abgangsliganden L_{compl} im Komplex durch den Eintrittsliganden L_{eintr} wird durch den *trans-Effekt* erleichtert. Wegen einer *trans-Wirkung* (*trans-Effekt*, *trans-Einfluss*) labilisiert der Ligand L_{trans} den Liganden L_{compl}, der sich ihm diametral gegenüber in der *trans*-Position befindet. Der koordinierte Ligand L_{trans} ist nämlich fähig, die Bindung zwischen dem Zentralatom M^{n+} und dem Liganden L_{compl} über sein orientiert ausgerichtetes elektronisches System zu schwächen. Um zu verstehen, wie dieser Prozess abläuft, wurden die Liganden in einer *Serie der trans-Labilisierungsfähigkeit* geordnet. Sie gibt an, welche relative Fähigkeit die Liganden L_{trans} besitzen, um die Bindung zwischen M^{n+} und dem in *trans*-Position befindlichen Liganden L_{compl} zu schwächen:

$$dmso > NC^-, C_2H_4 > CO, NO > PR_3, AsR_3 > SO_3^{2-}, R_2S > tu, C_6H_5^- > NO_2^- > SCN^- > I^- >$$
$$Br^- > Cl^- > NH_3 > py > NH_2R > OH^- > H_2O, F^-$$

Abb. 1.55 Grinberg-Modell

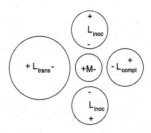

Das *Grinberg-Modell* (Abb. 1.55) lässt anschaulich die labilisierende Wirkung des Liganden L_{trans}, die die Bindung zwischen dem Abgangsliganden L_{compl} und dem Metall M^{n+} [M^{n-} $^{+}L_{compl}$] aufgrund seiner Polarisierungfähigkeit schwächt, erkennen. Es kommt zu einer erhöhten Abstoßung zwischen M und L_{compl}.

Das *Orgel-Modell* erklärt den *trans*-Effekt mit Hilfe der Beteiligung verschiedener Orbitale der Liganden und des Zentralatoms an der Bindung.

Die Kenntnis der Labilisierungsfähigkeit, die die Liganden gegenüber anderen in *trans*-Position befindlichen besitzen, ist nützlich, um Substitutionsreaktionen nach dem Assoziationsmechanismus A in quadratisch-planaren Komplexen zu prognostizieren. Der *trans-Effekt* ist nicht auf quadratisch-planare Komplexe beschränkt, sondern wirkt auch bei oktaedrischen und trigonal-bipyramidalen Komplexen.

Nachfolgend beschreiben wir zwei klassische Beispiele für das Wirken des *trans-Effektes* in quadratisch-planaren Komplexen.

a) Die *Kurnakov-Probe*, ausgearbeitet von Nikolai Kurnakov (1860–1941), gestattet die Unterscheidung zwischen dem Vorliegen von *cis*-Platin(II)- bzw. *trans*-Platin(II)-Komplexen, die jeweils zwei NH_3-Liganden und zwei Cl^--Liganden besitzen. Dabei wird Thioharnstoff, $SC(NH_2)_2$, tu, als Eintrittsligand L_{eintr} benutzt. Bei der Einwirkung von Thioharnstoff auf *cis*-[$Pt^{II}Cl_2(NH_3)_2$] entsteht als Endprodukt der Substitutionsreaktion der homoleptische Komplex [$Pt^{II}(tu)_4$]$^{2+}$. Das Endprodukt der Kurnakov-Probe auf das Edukt *trans*-[$Pt^{II}Cl_2(NH_3)_2$] zeigt, dass zwei Thioharnstoffligand-Moleküle in *trans*-Position eingetreten sind und der heteroleptische Komplex *trans*-[$Pt^{II}Cl_2(tu)_2$] gebildet worden ist (Abb. 1.56).

b) In der Abb. 1.57 sind die Wege für die Synthese mehrerer quadratisch-planarer Platin(II)-Komplexe schematisch dargestellt. Dabei werden als Acidoliganden Br^- und Cl^- und als Neutralliganden NH_3 und Pyridin, py, die eine unterschiedlich starke *trans*-Wirkung ausüben, eingesetzt: Sie folgt der Reihe $Br^- > Cl^- > NH_3 >$ py. Ausgehend von Tetrachloroplatinat(II), [$Pt^{II}Cl_4$]$^{2-}$ und Tetramminplatin(II), [$Pt(NH_3)_4$]$^{2+}$, können bei Variation der Reihenfolge dieser einwirkenden Liganden unter Ausnutzung des *trans*-Effektes die Produkte *cis*-Diammindichloro-platin(II), *cis*-[$Pt^{II}Cl_2(NH_3)_2$] (Abschn. 3.1), *trans*-Diammindichloro-platin(II), *trans*-[$Pt^{II}Cl_2(NH_3)_2$], und drei geometrisch isomere, quadratisch-planare Platin(II)-Neutralkomplexe [$Pt^{II}BrClpy(NH_3)$] erhalten werden. Es handelt sich um nukleophile Substitutionsreaktionen in einem Assoziationsmechanismus. Diese Reaktionen kann man sehr gut in planar-quadratischen Komplexen studieren. Im Allgemeinen bilden sich die planar-quadratischen Komplexe von Platin(II) relativ langsam, was kine-

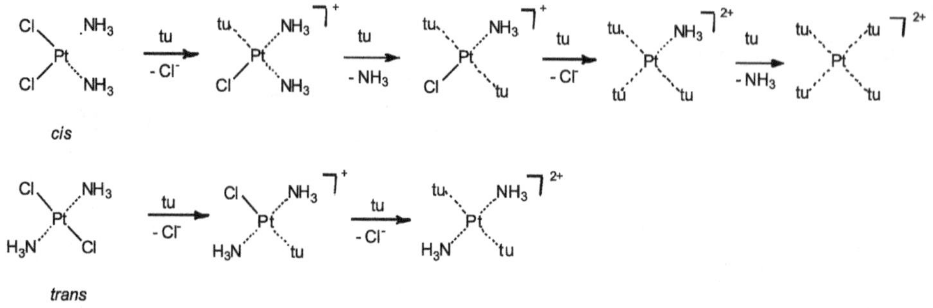

Abb. 1.56 Ligandensubstitution in *cis*- bzw. *trans*-[PtCl$_2$(NH$_3$)$_2$] mit Thioharnstoff (tu) nach der Kurnakov-Probe

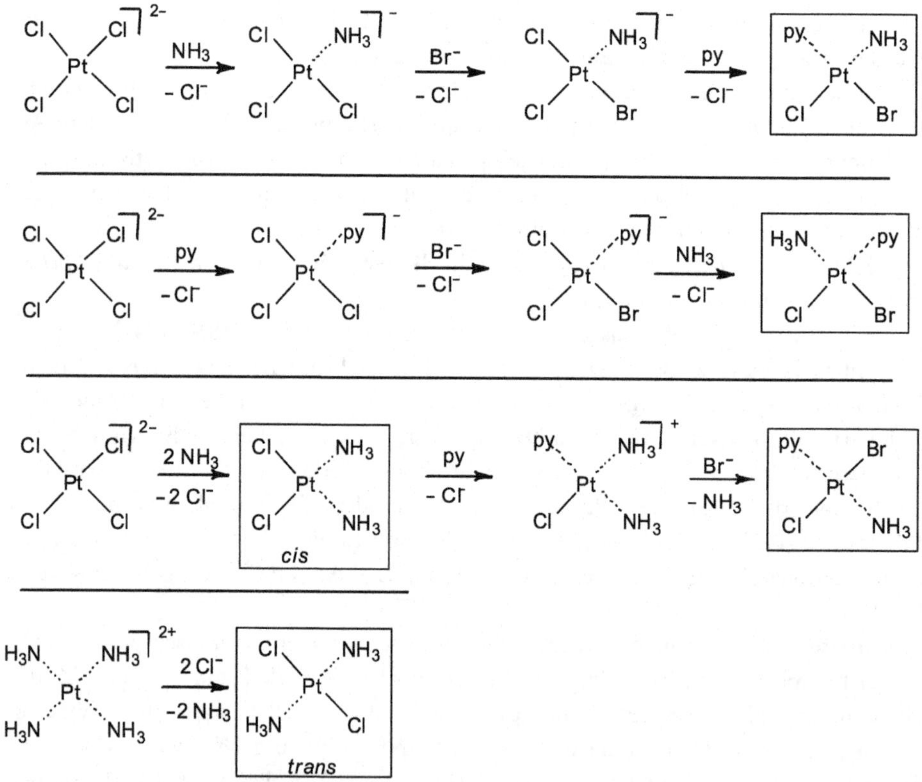

Abb. 1.57 Die Wirkung des *trans*-Effektes in Substitutionsreaktionen von [PtCl$_4$]$^{2-}$ bei unterschiedlicher Abfolge der eintretenden Substituenten NH$_3$, Br$^-$ und Pyridin (py), bzw. von eintretendem Cl$^-$ in [Pt(NH$_3$)$_4$]$^{2+}$

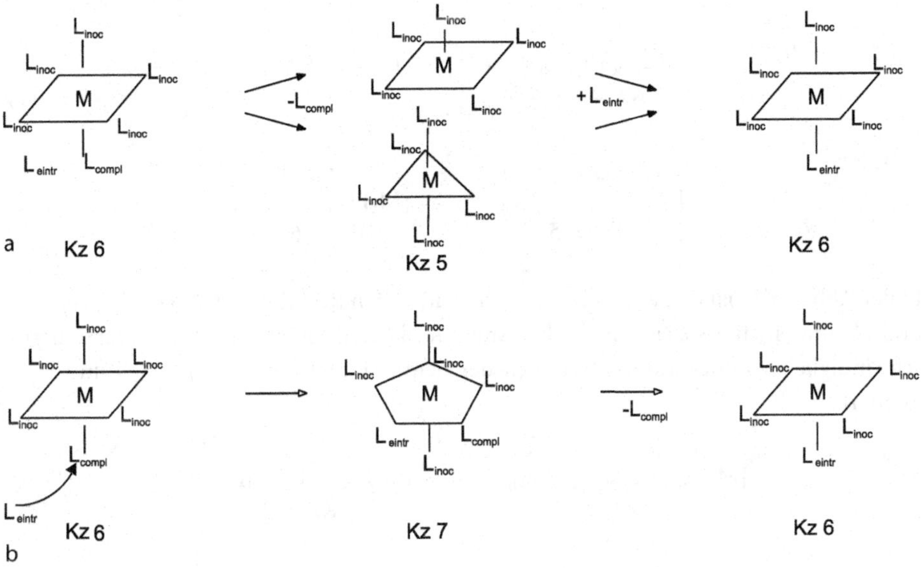

Abb. 1.58 Ligandensubstitution nach dem dissoziativen Mechanismus D

tische Studien mit den traditionellen physikalisch-chemischen Untersuchungsmethoden begünstigt. Hingegen verlaufen in den planar-quadratischen Komplexen mit den Zentralatomen Rh^I, Ir^I, Ni^{II}, Pd^{II} und Au^{III} die Substitutionsreaktionen außerordentlich schnell, so dass man für quantitative kinetische Studien spezielle Techniken einsetzen muss.

1.6.1.2 Dissoziativer Mechanismus D und assoziativer Mechanismus A

Das Erscheinungsbild des dissoziativen Mechanismus D ist favorisiert bei Substitutionsreaktionen an oktaedrischen Metallkomplexen. Bei der Annäherung des Eintrittsliganden L_{eintr} an den Komplex $[M (L_{inoc})_5 L_{compl}]$ vollzieht sich der Abgang des Liganden L_{compl} aus dem Edukt-Komplex in einem Dissoziationsprozess, wobei eine Komplexspezies $[M(L_{inoc})_5]$ mit der Koordinationszahl 5 entsteht. Das Symbol L_{inoc} soll Liganden charakterisieren, die nicht unmittelbar am Substitutionsprozess beteiligt sind. Danach kann der Eintrittsligand L_{eintr} problemlos die oktaedrische Struktur wieder herstellen (Abb. 1.58a). Die gedankliche Vorstellung zum Reaktionsablauf über einen assoziativen Mechanismus in oktaedrischen Komplexen würde eine Erhöhung der Koordinationszahl auf über 6 implizieren, was im Regelfall schwieriger zu realisieren wäre.

Die Größe der Reaktionsgeschwindigkeitskonstante ist wie bei S_N^1-Substitutionsreaktionen abhängig von der Konzentration der Edukte. Der dissoziative Mechanismus wird aufgrund der Abhängigkeit der Reaktionsgeschwindigkeit von der Konzentration des Edukt-Komplexes $[M (L_{inoc})_5 L_{compl}]$ erkannt. In diesem Fall, der in der Abb. 1.58a skizziert ist, wird die Geschwindigkeit der gesamten Reaktion bestimmt unter Berücksichtigung der Gln. (1) und (2):

$$[M(L_{inoc})_5L_{compl}] \quad \rightleftarrows \quad [M(L_{inoc})_5] + L_{compl}$$
$$Kz = 6 \qquad\qquad\qquad Kz = 5 \tag{1}$$

$$[M(L_{inoc})_5] + L_{eintr} \quad \rightleftarrows \quad [M(L_{inoc})_5L_{eintr}]$$
$$Kz = 5 \qquad\qquad\qquad Kz = 6 \tag{2}$$

In der Abb. 1.58b handelt es sich bei der schematisierten Reaktion mit den beiden Gln. (3) und (4) um einen assoziativen Mechanismus A, da eine Abhängigkeit der Reaktionsgeschwindigkeit von den Konzentrationen der beiden Edukte [M $(L_{inoc})_5L_{compl}$] und L_{eintr} existiert:

$$[M(L_{inoc})_5L_{compl}] + L_{eintr} \quad \rightleftarrows \quad [M(L_{inoc})_5L_{compl}L_{eintr}]$$
$$Kz = 6 \qquad\qquad\qquad Kz = 7 \tag{3}$$

$$[M(L_{inoc})_5L_{compl}L_{eintr}] \quad \rightleftarrows \quad [M(L_{inoc})_5L_{eintr}] + L_{compl}$$
$$Kz = 7 \qquad\qquad\qquad Kz = 6 \tag{4}$$

Es gibt drei Beweisführungen, um zu unterscheiden, ob es sich bei derartigen Substitutionreaktionen um einen dissoziativen Mechanismus D oder einen assoziativen Mechanismus A handelt:

- Die Identifizierung der gebildeten Zwischenspezies.
  Die Komplexspezies mit der Koordinationszahl 7 werden, ausgehend von einem Oktaeder, über einen assoziativen Mechanismus A erhalten. Die Komplexspezies mit der Koordinationszahl 5 werden aus einem Oktaeder über einen dissoziativen Mechanismus D oder ausgehend von einem quadratisch planaren Komplex über einen assoziativen Mechanismus A erhalten.
- Die Bestimmung der Geschwindigkeitskonstante in Abhängigkeit von den Konzentrationen der Edukte.
- Die Bestimmung des *Aktivierungsvolumens V**. Das Aktivierungsvolumen ist definiert als Differenz der partiellen molaren Volumina der Edukte und dem Übergangszustand. Die Aktivierungsvolumina werden auf experimentellem Wege ermittelt, in dem ein äußerer Druck auf die Reaktionen ausgeübt wird, wobei isotopenmarkierte Ligandmoleküle eingesetzt werden.

Die Liganden L_{inoc} greifen nicht direkt in die Substitutionsreaktionen ein. Sie können jedoch indirekt auf Grund ihrer sterischen Beschaffenheit die assoziativen Mechanismen A bzw. dissoziativen Mechanismen D beeinflussen. Sterisch voluminöse Liganden L_{inoc} können die Aufnahme der Eintrittsliganden L_{eintr} behindern, weil kein verfügbarer Raum

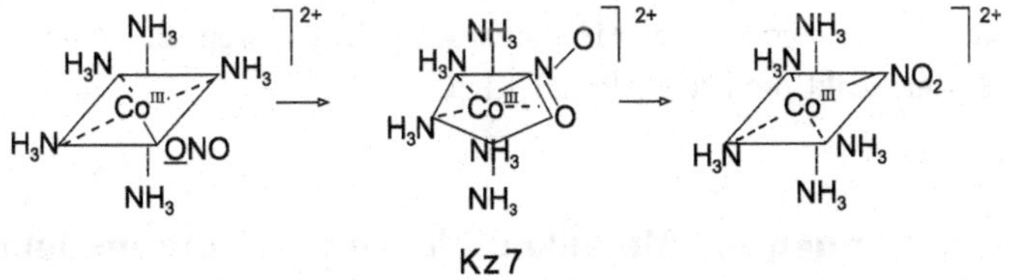

Kz 7

Abb. 1.59 Bindungsisomerisierung des rotfarbigen $[Co(ONO)(NH_3)_5]Cl_2$ in das gelbfarbige $[Co(NO_2)(NH_3)_5]Cl_2$ nach dem assoziativen Austauschmechanismus I_a

cis   *trans*

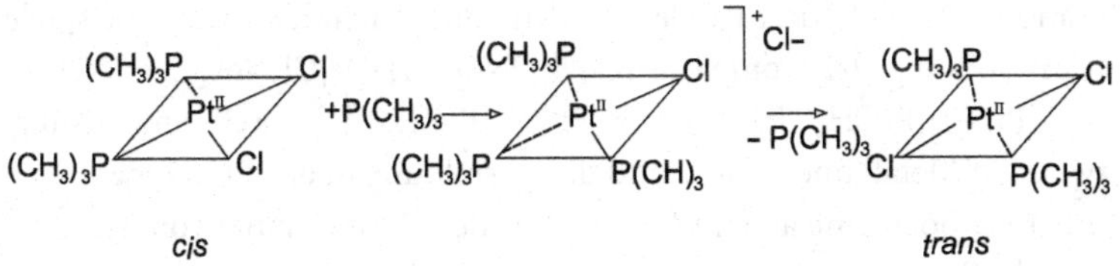

Abb. 1.60 *Cis–trans*-Isomerisierung von $[PtCl_2\{P(CH_3)_3\}_2]$ durch konsekutive Ligandensubstitution

mehr im Polyeder zu dessen Aufweitung zur Verfügung steht. Demzufolge wird der Mechanismus D, verbunden mit einer Abspaltung des Austrittsliganden L_{compl}, begünstigt.

Wenn die Kinetik der Substitutionsreaktionen in Metallkomplexen sehr genau analysiert wird, dann ergibt sich oftmals, dass nicht ideale A- oder D-Mechanismen, sondern I_d- oder I_a-Austauschmechanismen vorliegen. Diese sind als Kombinationen aus den idealisierten D-oder A-Mechanismen aufzufassen.

1.6.1.3   Austauschmechanismen

Im Abschn. 1.3 wurde die Umwandlung von Metallkomplexen in ihre korrespondierenden Isomeren beschrieben. Hieran sei angeknüpft.

Der rotfarbige Komplex $[Co^{III}(\underline{O}NO)(NH_3)_5]Cl_2$ geht beispielsweise durch Erwärmen in sein gelbfarbiges Isomer $[Co^{III}(\underline{N}O_2)(NH_3)_5]Cl_2$ über, das thermodynamisch stabiler als der bindungsisomere rotfarbige Komplex ist. Diese Umwandlung lässt sich zwanglos durch die Annahme einer Erhöhung der Koordinationszahl auf 7 und die Bildung einer pentagonalen Bipyramide deuten, in der der Rest $Co(NH_3)_5$ sowohl an die Donoratome $\underline{O}$ und $\underline{N}$ des Liganden NO_2^- gleichermaßen gebunden ist. Das ist in der Abb. 1.59 skizziert. Es handelt sich um einen assoziativen Austauschmechanismus I_a.

Eine andere Möglichkeit für die Umwandlung der Metallkomplexe besteht in einer *sukzessiven Substitution der Liganden* in den Metallkomplexen, wie man sie bei *cis-trans*-Transformationen von verschiedenen quadratisch-planaren Platin(II-Komplexen beobachten kann (Abb. 1.60):

$$\text{*cis*-}[Pt^{II}Cl_2\{P(CH_3)_3\}_2] \rightarrow \text{*trans*-}[Pt^{II}Cl_2\{P(CH_3)_3\}_2]$$

Der Beweis für das Vorliegen dieses Mechanismus gelang durch die Isolierung des Zwischenproduktes der Reaktion: $[Pt^{II}Cl\{P(CH_3)_3\}_3]Cl$.

1.6.2 Umwandlungen von Metallkomplexen durch intramolekulare Rotation

Es handelt sich bei Transformationen von Metallkomplexen durch intramolekulare Rotation <u>nicht</u> um Substitutionsreaktionen an Metallkomplexen. An dieser Stelle sollen die mechanistischen Vorstellungen zur Umwandlung von Metallkomplexen durch intramolekulare Rotationen komplettiert werden. In den vorangehenden beiden Beispielen vollzog sich die Umwandlung der Komplexe $[Co^{III}(\underline{O}NO)(NH_3)_5]Cl_2$ in $[Co^{III}(\underline{N}O_2)(NH_3)_5]Cl_2$ und von cis-$[Pt^{II}Cl_2\{P(CH_3)_3\}_2]$ in trans-$[Pt^{II}Cl_2\{P(CH_3)_3\}_2]$ durch eine Lösung von Bindungen zwischen Metall und Ligand und die Ausbildung neuer Bindungen.

Es gibt jedoch noch eine andere Möglichkeit der Umwandlung von Metallkomplexen, die weder an die Spaltung noch an die Bildung neuer Bindungen M-L geknüpft ist. Es handelt sich dabei um eine Umorientierung der Liganden in Metallkomplexen, in dem deren originale Polyederform durch eine *intramolekulare Rotation der Liganden* verändert wird.

Diese Umwandlung geschieht nur in sehr wenigen Fällen. Ein treffliches Beispiel ist die reziprok verlaufende Transformation von Nickel(II)-Komplexen (Abschn. 1.3):

$$[Ni^{II}X_2(PR_3)_2] \quad \rightleftarrows \quad [Ni^{II}X_2(PR_3)_2]$$

quadratisch-planar	tetraedrisch
gelbrot	dunkelgrün
diamagnetisch	paramagnetisch

Das Gleichgewicht verschiebt sich im Falle von R=Aryl bei Zimmertemperatur auf die linke Seite und im Falle von R=Alkyl und X=I⁻ auf die rechte Seite. Dagegen bilden sich im Falle von R=Alkyl und Aryl in einem Phosphanliganden beide Formen zu je etwa 50% aus. Es ist evident, dass das Volumen der Reste R und demzufolge der sterische Einfluss der Liganden PR_3 und X einen entscheidenden Einfluss auf die Umwandlung der Komplexe ausüben.

1.6.3 Elektronenübertragung zwischen Metallkomplexen

Elektronenübertragungsreaktionen zwischen Metallkomplexen sind Redox-Reaktionen. Dabei ändern die Zentralatome ihren Oxidationszustand. Obwohl diese Änderung des Oxidationszustandes mit der Zuordnung von Oxidationszahlen an das Zentralatom gekennzeichnet wird, muss bewusst sein, dass es sich um *formale Oxidationszahlen* handelt. Die *effektiven Oxidationszahlen* beziehen sich hingegen auf die effektive Kernladung des Zentralatoms, die die Abschirmung des Kerns durch die Elektronenhülle berücksichtigen.

Sie lassen sich mit Hilfe der *Slater-Parameter* abschätzen. Die effektive Oxidationszahl lässt sich experimentell durch röntgenfotoelektronische Messungen mit der ESCA-Methode (ESCA = $\underline{E}$lectron $\underline{S}$pectroscopy for $\underline{C}$hemical $\underline{A}$nalysis), die auch unter der Bezeichnung XPS-Methode geführt wird, bestimmen.

Die Ladungsübertragungsreaktionen sind von erheblicher Bedeutung, da sie eine bedeutende Rolle in der lebenden Natur spielen. Zahlreiche bioanorganische Reaktionen sind mit der Übertragung von Elektronen zwischen Metallkomplexen verbunden. Als ein Beispiel sei der durch das Enzym Nitrogenase mit seinem aktiven Zentrum (Eisen/Molybdän-Komplexe) katalysierte Reduktionsprozess von molekularem Stickstoff (*Stickstoff-Assimilation*, Abschn. 3.2) angeführt. Das fundamentale Problem der Elektronenübertragungsreaktionen zwischen Metallkomplexen erwächst aus der Existenz der Ligandenhüllen um das Zentralatom, die ihrerseits die Übertragung negativer Ladung behindern bzw. verhindern können.

Die theoretischen Vorstellungen über solche Mechanismen wurden von Henry Taube (1915–2005; Nobelpreis 1983) und Rudolf A. Marcus (*1923; Nobelpreis 1992) entwickelt. Henry Taube entwickelte zwei prinzipielle Ansätze zum Verständnis solcher Redox-Reaktionen [A32]:

- Außersphären-Mechanismus (*outer-sphere-mechanism*),
- Innersphären-Mechanismus (*inner-sphere-mechanism*).

1.6.3.1 Der Außersphären-Mechanismus

Die Vorstellung vom *Außersphären-Mechanismus* geht davon aus, dass sich in Lösung zwei Koordinationseinheiten einander annähern, ohne ihre jeweiligen Koordinationssphären, das heißt ihre Ligandenhüllen, zu modifizieren. Die koordinierten Liganden verbleiben unverändert am Zentralatom ihrer jeweiligen Koordinationseinheit. Im Zuge der gegenseitigen Annäherung wird eine neue Koordinationseinheit, der *Begegnungskomplex*, gebildet. Die beiden eng benachbarten Koordinationssphären im Begegnungskomplex tauschen Elektronen zwischen den beiden Zentralatomen aus. Danach trennen sich beide Koordinationseinheiten wieder voneinander. Sie behalten ihre jeweiligen, ursprünglichen Liganden, besitzen aber neue, geänderte Oxidationszustände der Zentralmetalle (Abb. 1.61).

Dieser Mechanismus ist bei Komplexen bevorzugt, die keine zur Brückenbildung befähigte Liganden (μ-Liganden) besitzen bzw. nicht betätigen können. Brückenliganden sind in der Lage, di- oder polynukleare Komplexe zu bilden. (Abschn. 1.6.3.2).

Die Übertragung von Elektronen im Außersphären-Mechanismus läuft in den folgenden beiden Reaktionen ab:

$$[Fe^{II}(CN)_6]^{4-} + [Ir^{IV}Cl_6]^{2-} \rightarrow [Fe^{III}(CN)_6]^{3-} + [Ir^{III}Cl_6]^{3-}$$

$$[Co^{III}(NH_3)_6]^{3+} + [Cr^{II}(H_2O)_6]^{2+} \rightarrow [Co^{II}(NH_3)_6]^{2+} + [Cr^{III}(H_2O)_6]^{3+}$$

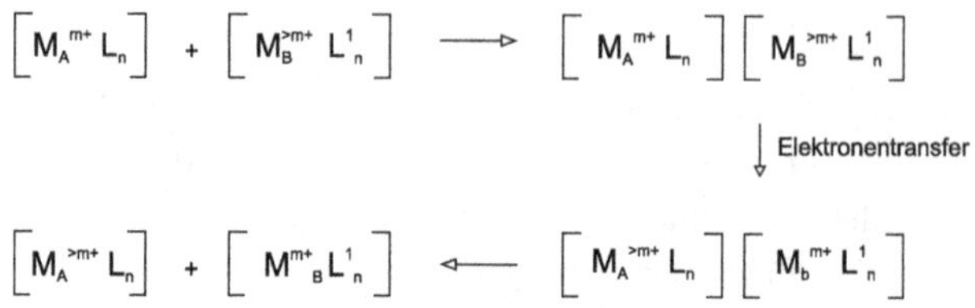

Abb. 1.61 Elektronen-
übertragung zwischen zwei
Metallkomplexen nach dem
Außensphären-Mechanismus

$$\left[M_A^{m+}L_n\right] + \left[M_B^{>m+}L_n^1\right] \longrightarrow \left[M_A^{m+}L_n\right]\left[M_B^{>m+}L_n^1\right]$$

$$\downarrow \text{Elektronentransfer}$$

$$\left[M_A^{>m+}L_n\right] + \left[M_B^{m+}L_n^1\right] \longleftarrow \left[M_A^{>m+}L_n\right]\left[M_b^{m+}L_n^1\right]$$

Der Komplex $[Co^{II}(NH_3)_6]^{2+}$ ist im sauren Medium sehr instabil und zerfällt sofort unter Bildung von $[Co^{II}(H_2O)_6]^{2+}$. Dabei wird Ammoniak freigesetzt, und es werden 6 Äquivalente NH_4^+ gebildet. Die NH_3-Liganden sind nicht in der Lage, als Brückenliganden NH_3 zu fungieren, weil sie nur über ein freies Elektronenpaar verfügen, das an jeweils nur ein Zentralatom koordinieren kann. Unter den gegebenen Reaktionsbedingungen kann NH_3 nicht deprotonieren, um als μ-NH_2-Brückenligand fungieren zu können.

Noch ist eine Erklärung schuldig geblieben, wie die Elektronenübertragung zwischen den Koordinationseinheiten im Begegnungskomplex erfolgt. Prinzipiell findet eine Reorganisation der Bindungen zwischen den Zentralatomen M_A und M_B und ihren jeweiligen Liganden statt, wobei die Bindungslängen zwischen M_A-L und M_B-L minimiert werden: Es findet eine Äquilibrierung der Bindungslängen statt, wie das folgende Beispiel zeigt:

$$[Fe^{III*}(H_2O)_6]^{3+} + [Fe^{II}(H_2O)_6]^{2+} \rightarrow [\{Fe^{III*}(H_2O)_6\}\{Fe^{II}(H_2O)_6\}]^{5+} \rightarrow$$
$$[Fe^{II*}(H_2O)_6]^{2+} + [Fe^{III}(H_2O)_6]^{3+}$$

Die Bindungslänge d_{Fe-O} im Komplex $[Fe^{II}(H_2O)_6]^{2+}$ beträgt 2,21 Å, während im Komplex $[Fe^{III}(H_2O)_6]^{3+}$ der Abstand d_{Fe-O} geringer und nur 2,05 Å ist. Die Elektronenübertragung geschieht im Begegnungskomplex im angeregten Zustand bei einem Fe–O-Abstand von 2,09 Å für beide Komplexeinheiten.

Die Umordnung der Bindungslängen bedeutet eine Reorganisation der Orbitale. Der Wechsel der Bindungslängen wird durch Valenz-Oszillationen vor der Elektronenübertragung realisiert, wobei eine Aktivierungsenergie erforderlich ist. Diese Aktivierungsenergie $\Delta G^{\neq}_{FC}$ ist unter der Bezeichnung _Franck-Condon-Barriere_ bekannt (Abb. 1.62).

Die _Marcus-Theorie_ beinhaltet ein theoretisches Konstrukt für den Außensphären-Mechanismus, welches auf elektrostatischer Grundlage die Berechnung der Reorganisationenergie der Ausgangskomplexe vor der stattfindenden Elektronenübertragung gestattet. Die Elektronenübertragung von einer Koordinationseinheit zur anderen im Begegnungskomplex findet übereinstimmend mit dem _Franck-Condon-Prinzip_ in etwa 10^{-15} Sekunden statt. Dieses Zeitfenster ist viel kleiner, als zum Beispiel das, welches der Bewegung von schweren Atomkernen (10^{-2} Sekunden) entspricht.

Die Liganden üben Einfluss auf die Geschwindigkeit der Elektronenübertragung zwischen den beiden Koordinationseinheiten im aktivierten Zustand aus. Die Liganden mit der Fähigkeit, Elektronen in ihre antibindenden MO-Orbitale (π^*-Orbitale) aufzunehmen, können die Elektronen schneller als andere Liganden passieren lassen. Das trifft zum Bei-

Abb. 1.62 Franck-Condon-
Barriere

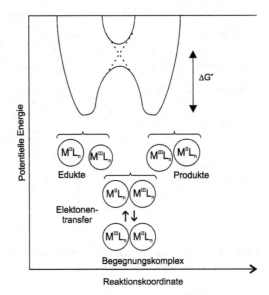

spiel für den Vergleich zwischen Pyridin- und Wasser-Liganden zu. Dieser Typ der Elektronenübertragung im Außensphären-Mechanismus, bei dem ein π-Ligandsystem inbegriffen ist, wird als *remote attack* (Fernangriff) bezeichnet.

1.6.3.2 Der Innersphären-Mechanismus

Der *Innersphärenmechanismus* befasst sich mit der Übertragung der Elektronen zwischen zwei Metallkomplexen über einen Brückenliganden. Die Bildung des Zweikernkomplexes, als *Precursor-Komplex* bezeichnet, wird durch die Substitution eines Liganden in einer Komplexeinheit vor der Elektronenübertragung realisiert. Nach dem erfolgten Elektronenübergang zerfällt der *Folgekomplex* unter Bildung zweier neuer Metallkomplexe, in denen die Zentralatome ihren Oxidationszustand vertauscht haben (Abb. 1.63).

$$\underset{\text{Oxidans}}{[M_B{}^{III}L^1{}_5L_\mu]^{2+}} + \underset{\text{Reduktans}}{[M_A{}^{II}L^2{}_5L_{compl}]^{2+}} \rightarrow \underset{\text{Zweikernkomplex}}{[M_B{}^{III}L^1{}_5 - L_\mu - M_A{}^{II}L^2{}_5]^{4+}} + L_{compl}$$

Bei dieser Reaktion handelt es sich um neutrale Liganden L^1 und L^2, während der Brückenligand L_μ eine negative Ladung trägt. In einem weiteren Reaktionsschritt lässt sich die Elektronenübertragung von M_A zu M_B über den Brückenliganden L_μ wie folgt verdeutlichen:

$$[M_B{}^{III}L^1{}_5 - L_\mu - M_A{}^{II}L^2{}_5]^{4+} \rightarrow [M_B{}^{II}L^1{}_5 - L_\mu - M_A{}^{III}L^2{}_5]^{4+}$$

Danach zerfällt der Folgekomplex unter Eintritt eines weiteren Liganden L_{eintr}. Es entstehen zwei Komplexspezies, in denen die Zentralatome eine unterschiedliche Oxidationszahl besitzen:

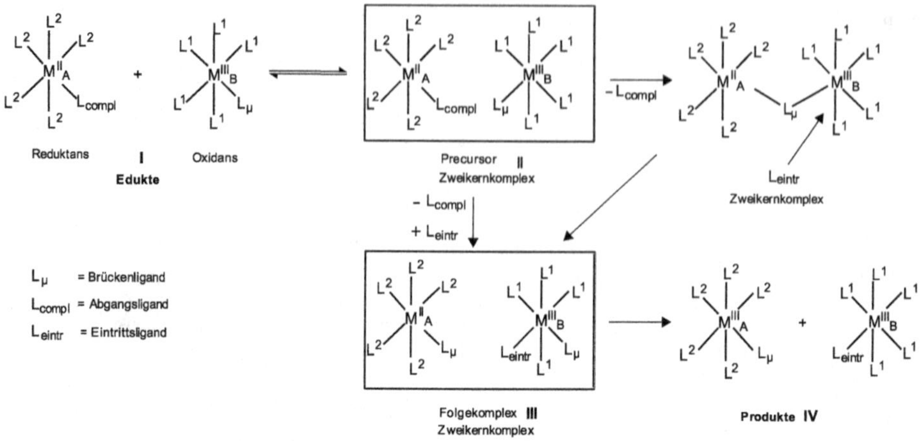

Abb. 1.63 Elektronenübertragung zwischen zwei Metallkomplexen über einen Brückenliganden nach dem Innersphären-Mechanismus

$$[M_B{}^{II}L^1{}_5 - L_\mu - M_A{}^{III}L^2{}_5]^{4+} \xrightarrow{+L_{eintr}} [M_B{}^{II}L^1{}_5L_{eintr}]^{2+} + [M_A{}^{III}L^2{}_5L_\mu]^{2+}.$$

Der grundsätzliche Unterschied zwischen dem Außensphären- und dem Innersphärenmechanismus besteht darin, dass sich bei dem letztgenannten Mechanismus die Elektronenübertragung durch Vermittlung eines Brückenliganden L_μ vollzieht, der an die beiden Metallzentren M_A und M_B koordiniert ist.

Henry Taube lieferte dafür das experimentell erprobte klassische Beispiel:

$$[Co^{III}Cl(NH_3)_5]^{2+} + [Cr^{II}(H_2O)_6]^{2+}$$
$$\text{Oxidans} \qquad\qquad \text{Reduktans}$$

$$\rightarrow [(NH_3)_5Co^{III} - Cl - Cr^{II}(H_2O)_5]^{4+} + H_2O$$
$$\text{Zweikernkomplex (Precursor)}$$

$$[(NH_3)_5Co^{III} - Cl - Cr^{II}(H_2O)_5]^{4+} \rightarrow [(NH_3)_5Co^{II} - Cl - Cr^{III}(H_2O)_5]^{4+}$$
$$\text{Elektronenübergang von Cr}^{II}\text{ zu Co}^{III}$$

$$[(NH_3)_5Co^{II} - Cl - Cr^{III}(H_2O)_5]^{4+} + 6\ H_2O + 5H^+$$
$$\rightarrow [Co^{II}(H_2O)_6]^{2+} + [Cr^{III}Cl(H_2O)_5]^{2+} + 5\ NH_4$$
$$\text{reduzierter Komplex} \qquad\quad \text{oxidierter Komplex}$$

Der Zweikernkomplex lässt sich in Form eines Komplexsalzes mit dem jeweiligen Counterion isolieren, analysieren und charakterisieren. Der Chlorid-Ligand Cl⁻ fungiert als Brückenligand L_μ und gestattet so den Elektronenübergang zwischen den beiden Zentralatomen.

Ein weiteres Beispiel für einen intramolekularen Elektronenübergang liefert ein zweikerniger Rutheniumkomplex mit unterschiedlichen Oxidationszuständen von Ruthenium

Abb. 1.64 Profil der freien
Energie in Abhängigkeit von
der Reaktionskoordinate

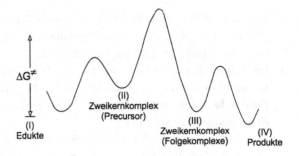

(Ru$^{II/III}$). Als Liganden an beiden Komplexzentren fungieren Ammoniak, NH$_3$, und als Brückenligand Pyrazin (C$_4$H$_4$N$_2$; pz). An diesem Komplex wurde erstmals ein *gemischter Oxidationszustand* bei gleichen zentralen Metallatomen realisiert. Er wird als *Creutz-Taube-Komplex* bezeichnet.

$$[(NH_3)_5Ru^{II} - pyrazin - Ru^{III}(NH_3)_5]^{5+}$$

Creutz-Taube-Komplex

Das Profil der freien Reaktionsenergie $\Delta G^{\neq}$ als Funktion der Reaktionskoordinate ist in der Abb. 1.64 dargestellt.

Aus der Abb. 1.64 lässt sich entnehmen, dass der Elektronenübergang im Zweikernkomplex (II) zum Folgekomplex (III) die Reaktionsgeschwindigkeit bestimmt, weil dieser Schritt die größte Energie $\Delta G^{\neq}$ erfordert. Es muss die höchste Energiebarriere überwunden werden.

Es gibt zwei Wege, in denen eine Elektronenübertragung mittels eines Brückenliganden erfolgen kann:

a. Der Brückenligand kann ein Elektron vom Zentralatom des Reduktans übernehmen und ein Radikal-Anion bilden. Damit verbleibt der Brückenligand in einer reduzierten Form. In einem zweiten Schritt transferiert dieser Brückenligand das Elektron an das Metall des Oxidans. Es handelt sich demnach um einen *Zweischritt-Mechanismus*. Er wird an den folgenden Gleichungen veranschaulicht:

1. Schritt:

$$[(NH_3)_5Co^{III} - L_{\mu} - Cr^{II}(H_2O)_5]^{5+} \rightarrow [(NH_3)_5Co^{III} - L_{\mu}{}^{\bullet} - Cr^{III}(H_2O)_5]^{5+}$$

Zweikernkomplex (Precursor) Zweikernkomplex mit reduziertem L$_{\mu}$

2. Schritt:

$$[(NH_3)_5Co^{III} - L_{\mu}{}^{\bullet} - Cr^{III}(H_2O)_5]^{5+} \rightarrow [(NH_3)_5Co^{II} - L_{\mu} - Cr^{III}(H_2O)_5]^{5+}$$

Folgekomplex

Ein klassisches Beispiel für einen derartigen Brückenliganden ist Pyrazin-carboxylat (κ^2-O,N)–$C_4H_3N_2$–COO^- das in der radikalischen Form mittels EPR-spektroskopischer Messungen nachgewiesen werden kann.

b. Der Brückenligand wirkt lediglich als ein Transportmedium, ohne dass Lμ als Oxidationsmittel auftritt, so zum Beispiel im oben beschriebenen klassischen Fall des Chlorid-Brückenliganden Cl^-. Dieser Mechanismus ist als *Einschritt-Mechanismus* oder *Resonanzmechanismus* bekannt.

Um solche Elektronenübertragungsprozesse zwischen Komplexen einzuleiten, sind thermische Energie oder fotochemische Anregung erforderlich, um die Aktivierungsbarrieren zu überwinden (Abschn. 3.4).

1.6.3.3 Oxidative Addition und reduktive Eliminierung

Die *oxidative Addition* schließt eine Elektronenübertragung vom Zentralatom an die eintretenden Liganden in einer simultan verlaufenden Koordination und Addition der neuen Liganden ein. Der Oxidationszustand des Metalls erhöht sich, und in der Mehrzahl der Fälle erfolgt diese Zunahme um zwei Einheiten der formalen Oxidationszahl.

Zum Verständnis dieses Mechanismus ist die Anwendung der 18-Elektronen-Regel nützlich (Abschn. 1.4.2.2). Tatsächlich finden diese Reaktionen bei Komplexen mit einer nicht komplettierten Koordinationszahl statt, oder solchen, die zu einer Zunahme der Koordinationszahl befähigt sind. Diese Situation betrifft vorwiegend Komplexe von Übergangsmetallen mit d^6-, d^8- und d^{10}-Elektronenkonfigurationen.

Ein elegantes Beispiel einer oxidativen Addition ist die Reaktion von molekularem Wasserstoff, H_2, mit dem *VASCA-Komplex*, [$Ir^I Cl(CO)\{P(C_6H_5)_3\}_2$]. Dieser Komplex besitzt die Koordinationszahl 4 und eine planar-quadratische Struktur. Das Zentralmetall Ir^I besitzt die Elektronenkonfiguration d^8 (Abb. 1.65).

Das durch eine oxidative Addition mit dem molekularen Wasserstoff als Oxidans gebildete Ir^{III} besitzt im Komplex [$Ir^{III}Cl(H)_2(CO)\{P(C_6H_5)_3\}_2$] eine 18-Elektronenhülle, von denen 6 Elektronen vom Ir^{III} und die restlichen 12 Elektronen von den 6 Liganden herrühren.

Die Addition von Wasserstoff wird durch den Elektronenfluss aus den d-Orbitalen des Ir^I in die leeren, antibindenden σ^*-Orbitale des Wasserstoffs und die Ausbildung einer Bindung zwischen dem Metall und dem Wasserstoff realisiert. Diese Addition findet in *cis*-Position statt.

Die allgemeine Gleichung für oxidative Additionsreaktionen lautet:

$$[M^{m+}L_n] + XY \underset{reduktive\ Eliminierung}{\overset{oxidative\ Addition}{\rightleftharpoons}} [M^{>m+}L_nXY]$$

Beispiele:

X–Y: H_2; Hal_2; $(RS)_2$; Hal-OR; Hal-SR; Hal-NR$_2$; Hal-CN u. a. (Hal gleich Halogen)
X = Y: O_2; O=SO; S=CS u. a.

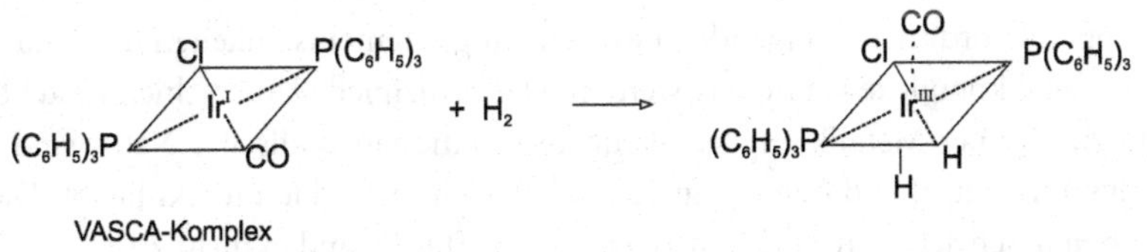

VASCA-Komplex

Abb. 1.65 Reaktion des *VASCA-Komplexes* mit Wasserstoff mittels oxidativer Addition

Diese Reaktionstypen sind von erheblicher Bedeutung in homogenkatalytischen Prozessen von Organometallkomplexen (Abschn. 3.6).

Die *oxidative Addition* von XY kann in synchroner oder sukzessiver Weise über die Bildung von Ionen oder Radikalen erfolgen.

Die *reduktive Eliminierung* ist als eine Umkehrreaktion der oxidativen Addition aufzufassen. Von daher ist zu verallgemeinern, dass es sich um ein chemisches Gleichgewicht handelt. Die Lage des Gleichgewichts ist abhängig vom Lösungsmittel, von den Liganden L und der thermodynamischen Stabilität der Spezies XY. Wenn die Bildung dieser Spezies XY thermodynamisch begünstigt ist, ist die reduktive Eliminierung favorisiert. Die oxidative Addition dagegen ist begünstigt in Fällen, in denen das Zentralatom eine größere Ordnungszahl aufweist ($5f > 4d > 3d$), da dann die höheren Oxidationszustände favorisiert sind.

1.6.4 Reaktionen koordinierter Liganden

Prinzipiell ändert sich die elektronische Beschaffenheit eines Liganden, wenn er eine chemische Bindung mit einem Zentralmetall ausbildet. Diese veränderte elektronische Situation des koordinierten Liganden im Vergleich mit dem „freien", unkomplexierten Liganden bewirkt ein anderes Reaktionsverhalten des koordinierten Liganden als das des unkomplexierten Liganden. Auf diese Weise werden neue Reaktionsmöglichkeiten des Liganden gegenüber unterschiedlichen Reaktanten eröffnet, die mit einem nicht an das Metall gebundenen, potentiellen Liganden nicht so verlaufen können.

Betrachten wir zunächst einen koordinierten Liganden der allgemeinen Form *D-R* im Metallkomplex [M*D-R*], wobei das Donoratom *D* direkt mit dem Zentralatom M verbunden ist. Der Rest R kann in einen anderen Rest R′ unter Bildung eines neuen Komplexes [M*D-R*′] transformiert und daraus ein neues Produkt *D-R*′ gebildet werden, wenn [M*D-R*′] im Zuge der Reaktion dieses Produkt frei gibt, um den Eintritt anderer Liganden, zum Beispiel Lösungsmittelmoleküle oder schwach koordinierende Liganden, zu favorisieren.

Ein weiterer genereller Ansatz bezieht sich auf polydentate Liganden mit mehr als einem Donoratom *D*. Die Koordination solcher Liganden an Metalle führt zu Komplexen erhöhter Stabilität, bewirkt durch den Chelateffekt, und zur Bildung von speziellen Koordinationspolyedern oder -polygonen. Diese Situation verursacht im koordinierten Liganden ein gegenüber dem „freien" Liganden verändertes, oft delokalisiertes elektronisches System. Zusätzlich kann eine geeignete sterische Disposition für das angreifende Agenz hilfreich sein.

Reaktionen koordinierter Liganden besitzen einige Gemeinsamkeiten mit Reaktionen, die durch Metallkomplexe katalysiert werden. Der prinzipielle Unterschied besteht darin, dass katalytisch über Metallkomplexe geführte Reaktionen zyklischer Natur sind, wobei der Katalysator weitgehend oder zumindest über mehrere Zyklen intakt bleibt. Das trifft für den oben beschriebenen Reaktionstyp koordinierter Liganden nicht zu.

Eine immense Bedeutung haben Reaktionen koordinierter Liganden für die Bildung und die Reaktivität bioanorganischer Substanzen (Porphyrine, Hämoglobin; Cytochrome u. a., Abschn. 3.2) und für die Synthese neuer organischer und anorganischer Verbindungen und besonders neuer Metallkomplexe.

Dieser Reaktionstyp soll anhand einiger ausgewählter Beispiele erläutert werden.

1.6.4.1   Transformierung von Liganden in der inneren Koordinationssphäre
Verbleib des Donoratoms D am Metall

Als einleuchtendes, einfaches Beispiel bietet sich der Komplex Hexaquaaluminium(III), $[Al(H_2O)_6]^{3+}$, an. Die Säurestärke eines koordinierten Wassermoleküls ist größer als die eines nicht koordinierten Wassermoleküls entsprechend der Gleichung:

$$[Al(H_2O)_5(H_2O^*)]^{3+} + H_2O \leftrightharpoons [Al(H_2O)_5(O^*H)]^{2+} + H_3O^+$$

Die Koordination des Wassermoleküls an das Metall verursacht somit eine Erniedrigung des pH-Wertes in den wässerigen Lösungen der Aluminiumsalze Nun beziehen wir Cobalt(III)-Komplexe in die Betrachtung ein:

- Als *Aquation* wird die Einführung eines Wassermoleküls, H_2O, in die innere Koordinationssphäre bezeichnet. Die Bruttogleichung für die Aquation des Komplexes $[Co^{III}(CO_3)(NH_3)_5]^+$ unter Bildung des Komplexes $[Co^{III}(H_2O)(NH_3)_5]^{3+}$ im sauren Milieu lautet:

$$[Co^{III}(CO_3)(NH_3)_5]^+ + 2H_3O^+ \rightarrow [Co^{III}(H_2O)(NH_3)_5]^{3+} + 2\,H_2O + CO_2$$

Es erfolgt jedoch nicht eine einfache Substitution des Acidoliganden CO_3^{2-} durch den Neutralliganden H_2O, sondern es findet eine Reaktion des koordinierten Carbonations mit dem Hydroniumion statt, wie in der Abb. 1.66 gezeigt.

- Die Bildung des Komplexes $[Co^{III}\{NHC(O)R\}(NH_3)_5]^{2+}$, ausgehend von $[Co^{III}(NC–R)(NH_3)_5]^{3+}$ wird durch den Angriff des Hydroxidions OH^- gegeben. Die Reaktion findet am koordinierten Alkylcyanid R–C≡N statt, wobei sich ein neuer Cobalt(III)-Komplex mit dem Amid-Liganden, $-NH-C(O)R$, ausbildet (Abb. 1.67). Für die Aufklärung des Reaktionsweges ist der Einsatz von isotopenmarkierten Liganden, in diesem Falle $^{14}N≡C–R$, nützlich.

Verdrängung von Liganden und Erzeugung von Reaktionsfallen

Ein anschauliches Beispiel der Verdrängung eines Azido-Liganden aus dem Komplex durch Reaktion mit dem Nitrosylkation NO^+, das zu dem hier nicht koordinationsfä-

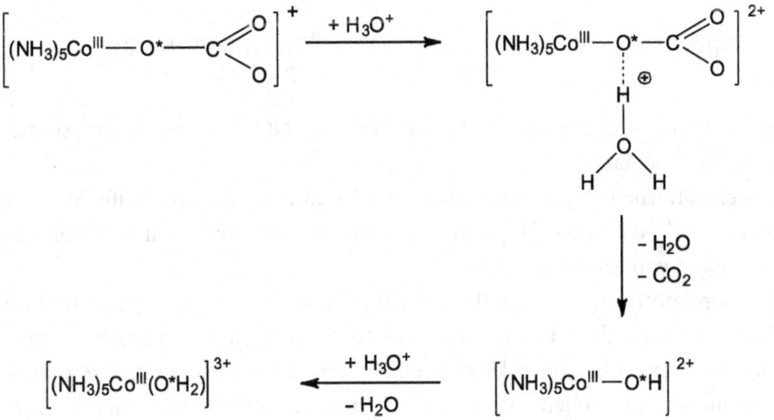

Abb. 1.66 Die Aquation von $[Co(CO_3)(NH_3)_5]^+$ im sauren Milieu zu $[Co(NH_3)_5(H_2O)]^{3+}$ unter Freisetzung von Kohlendioxid als Ergebnis einer Reaktion des koordinierten Carbonato-Liganden mit H_3O^+

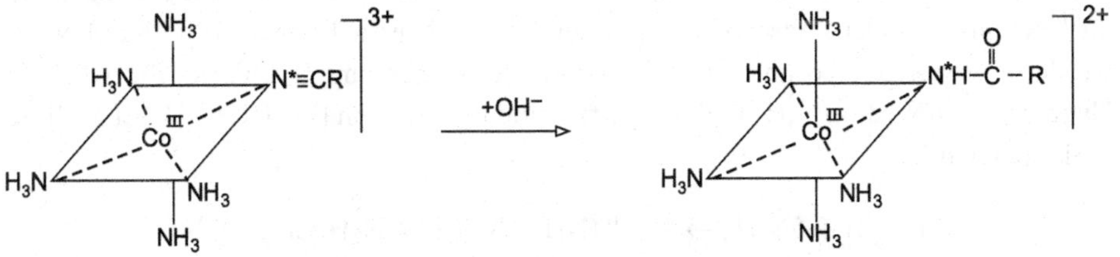

Abb. 1.67 Reaktion des koordinierten Liganden $RC\equiv N$ mit dem Hydroxid-Ion OH^- im oktaedrischen Komplex $[Co(NH_3)_5NCR]^{3+}$ unter Bildung eines koordinierten Amido-Liganden

higen Produkt N_2 führt, ist die Umsetzung von Pentamminazidocobalt(III)perchlorat $[Co^{III}N_3(NH_3)_5](ClO_4)_2$ mit Nitrosylperchlorat, $NOClO_4$:

$$[Co^{III}N_3(NH_3)_5](ClO_4)_2 + NOClO_4 \rightarrow [Co^{III}(NH_3)_5](ClO_4)_3 + N_2 + N_2O$$

Die in der inneren Koordinationssphäre entstehende Koordinationslücke kann durch das schwach koordinierende Lösungsmittel Triethylphosphat, $OP(OC_2H_5)_3$, aufgefüllt werden, wie dies Alan McLeod Sargeson (1930–2008) bei der folgenden Reaktion beobachtete [A59]:

$$[Co^{III}N_3(NH_3)_5](ClO_4)_2 + NOClO_4 + OP(OC_2H_5)_3 \rightarrow [Co^{III}(NH_3)_5\{OP(OC_2H_5)\}](ClO_4)_3 + N_2 + N_2O$$
<small>Triethylphosphat als Lösungsmittel</small>

Ein ähnliches Beispiel aus dem Jahre 1971 stammt von Carlos R. Piriz Mac Coll und Lothar Beyer bei der Umsetzung von $[Co^{III}N_3(NH_3)_5](ClO_4)_2$ mit $NOClO_4$ in Dimethylsulfoxid, $OS(CH_3)_2$, als Lösungsmittel [A60]:

$$[Co^{III}N_3(NH_3)_5](ClO_4)_2 + NOClO_4 + OS(CH_3)_2 \rightarrow [Co^{III}(NH_3)_5\{OS(CH_3)_2\}](ClO_4)_3 + N_2 + N_2O$$
Dimethylsulfoxid, dmso, als Lösungsmittel

Achtung! Bei Verwendung von Nitrosylperchlorat, $NOClO_4$, im Lösungsmittel dmso besteht Explosionsgefahr!!

Das weinrotfarbene, gut kristallisierte Pentammin(dimethylsulfoxid)-cobalt(III)-perchlorat, $[Co^{III}(NH_3)_5\{OS(CH_3)_2\}](ClO_4)_3$, erwies sich später für reaktionskinetische Untersuchungen von Interesse [A61].

Reaktionen koordinierter Liganden sind für die Bildung neuer Liganden in unmittelbarer Nähe zum Zentralatom in der inneren Koordinationssphäre sehr gut geeignet. Diese *in situ* neu formierten Liganden können einen aktivierten Zustand besitzen, um die Koordinationslücken aufzufüllen und sich an das Metall zu binden. Dazu sind sie unter „normalen Bedingungen" nicht fähig. Es handelt sich um *Reaktionsfallen* für *in statu nascendi* gebildete Liganden.

A.D. Allen und C.V. Senoff berichteten im Jahre 1965 [A62] über die Synthese der ersten in Substanz gefassten Komplexe mit molekularem Stickstoff, N_2, als Ligand in Form von Festkörpern. Es handelt sich um *Nitrogenyle*, das sind Metallkomplexe mit molekularem Stickstoff als Liganden (Abschn. 3.2). Der von ihnen erhaltene Komplex $[Ru^{II}(NH_3)_5N_2]^{2+}$ wurde in wässeriger! Lösung durch Reaktion von Ruthenium(III)-chlorid, $Ru^{III}Cl_3$, mit Hydrazin-monohydrat, $N_2H_4 \cdot H_2O$, dargestellt und in Form von $[Ru^{II}(NH_3)_5N_2]Cl_2$ isoliert ($\rightarrow$Präparat 40).

$$Ru^{III}Cl_3 + 5N_2H_4 \rightarrow [Ru^{II}(NH_3)_5N_2]Cl_2 + N_2H_5Cl + 1/2N_2$$

Die Chloridionen lassen sich gegen die Counterionen Br^-, I^-, BF_4^- und PF_6^- austauschen und die gebildeten Koordinationsverbindungen in fester Form isolieren. Die Kristalle sind relativ stabil an der Luft. Sie zersetzen sich jedoch rasch in Wasser.

Augenscheinlich überführt das koordinierte Hydrazin Elektronen an das Ruthenium(III), wobei eine *Disproportionierung* am Metallzentrum abläuft. Die gebildeten Ammoniakmoleküle und Stickstoffmoleküle können sich beide an das nun d-elektronenreichere Ruthenium(II) anlagern. Vorangehende Versuche hatten gezeigt, dass es nicht möglich ist, molekularen Stickstoff zur Koordination zu bringen, wenn ein Stickstoffstrom durch eine Ruthenium(II)-chloridlösung, $Ru^{II}Cl_2$, in Gegenwart von Ammoniak, NH_3, geleitet wird.

1.6.4.2 Vergleich der Reaktivitäten von koordinierten mit nichtkoordinierten Chelatliganden

Die Koordination von Chelatliganden an das Zentralatom M verursacht eine Umorganisation und Neuverteilung der Elektronendichte der Liganden im Komplex im Vergleich mit den potentiellen, nichtkoordinierten „freien" Liganden. Die Polarisierung des koordinierten Liganden durch das Metall erlaubt eine höhere Reaktionsgeschwindigkeit gegenüber einem angreifenden Agens. Die Donoratome D des Liganden sind an das Metall gebunden

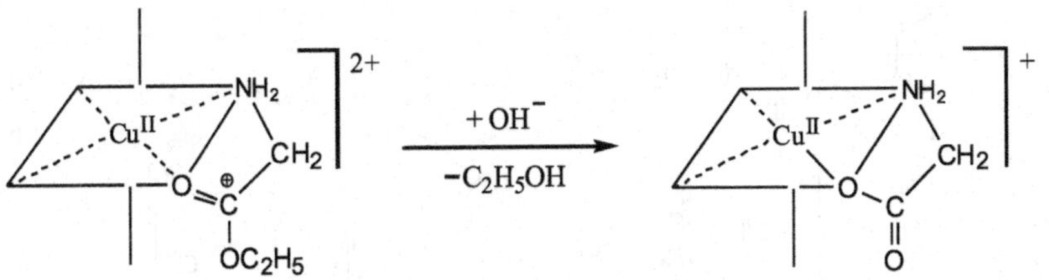

Abb. 1.68 Hydrolyse von koordiniertem Ethylglycinat in einem Kupfer(II)-Komplex unter Bildung des entsprechenden Kupfer(II)-glycinato-Komplexes

und deshalb vor einem Angriff des Agens geschützt. Infolgedessen kann ein Angriff des Agens an einer anderen Stelle des koordinierten Ligandmoleküls erfolgen. Diese Situation findet man demzufolge nicht, wenn derselbe potentielle Ligand nichtkoordiniert vorliegt. Zusätzlich zur Abschirmung der Donoratome D durch das Metall sei vermerkt, dass Liganden HL zur Deprotonierung unter Komplexbildung befähigt sind, woraus ein spezielles Interesse für eine bestimmte Synthese alternativer Produkte bezüglich koordinierter oder nicht koordinierter Liganden resultiert. Die Planung einer Synthese alternativer Produkte ausgehend von einem *Synthon* in Gegenwart oder bei Abwesenheit eines Metallions, das eine Reaktion spezifisch ablaufen lässt oder auch nur die Reaktionsgeschwindigkeit modifiziert, eröffnet neue Perspektiven, die beispielhaft aufgezeigt werden.

Beispiel 1: Die Verseifung von Ethylglycinat, $H_2N–CH_2–COOC_2H_5$, wird durch die Präsenz von Kupfer(II)-Ionen infolge der Koordination der Estergruppierung an Cu^{2+} beschleunigt. Ohne die Anwesenheit von Kupfer(II)-Ionen verläuft die Reaktion wesentlich langsamer, wie die Geschwindigkeitskonstante ausweist. In der Abb. 1.68 ist gezeigt, dass die Bindung $C^{\delta+} = O^{\delta-} \rightarrow M^{[+II]}$ im Zuge der Ausbildung eines Chelatfünfringes unter Einbeziehung der NH_2-Gruppe polarisiert ist, wobei die C=O– Doppelbindung geschwächt und ein nukleophiler Angriff von OH⁻ am positivierten Kohlenstoffatom erleichtert wird.

Beispiel 2: Verglichen werden die Reaktionen von Benzoylchlorid, $C_6H_5–COCl$, mit dem nichtkoordinierten Liganden N,N-Diethyl-N'-benzoylthioharnstoff I, $C_6H_5–CO–NH–CS–N(C_2H_5)_2$, einerseits und dem im Nickel(II)-Komplex koordinierten, deprotonierten Liganden in II andererseits (Abb. 1.69).

Der nichtkoordinierte Ligand reagiert infolge eines elektrophilen Angriffs der Benzoylgruppe $C_6H_5CO^+$ an seinem Schwefelatom, das über eine vergleichsweise erhöhte Elektronendichte verfügt, unter Bildung der S-benzoylierten Verbindung III, die sich bei Temperaturerhöhung partiell in das N-benzoylierte Produkt IV umwandelt. Dagegen erzeugt der koordinierte Ligand in II den N',N'-Diethyl-N,N-dibenzoylthioharnstoff IV in einer Ausbeute von fast 100 %, weil das Donoratom S wegen der Koordination an das Nickel(II) atom blockiert ist. Bei der Reaktion von Thionylchlorid, $SOCl_2$, mit I entsteht der Heterozyklus V, während mit dem koordinierten Liganden im Nickel(II)-Komplex II, die Ver-

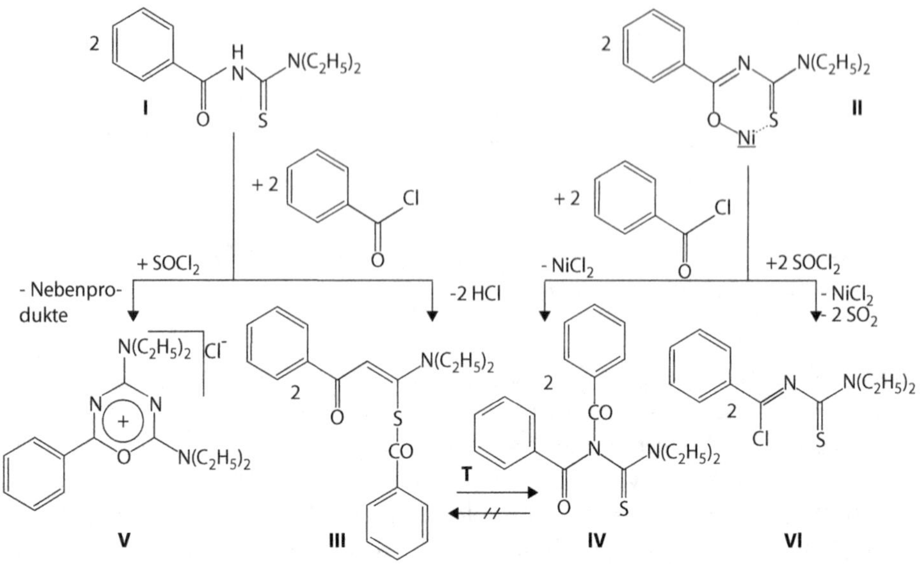

Abb. 1.69 Unterschiedliche Reaktionswege und Produkte bei der Umsetzung des „freien" bzw. an Nickel(II) koordinierten N,N-Diethyl-N'-benzoylthioharnstoffs mit Benzoylchlorid, C₆H₅COCl, bzw. Thionylchlorid, SOCl₂

bindung <u>VI</u> unter milden Reaktionsbedingungen in guter Ausbeute zugänglich ist, die auf anderem Wege bisher nicht erhalten werden konnte (Abb. 1.69) [A63] (→ Präparat 54).

1.6.4.3 Template-Reaktionen zur Bildung makrozyklischer Metallkomplexe

Template-Reaktionen (*Schablonen-Reaktionen*) sind Reaktionen, die durch einen orientierenden sterischen Effekt des Zentralatoms gelenkt werden. Sie zeichnen sich durch eine Änderung des elektronischen Systems des koordinierten Liganden infolge der Einbeziehung des Zentralmetalls aus. Die bildhafte Vorstellung von „Schablonen" resultiert aus der definierten Anordnung der Liganden um das Metallion und deren Koordination mit der entsprechenden Ausbildung von Polyedern bzw. Polygonen. Dieser Prozess setzt eine orientierende Präorganisation der mono- oder polydentaten Liganden am Zentralatom mit der potentiellen Eignung zu einer nachfolgenden Zyklisierung voraus. Diese ermöglicht die Reaktion dieser präformierten, koordinierten Liganden mit den attackierenden Agenzien.

Die Reaktionsprodukte von Template-Reaktionen können das Metallzentrum der Schablone beibehalten, wobei *makrozyklische Komplexe* entstehen, oder es können Zyklisierungsprodukte ohne Metall, das heißt *zyklische Liganden*, gebildet werden. Zyklische Liganden lassen sich auch in einem Sekundärschritt durch die Umsetzung eines im Zuge einer Template-Reaktion gebildeten makrozyklischen Komplexes mit Agenzien erhalten, die das Zentralmetall und den zyklischen Liganden voneinander trennen. So kann Schwefelwasserstoff, H₂S, thiophile Zentralmetallionen, wie Hg²⁺, Cu², u.a als schwerlösliche Sulfide (CuS, HgS,…) ausfällen und den zyklischen Liganden freisetzen. Durch Abtrennung des Metallsulfids lässt sich der zyklische Ligand aus der Lösung isolieren. Das Zentralmetallatom Ni^II in seinen makrozyklischen Komplexen wird vorteilhaft durch Einwirken von

Tab. 1.26 Thermodynamische Werte für die Kupfer(II)-Komplexe $[Cu^{II}(tetr_{offen})]^{2+}$ und $[Cu^{II}(tetr_{zyklisch})]^{2+}$ sowie $[Ni^{II}(tetr_{zyklisch})]^{2+}$ und $[Ni^{II}(tetr_{offen})]^{2+}$ von „offenen" und „geschlossenen" Tetraaminen (s. Abb. 1.70)

Thermodynamische Daten	$[Cu^{II}(tetr_{offen})]^{2+}$	Δ	$[Cu^{II}(tetr_{zykl})]^{2+}$	$[Ni^{II}(tetr_{offen})]^{2+}$	Δ	$[Ni^{II}(tetr_{zykl})]^{2+}$
ΔH [kJ mol^{-1}]	−116,1		−135,7	−77,9		−101,0
$\Delta(\Delta H)$ Beitrag des makrozykl. Effektes		−19,6			−23,1	
ΔS [kJ mol^{-1} K^{-1}]	54		54	42		33
$\Delta(\Delta S)$ Beitrag des makrozykl. Effektes		0			−9	
lgK$_1$	23,2		26,5	15,9		19,4
Δ lgK$_1$ Beitrag des makrozykl. Effektes		3,3			3,5	

Cyanid, CN$^-$, in Form des thermodynamisch stabilen Komplexes $[Ni^{II}(CN)_4]^{2-}$ entfernt. Es erfolgt somit eine *Umkomplexierung* unter Freisetzung des zyklischen Liganden. Schließlich lassen sich auch die durch eine Template-Reaktion gebildeten, koordinierten makrozyklischen Metallkomplexe auf elektrochemischem Wege dekomplexieren.

Die Ausbildung von makrozyklischen Metallchelaten beinhaltet das Wirken des bereits im Abschn. 1.5.2.2 erläuterten, stabilisierenden makrozyklischen Effektes. Dieser thermodynamische Effekt schließt den Chelateffekt ein. Der Entropieeffekt spielt keine dominierende Rolle für den makrozyklischen Effekt im Vergleich zum Chelateffekt. Im hier vorliegenden Falle haben die Beiträge für eine enthalpische Stabilisierung eine größere Bedeutung. Dazu tragen die Präorganisation der Liganden, die Unterschiede in der Solvatisierung der „offenen" und zyklischen Liganden und die Verringerung der dipolaren Abstoßung der Donoratome während der Zyklisierung bei. Entropische Beiträge geringeren Ausmaßes beruhen lediglich auf einer begrenzten Mobilität der Liganden im präorganisierten Zustand und einer modifizierten Solvatisierung aufgrund einer verminderten dipolaren Abstoßung. Ausgehend von den Daten in den Tab. 1.25 und 1.26 kann geschlussfolgert werden, dass im makrozyklischen Effekt ein enthalpischer Beitrag dominiert. Diese Feststellung lässt sich aus dem Vergleich der thermodynamischen Daten der Kupfer(II)- und Nickel(II)-Komplexe mit einem „offenen" Tetraamin (Abkürzung: tetr$_{offen}$) und einem „zyklischen" Tetraamin (Abkürzung: tetr$_{zykl}$) treffen (Abb. 1.70).

Template-Reaktionen besitzen erhebliche Bedeutung für die Synthese von Polyaza-Makrozyklen, Kronenethern, Catenanen, Thia(aza)-Makrozyklen und anderen, einschließlich jenen, die in biochemischen Prozessen ablaufen. Nachfolgend beschreiben wir einige Reaktionen zur Synthese zyklischer Produkte. In der Abb. 1.71 sind typische Beispiele von Template-Reaktionen zur Synthese azamakrozyklischer Verbindungen aufgeführt:

Die auf dem Wege über Template-Reaktionen zugänglichen Zyklisierungsprodukte können bei gleichen organischen Liganden, jedoch bei Anwendung unterschiedlicher Me-

Abb. 1.70 Strukturbilder
eines ringoffenen und eines
ringgeschlossenen Tetraamins

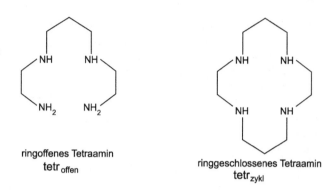

ringoffenes Tetraamin
tetr $_{\text{offen}}$

ringgeschlossenes Tetraamin
tetr $_{\text{zykl}}$

talle unterschiedlich sein. Der Durchmesser der Zentralatome im Verhältnis zum Durchmesser der Kavität des Zyclisierungsproduktes spielt in diesem Falle eine entscheidende Rolle. Der Durchmesser der Kavität des zyklischen Liganden lässt sich aus den Kovalenzradien der Donoratome berechnen. Das Zentralatom muss eine geeignete Größe haben, um in diese Kavität zu passen, so wie dies in der Abb. 1.72 skizziert ist.

Wenn große Unterschiede zwischen den Durchmessern der Kavität und dem Metallion bestehen, findet die Template-Reaktion nicht statt bzw. es entsteht allenfalls ein anderes unerwünschtes Produkt.

Dieses Kriterium erkennt man am Beispiel der Reaktionen von Ni^{2+} und Ag^+ (Ionenradien: Ni^{2+}: 069 pm; Ag^+: 115 pm) als Zentralatome für die Synthese verschiedener Aza-Makrozyklen (Abb. 1.73).

Diese Regel ist nicht streng anwendbar, weil sterische Faktoren die Koordination der Zentralatome mit den gebildeten Produkten beeinflusssen können.

Die Synthese von *Kronenethern* aus kettenförmigen Ethern a) oder ausgehend von Ethylenoxid b) und K^+ oder Cs^+ ist in der Abb. 1.74 gezeigt. In diesen Template-Reaktionen wird jeweils der gleiche, koordinierte, zyklische Ligand gebildet, die [18]-Krone-6. Das Cs^+ fungiert als Schablone bei der Synthese dieses koordinierten zyklischen Liganden aufgrund seiner Fähigkeit, einen *sandwich-Komplex* unter Nutzung der Sauerstoffatome zu bilden. Cs^+ passt perfekt in diesen sandwich, obwohl sein Radius ($r_{Cs}^+ = 167$ pm) sehr viel größer ist als der des Kaliumions K^+ ($r_K^+ = 138$ pm).

Schließlich sei noch die Synthese von *Catenanen* beschrieben. Eine relativ einfache Verbindung dieser makrozyklischen Substanzklasse ist das [2]-Catenan, das zwei ineinander verschlungene Ringe als Glieder einer Kette besitzt (Abb. 1.75a). Das [5]-Catenan besitzt die Form der fünf ineinander verschlungenen olympischen Ringe (Abb. 1.75b).

In der Abb. 1.76a ist ein allgemeines Schema für die Synthese von [2]-Catenanen auf zwei aufeinander folgenden Reaktionswegen dargestellt. Man startet mit einem geschlossenen Ring A, zu dem ein Metallion M^+ und ein offener Präligand B hinzugefügt werden. Dabei entsteht ein Komplex C, in dem die beiden Liganden A und B an das Metallion koordiniert sind. Im folgenden Schritt greift ein Reagenz D an der Schablone an, wobei der Komplex E des [2]-Catenans gebildet wird. In der Abb. 1.76b ist ein konkretes Beispiel für diesen Syntheseweg mit M = Cu^+ skizziert.

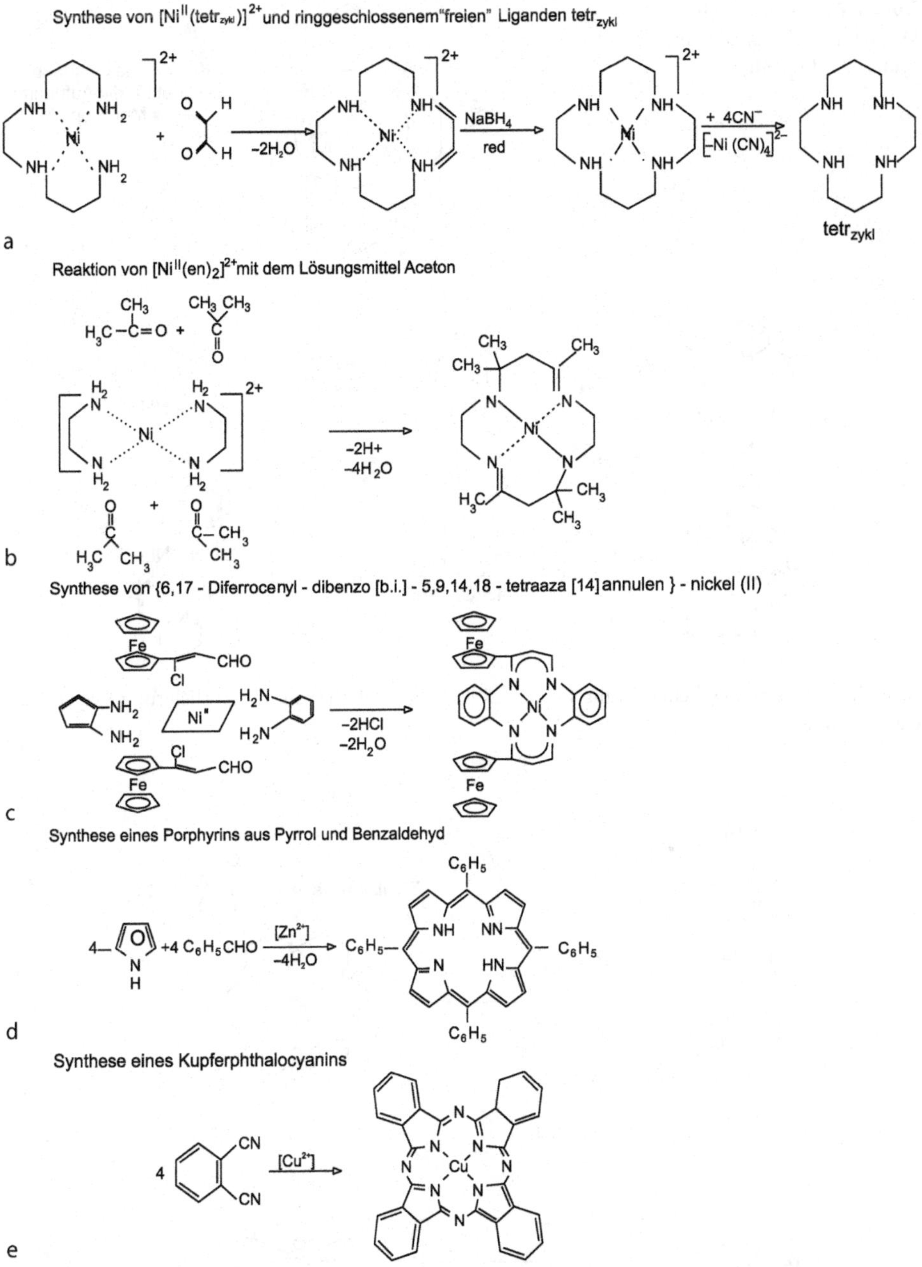

Synthese von $[Ni^{II}(tetr_{zykl})]^{2+}$ und ringgeschlossenem"freien" Liganden $tetr_{zykl}$

a

Reaktion von $[Ni^{II}(en)_2]^{2+}$ mit dem Lösungsmittel Aceton

b

Synthese von {6,17 - Diferrocenyl - dibenzo [b.i.] - 5,9,14,18 - tetraaza [14] annulen } - nickel (II)

c

Synthese eines Porphyrins aus Pyrrol und Benzaldehyd

d

Synthese eines Kupferphthalocyanins

e

Abb. 1.71 Beispiele für Template-Reaktionen; **a** Die Synthese des Nickel(II)-Komplexes $[Ni^{II}(tetr_{zykl})]^{2+}$ (Tab. 1.25); **b** Die Reaktion von $[Ni^{II}(en)_2]^{2+}$ mit Aceton $(CH_3)_2CO$ [A64]; **c** Die Synthese eines Ferrocenderivates, dem $[\{6.17\text{-}Diferrocenyl\text{-}dibenzo[b.i.]5,9,14,18\text{-}tetraaza[14]annulen\}\text{-}nickel(II)]$ [A65]; **d** Die Synthese eines Porphyrins aus Pyrrol und Benzaldehyd mit Zink(II); **e** Die Synthese von Phthalocyanin-Kupfer (II) aus 1,2-Dicyanobenzen und Kupfer (II)

Abb. 1.72 Schematische
Darstellung der Kavität eines
zyklischen Liganden

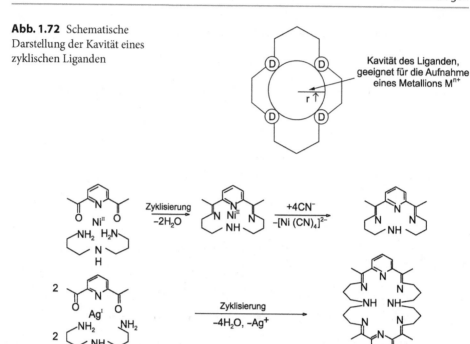

Kavität des Liganden,
geeignet für die Aufnahme
eines Metallions M^{n+}

Abb. 1.73 Unterschiedlicher Einfluss von Nickel(II) und Silber(I) auf die Zyklisierung zweier gleicher Liganden

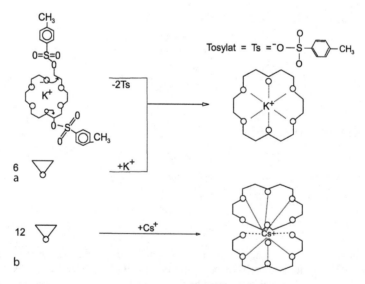

Tosylat = Ts = ⁻O–S–CH₃

Abb. 1.74 Bildung unterschiedlich strukturierter [18]-Krone-6-Komplexe mit Kalium- bzw. Cäsium-Ionen

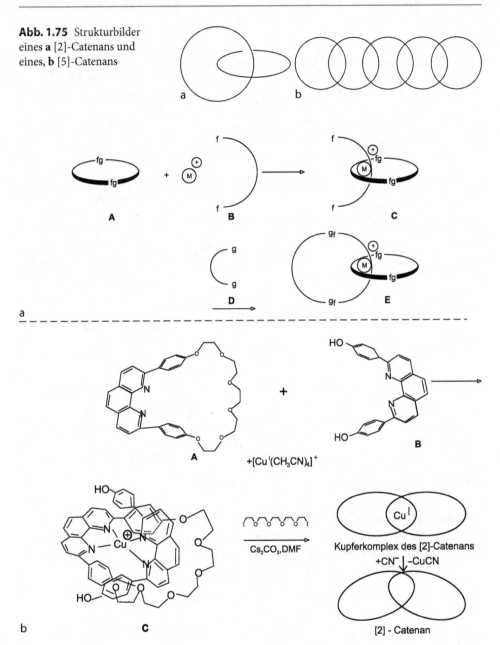

Abb. 1.75 Strukturbilder eines **a** [2]-Catenans und eines, **b** [5]-Catenans

Abb. 1.76 a Allgemeiner Syntheseweg für die Darstellung von Catenanen; b) Beispiel der Synthese eines [2]-Catenans über einen Kupfer-Komplex

Ein alternativer Syntheseweg besteht in der Verknüpfung von zwei Molekülen des Liganden A mit dem Metallion unter Bildung des Komplexes B. Dieser stellt die Schablone für die folgende Reaktion mit zwei Molekülen C dar. Dabei wird der Komplex des Cate-

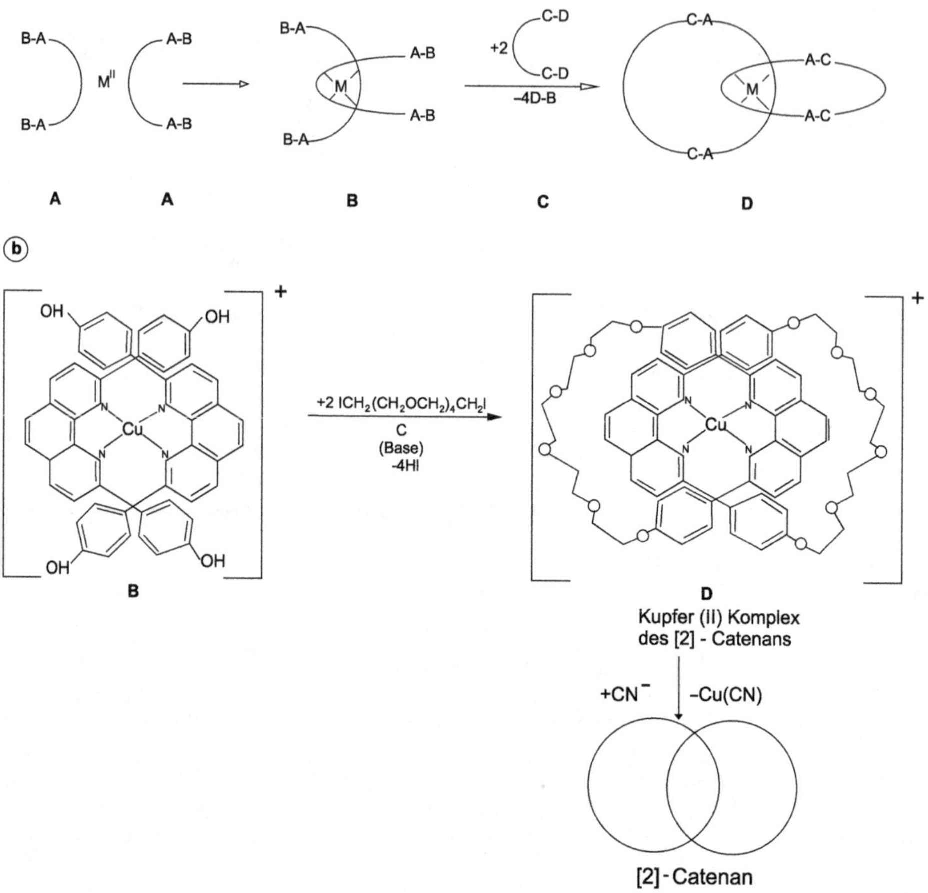

Abb. 1.77 Synthesewege für die Darstellung von Catenanen

nans D gebildet (Schema a) in Abb. 1.77a. Ein reales Beispiel ist in der Abb. 1.77b gezeichnet. Die Vorläufer-Liganden müssen bestimmte sterische Voraussetzungen einbringen, um die Bildung des entsprechenden Catenans zu ermöglichen.

Synthesepraktikum

2

In diesem Kapitel sollen die vorangegangenen Erörterungen zu den Grundlagen der Koordinationschemie durch das Erfahren konkreter Stoffkenntnisse mittels praktischer Anleitungen für die Synthese von Metallkomplexen untersetzt werden, um dem Studenten und den weiteren an der Komplexchemie Interessierten durch eigene Versuche ein „Substanzgefühl", die unmittelbare Kenntnis spezieller Eigenschaften der Komplexe und die Handhabung einfacher experimenteller Techniken zu vermitteln. Die bewusst einfach ausgewählten Präparate entsprechen im Anforderungsprofil etwa dem im Bachelorstudium Chemie „Grundlagen der anorganischen Synthesechemie" gestellten. Das für ein heute im fortgeschrittenen Bachelor- bzw. Masterstudium Chemie unabdingbar zu beherrschende Synthesepraktikum unter Luft- und Feuchtigkeitsausschluss, insbesondere unter Anwendung der *Schlenk-Technik*, wird hier nur sehr vereinfacht und allgemein ohne spezielle Synthesevorschriften für Metallkomplexe mit dem Ziel beschrieben, eine Vorstellung von solchen komplizierteren Syntheseanforderungen vorzubereiten. Hingegen werden die für ein experimentelles, anorganisch-komplexchemisches Arbeiten allgemein notwendigen Erfordernisse (Planung der Synthesen, Führen von Syntheseprotokollen, Umgang mit Lösungsmitteln und Gasen, Gesundheits- und Arbeitsschutz u. a.) ausführlicher dargestellt. Während oftmals in Handbüchern die Anordnung der Präparate nach Klassen der Zentralmetalle (Komplexe von Nickel, Cobalt, Platin etc.) oder Liganden (Metallkomplexe mit mono-, bi- oder polydentaten Liganden) vorgenommen wird, haben wir eine andere Zusammenstellung gewählt, die auf den unterschiedlichen und vielfältigen Möglichkeiten der Darstellung von Komplexen beruht und diese jeweils durch Beispiele untersetzt:

- Synthesen mittels Addition der Komponenten
- Synthesen mittels Eliminierung von Komponenten
- Synthesen über Redox-Reaktionen
- Synthesen durch Ligandensubstitution
- Synthesen durch Reaktionen koordinierter Liganden

L. Beyer, J. A. Cornejo, *Koordinationschemie*, Studienbücher Chemie,
DOI 10.1007/978-3-8348-8343-8_2,
© Vieweg+Teubner Verlag | Springer Fachmedien Wiesbaden 2012

- Synthesen mittels Template-Reaktionen
- Isolierung von Metallkomplexen aus Naturstoffen

Manche dieser Kategorien werden noch aufgeschlüsselt.

Selbstverständlich kommt es zu Überschneidungen innerhalb dieser gesetzten Kategorien bzw. Kriterien, und die Anforderungsgrade sind unterschiedlich. Für jedes Präparat sind unter der Rubrik <u>Literatur</u> die Quelle der erprobten Durchführung sowie unter der Rubrik <u>Zusatzliteratur</u> mehr oder weniger zusätzliche Informationen zu Originalzitaten, alternativen Syntheserouten, Charakteristika, Eigenschaften, Verwendungen u. a. enthalten. Damit soll der Student angeregt werden, selbständig, auch in fortgeschrittenen Studienabschnitten, die Problematiken zu vertiefen. Dort findet man auch weitere Hinweise auf relevante Veröffentlichungen. Es wurde darauf geachtet, dass die ausgewählten Literaturstellen meist in bekannten und über das Internet bzw. Chemie-Fachbibliotheken zugänglichen Zeitschriften eingesehen werden können. Zugleich gewinnt der Studierende einen Eindruck davon, dass solche relativ einfach herzustellenden und meist schon länger bekannten Metallkomplexe durchaus Gegenstand von moderner Forschung in den letzten Jahren sind. Außerdem können sie zur Vorbereitung der Studenten auf übliche Kolloquiumstestate zu den Präparaten dienen. Die <u>Reaktionsgleichungen</u> – sie sind im Regelfall nicht in Ionenschreibweise formuliert, um den Verbleib der Edukte bei den stattgefundenen Reaktionen zu verdeutlichen-, die exakte <u>Synthesevorschrift</u> sowie <u>Eigenschaften</u> des Zielprodukts sind angegeben. Für einige Koordinationsverbindungen sind zwei voneinander verschiedene Synthesemöglichkeiten ausformuliert angegeben. Unter <u>Anmerkungen</u> werden die im Praktikum „Grundlagen der anorganischen Synthesechemie" (Institut für Anorganische Chemie, Universität Leipzig) erprobten Stoffmengen mitgeteilt. Die in der angegebenen Literatur vorgeschriebenen und so erprobten Quantitäten der Ausgangsstoffe sind mehrfach relativ hoch. Natürlich lassen sich diese Stoffmengen reduzieren, wobei allerdings die Reaktionsbedingungen für jedes einzelne Präparat zu erproben und zu optimieren sind. Aber auch diese Modifizierung kann eine sinnvolle Aufgabenstellung für einen Präparator sein und den Lernprozess fördern. Es ist didaktisch empfehlenswert, die Praktikanten zu veranlassen, die von ihnen synthetisierten Metallkomplexe selbst, je nach Verfügbarkeit der vorhandenen Praktikumsmessgeräte, zu charakterisieren (Schmelzpunkte, Spektren, magnetische Messungen, ggf. Molmassen und elektrische Leitfähigkeit) und mit Werten aus der Literatur zu vergleichen. Um die erforderlichen Substanz- bzw. Stoffmengen durch den Präparator leichter aufzufinden, sind diese jeweils in der Synthesevorschrift <u>unterstrichen</u>. Einen besonderen Schwerpunkt bilden die Metallkomplexe vom Werner-Typ, um die im ersten Kapitel beschriebenen Grundlagen mit konkreten experimentellen Befunden zu veranschaulichen bzw. zu vertiefen, eingedenk eines Zitats des Chemikers Hermann Kolbe (1818–1884), das im Vorwort zum „Kurzen Lehrbuch der Anorganischen Chemie", 1877, geschrieben steht [B1]:

Das Studium der Chemie hat Aehnlichkeit mit dem Erlernen einer Sprache. Was man davon aus Vorträgen lernt, erstreckt sich kaum weiter als aufs Lesen, Decliniren und Conjugiren, allenfalls noch auf die Regeln, nach denen aus Wörtern Sätze gebildet werden. Um die Sprache mit Erfolg selbst zu gebrauchen, um sie zu sprechen, ist noch ein Weiteres nöthig, die praktische Uebung. Das Gleiche gilt von der Chemie; man lernt dieselbe nicht im Auditorium, sondern im Laboratorium; in den Experimentalvorlesungen [und Lehrbüchern, d. A.] kann nur der Grund gelegt werden zur erfolgreichen Benutzung des letzteren.

Für die Vertiefung der synthetisch-präparativen Arbeitstechniken und die Erweiterung der Synthesevorschriften für erprobte anorganisch-komplexchemische Präparate wird die Einsicht in Monografien und Praktikumsbücher empfohlen, die im Literaturverzeichnis unter [B2] bis [B14] aufgelistet sind.

2.1   Methodik

2.1.1   Planung und Ausführung von Synthesen

Zu Beginn ist das ernsthafte Studium der zur Verfügung stehenden Literatur notwendig. Danach sind die Vorteile und Nachteile der bekannten Synthesemethoden hinsichtlich der Ausbeuten (im allgemeinen bezieht sich die Ausbeute auf das Verhältnis zwischen dem erhaltenen Produkt und dem theoretisch berechneten Produkt), der Anzahl der Zwischenschritte, dem Zeitaufwand, den erforderlichen Reagenzien (wobei die Kosten und die Reinheit der Chemikalien zu berücksichtigen sind), die erforderlichen Apparaturen bzw. Ausrüstungen (Geräte, Inertgase, Extraktionsapparaturen, Schlenk-Geräte, Kühlung u. a.), die Arbeitsschutzmaßnahmen (Toxizität, Explosivität), die verfügbaren Arbeitsschutzmittel, die voraussichtliche gefahrlose Lagerung der Zwischenprodukte (Lösungsmittel, toxische Stoffe), Trocknungsmittel zu vergleichen, um die geeignetste Synthesemethode auszuwählen. Besondere Bedeutung kommt der Reinigung der Edukte, der Zwischenprodukte und der Endprodukte zu. Nach einiger Übung wächst die experimentelle Erfahrung in exponentieller Weise an.

Es ist sehr wichtig, sich einen Überblick über alle Syntheseschritte, die notwendig sind, zu verschaffen: Syntheseweg, einzusetzende Chemikalien, Lösungsmittel, Sicherheitsmaßnahmen, erforderliche Geräte, Glasgeräte usw. All dies ist sehr detailliert in einen gut vorbereiteten Arbeitsplan aufzunehmen. So hat es zum Beispiel keinen Sinn, mit einer mehrstufigen Synthese eines Komplexes zu beginnen und bald festzustellen, dass die Synthese nicht fortgesetzt werden kann, weil ein erforderliches Reagenz für eine weitere Stufe nicht verfügbar ist.

Alle experimentellen Arbeiten müssen mit großer Sorgfalt und viel Vorsicht durchgeführt werden. Man sollte auch besonders auf die benötigten Reagenzmengen für eine Reaktion achten, indem diese präzise abzuwägen sind bzw. die Volumina genau eingehalten werden müssen. Außerdem sollte man sicher sein, dass die eingesetzten Edukte und die Zwischenprodukte nicht verunreinigt sind. Oft sind die Lösungsmittel kurz vor ihrem Gebrauch zu destillieren, zum Einsatz bestimmte Reagenzien sind umzukristallisieren, zu destillieren, durch Chromatographie zu reinigen und die so gereinigten Edukte auf ihre Reinheit mittels Aufnahme von Spektren, Kontrolle der Schmelzpunkte zu prüfen. Es ist unverzichtbar, größtmögliche Sauberkeit bei allen Manipulationen zu gewährleisten: Die verwendeten Geräte müssen in einem sauberen, guten Zustand, vollständig und sicher fixiert sein.

Die Niederschrift eines *Syntheseprotokolls* ist Pflicht für jeden durchgeführten Syntheseschritt. Dieses muss präzise abgefasst sein. Es soll das Gewicht der eingesetzten Edukte, die Volumina der Lösungsmittel, die Reaktionstemperaturen, Beobachtungen während der Durchführung der Reaktionen, die benutzten Gerätschaften und deren Zusammensetzung, die Reaktionszeiten und das Datum der Durchführung enthalten. Trotzdem soll das Syntheseprotokoll kurz und ohne Redundanz geschrieben werden. Außerdem wird nachdrücklich empfohlen, jeden Versuch zu benennen und jedes erhaltene Produkt mit einem Code und mit einer Zahl zu versehen. Zum Beispiel kann der Code die Abkürzung des Namens des Experimentators sein, gefolgt von einer fortlaufenden Zahl, womit Komplikationen und Verwechselungen vermieden werden. Schließlich sollte man die erhaltenen Ergebnisse mit denen in der chemischen Fachliteratur vergleichen, wenn es sich um schon bereits bekannte Synthesen handelt. Auf diese Weise lassen sich mögliche Ausführungsfehler der Synthese erkennen und eine höhere oder geringere Ausbeute am Zielprodukt deuten.

2.1.2 Gesundheitsschutz und Arbeitsschutz

In diesem Kapitel wird keine vollständige Übersicht zum Gesundheits- und Arbeitsschutz im chemischen Laboratorium vermittelt, denn um diese Anforderung zu erfüllen, wäre und ist es notwendig, dass man von den gesetzlichen Regelungen und von den speziellen Anordnungen jeder Fakultät, jedes Instituts oder eines Betriebes Kenntnis hat. Unabhängig davon sei die Aufmerksamkeit des Lesers auf einige allgemein wichtige Aspekte bezüglich der Synthese von Metallkomplexen gerichtet.

In der Regel sollen alle chemischen Reaktionen unter einem *funktionsfähigen Abzug* durchgeführt werden, um den Kontakt mit dabei gebildeten toxischen Gasen zu vermeiden und damit eine Gesundheitsgefährdung auszuschließen. Bei der Handhabung der Reagenzien und der Durchführung der chemischen Operationen ist stets eine *Schutzbrille* zu tragen. Es ist eine Vorsichtsmaßnahme, dass stets *mindestens zwei Personen* während der Durchführung der Synthesen im Laboratorium sind. Andererseits ist darauf zu achten, dass die durchzuführenden Experimente keine anderen Personen, die noch im Laboratorium arbeiten, gefährden dürfen, auch nicht dadurch, dass sie der Exposition schädlicher Stoffe ausgesetzt sind.

Wenn man mit leicht flüchtigen toxischen Stoffen bzw. Gasen (Kohlenmonoxid, flüchtige Säuren, Schwefelwasserstoff, Phosgen, Thionylchlorid, Phosphane u. a.) umgehen muss, ist mindestens ein Basissatz an Arbeitsschutzmitteln bereitzustellen: Eine *Gasmaske mit entsprechend wirksamen Filtern und eine Schutzbrille*. Bei der Handhabung giftiger Substanzen sind *Gummihandschuhe* zu tragen, zum Beispiel beim Arbeiten mit Aminen, denn diese können bei Kontakt mit der Haut sehr leicht in den Organismus eindringen.

Die Behältnisse, meist Flaschen, in denen die Chemikalien aufbewahrt werden, sind mit haltbaren Etiketten zu versehen, auf denen der Name der Chemikalie und die entsprechende Formel verzeichnet sind, damit Verwechselungen vermieden werden. Viele Lösungsmittel sind leicht flüchtig und bilden mit Luft explosive Gemische, wie Diethylether, CS_2, Alkohole u. a., oder sie brennen leicht, wenn sie erwärmt oder einer elektrischen Entladung ausgesetzt werden. Wenn man mit entflammbaren Lösungsmitteln arbeitet, sollten stets ein *Feuerlöscher im Laboratorium* und ein anderer *in Reichweite außerhalb des Laboratoriums* zur Hand sein. Überhaupt ist es notwendig, beim Arbeiten mit Lösungsmitteln Vorsichtsmaßnahmen zu treffen, die deren spezifischen Toxizitäten angemessen sind. So wirken zum Beispiel Chloroform und Tetrachlorkohlenstoff leberschädigend, Benzen krebserregend und auch Methanol, Pyridin, Dioxan, Tetrahydrofuran u. a. sind giftig. Deshalb wird als allgemeine Regel empfohlen, nur mit minimal erforderlichen Mengen zu arbeiten, und deshalb sollten im Laboratorium auch nur geringe Mengen davon aufbewahrt werden, soviel, wie für die jeweilige Synthese benötigt wird. Stets ist in einem gut ziehenden Abzug zu arbeiten.

Das Arbeiten mit Glasgeräten erfordert ebenfalls besondere Aufmerksamkeit: So dürfen keine Glasgeräte verwendet werden, die in schlechtem Zustand oder teilweise angebrochen sind, denn dann besteht die permanente Gefahr, dass man sich damit in die Haut schneidet oder dass sie bei einer Handhabung oder während der Durchführung der Synthese zerbrechen und größere Probleme verursachen, wie zum Beispiel das Entweichen oder den Verlust der Reagenzien oder Reaktionsmischungen, das Austreten toxischer Stoffe u. a. Im Falle von mechanischen Verbindungen, die die Zusammenfügung von zwei oder mehr Glasrohren erfordern, sind Verbindungsschläuche vorteilhaft aus Polyethylen zu benutzen. Dazu müssen zunächst die Enden der Glasrohre mit der Flamme eines Bunsenbrenners abgerundet werden, damit sie die Schläuche nicht einschneiden, und danach stellt man die Verbindung her, indem die Glasrohre mit etwas Glycerin oder Wasser oder Siliconfett gangfähig gemacht werden. Wenn mit Glasgeräten mit genormten Glasschliffen bzw. mit eingeschliffenen Glasstopfen gearbeitet wird, sind vor dem Zusammenfügen entsprechender Teile die Schliffe mit vorzugsweise etwas Silikonfett oder Vaseline einzuschmieren, damit eine hermetische Abdichtung gewährleistet wird bzw. verursacht durch die Reagenzien o. a. keine leichte Gangfähigkeit mehr existiert. Sollte dies jedoch trotzdem eintreten, dann ist nicht gewaltsam die Verbindungsstelle zu lösen versuchen, sondern vorsichtig mittels leichter Schläge mit einem Holzstück oder einem Hartgummi oder einem Messinggewicht dagegen der Erfolg zu suchen. In vielen Fällen wird im Vakuum bzw. bei reduziertem Druck gearbeitet, Auch dies erfordert Vorsichtsmaßnahmen zum Schutz des Operators und der anderen Personen, die sich im Umkreis der Synthesearbeiten im Laboratorium aufhalten. Die Arbeiten sind hinter einer Schutzwand auszuführen, und es besteht die Gefahr von Implosionen (wegen der plötzlichen Änderung des Innendrucks bzw. von Explosionen), so auch bei Exsikkatoren oder Dewar-Gefäßen. Bei solchen empfiehlt es sich, dass man sie in Tücher einhüllt, um nicht durch umherfliegende Glassplitter bei Implosionen verletzt zu werden.

Für den Umgang mit Stahlflaschen für Gase (Stickstoff, Argon, Wasserstoff oder andere) müssen entsprechende Vorsichtsmaßnahmen getroffen werden. Auf jeden Fall muss vermieden werden, dass sie umfallen können. Deshalb werden sie in vertikaler Position mit einer Kette befestigt oder horizontal am Boden liegend gelagert. Außerdem sollten sie sich in der Nähe des Laborabzuges und niemals in der Nähe von Heizkörpern befinden. Sorgfältige Handhabung der Ventile ist angebracht.

Schließlich seien noch einige weitere Erfahrungen vermittelt: Wenn der Arbeitsplatz in Ordnung gehalten wird, gibt es weniger Unfallmöglichkeiten. Es ist angebracht, dass die verantwortlichen Leiter der Labors konkrete Informationen, etwa in Form von Gesundheits-und Arbeitsschutzbelehrungen geben, zum Beispiel über erste Hilfeleistungen bei konkretem Unfallgeschehen, so bei Verletzungen durch Säuren und Basen, Vergiftungen usw. Der Umgang mit Feuerlöschern ist zu trainieren. Diese Sicherheits-Kontrollmaßnahmen müssen in regelmäßigen Abständen durchgeführt werden, wobei die Studenten und technischen Angestellten aktiv einzubeziehen sind. Die durchgeführten Gesundheits- und Arbeitsschutzbelehrungen sollen durch Unterschriften der Teilnehmer dokumentiert werden.

2.1.3 Trocknung von Lösungsmitteln

Bei Synthesen von Metallkomplexen ist es notwendig, Wasser aus den Lösungsmitteln zu entfernen. Dies fördert den Erhalt der gewünschten Zwischen- und Zielprodukte in hoher Reinheit und in guten Ausbeuten [B7, B15].

Trocknen mit Molekularsieben Die Molekularsiebe, das sind verschiedene Zeolithe, Natriumsilicate, Schichtsilicate, werden für die Trocknung jedweder Lösungsmittel verwendet. Es gibt zwei Methoden, um Lösungsmittel unter Einsatz von Molekularsieben zu trocknen: Die *statische Methode*, die darin besteht, dass das zu reinigende Lösungsmittel in einem Gefäß, in das ein Molekularsieb eingebracht wurde, über eine längere Zeit (über Nacht) aufbewahrt, anschließend davon abfiltriert und in ein gesondertes Gefäß gefüllt wird. Die *dynamische Methode* zur Trocknung der Lösungsmittel besteht darin, eine vertikal angebrachte Säule mit dem Molekularsieb zu füllen und danach das Lösungsmittel aufzugeben und mit einer angemessenen Geschwindigkeit die Säule passieren zu lassen. Der Vorteil beider Trocknungsmethoden besteht darin, dass die Molekularsiebe weitgehend inert sind, das heißt, dass man auf diese Weise fast alle Lösungsmittel trocknen kann. Außerdem lassen sich die Molekularsiebe durch Erhitzen regenerieren. Der Nachteil besteht darin, dass sich Spuren von Wasser nicht entfernen lassen.

Trocknen mit Natrium Man verwendet das Metall Natrium in Draht-Form, die durch mechanisches Pressen des Natriums in einem speziellen Gerät, der *Natriumpresse*, entsteht und als soeben erzeugter Draht sofort in das Lösungsmittel eingebracht wird. Eine andere Möglichkeit ist, frisch in kleine Stücke geschnittenes Natrium direkt im Lösungsmittel aufzubewahren. Natrium reagiert mit dem Wasser unter Freisetzung von Wasserstoff! Das Natrium kann über längere Zeit im aufbewahrten Lösungsmittel verbleiben. Als Vorsichtsmaßnahme gilt, dass das Natrium frei von Oxidationsprodukten, insbesondere Peroxiden, sein muss. Die Natriumpresse ist nach jedem Gebrauch mit Ethanol zu reinigen. Wenn mit Natrium gearbeitet wird, ist unbedingt eine Schutzbrille zu tragen, und die Haut ist vor Verätzungen zu schützen. Nach dem Gebrauch als Trocknungsmittel ist das verwendete Natrium mittels Ethanol vorsichtig! zu entsorgen.

Trocknen mit Natriumsulfat oder Magnesiumsulfat Diese beiden Trocknungsmittel sind nicht geeignet, Spuren von Wasser aus dem Lösungsmittel zu entfernen. Trotzdem sind sie nützlich wegen ihres chemisch „neutralen" Charakters, so dass sie zur Trocknung von Lösungsmitteln oder Verbindungen, Reaktionsmischungen noch nicht bekannter Natur ohne Furcht vor einer unerwarteten Reaktion verwendet werden können. Man hält die Lösungen bzw. Lösungsmittel in einem Kolben über kleinen Portionen wasserfreies eingebrachtes Natrium- oder Magnesiumsulfat, danach filtriert man davon ab und wiederholt den Trocknungsvorgang durch wiederholtes Einbringen kleiner Portionen der Sulfate und Filtrieren. Schließlich bewahrt man das getrocknete Lösungsmittel getrennt in verschlossenem Gefäß auf. In der Tab. 2.1 sind eine Reihe von Trocknungsmitteln und ihr Einsatz zur Trocknung von Lösungsmitteln aufgeführt, außerdem werden wesentliche Charakteristika und Vorsichtsmaßnahmen bei ihrer Verwendung mitgeteilt, denn sie sind nicht ungefährlich und können explosiv verlaufende Reaktionen auslösen.

Trocknen spezieller Lösungsmittel

Aceton Man lässt das Aceton rasch mit einer Lösung von sodaalkalischem Permanganat aufkochen, und destilliert langsam über eine Kolonne und lagert das Destillat über Kaliumcarbonat in einem verschlossenen Gefäß.

Methanol Es wird über eine Kolonne destilliert.

Ethanol Nacheinander werden folgende Schritte zur Trocknung unternommen: Destillation über NaOH/Zinkpulver; danach wird in das Destillat Natrium eingepresst, erneut destilliert und das Destillat mit Natrium/Ethylformiat versetzt und eine dritte Destillation angeschlossen.

Cyclohexan Cyclohexan wird einige Stunden am Rückfluss mit Natrium am Sieden gehalten, danach langsam über eine lange Kolonne abdestilliert.

Tetrahydrofuran und 1,4-Dioxan Man kocht 5 Stunden lang das jeweilige Lösungsmittel über KOH am Rückfluss, gefolgt von einer fraktionierten Destillation. Das Destillat wird mit Natrium am Rückfluss gekocht und erneut destilliert. Anschließend erfolgt eine Trocknung nach der Ketyl-Methode.

Tab 2.1 Übersicht zu gebräuchlichen Trocknungsmitteln und deren Anwendung

Trocknungsmittel	Verwendung	Nicht verwenden für	Anmerkungen
Molekularsiebe	organische Lösungs-mittel; Gase (< 100 °C)	ungesättigte Kohlen-wasserstoffe; polare Gase	gut geeignet, da regene-rierbar bei Erhitzen bis zu 300 °C
Na_2SO_4, $MgSO_4$ (wasserfrei)	Lösungen, Ester		
Silica-Gel	häufig im Vakuum-Exsikkator	$(HF)_n$	geeignet, um Reste aus Lösungsmitteln zu entfernen
$CaCl_2$ (wasserfrei)	Kohlenwasserstoffe, Aceton, Ether, Neutrale Gase; HCl-Gas	Alkohole, Ammoniak, Amine	preisgünstig
K_2CO_3 (wasserfrei)	Aceton, Amine	saure Stoffe	hygroskopisch
NaOH, KOH (wasser-frei)	Ammoniak, Amine, Kohlenwasserstoffe	Aldehyde, Ketone, saure Stoffe	hygroskopisch
CaO, BaO	neutrale und alkalische Gase, Amine, Alkohole, Ether	Aldehyde, Ketone, saure Stoffe	gut geeignet für die Trocknung von Gasen
CaH_2	Kohlenwasserstoffe, Ketone, Ether, CCl_4, dmso, Ester, Acetonitril	saure Stoffe, Alko-hole, Ammoniak, Nitro-verbindungen	Wasserstoffentwicklung, deshalb ist dessen Ablei-tung zu beachten
P_4O_{10}	neutrale und saure Gase, Acetylen, CS_2, Kohlenwasserstoffe	basische Substanzen, Alkohole, Ether, HCl, $(HF)_n$	hygroskopisch
H_2SO_4 conc	neutrale und saure Gase	ungesättigte Verbin-dungen, Alkohole, Ketone, H_2S, HI, basische Stoffe	Vorsicht beim Umgang mit conc. H_2SO_4
Natrium	Ether, Kohlenwasser-stoffe, tertiäre Amine	chlorierte Kohlen-wasserstoffe, Alkohole	Vorsicht bei der Vernich-tung von Na-Resten

Die Ketyl-Methode Diese Methode ist vorzuziehen, wenn man letzte Reste von Wasser aus aromatischen Kohlenwasserstoffen oder Ethern, wie zum Beispiel Diethylether, Tetra-hydrofuran, Dioxan beseitigen möchte. Man benutzt Natrium (5 g) in Gegenwart gerin-ger Mengen an Benzophenon (5–10 g) in einer Spezialapparatur (Abb. 2.1), um 1 bis 2 l Lösungsmittel in einem Zweihals-Rundkolben zu trocknen. Vor diesem Procedere ist das Lösungsmittel nach einer der oben beschriebenen konventionellen Methoden vorzutrock-nen. Im Verlaufe der Trocknungsoperation wird ein schwacher Strom von Inertgas durch das Lösungsmittel geleitet. Wenn das Lösungsmittel trocken ist, lässt sich dies an einer blauvioletten Färbung erkennen. Danach kann man destillieren.

In der Tab. 2.1 wurden einige Produkte aufgeführt, die als Trocknungsmittel für Gase eingesetzt werden. Unabhängig davon ist es notwendig, die Gase (Stickstoff, Argon) vor

Abb. 2.1 Apparatur zur
Trocknung von Lösungsmitteln
nach der Ketyl-Methode

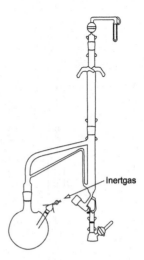

ihrem Gebrauch mit Hilfe der Anaerobtechnik speziell zu trocknen. Die anaerobe Arbeitstechnik wurde nach Wilhelm Schlenk sen. (1879–1943) benannt, weil dieser frühzeitig bei
seinen experimentellen Arbeiten über Organometallverbindungen unter Inert-Bedingungen einige dafür erforderliche Apparaturen entwickelte.

Weitere essentielle Beiträge leisteten Franz Hein (1892–1976) und seine Schüler in Jena.
In der Abb. 2.2 ist ein Schema einer Gastrocknungsanlage zu sehen.

2.1.4 Anaerobe Synthesetechnik (Schlenk-Technik)

Die Synthese von vielen Metallkomplexen lässt sich unter normalen Bedingungen in
Gegenwart von Luft und Luftfeuchtigkeit im Laboratorium realisieren. In anderen Fällen
gibt es Synthese-Reaktionen, die außer den üblichen Glasgeräten (Zwei- oder Dreihalskolben, Rührer u. a.) über ein Verbindungssystem die Zufuhr eines Stickstoff- oder Argons-
tromes als Schutzgas, das durch die Reaktionsmischung geleitet oder über der Mischung
gehalten wird, um die Einwirkung von Luft (Sauerstoff) oder Feuchtigkeit zu minimieren
und so die Ausbeute an Produkten zu erhöhen. Für die unter 2.2 beschriebenen Synthesen von Metallkomplexen, bei denen angegeben ist, dass sie unter Schutzgas durchgeführt
werden sollen, genügen diese Verfahrensweisen. Gelegentlich ist es notwendig, die Synthesen in einer Schutzkammer (*glove-box*) durchzuführen, die vorher mit einem Inertgas
gefüllt worden ist. Trotzdem gibt es eine Vielzahl von Synthesen, die eine speziellere Technik erfordern, weil die eingesetzten Edukte, die Zwischen- und Endprodukte empfindlich
gegenüber Sauerstoff und Wasser sind. Es handelt sich um Substanzen, die bei Anwesenheit von Spuren von Sauerstoff reagieren bzw. entzündlich sind oder Hydrolysereaktionen
mit Wasser eingehen. Meist handelt es sich dabei um organometallische Substanzen, bei
deren Reaktionen die *Schlenk-Technik* zu verwenden ist [B5, B14, B16].

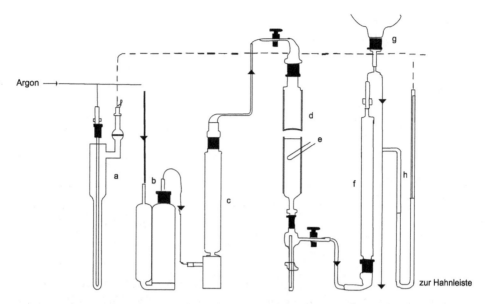

Abb. 2.2 Gasreinigungsapparatur **a** Hg-Überdruckventil mit Glasfritte (gegen Verspritzen von Hg) **b** H$_2$SO$_4$-Waschflasche mit Glasfritte **c** KOH-Turm **d** beheizbarer Kontaktturm mit Glasmantel **e** Thermometerstutzen **f** P$_4$O$_{10}$-Rohr **g** Puffer- und Reservegerät **h** Hg-Manometer Aus: Thomas, G.: Chemiker-Ztg.-Chem. Apparatur 85 (1961) Nr. 16, S. 568 (Abb. 1)

Diesbezügliche Sorgfalt ist prinzipiell auch bei der Synthese neuartiger, bisher nicht bekannter Produkte angezeigt, weil nicht mit Sicherheit vorausgesagt werden kann, ob diese oder die Zwischenprodukte empfindlich gegenüber Luft und Feuchtigkeit sind. Deshalb wird nachfolgend eine Kurzbeschreibung dieser Technik gegeben, um die Studenten im Rahmen der vertieften Bachelor- und Master-Synthesepraktika sowie der späteren Forschungstätigkeit darauf einzustimmen. Es ist zu berücksichtigen, dass die *Schlenk-Geräte* relativ teuer sind und dass eine spezielle Erfahrung, die der Assistent vermittelt, beim Umgang damit erforderlich ist. Die Schutzgase und die Lösungsmittel müssen vor dem Gebrauch sorgfältig gereinigt und Sauerstoff und Wasser daraus entfernt werden. Das wiederum bedingt einen erhöhten Zeitaufwand und eine spezielle Handhabung.

Die Glasgeräte werden meist von erfahrenen Glasbläsern hergestellt. Im normalen Fall beschäftigt jede chemische Fakultät selbst einen eigenen Glasbläser oder arbeitet mit einer kompetenten Glasgerätehersteller-Firma zusammen. In der Abb. 2.3 sind einige der wichtigsten Grundformen gezeigt. Unverzichtbar ist die Benutzung von Laborglas mit standardisiertem Schliff und dass die Einzelteile für einen vielseitigen Einsatz verwendet werden können. Ein weiterer wichtiger Faktor ist, dass diese Glasgeräte unabhängig voneinander mit den Zuführungsleitungen von Inertgasen und mit Vakuumapparaturen verbunden werden können, denn sowohl gereinigte Inertgase wie auch das Arbeiten unter vermindertem Druck sind notwendige Voraussetzungen dieser Technik. Zu berücksichtigen sind die mechanische Stabilität der Gläser gegenüber erzeugtem Vakuum zur Ver-

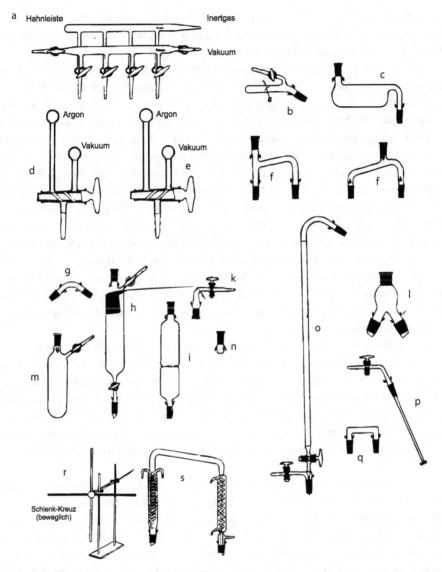

Abb. 2.3 Einzelteile für den Aufbau einer Apparatur zu Synthesen unter anaeroben Reaktionsbedingungen (Schlenk-Technik); **a** Hahnleiste, **b** Präparaterohr, **c** „Schwan", **d** Schnitt durch die Hahnleiste: Hahnstellung für Argon, **e** Schnitt durch die Hahnleiste: Hahnstellung für Vakuum, **f)** Kleine Destillationsbrücken, **g** Krümmer, **h** Tropftrichter mit Hahnansatz, **i** Glasfritte, **k** Gasableitungsrohr mit Hahn, **l** Destilliervorstoß für zwei Fraktionen, **m** Schlenk-Gefäß, **n** Kappe, **o** Stockbürette, **p** Gasverteilungsrohr mit Hahn, **q** U-Stück, **r** Schlenk-Kreuz, **s** Destillationsbrücke Aus: Thomas, G.: Chemiker-Ztg.-Chem. Apparatur 85 (1961) Nr. 16, S. 568 (Abb. 2–5; S. 569, Abb. 6–8)

meidung von Implosionen, die Befestigung der Glasschliffe und ihre Präparierung (mit Siliconfett) sowie die Beweglichkeit der Anlage, besonders mit Hilfe des *Schlenk-Kreuzes* (Abb. 2.3) um bestimmte Operationen, wie zum Beispiel Filtrationen, durchführen zu können, ohne das gesamte System zu demontieren. In allen Experimenten unter Inert-Bedingungen benutzt man zur Einführung der gereinigten Gase eine Hahnleiste (Abb. 2.3a). Diese besteht aus drei bis fünf Hähnen und zwei parallel geführten Leitungen. Eine davon ist mit einem Rohr bzw. Schlauch zur Zuführung des Inertgases und die andere Linie ist mit einer Vakuumpumpe verbunden. Zwischen dieser Hahnleiste und der Vakuumpumpe muss eine Kühlfalle geschaltet werden, um die Lösungsmitteldämpfe durch Einfrieren zu beseitigen. Die Verbindungen zwischen der Hahnleiste und den Gefäßen, in denen die Reaktionen stattfinden, bestehen aus Schläuchen bzw. Vakuumschläuchen. Sie enthalten außerdem Filter, um zu vermeiden, dass Reaktionsprodukte in die Hahnleiste eindringen können. Wenn man alle notwendigen Geräte für die beabsichtigte Operation installiert und miteinander verbunden hat, muss jede einzelne Verbindung zwischen den Glasgefäßen an den Glasnasen oberhalb der gefetteten Schliffe, durch Klemmen gesichert werden. Die Beschickung mit Inertgas erfolgt durch eine Verteilungsrohr bzw. einen Schlauch, nachdem Vakuum hergestellt worden ist. Diese mehrfach durchzuführende Operation wird als *Sekurierung* bezeichnet. Zur Durchmischung der Reaktionsmischung werden Magnetrührer benutzt.

Die Edukte (Reaktanten) und Lösungsmittel werden unabhängig davon von Feuchtigkeit und Sauerstoff befreit und in ihren entsprechenden Gefäßen aufbewahrt. Es ist auch möglich, simultan die Reinigung der Edukte und der Lösungsmittel vorzunehmen, indem an der Hahnleiste jeweils ein anderer Hahn betätigt wird. Für die Filtration werden ausschließlich Glasfilterplatten geeigneter Porosität verwendet. Beim Filtrationsvorgang ist darauf zu achten, dass nicht zu schnell filtriert wird, um eine Zusammenballung auf der Filterplatte zu vermeiden. Deshalb ist es ratsam, einen geringen Überdruck anzuwenden.

Bei einer Filtration werden gebogene Krümmer (Abb. 2.3g) eingesetzt und zum Drehen der Glasgeräte das *Schlenk-Kreuz* (Abb. 2.3r). Trocknung und Umkristallisation der Substanzen werden unter Inert-Bedingungen in Schlenk-Gefäßen durchgeführt, und zur Aufbewahrung der reinen Produkte werden diese in geeignete Behältnisse gebracht, und die Öffnung aus Glas wird luftdicht verschmolzen. Dabei ist darauf zu achten, dass ein gewisser Überdruck an Inertgas in den Gefäßen vorhanden ist, um das Eindringen von Luft im Falle ihres Öffnens zu verhindern. All diese Operationen müssen in der dem Versuch angepasster Form mit speziell dafür bereitgestellten Geräten durchgeführt werden. Deshalb ist es unbedingt empfehlenswert, dass man sich vorher genau informiert und in darauf spezialisierten Labors unter Beistand eines in der Schlenk-Technik erfahrenen und geübten Wissenschaftlers selbst die experimentellen Erfahrungen aneignet. Mit anderen Worten gesagt: Der Praktikant kann sich dieses Wissen und Können nicht allein aus dem Lehr- bzw. Prakikumsbuch aneignen.

2.2 Synthesen von Koordinationsverbindungen

2.2.1 Addition der Komponenten

2.2.1.1 Metall/Neutralligand

Präparat 1: Nickeltetracarbonyl, [Ni(CO)$_4$]

Literatur

Gilliland, W. L.; Blanchard, A. A.: *Nickeltetracarbonyl*, Inorganic Synthesis **II** (1946), S. 234–237.
Gilliland, W. L.; Blanchard, A. A.: *Carbon monoxide*, Inorganic Synthesis **II** (1946) S. 81–86.

Zusatzliteratur

Braga, D.; Grepioni, F.: Orpen, S.G.: *Nickelcarbonyl, [Ni(CO)$_4$] and iron carbonyl [Fe(CO)$_5$]: molecular structures in solid state*, Organometallic **12** (1993) Nr. 4, S. 1.481–1.483.
Nyholm, R. S.; Short, L. N.: *The structure of nickel tetracarbonyl and some substituted derivatives*, J. of the Chem. Soc. 1953, S. 2.670–2.673.

Reaktionsgleichung

$$Ni + 4\,CO \rightarrow [Ni(CO)_4]$$

Synthesevorschrift Als Edukt dient ein reaktives Nickel-Pulver, das durch Reduktion von Nickel(II)-formiat, Ni(COOH)$_2$, beim Erhitzen auf eine Temperatur von 190–200 °C erhalten wird, wobei man einen Wasserstoffstrom, H$_2$, über das Metall leitet, um den Zutritt von Wasser und Luft zu vermeiden. Danach wird auf Raumtemperatur abgekühlt und ein Gasstrom von Kohlenmonoxid, CO, eingeleitet. Das gebildete [Ni(CO)$_4$] wird in einem Gefäß gesammelt, wobei durch Kühlung ein farbloser Feststoff entsteht.

Eigenschaften

$$NiC_4O_4 \quad MM\ 170,7 \quad Ni\ 34,38 \quad C\ 28,14 \quad O\ 37,48\,\%$$

[Ni(CO)$_4$] ist bei Raumtemperatur eine farblose Flüssigkeit mit einem Dampfdruck von 261 mm/15 °C. Die Schmelztemperatur beträgt 25 °C. Die Zersetzung beginnt bei 50 °C unter Freisetzung von Kohlenmonoxid, CO, und Bildung von feinverteiltem Nickel, das sich an der Gefäßwand abscheidet. Der Komplex ist *außerordentlich giftig* aufgrund seiner Reaktion mit Hämoglobin. Er ist zudem sehr explosiv an der Luft. Deshalb sollte [Ni(CO)$_4$] in einem geeigneten Sonderlabor synthetisiert werden. Zu beachten ist, dass sich das Edukt Nickel im festen Zustand befindet und sowohl der Reaktand CO wie auch das gebildete [Ni(CO)$_4$] im gasförmigen Zustand auftreten, so dass erst durch Abkühlung der Gasmischung flüssiges bzw. festes Produkt [Ni(CO)$_4$] erhalten werden.

Anwendung Die Reaktion zwischen Nickel und Kohlenmonoxid besitzt Bedeutung in der metallurgischen Industrie (*Mond-Prozess*) zur Reinigung von Roh-Nickel auf dem Wege über das gebildete [Ni(CO)$_4$].

2.2.1.2 Metallkationen/Ligandanionen

Präparat 2: Palladium(II)-acetat, [{Pd^{II}(OOCCH$_3$)$_2$}$_3$]

Literatur

Heyn, B.; Hipler, B.; Kreisel, G.; Schreer, H.; Walther, D.: *Anorganische Synthesechemie*, Springer-Verlag Berlin-Heidelberg New York-London-Paris-Tokyo, 1986, S. 145.

Zusatzliteratur

Bakhmutov, V. I.; Berry, J. F.; Cotton, F. A.; Ibragimov, S.; Murillo, C. A.: *Non trivial behavior of palladium(II)acetate*, Dalton Transactions **11** (2005), Nr. 11, S. 1989–1992.

Reaktionsgleichungen

$$Pd + 4\,H^+ + 2\,NO_3^- \rightarrow Pd^{2+} + 2\,NO_2 + 2\,H_2O$$

$$3\,Pd^{2+} + 6\,CH_3COO^- \rightarrow \left[\left\{Pd^{II}(OOCCH_3)_2\right\}_3\right]$$

Synthesevorschrift 0,1 mol (10,6 g) Palladiumpulver werden mit 250 ml wasserfreier Essigsäure und 6 ml konzentrierter Salpetersäure am Rückflusskühler im 500 ml-Kolben so lange zum gelinden Sieden erhitzt, bis die Entwicklung nitroser Gase beendet ist. Diese werden in Natronlauge absorbiert. Danach bleibt in der Regel etwas Palladium ungelöst zurück. Sollte das nicht der Fall sein, wird noch etwas Palladium zugesetzt und so lange erhitzt, bis die Entwicklung brauner Dämpfe beendet ist. Die siedende Lösung wird filtriert. Beim Erkalten fällt das Reaktionsprodukt aus, das nach mehrstündigem Stehen abfiltriert, mit Essigsäure und mit Wasser gewaschen und an der Luft getrocknet wird. Die Ausbeute beträgt 95 % der Theorie.

Eigenschaften

$$C_{12}H_{18}O_{12}Pd_3 \quad MM\ 673,5 \quad C\ 21,40 \quad H\ 2,69 \quad O\ 28,51 \quad Pd\ 47,40$$

Braune-orange, an der Luft haltbare Kristalle, die sich bei 205 °C zersetzen. Der trimere Komplex löst sich in Acetonitril, Chloroform, Aceton, Diethylether u. a.

IR-Spektrum (KBr, cm^{-1}): 1.600 ($\nu_{O\cdots C\cdots O}$ symm.)vs; 1.430 vs($\nu_{O\cdots C\cdots O}$ -Bande asymm.); 1.350 w; 1.157 vw; 1.047 vw; 951 vw; 696 m; 625 vw

^{1}H-NMR (CDCl$_3$, δ ppm): 2.006(s)

Anwendung Der Komplex [{Pd^{II}(OOCCH$_3$)$_2$}$_3$] wird in homogenkatalytischen Prozessen genutzt.

Präparat 3: Nickel(II)-diacetyldioxim, NiC$_8$H$_{14}$N$_4$O$_4$ (Tschugaeffs Reagens)

Literatur

Thiele, K.-H. (ff): *Lehrwerk Chemie AB 7, Reaktionsverhalten und Syntheseprinzipien*, Deutscher Verlag für Grundstoffindustrie Leipzig, 1976, S. 204.

Zusatzliteratur

Tschugaeff, Leo: *Ueber ein neues, empfindliches Reagens auf Nickel*, Ber. Dtsch. Chem. Gesellsch. **38** (1905) Nr. 3, S. 2520–2522.

Li, D. X.; Xu, D. J.; Xu, Y. Z.: *Redetermination of bis(dimethylglyoximato-κ2-N, N') nickel(II)*, Acta Cryst. E Structure Reports Online E 59 (2003) 12, m1094–m1095.

Szabo, A.; Kovacs, A.: *Vibrational analysis of the bis(dimethylglyoximato)nickel(II)complex*, J. of Molec. Struct. (2003), S. 547–553; 651–653.

Vukomanovic, D. V.; Page, J. A.; van Loon, G. W.: *Voltammetric Reduction of Nickel and Cobalt Dimethylglyoximate*, Analyt. Chem. **68** (1996), Nr. 5, S. 829–833.

Westmore, J. B.; Fung, D. K.: *Mass spectrometry of vic-dioxime complexes of nickel, palladium and platinum*, Inorg. Chem. **22** (1983) Nr. 6, S. 902–907.

Atanasov, M.; Nikolov, G.: *Electronic spectra of planar chelate nickel(II)complexes*, Inorg. Chim. Acta **68** (1983), S. 15–23.

Nevedov, V. I.; Zumadilov, E. K.; Beyer, L.: *X-ray electron study of some nickel compounds*, Zhurn. Neorg. Khim. **23** (1978) Nr. 8, S. 2113–2120.

Caton, J. E.; Banks, C. V.: *Hydrogen bonding in some copper(II) and nickel(II) vic-dioximes*, Inorg. Chem. **6** (1967) Nr. 9, S. 1670–1675.

Reaktionsgleichung

$$NiCl_2 \cdot 6\,H_2O + 2\,CH_3 - C(=NOH) - C(=NOH) - CH_3 \rightarrow$$

$$[Ni^{II}(dimethylglyoxim)_2] + 2\,HCl + 6\,H_2O$$

Synthesevorschrift Man löst <u>0,01 mol (2,37 g) Nickel(II)-chlorid-hexahydrat, NiCl$_2$·6 H$_2$O</u> in 150 ml Wasser, erhitzt zum Sieden, tropft ohne weitere Erwärmung unter Rühren einen Überschuss an <u>Diacetyldioxim</u> in Form einer 1 %igen alkoholischen Lösung hinzu, versetzt anschließend mit <u>verdünntem Ammoniak</u>, bis die Lösung deutlich nach Ammoniak riecht und erwärmt noch eine Stunde lang auf dem Wasserbad. Der Niederschlag wird durch eine Glasfritte abfiltriert, mit heißem Wasser gewaschen und bei 120 °C im Trockenschrank getrocknet. Das erhaltene Nickel(II)-diacetyldioxim wird im Vakuum sublimiert. Dazu füllt man die Substanz in eine Vakuumsublimationsapparatur und lässt bei einem Druck von etwa 1 Torr die Temperatur mittels eines Metallbades langsam auf 230 °C ansteigen. Am Kühlrohr scheidet sich der Innerkomplex innerhalb von 1 bis 2 Stunden kristallin ab. Auf sorgfältige Einhaltung der angegebenen Temperatur ist zu achten, da sich der Komplex bereits bei 250 °C zersetzt.

Eigenschaften, Charakteristika

$C_8H_{14}N_4NiO_4$ MM 288,9   C 33,26   H 4,88   N 19,39   Ni 20,32   O 22,15 %

Dunkelrote Kriställchen, unlöslich in Wasser, wenig löslich in Ethanol, löslich in Aceton.

Präparat 4: Trisglycinato-chrom(III), $[Cr(NH_2CH_2COO)_3]$

Literatur

Ley, H.; Ficken, K.: *Übere innere Komplexsalze des Platins und Chroms*, Ber. Dtsch. Chem. Gesellsch. **45** (1912), S. 377–382.

Gmelins Handbuch der anorganischen Chemie, VCH Weinheim 1963, 8. Aufl., Syst.-Nr. 52, Chrom-Teil A-L. 2, S. 654.

Zusatzliteratur

Khamis, A. F.; Ishankhodzaeva, M. M.; Parpiev, N. A.: *Coordination compounds of chromium(III) with glycine and glycine-glycine*, Intern. J. of Chem. **7** (1996) Nr. 1, S. 17–21.

Maksimyuk, E. A.; Galbraikh, E. I.: *Infrared spectra of chromium(III)-glycine complexes*, Koord. Khim. **1** (1975) Nr. 10, S. 1394–1397.

Skinner, C. E.; Jones, M. M.: *Thermochemical properties of tris(glycinato)chromium(III) and tris(ala-ninato)chromium(III)*, Inorg. & Nucl. Chem. Letters **3** (1967) Nr. 5, S. 185–190.

Kita, E.; Marai H.; Muziol, T.; Lenart, K.: *Kinetic studies on chromium-glycinato complexes in acidic and alcaline media* Trans. Met. Chem. **36** (2011) Nr. 1, S. 35–44.

Wallace, W. M.; Hoggard, P. E.: *Electronic excitation spectroscopy and an angular-overlap-model analy-sis of fac-tris(glycinato)chromium(III)*, Inorg. Chem. **22** (1983) Nr. 3, S. 491–496.

Oki, H.; Otsuka, K.: *Chromium(III) complexes with amino acids. I. Chromium(III) complexes with glycine and di-α-amino acids*, Bull. of the Chem. Soc. Jpn. **49** (1976) Nr. 7, S. 1841–1844.

Mizuochi, H.; Uehara, A.; Kyuno, E.; Tsughiya, R.: *The Chromium(III)complexes with Natural α-Amino acids*, Bull Chem. Soc. Jpn. **44** (1971), S. 1555–1560

Reaktionsgleichung

$$CrCl \cdot 6\ H_2O + 3\ H_2N - CH_2 - COOH \rightarrow [Cr(NH_2CH_2COO)_3] \cdot H_2O$$
$$+ 3\ HCl + 5\ H_2O$$

Synthesevorschrift Wird 1 Mol von Chrom(III)-chlorid-Hexahydrat, $\underline{CrCl_3 \cdot 6H_2O}$, mit 3 Mol Glycin in wässeriger Lösung unter allmählichem Zusatz von 3 Mol Natriumhydro-xid, NaOH, gekocht, so resultiert eine dunkelrote Lösung, aus der sich die größte Menge des violetten Salzes abscheidet. Die erhaltenen violetten Kristalle müssen noch in der Hitze abfiltriert werden, da sich sonst feine rote Kristalle beimischen, die dann nur schwer davon zu trennen sind. Nach dem Erkalten der Lösung scheidet sich ein weiterer Teil des vio-letten Salzes neben größeren roten Kristallen ab. Nach dem Abfiltrieren und Trocknen werden die schwereren roten Kristalle von den leichteren violetten durch Schlämmen mit Alkohol getrennt und auf diese Weise beide analysenrein erhalten. Beide Produkte werden an der Luft getrocknet.

Eigenschaften Rote Kristalle: $[Cr(NH_2CH_2COO)_3] \cdot H_2O$

$C_6H_{14}CrN_3O_7$ MM 292,2 C 24,55 H 4,83 Cr 17,80 N 14,38 O 38,33 %

IR-Spektrum [cm^{-1}]: 3.180–3.400 (NH$_2$-str.); 1.600–1.650 (NH$_2$-bend); 1.350–1.420 (COO-str.); 1.100–1.200 (CH$_2$-def)

UV/Vis [x10^3 cm^{-1}] (lg ε) in 60 % H$_2$SO$_4$: v_1 18,6 (1,63); v_2 25,0 (1,76); Reflexionsspektrum: v_1 19,8; v_2 26,0.

Violette Kristalle: $[Cr(NH_2CH_2COO)_2 (OH)] \cdot 1/2 \, H_2O$

$C_4H_{10}CrN_2O_6$ MM 234,1 C 20,25 H 4,31 Cr 22,21 N 11,96 O 41,00

Beide Salze sind in Wasser schwer löslich, ebenso in den gebräuchlichen organischen Lösungsmitteln. Bei längerem Kochen mit Wasser geht der rote Komplex in den violetten, basischen Komplex über.

Anmerkung: Im Praktikum „Grundlagen der anorganischen Synthesechemie" (Versuch K8, Institut für Anorganische Chemie, Universität Leipzig) [B10] wird die Durchführung der Synthese mit dem Einsatz von 0,52 g CrCl$_3$ · 6 H$_2$O und 5,6 g Glycin, sowie 0,3 g NaOH bei entsprechender Angleichung der übrigen Versuchsbedingungen empfohlen.

Präparat 5 Bis(acetylacetonato)-nickel(II), [Ni(acac)$_2$]

Literatur

Heyn, B.; Hipler, B.; Kreisel, G.; Schreer, H.; Walther, D.: *Anorganische Synthesechemie*, Springer-Verlag Berlin-Heidelberg New York-London-Paris-Tokyo, 1986, S. 120/121.

Zusatzliteratur

Bullen, J.: *Trinuclear molecules in the crystal structure of bis(acetylacetonato)nickel(II)*, Nature **177** (1956) S. 537–538.

Shibata, S.; Kishita, M.; Kubo, M.: *Electron-diffraction investigation and magnetic measurements on nickel(II)bisacetylacetone*, Nature **179** (1957) S. 320–321.

Lawson, K. E.: *Infrared absorption spectra of metal acetylacetonates*, Spectrochim. Acta **17** (1961) S. 248–258.

Reichert, C.; Westmore, J. B.: *Mass spectral studies of metal chelates. IV. Mass spectra, appearence potentials and coordinate bond energies of bis(acetylacetonato)metal(II) complexes of the first transition series*, Inorg. Chem. **8** (1969) Nr. 4, S. 1012–1014.

Perera, J. S.H. Q.; Frost, D. C. McDowell, C. A.: *X-ray photoelectron spectroscopy of cobalt(II), nickel(II), and copper(II) acetylacetonate vapors*, J. of Chem.Phys. **72** (1980) Nr. 9, S. 5151–5158.

Reaktionsgleichungen

1. $Ni^{2+} + 2\,Hacac + 2\,OH^{-} \rightarrow [Ni(acac)_2(H_2O)_2]$

2. $[Ni(acac)_2(H_2O)_2] \rightarrow [Ni(acac)_2] + 2\,H_2O$

Synthesevorschrift

1. 0,5 mol (145 g) Nickel(II)-nitrat-hexahydrat, $Ni(NO_3)_2 \cdot 6\,H_2O$, werden im 1 l-Dreihalskolben in 200 ml Wasser gelöst und mit 1 mol (100 g) Acetylaceton, Hacac, versetzt.
   Unter Rühren werden innerhalb von 45 min 1,05 mol (42 g) Natriumhydroxid in 200 ml
   Wasser zugetropft. Die Reaktionsmischung erwärmt sich, und nach kurzer Zeit beginnen hellblaue Kristalle des Bis(acetylacetonato)diaqua-nickel(II) auszufallen. Nach
   Beendigung der Zugabe von Natronlauge wird noch 30 min zum Sieden erhitzt, dann
   auf 5 °C abgekühlt und nach etwa 5 Stunden filtriert. Nach dem Waschen mit Wasser
   wird das Produkt an der Luft getrocknet. Die Ausbeute beträgt 92 % der Theorie.
2. Der wasserfreie Komplex ist hygroskopisch, daher am Ende unter Feuchtigkeitsausschluss arbeiten! Im 1 l-Dreihalskolben wird Bis(acetylacetonato)diaqua-nickel(II)
   mit 500 ml Toluen im Ölbad am Wasserabscheider so lange erhitzt, bis kein Wasser
   mehr übergeht. Während dieser etwa 6 bis 7 Stunden dauernden Reaktion löst sich
   die Komplexverbindung zu einer tiefgrünen Lösung, die unter Feuchtigkeitsausschluss
   filtriert wird. Nach Abdestillieren von etwa 400 ml Toluen bei Normaldruck wird weiteres Toluen bei 40 °C im Vakuum bis zur Bildung eines grünen Öls abdestilliert. Nach
   dem Erkalten werden unter Rühren 200 ml Ether eingetropft. Dabei scheidet sich die
   Zielverbindung in feinkristalliner Form ab. Das Stehen über Nacht in der Kälte vervollständigt die Kristallisation. Nach der Filtration unter Feuchtigkeitsausschluss wird das
   Präparat mit 50 ml Ether gewaschen und im Vakuum getrocknet. Die Ausbeute beträgt
   83 % bezogen auf Nickel(II).

Eigenschaften

   $C_{10}H_{14}NiO_4$ MM 256,9   C 46,75   H 5,49   Ni 22,85   O 24,91

Grünes, mikrokristallines Pulver, sehr gut löslich in Benzen, Toluen, Chloroform; unlös-
lich in Wasser. Trimere, oktaedrische Struktur.
   UV/VIS-Spektrum (n-Hexan): 34 000(lg ε = 4.55); 24 400 (4.1); 15 500 (0.63); 9 100 (0.50)
   Magnetisches Verhalten: μ_{eff} = 3.2 B.M. (20 °C)

Anmerkung: Im Praktikum „Grundlagen der anorganischen Synthesechemie" (Versuch
K7, Institut für Anorganische Chemie, Universität Leipzig) wird die Durchführung der
Synthese mit dem Einsatz von 1 g $Ni(NO_3)_2 \cdot 6\,H_2O$; 0,7 g Hacac; und 7 ml von 1 m NaOH
(1,2 g/30 ml) bei entsprechender Angleichung der übrigen Versuchsbedingungen empfohlen [B10].

Präparat 6: Natriumtetrachloropalladat(II), Na$_2$[PdCl$_4$]

Literatur

Brauer, G.: *Handbuch der Präparativen Anorganischen Chemie*, 2. Band, Friedrich-Enke-Verlag Stuttgart, 1962 S. 1378.

Zusatzliteratur

Schroeder, L.; Keller, H. L.: *Preparation and crystal structure of sodium tetrachloropalladate(2–)*; J. of Less-Common Metals **153** (1989) Nr. 1, S. 35–41.

Reaktionsgleichung

$$2\,\text{NaCl} + \text{PdCl}_2 \rightarrow \text{Na}_2[\text{PdCl}_4]$$

Synthesevorschrift Man mischt wässrige Lösungen von 0,1 mol (17,73 g) Palladium(II)-chlorid, PdCl$_2$, und 0,2 mol (11,69) Natriumchlorid, NaCl, im stöchiometrischen Verhältnis 1:2 und engt anschließend langsam zur Trockene ein.

Eigenschaften

Cl$_4$Na$_2$Pd   MM 294,2   Cl 48,20   Na 15,63   Pd 36,17 %

Braune Kristalle, hygroskopisch, löslich in Ethanol.

Anmerkung: Natriumtetrachloropalladat(II) ist eine der wenigen Palladiumverbindungen, die in Ethanol löslich sind. Deshalb ist der Komplex ein häufig genutztes Edukt für die Synthese anderer Palladium(II)-Komplexe mit organischen Liganden in organischen Lösungsmitteln

Präparat 7: Ammoniumhexachlorotitanat(IV), (NH$_4$)$_2$[TiCl$_6$]

Literatur

Thiele, K.-H. (ff): *Lehrwerk Chemie AB 7, Reaktionsverhalten und Syntheseprinzipien*, Deutscher Verlag für Grundstoffindustrie Leipzig, 1976, S. 199.

Zusatzliteratur

Brauer, G. (Hg): *Handbuch der Präparativen Anorganischen Chemie*, Band 2, Ferdinand-Enke-Verlag Stuttgart, 1978, S. 1347.

Rosenheim, A.; Schütte, O.: *Über Doppelverbindungen des vierwertigen Titans*, Z. Anorg. Allg. Chem. **26** (1901) Nr. 1, S. 239–257.

Seidl, W.; Fischer, W.: *Die Löslichkeit einiger Chloride und Doppelchloride in wässeriger Salzsäure als Grundlage von Trennungen*, Z. Anorg. Allg. Chem. **247** (1941) Nr. 4, S. 367–383.

Reaktionsgleichung

$$2\,NH_4Cl + TiCl_4 \rightarrow (NH_4)_2[Ti^{IV}Cl_6]$$

Synthesevorschrift In einem 500 m- Dreihalskolben mit Rührer sowie Gaszuführung und –abführung wird unter Kühlung mit einem Eis/Wasser-Gemisch unter kräftigem Rühren Chlorwasserstoff, HCl, auf eine Lösung von 0,05 mol (9,5 g) Titan(IV)-chlorid, TiCl$_4$, und 0,12 mol (6,4 g) Ammoniumchlorid, NH$_4$Cl, in 150 ml konzentrierter Salzsäure geleitet. Das HCl-Gas darf nicht in die Lösung eingeleitet werden wegen der Gefahr der Verstopfung des Einleitungsrohres! Nach einiger Zeit beginnt die Abscheidung von groben Kristallen des Ammoniumhexachlorotitanats(IV). Man unterbricht die Gaszufuhr, rührt eine weitere Stunde lang, saugt danach die Kristalle auf einer Glasfilterplatte ab, entfernt anhaftende Mutterlauge durch Abpressen zwischen Filterpapier und trocknet im Exsikkator über einem basischen Trockenmittel. Die Ausbeute beträgt ca. 60 % der Theorie.

Eigenschaften

Cl$_6$ H$_8$N$_2$Ti   MM 296,7   Cl 71,70   H 2,72   N 9,44   Ti 16,14 %

Gelbe oktaedrische Kristalle, isotyp mit K$_2$[PtCl$_6$]. Raumgruppe Fm3m (a = 9,889 Å). In salzsäurefeuchtem Zustand im geschlossenen Gefäß unbegrenzt haltbar, zersetzt es sich bei Auswaschen mit wasserfreiem Ether und Trocknen im Vakuumexsikkator über konz. H$_2$SO$_4$ unter starker HCl-Abgabe. An feuchter Luft entsteht ein weißes Hydrolyseprodukt, das in Wasser löslich ist.

Präparat 8: Kaliumtetrathiocyanatocobaltat(II), K$_2$[Co(SCN)$_4$]

Literatur

Thiele, K.-H.(ff): *Lehrwerk Chemie AB 7, Reaktionsverhalten und Syntheseprinzipien*, Deutscher Verlag für Grundstoffindustrie Leipzig, 1976, S. 200.

Zusatzliteratur

Buscraons, F.; Paraira, M.: *Detection of oxygen in organic compounds with potassium tetrathiocyanatocobaltate(II)*, Analyt. Chim. Acta **37** (1967), Nr. 4, S. 490–496.

Reaktionsgleichung

$$Co(NO_3)_2 + 4\,KSCN \rightarrow K_2[Co(SCN)_4] + 2\,KNO_3$$

Synthesevorschrift Man löst 0,05 mol (14,5 g) Co(NO$_3$)$_2 \cdot$6H$_2$O und knapp 0,2 mol (19 g) Kaliumthiocyanat, KSCN, in der Hitze in möglichst wenig Wasser. Beim Abkühlen der konzentrierten Lösung scheidet sich Kaliumnitrat aus, das nach 2 Stunden abgesaugt und mit 50 ml Amylalkohol nachgewaschen wird. Das Flüssigkeitsgemisch des Filtrats schüttelt man in einem Schütteltrichter kräftig, trennt die beiden tiefblauen Schichten voneinander und extrahiert die wässerige Schicht erneut mit 15 ml Amylalkohol. Die alkoholische Phase wird durch Umgießen in trockne Bechergläser von noch anhaftenden Wassertröpfchen abgetrennt. Nunmehr destilliert man etwa 10 ml Amylalkohol ab, gibt 80 ml niedrig siedendes Ligroin zum erkalteten Destillationsrückstand, saugt die ausfallenden Kristalle ab, wäscht diese mit Ligroin und trocknet im Exsikkator über konzentrierter Schwefelsäure. Die Ausbeute beträgt etwa 60 % der Theorie.

Eigenschaften

$C_4CoK_2N_4S_4$ MM 368,8   C 13,00   Co 15,95   K 21,17   N 15,16   S 34,72

Dunkelblaue Nädelchen; löslich in Äthern und höheren Alkoholen. Durch Wasser erfolgt Zersetzung des Komplexes.

Präparat 9: Kaliumtetracyanatocobaltat(II), $K_2 [Co(OCN)_4]$

Literatur

Heyn, B.; Hipler, B.; Kreisel, G.; Schreer, H.; Walther, D.: *Anorganische Synthesechemie-ein integriertes Praktikum*, Springer-Verlag Berlin-Heidelberg New York-London-Paris-Tokyo, 1987, S. 108.

Zusatzliteratur

Mosha, D. M. S.; Nicholls, D.: *Cobalt(II)cyanide and its complexes with water, ammonia and cyanide ions*, Inorg. Chim. Acta **38** (1980) Nr. 1, S. 127–130.
Muessig, B.: *Darstellung einiger Metallkomplexe*, Praxis der Naturwissenschaften **23** (1974) Nr. 2, S. 46–47.
Tsivadze, A. Y.; Tsintsadse, G. V.; Kharitonov, Y. Y.; Golub, A. M.; Mamulasshvili, A. M.: *Infrared absorption spectra of some inorganic cyanates*, Zhurn. Neorg. Khim. **15** (1970) Nr. 7, S. 1818–1824.
Forster, D.; Goodgame, D. M. L.: *Vibrational spectra of pseudohalogenide complexes I. Tetrahedral isocyanate complexes*, J. of the Chem. Soc. **1965**, S. 262–267.

Reaktiongleichung

$$Co(CH_3COO)_2 \cdot 4 H_2O + 4 KOCN \rightarrow K_2[Co(OCN)_4] + 2 KOOCCH_3 + 4 H_2O$$

Synthesevorschrift Vor Beginn der Synthese des Komplexes ist Kaliumcyanat, KOCN, so nicht im Chemikaliendepot vorrätig, aus Kaliumcyanid, KCN, nach einer Vorschrift der o.g. Autoren, herzustellen [B5, S. 107].
    Man löst 0.02 mol (3,5 g) Cobalt(II)-acetat-tetrahydrat, $Co(CH_3COO)_2 \cdot 4H_2O$, in 50 ml Wasser auf und gibt eine Lösung von 0.08 mol (6,4 g) Kaliumcyanat, KOCN, in 50 ml Wasser zu. Aus der entstandenen intensiv blauen Lösung scheidet sich das Kaliumtetracyanatoco-

baltat(II), $K_2Co(OCN)_4$, in Form großer, dunkelblauer, quadratisch geformter Kristalle ab, die abfiltriert und im Vakuum getrocknet werden. Die Ausbeute beträgt 80 % der Theorie.

Eigenschaften

$C_4CoK_2N_4O_4$ MM 305,2   C 15,75   Co 19,31   K 25,62   N 18,36   O 20,97

Dunkelblaue, quadratisch geformte Kristalle.

Anmerkung: Im Praktikum „Grundlagen der anorganischen Synthesechemie" (Versuch K10, Institut für Anorganische Chemie, Universität Leipzig) wird die Durchführung der Synthese mit dem Einsatz von <u>0,88 g $Co(CH_3COO)_2 \cdot 4H_2O$</u> und <u>1,5 g KOCN</u> bei entsprechender Angleichung der übrigen Versuchsbedingungen empfohlen [B10].

Präparat 10 Kaliumtricyanatocuprat(II), K[Cu(OCN)$_3$]

Literatur:

Heyn, B.; Hipler, B.; Kreisel, G.; Schreer, H.; Walther, D.: *Anorganische Synthesechemie-ein integriertes Praktikum*, Springer-Verlag Berlin-Heidelberg New York-London-Paris-Tokyo, 1987, S. 109.

Zusatzliteratur:

Soderback, E.: *Metal cyanates*, Acta Chem. Scand. **11** (1957) S. 1622–1634.
D'Agnano, A.; Gargano, M.; Malitesta, C.; Ravasio, N.; Sabbatini, L.: *X-ray photoelectron spectroscopy insight into the coordination modes of cyanate in copper(II) complexes*, J. of Electr. Spectr. & Relat. Phen. **53** (1991) Nr. 4, S. 213–224.
Tsivadze, A. Y.; Tsintsadse, G. V.; Kharitonov, Y. Y.; Golub, A. M.; Mamulasshvili, A. M.: *Infrared absorption spectra of some inorganic cyanates*, Zhurn. Neorg. Khim. **15** (1970) Nr. 7, S. 1818–1824.

Reaktionsgleichung:

$$CuSO_4 \cdot 5\,H_2O + 3\,KOCN \rightarrow K[Cu(OCN)_3] + K_2SO_4 + 5H_2O$$

Synthesevorschrift: Vor Beginn der Synthese des Komplexes ist Kaliumcyanat, KOCN, so nicht im Chemikaliendepot vorrätig, aus Kaliumcyanid, KCN, nach einer Vorschrift der o. g. Autoren B. Heyn u. a., S. 107, herzustellen.

<u>0,02 mol (5,0 g) Kupfersulfat-pentahydrat, $CuSO_4 \cdot 5H_2O$,</u> werden in 50 ml Wasser gelöst. Dazu gibt man tropfenweise eine Lösung von <u>0,06 mol (4,9 g) Kaliumcyanat, KOCN,</u> in 50 ml carbonatfreiem Wasser. Dabei fällt das Zielprodukt in Form hellgrüner, seidiger Kristalle aus. Nach dem Abfiltrieren und Trocknen ist die Verbindung an der Luft beständig. Die Ausbeute beträgt 85 % der Theorie.

Eigenschaften:

$C_3CuKN_3O_3$ MM 228,7   C 15,76   Cu 27,79   K 17,10   N 18,37   O 20,99 %

Hellgrüne Kristalle. IR-Spektrum: $\nu_{C\equiv N} = 2.240\ cm^{-1}$

Anmerkung: Im Praktikum „Grundlagen der anorganischen Synthesechemie" (Versuch K16, Institut für Anorganische Chemie, Universität Leipzig) wird die Durchführung der Synthese mit dem Einsatz von 1,0 g CuSO$_4 \cdot$ 5 H$_2$O und 1,0 g KOCN bei entsprechender Angleichung der übrigen Versuchsbedingungen empfohlen [B10].

Präparat 11: Bis(tetraethylammonium)tetrachlorcuprat(II), [C$_2$H$_5$)$_4$N]$_2$[Cu^{II}Cl$_4$]

Literatur:

Gill, N. S.; Taylor, F. B.: *Tetrahalo Complexes of Dipositive Metals in the First Transition Series*, Inorg. Synth. **IX** (1967), S. 136–142.

Zusatzliteratur:

Choi, S.; Larrabee, J. A.: *Thermochromic tetrachlorocuprate(II): An advanced integrated* laboratory, J. Chem. Educ. **66** (1989) Nr. 9, S. 774–776.
Bencini, A.; Benelli, C.; Gatteschi, D.: *Nature of the phase transition in [(C$_2$H$_5$)$_4$N]$_2$MCl$_4$ (M =Co, Cu)*, Inorg. Chem. **19** (1980) Nr. 6, S. 1632–1634.
Mahhoui, A.; Lapasset, J.; Moret, J. Saint-Gregoire, P.: *Structure of (TEA)$_2$CuCl$_4$ and hydration*, Zeitschr. f. Kristallographie **210** (1995) Nr. 2, S. 125–128.
Amirthaganesan, G.; Kandhaswamy, M. A.: *Synthesis and thermal phase transition and FTIR spectral characterization of tetraethylammonium tetrachlorocuprate(II) crystals*, Cryst. Res. and Techn. **42** (2007) Nr. 8, S. 773–777.
Doyle, K.; Tran, H.; Baldoni-Olivencia, M.; Karabulut, M.; Hoggard, P. E.: *Photocatalytic Degradation of Dichloromethane by Chlorocuprate(II)Ions*, Inorg. Chem. **47** (2008) Nr. 15, S. 7029–7034.

Reaktionsgleichung:

$$CuCl_2 + 2(C_2H_5)_4NCl \rightarrow [(C_2H_5)_4N]_2[Cu^{II}Cl_4]$$

Synthesevorschrift: Lösungen von 0,005 mol (0,85 g) Kupfer(II)-chlorid-dihydrat, CuCl$_2 \cdot$2 H$_2$O, in 5 ml absolutem Ethanol und 0,01 mol (1,84 g) Tetraethylammonium-chlorid-hydrat, (C$_2$H$_5$)$_4$NCl$\cdot$H$_2$O, in 5 ml heißem absolutem Ethanol werden gemischt und die Mischung für einige Minuten am Sieden gehalten. Danach wird auf Raumtemperatur abgekühlt, einige Zeit stehen gelassen, und die ausgefallenen gelben Kristalle werden abfiltriert. Die Umkristallisation erfolgt aus absolutem Ethanol. Die Ausbeute beträgt 94 % der Theorie (2,1 g).

Eigenschaften:

$C_{16}H_{40}Cl_4CuN_2$ MM 463,1   C 41,25   H 8,65   Cl 30,44   Cu 13,64   N 6,01 %

Gelbe Kristalle, Zellparameter: a = b = 14,32 Å; c = 12,70 Å

Präparat 12: Kaliumhexathiocyanatochromat(III), $K_3[Cr(SCN)_6]$

Literatur:

Brauer, G.: *Handbuch der Präparativen Anorganischen Chemie*, Ferdinand-Enke-Verlag Stuttgart, 1981, Bd III, S. 1515.

Zusatzliteratur:

Roesler, J.: *Ueber einige* Chromidschwefelcyanverbindungen, Liebigs Ann. Chem. **141** (1867), Nr. 2, S. 185–187.

Blasius, E.; Mernke, E.: *Darstellung, Isolierung und Charakterisierung von Gemischtligandkomplexen Thiocyanato(1,3-diaminopropan)chromium(III)*, Zeitschr. Anorg. Allg. Chem. **509** (1984) S. 167–173.

Reaktionsgleichung:

$$KCr(SO_4)_2 \cdot 12\ H_2O + 6\ KSCN \rightarrow K_3[Cr(SCN)_6] \cdot 4\ H_2O + 2\ K_2SO_4 + 8\ H_2O$$

Synthesevorschrift: Man erhitzt eine mäßig konzentrierte wässerige Lösung von 6 Teilen Kaliumrhodanid, KSCN, und 5 Teilen Chromalaun, $KCr(SO_4)_2 \cdot 12\,H_2O$, 2 Stunden auf dem siedenden Wasserbad und dampft dann in einer Schale so weit ein, bis das Ganze beim Erkalten zu einer roten Kristallmasse erstarrt. Diese wird mit absolutem Ethanol extrahiert, in dem sich Kaliumhexathiocyanatochromat(III), $K_3[Cr(SCN)_6]$, sehr leicht löst, während Kaliumsulfat, K_2SO_4, zurückbleibt. Nach dem Eindampfen der filtrierten Alkoholextrakte kristallisiert man das Komplexsalz noch mehrmals aus Ethanol um.

Eigenschaften:

$C_6CrK_3N_6S_6$ MM 517,8   C 13,92   Cr 10,04   K 22,65   N 16,23   S 37,16 %

Glänzende Kristalle, die im auffallenden Licht dunkelrot-violett, im durchscheinenden granatrot aussehen. Die Komplexverbindung ist an der Luft stabil und verliert erst bei 110 °C das Kristallwasser. 1 Teil löst sich in 0,72 Teilen Wasser und in 0,94 Teilen Ethanol.

Anmerkung: Im Praktikum „Grundlagen der anorganischen Synthesechemie" ([B10], Versuch K9, Institut für Anorganische Chemie, Universität Leipzig) wird die Durchführung der Synthese mit dem Einsatz von 1,0 g $KCr(SO_4)_2 \cdot 12\,H_2O$ und 1,2 g KSCN sowie 30 ml Methanol bei entsprechender Angleichung der übrigen Versuchsbedingungen empfohlen.

Präparat 13: Bis(methylxanthogenato)-nickel(II), [Ni(S$_2$COCH$_3$)$_2$]

Literatur:

Heyn, B.; Hipler, B.; Kreisel, G.; Schreer, H.; Walther, D.: *Anorganische Synthesechemie-ein integriertes Praktikum*, Springer-Verlag Berlin-Heidelberg New York-London-Paris-Tokyo, 1987, S. 139/40.

Zusatzliteratur:

Cox, M. J.; Tiekink, E. R. T.: *The crystal and molecular structure of some nickel(II) bis(O-alkyldithio-carbonate)s and nickel(II) bis(N, N-dialkyldithiocarbamate)s. An evaluation of the coordination potential of 1,1– dithiolate ligands in their nickel(II)complexes*, Zeitschr. f. Kristallgr. **214** (1999), Nr. 4, S. 242–250.

Tesic, Z. Lj.; Janjic, T. J.; Celap, M. B.: *Thin-layer chromatography on silica gel of a homologous series of bis(alkylxanthato)nickel(II)complexes*, J. of Chromatogr. **628** (1993), Nr. 1, S. 148–152.

Watt, G.; McCormick, B. J.: *The synthesis and characterization of methyl and ethylxanthato complexes of Pt(II), Pd(II), Ni(II), Cr(III), and Co(III)*, J. Inorg. & Nucl. Chem. **27** (1965) Nr. 4, S. 898–900.

Perpinan, M. F.; Ballester, L.; Gonzalez-Casso, M. E.; Santos, A.: *Reactions between bis(O-alkyldit-hiocarbonato)nickel(II)complexes and phosphines. Formation of a dithiocarbonate complex of nickel(II): [Ni(S$_2$CO)(Ph$_2$P-CH$_2$-CH$_2$-PPh$_2$]*, Journ. of the Chem. Soc. Dalton Trans. **1987** (2), S. 281–284.

Payne, R.; Magee, R. J.; Liesegang, J.: *Infrared and x-ray photoelectron spectroscopy of some transition metal dithiocarbamates and xanthates*, J. Electr. Spectr. & Rel. Phen. **35** (1985) Nr. 1–2, S. 113–130.

Reaktionsgleichungen:

1. $KOH + CS_2 + CH_3OH \rightarrow CH_3OCS_2K + H_2O$

2. $2\ CH_3OCS_2K + Ni(OOCCH_3)_2 \cdot 4\ H_2O \rightarrow [Ni(S_2COCH_3)_2]$
    $+ 2\ CH_3COOK + 4\ H_2O$

Synthesevorschriften: 1. *Kaliummethylxanthogenat, CH$_3$OCS$_2$K*

0,2 mol (11,2 g) Kaliumhydroxid, KOH, werden vorsichtig fein gepulvert. Das Pulver wird bei Raumtemperatur in ca. 150 ml Methanol aufgenommen. Nach dem Abkühlen auf 10 °C werden unter Rühren in einem 250 ml-Dreihalskolben 0,2 mol (15,2 g) Schwefelkoh-lenstoff, CS$_2$, (Vorsicht!), im Verlaufe von 30 min zugetropft. Dann wird noch eine Stunde bei Raumtemperatur gerührt, und anschließend werden 20 ml Diethylether zugefügt. Das ausgefallene Kaliumsalz wird abfiltriert, mit Diethylether gewaschen, getrocknet und aus 100 ml Ethanol umkristallisiert. Die Ausbeute beträgt 95 %, bezogen auf Schwefelkohlen-stoff.

Eigenschaften: Hellgelbe, nadelförmige Kristalle, nur mäßig löslich in polaren Lösungs-mitteln, unlöslich in unpolaren Lösungsmitteln.

2. *Bis(methylxanthogenato)-nickel(II), [Ni(S$_2$COCH$_3$)$_2$]*

0,15 mol (22 g) Kaliummethylxanthogenat, CH$_3$OCS$_2$K, werden in 150 ml einer Mi-schung aus 80 % Methanol und 20 % Wasser gelöst. Unter ständigem Rühren wird eine methanolische Lösung von 0,075 mol (12,5 g) Nickel(II)-acetat-tetrahydrat,

$\underline{Ni(CH_3COO)_2 \cdot 4H_2O}$, bei Raumtemperatur zugetropft. Die Reaktionsmischung verfärbt sich sofort, und es fällt ein dunkler Niederschlag aus. Nach zweistündigem Rühren wird der Niederschlag auf der Fritte gesammelt und mit Methanol gewaschen. Der Rückstand wird aus 100 ml Diethylether umkristallisiert. Die Ausbeute beträgt 70 %, bezogen auf das Nickelsalz.

Eigenschaften:

$C_4H_6NiO_2S_4$ MM 273,0   C 17,60   H 2,21   Ni 21,50   O 11,72   S 46,97 %

Braun, diamagnetisch, monomer, quadratisch-planar, löslich in zahlreichen organischen Lösungsmitteln, zerfällt leicht beim Erhitzen.

2.2.1.3   Metallsalz/Neutralligand

Präparat 14: Dibromo-bis(triphenylphosphan)-nickel(II), [Ni^{II}Br$_2${(C$_6$H$_5$)$_3$P}$_2$]

Literatur

Heyn, B.; Hipler, B.; Kreisel, G.; Schreer, H.; Walther, D.: *Anorganische Synthesechemie-ein integriertes Praktikum*, Springer-Verlag Berlin-Heidelberg New York-London-Paris-Tokyo, 1987, S. 104.

Zusatzliteratur

Davis, J. E.; Gerloch, M.; Phillips, D. J.: *Phosphine π-acceptor properties in dihalo(triphenylphosphine) nickel(II) and –cobalt(II)*, J. of the Chem. Soc. Dalton Trans. **1979**, S. 1836–1842.
Jarvis, J. A. J.; Mais, R. H. B.; Owston, P. G.: *Stereochemistry of complexes of nickel(II). II. The crystal and molecular structure od dibromobis(triphenylphosphine)nickel(II)*, J. of the Chem. Soc. A **1968** (7), S. 1473–1486.
Ferraro, J. R.; Wang, J. T.; Udovich, K.; Nakamoto, K.; Quattrochi, A.: *Low-frequency infrared spectra of planar and tetrahedral nickel bromide complexes of diphenylalkylphosphines*, Inorg. Chem. **9** (1970) Nr. 12, S. 2675–2678.
La Lancette, E. A.; Eaton, D. R.: *Nuclear magnetic resonance contact shifts in bis(triphenylphosphine) nickel(II)halides. Evidence for d_π-d_π-bonding between nickel and phosphorus*, J. Amer. Chem. Soc. **86** (1964) Nr. 23, S. 5145–5148.

Reaktionsgleichung

$$NiBr_2 + 2P(C_6H_5)_3 \rightarrow [Ni^{II}Br_2\{(C_6H_5)_3P\}_2]$$

Synthesevorschrift Wasserfreies Nickel(II)-bromid, NiBr$_2$, wird durch Reaktion von Nickel(II)-carbonat, NiCO$_3$, mit Bromwasserstoffsäure, HBr, entsprechend der Gleichung

$$NiCO_3 + 2HBr \rightarrow NiBr_2 + CO_2 + H_2O$$

erhalten.

In einem 500 ml-Zweihals-Rundkolben werden 0,09 mol (19,7 g) NiBr$_2$ mit 200 ml n-Butanol und 0,18 mol (47,2 g) Triphenylphosphan, P(C$_6$H$_5$)$_3$, gemischt. Diese Mischung wird zwei Stunden am Rückfluss gehalten. Danach wird auf Raumtemperatur abgekühlt, wobei sich Kristalle bilden. Diese werden abfiltriert. Es kann aus Ethanol umkristallisiert werden. Die Ausbeute beträgt 54 % (bezogen auf NiBr$_2$).

Eigenschaften

$C_{36}H_{30}Br_2NiP_2$ MM 743,1 C 58,19 H 4,07 Br 21,51 Ni 7,90 P 8,34 %

Dunkelgrüne, nadelförmige Kristalle. Schmelzpunkt: 221–222 °C; löslich in Tetrahydrofuran, Benzen und n-Butanol. Der Komplex zersetzt sich in Methanol unter Freisetzung von Triphenylphosphan. Das effektive magnetische Moment beträgt: μ_{eff} = 3.22 B.M.

Anwendung Der Komplex dient als Katalysator für die Dimerisierung von 1,3-Butadien zu *E, E'*-1.3.6-Octatrien.

Präparat 15: Hexamminnickel(II)-chlorid, [Ni(NH$_3$)$_6$]Cl$_2$

Literatur

Wiskamp, V.: *Umweltfreundlicher Versuche im Anorganisch-Analytischen Praktikum*, VCH Weinheim,1995, S. 47.

Zusatzliteratur

Adams, D. M.; Payne, S. J.: *Spectroscopy at very high pressures. Part IX. Far infrared spectra of some hexaammine complexes of nickel(II) and cobalt(III)*, Inorg. Chim. Acta **19** (1976) Nr. 3, L49–L50.

Paduan, F. A.; Oliveira, N. F.: *Magnetic transition in nickel(II)hexaammine bromide and nickel(II) hexaammine chloride up to 75 K*, Solid State Commun. **15** (1974) Nr. 7, S. 1167–1170.

Reaktionsgleichung

$$NiCl_2 \cdot 6\,H_2O + 6\,NH_3 \rightarrow [Ni(NH_3)_6]Cl_2 + 6\,H_2O$$

Synthesevorschrift 0,02 mol (5 g) Nickel(II)-chlorid-hexahydrat, NiCl$_2$·6 H$_2$O, werden in einem Becherglas in 3 bis 4 ml Wasser gelöst. Dann werden 5 ml einer gesättigte Ammoniumchlorid-Lösung hinzugefügt, anschließend 10 ml konz. Ammoniak-Lösung. Dabei erwärmt sich die Lösung stark und färbt sich dunkelblau. Es wird eine Stunde in ein Eisbad (oder über Nacht in den Kühlschrank) gestellt. Die gebildeten Kristalle werden abgesaugt, mit wenig eisgekühlter konz. Ammoniak-Lösung gewaschen und im Exsikkator getrocknet.

Eigenschaften

$$Cl_2H_{18}N_6Ni \quad MM\ 231,8 \quad Cl\ 30,59 \quad H\ 7,83 \quad N\ 36,26 \quad Ni\ 25,32\ \%$$

FIR-Spektrum $v_3 = 335\ cm^{-1}$; $v_4 = 216\ cm^{-1}$ (290 K)

Anmerkung: Im Praktikum „Grundlagen der anorganischen Synthesechemie" (Versuch K3b, Institut für Anorganische Chemie, Universität Leipzig) wird die Durchführung der Synthese mit dem Einsatz von <u>2 g NiCl$_2$ · 6 H$_2$O</u> und <u>0,4 g NH$_4$Cl</u> bei entsprechender Angleichung der übrigen Versuchsbedingungen empfohlen [B10].

Präparat 16: Tetrapyridinkupfer(II)tetrafluoborat, [Cu(py)$_4$](BF$_4$)$_2$

Literatur

Praktikumsanleitung „Grundlagen der anorganischen Synthesechemie"(K4), Institut für Anorganische Chemie, Universität Leipzig [B10].

Zusatzliteratur

Brown, D. H.; Nuttal, R. H.; McAvoy, J.; Sharp, D. W. A.: *Pyridine, γ-picoline and quinoline complexes of transition metal perchlorates and tetrafluoborates*, J. of the Chem. Soc. A **7** (1966), S. 892–896.

Reaktionsgleichung

$$Cu(BF_4)_2 + 4\ py \rightarrow [Cu(py)_4](BF_4)_2$$

Synthesevorschrift In einem Becherglas werden 0,056 mol (1,24 g) Kupfer(II)-carbonat vorgelegt und mit gerade soviel 0,02 mol (ca. 3 ml) Tetrafluoborsäure, HBF$_4$, versetzt, bis eine klare Lösung entsteht. Unter ständigen Rühren werden nun ca. 6 ml (75 mmol) Pyridin tropfenweise zugegeben, wobei das Tetrapyridinkupfer(II)-tetrafluoborat sofort ausfällt. Die blau bis purpurfarbenen Kristalle werden abgesaugt und mit Ethanol gewaschen.

Eigenschaften

$$C_{20}H_{20}B_2CuF_8N_4 \quad MM\ 553,6 \quad C\ 43,39 \quad H\ 3,64 \quad B\ 3,91 \quad Cu\ 11,48$$
$$F\ 27,46 \quad N\ 10,12\ \%$$

$\mu_{eff} = 1,78$ BM; UV/Vis (Reflexionsspektrum;[cm^{-1} × 10^{-3}]) 17,4.
IR-Spektrum [cm^{-1}]: 1.070, 975, 634, 517, 437, 428, 285, 264

Präparat 17: Tetramminkupfer(II)-sulfat-hydrat, [Cu(NH$_3$)$_4$] SO$_4$·H$_2$O

Literatur

Wiskamp, V.: Umweltfreundliche Versuche im Anorganisch-Analytischen Praktikum, VCH Weinheim, 1995, S. 55.

Zusatzliteratur

Simon, A.; Knauer, H.: *Die Hydrate von Cobalt, Nickel und Kupfer*, Z. Anorg. Allg. Chem. **242** (1939), Nr. 4, S. 375–392.

Fritz, J. J.; Pinch, H. L.: *Heat capacity and magnetic susceptibility of copper(II)tetrammine sulfate monohydrate from 1,3 to 24 K*, J. Amer. Chem. Soc. **79** (1957), Nr. 14, S. 3644–3646.

Mazzi, F.: *The crystal structure of cupric tetrammine sulfate monohydrate, [Cu(NH$_3$)$_4$]SO$_4$·H$_2$O*, Acta Cryst. **8** (1955) S. 137–141.

Morosin, B.: *Crystal structures of copper tetrammine complexes. I. Cu(NH$_3$)$_4$SO$_4$·H$_2$O and Cu(NH$_3$)$_4$SeO$_4$*, Acta Cryst. B **25** (1969) S. 19–30.

Reaktionsgleichung

$$CuSO_4 \cdot 5\,H_2O + 4\,NH_4OH \rightarrow [Cu(NH_3)_4]SO_4 \cdot H_2O + 8\,H_2O$$

Synthesevorschrift 0,02 mol (5 g) Kupfer(II)sulfat-pentahydrat, CuSO$_4$ · 5 H$_2$O, werden unter Erwärmen in 10 ml dest. Wasser gelöst und mit 20 ml konz. Ammoniaklösung versetzt. Ein intermediär sich bildender Niederschlag von Kupfer(II)-hydroxid geht wieder in Lösung. Die klare, tiefblaue Lösung wird langsam unter Rühren in 30 ml Ethanol eingetragen. Tetramminkupfer(II)-sulfat-hydrat, [Cu(NH$_3$)$_4$] SO$_4$·H$_2$O, fällt in Form blauer Kristalle aus. Man lässt 15 min zur Vervollständigung der Kristallisation stehen, saugt den Niederschlag ab und wäscht ihn mit jeweils 5 m Ethanol. Dann saugt man 10 min lang Luft durch den Filterkuchen, wonach er ausreichend trocken ist.

Eigenschaften:

CuH$_{14}$N$_4$O$_5$S   MM 245,7   Cu 25,86   H 5,74   N 22,80   O 32,55   S 13,05

Raumgruppe: Pnam; Gitterkonstanten: a = 10,31, b = 10,26, c = 7,40 β = 104,43°; 4 NH$_3$-Liganden sind nahezu planar um das Cu-Atom angeordnet; geringste Distanz zwischen den Cu-Atomen im Gitter: 5,3 Å

Anmerkung: Im Praktikum „Grundlagen der anorganischen Synthesechemie" (Versuch K14 a, Institut für Anorganische Chemie, Universität Leipzig) wird die Durchführung der Synthese mit dem Einsatz von 1,01 g CuSO$_4$ · 5 H$_2$O und 4 ml konz. Ammoniak bei entsprechender Angleichung der übrigen Versuchsbedingungen empfohlen [B10].

Präparat 18: Tris(ethylendiamin)nickel(II)-chlorid-dihydrat, [Ni^{II}(en)$_3$]Cl$_2 \cdot$ 2H$_2$O

Literatur

State, H. M.: *Bis(ethylenediamine)nickel(II)chloride, Tris(ethylendiamine)nickel(II)- chloride-2-Hydrate; Tris(propylenediamine)nickel(II)chloride 2-Hydrate*, Inorg. Synth. **VI** (1960) S. 198–199.

Zusatzliteratur:

Werner, A.; Spruck, W.; Megerle, W.; Pastor, J.: *Beitrag zur Konstitution anorganischer Verbindungen XVIII. Mitteilung. Über Äthylendiamin- und Propylendiamin-Verbindungen von Salzen zweiwertiger Metalle.*, Z. Anorg. Allg. Chem. **21** (1899) Nr. 1, S. 201–242 (S. 212).
Kurnakov, N. S.: *Über die Äthylenverbindungen des Nickels*, Z. Anorg. Allg. Chem. **22** (1900) Nr. 1, S. 466–470.

Reaktionsgleichung

$$\text{NiCl}_2 \cdot 6\ \text{H}_2\text{O} + 3\ \text{en} \rightarrow [\text{Ni}^{\,II}\,(\text{en})_3]\text{Cl}_2 \cdot 2\ \text{H}_2\text{O} + 4\ \text{H}_2\text{O}$$

Synthesevorschrift 28 g 70 %iges, wässeriges Ethylendiamin, en, wird zu einer Lösung von 0,1 mol (23,8 g) Nickel(II)-chlorid-hexahydrat, NiCl$_2 \cdot$ 6H$_2$O, in 100 bis 150 ml Wasser gegeben. Die purpurfarbene Lösung wird auf ein Volumen von 60 bis 70 ml eingeengt. Zwei Tropfen von Ethylendiamin werden noch hinzugefügt und die Lösung in ein Eisbad gestellt. Die orchideenfarbenen Kristalle werden abgesaugt, zweimal mit 95 %igem Ethanol gewaschen und an der Luft getrocknet. Die Ausbeute beträgt 80 % der Theorie (28,6 g). Durch Behandeln der Mutterlauge mit Ethanol und Kühlen lässt sich die Ausbeute noch erhöhen.

Eigenschaften

C$_6$H$_{28}$Cl$_2$N$_6$NiO$_2$ MM 345,9   C 20,83   H 8,16   Cl 20,50   N 24,29   Ni 16,97
O 9,25 %

Violett-orchideenfarbene kleine, säulenförmige Kristalle. Bei Einsatz eines Überschusses an Ethylendiamin können bis zu 1 cm lange rhombische Blättchen erhalten werden. Magnetisches Moment: 3,02 B.M. Leicht löslich in Wasser. Mit Salzsäure findet Zersetzung unter Bildung von Nickel(II)-chlorid und Ethylendiaminhydrochlorid statt. Das Hydratwasser wird bei Erhitzen auf 105 °C abgegeben, wobei das violett-rosafarbene wasserfreie Produkt entsteht. Mit H$_2$[PtCl$_6$] fällt braungelbes [Ni(en)$_3$][PtCl$_6$] aus.

Präparat 19: Tris(ethylendiamin)-chrom(III)-sulfat, [Cr(en)$_3$]$_2$(SO$_4$)$_3$, und Tris(ethylendiamin)-chrom(III)-chlorid-trihydrat-hemihydrat, [Cr(en)$_3$]Cl$_3 \cdot$ 3,5H$_2$O

Literatur

Thiele, K.-H.(ff): *Lehrwerk Chemie AB 7, Reaktionsverhalten und Syntheseprinzipien*, Deutscher Verlag für Grundstoffindustrie Leipzig, 1976, S. 201/202.
Rollinson, C. L.; Baylar, J. C. Jr.: *Inorg. Synth.*II (1946), S. 196–200.

Reaktionsgleichungen

1. $Cr_2(SO_4)_3 + 6\ en \rightarrow [Cr(en)_3]_2(SO_4)_3$

2. $[Cr(en)_3]_2(SO_4)_3 + 6\ HCl + 3,5\ H_2O \rightarrow 2\ [Cr(en)_3]Cl_3 \cdot 3,5\ H_2O + 3\ H_2SO_4$

Synthesevorschriften *Tris(ethylendiamin)chrom(III)-sulfat*, $[Cr(en)_3]_2(SO_4)_3$
   In einem Trockenschrank erhitzt man 3 bis 4 Tage lang <u>0,12 mol (35,1 g) Chrom(III)-</u><u>sulfat, $Cr_2(SO_4)_3$.</u> Von Zeit zu Zeit wird die Substanz pulverisiert und danach das Erhitzen fortgesetzt, bis wasserfreies Chrom(III)-sulfat vorliegt (Gewichtskontrolle!). <u>0,1 mol</u> <u>(29,2 g) wasserfreies Chrom(III)-sulfat</u> wird in einem Kolben mit aufgesetztem Luftkühler mit <u>0,6 mol (36 g) wasserfreiem Ethylendiamin, en,</u> [zur Entwässerung erhitzt man 50 g handelsübliches en mit <u>25 g Natriumhydroxid</u> 5 Stunden lang auf dem siedenden Wasserbad, trennt danach die obere Schicht ab, erhitzt nochmals mit Natriumhydroxid, trennt abermals ab und destilliert: Siedep.: 116–118 °C] auf einem Wasserbad erhitzt, wobei das Chromsulfat seine leuchtende grüne Farbe verliert. Falls die Reaktion nicht innerhalb einer Stunde eintritt, wird ein Tropfen Wasser hinzugefügt. Der Kolben wird häufig geschüttelt, um die Reaktionspartner in engen Kontakt zu bringen. Sobald eine feste braune Masse entstanden ist, erwärmt man diese noch weitere 2 Stunden lang, pulverisiert das gebildete Tris(ethylendiamin)-chrom(III)-sulfat nach dem Abkühlen, wäscht es mit Ethanol und trocknet es an der Luft. Die Ausbeute ist nahezu quantitativ.

   $C_{12}H_{48}Cr_2N_{12}O_{12}S_3$ MM 752,8   C 19,15   H 6,43   Cr 13,81   N 22,33   O 25,50
   S 12,78 %

Tris(ethylendiamin)-chrom(III)-chlorid-trihydrat-hemihydrat, $[Cr(en)_3]Cl_3 \cdot 3,5\,H_2O$
   <u>0,05 mol (37,6 g) Tris(ethylendiamin)chrom(III)-sulfat, $[Cr(en)_3]_2(SO_4)_3$,</u> werden in <u>35 ml 5 %iger, etwa 65 °C warmer Salzsäure</u> gelöst. Man saugt die Lösung schnell durch einen Büchnertrichter und versetzt das Filtrat unter Eiskühlung und Rühren mit <u>30 ml</u> <u>konzentrierter Salzsäure.</u> Die gebildeten Kristalle von Tris(ethylendiamin)chrom(III)-chlorid-trihydrat-hemihydrat, $[Cr(en)_3]Cl_3 \cdot 3,5\,H_2O$, werden zur Reinigung aus 60–65 °C warmem Wasser umkristallisiert.

Eigenschaften der Tris(ethylendiamin)chrom(III)-Salze Die Tris(ethylendiamin)chrom(III)-Salze sind orange-gelbe kristalline Substanzen. Das Sulfat und das Chlorid sind leicht löslich in (warmem) Wasser, wobei sie sich partiell zu einem tiefroten, gummiähnlichen Material zersetzen. Sie sind wenig löslich in Ethanol. Die trockenen Substanzen zersetzen sich allmählich, wenn sie dem Licht ausgesetzt werden. $[Cr(en)_3]Cl_3 \cdot 3,5\,H_2O$ zersetzt sich in der Hitze leicht zu *cis*-Dichlorobis(ethylendiamin)chrom(III)-chlorid, gemäß

   $[Cr(en)_3]Cl_3 \cdot 3,5\ H_2O \rightarrow cis\text{-}[Cr^{III}Cl_2(en)_2]Cl + en + 3,5\ H_2O$

Diese Reaktion lässt sich zur Synthese dieser Komplexverbindung ausnutzen.

2.2.1.4 Metallkomplex/Neutralligand

Präparat 20: Bis(acetylacetonato)-bis-pyridin- kupfer(II), [Cu^{II}(acac)$_2$ (py)$_2$]

Literatur

Graddon, D. P.; Watton, E. C.: *Adducts of copper(II)-β-diketone chelates with heterocyclic* bases, J. Inorg. Nucl. Chem. **21** (1961) Nr. 1–2, S. 49–57.

Zusatzliteratur

May, W. R.; Jones, M. M.: *Adducts of bis(2,4-pentanedionato)copper(II) with pyridine bases: stability constants and heats of reaction*, J. Inorg. & Nucl. Chem. **25** (1963) S. 507–511.

Yokoi, H.; Sai, M.; Isobe, T.:*Thermochromism of some β-diketone chelate complexes of copper(II) in pure pyridine*, Bull. Chem. Soc. Jpn. **45** (1972) Nr. 4, S. 1100–1104.

Fujio, K.; Hatano, M.: *Interaction of pyridine with copper(II)- β-diketonates; a proton nuclear magnetic resonance study*, Inorg. Chim. Acta **127** (1987) Nr. 1, L21–L26.

Kogane, T.; Yukawa, H.; Hirota, R.: *ESR-study of the interaction of bis(acetylacetonato)copper(II)*, Chem. Letters **5** (1974) S. 477–478.

Reaktionsgleichung

$$Cu(acac)_2 + 2\ py \rightarrow [Cu^{II}(acac)_2(py)_2]$$

Synthesevorschrift Man löst 0,006 mol (1,6 g) Bis(acetylacetonato)kupfer(II) (Präparat 44) in 10 ml reinem Pyridin und erwärmt auf 30 °C. Danach wird noch einige Stunden bei Raumtemperatur gerührt, wobei sich ein dunkelgrüner Niederschlag bildet. Dieser wird abfiltriert, rasch mit wenig Cyclohexan gewaschen und im Vakuum getrocknet. Die Ausbeute beträgt 80 % (2,0 g).

Eigenschaften

$C_{20}H_{24}CuN_2O_4$ MM 420,0   C 57,20   H 5,76   Cu 15,13   N 6,67   O 15,24 %

Der Komplex verliert an der Luft das Pyridin. Der Prozess ist reversibel. Vis-Spektrum λ_{max} [nm] (ε) in Mischung 1:1 CHCl$_3$/Ethanol bei 20 °C: 654 (44); in Pyridin: 655 (77).

2.2.1.5 Metallkomplex/Metallkomplex

Präparat 21: Hexammincobalt(III)hexacyanoferrat(III),[Co(NH$_3$)$_6$][Fe(CN)$_6$]

Literatur

Seitz, K.; Peschel, S.; Babel, D.: *Über die Kristallstrukturen der Cyanokomplexe [Co(NH$_3$)$_6$][Fe(CN)$_6$], [Co(NH$_3$)$_6$]$_2$[Ni(CN)$_4$]$_3$·2 H$_2$O und [Cu(en)$_2$][Ni(CN)$_4$]*, Z. Anorg. Allg. Chem. **627** (2001), S. 929–934.

Zusatzliteratur

Brar, A.S.; Brar, S.; Sandhu, S. S.: *Mößbauer studies of thermal decomposition of hexaamminecobalt(III) hexacyanoferrate(III) and hexaamminecobalt(III)hexachloro-ferrate(III) in air and in nitrogen atmosphere*, Bull. Chem. Soc. Jpn. **56** (1983) Nr. 3, S. 899–903.

Gibb, T. C.: *Evidence for an orbital degenerate ground state in hexaammine-cobalt(III)hexacyanoferrate(III) from Mößbauer spectroscopy*, Inorg. Chem. **19** (1977) S. 1910–1914.

Reaktionsgleichung

$$[Co(NH_3)_6]Cl_3 + K_3[Fe(CN)_6] \rightarrow [Co(NH_3)_6][Fe(CN)_6] + 3KCl$$

Synthesevorschrift In einem Becherglas werden 5 %ige wässerige Lösungen von Hexammincobalt(III)-chlorid, $[Co^{III}(NH_3)_6]Cl_3$, (Präparat 25) und Kalium-hexacyano-ferrat(III), $K_3[Fe^{III}(CN)_6]$, in konzentriertem Ammoniak miteinander vereinigt, wobei ein 20–50 %iger Überschuss an $[Co^{III}(NH_3)_6]Cl_3$ gewählt wurde. Je nach Verdünnungsgrad bilden sich im Verlaufe von mehreren Stunden oder Tagen orangegelbe Kristalle, wenn die Lösungen bei Raumtemperatur in unbedeckten Schalen an der Luft aufgestellt wurden. Es wird abfiltriert und mit wenig Wasser gewaschen.

Eigenschaften

$C_6H_{18}CoFeN_{12}$ MM 373,1   C 19,32   H 4,86   Co 15,80   Fe 14,97   N 45,05 %

Orangegelbe Kristalle.

IR-Spektrum (KBr) [cm^{-1}]: v_{as}/v_s NH 3.283/3.134; v_{as}/v_s HNH 1.646/1.366; δ_r NH$_3$ 842; v_{as} CN 2.112

2.2.2 Synthesen von Mehrkernkomplexen durch Eliminierung von Komponenten

Präparat 22: Pentaammin-1-κ^{5}N-chrom(III)-μ-cyano-1κN:2κC-pentacyano-2-κ^{5}N-eisen(III)-hydrat, $[(CN)_5Fe^{III}-(\mu-CN)-Cr^{III}(NH_3)_5]\cdot H_2O$

Literatur

Casabo, J.; Ribas, J.; Alvarez, S.: *Binuclear Complexes of Fe(III) and Cr(III) with bridging Cyano-Ligands,* Inorg. Chim. Acta **16** (1976) L15–L16.

Kyuno, E.; Kamada, M.; Tanaka, N.: *Systematic Synthesis of Ammine Series of Chromium(III) Complexes,* Bull. Chem. Soc. Jap. **40** (1967) Nr. 8, S. 1848–1857.

Reaktionsgleichung

$$[Cr^{III}(NH_3)_5(H_2O)](NO_3)_3 + K_3[Fe^{III}(CN)_6] \rightarrow$$
$$[(CN)_5Fe^{III} - (\mu - CN) - Cr^{III}(NH_3)_5] \cdot H_2O + 3\ KNO_3$$

Synthesevorschrift 0,009 mol (3 g) Pentammin-agua-chrom(III)-trinitrat, [Cr^{III}(NH$_2$)- $_5$(H$_2$O)](NO$_2$)$_3$ löst man in 50 ml Wasser bei Raumtemperatur und fügt 0,009 mol (3 g) gut pulverisiertes Kalium-hexacyanoferrat(III), K$_2$[Fe^{III}(CN)$_6$] unter kräftigem Rühren hinzu, bis sich der Zweikernkomplex gebildet hat.

Eigenschaften

$$C_6H_{17}CrFeN_{11}O \quad MM\ 367,1\ \ C\ 19,63\ \ H\ 4,67\ \ Cr\ 14,16\ \ Fe\ 15,21$$
$$N\ 41,97\ \ O\ 4,36\%$$

UV/VIS-Spektrum [nm]: Maxima bei 210, 260, 280 (Schulter), 302, 320, 405, 420, 475–485 (Schulter), 515.

IR-Spektrum [cm^{-1}]: 2.144w ν(-CN-); 2.124 s ν (-CN); 515w ν (Fe-CN); 395 δ(Fe-CN).

Präparat 23: Tetrammincobalt(III)-di-μ-hydroxo-tetrammincobalt(III)-chlorid, [(NH$_3$)$_4$Co^{III}-μ-(OH)$_2$-Co^{III}(NH$_3$)$_4$]Cl$_4$

Literatur

Thiele, K.-H. (ff): *Lehrwerk Chemie AB 7, Reaktionsverhalten und Syntheseprinzipien*, Deutscher Verlag für Grundstoffindustrie Leipzig, 1976, S. 208/09.

Reaktionsgleichung

$$2\ [Co(OH)(NH_3)_4]SO_4 + 4\ NH_4Cl \rightarrow$$
$$[(NH_3)_4Co^{III} - \mu - (OH)_2 - Co^{III}(NH_3)_4]Cl_4 + 2(NH_4)_2SO_4 + H_2O$$

Synthesevorschriften Zur Herstellung der Vorstufen des Zielproduktes werden folgende Synthesen durchgeführt:

1. *Chloroaquatetrammincobalt(III)-sulfat*, [Co^{III}Cl(H$_2$O)(NH$_3$)$_4$]SO$_4$

   0,25 mol (29,7 g) Cobalt(II)-carbonat werden in der erforderlichen Menge 20 %iger Salzsäure gelöst. Man gießt die erhaltene Lösung in eine Mischung aus 1,56 mol (150 g) Ammoniumcarbonat, (NH$_4$)$_2$CO$_3$, 750 ml Wasser und 375 ml konzentrierten Ammoniak, leitet durch die tiefblaue Lösung 2 Stunden lang einen kräftigen Luftstrom und engt anschließend auf dem Wasserbad auf ein Volumen von etwa 300 ml ein. Während des Einengens werden häufig kleine Mengen Ammoniumcarbonat zugegeben. Anschließend wird filtriert, das Filtrat mit 375 ml 20 %iger Salzsäure und danach mit 225 ml konzentrierter Salzsäure versetzt und unter Rühren erhitzt. Aus der nunmehr violetten Lösung scheiden sich violette Kristalle von [CoCl(H$_2$O)(NH$_3$)$_4$]Cl$_2$ aus, die nach eintägigem Stehen abfiltriert und anschließend mit 20 %iger Salzsäure und mit Ethanol gewaschen werden. Zur Reinigung extrahiert man das Rohprodukt auf der Fritte mit 900 ml kaltem, mit Schwefelsäure schwach angesäuertem Wasser, wobei enthaltene Verunreinigungen zurückbleiben. Aus dem Filtrat scheidet sich Chloroaquotetrammincobalt(III)-sulfat im Verlaufe von 24 Stunden nach Zusatz von 200 ml 20 %iger Ammoniumsulfatlösung aus. Man filtriert, wäscht mit eisgekühltem Wasser und trocknet im Exsikkator. Die Ausbeute beträgt etwa 20 g.

2. *Hydroxoaquatetrammincobalt(III)-sulfat-monohydrat,* [Co(OH)(H$_2$O)(NH$_3$)$_4$]SO$_4 \cdot$ H$_2$O
   Man löst 0,05 mol(13,8 g) Chloroaquatetrammincobalt(III)-sulfat, [Co^{III}Cl(H$_2$O)(NH$_3$)$_4$] SO$_4$, in 200 ml 1N Ammoniak-Lösung, filtriert und gibt 400 ml Ethanol portionsweise hinzu. Die sich dabei in Form roter Kristalle ausscheidende Hydroxoverbindung wird durch eine Glasfritte abfiltriert, zunächst mit 60 %igem, dann mit 96 %igem Ethanol gewaschen und bei 100 °C bis zur Gewichtskonstanz getrocknet. Die Ausbeute beträgt etwa 8–10 g.

3. *Tetramminecobalt(III)-di-μ-hydroxo-tetramminecobalt(III)-chlorid,*
   [(NH$_3$)$_4$Co^{III}-μ-(OH)$_2$-Co^{III}(NH$_3$)$_4$]Cl$_4$
   5 g Hydroxoaquatetrammincobalt(III)-sulfat-monohydrat,[Co(OH)(H$_2$O)(NH$_3$)$_4$] SO$_4 \cdot$ H$_2$O, werden mit einer Lösung von 10 g Ammoniumchlorid, NH$_4$Cl, in 25 ml Wasser verrieben. Dabei fällt Tetramminecobalt(III)-di-μ-hydroxo-tetramminecobalt(III)-chlorid, [(NH$_3$)$_4$Co^{III}-μ-(OH)$_2$-Co^{III}(NH$_3$)$_4$]Cl$_4$ als kristalliner Niederschlag aus, der durch Absaugen und Verrühren mit 20 ml kaltem Wasser von beigemengtem Ammoniumchlorid abgetrennt wird. Das Komplexsalz löst sich danach klar in 100 ml Wasser und lässt sich aus der Lösung durch Zusatz von 4 g Ammoniumchlorid erneut ausscheiden. Die Ausbeute beträgt etwa 2 bis 3 g.

Eigenschaften

Cl$_4$Co$_2$H$_{26}$O$_2$ MM 317,9   Cl 44,61   Co 37,08   H 8,24   O 10,07 %

Weinrote Kristalle, schwer löslich in kaltem Wasser.

Präparat 24: Kalium-tetraoxalato-di-μ-hydroxo-dicobaltat(III)-trihydrat, K$_4$[(ox)$_2$Co^{III}-μ$_2$-(OH)$_2$-Co^{III}(ox)$_2$]

Literatur

Sargeson, A.M.; Reid, I. K.: *Potassium tetraoxalato-di-μ-hydroxo-dicobaltate(III)- 3-Hydrate (Durrant's salt) and Sodium tetraoxalato-di-μ-hydroxo-dicobaltate(III-5-Hydrate),* Inorg. Synth. **VIII** (1966), S. 204–207.

Zusatzliteratur:

Durrant, G. R.: *CLXXII. Green compounds of cobalt produced by oxidising agents,* J. Chem. Soc. **87** (1905) S. 1781–1795 (S. 1785)

Adamson, A. W.; Ogata, H.; Grossmann, J.; Newbury, R.: *Oxalato complexes of Co(II) and Co(III)*, J. Inorg. Nucl. Chem. **6** (1958) Nr. 4, S. 319–327 (S. 323).
Percival, E. G. V.; Wardlaw, W.: *Polynuclear cobalt complexes containing cobalt in the anion*, J. Chem. Soc. **135** (1929) S. 2628–2633.

Reaktionsgleichung

$$2\,Co^{II}(CH_3COO)_2 \cdot 4\,H_2O + 4\,K_2C_2O_4 + H_2O$$
$$\rightarrow K_4[(C_2O_4)_2Co^{III}\text{-}\mu\text{-}(OH)_2\text{-}Co^{III}(C_2O_4)_2] + 4\,CH_3COOK + 12\,H_2O$$

Synthesevorschrift Eine Mischung von 0,08 mol (20,0 g) Cobalt(II)-acetat-tetrahydrat, Co(ac)$_2\cdot$4H$_2$O und 0,27 mol (50,0 g) von Kaliumoxalat-hydrat sowie 0,5 ml Eisessig in 150 ml Wasser wird in einen abgedunkelten Becher gebracht, mechanisch gerührt und erhitzt auf 55 °C, bis eine klare Lösung resultiert. 60 ml 6 %igem Wasserstoffperoxid wird tropfenweise aus einer Bürette über einen Zeitraum von 15 min zugefügt. Die Temperatur wird auf 55–56 °C durch Zugabe von kleinen Stückchen Eis während der Reaktion gehalten. Das dunkelgrüne Produkt wird bei Zimmertemperatur abfiltriert, mit Eiswasser, Methanol und schließlich Aceton gewaschen und im Dunkeln bei 40 °C getrocknet. Die Ausbeute beträgt 97 % der Theorie (27,1 g).

Eigenschaften

C$_8$H$_2$Co$_2$K$_4$O$_{18}$ MM 660,4   C 14,55   H 0,31   Co 17,85   K 23,68   O 43,61 %

UV/Vis-Spektrum (Wasser): λ_{max} 610 nm (log ε = 2,11); λ_{max} = 410 nm (log ε = 2,34), bei 380 nm beginnender UV-Anstieg. Bei Einwirkung von Alkalihydroxid entsteht Co(OH)$_3$.

2.2.3   Synthesen mittels Redox-Reaktionen

2.2.3.1   Oxidation des Metalls

Präparat 25: Hexammincobalt(III)-trichlorid, [Co^{III}(NH$_3$)$_6$]Cl$_3$

Literatur

a) G. Brauer: *Handbuch der Präparativen Anorganischen Chemie*, Friedrich-Enke-Verlag Stuttgart, 1981, Band **3**, S. 1675.
Bjerrum, J.; Mc Reynolds, J. P.: *Hexamminecobalt(III)salts*, Inorg. Synth. **II** (1946) S. 216–221.
b) Praktikumsvorschrift "Grundlagen der anorganischen Synthesechemie" (Versuch K2, Institut für Anorganische Chemie, Universität Leipzig) [B10].

Zusatzliteratur

Brown, D. R.; Pavlis, R. R.: *Hexaammine complexes of chromium(III) and cobalt(III). A spectral study*, J. Chem. Educ. **62** (1985) Nr. 9, S. 807–808.

Zivkovic, Z. D.: *Thermal decomposition of hexaammine-cobalt(III)chloride*, J. Therm. Anal. **41** (1994) Nr. 1, S. 99–104.

Kumar, C. V.; Tan, W. B.; Betts, P. W.: Hexaamminecobalt(III)chloride assisted, visible ligth induced, sequence dependent cleavage of DNA, J. Inorg. Biochem. **68** (1997) Nr. 3, S. 177–181.

Reaktionsgleichungen

a. $4Co^{II} Cl_2 \cdot 6H_2O + 20NH_3 + 4NH_4Cl + O_2 \xrightarrow{\text{Aktivkohle}} 4[Co^{III}(NH_3)_6]Cl_3 + 26H_2O$

b. $4Co^{II} Cl_2 \cdot 6H_2O + 20NH_3 + 4NH_4Cl + 2H_2O_2 \xrightarrow{\text{Aktivkohle}} 4[Co^{III}(NH_3)_6]Cl_3 + 28H_2O$

Synthesevorschriften

a. Zu 1 mol (238 g) Cobalt(II)-chlorid-hexahydrat, $CoCl_2 \cdot 6H_2O$, und 0,2 mol (10 g) Ammoniumchlorid, NH_4Cl, gibt man 240 ml Wasser. Man schüttelt die Mischung bis fast alles gelöst ist, fügt 5 g Aktivkohle und 500 ml konz. Ammoniak zu und leitet anschließend einen kräftigen Luftstrom durch die Mischung, bis die rote Lösung gelbbraun geworden ist. Der einzuleitende Luftstrom soll nicht zu kräftig sein, weil sonst der Ammoniakgehalt verringert wird; Abhilfe durch Zusatz von etwas konz. Ammoniak.

Das ausgefallene Hexammincobalt(III)-chlorid, $[Co^{III}(NH_3)_6]Cl_3$, wird zusammen mit der Aktivkohle abfiltriert und der Filterrückstand in 1–2 %iger Salzsäure in der Hitze gelöst. Man filtriert noch heiß ab und fällt das reine Präparat durch Zusatz von 400 ml konz. Salzsäure und Abkühlen auf 0 °C. Der abfiltrierte Niederschlag wird mit 60 %igem Ethanol gewaschen und bei 80 bis 100 °C getrocknet. Die Ausbeute beträgt 85 % der Theorie.

b. 0,006 mol (1,5 g) $CoCl_2 \cdot 6H_2O$ und 1 g NH_4Cl werden in 1 ml Wasser angeschlämmt und mit 12 ml konzentrierter Ammoniumhydroxidlösung versetzt. Es werden 0,1 g gepulverte Aktivkohle und dann unter Rühren tropfenweise 3 ml 30 %iges H_2O_2 zugegeben. Nach einer Stunde wird der gebildete Niederschlag von $[Co(NH_3)_6]Cl_3$ mit der Aktivkohle abfiltriert. Der Filterkuchen wird in ein Becherglas gegeben und mit 20 ml 1–2 %iger Salzsäure behandelt. Es wird noch heiß abfiltriert. Das Filtrat wird mit 10 ml konz. Salzsäure versetzt und auf 0 °C abgekühlt. Die ausgeschiedenen orangefarbenen Kristalle werden abgesaugt, zuerst mit Wasser/Ethanol (2:3), dann mit Ethanol gewaschen und an der Luft getrocknet.

Eigenschaften

$Cl_3CoH_{18}N_6$ MM 267,5   Cl 39,76   Co 22,03   H 6,78   N 31,42 %

Weinrote oder orangebraune, monokline Kristalle. Löslichkeit in Wasser bei 0 °C: 0,152; 20 °C: 0,26; 46,6 °C:0,42 Mol/l. Beim Kochen in Wasser entsteht $Co(OH)_2$. Bei > 215 °C erfolgt Abgabe von 1 Mol NH_3 unter Bildung von $[CoCl(NH_3)_5]Cl_2$.

Präparat 26: Chloropentammincobalt(III)-chlorid, [CoCl(NH$_3$)$_5$]Cl$_2$

Literatur

Thiele, K.-H.(ff): *Lehrwerk Chemie AB 7, Reaktionsverhalten und Syntheseprinzipien*, Deutscher Verlag für Grundstoffindustrie Leipzig, 1976, S. 200.

Zusatzliteratur

Schlessinger, G. G.: *Chloropentamminecobalt(III)chloride*, Inorg. Synth. **IX** (1967) S. 160–163.
Lairosanga, S. N. M.: *Ion pair formation of CoCl$_2$·6H$_2$O and [Co(NH$_3$)$_5$Cl]Cl$_2$ in aqueous medium at different temperatures – a conductance method*, Asian J. Chem. **23** (2011) Nr. 3, S. 1120–1122.
Bushnell, G. W.; Lalor, G. C.: *Kinetics of the reaction between sodium hydroxide and chloropentaamminecobalt(III)perchlorate in aqueous solution*, J. Inorg. & Nucl. Chem. **30** (1968) Nr. 1, S. 219–223.

Reaktionsgleichung

$$4CoCl_2 + 4\ NH_4Cl + 16\ NH_3 + O_2 \rightarrow 4\ [CoCl(NH_3)_5]Cl_2 + 2\ H_2O$$

Synthesevorschrift Man löst 0,12 mol (14,3 g) Cobalt(II)-carbonat in 25 ml 20 %iger Salzsäure, filtriert, kühlt die Lösung auf Zimmertemperatur ab, gibt 125 ml konzentrierte Ammoniak-Lösung sowie eine Lösung von 0,26 mol (25 g) Ammoniumcarbonat in 125 ml Wasser hinzu und leitet etwa 3 Stunden lang einen kräftigen Luftstrom durch die Lösung. Danach versetzt man mit 1,4 mol (75 g) Ammoniumchlorid, engt auf dem Wasserbad bis zur breiigen Konsistenz ein, gibt verdünnte Salzsäure bis zur Beendigung der Entwicklung von Kohlendioxid hinzu, tropft vorsichtig 6 ml konzentrierten Ammoniak in die Lösung und erhitzt 1 Stunde lang auf dem Wasserbad. Nach Zusatz von 150 ml konzentrierter Salzsäure wird nochmals 30 min lang auf dem Wasserbad erhitzt und dann abgekühlt, wobei sich das Chloropentammincobalt(III)-chlorid ausscheidet. Dieses wird abgesaugt und mit 20 %iger Salzsäure gewaschen, bis in der Waschflüssigkeit kein Ammoniumchlorid mehr nachweisbar ist. Dann wäscht man mit Ethanol säurefrei und trocknet das Präparat, das noch durch etwas Hexammincobalt(III)-chlorid verunreinigt ist, an der Luft. Eine Reinigung kann durch Fällung als Oxalat und anschließende Umsetzung mit Salzsäure erfolgen. Die Ausbeute ist fast quantitativ.

Eigenschaften

$$Cl_3CoH_{15}N_5 \quad MM\ 250,4 \quad Cl\ 42,47 \quad Co\ 23,53 \quad H\ 6,04 \quad N\ 27,96\%$$

Rotviolette rhombische Kristalle. Sie zersetzen sich beim Erhitzen auf über 150 °C unter Freisetzung von Ammoniak. Die Löslichkeit in 100 ml Wasser bei 25 °C beträgt 0,4 g. In heißem Wasser erfolgt Aquation zu [Co(H$_2$O)(NH$_3$)$_5$]Cl. Mit HgCl$_2$-Lösung erfolgt Fällung von [CoCl(NH$_3$)$_5$]Cl$_2$·3HgCl$_2$, was man zur Identifizierung nutzen kann.

Präparat 27: Trinitrotriammincobalt(III), $[Co^{III}(NO_2)_3(NH_3)_3]$

Literatur

a. Thiele, K.-H.(ff): *Lehrwerk Chemie AB 7, Reaktionsverhalten und Syntheseprinzipien*, Deutscher
    Verlag für Grundstoffindustrie Leipzig, 1976, S. 197.
b. Schlessinger, G. G.: *Trinitrotriamminecobalt(III)*, Inorg. Synth.**VI** (1960) S. 189–191.
    Werner, A.; Miolatti, A.: *Beiträge zur Konstitution anorganischer Verbindungen*, Z. phys. Chemie **12**
    (1893), S. 35–55.

Zusatzliteratur

Erdmann, O. L.: Ueber einige salpetrigsaure Nickel-und Cobaltverbindungen, J. prakt. Chem. **97**
(1866) S. 412.

Werner, A.; Miolatti, A.: *Beiträge zur Konstitution anorganischer Verbindungen III.*, Z. phys. Chem.
21 (1896), S. 225–238.

Jörgensen, S. M.: *Zur Darstellung der Kobaltammoniaksalze*, Z. anorg. Chem. **17** (1898) Nr. 1, S. 455–
479.

Gmelins Handbuch der anorganischen Chemie, Verlag Chemie Weinheim, Nr. 58 Teil B, 8. Aufl.
1930, S. 306.

Singh, S.; Shanker, R.: *Base hydrolysis of triamminetrinitrocobalt*; Inorg. Chem. **28** (1989) Nr. 14,
S. 2695–2696.

Beck, M. T.; Dozca, L.: *Survey of the reaction of the coordinated nitrite ions of the nitro-ammine-co-
balt(III) complexes*, Inorg. Chim. Acta **1** (1967) Nr. 1, S. 134–138.

Komiyama, Y.: *Structures of the Erdmann's salt, $NH_4[Co(NH_3)_2(NO_2)_4]$, and some other related nitro-
amminecobalt(III)complexes*, Bull. Chem. Soc. Jpn. **30** (1957) S. 13–21.

Ray, R. K.; Kauffman, G. B.: *Chromatographic studies of metal complexes. VII. Thin-layer chromatography of cobalt(III) complexes*, J. of Chromatogr. A **675** (1994) Nr. 1–2, S. 271–275.

Reaktionsgleichungen

a. $4\,Co^{II}Cl_2 \cdot 6\,H_2O + 4\,NH_4Cl + 8\,NH_3 + O_2 + 12\,NaNO_2$

     $\rightarrow 4\,[Co^{III}(NO_2)_3(NH_3)_3] + 12\,NaCl + 26\,H_2O$

b. $2\,Co^{II}(CH_3COO)_2 + 6\,NaNO_2 + 2\,NH_4(CH_3COO) + 4\,NH_3 + H_2O_2$

     $\rightarrow 2[Co^{III}(NO_2)_3(NH_3)_3] + 6\,NaCH_3COO + 2\,H_2O$

Synthesevorschriften

a. Zu einer bei Zimmertemperatur bereiteten Lösung von <u>0,5 mol (26,5 g) Ammoniumchlorid und 0,5 mol (34,5 g) Natriumnitrit, $NaNO_2$, in 180 ml Wasser</u> gibt man <u>125 ml
20 %iges Ammoniak</u> sowie eine Lösung von <u>0,15 mol (35,5 g) Cobalt(II)-chlorid-hexa-
hydrat, $CoCl_2 \cdot 6H_2O$, in 70 ml Wasser</u>, überführt das Gemisch in einen Zweihalskol-
ben, der mit dem Einsatz einer Frittenwaschflasche ausgestattet wird, und oxidiert die
Lösung durch 4 bis 5- stündiges Hindurchsaugen eines starken Luftstromes. Anschlie-

ßend engt man die Lösung im Vakuum (Wasserstrahlpumpe) bei Zimmertemperatur ein, saugt die ausfallenden Kristalle ab und wäscht mit eiskaltem, destilliertem Wasser chloridfrei. Zur Reinigung wird die Substanz mit 500 ml heißem, mit wenig Essigsäure versetztem Wasser vom Filter gelöst. Aus dem Filtrat kristallisiert beim Abkühlen die Komplexverbindung aus. Die Ausbeute beträgt etwa 25 % der Theorie.

b. 0,42 mol (50 g) reines Cobalt(II)carbonat wird in einer heißen Mischung von 70 ml Eisessig und 140 ml Wasser aufgelöst. Diese Lösung wird dann zu einer kalten Lösung von 1,52 mol (105 g) Natriumnitrit, $NaNO_2$, in 500 ml konzentriertem Ammoniak in einem 2 l- Erlenmeyer-Kolben hinzugefügt. Die resultierende Mischung wird gut in einem Eisbad gekühlt und 280 ml 3 %iges Wasserstoffperoxid, H_2O_2, wird langsam unter heftiger Durchmischung hinzu gegeben. Der Kolben wird dann noch 20 min in ein Eisbad gestellt, und es werden 3,5 g Aktivkohle zugegeben. Die Mischung wird hernach eine Stunde lang im Abzug erhitzt (Ammoniak entweicht), wobei das Volumen durch Zugabe von Wasser konstant gehalten wird. Die heiße Lösung wird schnell abfiltriert, um die Aktivkohle zu entfernen, und das Filtrat wird in einem Eis-Wasserbad gekühlt. Das kristalline Produkt (ratsam ist das Kratzen an der Glaswand!) wird abfiltriert und das Filtrat für die weitere Bearbeitung aufbewahrt. Der Rückstand wird mit Ethanol und Ether gewaschen und an der Luft getrocknet. Aus dem Filtrat lässt sich unter erneutem Zusatz von Aktivkohle und Behandlung in der angegebenen Weise noch mehr Zielprodukt erhalten, so dass eine Gesamtausbeute von etwa 53 % (55 g) resultiert. Die Umkristallisation zum reinen Zielprodukt erfolgt aus der etwa dreißigfachen Gewichtsmenge Wasser, schwach mit Essigsäure angesäuert, im Verhältnis zum trockenen Rohprodukt.

Eigenschaften

$CoH_9N_6O_6$ MM 248,0   Co 23,76   H 3,66   N 33,88   O 38,70 %

Gelbbraune Nadeln bzw. senffarbene dünne, rhomboidale Kristalle. Löslichkeit in Wasser bei 16,5 °C beträgt 0,177/100 g und bei 100 °C 1/100 g. Frisch bereitete wässerige Lösungen besitzen eine vernachlässigbar geringe elektrische Leitfähigkeit (Nichtelektrolyt). Die wässerigen Lösungen zersetzen sich am Licht. Bei Umsetzung mit konzentrierter Salpetersäure entsteht hygroskopisches Triaquatriammincobalt(III)-nitrat, $[Co^{III}(H_2O)_3(NH_3)_3]$ $(NO_3)_3$. Warme, konzentrierte Salzsäure ergibt Dichloroaquatriammincobalt(III)-chlorid, $[Co^{III}Cl_2(H_2O)(NH_3)_3]Cl$. UV-Vis: λ_{max} [nm] 254, 348, 440.

Präparat 28: Kalium-tetranitrodiammin-cobalt(III), $K[Co^{III}(NO_2)_4(NH_3)_2]$

Literatur

Schlessinger, G. G.: *Potassium tetranitrodiammine-cobaltate(III)*, Inorg. Synth. **IX** (1967), S. 170–172.

Zusatzliteratur

Komiyama, Y.: *Structures of the Erdmann's salt, $NH_4[Co(NH_3)_2(NO_2)_4]$, and some other related nitro-amminecobalt(III)complexes*, Bull. of the Chem. Soc. Jpn. **30** (1957) S. 13–21.

Fujihara, T.; Fuyuhiro, A.; Yamanari, K.; Kaizaki, S.: *Synthesis and crystal structure of potassium cis-diamminetetranitrocobaltate(III). Completion of the nitroammine series*, Chem. Letters **1990**, (9) S. 1679–1682.

Utsuno, S.; Suganuma, A.; Yoshikawa, Y.: *Solid-state circular dichroism spectra of trans-diammine-tetranitrocobaltate(III)salts and mer-triamminetrinitrocobalt(III)*, Inorg. Chim. Acta **244** (1996) Nr. 1, S. 1–2.

Bernal, I.; Schlemper, E. O.; Fair, C. K.: *The phenomenon of conglomerate crystallization V. Clavic dissymmetry in coordination compounds. IV. A neutron diffraction study of potassium trans-diammi-netetranitrocobaltate(1-)*, Inorg. Chim. Acta **115** (1986) Nr. 1, S. 25–29.

Sharma, R. P.; Bala, R. Sharma, R.; Vermani, B. K.; Gill, D. S.; Venugopalan, P.: *Synthesis, spectroscopic characterization and X-ray crystal structure determination of trialkylbenzylammonium trans-diamminetetranitrocobaltate(III)salts where alkyl = methyl and ethyl*, J. Coord. Chem. **58** (2005) Nr. 4, S. 309–316.

Reaktionsgleichungen

$$4\ Co^{II}Cl_2 \cdot 6\ H_2O + 4\ NH_4Cl + 4\ NH_3 + 16\ NaNO_2 + O_2 \rightarrow$$

$$4\ Na[\ Co^{III}(NO_2)_4(NH_3)_2] + 12\ NaCl + 26\ H_2O$$

$$Na[\ Co^{III}(NO_2)_4(NH_3)_2] + KCl \rightarrow K[\ Co^{III}(NO_2)_4(NH_3)_2] + NaCl$$

Synthesevorschrift Eine Lösung von 0,17 mol (40 g) Cobalt(II)-chlorid-hexahydrat, $CoCl_2 \cdot 6H_2O$, in 100 ml Wasser wird zu einer Mischung von 0,87 mol (60 g) Natrium-nitrit, $NaNO_2$, mit 0,65 mol (35 g) Ammoniumchlorid, NH_4Cl und ca. 0,18 mol (12 ml) konzentriertem wässerigem Ammoniak in 300 ml Wasser gegeben. Die Mischung wird in ein 1 l-Gefäß gegeben, das die Einleitung eines kräftigen Luftstromes durch die Mischung 90 min lang zulässt. Die resultierende dunkelbraune Lösung enthält wenig eines gelben Pulvers, wird gemischt mit 0,40 mol (30 g) Kaliumchlorid, KCl, und in einer Abdampf-schale 2 bis 4 Tage stehen gelassen. Dann ist die Kristallisation vollständig. Die Mutter-lauge hat ein schwach gelb-braune Farbe. Das Volumen beträgt 400 ml. Das Rohprodukt und das gelbfarbene Pulver werden abfiltriert. Das Präzipitat wird mit 300 ml von 60 °C warmen Wasser durch einige Minuten anhaltendes Schütteln extrahiert und noch abfil-triert, solange es heiß ist. Das gelbe Nebenprodukt bleibt zurück. Bei der alsbaldigen Abkühlung (um Zersetzung zu vermeiden) des Extraktes in Eis bilden sich langsam glän-zende gelb-braune Kristalle des reinen Produktes. Diese werden abfiltriert, das Filtrat wird aufbewahrt, und der Feststoff wird mit Ethanol gewaschen. Zum zuletzt erhaltenen Filtrat werden 0,14 mol (10 g) Kaliumchlorid, KCl, hinzugefügt. Das restliche Komplexsalz fällt alsbald als gelbes, mikrokristallines Pulver aus. Es wird abfiltriert und mit 10 ml Eiswasser, danach mit Ethanol gewaschen. Die Gesamtausbeute beträgt zwischen 50 und 65 % der Theorie (25 bis 33 g).

Eigenschaften

$CoH_6KN_6O_8$ MM 316,1   Co 18,64   H 1,91   K 12,37   N 26,59   O 40,49 %

Glänzender, gelbbrauner Feststoff, er ist nur wenig löslich in kaltem Wasser. Die Löslichkeit bei 100 °C beträgt etwa 5 g/100 ml Wasser. Längerer Kontakt mit über 50–60 °C heißem Wasser verursacht Zersetzung. Mit Silbernitrat wird schwerlösliches $Ag[Co^{III}(NO_2)_4(NH_3)_2]$ ausgefällt.

Anwendung Kalium-tetranitrodiammin-cobalt(III), $K[Co^{III}(NO_2)_4(NH_3)_2]$, wird als Ausgangsmaterial für die Synthese von Diammin-cobalt(III)-Komplexen verwendet.

Präparat 29: Tris(acetylacetonato)cobalt(III), [Co^{III}(acac)$_3$]

Literatur

Heyn, B.; Hipler, B.; Kreisel, G.; Schreer, H.; Walther, D.: *Anorganische Synthesechemie-ein integriertes Praktikum*, Springer-Verlag Berlin-Heidelberg New York-London-Paris-Tokyo, 1987, S. 123.
Saito, T.; Uchida, Y.; Misono, A.: *A Cobalt Complex Catalyst for the Linear Dimerization of Butadiene*, Bull. Chem. Soc. Jpn. **37** (1964) Nr. 1, S. 105–107.

Zusatzliteratur

Nakano, Y.; Noguchi, K.; Ishiwata, T.; Sato, S.: *A nucleophilic reaction of acetylacetonatocobalt(III) with nitriles in Lewis acidic conditions*, Inorg. Chim. Acta **358** (2005) Nr. 3, S. 513–519.
Gehrke, K.; Harwart, M.: *Copolymerisation von Butadien/Styren mit dem Ziegler-Natta-Katalysator-System Cobalt(III)acetylacetonat/Chlordiethylaluminium/Wasser*, Plaste und Kautschuk **40** (1993) Nr. 10–11, S. 356.
Vasvari, G.; Gal, D.: *Oxidation of 1-Phenylethanol in the presence of cobalt acetylacetonates*, J. of the Chem. Soc. Faraday Trans. **73** (1977) Nr. 10, S. 1537–1543.

Reaktionsgleichung

$$Co^{II}CO_3 + 3\,Hacac + \frac{1}{2}H_2O_2 \rightarrow [Co^{III}(acac)_3] + CO_2 + 2\,H_2O$$

Synthesevorschrift 0,1 mol (11,9 g) Cobalt(II)-carbonat, CoCO$_2$, und 0,9 mol (90 g) Acetylaceton, Hacac, werden im 500 ml-Dreihalskolben im Wasserbad auf 80 °C erhitzt, und unter Rühren werden innerhalb von 1-1/2 Stunden 120 ml 10 %-iges Wasserstoffperoxid, H$_2$O$_2$, getropft. Die Zugabe muss sehr vorsichtig und tropfenweise erfolgen, da ansonsten eine heftige Reaktion eintritt. Anfangs tritt eine starke Gasentwicklung auf. Nachdem die tiefgrüne Reaktionslösung, aus der bereits ein Teil des Produktes ausfällt, noch eine weitere Stunde bei Raumtemperatur reagiert hat, wird auf –20 °C mit Hilfe einer Eis-Kochsalz-Mischung abgekühlt. Nach dem Filtrieren wird das Rohprodukt in 100 ml Toluen gelöst, erneut filtriert und auf etwa 30 ml Volumen eingeengt. Die Kristallisation wird durch

Zufügen von <u>300 ml n-Hexan</u> und Kühlung auf $-30\,°C$ vervollständigt, abfiltriert und das Produkt im Vakuum getrocknet. Die Ausbeute schwankt je nach Qualität des eingesetzten Cobalt(II)-carbonats und beträgt mindestens 80 % der Theorie.

Eigenschaften

$C_{15}H_{21}CoO_6$ MM 356,3   C 50,57   H 5,94   Co 16,54   O 26,95

Dunkelgrüne Kristalle, gut löslich in Chloroform, Tetrahydrofuran, Toluen. Wenig löslich in Wasser. UV/Vis-Spektrum $(CHCl_3)$: 39 000 (lg ε = 4.54); 34 000 (4.0); 31 000 (3.9); 25 000 (2.5); 17 000 (2.1); 12 500 (0.5); 9 100 (0.28)

Anwendung Tris(acetylacetonato)cobalt(III) und Triethylaluminium, $(C_2H_5)_3Al$, sind zusammen ein aktives Katalysatorsystem für die stereospezifische Polymerisation von Butadien.

Präparat 30: Tris(acetylacetonato)mangan(III), [Mn(acac)₃]

Literatur

Wollins, D. (Hg): *Inorganic Experiments*, Wiley-VCH Weinheim, 3.ed., 2010, S. 112–113.

Zusatzliteratur

Fawcett, W. R.; Opallo, M.: *Kinetic parameters for heterogeneous electron transfer to tris(acetylace-tonato)manganese(III) and tris(acetylacetonato)iron(III) in aprotic solvents*, J. Electronalyt. Chem. **331** (1992) Nr. 1–2, S. 815–830.
Sharpe, P.; Richardson, D. E.: *Metal-ligand bond energies and solvatation energies for gas-phase transi-tion-metal tris(acetylacetonato)complexes and their negative ions*, J. Amer. Chem. Soc. **113** (1991) Nr. 22, S. 8339–8346.

Reaktionsgleichung

$$4\,Mn^{II}Cl_2 \cdot 4\,H_2O + KMn^{VII}O_4 + 15\,Hacac \rightarrow 5\,[Mn^{III}(acac)_3]$$
$$+ KCl + 7\,HCl + 8\,H_2O$$

Synthesevorschrift <u>0,013 mol (2,6 g) Mangan(II)-chlorid-tetrahydrat, $Mn^{II}Cl_2 \cdot 4H_2O$</u>, und 0.05 mol (6,8 g) Natriumacetat, $NaOOCCH_3$, werden in 100 ml dest. Wasser gelöst. Dazu gibt man <u>0,1 mol (10 g) Acetylaceton, Hacac</u>, rührt die Mischung, bevor man unter Rühren mit einem Magnetrührer portionsweise innerhalb von 10 bis 15 min eine Lösung von <u>0,003 mol (0,52 g) Kaliumpermanganat, $KMnO_4$, in 25 ml dest. Wasser</u>, am besten mit einer Tropfpipette, hinzufügt. Man muss sich vorher versichern, dass sich das $KMnO_4$ vollständig gelöst hat. Man rührt weitere 10 min, und dann wird in ähnlicher Weise eine Lösung von <u>0,046 mol (6,3 g) Natriumacetat, $NaOOCCH_3$, in 25 ml Wasser</u>

hinzugefügt. Die Zugabe von Natriumacetat ist erforderlich, um die gebildete Salzsäure durch die schwächer saure Essigsäure zu ersetzen. Unter fortwährendem Rühren wird die dunkle Reaktionsmischung für 15 min auf 60–70 °C erhitzt und dann auf Raumtemperatur abgekühlt. Mit Hilfe einer Wasserstrahlpumpe wird das dunkle, fast schwarze Produkt abgesaugt und mit 60 ml kaltem dest. Wasser gewaschen. Man trocknet im Vakuum-Exsikkator über CaCl$_2$. Die Umkristallisation zum Erhalt eines reinen Zielproduktes erfolgt durch Erhitzen in Cyclohexan, Abfiltrieren, Zugabe von Petrolether (Kp. 40–60 °C) nach einigem Stehen und Abkühlen auf Raumtemperatur, danach im Eisbad für 15 min. Die abfiltrierten schwarz glänzenden Nadeln werden mit 10 ml kaltem Petrolether gewaschen und getrocknet.

Eigenschaften

$C_{15}H_{21}MnO_6$ MM 352,3   C 51,14   H 6,01   Mn 15,60   O 27,25 %

IR-Spektrum (Nujol) [cm^{-1}]: 1.592 s, 1.522 s, 1.450w, 1.399 m, 1.359 m, 1.251 s, 1.190 m, 1.018 m, 925 m, 805w, 778 m, 676 m, 667 m, 602 m, 568 m, 463 s, 434 m, 410 s, 339 m (s = stark, m = mittel, w = schwach).

Anmerkung: Im Praktikum „Grundlagen der anorganischen Synthesechemie" (Versuch K12, Institut für Anorganische Chemie, Universität Leipzig) wird die Durchführung der Synthese mit dem Einsatz von 0,9 g MnCl$_2$ · 4H$_2$O; 4,4 g Natriumacetat; 3,3 g Acetylaceton und 0,2 g KMnO$_4$ bei entsprechender Angleichung der übrigen Versuchsbedingungen empfohlen [B10].

Präparat 31: Carbonatotetrammincobalt(III)-nitrat, [CoCO$_3$(NH$_3$)$_4$]NO$_3$ · 1/2 H$_2$O

Literatur

Schlessinger, G. G.: *Carbonatotetramminecobalt(III)nitrate*, Inorg. Synth. **VI** (1960), S. 173–175.

Zusatzliteratur

Vortmann, G.: *Zur Kenntnis der Kobaltammonium-Verbindungen*, Ber. Dtsch. Chem. Ges. **10** (1877) Nr. 2, S. 1451–1459.

Vortmann, G.; Blasberg, O.: *Zur Kenntnis der Kobaltoctaminsalze*, Ber. Dtsch. Chem. Ges. **22** (1889) Nr. 2, S. 2648–2655.

Jörgensen, S. M.: *Zur Konstitution der Kobalt-, Chrom- und Rhodiumbasen*, Z. Anorg. Allg. Chem. **2** (1892) Nr. 1, S. 279–300.

Gmelins Handbuch der anorganischen Chemie, Verlag Chemie Weinheim Nr. **58**, Teil B, 8. Aufl. 1930, S. 279.

Bernal, I.; Cetrullo, J.: *The phenomenon of conglomerate crystallization. XVIII. Clavic dissymmetry in coordination compounds. XVI. The crystal structure of racemic tetraamminecarbonatecobalt(III) nitrate monohydrate*, Struct. Chem. **1** (1990) Nr. 2–3, S. 227–234.

Prakash, S.; Pandey, J. D.; Prakash, O.: *Degradation of [Co(NH$_3$)$_4$CO$_3$]NO$_3$ · 0,5 H$_2$O by high-amplitude sound waves*, Zeitschr Physik. Chem. **51** (1966) Nr. 5–6, S. 234–239.

Reaktionsgleichung

$$2\ Co^{II}(NO_3)_2 \cdot 6\ H_2O + 6\ NH_3 + 2\ (NH_4)_2CO_3 + H_2O_2$$

$$\rightarrow 2\ [Co^{III}(CO_3)(NH_3)_4]NO_3 \cdot \frac{1}{2}\ H_2O + 2\ NH_4NO_3 + 13\ H_2O$$

Synthesevorschrift 0,344 mol (100 g) Cobalt(II)-nitrat-hexahydrat, $Co^{II}(NO_3)_2 \cdot 6\,H_2O$, werden in 100 ml warmem Wasser gelöst und zu einer Mischung von 2,08 mol (200 g) Ammoniumcarbonat, $(NH_4)_2CO_3$, in 1 l Wasser und 500 ml konzentriertem Ammoniak gegeben. Die resultierende Lösung wird durch langsame Zugabe von 250 ml 3 %igem Wasserstoffperoxid oxidiert. Nach 10-minütigem Stehen wird die Lösung auf ein Volumen von 500 ml eingeengt. Etwas entstandenes Cobalt(III)-oxid wird noch aus der warmen Lösung abfiltriert und danach weiterhin auf 350 ml Volumen eingeengt. Im Verlaufe der Volumenverringerung sollen noch 50 g festes Ammoniumcarbonat in 5 g-Portionen in regelmäßigen Abständen zugegeben werden. Die Lösung wird dann in einem Eisbad abgekühlt, die entstandenen Kristalle abfiltriert, trocken gepresst und mit 75 ml Ethanol gewaschen. Das Filtrat wird sodann auf 100 ml Volumen eingeengt unter Zugabe von 20 g Ammoniumcarbonat in 4 Portionen zu jeweils 5 g. Danach wird das Produkt wie oben beschrieben isoliert. Das zuerst erhaltene Produkt (48 bis 50 g) ist analytisch rein, während das später erhaltene Produkt mit Spuren von Carbonatopentammincobalt(III)-nitrat, $[Co^{III}(CO_3)(NH_3)_5]NO_3$ verunreinigt ist. Dieses kann entfernt werden, indem das Salz in der 15fachen Gewichtsmenge Wasser gelöst wird, abfiltriert und 2 bis 3 Volumina Alkohol zugegeben werden. Das ausgefallene Produkt wird abfiltriert und ergibt nochmals 8 bis 9 g Zielprodukt aus der zweiten Mutterlauge. Insgesamt lassen sich so etwa 70 % an Gesamtausbeute (etwa 60 g) erzielen.

Eigenschaften

$CH_{13}CoN_5O_{12,5}$ MM 258,1   C 4,65   H 5,08   Co 22,84   N 27,14   O 40,30

Die Komplexverbindung kristallisiert in violettroten bis karmesinroten rhombischen Tafeln. Die Löslichkeit in Wasser mit tiefroter Farbe bei Raumtemperatur beträgt etwa ein Teil Komplexverbindung in 15 Teilen Wasser. Die wässerige Lösung reagiert basisch auf Lackmus. Das Kristallwasser wird bei 100 °C abgegeben. Verdünnte Säuren führen zu den Diaquatetrammincobalt(III)-Salzen, $[Co^{III}(H_2O)_2(NH_3)_4]^{3+}$-Salzen, wohingegen konzentrierte Säuren HX die Diacidotetrammincobalt(III)-Salze, $[Co^{III}X_2(NH_3)_4]^{3+}$-Salze bzw. Monoacido(aqua)tetrammincobalt(III)-Salze, $[Co^{III}X(H_2O)(NH_3)_4]^{3+}$-Salze bilden. Die Behandlung des Komplexsalzes mit verdünnter Säure und danach mit einem Überschuss an heißem, verdünntem Ammoniak ergibt die Aquapentammincobalt(III)-Salze, $[Co^{III}(H_2O)(NH_3)_5]^{3+}$-Salze. Carbonatotetrammincobalt(III)-nitrat, $[CoCO_3(NH_3)_4]NO_3$, ist über längere Zeit stabil haltbar. Es besitzt *cis*-Konfiguration. Es dient als ein ausgezeichnetes Ausgangsmaterial für die Synthese sowohl von Cobalt(III)-Komplexen der Tetrammin – als auch der Pentammin-Reihe.

Präparat 32: Carbonatopentammincobalt(III)-nitrat, $[Co^{III}(CO_3)(NH_3)_5]NO_3$

Literatur

Basolo, F.; Murmann, R. K.: *Acidopentamminecobalt(III)salts*, Inorg. Synth. **IV** (1953), S. 171–179.

Zusatzliteratur

Vortmann, B.G.; Blasberg, A.: *Zur Kenntnis der Kobaltoctaminsalze*, Ber. 22 (1889) S. 2648–2655.
Werner, A.; Goslings, N.: *Ueber Carbonatopentamminkobaltsalze*, Ber. Dtsch. Chem. Ges. **36** (1903) S. 2378–2382.
Werner, A.: *Ueber Hydroxopentammin-kobaltisalze*, Ber. Dtsch. Chem. Ges. **40** (1907) Nr. 4, S. 4098–4112.
Balt, S.; De Bolster, M. W.G.; Piriz Mac-Coll, C.R.: *Formation and transformation of amminecarbonatocobalt(III)*, Zeitschr. f. Anorg. Allg. Chem. **529** (1985) S. 235–240.
Lamb, A. B.; Mysels, K.: *The Carbonato and Bicarbonato Pentammine Cobalti Ions*, J. Amer. Chem. Soc. **67** (1945), Nr. 3, S. 468.

Reaktionsgleichung

$$4\ Co^{II}(NO_3)_2 \cdot 6\ H_2O + 4\ (NH_4)_2CO_3 + 16\ NH_3 + O_2$$
$$\rightarrow 4\ [Co^{III}(CO_3)(NH_3)_5]NO_3 + 4\ NH_4NO_3 + 26\ H_2O$$

Synthesevorschrift Eine Lösung von 1,03 mol (300 g) Cobalt(II)-nitrat-hexahydrat, $Co^{II}(NO_3)_2 \cdot 6H_2O$ in 150 ml Wasser wird sorgfältig gemischt mit 4,68 mol (450 g) Ammoniumcarbonat, $(NH_4)_2CO_3$, in 450 ml Wasser und 750 ml konzentriertem Ammoniak. Ein Luftstrom wird langsam über 24 Stunden lang durch die Mischung gesaugt. Nachdem die Mischung im Eis-Kochsalz-Bad über Nacht gestanden hat, wird das Produkt abfiltriert, gewaschen mit nicht mehr als 50 ml eiskaltem Wasser, gefolgt von Ethanol und Ether und getrocknet bei 50 °C Die Ausbeute beträgt 64 % der Theorie (180 g). Das so erhaltene Rohprodukt wird durch Umkristallisation aus Wasser gereinigt. Dazu werden die 180 g Rohprodukt unter Rühren in 550 ml Wasser bei 90 °C aufgelöst, dann abfiltriert und das Filtrat im Eis-Kochsalz-Bad abgekühlt. Die durch Filtern abgetrennten Kristalle werden wiederum mit 50 ml eiskaltem Wasser gewaschen, danach mit Ethanol und Ether, und bei 50^0 C getrocknet. Die Ausbeute beträgt nunmehr 42 % (120 g).

Eigenschaften

$CH_{15}CoN_6O_6$ MM 266,1   C 4,51   H 5,68   Co 22,15   N 31,58   O 36,08 %

Die wässerige Lösung ist gegen Licht beständig, gegen Säuren unbeständig. Unsymmetrische Nadeln, geringe rechteckige Blättchen, orthorhombisch, kann als Monohydrat anfallen. Löslichkeit in Wasser: 1,5 % (bei 0 °C).

Anwendung Carbonatopentammincobalt(III)-nitrat, $[Co^{III}(CO_3)(NH_3)_5]NO_3$, ist Startprodukt zur Synthese einer Vielzahl von Monoacidopentammincobalt(III)-Verbindungen, $[Co^{III}X(NH_3)_5]^{2+}$-Verbindungen (X = F⁻, I⁻, NO_2^-, NO_3^-, CH_3COO^- u. a.)

Präparat 33: Kaliumtricarbonatocobaltat(III), K₃[Co^{III}(CO₃)₃] und Natriumtricarbonatocobaltat(III)-trihydrat, Na₃[Co^{III}(CO₃)₃]·3 H₂O

Literatur

Für die Synthesevorschriften Kaliumtricarbonatocobaltat(III), $K_3[Co^{III}(CO_3)_3]$:

Kauffman, G. B.; Carbassi, M.; Kyano, E.: *Tris(glycinato)cobalt(III)*, Inorg. Synth. **XXV** (1989) S. 135–139.

Morio, M.; Shibata, M.; Kyuno, E.; Adachi, T.: *Studies on the Synthesis of Metal Complexes I. Synthesis of a ammine-carbonato Series of Cobalt(III) complexes*, Bull. Chem. Soc. Jap. **29** (1956), Nr. 8, S. 883–886.

Shibata, M.: *Optically active cis-unidentate-dicarbonato; cis-cis-diammindentate-carbonato, and unidendate glycinato cobalt(III) complexes*, Inorg. Synth. **XXIII** (1985), S. 61–69.

Für die Synthesevorschrift Natriumtricarbonatocobaltat(III)-trihydrat, Na₃[Co(CO₃)₃]·3 H₂O:

a. Bauer, H. F.; Drinkard, W. C.: *Sodium tricarbonatocobaltate(III) 3-Hydrate*, Inorg. Synth., **VIII** (1966), S. 202–204.

b. Praktikumsvorschrift "Grundlagen der anorganischen Synthesechemie" (Versuch K 18, Institut für Anorganische Chemie, Universität Leipzig) [B10].

Zusatzliteratur

Bauer, H. F.; Drinkard, W. C.: *A general synthesis of Cobalt(III) complexes; A new Intermediate Na₃[Co(CO₃)₃·3H₂O*, J. Amer. Chem. Soc. **82** (1960) Nr. 19, S. 5031–5032.

Al-Obaidi, M. S.; Qureshi, A. M.; Sharpe, A. G.: *Nature of the reported sodium tricarbonatocobaltate(III)*, J. Inorg. & Nucl. Chem. **30** (1968) Nr. 12, S. 3357–3358.

Reaktionsgleichungen Für die Synthesevorschriften Kalium-tricarbonatocobaltat(III), $K_3[Co^{III}(CO_3)_3]$:

a. $2\ CoCl_2 \cdot 6\ H_2O + 10\ KHCO_3 + H_2O_2$

$\rightarrow 2\ K_3[Co^{III}(CO_3)_3] + 4\ CO_2 + 4\ KCl + 18\ H_2O$

b. $2\ Co(NO_3)_2 \cdot 6\ H_2O + 10\ KHCO_3 + H_2O_2$

$\rightarrow 2\ K_3[Co^{III}(CO_3)_3] + 4\ CO_2 + 4\ KNO_3 + 18\ H_2O$

Für die Synthesevorschrift Natriumtricarbonatocobaltat(III)-trihydrat, Na₃[Co(CO₃)₃]·3H₂O:

$2\ Co(NO_3)_2 \cdot 6\ H_2O + 10\ NaHCO_3 + H_2O_2$

$\rightarrow 2\ Na_3[Co^{III}(CO_3)_3] \cdot 3\ H_2O + 4\ CO_2 + 4\ NaNO_3 + 12\ H_2O$

Synthesevorschriften Kalium-tricarbonatocobaltat(III), $K_3[Co^{III}(CO_3)_3]$

a. In einem Becherglas von 150 ml Volumen werden 0,3 mol (30 g) Kaliumhydrogencarbonat, KHCO₃, eingetragen. Dazu fügt man 30 ml Wasser. Diese Mischung A wird in ein Eisbad gebracht und abgekühlt, wobei 15 min lang gerührt wird. In einem anderen Becherglas von 100 ml Volumen werden zu 10 ml warmem Wasser (30 °C) 0,042 mol (10,0 g) Cobalt(II)chlorid-hexahydrat, CoCl₂ 6H₂O, hinzugefügt. Diese Lösung wird in ein Eisbad gestellt und dazu werden tropfenweise 15 ml 30 %iges Wasserstoffperoxid, H₂O₂, gegeben. Man erhält die Mischung B. Man tropft die Mischung B zur Mischung A (alle 5 min ein Tropfen) unter ständigem Rühren, wobei die Temperatur zwischen 0 °C und 5 °C gehalten werden muss. Danach wird filtriert und man erhält die Lösung C. Der darin enthaltene Komplex K₃[Co^{III}(CO₃)₃] wird nicht in fester Form isoliert.

Eigenschaften Die grüne Lösung ist nicht sehr stabil. Die wässerige Lösung enthält jedoch einen Überschuss an Kaliumhydrogencarbonat, wodurch es möglich ist, den Komplex über eine gewisse Zeit unzersetzt zu halten. Der feste Komplex ist sehr instabil.

b. 0,35 mol (35 g) Kaliumhydrogencarbonat, KHCO₃, werden in 20 ml Wasser suspendiert. Die Mischung wird in ein Eisbad (Eis/Kochsalz) gestellt. In einem anderen Gefäß löst man 0,05 mol (15 g) Cobalt(II)-nitrat-hexahydrat, Co(NO₃)₂ · 6H₂O, in 10 ml 30 %igem Wasserstoffperoxid, H₂O₂, auf. Diese Mischung wird ebenfalls in ein Eis/Kochsalz-Bad gestellt und dann tropfenweise –jedes Mal etwa zwei oder drei Tropfen bis die Gasentwicklung nachgelassen hat – zur Kaliumhydrogencarbonat-Lösung gegeben. Danach wird durch eine poröse Glasfilterplatte abfiltriert. Die klare, grüne Lösung wird möglichst umgehend für vorgesehene Synthesen verwendet.

Anwendung Der Komplex K₃[Co^{III}(CO₃)₃] ist als Edukt sehr nützlich für die Synthese anderer Cobalt(III)-Komplexe, da sich der Carbonatoligand leicht in drei Schritten substituieren lässt: 1. Schritt: Substitution des ersten Carbonat-Ions; 2. Schritt: Substitution des zweiten Carbonat-Ions, 3. Schritt: Substitution des dritten Carbonat-Ions. In dieser Weise lassen sich eine große Anzahl neuer Komplexe synthetisieren. Außerdem besteht der große Vorteil darin, dass sich der Carbonatoligand in Form von flüchtigem CO₂ (→ Präparat 51) entfernen lässt, so dass man kein zusätzliches Reagenz als Oxidans, wie in anderen Fällen für die Synthese von Cobalt(III)-Komplexen aus Cobalt(II)-Salzen erforderlich, hinzufügen muss.

Synthesevorschrift Natriumtricarbonatocobaltat(III)-trihydrat, Na₃[Co(CO₃)₃] · 3H₂O:

a. Eine Lösung von 0,1 mol (29,1 g) Cobalt(II)-nitrat-hexahydrat, Co(NO₃)₂·6H₂O, und 10 ml 30 %iges Wasserstoffperoxid, H₂O₂ (Überschuss) in 50 ml Wasser wird tropfenweise unter Rühren zu einem eiskalten (0 °C) Gemisch von 0,5 mol (42 g) Natriumhydrogencarbonat in 50 ml Wasser hinzugefügt (Anmerkung: Wenn zu wenig von diesem Reagenz vorhanden ist oder die Temperatur über 0 °C ansteigt, wird ein schwarzer Niederschlag von Cobalt(III)-oxid gebildet). Die Mischung wird eine Stunde lang bei 0 °C gerührt. Das olivgrüne Produkt wird abfiltriert, auf dem Filter dreimal mit je 10 ml

Portionen kaltem Wasser gewaschen, danach sorgfältig mit absolutem Ethanol und trockenem Ether gewaschen. Das Produkt wird in einem Vakuum-Exsikkator über Phosphorpentoxid getrocknet. Es muss vollständig trocken gelagert werden, denn bereits geringe Spuren von Wasser verursachen die Zersetzung zu einer schwarzen Masse. Die Ausbeute beträgt 26,7 g, das sind 74 % der Theorie

b. In einem 50 ml Erlenmeyer-Kolben werden <u>0,034 mol (2,86 g) NaHCO$_3$</u> in 10 ml Wasser aufgeschlämmt und in einem Eis-Kochsalz-Bad auf 0 °C abgekühlt. Dazu gibt man langsam unter Rühren und weiterem Kühlen eine frisch bereitete Lösung aus <u>0,007 mol (2,0 g) Cobalt(II)nitrat-hexahydrat, Co(NO$_3$)$_2$·6H$_2$O</u>, 5 ml Wasser und 0,7 ml 30 %igem Wasserstoffperoxid, H$_2$O$_2$, und rührt anschließend eine Stunde nach. Der ausgefallene dunkelgrüne Niederschlag wird abfiltriert, dreimal mit wenig eiskaltem Wasser, einmal mit wenig Ethanol einmal mit wenig Ether gewaschen und an der Luft getrocknet.

Eigenschaften

C$_3$H$_6$CoNa$_3$O$_{12}$ MM 362,0   C 9,95   H 1,67   Co 16,28   Na 19,05   K 53,04 %

Olivgrünes, in Wasser unlösliches Pulver. Es zersetzt sich bei 93 °C ohne zu schmelzen. Der Zusatz einer sauren Form eines Komplexbildners ergibt in vielen Fällen die Bildung des entsprechenden Cobalt(III)-Komplexes unter CO$_2$-Entwicklung.

Präparat 34: Kaliumtrioxalatoferrat(III)-trihydrat, K$_3$[Fe(C$_2$O$_4$)$_3$]·3H$_2$O

Literatur

Institut für Anorganische Chemie, Universität Leipzig: Praktikumsanleitung Grundlagen der anorganischen Synthesechemie[B10].

Zusatzliteratur

Johnson, R. K.: A convenient procedure for the preparation of potassium trioxalatoferrate(III), J. Chem. Educ. **47** (1970) Nr. 10, S. 702.
Aravamudan, G.; Gopalakrishnan, J.; Udupa, M. R.: *Preparation and properties of potassium trioxalatoferrate(III)trihydrate. Laboratory exercise*, J. Chem. Educ. **51** (1974) Nr. 2, S. 129.
Tanaka, N.; Sato, K.: *Thermal decomposition of potassium trioxalatoferrate(III) trihydrate*, Bull. Chem. Soc. Jpn. **43** (1970) Nr. 3, S. 789–793.

Reaktionsgleichungen

$$(NH_4)_2Fe(SO_4)_2 \cdot 6\,H_2O + H_2C_2O_4$$
$$\rightarrow Fe(C_2O_4) \cdot 2\,H_2O + (NH_4)_2SO_4 + 5\,H_2O$$

$$2\,Fe^{II}(C_2O_4) \cdot 2\,H_2O + 3\,K_2C_2O_4 + 2\,H_2C_2O_4 + H_2O_2$$
$$\rightarrow 2\,K_3[Fe^{III}(C_2O_4)_3] \cdot 3\,H_2O + 2\,CO_2 + H_2O$$

Synthesevorschrift <u>0,0038 mol (1,5 g) Mohrsches Salz, $(NH_4)_2Fe(SO_4)_2 \cdot 6H_2O$,</u> werden in <u>5 ml heißem Wasser</u> gelöst. Falls keine klare Lösung entsteht, wird mit <u>1 bis 2 Tropfen ver-dünnter Schwefelsäure</u> angesäuert. Zu dieser klaren, blassgelben Lösung gibt man unter Rühren eine heiße Lösung aus <u>0,0083 mol (0,75 g) Oxalsäure, $H_2C_2O_4$, in 5 ml Wasser</u> und bringt die Reaktionslösung langsam zum Sieden. Dabei setzt sich eine gelber Niederschlag von $Fe(C_2O_4) \cdot 2H_2O$ ab. Nach dem Abkühlen der Lösung filtriert man das Eisen(II)-oxa-lat-dihydrat ab, wäscht mehrmals mit kaltem Wasser und trocknet auf einem größeren Filterpapier. Anschließend versetzt man das gelbe Eisen(II)-oxalat mit einer warmen Lösung von <u>0,0054 mol (1 g) Kaliumoxalat, $K_2C_2O_4$, in 3 ml Wasser</u>, versetzt tropfenweise unter ständigem Rühren mit <u>2,5 ml 20 %igem Wasserstoffperoxid, H_2O_2,</u> erhitzt auf 40 °C und anschließend bis fast zum Sieden. Die Lösung färbt sich dabei braun. Nun gibt man in der Hitze eine <u>gesättigte wässerige Oxalsäure-Lösung</u> zu, bis die Bildung einer klaren, grünen Lösung zu beobachten ist. Man filtriert noch heiß von Rückständen ab, gibt <u>5 ml Methanol</u> hinzu und stellt zum Auskristallisieren ca. 30–40 min ins Dunkle. Die ausgefal-lenen hellgrünen Kristalle werden abgesaugt, mit Methanol gewaschen und an der Luft auf einem Tonteller (im Dunkeln) getrocknet. Das Zielprodukt ist in einer dunklen Flasche aufzubewahren.

Eigenschaften

$C_6H_6FeK_3O_{15}$ MM 491,2   C 14,67   H 1,23   Fe 11,37   K 23,88   O 48,85 %

Hellgrüne, große Kristalle, wenig löslich in kaltem Wasser, leichter löslich in hei-ßem Wasser, woraus es sich umkristallisieren lässt. Eine Lösung des Komplexes in 2N Schwefelsäure ist im Dunkeln stabil, auch bei erhöhter Temperatur. Beim Ste-hen im Sonnenlicht erfolgt innerhalb von 5 bis 10 min quantitativ Reduktion gemäß $2\,[Fe(C_2O_4)_3]^{3-} \rightarrow 2\,Fe^{2+} + 5\,C_2O_4^{2-} + 2\,CO_2$. Der thermische Abbau: Bei 110 °C werden die 3 Wassermoleküle abgebaut, bei noch höheren Temperaturen erfolgt Zerset-zung gemäß $K_3[Fe(C_2O_4)_3] \rightarrow K_2[Fe(C_2O_4)_2] + \frac{1}{2}K_2C_2O_4 + CO_2$. Bei 400 °C gibt es einen oxidativen Zerfall zu Fe_2O_3 und K_2CO_3.
Spektrum: d-d-Banden bei 14.925 cm^{-1} und 14.706 cm^{-1}.

Präparat 35: Bis(1,10-phenanthrolin)-silber(II)-peroxodisulfat, [Ag^{II} (phen)$_2$] S$_2$O$_8$

Literatur

Thiele, K.-H.(ff): *Lehrwerk Chemie AB 7, Reaktionsverhalten und Syntheseprinzipien*, Deutscher Ver-lag für Grundstoffindustrie Leipzig, 1976, S. 207/08.

Zusatzliteratur

Pourezza, N.; Parham, H.; Hashemi, F.: *Kinetic-Spectrophotometric determination of trace silver(I) using its catalytic effect on the oxidation reactions of Fuchsin by peroxodisulfate in the presence of 1,10-phenanthroline as an activator*, J. Analytic. Chem. **58** (2003) Nr. 4, S. 333–336.

Reaktionsgleichung

$$2 \text{ Ag NO}_3 + 4 \text{ phen} + 3 \text{ (NH}_4)_2\text{S}_2\text{O}_8 \rightarrow 2 \text{ [Ag}^{II}(\text{phen})_2]\text{S}_2\text{O}_8 + 2 \text{ (NH}_4)_2\text{SO}_4$$
$$+ 2 \text{ NH}_4\text{NO}_3$$

Synthesevorschrift Zu einer Lösung von <u>0,02 mol Silbernitrat, AgNO₃</u>, in <u>20 ml Wasser</u> wird eine wässerige Lösung von <u>0,04 mol 1,10-Phenanthrolin-hydrat</u> gegeben. Der ausfallende gallertartige Niederschlag wird mit einer konzentrierten Lösung von etwa <u>2,7 g Ammoniumperoxodisulfat</u> versetzt. Dabei färbt sich die Mischung rotbraun. Nach 30 min wird der entstandene Niederschlag abgesaugt, mit kaltem Wasser, Ethanol und Ether gewaschen und im Exsikkator unter Lichtausschluss getrocknet. Die Ausbeute beträgt etwa 3,5 g.

Eigenschaften

$\text{C}_{24}\text{H}_{16}\text{AgN}_4\text{O}_8$ MM 596,3   C 48,34   H 2,70   Ag 18,09   N 9,40   O 21,47

Orangerotes, mikrokristallines, lichtempfindliches Pulver, das als starkes Oxidationsmittel wirkt.

2.2.3.2   Oxidation des Metalls unter Reduktion des Liganden (Oxidative Addition)

Diese Methode wird häufig bei der Synthese von Organometallkomplexen und Gemischtligandkomplexen eingesetzt. Das Prinzip besteht darin, dass ein an einen Liganden koordiniertes Metall in niederer Oxidationsstufe befähigt ist, einen potenziellen Liganden zu reduzieren, um mit dem so reduzierten Liganden zu koordinieren.

Präparat 36: Bis(diethyldithiophosphinato)mangan(II), [Mn^{II}{(C$_2$H$_5$)$_2$PS$_2$}$_2$]

Literatur

Denger, C.; Keck, H.; Kuchen, W.; Mathow, J.; Wunderlich, H.: *Synthesis, properties and structure of bis(dialkyldithiophosphinato)manganese(II) complexes,* Inorg. Chim. Acta, **132** (1987) Nr. 2, S. 213–215.
Kuchen, W.; Strolenberg, K.; Metten, J.: *Zur Kenntnis der Organophosphorverbindungen VI. Über Dialkyldithiophosphinsäuren und Bis(dialkylthiophosphoryl)sulfane,* Chem. Ber. **96** (1963) Nr. 6, S. 1733–1740.

Zusatzliteratur

Heinz, S.; Keck, H.; Kuchen, W.: *Mass spectrometric studies of dithiophosphinato metal complexes,* Organic Mass Spectrometry **19** (1984) Nr. 2, S. 82–86.

Reaktionsgleichung

$$[Mn^0{}_2(CO)_{10}] + 2\ (C_2H_5)_2P(S)S_2(S)P(C_2H_5)_2 \rightarrow 2\ \left[Mn^{II}\{(C_2H_5)_2PS_2\}_2\right] + 10\ CO$$

Synthesevorschrift 0,01 mol (3,9 g) Decacarbonyl-dimangan(0), [Mn$^0{}_2$(CO)$_{10}$], und 0.02 mol (6,1 g) (C$_2$H$_5$)$_2$P(S)S$_2$(S)P(C$_2$H$_5$)$_2$ [s. Kuchen, W., 1963], werden in 25 ml 1,2,4-Tri-methylbenzen vermischt und bei einer Temperatur von 125 °C im Verlaufe von eineinhalb Stunden unter ständigem Rühren erhitzt. Danach wird in der Hitze bei 80 °C abfiltriert, anschließend das Filtrat abgekühlt, wobei man die Ausbildung farbloser Kristalle beobachten kann. Diese werden aus Toluen umkristallisiert. Die Ausbeute beträgt 5,4 g (79 % der Theorie).

Eigenschaften

C$_8$H$_{20}$MnP$_2$S$_4$ MM 361,4   C 26,59   H 5,58   Mn 15,20   P 17,14
S 35,49

Schmelzpunkt 173–175 °C, Massenspektrum (70 eV): m/z 361 M$^+$ (100 % relative Intensität).

2.2.3.3   Reduktion des Zentralmetalls

Präparat 37: Chloro-tris(triphenylphosphan)-cobalt(I), [Co^{I}Cl{(C$_6$H$_5$)$_3$P}$_3$]

Literatur

Heyn, B.; Hipler, B.; Kreisel, G.; Schreer, H.; Walther, D.: *Anorganische Synthesechemie-ein integriertes Praktikum*, Springer-Verlag Berlin-Heidelberg New York-London-Paris-Tokyo, 1987, S. 102.

Zusatzliteratur

Aresta, M.; Rossi, M.; Sacco, A.: *Tetrahedral complexes of cobalt(I)*, Inorg. Chim. Acta **3** (1969) Nr. 2, S. 227–231.
Cairns, M. A.; Nixon, J. F.: *Catalytic cyclodimerization of butadiene by chlorotris(triphenylphosphine) cobalt*, J. Organometall. Chem. **64** (1974) Nr. 1, C19–C21.
Edwards, H. G. M.; Lewis, I. R.; Turner, P. H.: *Raman and infrared spectroscopic studies of tristriphenylphosphine chloride complexes of transition metals*, Inorg. Chim. Acta **216** (1994) Nr. 1–2, S. 191–199.

Reaktionsgleichung

$$2\,[Co^{II}(H_2O)_6]Cl_2 + 6\ (C_6H_5)_3P + Zn \rightarrow 2\ \left[Co^I Cl\{(C_6H_5)_3P\}_3\right] + Zn^{II}Cl_2 + 12\ H_2O$$

Synthesevorschrift In einem 250 ml-Dreihalskolben, ausgestattet mit Rührer, Tropftrichter und Gasableitungsrohr werden 0,012 mol (3,2 g) Triphenylphosphan, (C$_6$H$_5$)$_3$P, in 120 ml Ethanol gelöst und 0,025 mol (1,6 g) Zinkpulver suspendiert. Zur Verringerung des Sauerstoffgehaltes im Kolben wird dieser durch das Gasableitungsrohr bei geöffnetem Tropftrichter einige Minuten lang mit Schutzgas gespült. Danach tropft man innerhalb von 30 min eine Lösung von 0,004 mol (0,9 g) Cobalt(II)-chlorid-hexahydrat, $CoCl_2 \cdot 6H_2O$, in 40 ml Ethanol bei Raumtemperatur unter Rühren hinzu. Man rührt eine weitere Stunde, filtriert durch eine Glasfilterplatte (G3), wäscht den Rückstand mit wenig kaltem Wasser und spült diesen mit etwa 30 ml Wasser in den Kolben zurück. Um restliches Zink im Niederschlag zu entfernen, wird dieser bei einer Temperatur von 0 °C unter Rühren tropfenweise bis zur Beendigung der Wasserstoffentwicklung mit 4N Salzsäure versetzt. Man saugt erneut ab, wäscht mit Wasser, bis im Filtrat keine Chlorid-Ionen mehr nachweisbar sind und spült mit Methanol nach. Das Präparat wird in einem Kolben im Vakuum bei Raumtemperatur getrocknet. Die Ausbeute beträgt 57 %, bezogen auf das eingesetzte Cobalt(II)-chlorid-hexahydrat.

Eigenschaften

$C_{54}H_{45}ClCoP_3$ MM 881,2   C 73,60   H 5,15   Cl 4,02   Co 6,69   P 10,54 %

Braungrünes Pulver, löslich in Benzen, Methylenchlorid und Tetrachlorkohlenstoff. Das mikrokristalline Produkt ist wenig luftempfindlich, jedoch instabil in Lösung. Der Komplex zersetzt sich bei 177 °C. Magnetisches Moment: $\mu_{eff} = 3,11$ BM (bei Raumtemperatur).

IR-Spektrum $[cm^{-1}]$: 3.056 s, 3.019 m, 1.590 m, 1.482 s, 1.437 s, 1.397 m 1.189 s, 1.154 s, 1.120 s, 1.092 s, 1.070 s, 997 s, 723 s, 696 s, 507 s, 310 m (M-Cl)

Präparat 38: Kupfer(I)-tetraiodomercurat(II), $Cu_2[HgI_4]$*

Literatur

Thiele, K.-H.(ff): *Lehrwerk Chemie AB 7, Reaktionsverhalten und Syntheseprinzipien*, Deutscher Verlag für Grundstoffindustrie Leipzig, 1976, S. 199.

Zusatzliteratur

Ketelaar; J. A.A.: *The crystal structure of the high-temperature modifications of Ag_2HgI_4 and Cu_2HgI_4*, Zeitschr. f. Kristallographie, Kristallgeometrie, Kristallphysik, Kristallchemie **87** (1934) S. 436–445.

Meyer, M.: *Iodomercurates*, J. of Chem. Educ. **20** (1943) S. 145–146.

Hahn, H.; Frank, G.; Klingler, W.: *Die Struktur von β-Cu_2HgI_4 und β-Ag_2HgI_4*, Z. Anorg. Allg. Chem. **279** (1955) S. 271–280.

Chivian, J. S.: *Crystal growth and reflectance properties of thermochromic mercuric iodide Cu_2HgI_4*, Mater. Res. Bull. **8** (1973) Nr. 7, S. 795–805.

Contreras, J. G.; Seguel, G. V.: *The Raman spectra of some thermochromic tetraiodomercurates*, Spectr. Letters **19** (1986) Nr. 4, S. 363–373.

Hughes, J. S.; Gilbert, G. L.: *Thermochromic solids*, J. Chem. Educ. **75** (1998) Nr. 1, S. 57.

Salem, A. M.; El-Gendy, Y. A.; Sakr, G. B.; Soliman, W. Z.: *Optical properties of thermochromic Cu_2HgI_4 thin films*, J. of Physics D: Applied Physics **41** (2008) Nr. 2, 02531171–025311/7.

Reaktionsgleichungen

$$HgI_2 + 2\,KI \rightarrow K_2[HgI_4]$$

$$K_2[HgI_4] + 2\,CuSO_4 + SO_2 + 2\,H_2O \rightarrow Cu_2[HgI_4] + K_2SO_4 + 2\,H_2SO_4$$

Synthesevorschrift In eine Lösung von 0,02 mol (3,3 g) Kaliumiodid in 50 ml Wasser wird unter Rühren portionsweise 0,01 mol (4,5 g) Quecksilber(II)-iodid eingetragen (HgI$_2$ wird aus einer Quecksilber(II)-chlorid-Lösung mit der berechneten Menge einer Kaliumiodid-Lösung ausgefällt). Nach Auflösung der Hauptmenge derselben wird filtriert, eine konzentrierte Lösung von 0,02 mol (5 g) Kupfersulfat-pentahydrat, CuSO$_4 \cdot$ 5H$_2$O, hinzugegeben und Schwefeldioxid zur Reduktion der Kupfer(II)-Ionen eingeleitet, wobei die gesuchte Komplexverbindung als hellroter Niederschlag ausfällt. Dieser wird abfiltriert, mit Wasser gründlich gewaschen und im Trockenschrank bei 100 °C getrocknet. Die Ausbeute ist nahezu quantitativ.

Eigenschaften

Cu$_2$HgI$_4$ MM 835,3   Cu 15,22   Hg 24,01   I 60,77 %

Mikrokristallines, hellrotes Pulver mit ausgeprägtem Thermochromie-Effekt. Reversibler Farbumschlag bei 67 °C von Hellrot nach Purpurbraun. Die Niedertemperaturform ß-Cu$_2$[HgI$_4$] besitzt eine tetraedrische Struktur des [HgI$_4$]$^{2-}$ -Ions.[1,*]

2.2.3.4   Reduktion des Metalls und Oxidation des Liganden (Opferligand)

Der „Trick" bei dieser Synthemethode besteht darin, gleichzeitig den vorgesehenen Liganden als Reduktionsmittel für das Edukt, welches das Metall in einer höheren Oxidationsstufe enthält, zu benutzen (das Zentralmetall verhält sich als Oxidationsmittel), um danach in der reduzierten Form mit dem verbliebenen nichtoxidierten Liganden zu koordinieren. Der Vorteil dieser Methode besteht darin, dass der Einsatz zusätzlicher Reagenzien für den Redox-Prozess vermieden und demzufolge eine höhere Reinheit des gewünschten Produktes, des darzustellenden Komplexes, erhalten wird. Deshalb wird diese Methode in vielen Synthesen genutzt.

---

[1] Beachten Sie: Hier wird nicht das Zentralatom reduziert (siehe 2.2.3.3), sondern das Counterion Cu$^{II} \rightarrow$ Cu^{I}.

Präparat 39: Kaliumtrioxalatochromat(III)-trihydrat, $K_3[Cr^{III}(C_2O_4)_3] \cdot 3H_2O$

Literatur

Brauer, G., *Handbuch der präparativen anorganischen Chemie*, Friedrich-Enke-Verlag Stuttgart, 1981, Band 3, S. 1514.

Zusatzliteratur

Van Niekerk, J. N.; Schoening, F. R. L.: The crystal structure of potassium trioxalatochromate-(III), $K_3[Cr(C_2O_4)_3] \cdot 3\,H_2O$, Acta Cryst. **5** (1952) S. 196–202.

Wing, R. M.; Harris, G. M.: *Mechanism of the solid-state thermal decomposition of potassium trisoxalatochromium(III) trihydrate*, J. Phys. Chem. **69** (1965) Nr. 12, S. 4328–4334.

Reaktionsgleichungen

$$7\,H_2C_2O_4 \cdot 2\,H_2O + 2\,K_2C_2O_4 \cdot H_2O + K_2Cr_2^{\,VI}O_7$$

$$\rightarrow 2\,K_3[Cr^{\,III}(C_2O_4)_3] \cdot 3\,H_2O + 6\,CO_2 + 14\,H_2O$$

Synthesevorschrift Zu einer wässerigen Lösung von 0,2 mol (27 g) Oxalsäure-dihydrat, $H_2C_2O_4 \cdot 2\,H_2O$, und 0,06 mol (12 g) Kaliumoxalat-monohydrat, $K_2C_2O_4 \cdot H_2O$, wird tropfenweise eine wässerige, konzentrierte Lösung von 0,04 mol (12 g) Kaliumdichromat, $K_2Cr_2O_7$, unter stetem Rühren hinzugefügt. Danach wird das Lösungsvolumen am Vakuumrotationsverdampfer eingeengt, und man lässt langsam abkühlen.

Eigenschaften

$C_6H_6CrK_3O_{15}$ MM 487,4   C 14,79   H 1,24   Cr 10,67   K 24,07
O 49,24 %

Schwarzgrüne, an den Kanten blau durchscheinende, monokline Säulen, leicht löslich in Wasser. Der Komplex dehydratisiert vollständig bei 150 °C; bei höheren Temperaturen erfolgt Zerfall gemäß $2\,K_3[Cr(C_2O_4)_3] \rightarrow 3\,K_2C_2O_4 + Cr_2O_3 + 3\,CO_2 + 3\,CO$.

Präparat 40: Pentammin-nitrogenyl-ruthenium(II)-chlorid$_{(Lösung)}$, $[Ru^{II}(NH_3)_5N_2]Cl_2$, und Chloropentammin-ruthenium(III)-chlorid, $[Ru^{III}Cl(NH_3)_5]Cl_2$

Literatur

Allen, A. D.; Bottomley, F.; Harris, R. O.; Reinsalu, V. P.; Senoff, C. V.: *Pentammine(nitrogen)ruthenium(II)salts and other ammine of ruthenium*, Inorg. Synth. **XII** (1970), S. 2–8.

Zusatzliteratur

John, E.; Schugar, H. J.; Potenza, J. A.: *Structure of pentaamminechlororuthenium(III)-bisulfate tetrahydrate*, Acta Cryst. C **48** (1992) S. 1574–1576.

Kane-Maguire, L. A. P.; Thomas, G.: Kinetics of aquation of pentaamminechlororuthenium(III)dich-
loride and cis-dichlorobis(ethylenediamine)-ruthenium(III)chloride hydrate in mixed water-or-
ganic solvents, J. of the Chem. Soc., Dalton Transact. **1975** (13), S. 1324–1329.
Hambley, T. W.; Keyte, P.; Lay, P.A.; Paddon-Row, M. N.: *Structure of pentaamminechlororutheni-
um(III)sesquichloride hemi(tetrafluoroborate)*, Acta Cryst. C, **C 47** (1991), Nr. 5, S. 941–943.

Reaktionsgleichungen

a. $Ru^{III}Cl_3 + 5 H_2N\text{-}NH_2 \rightarrow [Ru^{II}(NH_3)_5 N_2]Cl_{2\,(Lösung)} + N_2H_2Cl + \dfrac{1}{2}N_2$

b. $2 [Ru^{II}(NH_3)_5N_2]Cl_2 + 2\,HCl + \dfrac{1}{2}O_2 \rightarrow 2 [Ru^{III}Cl(NH_3)_5]Cl_{2\,(fest)} + N_2 + H_2O$

Synthesevorschriften

a. Pentammin-nitrogenyl-ruthenium(II)-chlorid$_{(Lösung)}$.
   Von Nitrosyl-Verunreinigung freies 0,009 mol (2,0 g) Ruthenium(III)-chlorid, $RuCl_3$,
   wird in 10 ml Wasser in einem 200 ml-Becherglas gelöst. 20 ml 85 %iges Hydrazinhydrat,
   $N_2H_4 \cdot H_2O$, wird sorgfältig und tropfenweise zu der gut gerührten Lösung hinzugefügt. Die
   Reaktion ist exotherm, und eine erhebliche Gasentwicklung begleitet sie. Die Lösung wird
   etwa 12 Stunden lang gerührt und dann abfiltriert. Wegen der sehr heftigen Gasentwicklung
   und der stark exothermen Anfangsreaktion ist nicht empfehlenswert, die Ansatzmengen der
   Edukte zu erhöhen. Die erhaltene Lösung enthält eine Mischung von Pentammin(nitroge-
   nyl)ruthenium(II)- und Hexamminruthenium(II)-Ionen.
b. Chloropentammin-ruthenium(II)-chlorid
   Zu der unter a) erhaltenen, filtrierten Lösung wird sorgfältig bis zu einem pH-Wert 2
   (Unitestpapier!) konzentrierte Salzsäure hinzugefügt. Dabei beobachtet man eine heftige Stickstoff-Entwicklung. Die Lösung wird unter Rühren zum Sieden gebracht, wobei
   sich ein gelbes Präzipitat bildet. Wenn keine weiterer Ausfall von Niederschlag beobachtet wird, bringt man die Mischung auf Raumtemperatur und filtriert das Rohprodukt Chloropentammin-ruthenium(II)-chlorid, $[Ru^{III}Cl(NH_3)_5]Cl_2$, ab, wäscht mit 6 M
   Salzsäure, Ethanol und Aceton und trocknet es an der Luft. Die Rohausbeute beträgt
   46 % der Theorie (3 g), bezogen auf $RuCl_3$. Es wird umkristallisiert, indem eine wässerige Mischung von 3 g Rohprodukt in 10 ml Wasser auf 60 °C erhitzt und tropfenweise
   konzentrierte Ammoniak-Lösung zugetropft wird bis sich der gelbe Komplex zu einer
   weinrotfarben aufgelöst hat. Diese Lösung wird heiß filtriert und dann in einem Eisbad
   abgekühlt. Zur kalten Lösung wird tropfenweise konzentrierte Salzsäure hinzugefügt,
   wobei senfgelbes Chloropentammin-ruthenium(III)-chlorid kristallisiert. Das Zielprodukt wird filtriert, einmal mit 6 M Salzsäure und dann schnell mit Wasser, Ethanol und
   Aceton gewaschen. Schließlich wird es bei 78 °C und danach über Phosphorpentoxid
   im Vakuum-Exsikkator getrocknet. Die Ausbeute beträgt 39 % (1,1 g).

$Cl_3H_{15}N_5Ru$ MM 292,6   Cl 36,35   H 5,17   N 23,94   Ru 34,54

2.2.4 Synthesen durch Ligandensubstitution

2.2.4.1 Substitution von Neutralliganden

Präparat 41: *N, N'*-Ethylen-bis-(salicylidenaldiminato)-cobalt(II), [Co^{II}(salen)$_2$], [Co^{II}L$_2$]

Literatur

Heyn, B.; Hipler, B.; Kreisel, G.; Schreer, H.; Walther, D.: *Anorganische Synthesechemie-ein integriertes Praktikum*, Springer-Verlag Berlin-Heidelberg New York-London-Paris-Tokyo, 1987, S. 135.

Zusatzliteratur

Gilbert, W. C.; Taylor, L. T.; Dillard, J. G.: *Mass spectromeric study of polydentate Schiff-base coordination compounds. I. Cobalt(II), nickel(II), and copper(II) complexes of Salen[bis(salicylidene) ethylenediamine] and Oaben[bis(o-aminobenzylidene)- ethylenediamine]*, J. Amer. Chem. Soc. **95** (1973) Nr. 8, S. 2477–2482.

Von Zelewsky, A.; Fierz, H.: *Electron paramagnetic resonance spectra of planar low-spin complexes of cobalt(II) with Schiff's bases I. N, N'-ethylenebis(salicylidenimine)cobalt(II)*, Helv. Chim. Acta **56** (1973) Nr. 3, S. 977–980.

Pfeiffer, P.; Breith, E.; Lübbe, E.; Tsumaki, T.: *Tricyclische orthokondensierte Nebenvalenzringe*, Liebigs Ann. Chem. **503** (1933) S. 84.

Reaktionsgleichungen

1. H$_2$L: H$_2$N-(CH$_2$)$_2$-NH$_2$ + 2 o-HO-C$_6$H$_4$-CHO
   $\rightarrow$ o-HO-C$_6$H$_4$-CH=N-CH$_2$-CH$_2$-N=CH-C$_6$H$_4$-o-OH + 2 H$_2$O

2. [CoL$_2$]: [Co^{II}(H$_2$O)$_6$](CH$_3$COO)$_2$ + H$_2$L $\rightarrow$ [Co^{II}(L-2H)] + 2 CH$_3$COOH + 6 H$_2$O

Synthesevorschriften

1. Synthese des Liganden H$_2$L:
   In einem 250 ml-Zweihalskolben mit aufgesetztem Rückflusskühler und Tropftrichter werden 0,2 mol (15 ml) frisch destillierter Salicylaldehyd, o-HO-C$_6$H$_4$-CHO, und 100 ml Ethanol eingebracht und bis zum Sieden erhitzt. Zu dieser siedenden Lösung werden rasch 0,1 mol (7 ml) frisch destilliertes Etylendiamin, gegeben. Schon nach einigen Augenblicken, wenn die Lösung abgekühlt wird, bilden sich gelbe Kristalle aus. Der vollständige Niederschlag wird abgesaugt und aus 100 ml Ethanol umkristallisiert. Ausbeute: 77 %. Schmelzpunkt: 143 °C.

2. Synthese des Komplexes Co(salen)
   Die Synthese der Cobaltverbindung wird wegen deren Oxidationsanfälligkeit unter Schutzgas durchgeführt.

0,05 mol (13,4 g) Ligand HL werden in 50–70 ml Ethanol gelöst und zum Sieden erhitzt. Dabei wird Schutzgas durch die Lösung geleitet. In gleicher Weise erhitzt man 0,05 mol (12,5 g) Cobalt(II)-acetat-tetrahydrat, $Co(CH_3COO)_2 \cdot 4\,H_2O$ in 100 ml Ethanol und gibt die warme Lösung (Suspension) unter Schutzgas in die Lösung des Liganden. Man erhitzt die entstehende dunkelrote Lösung 15 min zum Sieden. Beim Abkühlen erhält man Kristalle, die abfiltriert und im Ölpumpenvakuum getrocknet werden. Die Ausbeute beträgt 65 % (bezogen auf Cobalt(II)-acetat-tetrahydrat).

Eigenschaften

$C_{16}H_{14}CoN_2O_2$ MM 325,2   C 59,09   H 4,34   Co 18,12   N 8,61   O 9,84

Violett-bis rotbraune Nadeln, löslich in $CHCl_3$, Benzen, Ethanol und Pyridin, unlöslich in Wasser und Ether. Umkristallisierbar aus heißem Benzen. Magnetisches Moment: μ_{eff} = 1,90 B.M. Massenspektrum m/e (70 eV) 325 (M^+, rel. Int. 100 %), 297 (10), 206 (2), 192 (5), 180 (13), 178 (8), 165 (17), 59 (18).

Anwendung [Co(salen)] ist ein Katalysator für die selektive Autoxidation von 2,6-disubstituierten Phenolen zu Chinonen. Es kann im festen Zustand bzw. in aprotischen komplexierenden Solvenzien reversibel Sauerstoff binden.

Präparat 42: Trisacetylacetonato-chrom(III), [Cr(acac)₃]

Literatur

Heyn, B.; Hipler, B.; Kreisel, G.; Schreer, H.; Walther, D.: *Anorganische Synthesechemie-ein integriertes Praktikum*, Springer-Verlag Berlin-Heidelberg New York-London-Paris-Tokyo, 1987, S. 127.

Zusatzliteratur

Hancock, R. D.; Sacks, H. W.; Thornton, R.; Thornton, D. A.: *Metal acetylacetonates: Interpretation of infrared spectra and new evidence for ligand field effects*, Inorg. & Nucl. Chem. Letters **3** (1967) Nr. 2, S. 51–55.

Mizutani, K.; Sone, K.; Sagaki, T.: *Electronic absorption spectra of high-temperature solutions and vapors of chromium(III) and copper(II)*, Z. Anorg. Allg. Chem. **365** (1969) Nr. 3–4, S. 217–224.

Krause, R.; Trabjerg, I.; Ballhausen, C.: *Excited state absorption spectrum of tris(acetylacetonato) chromium(III)* Acta Chem. Scand. **24** (1970) Nr. 2, S. 593–597.

George, W. O.: *Infrared spectra of chromium(III)acetylacetonate and chromium(III)malondialdehyde*, Spectrochim. Acta A, **27** (1971) Nr. 2, S. 265–269.

Pinchas, S.; Shamir, J.: *Vibrational metal-oxygen bands of acetylacetone-metal complexes*, J. of Chem. Soc., Perkin Trans. 2, **10** (1975) S. 1098–1100.

Lawson, C.: *Infrared absorption spectra of metal acetylacetonates*, Spectrochim. Acta **17** (1961) S. 248–258.

Reaktionsgleichung

$$[Cr(H_2O)_6]Cl_3 \cdot 6\,H_2O + 6\,Hacac + 3\,(NH_2)_2CO$$
$$\rightarrow [Cr^{III}(acac)_3] + 3\,NH_4Cl + 3\,H_2O + 3\,NH_4acac + 3\,CO_2$$

Synthesevorschrift 0,05 mol (13,5 g) Chrom(III)-chlorid-hexahydrat, $CrCl_3 \cdot 6H_2O$, werden in 200 ml Wasser gelöst und im 500 ml Dreihalskolben mit 0,16 mol (16 g) Acetylaceton, Hacac, und 1,5 mol (90 g) Harnstoff, $(NH_2)_2CO$, 12 Stunden lang am Rückfluss erhitzt. Nach der Filtration werden die rotvioletten Kristalle mit Wasser gewaschen und an der Luft getrocknet. Eine Reinigung erfolgt durch Lösen in wenig heißem Toluen (etwa 10 ml), Filtration, Abdestillieren von 50 ml Lösungsmittel und Zutropfen von 250 ml n-Hexan zur 60 °C warmen Lösung. Nach mehrstündigem Kühlen auf −20 °C wird filtriert und im Vakuum getrocknet. Die Ausbeute beträgt 88 %, bezogen auf das Chrom(III)-salz.

Eigenschaften

$C_{15}H_{21}CrO_6$ MM 349,3   C 51,57   H 6,06   Cr 14,88   O 27,48 %

Schmp.: 214 °C; violette Kristalle, schwer löslich in Wasser, leicht löslich in Chloroform, Tetrahydrofuran, Benzen, Toluen. UV/Vis-Spektrum (n-Octanol): λ_{max} = 560 nm.
    IR-Spektrum (Nujol) [cm^{-1}]: 1.587 s, 1.531 s, 1.435 m, 1.393 s, 1.377sh, 1.279 s, 1.194w, 1.020 m, 932 m, 793w, 774 m, 691 m, 678 m, 602 s, 463 s, 421w, 360 m (s = stark, m = mittel, w = schwach, sh = Schulter)

Anmerkung: Im Praktikum „Grundlagen der anorganischen Synthesechemie" (Versuch K 13, Institut für Anorganische Chemie, Universität Leipzig) wird die Durchführung der Synthese mit dem Einsatz von 0,9 g $CrCl_3 \cdot 6H_2O$, und 2,0 g Acetylaceton, Hacac, sowie 7 g Harnstoff bei entsprechender Angleichung der übrigen Versuchsbedingungen empfohlen [B10].

Präparat 43: Trisacetylacetonato-eisen(III), [Fe(acac)₃]

Literatur

Heyn, B.; Hipler, B.; Kreisel, G.; Schreer, H.; Walther, D.: *Anorganische Synthesechemie-ein integriertes Praktikum*, Springer-Verlag Berlin-Heidelberg New York-London-Paris-Tokyo, 1987, S. 126.

Zusatzliteratur

Iball, J.; Morgan, C. H.: *A refinement of the crystal structure of ferric acetylacetonate*, Acta Cryst. **23** (1967) Nr. 2, S. 239–244.
Hancock, R.D.; Sacks, H. W. Thornton, R.; Thornton, D. A.: *Metal acetylacetonates: Interpretation of infrared spectra and new evidence for ligand field effects*, Inorg & Nucl. Chem. Letters **3** (1967) Nr. 2, S. 51–55.

Macdonald, C. G.; Shannon, J. S.: *Mass spectrometry and structures of metal acetylacetonates*, **19** (1966) Nr. 9, S. 1545–1566.

Lawson, C.: *Infrared absorption spectra of metal acetylacetonates*, Spectrochim. Acta **17** (1961) Nr. 3, S. 248–258.

Reaktionsgleichung

$$[Fe(H_2O)_6]Cl_3 + 3\ Hacac + 3\ NaOH \rightarrow [Fe(acac)_3] + 3\ NaCl + 3\ H_2O$$

Synthesevorschrift 0,1 mol (27,0 g) Eisen(III)-chlorid-hexahydrat, $FeCl_3 \cdot 6H_2O$, werden in 150 ml Wasser gelöst und in einem 500 ml-Dreihalskolben mit 0,3 mol (30 g) Acetylaceton, Hacac, versetzt. Unter Rühren werden tropfenweise innerhalb einer Stunde 0,33 mol (13,1 g) Natriumhydroxid in 70 ml Wasser zugetropft. Nach kurzer Zeit bilden sich rote Kristalle, die nach 24 Stunden abfiltriert, mit Wasser gewaschen und an der Luft getrocknet werden. Für viele Verwendungszwecke ist das Produkt genügend rein. Eine Umkristallisation erfolgt durch Lösen in heißem Toluen. Nach Abdestillieren des größten Teils des Lösungsmittels und Zugabe von n-Hexan wird vom Produkt abfiltriert und im Vakuum getrocknet. Die Ausbeute beträgt 85 %, bezogen auf $FeCl_3 \cdot 6\,H_2O$.

Eigenschaften

$C_{15}H_{21}\,FeO_6$ MM 353,2   C 51,01   H 5,99   Fe 15,81   O 27,18 %

Rote Kristalle, gut löslich in Alkohol, Chloroform, Tetrahydrofuran, Benzen und Toluen, schwer löslich in Wasser.

UV/VIS-Spektrum ($CHCl_3$): 36 600 (lg ε = 4.46); 28 300 (3.52); 23 000 (3.51); 13 800 (0.5); 10 300 (0.2). Magnetisches Verhalten: μ_{eff} = 5.9 B.M.

IR-Spektrum (Nujol) [cm^{-1}] 1.582 s, 1.536 s, 1.431 m, 1.395 s, 1.357 s, 1.282 s, 1.197w, 1.021 m, 933 m, 803w, 771 m, 670 m, 560 m, 435 s, 410 m, 301 m (s = stark, m = mittel, w = schwach)

Präparat 44: Bis(acetylacetonato-kupfer(II), [Cu(acac)₂]

Literatur

Heyn, B.; Hipler, B.; Kreisel, G.; Schreer, H.; Walther, D.: *Anorganische Synthesechemie-ein integriertes Praktikum*, Springer-Verlag Berlin-Heidelberg New York-London-Paris-Tokyo, 1987, S. 125.

Zusatzliteratur

Johnson, P. R.; Thornton, D. A.: *Electronic spectra of copper(II)β-ketoenolates*, J. of Molec. Struct. **29** (1975) Nr. 1, S. 97–103.

Lawson, C.: *Infrared absorption spectra of metal acetylacetonates*, Spectrochim. Acta **17** (1961) S. 248–258.

Reaktionsgleichung

$[Cu(NH_3)_4](NO_3)_2 \cdot 3\,H_2O + 2\,Hacac \rightarrow [Cu(acac)_2] + 2\,NH_4NO_3 + 2\,NH_3 + 3\,H_2O$

Synthesevorschrift 0,05 mol (12,1 g) Kupfer(II)-nitrat-trihydrat, $Cu(NO_3)_2 \cdot 3H_2O$, werden im Becherglas in 100 ml Wasser gelöst. Unter Rühren werden 17 ml wässerige, konzentrierte Ammoniak-Lösung hinzugetropft, so dass sich das tiefblaue Tetramminkupfer(II), $[Cu(NH_3)_4]^{2+}$, bildet. Nach tropfenweiser Zugabe von 0,12 mol (12,0 g) Acetylaceton, Hacac, und einstündigem Rühren wird vom hellblauen, schwerlöslichen Produkt abfiltriert. Man wäscht dieses mit Wasser und wenig Ethanol und trocknet an der Luft. Eine Feinreinigung erfolgt durch Lösen in möglichst wenig heißem Chloroform, Abfiltrieren sowie Abdestillieren des größten Teiles des Lösungsmittels. Die Zugabe von 40 ml Ethanol und Kühlen auf $-30\,°C$ ergibt das Reinprodukt, das nach Filtration mit wenig Ethanol gewaschen wird. Die Ausbeute beträgt 85–90 %, bezogen auf eingesetztes Kupfer(II)-nitrat-trihydrat.

Eigenschaften

$C_{10}H_{14}CuO_4$ MM 261,8   C 45,88   H 5,39   Cu 24,28   O 24,45 %

Hellblaue Kristalle, wenig löslich in Wasser und Ethanol, löslich in Chloroform und Toluen. Magnetisches Moment: $\mu_{eff} = 1.95$ BM. Quadratisch-planare Molekülstruktur. Elektronenspektrum (Methanol) [kK] 34,3 ($\varepsilon = 25850$), 41,7 (14.510). IR-Spektrum (Nujol) [cm^{-1}]: 1.585vs, 1.560 s, 1.460sh, 1.429 m, 1.362 m, 1.279 m, 1.192w, 1.020 m, 937 m, 783 s, 698 m, 682 m, 667 m, 621 m, 459 s, 435 m (vs = sehr stark, s = stark, m = mittel w = schwach).

Präparat 45 Kaliumbisoxalatocuprat(II)-dihydrat, $K_2[Cu(C_2O_4)_2] \cdot 2\,H_2O$

Literatur

a. Wiskamp, V.: *Umweltfreundlichere Versuche im Anorganisch-Analytischen Praktikum*, VCH Weinheim, 1995, S. 56–57.
b. Kirschner, S.: *Potassium dioxalatocuprate(II) 2 Hydrate*, Inorg. Synth. **VI** (1960), S. 1–2.

Zusatzliteratur

Brauer, G.: *Handbuch der Präparativen Anorganischen Chemie*, Band 2, Ferdinand-Enke Verlag Stuttgart, 1978, S. 991.
Darley, J. R.; Hoppe, J. I.: *Thermal decomposition of potassium bisoxalatocuprate(II) dihydrate. Inorganic-analytical experiment*, J. Chem. Educ. **49** (1972) Nr. 5, S. 365–366.

Reaktionsgleichung

a. $[Cu^{II}(NH_3)_4]SO_4 \cdot H_2O + 2\ K_2C_2O_4 \cdot H_2O + 2\ H_2SO_4 \rightarrow$

$\quad K_2[Cu^{II}(C_2O_4)_2] \cdot 2\ H_2O + K_2SO_4 + 2\ (NH_4)_2SO_4 + H_2O$

b. $[Cu(H_2O)_4]SO_4 \cdot H_2O + 2\ K_2C_2O_4 \cdot H_2O \rightarrow K_2[Cu^{II}(C_2O_4)_2] \cdot 2\ H_2O$

$\quad + K_2SO_4 + H_2O$

Synthesevorschrift

a. 0,087 mol (16 g) Kaliumoxalat-hydrat, $K_2C_2O_4 \cdot H_2O$, werden in 50 ml dest. Wasser in der Siedehitze gelöst und zu einer Lösung von 0,02 mol (5 g) Kupfertetramminsulfat-hydrat, $[CuII(NH_3)_4]SO_4 \cdot H_2O$, in 12 ml Wasser gegeben. Dann gibt man tropfenweise gerade soviel konz. Schwefelsäure zu, bis die tiefblaue in eine türkisblaue Farbe überge-ht. Die Reaktionsmischung besitzt dann einen pH-Wert zwischen 4 und 6. Man stellt mindestens eine Stunde in ein Eisbad oder über Nacht im geschlossenen Gefäß in den Kühlschrank, saugt die türkisfarbenen Kristalle ab, wäscht sie mehrfach mit eiskaltem Wasser und trocknet sie im Exsikkator.

Anmerkung: Im Praktikum „Grundlagen der anorganischen Synthesechemie" (Versuch K 14b, Institut für Anorganische Chemie, Universität Leipzig) wird die Durchführung der Synthese mit dem Einsatz von 0,5 g $[Cu^{II}(NH_3)_4]SO_4 \cdot H_2O$ und 1,0 g $K_2C_2O_4 \cdot H_2O$, sowie ca. 1 ml verd. H_2SO_4 bei entsprechender Angleichung der übrigen Versuchsbedingungen empfohlen [B10].

b. Eine Lösung von 0,05 mol (12,5 g) Kupfer(II)-sulfat-pentahydrat, $Cu(SO_4)_2 \cdot 5H_2O$, in 25 ml Wasser wird auf 90 °C erhitzt und rasch unter kräftigem Rühren zu einer auf 90 °C gebrachten Lösung von 0,2 mol (36,8 g) Kaliumoxalat-hydrat, $K_2C_2O_4 \cdot H_2O$, in 100 ml Wasser gegeben. Die Lösung wird dann auf 10 °C in einem Eis-Wasser-Bad abgekühlt, der gebildete Niederschlag abfiltriert, schnell mit 25 ml kaltem Wasser ge-waschen und bei 50 °C 12 Stunden lang getrocknet. Die Ausbeute beträgt 97 % der Theorie (17,1 g).

Eigenschaften

$C_4H_4CuK_2O_{10}$ MM 353,8   C 13,58   H 1,14   Cu 17,96   K 22,10

O 45, 22 %

Löslich in warmem Wasser, dabei allmähliche Zersetzung zu CuC_2O_4 (Ausfällung). Durch starke Säuren erfolgt eine Beschleunigung der Zersetzung. Oberhalb 150 °C erfolgt schnel-le Wasserabgabe, bei 260 °C Zersetzung.

Präparat 46: *cis*-Dichloro-bis(ethylendiamin)chrom(III)-chlorid, *cis*-[Cr^{III}Cl$_2$(en)$_2$]Cl, und *trans*- Dichloro-bis(ethylendiamin)chrom(III)-chlorid, *trans*-[Cr^{III}Cl$_2$(en)$_2$]Cl

Literatur

Thiele, K.-H.(ff): *Lehrwerk Chemie AB 7, Reaktionsverhalten und Syntheseprinzipien,* Deutscher Verlag für Grundstoffindustrie Leipzig, 1976, S. 203.

Reaktionsgleichungen   Für *cis*-Dichloro-bis(ethylendiamin)chrom(III)-chlorid:

$$[Cr^{III}(en)_3]Cl_3 \cdot 3,5\ H_2O \rightarrow cis\text{-}[Cr^{III}Cl_2(en)_2]Cl + en + 3,5\ H_2O$$

Für *trans*- Dichloro-bis(ethylendiamin)chrom(III)-chlorid:

$$[Cr^{III}(en)_3]Cl_3 \cdot 3,5\ H_2O + 3\ NH_4SCN \rightarrow [Cr^{III}(en)_3](SCN)_3 \cdot H_2O$$
$$+ 3\ NH_4Cl + 2,5\ H_2O$$

$$[Cr^{III}(en)_3](SCN)_3 \cdot H_2O \rightarrow [Cr^{III}(SCN)_2(en)_2]SCN + en + H_2O$$

$$[Cr^{III}(SCN)_2(en)_2]SCN \xrightarrow[\text{Chlorgas−Strom}]{} trans\text{-}[Cr^{III}Cl_2(en)_2]Cl + Nebenprodukte$$

Synthesevorschriften   *cis-Dichloro-bis(ethylendiamin)chrom(III)-chlorid*
Tris(ethylendiamin)chrom(III)-chlorid, [Cr^{III}(en)$_3$]Cl$_3 \cdot$ 3,5H$_2$O, wird aus einer 1 %igen Ammoniumchloridlösung umkristallisiert (NH$_4$Cl katalysiert die thermische Umlagerung des Komplexes), vorsichtig getrocknet, in dünner Schicht in einer Porzellanschale ausgebreitet und langsam auf eine Temperatur von genau 210 °C erhitzt. Das Salz färbt sich unter Abspaltung von Ethylendiamin innerhalb von etwa 2 Stunden rotviolett. Zur Reinigung wird das Rohprodukt mit eiskalter, konzentrierter Salzsäure gewaschen und getrocknet. Die Substanz kann durch Lösen in Wasser und Ausfällen mittels konzentrierter Salzsäure, allerdings unter erheblichen Verlusten, gereinigt werden.

Eigenschaften

$$C_4H_{16}Cl_3Cr \quad MM\ 222,5 \quad C\ 21,59 \quad H\ 7,25 \quad Cl\ 47,80 \quad Cr\ 23,37\ \%$$

Rotviolettes Kristallpulver, löslich in Wasser, schwer löslich in konzentrierter Salzsäure.

trans- Dichloro-bis(ethylendiamin)chrom(III)-chlorid: Zu einer mit Eis gekühlten Lösung von 0,05 mol (20 g) [Cr^{III}(en)$_3$]Cl$_3 \cdot$ 3,5H$_2$O in 100 ml Wasser gibt man unter Rühren eine konzentrierte Lösung von 0,5 mol (38 g) Ammoniumthiocyanat, NH$_4$SCN. Es scheidet sich schwerlösliches [Cr(en)$_3$](SCN)$_3 \cdot$ H$_2$O ab, das abgesaugt, aus einer 1 %igen Ammoniumthiocyanat-Lösung umkristallisiert und analog dem [Cr^{III}(en)$_3$]Cl$_3 \cdot$ 3,5 H$_2$O (s. oben) umgelagert wird. Man kristallisiert das verbleibende gelbrote *trans*-$[Cr^{III}(SCN)_2(en)_2]SCN$ aus heißem Wasser um, suspendiert die erhaltene Substanz in Wasser und leitet einen starken Chlorgasstrom ein. Dabei scheidet sich die *trans*-Verbindung als grünes Kristallpulver aus der sich rotviolett verfärbenden Lösung aus. Die Komplexverbindung ist durch Sulfat-Ionen verunreinigt und wird daher in möglichst wenig konzentrierter Salzsäure gelöst und in einem Exsikkator über einer Schale mit konz. Salzsäure aufbewahrt. Nach mehrstündigem Stehen scheidet sich das *trans*-$[Cr^{III}Cl_2(en)_2]Cl \cdot HCl \cdot 2H_2O$ ab das durch vorsichtiges Erwärmen auf 100 °C vom gebundenen Chlorwasserstoff befreit wird.

Eigenschaften

$$C_4H_{16}Cl_3Cr \quad MM \; 222,5 \quad C \; 21,59 \quad H \; 7,25 \quad Cl \; 47,80 \quad Cr \; 23,37\,\%$$

Blaugrüne Kristalle, löslich in Wasser.

2.2.4.2 Substitution von Acidoliganden

Präparat 47: *cis*-Diammin-dichloro-platin(II), *cis*-$[Pt^{II}Cl_2(NH_3)_2]$

Literatur

Heyn, B.; Hipler, B.; Kreisel, G.; Schreer, H.; Walther, D.: *Anorganische Synthesechemie-ein integriertes Praktikum*, Springer-Verlag Berlin-Heidelberg New York-London-Paris-Tokyo, 1987, S. 98.

Zusatzliteratur

Iakovidis, A.; Hadjiliadis, N.; Schoellhorn, H.; *Thewalt, U; Troetscher, G.: Interaction of cis-di-amminedichloroplatinum with amino acids. The crystal structures of cis-[Pt(NH₃)₂(gly)]NO₃; cis-[Pt(NH₃)₂(ala)]NO₃ and cis-[Pt(NH₃)₂(val)]NO₃*, Inorg. Chim. Acta **164** (1989) Nr. 2, S. 221–229.

Arpalahti, J.; Sillanpaa, R.; Mikola, M.: *Facile isolation and crystal structure determination of trans-[PtCl(OH)(NH₃)₂]·H₂O*, J. Chem. Soc. Dalton Trans. **1994** (9), S. 1499.

Reaktionsgleichung

$$K_2[Pt^{II}Cl_4] + 2\,NH_3 \rightarrow cis\text{-}[Pt^{II}Cl_2(NH_3)_2] + 2\,KCl$$

Synthesevorschrift In einem Becherglas werden unter Rühren bei Raumtemperatur 0.0024 mol (10,0 g) Kalium-tetrachloroplatinat(II), $K_2[Pt^{II}Cl_4]$, in 60 ml destilliertem Wasser gelöst und diese Lösung mit Ammoniak auf einen pH-Wert 7 eingestellt. Zu der Lösung fügt man unter Rühren eine Lösung von 0,19 mol (10 g) Ammoniumchlorid, NH4Cl, in 27 ml Wasser und gibt dann noch 50 mmol Ammoniak (als 7-molare Lösung) hinzu. Dabei stellt sich ein pH-Wert von 8,5–9 ein. Es bildet sich ein gelbgrüner Niederschlag. Die Fällung ist nach 4 bis 6 Stunden vollständig. Die Mutterlauge verbleibt schwach gelb, fast farblos. Sollte die Mutterlauge noch rot farbig sein, dann ist die Reaktion nur unvollständig abgelaufen. Die Reaktionsmischung wird nun auf ca. 5 °C abgekühlt und das ausgefallene Produkt abfiltriert. Zur Reinigung wird das Produkt in 0,1 n Salzsäure (man benötigt 80 ml/1 g Rohprodukt) bei 85 °C gelöst und die Lösung heiß abfiltriert. Beim Abkühlen scheidet sich cis-Diammin-dichloro-platin(II), cis-$[Pt^{II}Cl_2(NH_3)_2]$, in Form gelber Kristalle ab. Eine andere Möglichkeit der Reinigung des Rohproduktes besteht darin, dieses in 250 ml Dimethylformamid zu lösen, die Lösung zu filtrieren und durch Zugabe von 400 ml 0,1N Salzsäure das Produkt auszufällen. Die Aubeute beträgt 65 % (bezogen auf $K_2[Pt^{II}Cl_4]$).

Die Mutterlaugen der Reaktion und der Umkristallisation können auf Platin und daraus mit konzentrierter Salzsäure und Chlor auf Hexachloroplatin(IV)säure aufgearbeitet werden, um Platinverluste zu vermeiden (s. Literatur).

Eigenschaften

$$Cl_2H_6N_2Pt \quad MM\ 300,0 \quad Cl\ 23,63 \quad H\ 2,02 \quad N\ 9,34 \quad Pt\ 65,02\ \%$$

gelbe Nadeln, löslich in Dimethylformamid, wenig löslich in Wasser.

Anwendung Der Komplex wird als Chemotherapeutikum zur Behandlung von Krebserkrankungen angewandt (s. Abschn. 3.1). Zum Reaktionsmechanismus s. Abschn. 1.6.

Präparat 48: Trichloro-ethylen-platinat(II)-hydrat, (Zeise-Salz), $K[Pt^{II}Cl_3(C_2H_4)]\cdot H_2O$

Literatur

Chock, B.; Halpern, J.; Paulik, F. E.: *Potassium trichloro(ethene)platinate(II) (Zeise' salt)*, Inorg. Synth. **XXVIII** (1990) S. 349–351.

Zusatzliteratur

Thayer, J. S.: *Historical origins of organometallic chemistry. I. Zeise's salt*, J. Chem. Educ. **46** (1969) Nr. 7, S. 442–443.

Jarvis, J. A. J.; Kilbourn, B.; Owston, P. G.: *Redetermination of the crystal and molecular structure of Zeise's salt, K[PtCl₃(C₂H₄)]·H₂O*, Acta Cryst. B **27** (1971) Nr. 2, S. 366–372.

Kato, H.: *Electronic structure of Zeise's salt*, Bull. Chem. Soc. Jpn. **44** (1971) Nr. 2, S. 348–354.

Grogan, M.; Nakamoto, K.: *Infrared spectra and normal coordinate analysis of metal-olefin complexes. I. Zeise's salt, potassium trichloro-(ethylene)platinate(II) monohydrate*, J. Amer. Chem. Soc. **88** (1966) Nr. 23, S. 5454–5460.

MacNevin, W. M.; Giddings, A.; Foris, A.: *Preparation of Zeise's salt and ethylene platinum(II) chloride*, Chem. & Ind. **1958**, S. 557.

Joy, J. R.; Orchin, M.: *Hydrolysis of Zeise's salt*, Zeitschr. Anorg. Allg. Chem. **305** (1960) Nr. 3-4, S. 236–240.

Reaktionsgleichung

$$K_2[Pt^{II}Cl_4] + C_2H_4 + H_2O \xrightarrow{(SnCl_2 \cdot 2H_2O)} K[Pt^{II}Cl_3(C_2H_4)] \cdot H_2O + KCl$$

Synthesevorschrift In einen 125 ml-Erlenmyer-Kolben werden 0,0011 mol (4,5 g) Kalium-tetrachloroplatinat(II), $K_2[PtIICl_4]$, und 45 ml 5 M Salzsäure gebracht. Das Gefäß wird mit einem Aufsatz, der ein Gaseinleitungsrohr, das in die Lösung eintaucht, mit Anschluss für einen Polyethylenschlauch und einen weiteren Anschluss für einen Gasableitungsschlauch enthält, verschlossen. Durch den erstgenannten wird 30 min lang ein Gasstrom von Ethy-len/Stickstoff eingeleitet. Anschließend wird 0,002 mol (0,45 g) Zinn(II)-chlorid-dihydrat, $SnCl_2 \cdot 2H_2O$, in ein 5 ml-Gefäß gegeben, das mit einem Aufsatz mit 2 Anschlüssen für Gaseinleitung bzw. –ableitung versehen ist und ein Stickstoff-Strom eingeleitet, um Sauer-stoff zu entfernen. Dann wird 5 ml von Sauerstoff befreites Wasser zum Zinn(II)-chlo-rid-dihydrat zugegeben. Die Mischung wird dann in die Platin(II)-Lösung gebracht. Es muss vermieden werden, dass während dieser Operationen Luft eindringt. Nun lässt man langsam einen Strom von Ethylengas unter stetem Rühren 2 bis 4 Stunden lang durch die Reaktionsmischung passieren. Die ursprünglich rotbraune Lösung färbt sich gelb, und die Hauptmenge des festen Produktes löst sich auf. Man erwärmt die Lösung auf 40–45 °C und filtriert über eine Glasfilterplatte (Filterpapier darf nicht verwendet werden). Das Fil-trat wird in einem Eisbad abgekühlt, wobei sich ein gelber Niederschlag, das *Zeise-Salz*, abscheidet. Es wird wiederum filtriert, mit wenig Eiswasser gewaschen und schließlich an der Luft bei Raumtemperatur getrocknet. Ausbeute: 3 g (86 % der Theorie). Aus der Mut-terlauge lässt sich noch mehr Produkt durch Abkühlung erhalten. Es kann aus 5 M Salz-säure umkristallisiert werden. Das Kristallwasser kann durch 16-stündiges Aufbewahren im Vakuum entfernt werden.

Eigenschaften

$C_2H_6Cl_3KOPt$ MM 384, 9   C 6, 21   H 1, 56   Cl 27, 51   K 10, 11   O 4, 14   Pt 50, 46 %

Gelbe Nadeln, die bei Raumtemperatur stabil sind. Das Ethylen wird bei Temperaturen >180 °C abgegeben. UV/VIS-Spektrum: $\lambda_{max} = 333$ nm; $\varepsilon_{max} = 230$.

IR-Spektrum (KBr)[cm^{-1}]: 3.098, 3.010, 2.975, 2.920, 1.526, 1.428, 1.418, 1.251, 1.023, 730, 407, 339, 331, 210, 161,121. Raumgruppe: $P2_1/c$; a = 11,212(3) Å, b = 8,424(6) Å, c = 9,696(6) Å; $\beta = 107,52(4)°$. 4 Moleküle befinden sich in der Elementarzelle, die Bindungs-länge dc = c = 1,37(3) Å ist etwas länger als im freien $H_2C = CH_2$.

Bei der Reaktion von Zeise Salz mit Wasser entstehen unter verschiedenen Bedingun-gen Ethylen, Acetaldehyd und Spuren Ethanol.

Präparat 49: Nitropentammin-cobalt(III)-chlorid, $[Co(NO_2)(NH_3)_5]Cl_2$, und Nitritopentammin-cobalt(III)-chlorid, $[Co(ONO)(NH_3)_5]Cl_2$

Literatur

Thiele, K.-H.(ff): *Lehrwerk Chemie AB 7, Reaktionsverhalten und Syntheseprinzipien*, Deutscher Ver-lag für Grundstoffindustrie Leipzig, 1976, S. 199.

Zusatzliteratur

Brauer, G. (Hg): *Handbuch der Präparativen Anorganischen Chemie*, Band 3, Ferdinand Enke-Verlag Stuttgart, 1978, S. 1678/1679.

Phillips, W.M.; Choi, S.; Larrabee, J. A.: *Kinetics of pentaamminenitritocobalt(III) to pentaamminen-itrocobalt(III) linkage isomerization*, revisited, J. Chem. Educ. **67** (1990) Nr. 3, S. 267–269.

Johnson, D. A.; Pashman, K. A.: *Low temperature transients in the solid state photochemical linkage isomerization of nitropentamminecobalt(III) chloride*, Inorg. Nucl. Chem. Letters **11** (1975) Nr. 1, S. 23–28.

Boldyreva, E. V.; Kivikovski, J.; Howard, J. A. K.: *Pentaamminenitrocobalt(III)chloride nitrate at 290 K and 150 K*, Acta Cryst. **C 53** (1997) Nr. 5, S. 526–528.

Werner, A; Miolatti, A.: *Beiträge zur Konstitution anorganischer Verbindungen*, Z. phys. Chem. **14** (1894), S. 506–521.

Jörgensen, S. M.: *Zur Konstitution der Kobalt-, Chrom- und Rhodiumbasen*, Z. Anorg. Allg. Chem. **5** (1894) Nr. 1, S. 147–196 (S. 168).

Reaktionsgleichung

$$[CoCl(NH_3)_5]Cl_2 + NaNO_2 \rightarrow [Co(NO_2)(NH_3)_5]Cl_2 + NaCl$$

Synthesevorschriften *Nitropentammin-cobalt(III)-chlorid*, $[Co(NO_2)(NH_3)_5]Cl_2$

Man löst <u>0,05 mol (12,5 g) Chloropentammin-cobalt(III)-chlorid, $[CoCl(NH_3)_2]Cl_2$</u>, (→ Präparat 26) unter Erwärmung in einem Erlenmeyerkolben in <u>150 ml 2 %iger Ammoniak-Lösung</u>, filtriert heiß, lässt abkühlen und säuert mit <u>verdünnter Salzsäure</u> schwach an. Nach Zusatz von <u>0,17 mol</u> (<u>12 g) Natriumnitrit, NaNO$_2$</u>, wird nun auf dem Wasserbad erwärmt, bis sich ein anfangs auftretender Niederschlag wieder aufgelöst hat. Man lässt abkühlen, fügt vorsichtig <u>125 ml konzentrierte Salzsäure</u> hinzu, filtriert den sich bildenden Niederschlag ab, wäscht diesen mit <u>20 %iger Salzsäure</u> und mit <u>Ethanol</u> und trocknet an der Luft. Die Ausbeute beträgt etwa 65 % der Theorie.

Eigenschaften

$Cl_2CoH_{15}N_6O_2$ MM 261, 0   Cl 27, 17   Co 22, 58   H 5, 79   N 32, 20   O 12, 26 %

Braungelbe, irisierende monoklin prismatische Kristalle; oberhalb 210 °C völlige Zersetzung unter Entwicklung von N_2 und NH_3 und Bildung eines Rückstandes von Co_2O_3. Löslichkeit 1 Teil Komplexsalz löslich in 40 Teilen Wasser bei 21 °C. Raumgruppe C2/c, monoklin, Gitterparameter: a = 10,338(2) Å, b = 8,687(2) Å, c = 10,756(2) Å; β = 95,058(1)°; Z = 4.

Nitritopentammin-cobalt(III)-chlorid, $[Co(ONO)(NH_3)_5]Cl_2$

Entsprechend der Vorschrift zur Gewinnung des Nitrokompkexes wird eine Lösung von <u>0,05 mol (12,5 g) Chloropentammin-cobalt(III)-chlorid, $[CoCl(NH_3)_2]Cl_2$</u> (→ Präparat 26) in <u>Ammoniak</u> filtriert, abgekühlt und mit <u>verdünnter Salzsäure</u> genau neutralisiert. Anschließend löst man darin <u>0,36 mol (25 g) Natriumnitrit, NaNO$_2$</u>, gibt langsam <u>10 ml 20 %ige Salzsäure</u> hinzu, lässt 2 Stunden lang unter Kühlung mit Wasser stehen, filtriert die ausgeschiedenen Kristalle ab, wäscht mit kaltem Wasser sowie Ethanol und trocknet an der Luft.

Eigenschaften

$Cl_2CoH_{15}N_6O_2$ MM 261, 0   Cl 27, 17   Co 22, 58   H 5, 79   N 32, 20   O 12, 26 %

Rötliches, chamoisfarbenes Kristallpulver; schwer löslich in kaltem Wasser (4x weniger als die isomere Nitroverbindung); allmähliche Umwandlung in die isomere Nitroverbindung. Dieser Übergang lässt sich IR-spektroskopisch verfolgen.

2.2.4.3 Substitution flüchtiger Liganden

Die Synthese von Metallkomplexen durch Substitution flüchtiger Liganden besitzt Vorteile gegenüber anderen Methoden bezüglich der Erlangung höherer Ausbeuten und größerer Reinheit der Produkte. Zu diesem Zweck haben sich zwei Synthesewege bewährt: Die sogenannte „Acetylaceton-Methode" und die Substitution von Carbonato-Liganden über deren Verflüchtigung in Form von Kohlendioxid, CO_2, bekannt als „Kohlendioxid-Methode".

Bei Anwendung der Acetylaceton- Methode [B17] wird der zu substituierende Ligand acac- durch den Eintrittsliganden HL protoniert, und Hacac verflüchtigt sich beim Sieden zusammen mit Lösungsmittel als ein azeotropes Gemisch, und der anionische Ligand L^- wird an das Metall koordiniert gemäß:

$$[M(acac)_n] + n\,HL \rightarrow [ML_n] + n\,Hacac_{(flüchtig)}$$

Bei Anwendung der Kohlendioxid-Methode wird der Ligand CO_3^{2-} (Carbonat) in Gegenwart einer Säure substituiert, und CO_2 entweicht gasförmig gemäß:

$$[M^{n+}(CO_3)_n]^{n-} + n\,H_2L \rightarrow [M^{n+}L_n]^{n-} + n\,CO_{2(flüchtig)} + n\,H_2O$$

Präparat 50: {Bis(salicylaldehydbenzoylhydrazonato(2-)}mangan(IV), [Mn^{IV}(L-2H)$_2$]

Literatur

Salicylaldehydbenzoylhydrazon: Johnson, D. K.; Murphy, T. B.; Rose, N. J.; Goodwin, W.; Pickart, L.:
    *Cytotoxix chelating and chelates. 1. Inhibition of DNA synthesis in cultured rodent and human cells
    by aroylhydrazones and by copper(II) complex of a salicylaldehyde benzoyl hydrazone*, Inorg. Chim.
    Acta **67** (1982) S. 159–165.
{Bis(salicylaldehydbenzoylhydrazonato(2-)}mangan(IV): Banße, W.; Ludwig, E.; Mickler, W.; Uhle-
    mann, E.; Hahn, T.; Lügger, T.; Lehmann, A.: *Mangan(IV)Komplexe mit dreizähnigen, diaciden
    Liganden. Kristallstruktur von Acetylacetonato-salicylaldehydhydrazonato(2-)-methanol-man-
    gan(III)*, Z. Anorg. Allg. Chem. **621** (1995) Nr. 9, S. 1483–1488.

Reaktionsgleichung

$$[Mn^{II}(acac)_2] + 2\,HO\text{-}C_6H_4\text{-}CH{=}N\text{-}NH\text{-}CO\text{-}C_6H_5 \xrightarrow{(+O_2)} [Mn^{IV}(L\text{-}2H)_2]$$
$$+ 2\,Hacac_{(flüchtig)}\ H_2L$$

Synthesevorschriften

1. *Salicylaldehydbenzoylhydrazon*: 0,02 mol (2,7 g) Benzoylhydrazid, C_6H_5-CO-NH-NH_2, werden in 40 ml Ethanol/Wasser-Gemisch (1:3 v/v) gelöst. Eine Lösung von 0,02 mol (2,44 g) Salicylaldehyd, o-(OH)-C_6H_4-CHO, in 20 ml Ethanol wird zur Hydrazid-Mischung unter Rühren hinzugefügt und die resultierende Mischung auf einem Dampfbad 20 min lang erhitzt. Beim Abkühlen auf Raumtemperatur kristallisiert Salicylaldehyd-benzoylhydrazon aus, es wird abfiltriert und im Vakuum getrocknet, Die Umkristallisation zum reinen Produkt erfolgt aus Ethanol, wässerigem Ethanol oder i-Propanol. Die Ausbeute beträgt 50–80 % der Theorie.

$$C_{14}H_{12}N_2O_2 \quad MM\ 240,1 \quad C\ 69,9 \quad H\ 5,03 \quad N\ 11,66 \quad O\ 13,32$$

m/z 240,1(100% rel. Int.), 241,1(16%),242,1(11,1)

2. *{Bis(salicylaldehydbenzoylhydrazonato(2-)}mangan(IV)*
<u>0,001 mol (0,25 g) Bis(acetylacetonato)mangan(II), [MnII(acac)$_2$],</u> und <u>0,002 mol (0,48 g) Salicylaldehydbenzoylhydrazon, HO-C_6H_4-CH = N-NH-CO-C_6H_5</u> werden in <u>trockenem Methanol</u> unter Luftzufuhr 60 min am Rückfluss erhitzt. Der Niederschlag wird abgesaugt und mit Methanol gewaschen. Die Ausbeute beträgt 40 % der Theorie.

Das gleiche Produkt lässt sich auch unter gleichen Reaktionsbedingungen aus <u>Mangan(III)-acetat-dihydrat, Mn(CH$_2$COO)$_3$ · 2H$_2$O</u> und dem Liganden <u>Salicylaldehyd-benzoylhydrazon</u> darstellen (Ausbeute: 75 % d. Th.)

Eigenschaften

$$C_{28}H_{20}MnN_4O_4 \quad MM\ 531,09 \quad C\ 63,28 \quad H\ 3,79 \quad Mn\ 10,34 \quad N\ 10,54 \quad O\ 12,04$$

Dunkelbraunes Pulver, Schmelzpunkt: 312 °C. Magnetisches Moment: μ_{eff} = 3,81 B.M (entspricht d^3-Konfiguration), Massenspektrum: (m/e) M^+ 531 (Molekülionenpeak). Starke Absorptionsbande bei λ_{max} = 412 nm.

Präparat 51: Tris(glycinato)cobalt(III), fac, mer-[Co^{III}(H$_2$N-CH$_2$-COO)$_3$]

Literatur

Kauffman, G. B.; Carbassi, M.; Kyano, E.: *(Trisglycinato)cobalt(III)*, Inorg. Synth. **XXV** (1989), S. 135–139.

Zusatzliteratur

Ley, H.; Winkler, H.: *Ueber Stereoisomerie bei inneren Komplexsalzen*, Ber. Dtsch. Chem. Ges. **42** (1909) S. 3894–3902.
Mort, M.; Shibata, M.; Kyuno, E.; Kanaya, M.: *Syntheses of metal complexes. V. Preparation and absorption spectra of the cobalt(III) complexes of amino acids*, Bull Chem. Soc. Jpn. **34** (1961) S. 1837–1842.

Nakamoto, K.; Morimoto, Y.; Martell, A. E.: *Infrared spectra of aqueous solutions I. Metal chelate compounds of amino acids*, J. Amer. Chem. Soc. **83** (1961)Nr. 22, S. 4528–4532.

Casella, L.; Pasini, A.; Ugo, R.; Visca, M.: *Reactions of amino acids coordinated to metal ions. Part 1. Investigation of the condensation of formaldehyde and metal-coordinated glycine*, J. of Chem. Soc. Dalton Transact. **1980** (9) S. 1655–1663.

Gerlach, H.; Muellen, K.: *Configuration of the trisglycinatocobalt(III) complex stereoisomers*, Helv. Chim. Acta **57** (1974) Nr. 7, S. 2234–2237.

Jursik, F.: *Thin layer chromatographic separation os cis-trans isomers of tris(glycinato)cobalt(III)*, J. of Chromatogr. **35** (1968) Nr. 1, S. 126–128.

Reaktionsgleichung

$$K_3[Co^{III}(CO_3)_3] + 3\ H_2N\text{-}CH_2\text{-}COOH + 3\ CH_3COOH \rightarrow$$

$$[Co^{III}(H_2N\text{-}CH_2\text{-}COO)_3] + 3\ CH_3COOK + 3\ CO_2 + 3\ H_2O$$

Synthesevorschrift

0,012 mol (9 g) Glycin, $H_2N\text{-}CH_2\text{-}COOH$, werden zur grünen Lösung von Kalium-tris-carbonato-cobaltat(III), $K_3[Co^{III}(CO_3)_3]$, (Lösung C; → Präparat 33, erhalten nach der Methode 1) hinzugegeben. Man erhitzt die Mischung im Wasserbad auf 60–70 °C etwa 30 min lang, bis die grüne Farbe der Lösung sich in eine blauviolette gewandelt hat. Danach werden 21 ml 6 N Essigsäure unter Rühren zugetropft (1 Tropfen/5 Sekunden), wobei die Temperatur auf 60–70 °C gehalten wird. Ein geringer, zugegebener Überschuss von 0,5 ml Essigsäure komplettiert die Reaktion. Dann wird kräftig bis zur Beendigung der CO_2-Entwicklung und dessen Entweichen gerührt. Die Lösung nimmt eine rotviolette Farbe an. Die Lösung wird auf 2/3 ihres Ausgangsvolumens eingeengt und über Nacht aufbewahrt. Der kristalline rosarote Niederschlag der weniger löslichen Verbindung (*fac-(β)*-Isomeres) wird auf einem Glasfilter mittlerer Porosität gesammelt. Man wäscht portionsweise mit je drei 10 ml kaltem Wasser, Ethanol und Diethylether. Das Produkt wird im Vakuum 2 Stunden bei 100 °C getrocknet. Das Filtrat wird im Vakuumrotationsverdampfer eingeengt, bis die löslicheren violetten Kristalle des *mer-(α)*-Isomeren ausfallen. Der Niederschlag wird wiederum auf einer Glasfilterplatte mittlerer Porosität gesammelt. Das Produkt wird genauso gewaschen wie das *fac-(β)*-Produkt. Die Ausbeute beträgt für das *fac-(β)*-Isomer 2,1 g (18,7 %) und das *mer-(α)*-Isomere 2,7 g (24 %).

Eigenschaften

$$C_6H_{12}CoN_3O_6 \quad MM\ 281,1 \quad C\ 25,64 \quad H\ 4,30 \quad Co\ 20,96 \quad N\ 14,95$$
$$O\ 34,15\ \%$$

fac-(β)-Isomer: rote Kristalle UV/Vis (H_2O) 520 nm; 372 nm; IR-Spektrum [cm^{-1}]: 1636 (asymm.COO-Bande).

mer-(α)-Isomer: violette Kristalle, UV/Vis (H_2O) 540 nm; 370 nm. IR-Spektrum [cm^{-1}]: 1.625 (asymm.COO-Bande); 1.364 (symm. COO-Bande)

2.2.5 Synthesen mittels Reaktionen koordinierter Liganden

Präparat 52: Tris(3-bromacetylacetonato)-cobalt(III), [Co^{III}L$_3$]

Literatur

Collman, J. P.; Moss, R. A.; Maltz, H.; Heindel, C. C.: *The Reaction of Metal Chelates. I. Halogenation of Metal Chelates of 1,3- Diketones*, J. Amer. Chem. Soc. 83 (1961), S. 534.

Zusatzliteratur

Larsson, R.; Eskilsson, O.: *Infrared spectra of some tris(acetylacetonato)metal(III)complexes and some bromo- and nitro-analogs in chloroform solution*, Acta Chem. Scand. **23** (1969) Nr. 5, S. 1765–1779.

Srivasta, S.; Badrinarayanan, S.; Mukhedkar, A. J.: *X-ray photoelectron spectra of metal complexes of substituted 2,4-pentanediones*, Polyhedron **4** (1985) Nr. 3, S. 409–414.

Fleming, C.A.; Thornton, D. A.: *3-substituted 2,4-pentanedione complexes., Electronic spectra*, J. of Molec. Struct. *25 (1975) Nr. 2, S. 271–279.*

Reaktionsgleichung

$$[Co^{III}(acac)_3] + 1\frac{1}{2}Br_2 \rightarrow [Co^{III}\{3\text{-Br-}(acac\text{-H})\}_3] + 3HBr$$

Synthesevorschrift Eine Lösung von 0,076 mol (12,1 g) Brom, Br$_2$, in 20 ml Eisessig wird langsam unter Rühren zu einer Lösung von 0,017 mol (6 g) Tris-(acetylacetonato)-cobalt(III), Co(acac)$_3$ (→ Präparat 29) und 0,052 mol (5,1 g) Kaliumacetat, KOOCCH$_3$, in 150 ml Eisessig bei 30 °C gegeben. Nach 5 min wird der Niederschlag gesammelt, filtriert, mit Wasser, Natriumbicarbonat Lösung, Natriumsulfit-Lösung und nochmals mit Wasser gewaschen. Die Ausbeute beträgt 53 % der Theorie.

Eigenschaften

C$_{15}$H$_{18}$Br$_3$CoO$_6$ MM 592, 9   C 30, 38   H 3, 06   Br 40, 43   Co 9, 94   O 16, 19%

Schwarzgrüne Kristalle, Schmp.: 232–233 °C; IR-Spektrum (CHCl$_3$)[cm^{-1}]: 1.548, 1.446, 1.420, 1.415, 1.359, 1.340, 474, 456; in CH$_2$Cl$_2$: 475, 456, 381, 367, 361.

Präparat 53: Tris(3-bromacetylacetonato)chrom(III), [Cr^{III}{3-Br-(acac-H)}$_3$]

Literatur

Collman, J. P.: *Tris(3-bromoacetylacetonato)chromium(III)*, Inorg. Synth. **VII** (1963), S. 134–136.

Zusatzliteratur

Collman, J. P.; Moss, R. A.; Maltz, H.; Heindel, C. C.: *The Reaction of Metal Chelates. I. Halogenation of Metal Chelates of 1,3-Diketones*, J. Amer. Chem. Soc. 83 (1961), S. 531. Reihlein, H.; Illig, R.; Wittig, R.: *Über die Reaktionsfähigkeit komplex gebundener organischer Verbindungen*, Ber. Dtsch. Chem. Ges. B **58** (1925) Nr. 1, S. 12–19.

Kluiber, R. W.: *Inner Complexes III. Ring Bromation of β-Dicarbonyl Chelates*, J. Amer. Chem. Soc. **82** (1960) Nr. 18, S. 4839–4842.

Bancroft, G. M.; Reichert C.; Westmore, J. B.; Gesser, H. D.: *Mass spectral studies of metal chelates. III. Mass spectra and appearence potentials of substituted acetylacetonates of trivalent chromium. Comparison with other trivalent metals of the first transition series*, Inorg. Chem. **8** (1969) Nr. 3, S. 474–480.

Reaktionsgleichung

$$[Cr^{III}(acac)_3] + 3\ Br\text{-}NC_4H_4O_2 \rightarrow [Cr^{III}\{3\text{-}Br\text{-}(acac\text{-}H)\}_3] + 3\ C_4H_5O_2N$$

Synthesevorschrift Zu einer Lösung von 0.014 mol (5,0 g) Chrom(III)-acetylacetonat, [Cr(acac)3] (→ Präparat 42) in 75 ml Chloroform werden 0,044 mol (8,0 g) N-Bromsuccinimid gegeben [*N-Bromsuccinimid wird gereinigt durch Auflösen der Verbindung in einer geringen Menge siedenden Wassers und schnelles Abfiltrieren der heißen Mischung in ein Becherglas. Die ausgeschiedenen weißen Kristalle werden abfiltriert und in einem Vakuumexsikkator getrocknet. Ungereinigtes Edukt führt zu Ausbeuteverlusten!*] und die Mischung 5 min zum Sieden erhitzt. Dabei muss kräftig gerührt werden, um einen Siedeverzug zu vermeiden. Die ursprünglich violettfarbene Lösung wird tiefgrün, und es bildet sich ein brauner Niederschlag. Die Mischung wird in eine Abdampfschale überführt und das Lösungsmittel in einem Luftstrom abgetrennt. Der braune Niederschlag wird auf einer Filternutsche gesammelt und zuerst mit 15 ml 95 %igem Ethanol, dann mit zwei 15 ml-Portionen einer 5 %igem wässerigen Natriumhydrogensulfit-Lösung, danach mit 20 ml Wasser, gefolgt von zwei 20 ml-Portionen heißem 95 %igem Ethanol gewaschen. Obwohl die ethanolische Waschlösung sich grün färbt, geht nur wenig Produkt bei diesem Verfahrensschritt verloren. Das luftgetrocknete braune Pulver wird in 50 ml siedendem Benzen gelöst, die Lösung filtriert und mit 100 ml siedendem n-Heptan vereinigt. Die Mischung wird dann im Verlaufe von 4 Stunden auf Raumtemperatur gekühlt, danach in ein Eisbad gebracht und filtriert. Die braunen Kristalle werden mit zweimal je 10 ml von 95 %igem Ethanol gewaschen und an der Luft getrocknet. Die Ausbeute beträgt 70 bis 75 % der Theorie (5,8 bis 6,2 g).

Eigenschaften

$C_{15}H_{18}Br_3CrO_6$ MM 586,0   C 30,74   H 3,10   Br 40,91   Cr 8,87   O 16,38 %

Dunkelrotbraune Kristalle, Schmp.: 227–229 °C. Löslich in Benzen mit grüner Farbe.

Der Komplex bildet ein stabiles Addukt mit Chloroform (Schmp.: 240–241°C).

UV-Spektrum (CHCl$_3$): λ_{max}=358 nm (ε=13.070); IR-Spektrum: (CHCl$_3$)[cm^{-1}]: 1.549, 1.451, 1.422, 1.413, 1.358, 1.341, 467, 440; in CH$_2$Cl$_2$: 467, 441, 381, 375, 352.

Präparat 54: Bis(3-benzoyl-1,1-diethylthioureato)-nickel(II),

$[Ni(C_2H_5)_2N\text{-}C(S)N\text{-}CO\text{-}C_6H_5\}_2]$ und 3-(Chloro-phenyl-methylen)-1,1-diethylthio-harnstoff, $(C_2H_5)_2N\text{-}C(S)\text{-}N = C(Cl)\text{-}C_6H_5$

Literatur

1. Beyer, L.; Hoyer, E.; Hennig, H.; Kirmse, R.; Hartmann, H.; Liebscher, J.: *Synthese und Charakterisierung neuartiger Übergangsmetallchelate von 1,1-Dialkyl-3-benzoylthioharnstoffen*, J. prakt. Chem. **317** (1975) Nr. 5, S. 829–839.
2. Beyer, L.; Hartung, J.; Widera, R.: *Reaktionen an nickel(II)-koordinierten N-Acylthioharnstoffen mit Säurechloriden. Ein einfacher Zugang für neue Thioharnstoffderivate*, Tetrahedron **40** (1984) S. 405–412.

Zusatzliteratur

Schuster, M.; König, K. H.: *Chromatographie von Metallchelaten. XVIII. Einfluss der Koordination auf die chromatographischen Eigenschaften von N, N-Dialkyl-N'-benzoylthioharnstoffchelaten*, Fresenius Zeitschr Analyt. Chem. **331** (1988) Nr. 3–4, S. 383–386.

Del Campo, R.; Criado, J.; Garcia, E.; Hermosa, M.; Jimenez-Sacnchez, A.; Manzano, J. L.; Monte E.; Rodriguez-Fernandez, E. Sanz, F.: *Thiourea derivatives and their nickel(II) and platinum(II) complexes: Antifungal activity*, J. Inorg. Biochem. **89** (2002) Nr. 1–2, S. 74–82.

Reaktionsgleichungen

1. $2\,(C_2H_5)_2\,N\text{-}CS\text{-}NH\text{-}CO\text{-}C_6H_5 + Ni(CH_3COO)_2 \cdot 4\,H_2O$
   $\rightarrow [Ni\{(C_2H_5)_2\,N\text{-}C(S)N\text{-}CO\text{-}C_6H_5\}_2] + 2\,CH_3COOH + 4\,H_2O$

2. $[Ni\{(C_2H_5)_2\,N\text{-}C(S)N\text{-}CO\text{-}C_6H_5\}_2] + 2\,SOCl_2$
   $\rightarrow 2\,(C_2H_5)_2\,N\text{-}C(S)\text{-}N=C(Cl)\text{-}C_6H_5 + NiCl_2 + 2\,SO_2$

Synthesevorschriften 1. *Bis(3-benzoyl-1,1-diethylthioureato)nickel(II)*, $[Ni\{(C_2H_5)_2N\text{-}C(S)$ $N\text{-}CO\text{-}C_6H_5\}_2]$

Ligand: 3-Benzoyl-1,1-diethylthioharnstoff

Zu einer Lösung von Benzoylisothiocyanat, $C_6H_5\text{-}CONCS,$, hergestellt durch Zugabe von <u>0,4 mol (56 g) Benzoylchlorid, $C_6H_5\text{-}COCl$</u>, zu einer siedenden Mischung von <u>0,4 mol (39 g) Kaliumthiocyanat, KSCN, in 200 ml Aceton</u> und zweistündigem Kochen am Rückfluss, werden <u>0,5 mol (37 g) Diethylamin, $(C_2H_5)_2NH$</u>, zugetropft. Das Reaktionsgemisch wird 15 min stehen gelassen und anschließend in <u>600 ml halbkonzentrierte Salzsäure</u>, mit Eiswürfeln versetzt, eingebracht. Das abfiltrierte Produkt wird 2 Male aus <u>je 100 ml Ethanol</u> umkristallisiert. Die Ausbeute beträgt über 90 % d. Theorie.

Weiße Prismen und Nadeln, Schmp.: 100–101 °C.

Bis(3-benzoyl-1,1-diethylthioureato)nickel(II): <u>0,01 mol (2,36 g) des Liganden</u> in Methanol werden mit mit <u>0,005 mol (1,2 g) Nickel(II)-acetat-tetrahydrat, $Ni(CH_2COO)_2 \cdot 4H_2O$</u> in Methanol unter Erwärmen versetzt. Es wird abgekühlt, über Nacht im Kühlschrank belassen, und danach abfiltriert. Die Umkristallisation erfolgt aus wenig Chloroform. Die Ausbeute beträgt 2,1 g.

Eigenschaften

$C_{24}H_{30}N_4NiO_2S_2$ MM 529, 3 C 54, 46 H 5, 7 N 10, 58 Ni 11, 09 O 6, 04
S 12, 11 %

Rotbraune Kristalle, Schmp.: 138–139 °C.

2. 3-(Chloro-phenyl-methylen)-1,1-diethylthioharnstoff

0,1 mol (52,9 g) Bis(1,1-diethyl-3-benzoyl-thioureato)nickel(II), [Ni{(C₂H₅)₂ N-C(S)
N-CO-C₆H₅}₂], (→ 1.) werden in 600 ml getrocknetem Tetrachlorkohlenstoff bei Raumtemperatur gelöst bzw. suspendiert. Dazu gibt man unter ständigem Rühren tropfenweise 0,2 mol (23,8 g) Thionylchlorid, SOCl₂, in 50 ml CCl₄ im Verlaufe einer halben Stunde hinzu. An der Gefäßwand scheidet sich während der Reagenzzugabe ein gelbgrüner Niederschlag ab. Es wird noch eine halbe Stunde schwach erwärmt. Es wird abgesaugt, mit 50 ml heißem CCl₄ gewaschen, und die vereinigten gelbfarbigen Filtrate werden auf weniger als die Hälfte des Volumens schonend eingeengt. Es scheiden sich beim Abkühlen gelbe Kristalle ab, die aus Aceton oder Dioxan umkristallisiert werden. Sie werden im Vakuum getrocknet und sind im Kühlschrank über längere Zeit haltbar. Ausbeute: ca. 50 % d.Theorie

Eigenschaften

$C_{12}H_{15}ClN_2S$ MM 254, 8 C 56, 57 H 5, 93 Cl 13, 92 N 11, 00 S 12, 59 %

Gelbe Kristalle, über längere Zeit im Kühlschrank haltbar; Schmp.: 109°C (Aceton).
Infrarotspektrum (KBr): ν_C = N 1.640 cm⁻¹; 1 H- NMR-Spektrum (DMSO-d₆) δ [ppm]: 8,19–7,55 m C₆H₅; 3,9 q u. 3,45 q CH₃-C$\underline{H}_2$-N <; 1,26 tu. 1,12 tC$\underline{H}_3$-CH₂-N < (Verdopplung der Protonensignale infolge behinderter Rotation); ESCA-Spektrum [eV, Referenz C1s 285,0] N1s 399,5 –N =; 400,5 –N <; S2p 162,0 = S.

2.2.6 Synthesen mittels Template-Reaktionen

Präparat 55: 5,7,12,14-Tetramethyl-2,3,9,10-benzo₂-14-hexaenato(2)N₄-nickel(II), [C₂₂H₂₂N₄Ni], [NiL]

Literatur

Heyn, B.; Hipler, B.; Kreisel, G.; Schreer, H.; Walther, D.: *Anorganische Synthesechemie-ein integriertes Praktikum*, Springer-Verlag Berlin-Heidelberg New York-London-Paris-Tokyo, 1987, S. 136–137.

Zusatzliteratur

Jäger, E.-G.: *Aminomethylen-ß-dicarbonyl-Verbindungen als Komplexliganden. V. Konjugierte, ungesättigte Neutralkomplexe mit quadridentaten, makrozyklischen Liganden*, Z. Anorg. Allg. Chem. **364** (1969) Nr. 3–4, S. 177–191.

Eilmes, J.: *Benzoylation of macrocyclic Jaeger type nickel(II) complexes and an efficient demetalation of γ,γ'-dibenzoylated products*, Polyhedron **4** (1985) Nr. 6, S. 943–946.

Schumann, H.: *Synthesis and spectroscopic studies on nickel complexes with substituted dibenzotetraaza[14]annulenes*, Zeitschr. Naturforsch. B **51** (1996) Nr. 7, S. 989–998.

Reaktionsgleichung

$$2\ o\text{-NH}_2\text{-C}_6\text{H}_4\text{-NH}_2 + 2\ \text{Hacac} + \text{Ni(OOCCH}_3)_2 \cdot 4\ \text{H}_2\text{O} \rightarrow \text{NiL}$$
$$+ 2\ \text{CH}_3\text{COOH} + 8\ \text{H}_2\text{O}$$

Synthesevorschrift In einem 500 ml-Zweihalskolben werden <u>0,1 mol (24,9 g) Nickel(II)-acetat-tetrahydrat, Ni(OOCCH$_3$)$_2$·4H$_2$O,</u> mit <u>0,2 mol (21,6 g) o-Phenylendiamin, o-NH$_2$-C$_6$H$_4$-NH$_2$,</u> versetzt. Anschließend gibt man <u>0,2 mol (20,0 g) frisch destilliertes Acetylaceton, Hacac,</u> und <u>250 ml wasserfreies Methanol</u> hinzu. Danach wird der Kolben mit Hahnschliff sowie Rückflusskühler mit Blasenzähler bestückt, und es wird 4 Stunden unter Schutzgas am Rückfluss gekocht. Zunächst koordiniert das o-Phenylendiamin am zweiwertigen Nickel unter Bildung eines gelbgrünen Komplexes, der ausfällt. Innerhalb einer Stunde entsteht eine blaugrüne Lösung. Nach einer Reaktionszeit von mindestens 48 Stunden lässt man abkühlen, filtriert das Produkt ab, wäscht mit Methanol und trocknet an der Luft. Zur Reinigung werden 5 g des Komplexes in <u>75 ml Toluen</u> umkristallisiert. Nach dem Erkalten gibt man <u>50 ml wasserfreies Methanol</u> zu. Nach Stehen im Kühlschrank fallen dunkelblaue Kristalle aus, die abfiltriert und mit Methanol gewaschen werden. Die Ausbeute beträgt 45 %, bezogen auf Nickel(II)acetat.

Eigenschaften

$C_{22}H_{22}N_4Ni$ MM 401, 1   C 65, 87   H 5, 53   N 13, 97   Ni 14, 63 %

Dunkelgrünblaue Kristalle, leicht löslich in Benzen, löslich in CHCl$_3$, Dioxan, CCl$_4$. Bei Umkristallisation aus p-Xylol entsteht ein 1:1-Solvat, das bei Erhitzen auf 150°C solvatfrei wird. Durch verdünnte Säure wird der Komplex gespalten. Die solvatfreie Substanz schmilzt unscharf bei 240°C. Das Xylol-Addukt schmilzt bei 122°C. VIS-Spektrum (CHCl$_3$): λ_{max} = 430 nm (lgε = 3,87). Magnetisches Verhalten: diamagnetisch

Anwendung Modellsubstanz für die Untersuchung reversibler Sauerstoffaufnahme/-abgabe.

Präparat 56: 5,7,7.12,14,14-Hexamethyl-1,4,8,11-(tetraazacyclotetra-4,11-dien)-nickel(II)-thiocyanat-monohydrat, [C$_{16}$H$_{30}$N$_4$Ni](SCN)$_2$·H$_2$O; [NiL]

Literatur

Heyn, B.; Hipler, B.; Kreisel, G.; Schreer, H.; Walther, D.: *Anorganische Synthesechemie-ein integriertes Praktikum*, Springer-Verlag Berlin-Heidelberg New York-London-Paris-Tokyo, 1987, S. 138/39 (nach einer Synthesevorschrift von E.-G. Jäger).

Zusatzliteratur

Gainsford, G. J.; Curtis, N. F.: *Tetracyanonickelate(II)-compounds of some (tetraazamacrocycle)-nickel(II)cations*, Austr. J. Chem. **37** (1984) Nr. 9, S. 1799–1816.

Curtis, N. F.: *Nickel(II) complexes of two isomeric cyclic tetra-amines and dehydro-derivatives with one to four imine donor groups*, Chem. Commun. (London) **1966** (23) S. 881–883.

Reaktionsgleichungen

1. Ni (SCN)$_2$ + 3 en → [Ni(en)$_3$] (SCN)$_2$

2. [Ni(en)$_3$] (SCN)$_2$ + 4 (CH$_3$)$_2$CO → NiL + 3H$_2$O + en

Synthesevorschriften

1. In einem Becherglas werden 0,5 mol (87,0 g) Nickel(II)-thiocyanat (darstellbar aus Nickel(II)-carbonat und wässeriger Rhodanwasserstoffsäure) in etwa 400 ml Wasser gelöst. Diese Lösung versetzt man vorsichtig mit 1,0 mol (60 g) Ethylendiamin, en. Unter starker Wärmeentwicklung entsteht ein violetter Komplex, der beim Abkühlen auskristallisiert. Man saugt die Verbindung über einen Büchnertrichter ab, wäscht mit einem Gemisch aus Methanol und Diethylether und trocknet an der Luft.

2. 0,04 mol (15,0 g) Tris(ethylendiamin)nickel(II)-thiocyanat (→ 1.) werden in einem 250 ml Kolben mit Rückflusskühler mit 150 ml Aceton 10 Stunden lang am Rückfluss gekocht. Danach werden 100 ml des Acetons abdestilliert. Dabei scheidet sich die Zielverbindung in Form orangefarbener Kristalle ab, die abfiltriert und getrocknet werden. Beim Umkristallisieren aus Wasser erhält man das Monohydrat. Die Ausbeute beträgt 96 %, bezogen auf $[Ni(en)_3](SCN)_2$.

Eigenschaften

$C_{18}H_{32}N_6NiOS_2$ MM 471,3 C 45,87 H 6,84 N 17,83 Ni 12,45 O 3,39 S 13,61 %

Orangefarbene Kristalle, löslich in Wasser, Methanol und Aceton. Fällt in der Razematform an, geht beim Kochen in Wasser in die meso-Form über. Planar-quadratische Struktur; diamagnetisch.

Präparat 57: Kupferphthalocyanin, $[C_{32}H_{16}N_8Cu]$

Literatur Thiele, K.-H.(ff): *Lehrwerk Chemie AB 7, Reaktionsverhalten und Syntheseprinzipien*, Deutscher Verlag für Grundstoffindustrie Leipzig, 1976, S. 205.

Zusatzliteratur Brown, C. J.: *Crystal structure of ß-copper phthalocyanine*, J. of the Chem. Soc. A **1968** (10) S. 2488–2493.

Lozzi, S.; Santucci, S.; La Rosa, S.; Delley, B.; Picozzi, S.: *Electronic structure of crystalline copper phthalocyanine*, J of Chem. Phys. **121** (2004) Nr. 4, S. 1883–1889.

Hoshino, A.; Takenaka, Y.; Miyaji, H.: *Redetermination of the crystal structure of alpha-copper phthalocyanine grown on KCl*, Acta Cryst. B, **59** (2003) Nr. 3, S. 393–403.

Synthesevorschrift 0,03 mol (5 g) Phthalsäure werden mit 0,006 mol (1 g) Kupfer(II)-chlorid-dihydrat, $CuCl_2 \cdot 2H_2O$ sowie 0,4 mol (25 g) Harnstoff, $OC(NH_2)_2$, und etwa 50 mg Ammoniummmolybdat, als Katalysator in einer Reibschale sorgfältig miteinander verrieben. Anschließend wird die Mischung in einem Rundkolben mittels eines Öl- oder Sandbades etwa 6 Stunden lang auf eine Innentemperatur von 180 °C erhitzt. Nach dem Abkühlen kocht man das Reaktionsgemisch mit 2 N Salzsäure aus, saugt ab, behandelt den Filterrückstand etwa 10 min lang mit kalter 2 N Natriumhydroxid-Lösung, saugt die erhaltene blaue Substanz erneut ab, kocht nochmals mit 2 N Salzsäure, filtriert, wäscht mit Wasser, bis im Filtrat keine Chlorid-Ionen mehr nachweisbar sind und trocknet im Exsikkator. Die Ausbeute beträgt 3 bis 4 g.

Eigenschaften

$C_{32}H_{16}CuN_8$ MM 576,1 C 66,72 H 2,80 Cu 11,03 N 13,61 %

Dunkelblaue, metallisch glänzende Nadeln, unlöslich in Wasser und Alkoholen.

Triklin, Raumgruppe: P1 (quer); Gitterparameter: a = 12,886(2) Å, B = 3,769(3) Å, c = 12,061 Å; α = 96,22(7)°; β = 90,62(4)°; χ = 90,32(8)°. Z = 1; R = 0,024. Das Molekül ist eben, leicht gewellt.

2.2.7   Isolierung von Metallkomplexen aus Naturstoffen

Präparat 58: Hämin, $C_{34}H_{32}O_4N_4FeCl$

Literatur

Thiele, K.-H.(ff): *Lehrwerk Chemie AB 7, Reaktionsverhalten und Syntheseprinzipien*, Deutscher Verlag für Grundstoffindustrie Leipzig, 1976, S. 206.

Synthesevorschrift In einem 5-l-Rundkolben werden 2 l Eisessig und etwa 5 ml gesättigte Natriumchloridlösung auf eine Temperatur von 100°C erhitzt. Mittels eines Tropftrichters gibt man während des Erhitzens etwa 700 ml durch ein engmaschiges Tuch filtriertes Rinderblut in dünnem Strahl zu, ohne die Kolbenwand durch das Blut zu benetzen. Die Temperatur wird danach noch 15 min lang auf etwa 100°C gehalten. Beim langsamen Abkühlen scheidet sich kristallines Hämin aus, das bei einer Temperatur von etwa 45°C abgesaugt und nacheinander mit 50%iger Essigsäure, Wasser, Ethanol und Ether gewaschen wird. Die Ausbeute beträgt etwa 2 bis 3 g.

Eigenschaften

$C_{34}H_{32}ClFeN_4O_4$ MM 651,9   C 62,64   H 4,94   Cl 5,44   Fe 8,57   N 8,59   O 9,82 %

Dünne Plättchen oder Prismen; in der Durchsicht braun, in der Aufsicht blau glänzend; unlöslich in Wasser und verdünnten Säuren, löslich in starken Basen

Anwendung

Die fundamentale Aufgabe und das Ziel der Naturwissenschaft bestehen darin, die Geheimnisse der Natur für ein besseres Verständnis der uns umgebenden Welt und zum Nutzen für die Menschheit zu ergründen. Die Forschungen in der Koordinationschemie sind auf das Studium der Metallkomplexe und ihre vielseitige Anwendung orientiert. Wie wir gesehen haben, sind Komplexe Materialien, die sich aus einem oder mehreren Metallen und aus Liganden, organischen und anorganischen, zusammensetzen. Sie besitzen verschiedene Eigenschaften, die auf unterschiedlichen Feldern unserer Zivilisation genutzt werden können. In diesem Sinne findet die Koordinationschemie eine Anwendung in der Humanmedizin und in industriell technologischen Prozessen. Wir gehen davon aus, dass die vorangehenden Kapitel in diesem Buch ein Verständnis der aktuellen Anwendungen der Metallkomplexe erlauben.

3.1 Metallkomplexe in der Humanmedizin

Die Chemie, insbesondere die anorganische Chemie als die Mutter der Koordinationschemie, hat sich in ihren Anfängen in der Medizin und im Bergwesen etabliert und dort entwickelt. Die historische Entwicklung der Anwendung der Koordinationschemie in der Medizin sei an einigen Beispielen näher charakterisiert.

Erfolgreich verlaufende Heilungen einiger Krankheiten mit Hilfe von Wismut-, Antimon- und Silberverbindungen wurden von Georgius Agricola (1494–1555), dem Begründer der Montanwissenschaften und Autor des Buches „De re metallica" (1556) [C1] berichtet. G. Agricola arbeitete eine Zeit lang in der alten Bergstadt Joachimsthal (heute Jachimov, Tschechien) als Arzt. Johannes Agricola (1590–1668), berichtete über die Anwendung einer Gold-Lösung (*aurum potabile*) zur erfolgreichen Heilung einer todkranken Frau in Leipzig. Es kam ein Gold(III)-Komplex zur Anwendung, und die geheilte Frau lebte noch viele Jahre [C2]. Der berühmte Arzt des Mittelalters, Paracelsus (1493–1541), mit Namen Theophrastus Bombastus von Hohenheim, verwendete in Basel und Salzburg anorganische Substanzen als Heilmittel. Michael Heinrich Horn (1623–1681), der erste

L. Beyer, J. A. Cornejo, *Koordinationschemie*, Studienbücher Chemie,
DOI 10.1007/978-3-8348-8343-8_3,
© Vieweg+Teubner Verlag | Springer Fachmedien Wiesbaden 2012

Extraordinarius für Chymie an der Universität Leipzig von 1668 bis 1681, war gleichzeitig Leibarzt des Erzbischofs von Magdeburg und des Königs von Sachsen. Auch er benutzte chemische Substanzen für die Heilbehandlungen. Im Mittelalter stellten „Quacksalber" in ihren Laboratorien medizinische Produkte her, die sie auf Marktplätzen zur Schau stellten und verkauften.

Die Präsenz der Metalle und von organischen und anorganischen Liganden in lebenden Organismen ist essentiell. Die Bioaktivität der Metalle ist selbst dann, wenn diese nur in Spuren vorhanden sind, hochwirksam. Abhängig von der Funktion, die sie im Organismus ausüben, werden *Biometalle* als essentielle, nicht essentielle und toxische voneinander unterschieden. Zur Gruppe der essentiellen Biometalle gehören die Übergangsmetalle Eisen, Zink, Cobalt, Molybdän, Kupfer, Vanadium, Chrom, Mangan und Nickel. Sie sind nicht ersetzbar. Ihr Fehlen bewirkt schwere Störungen im Organismus. Viele dieser Biometalle sind in Form von Metallkomplexen in lebenden Organismen und Pflanzen enthalten. Die nicht essentiellen Biometalle bewirken natürliche biochemische Aktivitäten im lebenden Organismus, obschon sie nicht unersetzlich für ihn sind. Dagegen wirken toxische Metalle schädlich auf den lebenden Organismus. In der Tab. 3.1 sind die prozentualen Anteile der im menschlichen Körper enthaltenen Elemente zusammen mit einer Information über Mangelerscheinungen bzw. -krankheiten aufgeführt. Die essentiellen Bioelemente sind unterstrichen.

Von daher leitet sich die Notwendigkeit ab, entsprechende Medikamente zu entwickeln bzw. zu verabreichen, wenn Krankheiten durch den Mangel oder Überschuss an solchen Metallen verursacht worden sind. Zum Beispiel werden im Falle von Eisen-Mangel Eisenkomplexe verabreicht, denn Eisen ist ein essentieller Bestandteil im Blut (Abschn. 3.1). Ist dagegen Eisen im Überschuss im Organismus enthalten, können Erkrankungen die Folge sein. Beispiele dafür sind die als Eisenoxid-Lunge bekannte Siderose und die Hämachromatose, die auf einer überdurchschnittlichen, bis zu 10-fachen Ablagerung von Eisen im Organismus entstehen. In diesen Fällen werden zur Heilung Medikamente wie Desferrioxamin B verabreicht, die fähig sind, das überschüssige Eisen mittels Bildung stabiler Chelatkomplexe zu entfernen.

Sowohl bei Mangel an essentiellen Biometallen wie auch bei ihrem Überschusse finden pathologische Reaktionen im menschlichen Organismus statt. Paracelsus hatte erkannt, dass die Toxizität einer chemischen Verbindung von ihrer Konzentration im Organismus abhängt. Deshalb muss innerhalb bestimmter Grenzen ein konstantes Gleichgewicht im prozentualen Gehalt an essentiellen Bioelementen im Körper vorhanden sein. Diese Verträglichkeitsbereiche sind Ergebnis eines langen Evolutionsprozesses der Entwicklung der lebenden Organismen auf der Erde in der sie umgebenden Umwelt, abhängig von den existierenden Bedingungen (Wasser, gelöste Salze, aerobes bzw. anaerobes Medium, Temperatur, u. a.). Deshalb ist es nicht zufällig, dass die Häufigkeiten der Bioelemente in den Lebewesen und in der Erdkruste, einschließlich des Meerwassers, miteinander korrespondieren [C3]. Diese Kriterien sind gültig, wenn man die Metallkomplexe in therapeutischen oder diagnostischen Heilmitteln anwendet. Für die Behandlung einiger Erkrankungen ist es allerdings notwendig, dem Organismus Heilmittel zuzuführen, die einen relativ hohen

Tab. 3.1 Chemische Elemente im menschlichen Körper und ihr Masseanteil (in Gramm), bezogen auf eine Person mit einem Durchschnittsgewicht von 70 kg. Die essentiellen Biometalle sind unterstrichen und krankhafte Mangelerscheinungen angegeben

Element	Symbol	Masse (g)	Mangelerscheinungen
Sauerstoff	O	45.500	
Kohlenstoff	C	12.600	
Wasserstoff	H	7.000	
Stickstoff	N	2.100	
Calcium	Ca	1.050	Knochenwachstum
Phosphor	P	700	
Schwefel	S	175	
Kalium	K	140	
Chlor	Cl	105	
Natrium	Na	105	
Magnesium	Mg	35	Krämpfe
Eisen	Fe	4,2	Anämie; Störung des Immunsystems
Zink	Zn	2,3	Hauterkrankungen, verminderte Sexualität
Silicium	Si	1,4	
Rubidium	Rb	1,1	
Fluor	F	0,8	Zunahme von Karies
Zirkonium	Zr	0,3	
Brom	Br	0,2	
Strontium	Sr	0,14	
Kupfer	Cu	0,11	Arterien, Anfälligkeit für Hepatitis, Anämie
Aluminium	Al	0,10	
Blei	Pb	0,08	
Antimon	Sb	0,07	
Cadmium	Cd	0,03	
Zinn	Sn	0,03	
Iod	I	0,03	Disfunktion der Schilddrüse
Mangan	Mn	0,02	Unfruchtbarkeit, anomales Skelett
Vanadium	V	0,02	
Selen	Se	0,02	
Barium	Ba	0,02	
Arsen	As	0,01	
Bor	B	0,01	
Nickel	Ni	0,01	Hauterkrankungen, vermindertes Wachstum
Chromium	Cr	0,005	Diabetes-Symptone
Cobalt	Co	0,003	Perniziöse Anämie
Molybdän	Mo	<0,005	Vermindertes Zellwachstum, Karies
Lithium	Li	0,002	

prozentualen Anteil von Übergangsmetallen enthalten. Diese hohen Konzentrationen von Übergangsmetallen (Schwermetallen) können eine toxische Aktivität im menschlichen Körper herbeiführen. Zum Beispiel behindert Platin(II) aufgrund seiner Thiophilie die normale Funktion von schwefelhaltigen Enzymen. Die Toxizität gibt sich in den sogenannten Nebenwirkungen der Medikamente zu erkennen, die während der medizinischen Behandlung zu berücksichtigen sind.

Metallkomplexe werden heute in erheblichem Ausmaß für humanmedizinische Zwecke zur Therapie, zur Diagnostik und zur Aufrechterhaltung der Konzentration der Biometalle angewendet [C4], [C5].

3.1.1 Therapeutische Metallkomplexe

3.1.1.1 Cancerostatische Komplexe

Der Krebs ist eine Volkskrankheit unserer Zeit mit einer hohen Sterblichkeitsrate. Deshalb besitzen Forschungen zur Entwicklung wirksamer Medikamente höchste Priorität.

Platinkomplexe-Historisches

Barnett Rosenberg (1926–2009) und seine Mitarbeiter [C6] beobachteten 1965 bei Elektrolyseexperimenten an Platinelektroden, dass die Zellteilung von Bakterien des Typs *Escherichia coli* durch ein Elektrolyseprodukt gehemmt wurde. Das ursprüngliche Ziel des Experimentes bestand darin, den Einfluss des elektrischen Feldes auf das Wachstum solcher Bakterien bei Tageslicht zu studieren. Die Elektrolytlösung enthielt dabei Chlorid- und Ammoniumionen. Im Ergebnis des Versuches wurde die Zellteilung der Bakterien gehemmt. Ursache dafür war die Bildung der Komplexverbindung $(NH_4)_2[Pt^{IV}Cl_6]$, die durch eine geringfügige Auflösung des Platins der ursprünglich als „inert" angesehenen Elektroden unter den gegebenen Bedingungen zustande gekommen war. Am Tageslicht zersetzt sich dieser Komplex unter Bildung von Diammindichloroplatin(II), *cis*-$[Pt^{II}Cl_2(NH_3)_2]$, und Freisetzung von HCl. Solche Platinkomplexe sind verantwortlich für die Hemmung der Zellteilung. Im Jahre 1969 berichteten diese Forscher über die cancerostatische Aktivität der Platinverbindungen in der Publikation „*Platin Compounds: a New Class of Potent Antitumour Agents*" [C7]. Sie hatten nachgewiesen, dass *cis*-$[Pt^{IV}Cl_4(NH_3)_2]$; *cis*-$[Pt^{II}Cl_2(NH_3)_2]$; $[Pt^{II}Cl_2(en)]$ und $[Pt^{IV}Cl_4(en)]$ das Wachstum von Tumorzellen des Typs *sarcoma 180* und *leucemia* L 1210 in Ratten hemmen. Dieses Ergebnis führte zur Schlussfolgerung, dass Metallkomplexe eine neue Klasse von Antitumor-Mitteln bilden. Das *cis*-Diammindichloro-platin(II), *cis*-$[PtCl_2(NH_3)_2]$, kommerziell bekannt als Cisplatin®, Platinex®, Platinol®, ist bis jetzt ein effektiv wirksames Cancerostatikum gegen die Tumore im Eierstock, Hoden, Prostata, Blase, Bronchien und andere [C8].

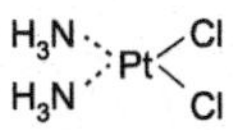

Cisplatin; Peyrones Salz
(I)

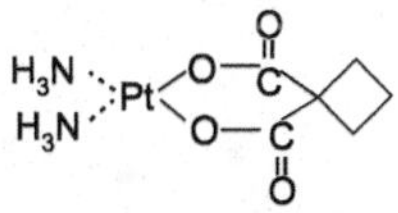

Carboplatin
(II)

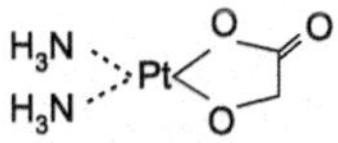

Nedaplatin
(III)

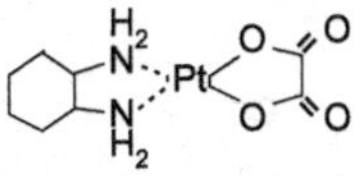

Oxalipatin
(IV)

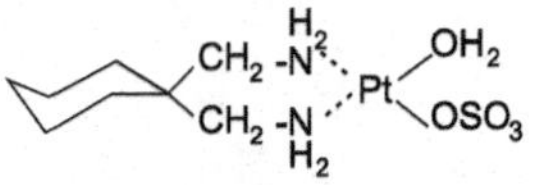

Spiroplatin
(V)

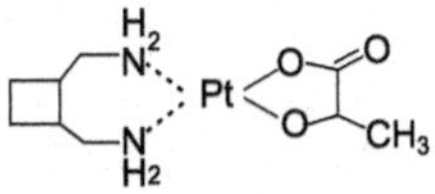

Lobaplatin
(VI)

Abb. 3.1 Cancerostatisch wirksame Platin(II)-Komplexe

Die Chemie der Platinkomplexe und die Mechanismen ihrer cancerostatischen Aktivität

Platin(II)-Komplexe

In der Abb. 3.1 sind bedeutende cancerostatische Platin(II)-Komplexe aufgeführt. Zahlreiche weitere Platin-Komplexe [C9] und analoge Palladium(II)-Komplexe wurden synthetisiert und ausgeprüft [C10].

Die Synthese von *Cisplatin* wurde detailliert im Abschn. 2.1 (→Präparat 47) beschrieben. Der Mechanismus der Synthese über den *trans*-Effekt ist im Abschn. 1.5 erläutert.

Diese Platinkomplexe besitzen einige bemerkenswerte gemeinsame Eigenschaften, die wir bezüglich ihrer cancerostatischen Aktivitäten und ihrer Anwendungen als Medikamente hervorheben:

- *cis*-Anordnung der Liganden, die Stickstoff-Donoratome enthalten („stabile" *Lig*anden)
- saure Liganden, die substituiert werden („labile"-, bzw. Abgangsliganden)
- Vorhandensein von NH-Gruppen, die Wasserstoffbrücken ausbilden können
- lipophile und räumlich anspruchsvolle Gruppen (siehe Carboplatin, Spiroplatin)
- Löslichkeit in Wasser, z. B. lösen sich 0,25 g *cis*-$[Pt^{II}Cl_2(NH_3)_2]$ in 100 ml Wasser
- Oxidationszahl II des Platins

Der Hydrolyse-Mechanismus

Der Hydrolyse-Mechanismus der Platinkomplexe vermittelt einen ersten Hinweis über das Verhalten im menschlichen Körper und zur hydrolytischen Stabilität dieser Medikamente. Die Verabreichung solcher Medikamente erfolgt intravenös in wässeriger Lösung. Sie werden deshalb in wässeriger Lösung präpariert und aufbewahrt.

Die Abb. 3.2 zeigt ein Hydrolyse-Schema von *cis*-$[Pt^{II}Cl_2(NH_3)_2]$ bei unterschiedlichen pH-Werten:

Die intakten elektroneutralen Moleküle (Ionenpaare) diffundieren durch das Zytoplasma der Tumorzellen über Zellmembranen. Im Zellinneren ist die Chloridionen-Konzen-

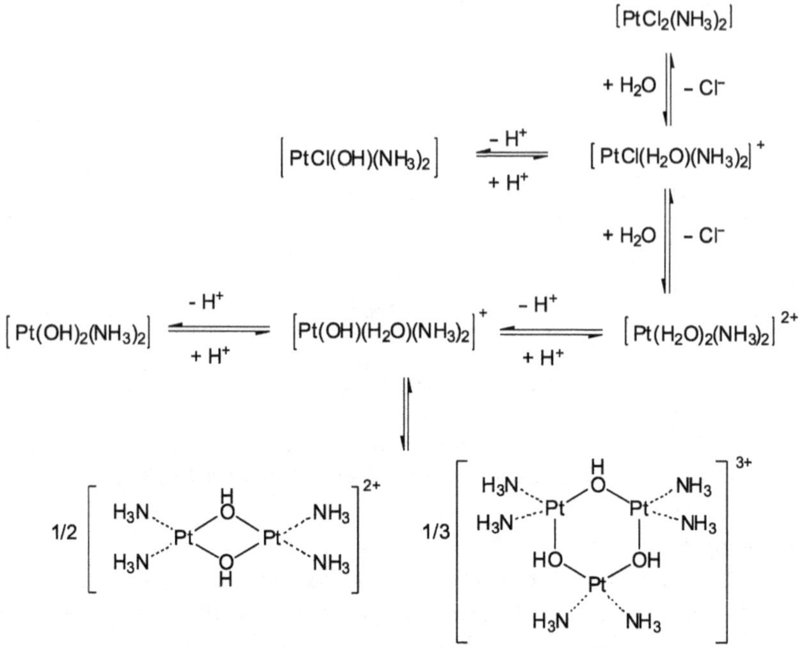

$$[PtCl_2(NH_3)_2]$$

$$+ H_2O \Big\updownarrow - Cl^-$$

$$[PtCl(OH)(NH_3)_2] \xrightleftharpoons[+ H^+]{- H^+} [PtCl(H_2O)(NH_3)_2]^+$$

$$+ H_2O \Big\updownarrow - Cl^-$$

$$[Pt(OH)_2(NH_3)_2] \xrightleftharpoons[+ H^+]{- H^+} [Pt(OH)(H_2O)(NH_3)_2]^+ \xrightleftharpoons[+ H^+]{- H^+} [Pt(H_2O)_2(NH_3)_2]^{2+}$$

Abb. 3.2 Schema der Hydrolyse-Reaktionen von *cis*-[PtCl$_2$(NH$_3$)$_2$] mit den bei variierten pH-Werten auftretenden Komplexspezies, darunter monomere, dimere und trimere OH-verbrückte Spezies. (Aus: Lippert, B.; Beck, W.: Chemie in unserer Zeit **17** (1983) S. 193 (Abb. 4))

tration limitiert. Dies begünstigt die Hydrolyse der labilen Chloro-Liganden des Komplexes. Die Chloro-Liganden werden in Abhängigkeit vom pH-Wert durch H$_2$O- bzw. OH$^-$-Liganden substituiert. Im Falle des *Cisplatins* ist die aktivste Komplexspezies das Kation *cis*-[Pt^{II}Cl(H$_2$O)(NH$_3$)$_2$]$^+$. Andere kationische bzw. neutrale aktiv cancerostatisch wirkende Komplexspezies sind *cis*-[Pt^{II}(H$_2$O)$_2$(NHR$_2$)$_2$]$^{2+}$; *cis*-[Pt^{II}(OH)(H$_2$O)(NHR$_2$)$_2$]$^+$; *cis*-[Pt^{II}Cl(OH)(NHR$_2$)$_2$] und *cis*-[Pt^{II}(OH)$_2$(NHR$_2$)$_2$].

Die Bildung von di- und polynuclearen Spezies (Abb. 3.2) ist ebenfalls zu berücksichtigen. Diese sind cancerostatisch unwirksam. Die koordinierten Liganden H$_2$O bzw. OH$^-$ können ihrerseits durch andere Liganden substituiert werden (siehe unten). Die Kationen können an das Polyanion der Desoxyribonucleinsäure (DNA) diffundieren und sich leicht an die $-PO_4H^-$ – Reste anlagern. Prinzipiell erfolgt die Hydrolyse der anderen, in der Abb. 3.1 aufgeführten, Komplexe nach ähnlichen Mechanismen. Ein erheblicher Unterschied dieser Komplexe im Vergleich mit *Cisplatin* besteht in ihrer erleichterten Diffusion durch die Zellwände aufgrund höherer Lipophilie, verursacht durch die organischen Reste R, und eine verzögerte Hydrolyse wegen deren sterischen Wirkungen, die den nukleophilen Angriff von H$_2$O bzw. OH$^-$ auf das Zentralatom vermindern. Dies hat eine größere Aufenthaltswahrscheinlichkeit in den Zellen verbunden mit einer höheren Effizienz der Wirksamkeit zur Folge. So betragen im Blutplasma die Halbwertszeiten von *Carboplatin*:

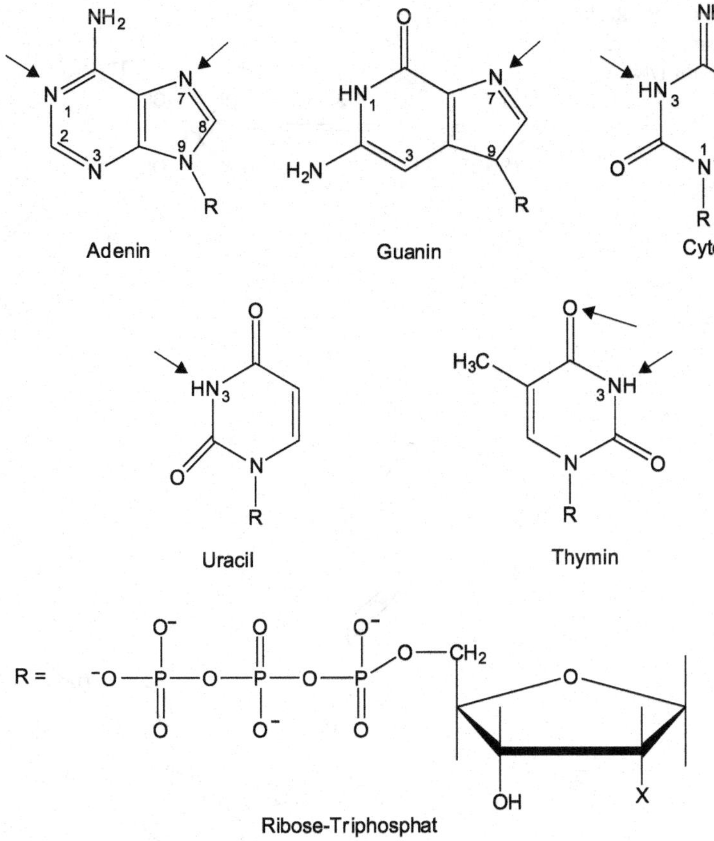

Abb. 3.3 Die Purinbasen Adenin, Guanin, Cytosin, Uracil und Thymin sowie Ribosetriphosphat (R) als Strukturbausteine der DNA. Die Pfeile zeigen die Koordinationsstellen von Platin(II) bei der Komplexbildung mit DNA an

30 Stunden und 1,5 bis 3,5 Stunden bei einer Temperatur von 37 °C. Die Hydrolysekonstante von *Cisplatin* ist $k_1 = 75,9 \cdot 10^{-6}$ s^{-1} (310 K; 0,32 M KNO$_3$).

Die Wechselwirkung mit der DNA

Die Wechselwirkung der aktiven Komplexspezies mit der DNA erfolgt über die Stickstoff-Donoratome der Purin-Basen Guanin, Citosin, Adenin und Thymin bevorzugt an den Positionen, die in der Abb. 3.3 mit einem Pfeil markiert sind.

Die Abb. 3.4 zeigt in schematischer Form die Koordination der Spezies *cis*-[Pt^{II}Cl(H$_2$O) (NH$_3$)$_2$]$^+$ an zwei Struktureinheiten von Purinbasen in einem (intra) DNA-Strang [C11a; C11b]. Eine Koordination zwischen (inter) zwei DNA-Strängen bei einigen cancerostatisch wirkenden Platin-Komplexen, zum Beispiel *trans*-[Pt^{II}Cl$_2$(pyr)$_2$] und *trans*-[Pt^{IV}Cl$_2$ (OH)$_2$(NH$_3$)(H$_2$N–C$_6$H$_{11}$)] wurde ebenfalls nachgewiesen.

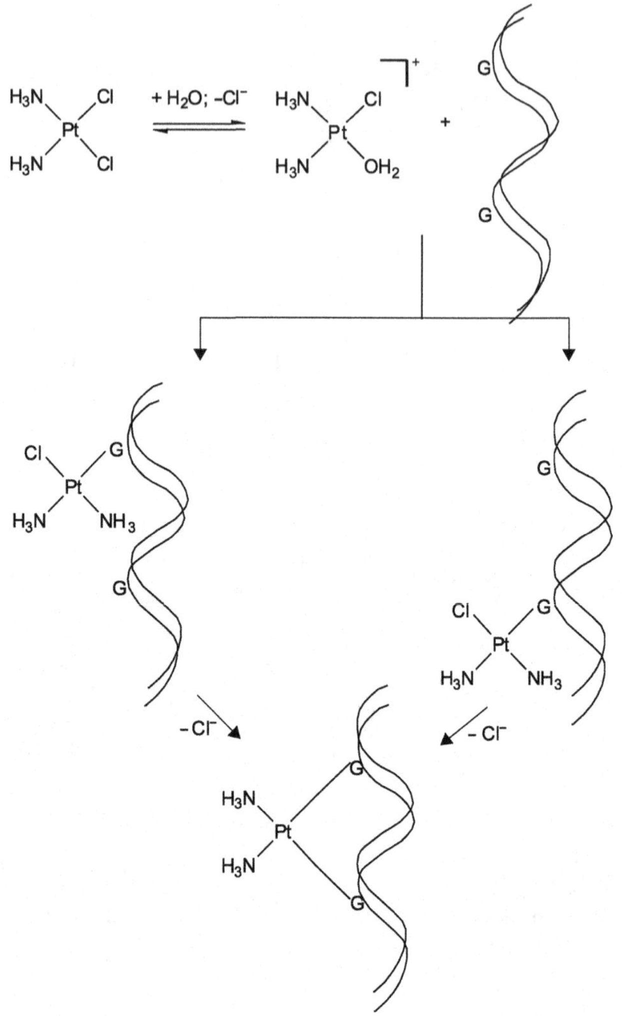

Abb. 3.4 Schema des Reaktionsmechanismus von *cis*-[PtCl$_2$(NH$_3$)$_2$] mit DNA

Die beiden Stränge der DNA-Doppel-Helix sind miteinander über Wasserstoffbrücken zwischen den Purin-Basen verbunden. Diese sogenannten *Watson–Crick-Paare* sind gegeneinander wegen des helicoidalen Charakters der DNA geneigt (Abb. 3.5 und 3.6).

Wegen der Einwirkung und Koordination der Platin(II)-Spezies werden diese Wasserstoffbrücken gelöst.

Dadurch bildet sich eine neue Anordnung der Doppel-Helix mit anderen Bindungswinkeln innerhalb ihrer Bausteine heraus (Abb. 3.6).

Dieser Sachverhalt muss die Ursache dafür sein, dass keine Replikation der DNA in unnatürlicher, pathologischer Weise stattfinden kann, und deshalb wird das Zellwachstum von Tumoren beeinträchtigt. Kürzlich (2009) wurde erkannt, dass auch die Wechselwirkung mit anderen Zellbestandteilen, insbesondere zellulären Transportsystemen, zu beachten ist.

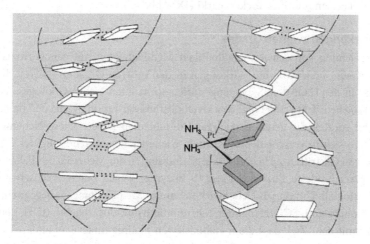

Abb. 3.5 Watson–Crick-Basenpaar von Cytosin und Guanin. *Rechtsseitig:* Vereinfachte Modellvorstellung des Watson–Crick-Basenpaares. (Aus: Lippert, B.; Beck, W.:Chemie in unserer Zeit **17**(1983) S. 197 (Abb. 12a))

Abb. 3.6 Schematische Darstellung der Anordnung von Watson–Crick-Paaren zwischen zwei helicalen DNA-Strängen (*linksseitig*). Schematische Darstellung bei der Störung der beiden DNA-Stränge bei Koordination von *cis*-[PtCl$_2$(NH$_3$)$_2$] (*rechtsseitig*). (Aus: Lippert, B.; Beck, W.: Chemie in unserer Zeit **17** (1983) S. 194 (Abb. 6a, b))

Platin(VI)-Komplexe und Fotoaktivität

Platin(IV)-Komplexe sind im Vergleich mit Platin(II)-Komplexen weniger aktiv. Trotzdem ist dieser Vergleich nur relativ. Einige Komplexe, wie das *Iproplatin*, *cis*-Dichloro-*trans*-dihydroxo-bis(isopropylamin)-platin(IV), [Pt^{IV}Cl$_2$(OH)$_2${(CH$_3$)$_2$CHNH$_2$}] (VII, Abb. 3.7), und das *trans-cis*-[Pt^{IV}I$_2$(OCOCH$_3$)$_2$(en)] (VIII, Abb. 3.7) besitzen Zytotoxizität, letzteres von 35 % gegenüber Tumorzellen in der Harnblase. Der Wirkmechanismus der Platin(IV)-Komplexe besteht darin, dass bei der Bestrahlung mit Licht der Wellenlänge >375 nm eine Zersetzung des Platin(IV)-Komplexes in eine *cis*-Platin(II)-Spezies erfolgt, die effizienter ist [C12]. Außerdem sind Platin(IV)-Komplexe kinetisch stabiler als die Platin(II)-Komplexe. Dieser Vorteil gestattet die Verabreichung der Medikamente in

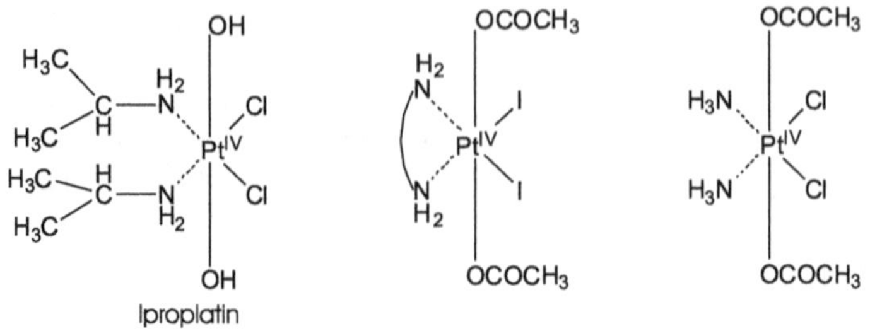

Abb. 3.7 Oktaedrische Platin(IV)-Komplexe mit cancerostatischer Wirkung

oraler und nicht in intravenöser Form, wie im Falle des Komplexes IX, welcher aktiv gegen Tumoren in Lungen und Eierstöcken wirkt (IX, Abb. 3.7).

Wechselwirkungen zweiten Grades

Die Verabreichung von schwermetallhaltigen Medikamenten mit cancerostatischer Aktivität verursacht unerwünschte Wirkungen in den inneren Organen (Nieren, Leber), im Skelett und in der Haut u. a. Sie erzeugen die sogenannten Nebenwirkungen. Normalerweise sind solche Effekte eine Folge des Metabolismus der Produkte, die den menschlichen Körper und speziell die genannten Organe durchlaufen haben. Diese Nebenwirkungen manifestieren sich in verschiedenen Formen, wie einer Beeinträchtigung des Gehörs, des Auftretens von Gastritis, im Haarausfall u. a., und sind in der Mehrzahl der Fälle verursacht durch eine verminderte Enzymwirkung (S-Enzyme) wegen deren Wechselwirkung mit dem Schwermetall. Um diesen Nebenwirkungen der Medikamente zu begegnen, wird zusätzlich Thioharnstoff, $SC(NH_2)_2$, oder Natriumdiethyldithiocarbamat, $(C_2H_5)_2NC(S)SNa$, verabreicht mit dem Ziel, dass die metabolisierten Platinkomplexe an andere organische, zytotoxische Heilmittel assoziiert werden, die die genannten Probleme zumindest partiell vermindern helfen.

Organometallkomplexe und Metallkomplexe von Titan, Niob, Tantal, Vanadium, Wolfram, Molybdän, Gold, Ruthenium, Iridium, Rhodium und Eisen

Petra Köpf-Maier und Hartmut Köpf erkannten 1979 die cancerostatische Aktivität von Titanocendichlorid, $(C_5H_5)_2TiCl_2$ (Abkürzung: C_5H_5= Cp); [C13] (X, Abb. 3.9) und prüften danach die cancerostatische Aktivität weiterer Metallocendihalogenide, $CpMX_2$ (M=Ti, Nb, Ta, V, W und Mo; X=Cl, Br, I, NCS u. a.) [C14], [C15], [C16]. Die Verbindungen Cp_2ZrCl_2 und Cp_2HfCl_2 zeigen im Vergleich zu den vorher genannten Metallocendihalogeniden und cis-$[Pt^{II}Cl_2(NH_3)_2]$ keine cancerostatische Aktivität. Daraus lässt sich schlussfolgern, dass dem Bindungswinkel < XMX bzw.< ClMCl eine entscheidende Rolle für die cancerostatische Aktivität dieser Verbindungen zukommt. In der Abb. 3.8 sind die Bindungswinkel < ClMCl und die resultierenden Bindungsabstände zwischen den jeweils beiden Chloroliganden eingezeichnet.

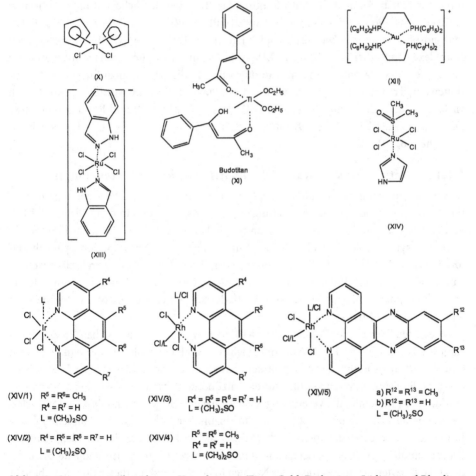

Abb. 3.8 Bindungswinkel <ClMCl [°] (M = Mo, V, Nb, Ti, Hf, Zr) und Atomabstände Cl...Cl [Å] in Metallocendichloriden, Cp_2MCl_2, im Vergleich mit dem Bindungswinkel <ClPtCl [°] und dem Atomabstand Cl...Cl [Å] in *cis*-$[PtCl_2(NH_3)_2]$. (Aus: Köpf, H., Köpf-Maier, P.: Nachr. Chem. Techn. Lab. **29** (1981), S. 155 (Abb. 4))

Abb. 3.9 Cancerostatisch wirksame Komplexe von Titan, Gold, Ruthenium, Iridium und Rhodium

Titanocendichlorid, Cp_2TiCl_2, ist ein sehr wirksames Medikament gegen verschiedene Tumore im menschlichen Körper, u. a. Tumore des Magens und der Brust. Dagegen wirkt es nicht gegenüber Tumoren des Kehlkopfes und des Hirns. Ein Komplex des Titan(IV) mit cancerostatischer Aktivität ist das *Budotitan*, Bis(ß-diketonato)-bis(ethoxydato)titan(IV), (XI, Abb. 3.9). Der Vorteil der Titan-Komplexe besteht darin, dass sie über eine Anbindung an das Serumtransferrin an die Tumorzellen transportiert werden können, wohingegen der Nachteil wegen ihres raschen hydrolytischen Zerfalls kompensiert werden kann durch Auflösen des Heilmittels in 1,2-Propylenglycol [C17]. Eine hohe Konzentration von Budotitan beeinflusst den Herzrhythmus.

Der Komplex Bis(1,2-ethan-diphenyldiphosphan)gold(I) (XII, Abb. 3.9) greift die Tumore der Eierstücke über die Mitochondrien an. Eine beträchtliche Antitumor-Wirkung besitzen auch die Gold(I)-Komplexe $[Au^ICl(DPPP)][(P(C_6H_5)_3)]$ (DPPP = 1,3-Bis(diphenyl)phosphan) und der Zweikernkomplex $[Au_2(\mu\text{-}O)_2(bipy)_2]PF_6$ [C18]. Die anionischen Komplexe von Ruthenium(III) (XIII, XIV, Abb. 3.9) sind wirksam gegen Darmtumore und bekämpfen Metastasen. Gegen Brust- und Prostata-Krebszellen ist in geringen Konzentrationen ein Ferrocenophan-Derivat wirksam, das 2009 beschrieben wurde. Cancerostatisch wirksam sind auch Iridium-Komplexe (XIV/1; XVI/2, Abb. 3.9) und Rhodiumkomplexe (XIV/3; XIV/4; XVI/5, Abb. 3.9) mit o-Phenanthrolinderivaten als Liganden (s. Chem MedChem **6**, 2011,430).

3.1.1.2 Antiarthritisch und antirheumatisch wirkende Metallkomplexe

Es sind gegenwärtig drei Gold(I)-Komplexe für die medizinische Verwendung zugelassen. Sie sind wirksam gegen Entzündungen (Arthritis, Rheuma) in den Gelenken [C19]. Es handelt sich um *Myochrisin*®: Natriumthiomalato-gold(I) (XV, Abb. 3.10), *Solganol*®: (1-D-glucosylthio)gold(I) (XVI, Abb. 3.10) und *Allochrosin*®: Natriumthiopropansulfonato-gold(I) (XVII, Abb. 3.10). Der einzige Gold(I)-Komplex, der oral verabreicht werden kann, ist *Auranofin* (Ridaura®): (2,3,4,6-Tetra-O-acetyl-1-thio-ß-D-glucopyranosato)-(triethylphosphan)-gold(I) (XVIII, Abb. 3.10), der sowohl eine cancerostatische wie auch antipsoriatische Aktivität hat.

Wie in den Formeln der Komplexe XV–XVII in der Abb. 3.10 vermerkt, handelt es sich um Koordinationspolymere. Die Liganden Thioglucose und Thiomalonat sind biokompatibel. Offenbar ist die Koordinationsfähigkeit der Schwefelatome an Gold(I) bei der Wechselwirkung mit Bioliganden verantwortlich für die entzündungshemmende Wirkung der Komplexe. Zum Beispiel hemmt die Verbindung XV das Enzym Kollagenase, das Zink und Schwefelatome enthaltendes Cystein besitzt. In der medizinischen Behandlung mit diesen Gold(I)-Komplexen produziert der menschliche Körper als wichtigen Metaboliten den Komplex Dicyanoaurat(I), $[Au(CN)_2]^-$, der sich im Blut anreichert und zusätzlich Radikale fängt, die durch Leukozyten erzeugt werden. Der Nachteil in der Anwendung dieser Komplexe besteht darin, dass eine Oxidation von Gold(I) zu Gold(III) durch Oxidationsmittel wie ClO^- oder H_2O_2 stattfindet. Solche Oxidationsprodukte sind natürlich toxisch und befördern zum Beispiel Entzündungsprozesse der Gelenke. Andererseits koordiniert Au^{III} seinerseits in einem breiten pH-Bereich an Peptidgruppen unter deren Deprotonierung; es ist außerdem fähig, Thiole zu Disulfiden zu oxidieren, was problematisch für ihre medizinische Anwendung ist.

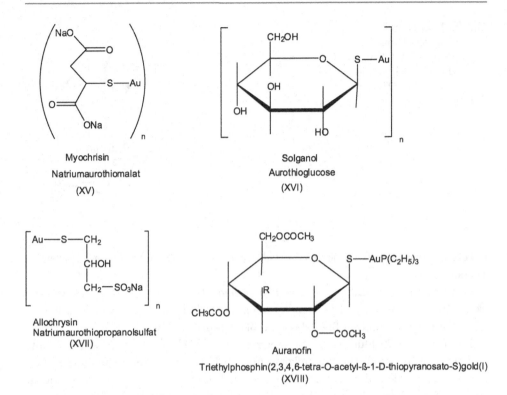

Abb. 3.10 Antiarthritisch wirksame Komplexe von Gold

3.1.1.3 Therapeutisch wirksame Komplexe von Bismut, Eisen, Silber und weiterer Metalle

In diesem Abschnitt werden einige ausgewählte Bismut-, Eisen- und Silberkomplexe für die Therapie spezieller Erkrankungen näher beschrieben. Nur erwähnt seien einige therapeutisch wirksame Metallkomplexe von Antimon(V): *Glucantime:* N-methylglucaminoantimonat(V), *Pentostam* und Natriumstiboglucanat. Letztere beiden werden bei der medizinischen Behandlung der *Leishmaniasis* angewandt. Diese durch intrazellulär eindringende Parasiten hervorgerufene Tropenkrankheit fordert weltweit jährlich über 70.000 Todesfälle. Einige Komplexe von Vanadium(IV) werden zur Behandlung von Diabetes und Komplexe von Mangan(III) gegen Hirnerkrankungen eingesetzt. Zinn(IV)- und Lutetium(III)-Komplexe sind für die Fototherapie geeignet.

Liganden für die Therapie zur Erhaltung natürlicher Gleichgewichte im Körper und für die Entgiftung von Schwermetallionen, sogenannte Anti-Dots, bilden den Abschluss dieses Abschnitts.

Bismutkomplexe

Bismut ist das schwerste stabile Element im Periodensystem der Elemente (15. Gruppe; 5. Hauptgruppe) und tritt in seinen Verbindungen bevorzugt in der Oxidationsstufe III

Abb. 3.11 Strukturbild des komplexen Polykations $[Bi_6O_4(OH)_4]^{6+}$. (Aus: Sun, H.; Li, H.; Sadler, P.J.: Chem. Ber./Recueil **130** (1997) S. 670 (Fig. 1b))

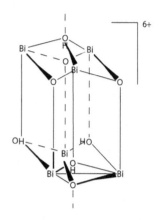

mit der Elektronenkonfiguration $(Xe)4f^{14}5d^{10}6s^2$ auf. Bismut(V)-Verbindungen spielen als Therapeutica keine Rolle.

Das basische Bismutnitrat (*magisterium Bismuti*, $[Bi_6O_4(OH)_4]$ $(NO_3)_6 \cdot 4H_2O$), ein oktaedrisch strukturierter Metallkomplex mit abwechselnd jeweils oberhalb der acht Oktaederflächen angeordneten Bi–O–Bi– bzw. Bi–OH–Bi-Brücken, wobei das einsame $6s^2$-Elektronenpaar in Richtung weg vom Käfig zeigt [C20] (Abb. 3.11), wurde schon im Mittelalter therapeutisch als Darmdesinfizienz und zur Haut- und Wundbehandlung genutzt und diente außerdem als weißes Farbpigment zum Schminken und zur Körperbemalung. Diese Komplexeinheit $[Bi_6O_4(OH)_4]^{6+}$ ist die stabilste innerhalb einer Reihe von ein- und mehrkernigen, auch polymeren, hydratisierten bismuthaltigen Spezies, die als Folge von pH-abhängigen Hydrolyseprozessen von Bismut(III)-Verbindungen und stark in Abhängigkeit von der Konzentration, zum Teil nebeneinander, in wässerigen Lösungen auftreten [C21].

Bismut(III)-Komplexe weisen auch eine insgesamt reiche Anzahl von Koordinationsgeometrien auf, bei denen die Koordinationszahlen von 3 bis 9 (einfach überkapptes quadratisches Antiprisma) reichen. Als *border line*-Element nach dem Pearson' schen HSAB-Konzept kann Bi^{III} sowohl an *harte* Liganden bzw. Ligatoren (O, N) wie auch an *weiche* (S) binden. Dies ist in medizinischer Hinsicht relevant, da eine Bindung an solche Ligatoren enthaltenden Proteine möglich ist. Das radioaktive Isotop ^{212}Bi, ein starker α-Strahler mit einer Halbwertszeit von $\tau_{1/2}=1$ h, das in größeren Mengen aus einem ^{224}Ra-Generator erhalten werden kann, wird in der Krebs-Therapie zusammen mit den Chelatbildnern Diethylentriaminpentaacetat (dtpa^{5-}) und 1,4,7,10-Tetraazacyclodecan-, N',N'',N''',N''''-tetraacetat (dota^{4-}) (Abb. 3.21) eingesetzt.

Aus der Vielzahl von entwickelten und getesteten Bismut(III)-Komplexen mit Gallat, Citrat, Tartrat, Salicylat als Liganden [C22] insbesondere zur Behandlung von Durchfall, Verdauungsstörungen, Magen- und Darm-Geschwüren und Magenschleimhaut-Entzündungen, die letztere durch das Bakterium *Heliobacter pylori* (erst 1983 entdeckt) hervorgerufen werden, haben sich seit den 70er Jahren des vorigen Jahrhunderts drei Medikamente auf dem internationalen Markt durchgesetzt: Das Bismut-Subsalicylat (Kurzbezeichnung:

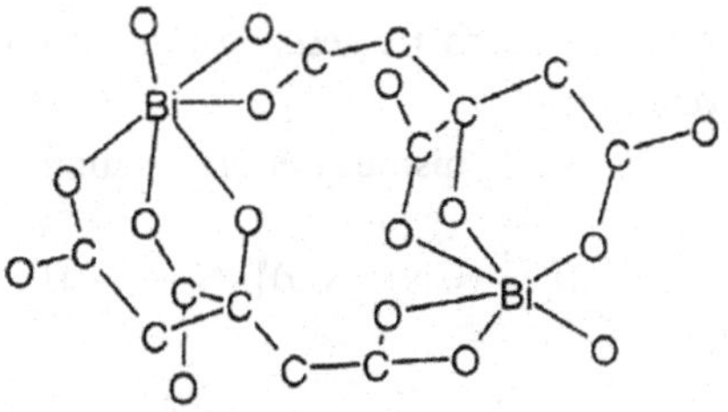

Abb. 3.12 Dimeres Bismutcitrat-Ion [Bi$_2$(cit)$_2$]$^{2-}$ in Na$_2$-
[Bi$_2$(citr)$_2$] · 7H$_2$O. (Aus: Sadler,
P.J., Guo, Z.: Pure Appl. Chem.
70 (1998) S. 869)

BBS; empirische Zusammensetzung OC$_6$H$_4$COOBiO) für die Behandlung von Durchfall
und Verdauungsstörungen und das kolloidale Bismutsubcitrat (CBS) für die Behandlung
von Geschwüren im Magen-Darm-Bereich sowie das Ranitidin-Bismutsubcitrat (RBC)
für die Magengeschwürprophylaxe bzw. die Kontrolle der Magensäureproduktion. Das
CBS ist gut wasserlöslich, und die klinischen Testungen ergaben geringere Rückfallquo-
ten als bei der Anwendung anderer Medikamente. Die grobe, empirische Formel für das
kolloidale CBS wird mit K$_3$(NH$_4$)$_2$[Bi$_6$(OH)$_5$(Hcit)$_4$] angegeben, allerdings variieren die
Zusammensetzungen je nach Verhältnis von Bismut/Citrat sehr stark, so dass ein breites
Spektrum für die Aktivitäten von Pharma- und Nachahmerfirmen gegeben ist. Die meisten solcher Medikamente enthalten eine stabile zweikernige Komplexeinheit [Bi(cit)$_2$Bi]$^{2-}$
(Abb. 3.12) Das Ranitidin-Bismutsubcitrat (RBS) ist sehr gut wasserlöslich (ca. 1,0 g/ml)
und ergibt einen pH-Wert von 4,6. Ranitidin, (H$_3$C)$_2$N–CH$_2$–(fur)–CH$_2$–S–(CH$_2$)$_2$–NH–
C(=CH–NO$_2$)–NH–CH$_3$, koordiniert selbst nicht an Bismut(III), sondern befindet sich
in der äußeren Koordinationssphäre in Wechselwirkung mit dem Bismutcitrat über die
quarternäre H$_2$N(CH$_3$)$^+$-Gruppierung (fur = Furyl-Rest).

Es wird angenommen, dass die im RBS ebenfalls vorhandenen zweikernigen Komplexeinheiten [Bi(cit)$_2$Bi]$^{2-}$ an den Darm- bzw. Magenschleimhäuten polymerisieren und eine
Schutzschicht ausbilden, die den Angriff von Bakterien hemmt. Die Anreicherung von
Bismut in den Organen nimmt in der Reihe: Niere > Leber > Knochen > Lunge > Milz > Gehirn > Herz ab. Bei Überdosierung kommt es im Körper zu toxischen Effekten, wie Enze-
phalopathie (krankhafte Veränderungen des Gehirns), Nephropathie (Erkrankungen der
Niere oder der Nierenfunktion), Osteoporose (Alterserkrankung der Knochen, Knochen-
schwund, Frakturanfälligkeit), Hepatitis u. a.

Eisenkomplexe in Therapie und Prävention

Der Komplex Natriumpentacyanonitrosylferrat(II)-dihydrat, unter den Namen Natrium-
nitroprussid-dihydrat bzw. Natriumnitroprussiat bzw. Natriumpentacyano-nitrosylferrat
geläufig, Na$_2$[Fe^{II}(CN)$_5$(NO] · 2H$_2$O, wird oft in den Kliniken als Nipruss® intravenös zur
Verminderung des Blutdrucks, bei frischem Herzinfarkt und chirurgischen Operationen
eingesetzt. Die Wirkung des Komplexes setzt einige Sekunden nach der intravenösen Injektion ein, wobei der gewünschte Blutdruck nach 1 bis 2 min erhalten wird. Dieser Effekt ist der Freisetzung von NO zuzuschreiben, das die glatte Muskulatur der Arterien
entspannt und dadurch den Blutdruck senkt. Zur Vermeidung evt. auftretender Intoxi-

kationen durch freigesetzte Cyanid-Ionen wird gleichzeitig Natriumthiosulfat, $Na_2S_2O_3$, verabreicht.

Der Mechanismus der Freisetzung von NO ist folgender [C23], [C24]:

$$[Fe^{II}(CN)_5(NO)]^{2-} \xrightarrow{-CN^-} [Fe^{II}(CN)_4(NO)]^{2-} \rightarrow \{[Fe(CN)_4]^{2-}\} + NO$$

$$6\,\{[Fe(CN)_4]^{2-}\} + 6\,CN^- + 6\,H_2O \rightarrow 5\,[Fe(CN)_6]^{4-} + [Fe(H_2O)_6]^{2+}$$

Berliner Blau (Preußisch-Blau), $Fe_4[Fe(CN)_6]_3$, wird als Medikament in kolloidaler Form oral als Suspension in relativ hohen Dosen (10 g Tag) verabreicht. Der Komplex wirkt gegen Vergiftungen durch Thalliumionen und verringert die Resorption der radioaktiven Cäsium-137-Ionen im Organismus. Berliner Blau wird durch die Verdauungsorgane selbst nicht resorbiert. Die entgiftende Wirkung besteht im Ionenaustausch zwischen im Gitter eingelagerten Kaliumionen, K^+, gegen Tl^+ bzw. Cs^+, wobei vermieden wird, dass diese toxischen bzw. radioaktiven Kationen in den menschlichen Organismus eindringen bzw. dass deren Konzentration verringert wird. Um die Aufnahme solcher toxisch bzw. strahlungsaktiven wirkenden Metallionen durch Mensch und Tier durch die Nahrung überhaupt zu verringern, wird Berliner Blau auch für präventive Maßnahmen verwendet. So lassen sich thalliumhaltige Abwässer aus Bergbaubetrieben reinigen, wenn in die Abwässerbassins Berliner Blau eingebracht wird [C25]. $^{137}Cs^+$ entsteht bei Kernreaktionen und wurde zum Beispiel bei der Reaktorkatastrophe von Tschernobyl frei. Man hat Berliner Blau deshalb zur Vermeidung von Umweltschädigungen durch das radioaktive Cäsium-137 eingesetzt, so zum Beispiel bei seiner Entfernung aus Grund- und Oberflächenwasser bei einem 1987 in Goiana, Brasilien stattgefundenen atomaren Störfall. Dazu wurden Ionenaustauscher mit Berliner Blau imprägniert und etwa 70 % des radioaktiven Isotops (Durchsatz 100 l Wasser in < 1 Stunde) auf diese Weise abgetrennt [C26]. Es wurde bereits im umfangreichen Maße als Tierfutterzusatz eingesetzt. Selbst aus Milch lassen sich beim Passieren von Säulen, die mit auf Silicagel imprägniertem Berliner Blau gefüllt werden, radioaktive Cäsiumisotope ($^{134}Cs^+$ und $^{137}Cs^+$) rasch abtrennen [C27].

Eine weitere medizinische Anwendung von Berliner Blau besteht im histologischen Eisen-Nachweis durch Zugabe von Kaliumhexacyanoferrat(II), wobei in den Gewebeschnitten die Blaufärbung sichtbar und nachweisbar wird.

Silberkomplexe

Seit langen Zeiten wird Silbernitrat, $AgNO_3$, sehr verdünnt in wässeriger Lösung, gegen Infektionen der Augen von Neugeborenen eingesetzt. In größerer Konzentration dient Silbernitrat als *Höllenstein* zur Entfernung von Warzen auf der Haut. Das polymere, unlösliche Silbersalz von *N*-(2-Pyrimidinyl)-sulfanilamid, Silber(I)sulfadiazin (XIX, Abb. 3.13), ist schwer in Wasser löslich und wirkt als antiseptisches Mittel. Es wird gegen Pilz- und Mikrobeninfektionen, auch in präventiver Weise in Cremes, eingesetzt, um lokale Infektionen der Haut, einschließlich bei frischen Wunden, zu vermeiden. Die antimikrobielle

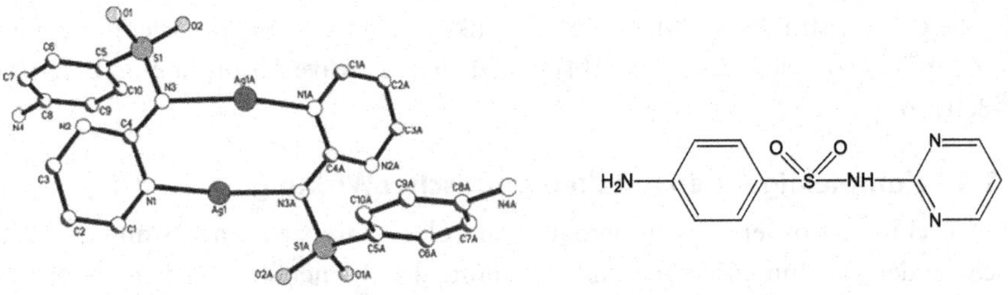

| Silber(I)-sulfadiazin (XIX) | Sulfadiazin |

Abb. 3.13 Antibakteriell wirksames Silber(I)-Sulfadiazin (*linksseitig*: Silber(I)-Komplex; *rechtsseitig*: Ligand). (Aus: Baenziger, N.C.; Struss, A.W. Inorg. Chem. **15** (1976) Nr. 8, S. 1807. Molekülstruktur-Ausschnitt: Sieler, J., Universität Leipzig)

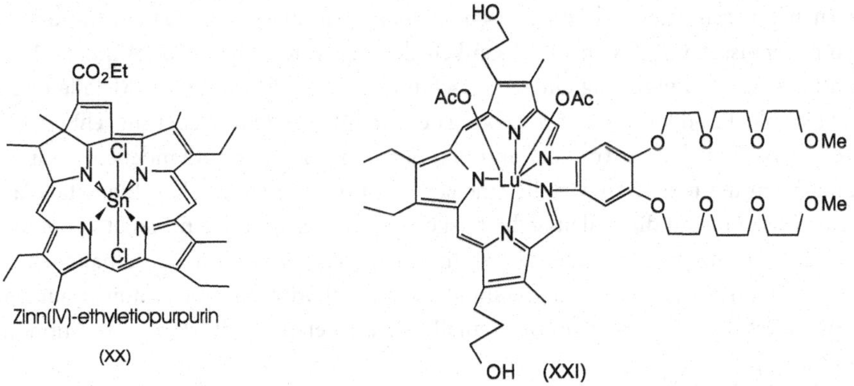

Abb. 3.14 Metallkomplexe von Zinn und Lutetium für die fotodynamische Therapie bei Hauterkrankungen

Wirkung der freigesetzten Silberionen wird durch die antibiotische des Sulfonamid-Restes verstärkt. Allerdings können längere Anwendungen zur Bildung von lokalen Argyrosen führen.

Der Vorteil dabei besteht in einer retardierten Freisetzung der Silber(I)-Ionen, die die Zellwände der Mikroben angreifen und sie auf diese Weise zerstören. Deshalb wird diese Verbindung auch industriell als Additiv in einigen Polymeren angewandt.

Metallkomplexe für die fotodynamische Therapie

Einige Metallkomplexe wirken als Fotosensibilisatoren. Deshalb werden sie in der Lichttherapie (Fototherapie) eingesetzt.

Der Lutetium(III)-Komplex (XXI, Abb. 3.14) absorbiert bei 732 nm. Nachdem der Komplex das Licht absorbiert hat, wirkt er als Sensibilisator auf molekularen Triplett-Sauerstoff $^3O_2$ (Abschn. 3.3), wobei energiereicher, reaktionsfähiger Singulett-Sauerstoff $^1O_2$ entsteht. Die Fototherapie besteht darin, kranke Hautpartien mit Licht bestimmter

Wellenlänge zu bestrahlen mit dem Ziel, erkrankte Zellen zu zerstören. Der fotoempfind-
liche Zinn(IV)-Komplex (XX, Abb. 3.14) besitzt eine intensive Absorption im Bereich von
700–800 nm.

3.1.1.4 Komplexliganden mit therapeutischer Wirkung

Der menschliche Körper muss innerhalb von Toleranzgrenzen ein bestimmtes Gleichgewicht in der Zusammensetzung und Verteilung der Biometalle einhalten, damit er ge-
sund bleibt. Deshalb muss ein Überschuss an Metallionen (Vergiftung) oder ein Defizit an
Metallionen vermieden werden. Um dieses Gleichgewicht zu regulieren und einen Überschuss an essentiellen Biometallen und anderen nicht essentiellen Metallen zu verringern,
können einige spezifisch wirkende Liganden verabreicht werden, damit diese stabile und
lösliche Komplexe mit den betreffenden Metallionen bilden. Auf diese Weise kann man
sie maskieren und in Form von löslichen Komplexen rasch aus dem menschlichen Körper
entfernen. So vernichten sich die toxischen Metalle wie auch die benutzten Antidots.

Eine Voraussetzung für die Wirksamkeit der injizierten Liganden (*Antidots*) bei der
Chelattherapie zur Entgiftung eines Überschusses an toxisch wirkenden Metallen ist ihre
gute Löslichkeit in der direkten Umgebung der Entgiftungsstelle. Dabei entsteht eine Konkurrenz zwischen diesen Antidots und den bereits im Körper vorhandenen natürlichen
Liganden um die toxischen Metalle einerseits und um die natürlichen Biometalle andererseits. Deshalb sind die realen Stabilitätskonstanten der gebildeten Metallkomplexe um
einige Zehnerpotenzen niedriger als die in reinen wässrigen Lösungen erhaltenen. Eine
weitere Konkurrenzsituation im Gesamtgleichgewicht wird zu den Protonen aufgebaut.
Der pH-Wert der Lösung ist somit ebenfalls für eine effektive Wirkung der Antidots zu
berücksichtigen.

Die Tab. 3.2 vereint Antidots mit großer Bedeutung für die vorangehend beschriebenen
Wirkungen, von denen die Verringerung des Eisengehaltes durch *Desferrioxamin B* [C28]
ausführlicher analysiert werden soll.

Bei vorhandenem Überschuss an Eisen im menschlichen Körper, zum Beispiel
nach einer Bluttransfusion, wird dem Patienten als Medikament das Desferrioxamin B
(Abb. 3.16a) verabreicht. Das ist ein Medikament, das auch für die Behandlung der Malaria
eingesetzt wird, weil es den Metabolismus von Eisen(III) in den Organismen der Parasiten unterbricht. Desferrioxamin ist ein organischer Ligand mit drei Chelatgruppen, der
bei Deprotonierung mit Eisen(III)-Ionen drei Chelatringe entsprechend der Gleichung im
Schema 3.15 bildet. Im Schema ist der Übersichtlichkeit wegen nur die Ausbildung eines
Chelatringes skizziert.

Der gebildete Neutralkomplex *Ferrioxamin B* (Abb. 3.16b) ist sehr stabil (lgβ = 30.5).
Eisen(III) bevorzugt eine oktaedrische Struktur.

Der Ligand Desferrioxamin B gehört zur Klasse der *Siderophore*, die in der Natur durch
Bakterien, Pilze und Hefen erzeugt werden. Diese Siderophore, unter ihnen das *Enterobac-
tin* und *Ferrichrom A* werden biochemisch entsprechend der Verfügbarkeit von Eisen im
System erzeugt und sind sehr spezifisch für die Komplexbildung mit Eisen. Diese Sidero-

Tab. 3.2 Ausgewählte, therapeutisch wirksame Chelatliganden (Antidots)

Liganden (Antidots)	Entgiftung von Metallionen
2,3-Dimercaptopropanol (BAL)	Hg^{2+}, As^{3+}, Sb^{3+}, Bi^{3+}
Natrium-2,3-dimercaptopropan-1-sulfonat	dto.
2,3-Dimercapto-bernsteinsäure	dto.
d-Penicillamin	Hg^{2+}, Cu^{2+}, Ni^{2+}, Zn^{2+}, Au^+
N-Acetyl-D,L-penicillamin	dto.
N-Acetyl-L-cystein	dto.
Ethylendiamintetraacetat (edta^{4-})	Al^{3+}, Ca^{2+}, Sr^{2+}, Pb^{2+}
Diethylentriaminpentaacetat (dtpa^{5-})	Cu^{2+}, Zn^{2+}, Pu^{4+}, Co^{2+}
Desferrioxamin	Fe^{3+}, Al^{3+}, Ga^{3+}

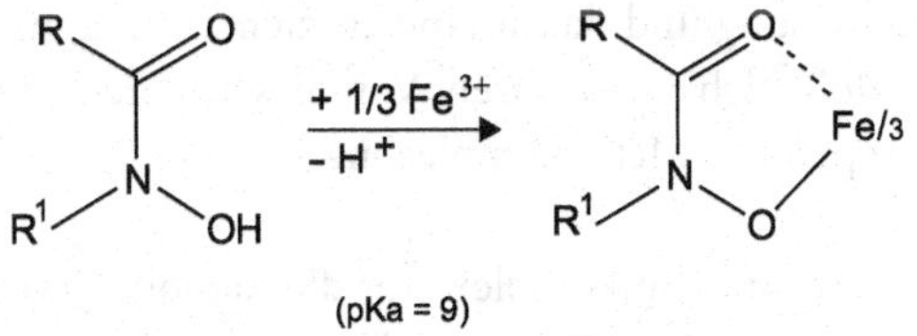

Abb. 3.15 Modell für die Koordination von Eisen(III) mit Desferrioxamin

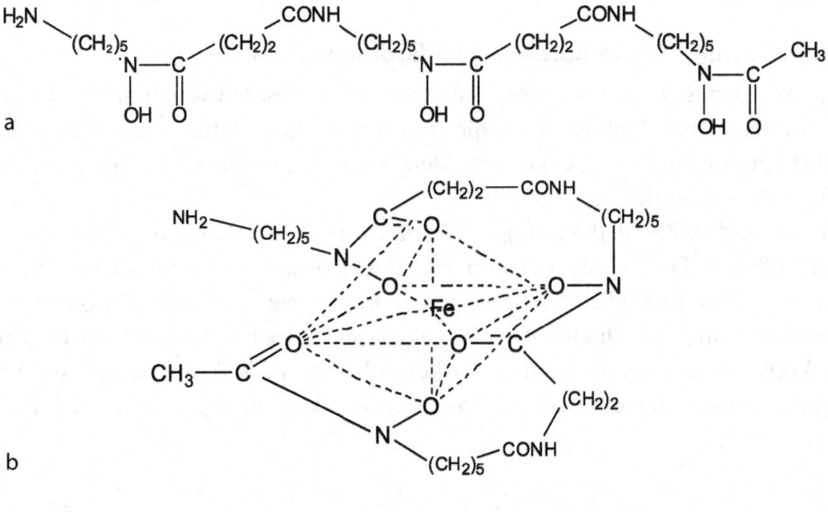

Abb. 3.16 a Struktur von Desferrioxamin; **b** Schematische Abbildung der oktaedrischen Koordination von Eisen(III) mit Desferrioxamin

phore sind dafür verantwortlich, dass das Eisen der Erzlagerstätten in lebende Organismen überführt wird.

3.1.2 Metallkomplexe für die Diagnostik

Die Entwicklung und der Gebrauch von Diagnostika in der Medizin auf der Basis von Metallkomplexen erleichtern die Erkennung von pathologischen Veränderungen im menschlichen Körper, die auf bestimmte Erkrankungen schließen lassen und aufgrund dieser Kenntnis den Beginn einer adäquaten Behandlung gestatten. Das ist ein Aufgabenkomplex von vitaler Bedeutung bei der Entwicklung von anwendungsbezogenen Metallkomplexen in der Medizin [C29], [C30]. Ein weiteres Motiv besteht darin, die Nachteile traditioneller Diagnosemethoden, wie zum Beispiel die Röntgendiagnostik, oder die Verabreichung von toxischen Substanzen für Diagnosen und in Konsequenz damit schädliche Wechselwirkungen, die diese im Organismus verursachen, zu vermeiden. Schließlich hat die rasante Entwicklung in der Medizintechnik dazu beigetragen, fortgeschrittene diagnostische Verfahren, wie die computergestützte Magnetresonanztomografie, die eine bessere Bildauflösung und damit eine effizientere Diagnose ermöglichen, in die medizinische Praxis erfolgreich einzuführen. Von diesen Voraussetzungen ausgehend, fokussieren wir auf zwei Typen von Metallkomplexen:

* Technetiumkomplexe für die Radiodiagnostik
* Gadolinium(III)-Komplexe als Kontrastmittel in der Magnetresonanztomografie.

Natürlich gibt es noch andere Metallkomplexe, die für diagnostische Zwecke verwendet werden, wie zum Beispiel Komplexe mit ^{111}In; ^{201}Tl und ^{169}Yb.

3.1.2.1 Technetiumkomplexe als Radiodiagnostika

Das Prinzip dieses Diagnoseverfahrens besteht in der Injektion von Technetiumkomplexen mit radioaktiven Zentralatomen, die entsprechend ihrer Affinität in bestimmten Organen (Hirn, Nieren, Leber, Schilddrüse, Herz, Knochen) biochemisch verteilt, lokalisiert und angereichert werden [C31], [C32].

Der radioaktive Zerfall des Isotops ^{99m}Tc erzeugt eine γ-Strahlung von hoher Intensität, die mit Hilfe von Detektionsgeräten für γ-Strahlung visualisiert werden kann. Die totale Bestrahlungsdosis ist ähnlich oder geringer als die konventionelle mit Röntgenstrahlung. Während die Röntgenmethode auf der Erzeugung eines Negativ-Bildes basiert, besteht der große Vorteil der Scintigraphie mit radioaktiven Isotopen des Technetiums in der Erzeugung einer Positiv-Abbildung des Organs bei Anwendung eines geeigneten Kontrastmittels (Abb. 3.17).

Abb. 3.17 a Schematische
Darstellung der Leber-Diagnose am Menschen mit extern
erzeugter Röntgenstrahlung
und Erhalt eines Bild-Negativs;
b Schematische Darstellung der
Leber-Diagnose am Menschen
mit Hilfe von Komplexen des
Technetium-99m und Erhalt
eines Bild-Positivs durch
Detektion von intern erzeugter
γ-Strahlung

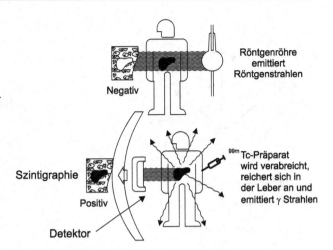

Charakteristika des Technetiums und Generierung von Natriumpertechnetat-99m

Das Element Technetium, Tc, mit der Ordnungszahl 43 im Periodensystem der Elemente
wurde 1937 von Emilio G. Segre (1905–1989) und Carlo Perrier entdeckt. Es ist das leich-
teste radioaktive Element, von dem kein stabiles Isotop existiert. Es besitzt 20 radioaktive
Isotope (^{91}Tc bis ^{110}Tc) [C33], [C34].

Das Isotop ^{99m}Tc besitzt für den Einsatz als Radiodiagnostikum geeignete charakteristische Eigenschaften mit einer Halbwertszeit von $\tau_{1/2}=6{,}049$ Stunden und der Emission
einer γ-Strahlung von 141 keV. Diese kurze Halbwertszeit hat einen unschätzbaren Vorteil,
weil der Organismus durch die Strahlung nicht in Mitleidenschaft gezogen wird. Die Energie der γ-Strahlung ist ausreichend für eine Radiografie. Die Apparatur zur topografischen
Bilderkennung besitzt eine rotierende γ-Kamera mit einem Multidetektor aus NaI sowie
ausgestattet mit einem Fotomultiplikador. Der oben genannte Vorteil der kurzen Halbwertszeit von 6 Stunden erfordert allerdings bei der praktischen Handhabung des Radio-
diagnostikums eine rasch zu erfolgende Präparation und Verabreichung.

Die Generierung von Natriumpertechnetat-99m, Na[^{99m}TcO$_4$], bedarf dazu einer besonderen Aufmerksamkeit. Das ^{99}Mo-Isotop erzeugt bei seinem radioaktiven Zerfall
sowohl ^{99m}Tc als auch ^{99}Tc unter Emission von γ-Strahlung. Das ^{99m}Tc-Isotop wandelt
sich seinerseits in das ^{99}Tc-Isotop unter Emission von γ-Strahlung um, das dann unter
Aussendung von γ-Strahlung über einen längeren Zeitraum in das ^{99}Ru-Isotop übergeht
(Abb. 3.18a). Das ^{99}Mo-Isotop als Startprodukt der Generierung von ^{99m}Tc entsteht aus seinem Mutter-Isotop ^{98}Mo durch Bestrahlung mit Neutronen entsprechend der Gleichung
^{98}Mo$(n;\gamma)^{99}$Mo oder aus dem Isotop ^{235}U nach der Reaktionsgleichung ^{235}U$(n;f)^{99}$Mo. n
sind thermische Neutronen und f (fission products) sind Spaltprodukte, darunter ^{136}Sn,
wobei die saubere Abtrennung der anderen radioaktiven Spaltprodukte zahlreiche Sepa-
rierungsschritte erfordert.

Um das ^{99m}Tc-Isotop für radiodiagnostische Zwecke verwenden zu können, wird ein
^{99}Mo/^{99m}Tc-Generator (Abb. 3.18b) verwendet, der einfach funktioniert und sicher ist. Der

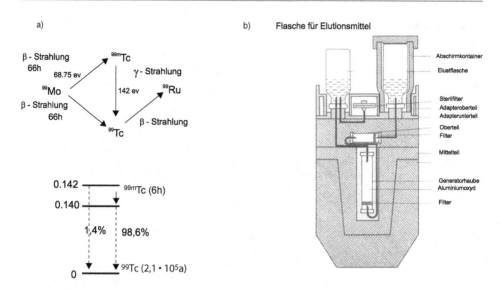

Abb. 3.18 **a** Zerfall der radioaktiven Isotope ^{99}Mo und ^{99m}Tc/^{99}Tc zu ^{99}Ru mit jeweiligen Halbwerts-
zeiten, emittierter Strahlung und Strahlungsenergien; **b** Schematische Abbildung eines ^{99}Mo/^{99m}Tc-
Generators (Typ: ROTOP-Sterilgenerator). (Aus: Johannsen, B.; Wagner, G.: Zentralinstitut für
Kernforschung Dresden, Firmenschrift **1988**, S. 9)

Oxokomplex $[^{99}MoO_4]^{2-}$ ist auf einer mit Aluminiumoxid gefüllten Säule adsorbiert und
zerfällt kontinuierlich unter Bildung von $[^{99m}TcO_4]^-$. Nun wird über einen Zeitraum von
sieben bis 10 Tagen mit einer physiologischen 0,15 M Kochsalzlösung (isotonische Lösung) eluiert, wobei man eine Lösung mit 10^{-7} bis 10^{-8} M von $[^{99m}TcO_4]^-$ erhält. Diese Lösung wird direkt als das Kontrastmittel $Na[^{99m}TcO_4]$ verwendet (Tab. 3.3) oder man präpariert ausgehend von dieser Mutterlösung rasch weitere ^{99m}Tc-Kontrastmittel [C35], [C36].
Man nennt sie *Kits*. Ein *Kit* ist ein flüssiges Präparat für den medizinischen Gebrauch. Als
Beispiel sei die folgende Zubereitung genannt: In einer 12 ml-Ampulle werden 10 mg Di-
ethylentriaminpentaessigsäure (H_5dtpa); 0,2 mg $SnCl_2 \cdot 2\,H_2O$ und 12 ml einer Salz-Lösung
von 10^{-7} M $[^{99m}TcO_4]^-$ vereinigt. Diese Ampulle reicht für fünf bis zehn Injektionen aus.

Technetium-99m-Komplexe

Die Entwicklung von Komplexen mit dem Zentralatom ^{99m}Tc als Radiodiagnostika erfordert eine spezielle Strategie, um effiziente Materialien zu erhalten [C37]. Bei der Er-
probung der Synthesen wird das relativ stabile Technetiumisotop ^{97}Tc ($\tau_{1/2} = 2,6 \cdot 10^6$ a) als
Zentralmetall eingesetzt. Das Konzept beinhaltet drei Etappen. Man bezeichnet sie als Generationen [C38]. Diese werden schematisch in der Abb. 3.19 demonstriert.

Technetiumkomplexe der 1. Generation

Es wurden ein Reihe von Komplexen des ^{99m}Tc synthetisiert, die die Eigenschaft haben,
sich mehr oder weniger spezifisch in den verschiedenen menschlichen Organen zu loka-

Tab. 3.3 Übersicht zu 99m-Technetium-Radiodiagnostika in zwei Stufen ihrer Entwicklung

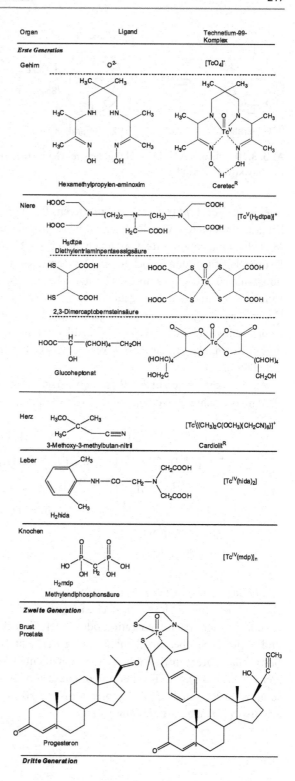

Organ	Ligand	Technetium-99-Komplex
Erste Generation		
Gehirn	O^{2-}	$[TcO_4]^-$
	Hexamethylpropylen-aminoxim	Ceretec[R]
Niere	H_5dtpa Diethylentriaminpentaessigsäure	$[Tc^V(H_2dtpa)]^+$
	2,3-Dimercaptobernsteinsäure	
	Glucoheptonat	
Herz	3-Methoxy-3-methylbutan-nitril	$[Tc^I\{(CH_3)_2C(OCH_3)(CH_2CN)_6\}]^+$ Cardiolit[R]
Leber	H_2hida	$[Tc^{IV}(hida)_2]$
Knochen	H_2mdp Methylendiphosphonsäure	$[Tc^{IV}(mdp)]_n$
Zweite Generation		
Brust Prostata	Progesteron	
Dritte Generation		

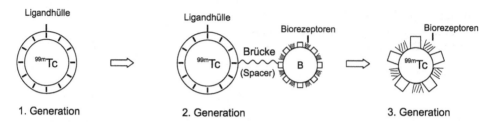

Abb. 3.19 Schematische Darstellung der drei Generationen von ^{99m}Technetium-Radiodiagnostika (B=bioaktives Molekül)

lisieren und dort γ-Strahlung zu emittieren. Die Verteilung geschieht recht zufällig und hängt unter anderem von der Hydrophilie/Lipophilie der Liganden oder, wie im Falle der Methylendiphosphonsäure, von der chemischen „Ähnlichkeit" mit dem Hauptbestandteil Hydroxylapatit in den Knochen ab. Das Zentralatom Tc kann in Komplexen die Oxidationszahlen 0, I, III, V, VI und VII besitzen. Dazu müssen zum Erhalt niederer Oxidationsstufen des Zentralatoms, ausgehend von $[^{99m}Tc^{VII}O_4]^-$, das im beschriebenen $^{99}Mo/^{99m}Tc$-Generator erzeugt wird, zu den Liganden noch geeignete Reduktionsmittel, wie Zinn(II) chlorid-dihydrat, $SnCl_2 \cdot 2\,H_2O$; Hydrazinhydrat, N_2H_4; Natriumdithionit, $Na_2S_2O_4$; Natriumborhydrid, $NaBH_4$, eingesetzt werden. Einige Liganden können selbst als Reduktionsmittel fungieren.

Als Startkomplexe zur Synthese von verschiedenen Komplexen in unterschiedlichen Oxidationszuständen werden vorzugsweise benutzt:

$$VI: [^{99m}Tc^{VI}NX_4]^- \qquad X = \text{Halogenid-Ion}$$

$$V: [^{99m}Tc^{V}OCl_4]^-; [^{99m}Tc^{V}NCl_2\{P(C_6H_5)_3\}_2]$$

$$IV: [^{99m}Tc^{IV}X_6]^{2-}; [^{99m}Tc^{IV}Cl_4\{P(C_6H_5)_3\}_2]$$

$$III: [^{99m}Tc^{III}(tu)_6]^{3+} \qquad tu = \text{Thioharnstoff}, S{=}C(NH_2)_2$$

$$I: [^{99m}Tc^{I}(OH_2)_3(CO)_3]^+$$

$$0: [^{99m}Tc_2{}^{0}(CO)_{10}]$$

Technetiumkomplexe der 2. Generation
Die Technetiumkomplexe der zweiten Generation wurden durch die Verknüpfung von Komplexen der ersten Generation oder ihnen ähnlichen mit Fragmenten wie $^{99m}TcON_2$; und $^{99m}TcON_2S_2$ über Brückenglieder (*Spacer*) mit Gruppen eines bioaktiven Moleküls B, das eine biorezeptorische Funktion besitzt, entwickelt. Als solche dienen zum Beispiel Steroide (Tab. 3.3). Die Technetiumkomplexe können schärfere Bilder mit höherer Auflösung erzeugen, weil die Biorezeptoren C die entsprechenden Substrate B nach dem *Schloss/ Schlüssel-Prinzip* besser anbinden können.

Technetiumkomplexe der 3. Generation

Komplexe der dritten Generation wurden in jüngster Zeit entwickelt. Die Biorezeptormoleküle bzw. -Struktureinheiten fungieren direkt als Liganden um das Technetium-99 m-Zentrum, wobei sich der Biorezeptor-Teil des Moleküls in der äußeren Koordinationssphäre befindet, um direkt am Wirkungsort an das Substrat binden zu können.

Viele der in der Tab. 3.3 genannten Komplexe werden in der klinischen Praxis eingesetzt.

3.1.2.2 Gadolinium(III)-Komplexe als Kontrastmittel in der Magnetresonanztomografie

Die Anwendung von Übergangsmetallkomplexen als Kontrastmittel in der Magnetresonanztomographie (MRI, MRT) ist eine der modernsten Diagnosemethoden für die Erkennung von Erkrankungen speziell der Gelenke, der Leber, der Eingeweide, des Magens und des Gehirns. Die Methode beruht auf der Anwendung der kernmagnetischen Resonanz (NMR).

Zu diesem Zweck werden zum Beispiel Mangan(II)-Komplexe (*Teslacan*®) und Eisen(III)-Komplexe (*Sinerem*®, Nanopartikel von Eisenoxid), zur Diagnose von Erkrankungen der Leber in der Praxis angewandt. Hier vertiefen wir die Klasse der gut untersuchten und komplexchemisch interessanten Gadolinium(III)-Komplexe zur Anwendung in der MRT, die für die Diagnose bei entzündlichen Gelenkerkrankungen (Arthritis) eingeführt sind.

Das Gadolinium, ein Element aus der Reihe der Seltenen Erden, wurde 1880 von Jean C. de Marignac (1817–1894) entdeckt. Seine erste Anwendung in Kontrastmitteln erfolgte 1988. Das Prinzip der Methode besteht in der Einführung eines Kontrastmittels von *hohem Paramagnetismus*. Gd^{3+} besitzt in seiner Elektronenhülle 7 ungepaarte Elektronen und ist deshalb von dieser Voraussetzung her für eine solche Anwendung prädestiniert. Man misst die Protonensignale ^1H-NMR des Wassers im gesunden und kranken Gewebe. Der Kontrast wird erzeugt in Konsequenz der unterschiedlichen Intensitäten, die die ^1H-Signale im Protonenresonanzspektrum ergeben. Die Signalintensität wird bestimmt durch die unterschiedliche *Relaxivität* der Protonen des Wassers (siehe unten). Wenn die Relaxivität in den untersuchten Geweben gleich ist, wird kein Kontrast erzeugt. Der spezifische Effekt der Kontrastmittel rührt von einer dipolaren Wechselwirkung zwischen den sieben gleichgerichteten Elektronen des Gadolinium(III) in ihren Komplexen mit den Kernspins der Protonen der Wassermoleküle her, die sich in Nachbarschaft zum Zentralatom befinden.

Eine wichtige Messgröße ist die *Relaxivität R_1*. Die longitudinale Relaxivität R_1 [$mM^{-1} s^{-1}$] bezieht sich auf eine wässerige Lösung eines Gadolinium(III)-Komplexes der Konzentration 1 mM. R_1 setzt sich aus zwei Anteilen zusammen:

$$R_1 = R_{1\,int} + R_{1\,ext}$$

$R_{1\,int}$ bezieht sich auf den Beitrag der Wassermoleküle in der inneren Koordinationssphäre, das heißt, den Beitrag der Protonen derjenigen Wassermoleküle, die direkt am Gd^{III} ge-

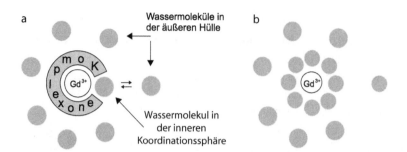

Abb. 3.20 a Modellvorstellung der Anordnung und des Wasseraustauschs in und zwischen der äußeren und inneren Koordinationssphäre von Gadolinium(III)-Komplexen mit Polyamino-poly-essigsäuren in der Magnetresonanztomographie; **b** Koordinationssphären von hydratisiertem Gadolinium(III), $[Gd(H_2O)_n]^{3+}(H_2O)_m$

bunden sind. Diese Information wird durch einen raschen Austausch dieser Wassermoleküle in der inneren Koordinationssphäre mit den Wassermolekülen in der äußeren Hülle vermittelt.

$R_{1\,ext}$ bezieht sich auf den Beitrag der Wassermoleküle in der äußeren Koordinationssphäre, wobei vorausgesetzt wird, dass sich diese Moleküle noch in der Nähe des Komplexes befinden. Diese Information wird durch die Diffusion der Moleküle vermittelt. In der Abb. 3.20a ist diese Situation dargestellt. Je größer der Wert der Relaxivität R_1 ist, desto größer ist der Kontrast.

Der Aquakomplex $[Gd(H_2O)_n]^{3+}$, umgeben von weiteren Wassermolekülen in der äußeren Koordinationssphäre, besitzt die höchste Kapazität als Kontrastmittel (Abb. 3.20b). Der große Nachteil, der eine klinische Anwendung von in Wasser gelösten einfachen Gadolinium(III)-Salzen ausschließt, ist seine sehr hohe Schwermetalltoxizität. Diese Toxizität wird drastisch verringert, wenn man Gadolinium(III) an geeignete Liganden bindet. Deshalb wurde eine intensive Forschungsarbeit investiert, um die geeignetsten Liganden für das den A-Metallen zuzurechnendem Gadolinium(III) aufzufinden. Die Polyamino-polycarbonsäuren (Abb. 3.21) bilden mit Gadolinium(III) Komplexe hoher thermodynamischer Stabilitäten. Beispiele dafür sind: $lgK_{GdDTPA}=22.4$; $lgK_{Gd\text{-}DOTA}=25,8$; $lgK_{Gd\text{-}DTPA\text{-}BMA}=16,85$; $lgK_{Gd\text{-}HP\text{-}DO3A}=23,8$ (die Namen und Formeln für die hier benutzten Abkürzungen enthält die Abb. 3.21). Diese Komplexe sind sehr gut wasserlöslich, nicht toxisch, rasch im menschlichen Organismus abbaubar, besitzen einen hohen Paramagnetismus und tauschen schnell die Wassermoleküle mit dem paramagnetischen Zentrum aus. In der Summe dieser Eigenschaften sind diese Komplexe für die medizinische Anwendung prädestiniert.

In der Abb. 3.21 sind die am häufigsten als Kontrastmittel genutzten Gadolinium(III)-Komplexe mit Polyaminopolycarbonsäuren-Liganden aufgeführt [C39].

Als *Counter-Ion* (Gegenion) für die anionischen Komplexe $[Gd(dtpa)]^{2-}$ und $[Gd(dota)]^-$ wird das Kation *meglumin**, [(D-(−)-N-methylglucamin, $CH_3-NH_2^+-CH_2-(CHOH)_4-CH_2OH]$, anstelle des Natriumions bevorzugt, um eine zu hohe Konzentration dieses Kations beim Einbringen in den Organismus zu vermeiden. Eine zu hohe Konzentration des

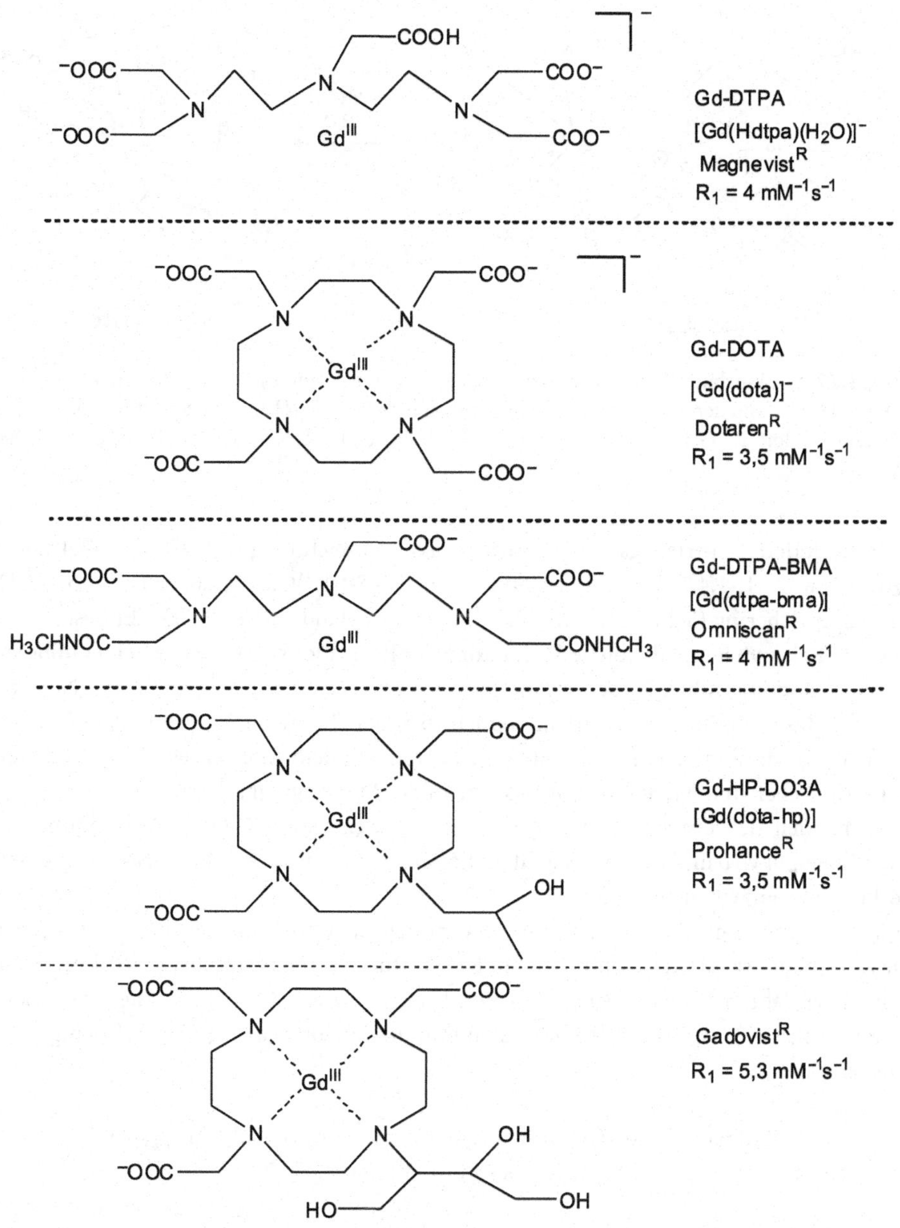

Abb. 3.21 Übersicht medizinisch relevanter Kontrastmittel von Gadolinium(III)-Polyaminopoly-carboxylat-Komplexen, ihre Relaxivitäten und patentrechtlich geschützte Firmenbezeichnungen

Alkalimetallions könnte eine Hypersodämie (Überschuss an Natriumionen) erzeugen. Während Magnevist® (Gadopentetat-Dimeglumin) bereits 1988 von der Schering AG Berlin eingeführt wurde, kam im Jahre 2000 Gadovist® (auch als Gadubutrol® geführt), der Gadolinium(III)-komplex mit dem Liganden Dihydroxy-hydroxymethylpropyl-te-

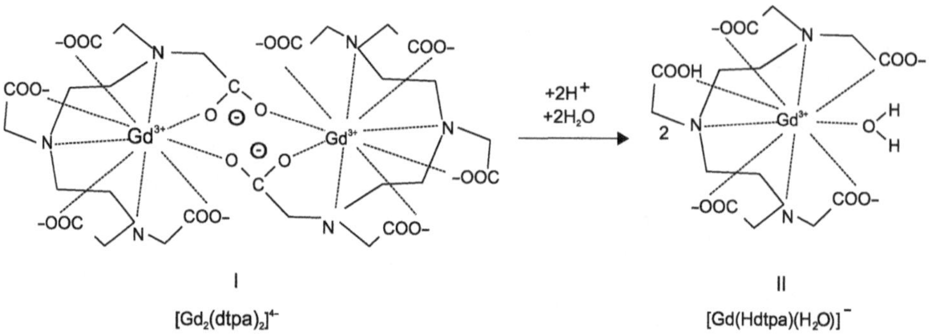

Abb. 3.22 Strukturbilder von Magnevist® mit der dimeren Komplexeinheit $[Gd_2(dtpa)_2]^{4-}$ (I, im festen Zustand) und der monomeren Komplexeinheit $[Gd(Hdtpa)_2(H_2O)]^-$ nach Auflösen in Wasser (II). (Aus: Ruloff, R.; Gelbrich, T.; Hoyer, E.; Sieler, J.; Beyer, L.: Z. Naturforsch. **53 b** (1998), S. 956 (Abb. 1))

traazacyclododecan-triessigsäure (Butrol: exakte Bezeichnung 2,2',2''-(10-(1,3,4-trihydroxybutan-2-yl)-1,4,7,10-tetraazacyclododecan-1,4,7-triyl)triessigsäure) (s. Abb. 3.21), von Bayer-Schering (Schweiz/Deutschland) in Deutschland auf den Markt. Er besitzt eine hohe R_1-Relaxivität und deutliche Verkürzung der Relaxationszeiten, was zu einer höheren Signalverstärkung führt. Diese Verbindung ist im Gegensatz zu Magnevist® ein Neutralkomplex des Gadolinium(III) und in doppelt so hoher Dosierung (0,01 mmol/kg Körpergewicht) wie die anderen in Abb. 3.21 aufgeführten Medikamente einsetzbar, vorzugsweise für die Leber-und Nierendiagnostik sowie in der MR-Angiographie.

Es handelt sich um eine sehr gut wasserlösliche, extrem hydrophile, Verbindung mit einer hohen *in vivo* und *in vitro*-Stabilität, die keine nennenswerte inhibitorische Wechselwirkung mit Enzymen aufweist.

Die Gadolinium(III)-Komplexe mit Polyaminopolycarbonsäure-Liganden bevorzugen die Kordinationszahl 9 des Zentralatoms. Robert Ruloff (*1965) konnte die Struktur des in den letzten Jahren am häufigsten benutzten Kontrastmittels, Gd-DTPA, *Magnevist*®, aufklären (Abb. 3.22) [C40a], indem das Guanidinium-Kation $(gu)^+$, $[(NH_2)_3C]^+$, eingesetzt wurde:

$$4 H_5 dtpa + 2\, Gd_2(CO_3)_3 + 5\, (gu)_2 CO_3 \rightarrow 2\, (gu)_4 [Gd_2(dtpa)_2]\ (I)$$
$$+ 2\, (gu) HCO_3 + 9\, CO_2 + 9\, H_2 O$$

Das Guanidinium-Kation wirkt aufgrund seiner Zusammensetzung und Struktur kristallisationsfördernd, weil es zahlreiche Wasserstoffbrücken auszubilden vermag und daher ein Netzwerk bildet (oft lassen sich die Polyaminopolycarbonsäuren und ihre Metallkomplexe mit Alkalimetall-Counterionen nicht zur Kristallisation bringen). Das im festen Zustand Dimere spaltet infolge der Einwirkung des Lösungsmittels Wassers die beiden Carboxylat-Brücken auf und im Ergebnis dessen tritt jeweils ein Wassermolekül in die innere Koordinationssphäre des Gd^{III} ein, wobei ein monomerer Komplex II gebildet wird (Abb. 3.22):

$$(\text{gu})_4[\text{Gd}_2(\text{dtpa})_2] + 2\,H_2O + 2\,H^+ \rightarrow 2\,(\text{gu})_2[\text{Gd}(\text{Hdtpa})(H_2O)]$$

I   II

im Festzustand   in wässeriger Lösung

Es gelang, die monomere Struktur des Anions (II) in Lösung durch Lumineszenz-Spektroskopie und die dimere Struktur im kristallinen Zustand mittels einer Röntgenkristallstrukturanalyse zu bestätigen (Abb. 3.22).

Dieses unmittelbar am Gadolinium(III)-Zentralatom koordinierte Wassermolekül in der inneren Koordinationssphäre und sein Austausch mit Wassermolekülen in der äußeren Koordinationssphäre ist also letztlich die Ursache für die hohe Kontrastwirkung von Magnevist®.

Neueste alternative Forschungsansätze zur Entwicklung von Kontrastmitteln auf der Basis von Metallkomplexen, wie die von Licht ein- und ausschaltbaren makrozyklischen, „Platten"-ähnlichen Nickel(II)-Porphyrine mit kovalent gebundenen Azopyridin-„Tonarmen" („Plattenspieler-Design"; Modell vergleichbar s. Abb. 3.72), die ihren Magnetismus wegen einer *trans-cis*-Isomerisierung am „Tonarm" und der Koordination (Kz 5) *der cis*oiden Form über den Pyridin-Stickstoff am Nickel reversibel ändern können [C40b], wodurch sich die Relaxivität ändern lässt, sind in [C40c] vorgestellt.

3.2 Metallkomplexe in Biosystemen und artifizielle Modellansätze

Die Biometalle (Tab. 3.1) spielen eine wichtige Rolle in den chemischen Prozessen, die in lebenden Organismen (Pflanzen, Tiere, Menschen) ablaufen (Abschn. 3.1). Die Biometalle bilden mit Liganden die Metallkomplexe. Diese befinden sich in Lösung oder liegen im festen Zustand vor.

Die Biometalle tragen mit ca. 3 % zum Gesamtgewicht eines Menschen bei und sind von vitaler, unersetzlicher Bedeutung für die biologischen Funktionen. Das betrifft besonders die enzymatischen, das sind biokatalytische Prozessabläufe. In den vergangenen Dezennien wurden viele der Biometallkomplexe vollständig oder partiell in ihrer Struktur und Wirkungsweise aufgeklärt. Dazu dienten spezielle physikalisch-chemische Methoden. Die lebende Natur zu ergründen ist schwierig, da es sich um eine komplexe organische Matrix handelt. Das betrifft besonders Biometallkomplexe, bei denen die zentralen Struktureinheiten von Proteinen, Polysacchariden u. a. umgeben sind. Das kompliziert die Aufklärung ihrer Struktur und Wirkungsweise, weil die organische Matrix direkt in die Reaktionsabläufe eingreifen kann. Aus dieser Sachlage resultiert die zwingende Notwendigkeit, das chemische Verhalten der Biometallkomplexe an einfachen Modellen zu studieren bzw. zu simulieren, um die im Organismus ablaufenden chemischen Prozesse besser verstehen zu können. Neben dem Verständnis natürlich ablaufender Prozesse eröffnet sich auch prinzipiell die Möglichkeit, „künstliche" Systeme zu suchen und zu finden, die ähnliche Funktionen wie die Biometallkomplexe haben können. Was die weise Natur uns anbietet und in Bewunderung versetzt: Ein hohes Niveau der Synthese und der chemischen Komplexizität, die unter „sanften" Bedingungen, das heißt, unter Normalbedingungen (Temperatur, Druck u. a.) ablaufen, lehrt uns Menschen meisterhaft, nach neuen Systemen zu suchen, die wenigstens teilweise einige der biochemischen Funktionen reproduzieren.

Die Luft, die eine unabdingbare Voraussetzung für das Leben auf unserem Planeten Erde ist, besteht aus molekularem Stickstoff (78,1 Vol.-%), Sauerstoff (20,93 Vol.-%) Kohlendioxid, CO_2, (0,032 Vol.-%) und Edelgasen (0,938 Vol.-%). Stickstoff, Sauerstoff und Kohlendioxid stehen in einer engen Beziehung und in Gleichgewichten mit den lebenden Organismen und mit einer Reihe von chemischen Prozessen, die innerhalb dieser ablaufen. Die Prozesse, die in der Lage sind, diese Bestandteile der Luft für ihre Umwandlung zum Aufbau natürlicher organischer Verbindungen einzufangen, werden mittels katalytischer Reaktionen über Biometallkomplexe realisiert. Andere Biometallkomplexe dienen anderen spezifischen Funktionen, wie der enzymatischen Hydrolyse von Peptiden und Phosphaten, als Matrices in Cluster-Komplexen für Redox-Reaktionen oder als Schleusen für den Transport von Alkalimetallionen mittels Aza-Kronenether-Komplexen.

Für ein Verstehen solcher Prozesse in Biosystemen können drei ausgewählte Beispiele nützlich sein: Modellkomplexe für die Fixierung und Aktivierung von molekularem Stickstoff, N_2; von molekularem Sauerstoff, O_2, und von Kohlendioxid, CO_2.

3.2.1   Fixierung und Umwandlung von Stickstoff durch Metallkomplexe

3.2.1.1   Die Nitrogenase

Stickstoff besitzt in organischen Verbindungen, die in den lebenden Organismen präsent sind, die Oxidationsstufe -III. Es handelt sich um Aminosäuren, Peptide, Proteine, Harnstoff-Derivate und stickstoffhaltige Makrozyklen. Der molekulare Stickstoff der Luft, N_2, mit dem Oxidationszustand 0 ist die Hauptquelle für die Erzeugung stickstoffhaltiger Verbindungen in den Pflanzen. Ammoniumsalzhaltige Düngemittel tragen in geringerem Maße dazu bei. Die Rezeption von N_2 und dessen reduktive Umwandlung werden durch Bakterien in den Rizomen bewirkt, die in Symbiose mit den Wurzeln einiger Pflanzen (Leguminosen) leben. Die äußeren Bedingungen für diese chemischen Reaktionen sind: Normaldruck (1 bar), Normaltemperatur der Umgebung, wässerige Lösung mit einem pH-Wert nahe 7; Redox-Potential um −500 mV.

Dieser Prozess ist unabdingbarer Bestandteil eines natürlichen Kreislaufs in der Natur, dem Stickstoff-Zyklus (Abb. 3.23).

Den Chemiker überrascht dies, und es ist ihm nicht sofort verständlich, wie glatt und rasch der molekulare Stickstoff der Luft unter diesen Bedingungen im natürlichen System reagieren kann, denn es ist ihm ja bekannt, dass Stickstoff inert gegenüber chemischen Agenzien ist. Deshalb benutzt man ihn als Schutzgas in vielen Reaktionen, die eine Inertgas-Atmosphäre benötigen (Kapitel 2). Der molekulare Stickstoff,:N:::N:, besitzt eine hohe thermodynamische Stabilität ($\Delta_D H = 942$ kJ mol^{-1}), eine Dreifachbindung, das Molekül ist

Abb. 3.23 Stickstoff-Kreislauf zwischen Atmosphäre, Boden und Biosphäre

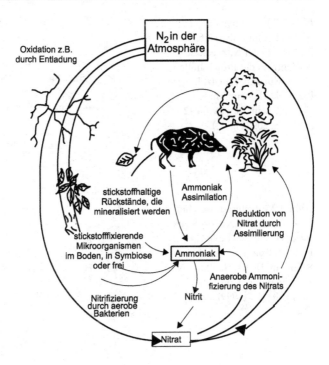

unpolar und weist eine beträchtliche Energiedifferenz zwischen dem HOMO und dem LUMO auf.

Nach einer lang andauernden Suche zur Erklärung der Fixierung, Aktivierung und reduktiven Umwandlung von N_2 fand das man, dass für diese katalytische Reaktion das Enzym *Nitrogenase* verantwortlich ist.

$$N^0_2 + 8\,H^+ + 8\,e^- + n\,MgATP \xrightarrow{\text{Katalysator Nitrogenase}} 2\,N^{-III}H_3$$
$$+ H_2 + n\,MgADP + nP_i$$

ATP = Adenosintriphosphat;
ADP = Adenosindiphosphat;
P_i = Phosphat-Ion

D.C. Rees und J. Kim gelang es erst 1992, die Molekülstruktur von Nitrogenase durch Röntgenkristallstrukturanalyse aufzuklären. Die zentrale Einheit besteht aus einem Metallkomplex. Die Nitrogenase enthält einen *Cofaktor*, der abgekürzt *FeMoco* (Fe=Eisen; Mo=Molybdän; co=Cofaktor) bezeichnet wird, und eine äußere Proteinhülle. Der Cofaktor *FeMoco* besteht im Innern aus zwei offenen Kuben: $[Fe_4S_4]$ und $[Fe_3MoS_4]$, die miteinander über drei Schwefel-Brücken Fe–S–Fe verbunden sind. Das Molybdänatom besetzt eine äußere Eckposition im Kubus $[Fe_3MoS_4]$ und ist mit dem Liganden Homocitrat verbunden (Abb. 3.24).

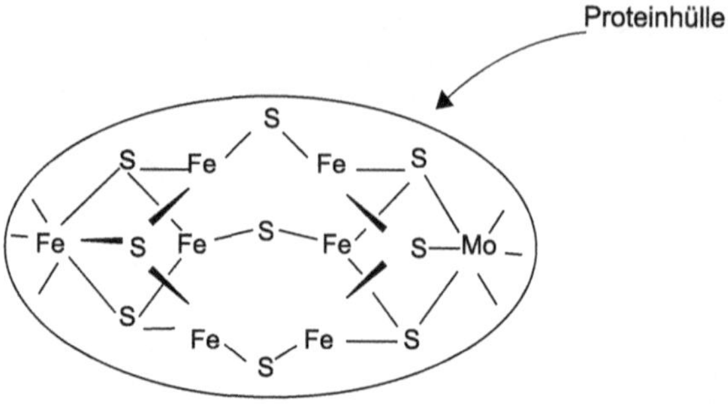

Abb. 3.24 Vorstellung der Molekülstruktur des Cofaktors FeMoCo in der Nitrogenase im Zentrum der Proteinhülle. (Aus: Sellmann, D.; Utz, J.; Blum, N.; Heinemann, F.: Coord. Chem. Rev. **190–192** (1999), S. 609 (Fig. 1))

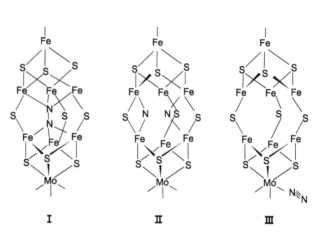

Abb. 3.25 Unterschiedliche Modellvorstellungen zur Struktur des Cofaktors FeMoCo in der Nitrogenase. (Aus: Sellmann, D.; Utz, J.; Blum, N.; Heinemann, F.: Coord. Chem. Rev. **190–192** (1999), S. 609 (Fig. 1))

Tatsächlich existiert die Nitrogenase im biologischen System gedoppelt (zweifach) als *Dinitrogenase*. Das heißt, dass es zwei gleiche Cofaktoren *FeMoco* mit ihren jeweiligen Proteinhüllen gibt. Dieses Charakteristikum ist offenbar ein fundamentales Prinzip, den die lebende Natur im Verlaufe der Evolution als Schutzmechanismus entwickelt hat, um bei Funktionsverlust eines Cofaktors weiter „arbeiten" zu können. Ein weiterer natürlicher Schutzmechanismus für die Nitrogenase wurde für den Fall der Nichtverfügbarkeit von Molybdän entwickelt: Dann kann das Vanadium die Position des Molybdäns im $[Fe_3MoS_4]$ einnehmen, indem $[Fe_3VS_4]$ gebildet wird. Dieses System wird als *Vanadium-Nitrogenase* bezeichnet, und letztendlich ist auch Eisen selbst in der Lage, Molybdän zu ersetzen unter Bildung von $[Fe_4S_4]$. Dieses System wird folgerichtig *Eisen-Nitrogenase* genannt. Augenscheinlich ist aber Molybdän begünstigt wegen seiner Kapazität, im System $[Fe_3MoS_4]$ Elektronen der *Dinitrogenase-Reduktase* zu absorbieren und zu deponieren. Die Dinitrogenase ist mit einem anderen $[Fe_4S_4]$-Cluster der Dinitrogenase-Reduktase mittels des energiespendenden MgATP verbunden, das als *Carrier* für den Transport der benötigten Elektronen in der oben beschriebenen Reaktion fungiert und die ihrerseits von einem dritten, angekoppelten System, *Ferredoxine/Flavodoxine*, herrühren, die die Elektronen bereit stellen.

Die Nitrogenase besitzt die Fähigkeit, das Molekül N_2 an seinem Cofaktor *FeMoco* zu fixieren. Es gibt für diese Koordination drei Möglichkeiten (Abb. 3.25)

Abb. 3.26 Modellvorschlag des Zentrums der Nitrogenase nach Sellmann. (Aus: Sellmann, D.; Utz, J.; Blum, N.; Heinemann, F.: Coord. Chem. Rev. **190–192** (1999), S. 625 (Fig. 9))

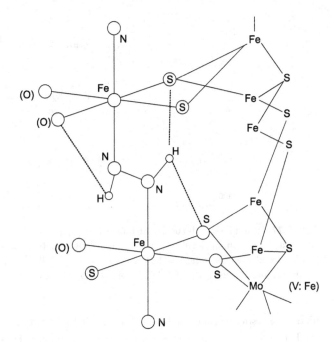

Der Käfig im Inneren der beiden Kuben (I) verfügt über eine geeignete Abmessung, um N_2 aufzunehmen und an sechs Eisenatome zu binden, jedoch nicht für die sukzessiv gebildeten Reduktionsprodukte Diazen (Diimin), N_2H_2, oder Hydrazin, N_2H_4, oder zwei Moleküle Ammoniak, NH_3. Die Primärprodukte der N_2-Reduktion, zu denen die Einelektronen-reduzierte Spezies $N_2^{\cdot[-III]}$, die Zweielektronen-reduzierte Spezies N_2^{2-}, {Diazenido(2-)-Ion} und die Dreielektronen-reduzierte Spezies $N_2^{\cdot 3-}$ {Dinitrid(3–)-Ion} gehören, wurden unabhängig in unterschiedlichen Formen (adsorbierte bzw. metallstabilisierte Molekülionen u. a.) identifiziert [C41]. Es lässt sich schlussfolgern, dass das N_2 an vier Fe^{II}-Atome in einer externen Position an der „Achse" der Kuben gebunden ist (II) oder an das Molybdänatom, wobei der Ligand Homocitrat substituiert wird (III). Bislang konnte noch kein Additionsprodukt von N_2 oder seiner Reduktionsprodukte an den Cofaktor *Fe-Moco* im festen Zustand isoliert werden. Deshalb sind die Strukturformen I bis III in der Abb. 3.25 lediglich Modellvorstellungen. Es gibt viele Forschungsarbeiten auf diesem Gebiet der Entwicklung von komplexchemischen Modellen, besonders von Dieter Sellmann (1941–2003), der ein Nitrogenase-Modell vorschlug, das als ersten Schritt die Reduktion von N_2 zum Diazen zum Inhalt hat. Dieses Modell wird in der Abb. 3.26 vorgestellt und ist beschrieben [C42].

Die sukzessive Reduktion von N_2 geschieht auf katalytischem Wege mit Nitrogenase, wobei die Aktivierungsenergie für die Bildung von N_2H_2 und N_2H_4 erniedrigt wird (Abb. 3.27).

Die Nitrogenase fungiert als Katalysator nur in Gegenwart des Cofaktors *FeMoco* und ihrer Proteinhülle. Man bezeichnet sie als *native Nitrogenase*. Die Nitrogenase fungiert

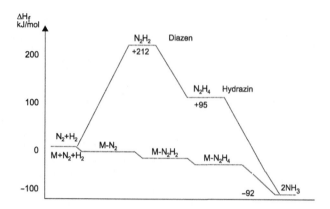

Abb. 3.27 Reaktionskoordinate der unkatalysierten Reduktion von molekularem Stickstoff mit Wasserstoff zu Ammoniak (*obere Kurve*) und der mit Metallkomplexen katalysierten Reduktion (*Kurve unten*) sowie postulierten Reaktionsspezies. (Aus: Sellmann, D.; Utz, J.; Blum, N.; Heinemann, F.: Coord. Chem. Rev. **190–192** (1999), S. 617 (Fig. 3))

nicht als ein spezifischer Katalysator nur für die Reduktion von N_2. Sie katalysiert zum Beispiel auch die Reduktion von Acetylen, C_2H_2, zu Ethen, C_2H_4; von Cyanwasserstoff, HCN, zu Methan, CH_4, und Ammoniak, NH_3; von Acetonitril, $H_3C–NC$, zu Methan, CH_4, und Methylamin, $H_3C–NH_2$; von Distickstoffmonoxid, N_2O, zu Stickstoff und Wasser sowie von Protonen, $2H^+$, zu H_2. Bedeutsam für das Wirken der Nitrogenase ist die Beobachtung, dass die katalytische Reduktion von molekularem Stickstoff, N_2, nicht stattfindet, wenn der von seiner natürlichen Proteinhülle befreite Cofaktor *FeMoco* eingesetzt wird.

3.2.1.2 Die Nitrogenyle

Die Erkennntnis, dass Nitrogenase als Katalysator für die Reduktion von Stickstoff verantwortlich ist, ist bei den an dieser Problematik interessierten Chemikern auf großes Interesse gestoßen. Sie wurden dazu angeregt, „künstliche" Modelle zu entwickeln, um die biochemischen Prozesse noch genauer verstehen zu können, und die dabei gewonnenen Erkenntnisse hauptsächlich für eine industrielle Produktion von Ammoniak nutzen zu können. Ammoniak ist eine Grundchemikalie für die Produktion von Düngemitteln, Plaste u. a. Das industriell eingeführte *Haber-Bosch-Verfahren* erzwingt die Überwindung der Reaktionsträgheit durch Anwendung drastischer Reaktionsbedingungen:

$$N_2 + 3\,H_2 \xrightleftharpoons{\quad 500°C; \quad 200\ bar\,; \quad Katalysator \quad} 2\,NH_3$$

Man erhoffte, diese Synthese durch geeignete Methoden unter milden Reaktionsbedingungen zu ersetzen, womit außer der Produktion von Ammoniak auch die Herstellung vieler organischer Verbindungen, wie Amine, Aminosäuren, Peptide, N-Heterocyclen u.a. verbessert werden könnte. Das ist eine interessante Vorstellung, wenn es gelänge, geeignete Katalysator-Modelle nach dem Vorbild der Nitrogenase aufzufinden. Damit würde ein weites Feld der Synthesechemie erschlossen und eine substantielle Einsparung von Primärenergie ermöglicht.

Nitrogenyle im Festzustand und die chemische Bindung M-(N_2)

Schon seit langem wurden die Komplexe von Übergangsmetallen mit dem Liganden Kohlenmonoxid, CO, (Carbonyle) im festen, gasförmigen und flüssigem Zustand synthetisiert und untersucht. CO ist *isoster* mit N_2, denn es besitzt die gleiche Anzahl an Elektronen, die gleiche Anzahl von Valenzelektronen und die gleiche Anzahl an Atomen im Molekül.

	$: C ::: O :$	*isoster*	$: N ::: N :$
Valenzelektronen:	10		10
Gesamtelektronenzahl:	16		16

Eine Komplexbildung der Übergangsmetalle könnte, so der formal analoge Schluss, auch mit Stickstoff möglich sein, und entsprechende Experimente wurden durchgeführt. Mitte der 60er Jahre des vergangenen Jahrhunderts gelang es endlich, einige den Carbonylen formal analoge *Nitrogenyle* im Festzustand zu synthetisieren und zu charakterisieren.

A.D. Allen und C.V. Senoff [C43] berichteten 1965 über die Synthese und Isolierung von Ruthenium(II)-Nitrogenylen durch eine einfache Reaktion zwischen Ruthenium(III)-chlorid, $RuCl_3$, und Hydrazin, N_2H_4, in wässeriger Lösung. Es handelt sich dabei um eine Redox- und eine Reaktion koordinierter Liganden (Abschn. 1.6; → Präparat 40)

$$Ru^{II}Cl_3 + 5 N_2H_4 \rightarrow [Ru^{II}(NH_3)_5(N_2)]Cl_2 + N_2H_5Cl + 1/2 N_2$$

Das Cl^- kann durch andere Anionen, wie Br^-, I^-, BF_4^- und PF_6^- ersetzt werden.

Im selben Jahr gelang die Darstellung von anderen Nitrogenylen im Festzustand durch Reaktion von N_2 mit einem Cobaltkomplex:

$$[\{(C_6H_5)_3P\}_3CoH_3] + N_2 \rightarrow [\{(C_6H_5)_3P\}_3Co(N_2)H] + H_2$$

Nachdem A. Sacco und M. Rossi [C44] im Jahre 1967 die Molekülstruktur dieses Komplexes durch eine Röntgenkristallstrukturanalyse ohne die Position des Hydridoliganden ermittelt hatten, wurde später diese Position ermittelt und eine verfeinerte Struktur des Hydridodinitrogentris(triphenylphosphin)cobalt(I), $[\{(C_6H_5)_3P\}_3Co(N_2)H]$, von James A. Ibers [C45] publiziert (Abb. 3.28a)

Das linear strukturierte Molekül von Stickstoff, N_2, ist an das Metall „über die Spitze" (*end-on*) gebunden ebenso wie viele andere Nitrogenyle, die in späteren Jahren synthetisiert wurden. Die Bindung M-N_2 kann als eine σ-Bindung und eine $d\pi$–$p\pi$-Bindung beschrieben werden (Abb. 3.28b). Die Koordination des N_2 an ein Übergangsmetall bewirkt eine Schwächung der Dreifach-Bindung zwischen den beiden Stickstoffatomen. Mit Hilfe der Infrarot-Spektroskopie lässt sich im IR-Spektrum diese Bindungsschwächung beobachten. Das nichtkoordinierte N_2-Molekül zeigt eine Valenzschwingung-Bande v_{NN} bei 2331 cm^{-1}, während in den Ruthenium-Komplexen $[Ru^{II}(NH_3)_5(N_2)]X_2$ bzw. dem Cobalt-Komplex $[\{(C_6H_5)_3P\}_3Co(N_2)H]$ eine bathochrome Verschiebung der Valenzschwingungs-

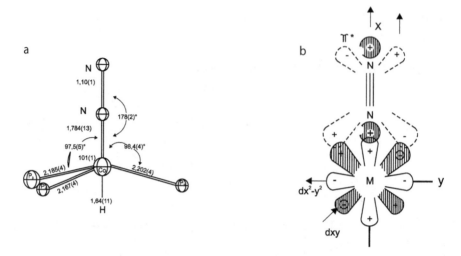

Abb. 3.28 a Molekülstruktur von Hydridodinitrogentris(triphenylphosphin)cobalt(I), $[CoH(N_2)]$ $\{(C_6H_5)_3P\}_3]$; **b** Bindungsmodell eines elektronenreichen d-Metalls mit molekularem Stickstoff. (Aus: Davis, B.; Payne, N.C.; Ibers, J.A.: Inorg. Chem. **8** (1969), S. 2726 (Fig. 1))

bande v_{NN} auf 2105–2167 cm^{-1} bzw. 2088 cm^{-1} erfolgt. Die Zunahme der Bindungslänge in dem an Cobalt koordinierten N_2-Molekül mit $d_{NN} = 116$ pm im Vergleich mit der Bindungslänge im nichtkoordinierten Stickstoffmolekül mit $d_{NN} = 109$ pm bestätigt diese Vorstellung der Bindungssituation.

Komplexchemische Modelle für die Aktivierung und Reduktion des molekularen Stickstoffs

Es gibt inzwischen eine große Anzahl von komplexchemischen Modellsystemen, die für eine Aktivierung und Reduktion des molekularen Stickstoffs entwickelt wurden. Drei davon werden kurz vorgestellt. Sie zeigen das Forschungspanorama zur Entwicklung geeigneter Katalysatorsysteme in Konkurrenz zur Nitrogenase auf. Vom idealen natürlichen Vorbildsystem der Nitrogenase ist man noch entfernt.

Das System nach J. Chatt

J. Chatt, A.J. Pearman und E.L. Richards [C46] synthetisierten im Jahre 1975 ein Molybdän-Bisnitrogenyl, das bei der Hydrolyse mit Schwefelsäure/Methanol die gewünschte Oxidationsstufe -III des Stickstoffs in Form der Ammoniumionen, NH_4^+ bildet und zusätzlich molekularen Stickstoff freisetzt:

$$[M^0(N_2)_2 (PR_3)_4] \xrightarrow{CH_3OH / H_2SO_4} 2NH_4^+ + N_2 + [M^{>0} L_x] + \text{Nebenprodukte}$$
$$M = Mo, W; R = Alkyl-, Aryl$$

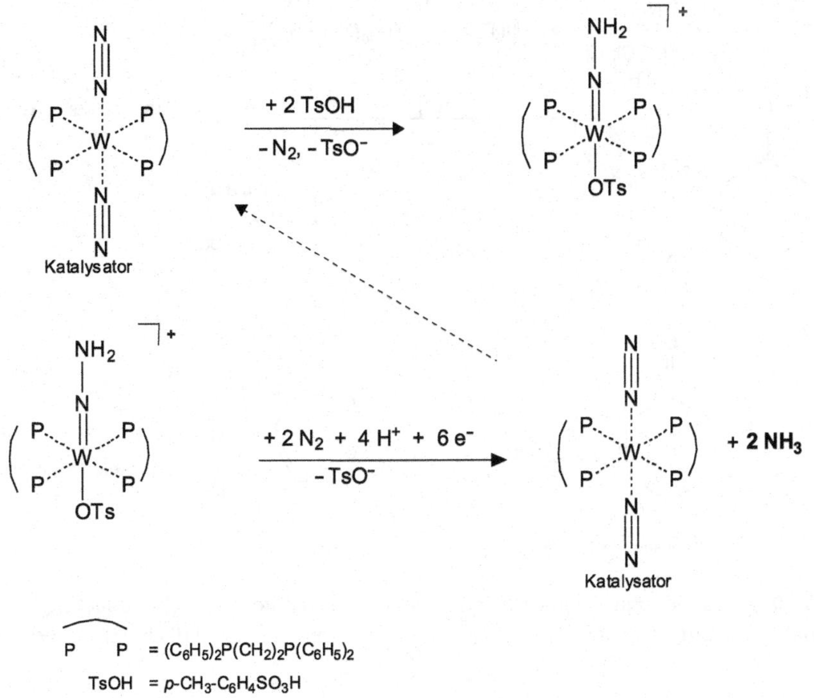

Abb. 3.29 Elektrochemisch geführter Kreislauf der Reduktion von molekularem Stickstoff zu Ammoniak mit Hilfe des Katalysators $[W(N_2)_2\{(C_6H_5)_2P(CH_2)_2P(C_6H_5)_2\}_2]$

Die Ausbeute an NH_4^+-Ionen beträgt bis zu 90 %. Das metallhaltige Beiprodukt $[M^{>0}\,L_x]$ lässt sich nicht für einen neuen katalytischen Zyklus regenerieren. Deshalb besitzt das System trotz des prinzipiellen Erkenntniszuwachses keine Anwendungsrelevanz.

Elektrochemisches System

Das in der Abb. 3.29 gezeigte System scheint entwicklungsfähig zu sein, weil das Edukt $[W(N_2)_2\{(C_6H_5)_2P(CH_2)_2P(C_6H_5)_2\}_2]$ formal wie ein Katalysator funktioniert, indem sich der Katalysator im Verlaufe des Reaktionszyklus mehrmals regeneriert. Als Reduktionsmittel fungieren die von der Katode bereitgestellten Elektronen. Weil jedoch nur wenige Zyklen mit intaktem Wolframkomplex durchlaufen werden, ist auch dieses aussichtsreichere System praktisch nicht anwendbar.

Synthese von N-Heterozyklen mit Luftstickstoff

M. Mori und Mitarbeiter [C47] berichteten 1998 über eine Synthese von Benzamiden und verschiedenen N-Heterozyklen in guten Ausbeuten bei Benutzung des in eckige Klammern gesetzten Systems: $[TiCl_4$ oder $Ti(O i prp)_4/Li/(CH_3)_3SiCl/Tetrahydrofuran/Luft$ $(4\,N_2 + O_2)]$. Wenn diese Mischung bei Raumtemperatur von 20–25 °C hergestellt und im Falle der Synthese von Benzamid, $C_6H_5-CO-NH_2$ das Benzoylchlorid, $C_6H_5-CO-Cl$, oder

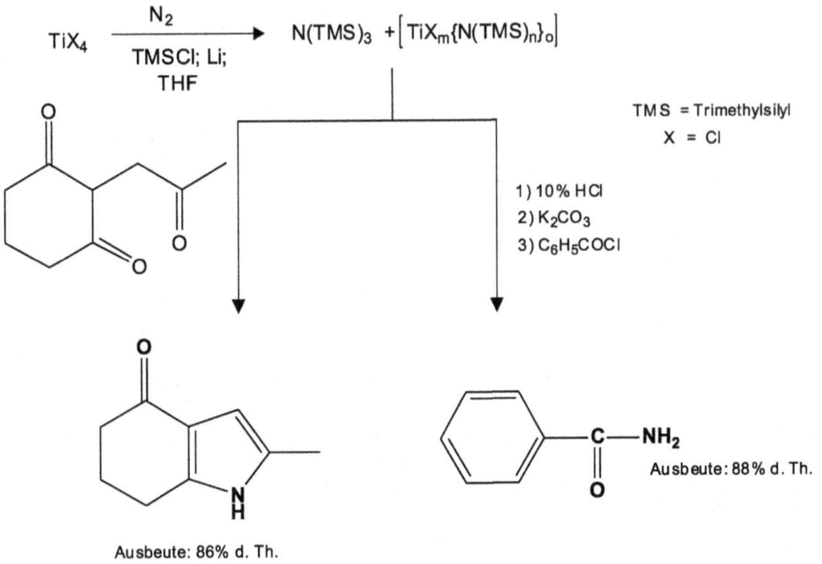

Abb. 3.30 Benzamid- und Heterocyclensynthese mit Luftstickstoff als Stickstoffquelle. (Aus: Mori, M.; Hori, K.; Akashi, M.; Hori, M.; Sato, Y.; Nishida, M.: Angew. Chem. **110** (1998), S. 659)

im Falle der *N*-Heterocyclen die jeweils entsprechenden organischen Edukte hinzugefügt werden, so erhält man die jeweiligen Produkte in hohen Ausbeuten (Abb. 3.30).

Der Luftstickstoff wird durch einen Titankomplex in nichtwässeriger Lösung fixiert, aktiviert und durch Lithium reduziert. Bereits in den 60er Jahren des vorigen Jahrhunderts entwickelten M.E. Volpin, V.B. Shur, Eugene Earle van Tamelen (1925–2009), H. Olivier und Hans Herbert Brintzinger (*1935) in ihren Arbeitsgruppen frühzeitig Systeme auf ähnlicher Basis.

Der Nitrogenase ähnliche Modelle nach D. Sellmann

Bei den oben zitierten Modellen wurde kein System vorgestellt, das der Nitrogenase direkt ähnlich ist, speziell in Bezug auf die Verfügbarkeit und die Zusammensetzung der Eisen-Schwefel-Einheiten. In dieser Richtung waren die Arbeiten von Dieter Sellmann und seinen Mitarbeitern angesiedelt, mit der Idee, Komplexe mit Eisen als Zentralatom zu synthetisieren, die der Nitrogenase ähneln. In diesen Eisen-Modellkomplexen wurden mehrzählige Thiolat-Liganden mit Schwefel-Donoratomen benutzt. Der Schwerpunkt wurde dabei auf Komplexe mit Diazen, N_2H_2, konzentriert, weil Diazen ein wesentliches Zwischenprodukt bei der Reduktion von molekularem Stickstoff ist. In der Abb. 3.31 sind zwei solcher Komplexe mit dem koordinierten Liganden Diazen dargestellt. Dieser Ligand koordiniert in *trans*-Stellung mit zwei Eisen-Zentren, und es erfolgt eine Stabilisierung durch zwei Wasserstoffbrücken $N \cdots H \cdots S$.

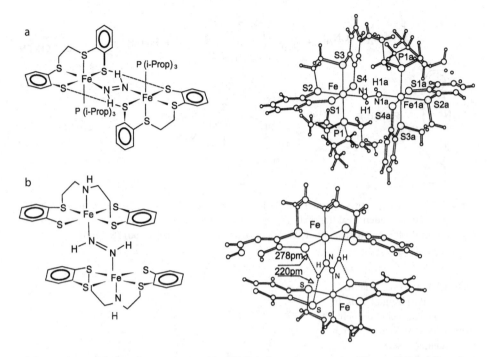

Abb. 3.31 Molekülstrukturen von Modell-Eisenkomplexen mit Diazen-Brückenliganden, μ-HN=NH, als Zwischenstufen bei der Reduktion von molekularem Stickstoff mit Nitrogenase. **a** Molekülstruktur von [μ-N$_2$H$_2${Fe(i-Prop)$_3$(„S$_4$")}]; **b** Molekülstruktur von [μ-N$_2$H$_2${Fe(N„S$_4$")}$_2$]. (Aus: Sellmann, D.; Utz, J.; Blum, N.; Heinemann, F.: Coord. Chem. Rev. **190–192** (1999), a: S. 618 (Fig.4); b: S. 617 (Fig. 3))

Im Jahre 2001 gelang es Dieter Sellmann, das erste Komplex-Modell von Ruthenium(II) mit einem Thiolat-Liganden und molekularem Stickstoff in Form eines kristallinen Festkörpers zu synthetisieren und dessen Struktur aufzuklären (Abb. 3.32)

3.2.2 Fixierung und Umwandlung von Sauerstoff durch Metallkomplexe

Der Sauerstoff ist ein Element von vitaler Bedeutung für die Existenz lebender Organismen. Der molekulare Sauerstoff wird aus der Luft, oder von Meeresorganismen aus dem Wasser, in dem er partiell gelöst enthalten ist, aufgenommen. Nach der Aufnahme wird er im Organismus transportiert und gespeichert. Sauerstoff wirkt in Oxidationsprozessen und zur Energieerzeugung für die Versorgung des lebenden Organismus. Bei diesen Prozessen sind Komplexe von Eisen bzw. Kupfer maßgeblich beteiligt.

3.2.2.1 Hämproteine, Hämerythrin, Hämocyanin

Es sind drei wichtige Typen von Biometallkomplexen bekannt, die die Fähigkeit zur Aufnahme, zum Transport und zur Lagerung von Sauerstoff im lebenden Organismus besitzen:

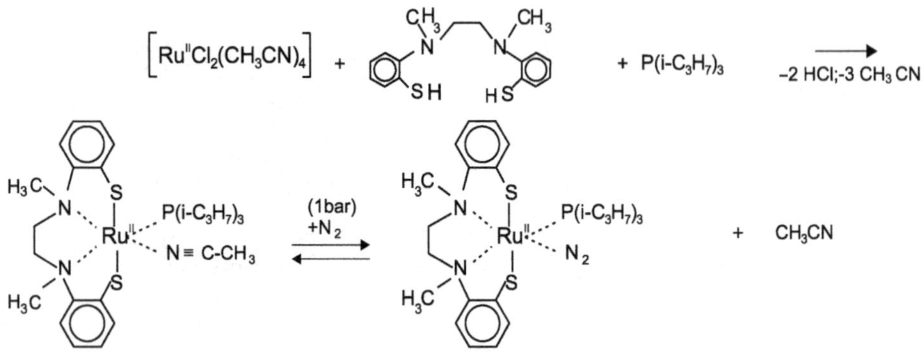

Abb. 3.32 Synthese eines Ruthenium(II)-Komplexes $[Ru(N_2)\{,N_2Me_2S_2\text{``}P(i\text{-}Prop)_3\}]$ mit N_2 als Ligand unter milden Reaktionsbedingungen (1 bar, 20 °C) in Acetonitril. (Aus. Sellmann, D.; Hautsch, B.; Rösler, A.; Heinemann, F.W.: Angew. Chem. Intern. Ed. **40** (2001) S. 1506)

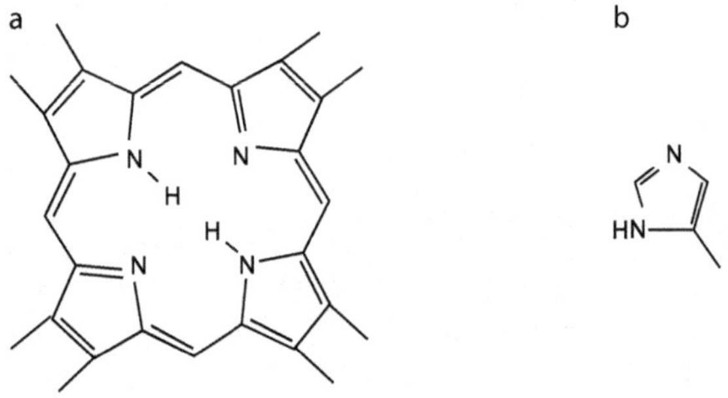

Abb. 3.33 a Tetraazamakrozyklus des Porphinmoleküls. In
den Porphyrinen sind die acht
Pyrrol-Wasserstoffatome durch
Substituenten ersetzt.
b Imidazol-Gruppe

- Hämoglobin (*hb*) (M=Fe) und Myoglobin (*mb*) (M=Fe),
- Hämerythrin (*hr*) (M=Fe),
- Hämocyanin (*hc*) (M=Cu).

Das Hämoglobin ist die Hauptkomponente der Erythrozyten und verantwortlich für den Transport des Sauerstoffs im Organismus. Die *Häm*-Gruppe im Blut besteht aus einem makrozyklischen Ring vom Typ der Porphyrine mit einem Eisen(II)-Zentrum.

Die drei Typen von Bioliganden benötigen prinzipiell zwei Komponenten in der inneren Koordinationssphäre:

- Den Makrozyklus vom Typ *Porphyrin* (Abb. 3.33a) im Falle von Hämoglobin *hb* und Myoglobin *mb*.
- Den *Imidazol*-Rest aus dem Histidin (Abb. 3.33b) im Falle von Hämoerythrin *hr*, Hä*mocyanin hc*, Hämoglobin *hb* und Myoglobin *mb*.

	hb	Mb	hr	Hc
Oxi-Form	Rot	Blau	Rotviolett	Blau
Desoxi-Form	Purpurrot	Rot	Farblos	Farblos

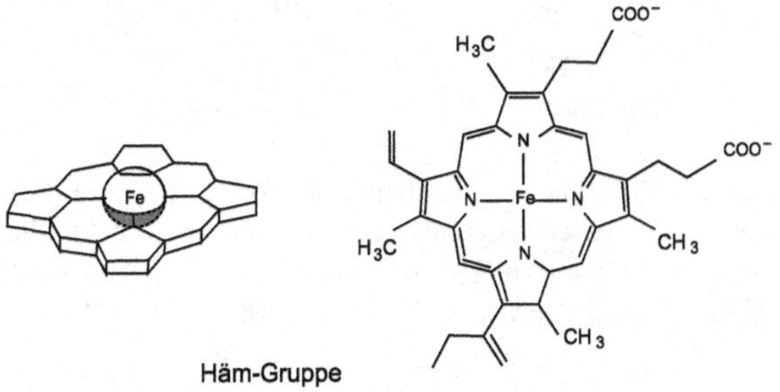

Abb. 3.34 Schematische
Struktur der Häm-Gruppe

Häm-Gruppe

In jedem Falle befinden sich in der äußeren Koordinationssphäre verschiedene Protein-Gruppen. Außerdem ist festzustellen, dass Hämoglobin und Myoglobin mononukleare Komplexe, dagegen Hämoerythrin und Hämocyanin dinukleare Komplexe sind.

Diese drei Klassen von Komplexen besitzen die Fähigkeit, den Sauerstoff *reversibel* zu binden. Derjenige Komplextyp, der molekularen Sauerstoff gebunden enthält, wird als die *oxi*-Form und derjenige, der keinen molekularen Sauerstoff gebunden enthält, als die *desoxi-Form* bezeichnet. Ihre jeweiligen Farben unterscheiden sich voneinander:

Hämoglobin und Myoglobin

Das Hämoglobin transportiert den Sauerstoff, der aus der Luft aufgenommen wird, von den Lungen bis zu den Muskelgeweben im Organismus. Das Myoglobin übernimmt dann den Sauerstoff und fungiert als Speicher. Hämoglobin und Myoglobin sind Proteine mit der Fähigkeit, molekularen Sauerstoff zu binden. Beide Komplexe besitzen das gleiche Zentralatom Eisen im Oxidationszustand II (Fe^{II}).

Strukturen

Die Struktur der Häm-Gruppe ist in der Abb. 3.34 schematisch aufgezeichnet.

Es gibt einen wichtigen strukturellen Unterschied zwischen Hämoglobin *hb* und Myoglobin *mb* in der Protein-Umgebung.

Das *Myoglobin, mb*, (Abb. 3.35a) besitzt ein Häm-Zentrum und eine einzige Globin-Kette, die aus 153 Aminosäuren in helicaler und nicht-helicaler Form zusammengesetzt ist. Das Globin ist an Fe^{II} mittels eines Stickstoff-Donoratoms koordiniert. Dieses N-Atom gehört zur Imidazol-Gruppe der Aminosäure Histidin (Abb. 3.35c).

Hier ist die Koordinationszahl des Eisen(II) fünf, wobei das Fe^{II}-Zentralatom eine Position von 42 pm oberhalb der Ebene des Porphyrin-Makrozyklus in Richtung zum Imidazol hin einnimmt, das seinerseits an das Eisenatom koordiniert (Abb. 3.36)

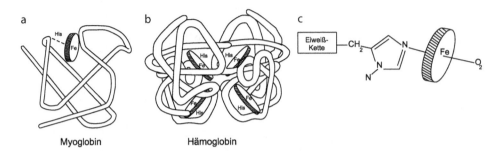

a Myoglobin

b Hämoglobin

c Eiweiß-Kette—CH$_2$ ... Fe ... O$_2$

Abb. 3.35 Schematische Strukturen von **a** Myglobin *(mb)* und **b** Hämoglobin *(hb)* mit gleichen Koordinationszentren und unterschiedlichen Proteinhüllen, **c** Koordination der Histidingruppe über das Donoratom N. (Nach: Kendrew, J.C.; Dickerson, R.E.; Strandberg, B.E.; Hart, R.G.; Davies, D.R.; Philips, D.C.; Shore, V.C.: Nature **185** (1960) S. 422)

Abb. 3.36 Strukturbild der Häm-Gruppe im Hämo-globin und Myoglobin. Das zentrale Eisenatom befindet sich oberhalb der Ebene des Porphyrinrings

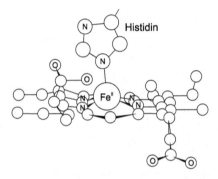

Das *Hämoglobin, hb,* verfügt über vier Häm-Zentren, wobei ein jedes eine Globin-Kette besitzt, zwei von ihnen sind gleich. In konsequenter Weise gibt es zwei α-Ketten und zwei β-Ketten. Jede von diesen vier Ketten ist über ein Stickstoff-Donor-Atom koordiniert, das, wie im Falle des Myoglobins, aus dem Imidazol-Rest des Histidins stammt (Abb. 3.35b). In dieser Struktur befindet sich das Fe^{II} 36 bis 40 pm oberhalb der Ebene des Porphyrin-Makrozyklus in Richtung der Bindung mit dem Imidazol-Liganden wie auch im Myoglobin *mb* (Abb. 3.36). Die röntgenkristallstrukturanalytische Aufklärung erfolgte von Max Ferdinand Perutz (1914–2002).

Sowohl im Myoglobin *mb* wie auch im Hämoglobin *hb* bleibt die sechste Koordinations-stelle im Eisen-Polyeder frei und so fähig für eine Aufnahme des molekularen Sauerstoffs, O$_2$, und dies auch, weil ein Imidazol-Rest, der zu einem anderen, nahen Histidin-Molekül in distaler Position gehört, durch Ausbildung von Wasserstoffbrücken O $\cdots$ H $\cdots$ N die O$_2$-Koordination begünstigt.

Die Koordination von molekularem Sauerstoff

Das Molekül O$_2$ koordiniert sowohl im Myoglobin *mb* wie auch im Hämoglobin *hb* frontal (linear, *end-on*, Spitze) zur Ebene des Makrozyklus an Fe^{II}. Ohne koordiniertes O$_2$ besitzt Fe^{II} die Koordinationszahl 5 im Komplex und befindet sich, wie oben geschrieben, wenig

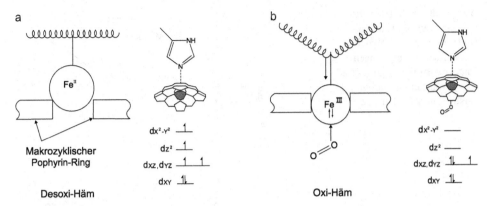

Abb. 3.37 a Schematische Struktur der Häm-Gruppe ohne koordiniertem Sauerstoff (Desoxi-Häm). Das Eisen(II)-atom befindet sich oberhalb der Ebene des makrozyklischen Porphyrin-Ringes und ist über eine Histidingruppe an die wie eine Feder spiralig gezeichnete Proteinkette, die die Proteinhülle symbolisiert, gebunden. Die Elektronenverteilung im Eisenatom entspricht einem Hochspin-Zustand; **b** Strukturänderung des unter **a** angegebenen Modells bei Koordination von molekularem Sauerstoff am Eisenatom in distaler Position zur Histidingruppe nach dem Perutz-Mechanismus. Das Eisenatom, nun Fe^{III}, ändert die Elektronenverteilung zum Niederspin-Zustand, sein Radius nimmt ab, und es wird um etwa 40 pm in die Ebene des Porphyrin-Rings hineingezogen

oberhalb dieser Ebene hin in Richtung zur Imidazol-Gruppe des Histidinmoleküls. Der Bindungswinkel $\langle$Fe–O–O der Subgruppierung beträgt 115°. Die Koordinierung von O_2 an Fe^{II} bewirkt im Polyeder die Koordinationszahl 6 und realisiert zudem eine Annäherung des Zentralatoms an die Ebene des Makrozyklus um ungefähr 40 pm. Das bedeutet, dass sich das Eisenatom nun direkt in dieser Ebene befindet.

Dieser Prozess wird durch zwei Ursachen bedingt:

1. Während der Koordination von O_2 erfolgt ein Elektronenübergang von Fe^{II} zu O_2. Formal nimmt Eisen den Oxidationszustand Fe^{III} an, und der gebundene Sauerstoff erscheint als Superoxid O_2-. Die Bestätigung liefert das Raman-Spektrum, in dem eine Bande bei 1105 cm^{-1} auftritt, die dem Superoxid-Ion O_2-zugeordnet wird. Der Kovalenzradius von Fe^{II} (Hochspin) ist größer als der von Fe^{III} (Niederspin), wie das Größenverhältnis der Eisenatome in Abb. 3.37a im Vergleich zu Abb. 3.37b veranschaulicht.

2. Der Komplex in der *desoxi*-Form mit der Koordinationszahl 5 hinterlässt, bedingt durch die geringfügige Ausrichtung von Eisen(II) aus der Ebene, eine Lücke, die das Eindringen von O_2 begünstigt. Die Rückkehr des Zentralatoms nach erfolgter Koordination in die Ebene verursacht eine Spannung in der Globin-Kette (Abb. 3.37b). In der Konsequenz vollzieht sich im Hämoglobin ein *kooperativer Effekt,* der unter der Bezeichnung *Perutz-Mechanismus* bekannt ist. Er funktioniert, indem sich durch die Koordination von O_2 an Eisen ein „Fenster" innerhalb der Globinketten öffnet, das das „Einfangen" eines folgenden Sauerstoffmoleküls gestattet, das wiederum ein weiteres „Fenster" für die nächste Sauerstoffaufnahme öffnet und so fort [C48].

Abb. 3.38 Sauerstoff-Sättigungskurven von Hämoglobin (*untere Kurve*) und Myoglobin (*obere Kurve*). Aufgetragen sind Sauerstoff-Sättigungsgrad ($\alpha = 1$: vollständige Sättigung) versus Sauerstoff-Partialdruck

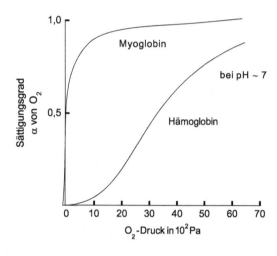

Abb. 3.39 Zentrale Struktureinheit von Desoxy-Hämoerythrin

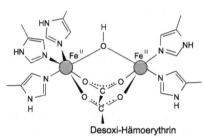

Desoxi-Hämoerythrin

Das Myglobin *mb* hat im Vergleich mit dem Hämoglobin *hb* eine größere Kapazität für die Sauerstoffaufnahme (Abb. 3.38). Der Prozess der Sauerstoffaufnahme durch das Myglobin ist abhängig vom Sauerstoffdruck und dem pH-Wert.

Aus diesem Grunde sind der Transport und die Übergabe von O_2 durch das Hämoglobin *hb* an das Myglobin *mb* begünstigt, weil Letzteres Sauerstoff in Form eines Depots aufnehmen bzw. anreichern kann. In diesem reversibel verlaufenden Prozess wandelt sich das Oxyhämoglobin wieder in Desoxihämoglobin um und bleibt so fähig zur Aufnahme eines neuen O_2-Moleküls und zum Transport desselben.

Die ohne ihre Proteinhülle isolierte Häm-Gruppe wird durch O_2 in einem irreversibel verlaufenden Prozess zum *meta*-Häm oxidiert. Das ist eine zweikerniger Komplex von Fe^{III} mit Sauerstoffbrücken μ-O.

Hämoerythrin und Hämocyanin

Das *Hämoerythrin hr* ist in wirbellosen Meeresorganismen enthalten. Das *Desoxihämoerythrin* (Abb. 3.39) *ist ein* Zweikern-Komplex mit einem Fe^{II}-Zentrum in oktaedrischer Umgebung und einem Fe^{II}-Zentrum mit der Koordinationszahl 5, dessen Polyeder bei der Sauerstoffaufnahme sich auf Kz 6 erweitern kann (Abb. 3.40).

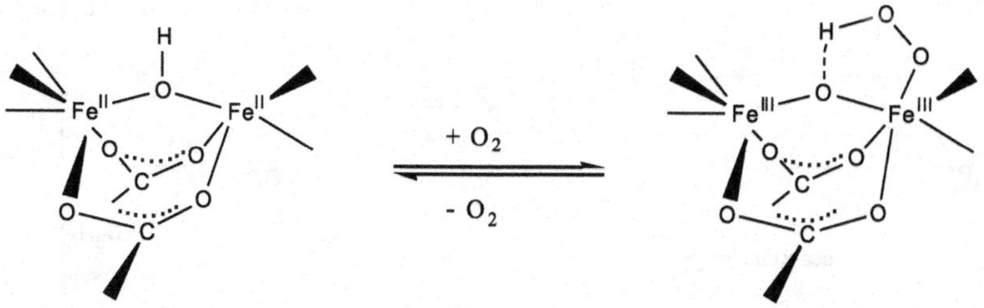

Abb. 3.40 Reversibel verlaufende Umwandlung von Desoxihämoerythrin durch Oxidation mit O_2 zum Oxihämoeerythrin unter Änderung der Oxidationsstufe von Eisen(II) zu Eisen(III)

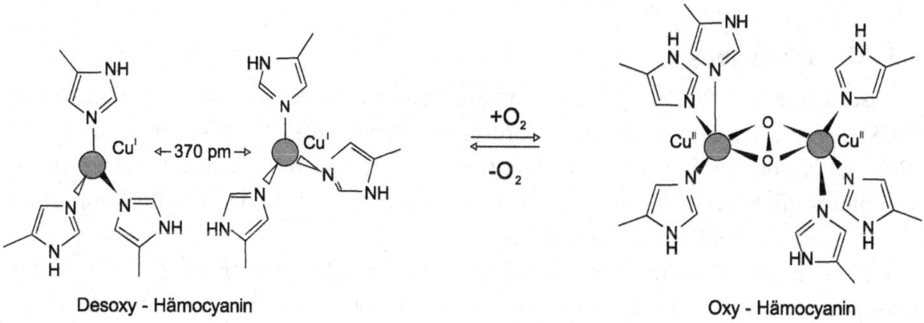

Desoxy - Hämocyanin   Oxy - Hämocyanin

Abb. 3.41 Oxidative Addition von Desoxihämocyanin mittels O_2 zu Oxihämocyanin. Brücke: μ-η^2: η^2-O_2^{2-}

Desoxi-Hämoerythrin enthält insgesamt fünf Imidiazol-Gruppen und drei Brücken-Liganden. Die drei Brückenliganden sind eine OH-Gruppe (μ-OH) und zwei Carboxyla-to-Gruppen, μ_2-OC(R)O. Die Reste R sind Bestandteile der Aminosäuren Glutamin bzw. Asparagin in den Proteinketten (Abb. 3.39).

Die Koordination von O_2 an das Desoxyhämoerythrin zur Ausbildung von Oxihämoe-rythrin vollzieht sich nach dem in der Abb. 3.40 vorgeschlagenen Modell. Zwei Elektronen der Eisen(II)-Zentralatome gehen stufenweise an O_2 in einer *oxidativen Addition* über. Das Gesamtsystem stabilisiert sich durch die Ausbildung von Wasserstoffbrücken zwischen dem Hydroperoxid und dem Oxo-Brückenliganden, μ-O. Die Prozesse der Oxigenierung und Desoxigenierung verlaufen reversibel.

Das *Hämocyanin hc* ist Bestandteil von Weichtieren (Mollusken) und Langusten. Das aktive Zentrum innerhalb von Proteinen einer molaren Masse von etwa 40.000 Dalton (Da) ist ein zweikerniger, paariger Kupferkomplex mit Cu^I, von denen jedes Zentralatom von drei Histidin-Resten koordiniert ist. Der Bindungsabstand zwischen beiden Kupfer-atomen im Desoxihämocyanin beträgt 370±30 pm. Die Reaktion mit O_2 führt zu einem zweikernigen Kupfer(II)komplex mit zwei Brückenliganden η^2-peroxo, wobei jedes Cu^{II}-Zentrum im Oxihämocyanin die Koordinationszahl 5 betätigt.

Die Koordination des molekularen Sauerstoffs an das Desoxihämocyanin zum Oxihä-mocyanin (Abb. 3.41) ist ein weiteres Beispiel für eine oxidative Addition.

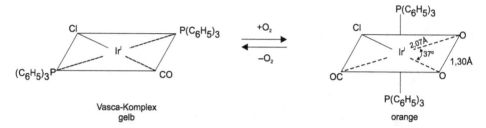

Abb. 3.42 Reversibel verlaufende Fixierung von O_2 im Vasca-Komplex, $[Ir^ICl(CO)\{P(C_6H_5)_3\}_2]$, zu $[Ir^{III}Cl(O_2)(CO)_2\{P(C_2H_5)_3\}_2]$

3.2.2.2 Dioxygenyle

L. Vasca entdeckte 1963 die Reaktion von molekularem Sauerstoff mit dem später als *Vasca-Komplex* bekannten Carbonyl-chloro-bis(triphenylphosphan)-iridium(I) $[Ir^ICl(CO)\{P(C_6H_5)_3\}_2]$, der 1961 von ihm synthetisiert worden war. Bei der Reaktion des Vasca-Komplexes mit Sauerstoff wird Benzen als Lösungsmittel verwendet. Die Reaktion ist reversibel gemäß der Gleichung in Abb. 3.42.

Offensichtlich erkannte man aus diesen ersten Versuchen den engen Zusammenhang zwischen den Trägern des Sauerstoff-Transports in biologischen Systemen und der Nützlichkeit von Dioxygenylen als Modelle für das Studium der chemischen Bindung und dem Reaktionsverhalten von Biometallkomplex-Systemen (Abschn. 3.2.2.1).

Koordinationsformen und Verbindungstypen

Der molekulare Sauerstoff O_2 ist befähigt, sich an ein Zentralatom in einem mononuklearen Übergangsmetallkomplex mit zwei möglichen Formen (η^1-O und η^2-O) zu binden. Dies zeigen die Beispiele in der Tab. 3.4.

In der nahezu linearen η^1-O-Form (superoxo; *end-on*) beträgt der Bindungswinkel ⟨MOO etwa 115° (M = Fe, Co, Rh).

In der η^2-O-Form (peroxo, *edge-on*, Kante) beträgt der Bindungswinkel ⟨OMO etwa 37°. Dieser Koordinationstyp wird von elektronenreichen Übergangsmetallen bevorzugt. Das O_2-Molekül kann außerdem Brücken M–O_2–M in zweierlei Formen ausbilden, die sich voneinander in den Bindungslängen d_{O-O} [pm] und in den Valenzschwingungsbanden v_{O-O} [cm^{-1}] unterscheiden. (Tab. 3.4).

Zwei Klassen von O_2-Komplexen werden unterschieden:

- Superoxo-Komplexe,
- mono- und dinukleare Peroxo-Komplexe.

Die Koordination von O_2 an das Übergangsmetall erzeugt im O_2 einen größeren Bindungsabstand d_{O-O} als im gasförmigen O_2-Molekül. Zudem verschiebt sich die Valenz-

Tab. 3.4 Übergangsmetallkomplexe mit O_2 als Liganden und Verbindungen mit O_2-Gruppen [3-^{tBu}-salen = N,N'-Ethylen-bis(3^{tBu}-salicylidenimin; pydien = 1,9-Bis(2-pyridyl)-2,5,8-triazacyclononan]

Übergangsmetallkomplexe mit O_2-Ligand-Gruppierungen				
	a)	b)	c)	d)
	Mononuklear	Dinuklear	mononuklear	dinuklear
	Superoxo	Superoxo	peroxo	peroxo
d_{O-O} [Å]	1,25-1,35	126-1,36	1,30-1,55	1,44-1,49
v_{O-O} [cm^{-1}]	1130-1195	1075-1122	800-932	790-884
Beispiele	[Co(3^{tbu}salen)-(O$_2$)(py)]		[Pt(O$_2$){P(C$_6$H$_5$)$_3$}$_2$]	[{Co(pydien)}$_2$ (O$_2$)]
Molekularer Sauerstoff und Alkalimetallverbindungen mit O_2-Einheiten				
	$^3O_{2(gas)}$	$^1O_{2(gas)}$	KO_2	Na_2O_2
	Triplettsauerstoff	Singulettsauerstoff	Kaliumsuperoxid	Natriumperoxid
d_{O-O} [Å]	1,207	1,216	1,28	1,49
v_{O-O} [cm^{-1}]	1554,7	1483,5	1145	842

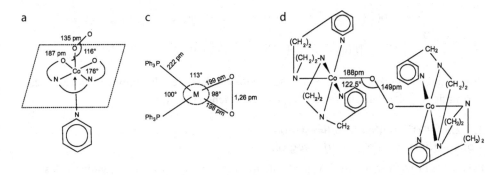

Abb. 3.43 Drei Koordinationsformen von O_2 in Metallkomplexen. **a** η^1-O; linear (end-on; super-oxo); **c** η^2-O; gewinkelt (edge-on; peroxo); **d** μ-O_2; M–O_2–M

schwingungsbande v_{O-O} bathochrom in Bezug auf die von $O_{2\,(gas)}$. Diese Effekte sind in der Klasse der Peroxo-Komplexe größer als in der Klasse der Superoxo-Komplexe.

Die Strukturen der in der Tab. 3.4 aufgeführten Beispiele sind in der Abb. 3.43 gezeichnet.

Es existieren aber keine gravierenden Unterschiede in den Eigenschaften der mono- und dinuklearen Komplexe innerhalb jeder der beiden Klassen. Die Bindung wird durch eine σ- und eine $d_z^2 \rightarrow p_\pi$ – Wechselwirkung mittels Elektronenübergang aus Metallorbita-len in antibindende π^*-Molekülorbitale des Sauerstoffs erzeugt. In dieser Weise schwächt der Ladungsübergang die Bindung im O_2-Molekül und aktiviert somit das Molekül. Ein Vergleich mit der Bindung von molekularem Stickstoff an elektronenreiche Übergangsme-talle bietet sich an (Abschn. 3.2.1). Die Ausbildung der einen oder anderen Komplexklasse hängt in erster Linie vom Übergangsmetall und seinem effektiven Oxidationszustand in der Umgebung der Coliganden ab. Deshalb lässt sich nicht mit Sicherheit die dann gebil-dete Form bzw. Klasse abschätzen.

Die *Synthese der Dioxygenyle* erfolgt sehr leicht bei Durchleiten eines Sauerstoffstroms durch eine Lösung des desoxygenierten Komplexes. Dabei wird ein geeignetes Lösungs-mittel benutzt, das gegebenenfalls als Coligand fungiert, wie zum Beispiel bei der Synthe-se des Komplexes [Co(3-^{tbu}salen)(O_2)(py)] (Abb. 3.43), ausgehend vom Komplex [Co(3-^{tbu}salen], durch dessen Lösung in Pyridin ein O_2-Strom geleitet wird.

Reaktionsverhalten

Die Dioxygenyle besitzen eine hohe Reaktionsfähigkeit. In vielen Fällen ist es möglich, Wasserstoffperoxid durch Reaktion von Dioxygenylen mit verdünnten Mineralsäuren zu erhalten. Ein anderes spezielles Verhalten der Dioxygenyle resultiert aus ihrer Fähigkeit, Moleküle zu Spezies zu oxidieren, die ohne ihre Präsenz nicht durch direkte Einwirkung von molekularem Sauerstoff auf Edukte erhalten werden können. Das wird in den folgen-den beiden Reaktionen deutlich, bei denen es um die Oxidation von Schwefeldioxid mit Sauerstoff zu Sulfat bzw. um die Oxidation von Stickstoffmonoxid zu Nitrit geht:

$$[Ru^I Cl(NO)(O_2)\{P(C_6H_5)_3\}_2] + SO_2 \rightarrow [Ru^{III}Cl(NO)\{P(C_6H_5)_3\}_2(SO_4)]$$

$$[Pt^0(O_2)\{P(C_6H_5)_3\}_2] + 2\,NO \rightarrow [Pt^{II}(NO_2)_2\{P(C_6H_5)_3\}_2]$$

Bezüglich einer praktischen Relevanz ist erkennbar, dass diese Reaktionen prinzipiell zur Verminderung der Luftschadstoffe SO_2 und NO dienen könnten.

3.2.2.3   Artifizielle Modellsysteme
Modelle für Hämoglobin und Myoglobin

Bei der Suche nach artifiziellen Modellsystemen für Hämoglobin und Myoglobin befassten sich Forscher mit der Synthese von Eisen(II)-Komplexen der Koordinationszahl 5. Bevor-zugt wurden Makrozyklen vom Porphyrin-Typ und N-Methyl-imidazolin anstelle des im natürlichen System bevorzugten Histidinliganden. Die größte Schwierigkeit in der Simu-lierung natürlicher Systeme bestand bzw. besteht in der Simulierung der Globinketten, die die sechste Koordinationsposition besetzen und die reversible Bindung des O_2 verursa-chen. Ein beachtlicher Erfolg in dieser Hinsicht gelang mit der Realisierung einer Brücke in distaler Position gegenüber dem N-Methyl-imidazolin, die wie ein abschirmendes Dach wirkt und an vier Positionen des Porphyrins angebunden ist. Dieses „Dach" bildet zusam-

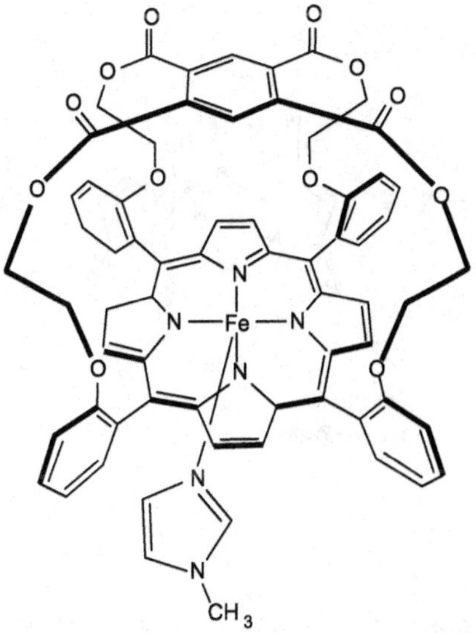

Abb. 3.44 Artifizielles Modell zur Nachahmung von Hämoglobin und Myoglobin. Die Position 6 distal zum *N*-Methylimidazolin ist durch eine Gruppe, die das Porphyrin überkappt, geschützt. Die Bildung einer μ-oxo-Di-eisen(III)-Einheit durch Annäherung von zwei Eisen-Porphyrin-Einheiten wird auf diese Weise sterisch blockiert, und das koordinierte O_2-Molekül kann wie in eine Tasche aufgenommen und geschützt werden

a

b

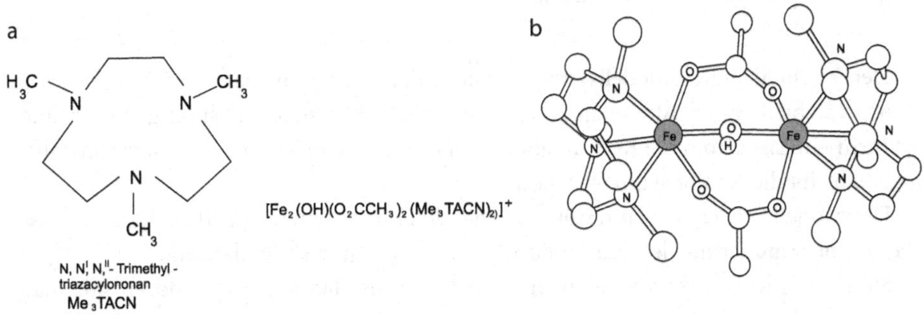

$[Fe_2(OH)(O_2CCH_3)_2(Me_3TACN)_2)]^+$

N, N', N''- Trimethyl -
triazacyclononan
Me₃TACN

Abb. 3.45 Artifizielles Modell zur Nachahmung von Hämo-Erythrin durch Nutzung des **a** zyklischen Liganden *N*,*N*',*N*''-Trimethyl-triazacyclononan (Me₃TACN) der **b** den zweikernigen Komplex $[Fe(\mu\text{-}OH)(\mu\text{-}O_2CCH_3)_2(Me_3TACN)_2]^+$ bilden kann

men mit dem Porphyrin-Makrozyklus und dem Eisen einen Käfig, der den molekularen Sauerstoff O_2 aufnimmt, schützt und übergangsweise seinen Abgang bremst, wenn er einmal an das Zentralatom Eisen gebunden ist (Abb. 3.44).

Modelle für Hämoerythrin und Hämocyanin

Ein intelligentes und effektives Modell für das Hämoerythrin wurde mit der Anwendung des Liganden *N*,*N*',*N*-Trimethyl-triazacyclononan (Me₃TAN) (Abb. 3.45a) entwickelt. Der organische Ligand ist voluminös und in der Lage, einen Eisen-Zweikernkomplex zu bilden, bei dem die beiden Zentralatome mit drei Brücken verknüpft sind, die von 2 μ₂-Carboxylat- und einem μ-OH-Brückenliganden gebildet werden (Abb. 3.45b).

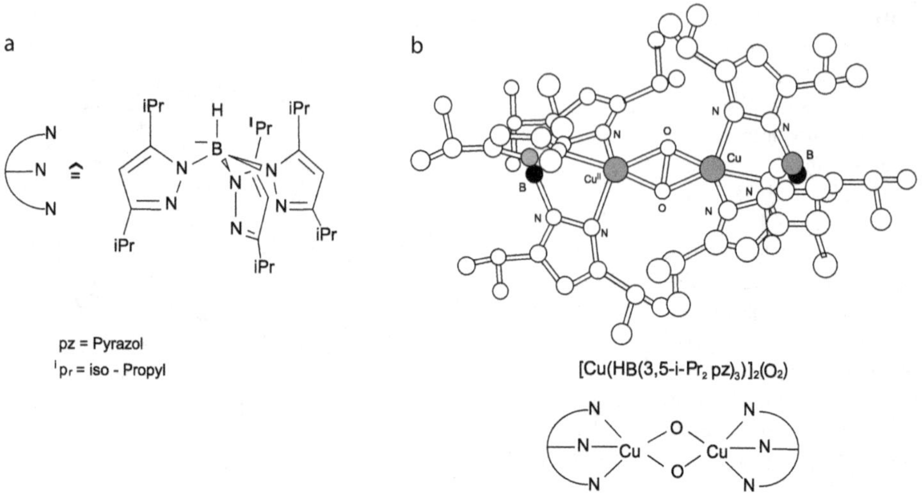

Abb. 3.46 Artifizielles Modell zur Nachahmung von Hämocyanin unter Nutzung des Liganden Hydrido-tris-(3,5-^{i}propyl-1-pyrazolyl)borat, HB(3,5-^{i}prop-pz)$_3$, der den zweikernigen Komplex [Cu{HB(3,5-^{i}prop-pz)$_3$}$_2$(O$_2$)] ausbilden kann

Der Nachteil dieses Modellsystems besteht darin, dass im Falle des Komplexes in Abb. 3.42b beide Eisen-Atome die Koordinationszahl 6 betätigen, wohingegen im Hämoerythrin ein Eisenatom die Koordinationszahl 6 und das andere die Koordinationszahl 5 hat. So bleibt die Analogie unvollständig.

Das Modell für Hämocyanin stützt sich auf den Einsatz eines Liganden, der in gewisser Weise eine Simulierung der drei Imidazol-Liganden vom Histidin darstellt.

Sie sind jedoch nicht voneinander isoliert wie im Hämocyanin, sondern miteinander verbunden. Damit soll das Proteingerüst nachgestellt werden. Der Ligand Hydrido-tris(3,5-iso-propyl-1-pyrazolyl)borat, HB(3,5-i-Prpz$_3$), (Abb. 3.46a) ist dafür sehr gut geeignet (siehe auch das Modell für die Carboanhydrase, Abschn. 3.2.3.2). Dieser Ligand bildet zusammen mit dem molekularen Sauerstoff einen Kupfer(II)-Zweikernkomplex (Abb. 3.46b), wobei das dinukleare Zentrum exakt dem dinuklearen Zentrum des Hämocyanins entspricht. Die historische Besonderheit besteht darin, dass dieser Komplex synthetisiert und seine Struktur ermittelt wurde lange, bevor die exakte Struktur des Hämocyanins bekannt war.

3.2.3　Fixierung und Umwandlung von Kohlendioxid durch Metallkomplexe

3.2.3.1　Kohlendioxid-Kreislauf, Kohlendioxid
Der natürliche Kohlendioxid-Kreislauf

Das Kohlendioxid, CO$_2$, ist immanenter Bestandteil des natürlichen Kreislaufs zwischen der Atmosphäre, dem Wasser, den Gesteinen, der Lithosphäre mit den Sedimenten und

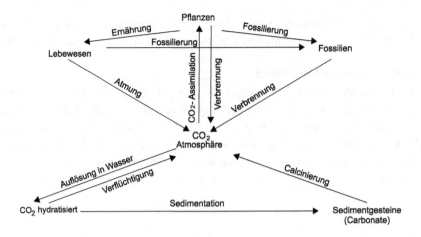

Abb. 3.47 Kohlendioxid-Kreislauf in Atmosphäre, Hydrosphäre und Boden

der Biosphäre mit Pflanzen, Tieren und dem Menschen. Durch anthropogene Einwirkungen ist der *Kohlendioxid-Kreislauf* (Abb. 3.47) im Ergebnis einer alarmierenden Emission von CO_2 durch Verbrennung fossiler Energieträger, wie Erdgas, Erdöl und Kohle, zur Energieerzeugung bei gleichzeitiger Reduzierung der Wälder auf der Erde drastisch beeinflusst, und damit unterliegt das natürliche Gleichgewicht einer erheblichen Gefährdung. Insbesondere der Waldbestand absorbiert das CO_2 und sorgt für einen fundamentalen Gleichgewichtsprozess auf unserem Planeten:

$$n\ CO_2 + m\ H_2O \xrightleftharpoons{\text{Photosynthese/Katalysator: Chlorophyll}} \text{Kohlenhydrate} + z\ O_2$$

Obwohl das Meerwasser die Fähigkeit besitzt, Kohlendioxid zu absorbieren, wobei es wie ein natürliches Puffersystem fungiert, besitzt es doch gewisse Grenzen zur CO_2-Aufnahme.

Die Erhöhung des prozentualen Anteils von Kohlendioxid, CO_2, und Methan, CH_4, in der Atmosphäre bewirkt den *Treibhauseffekt*, der eine Erhöhung der globalen Temperatur auf der Erde mit schwerwiegenden Folgen mit sich bringt. Das sind die Eisschmelze an den Polen und in den Hochgebirgen, das Ansteigen des Meeresspiegels, Überschwemmungen, die Ausbreitung der Wüsten u.a. Daraus folgt die Notwendigkeit, die Emission von CO_2 substantiell zu senken, das CO_2 selbst zu speichern und umzuwandeln und als C_1-*Quelle* in großem Ausmaß zur Produktion von verschiedenen organischen Verbindungen, wie Ameisensäure, HCOOH; Methanol, CH_3OH; Methan, CH_4; Oxsäure $H_2C_2O_4$, Acrylaten $H_2=CH_2-COOR$ (R=CH_3, C_2H_5), zu nutzen. Ein Ziel besteht darin, die traditionellen Quellen kohlenstoffhaltiger Grundstoffe, wie Erdgas, Erdöl und Kohle zu ersetzen bzw. diese Rohstoffe nicht hauptsächlich für die Energieerzeugung zu nutzen. Ein anderer genereller Verfahrensweg besteht darin, den Ersatz fossiler C-Quellen durch relativ rasch nachwachsende Rohstoffe und deren Verwendung anstelle dieser zu beschleunigen. Der nicht unproblematische forcierte Einsatz von Biodiesel und Bioethanol (z. B. Kraftstoff E10) aus Rapsöl, Zuckerrohr,u. a. ist dafür ein Beispiel. Diese Realsituation zusammen mit der Möglichkeit, die Fotosynthese und die enzymatische Umwandlung von CO_2 simulieren zu können, hat die Koordinationschemie von Kohlendioxid in beträchtlichem Maße stimuliert.

Charakteristika von Kohlendioxid

Das Kohlendioxid, CO_2, ist bei der Umgebungstemperatur gasförmig. Das CO_2-Molekül ist thermodynamisch stabil und kinetisch inert. Das dreiatomige Molekül hat eine lineare Struktur, in der das C-Atom sp-hybridisiert ist. Die Bindungslänge $d_{CO} = 116$ pm ist kürzer als die in der C=O-Gruppe, in der das C-Atom sp^2-hybridisiert ist. Da das Kohlenstoffatom weniger elektronegativ ist als die Sauerstoffatome, folgt daraus eine Polarisierung des CO_2-Moleküls:

$$O^{\delta-} \underset{=}{\overset{116\,pm}{====}} C^{\delta+} \underset{=}{\overset{116\,pm}{====}} O^{\delta-}$$

Die Reaktionsträgheit des Moleküls kann durch Aktivierung mittels fotochemischer Reduktion, auf elektrochemischem Wege oder durch andere Prozesse, die generell eine vorhergehende Koordination an ein Metall einschließen, überwunden werden. Diese Koordinierung verringert die Aktivierungsenergie des Moleküls und erleichtert seine Umwandlung in andere Produkte.

3.2.3.2   Carboanhydrase

Die *Carboanhydrase* ist ein Biometallkomplex, der für die CO_2-Konversion im natürlichen System verantwortlich ist. Dieser Zinkkomplex bewirkt als Enzym die Umwandlung von CO_2 in Hydrogencarbonat, HCO_3^-.

Im Prozess der Fotosynthese wird das CO_2 reduziert, wobei sich Kohlenhydrate bilden, und Wasser wird zu Sauerstoff oxidiert. Dabei ist ein Magnesiumkomplex, das *Chlorophyll a* (im Fotosystem I, FS I) beteiligt. Es ist verantwortlich für die Aufnahme von Sonnenenergie und ihre Wandlung in chemische Energie. Das Metalloenzym großer Häufigkeit auf der Erde, D-R̲ibulose-1,5-b̲is̲phosphat-c̲arboxylase/o̲xigenase (*Rubisco*), ist ein von einer Proteinhülle umgebener Magnesiumkomplex, der verantwortlich für die Fixierung von CO_2 ist. Eisen-Schwefel-Komplexsysteme dienen dem Elektronentransport, die die Reduktion des CO_2 bewirken. Das Fotosystem II (FS II) ist verantwortlich für die Oxidation des Wassers. Nachfolgend soll nur die Carboanhydrase erörtert werden. Bezüglich des Studiums der anderen genannten Systeme sowie der Urease, einem Nickelkomplex, der als Enzym die Umwandlung von Harnstoff in Carbamat bewirkt, verweisen wir auf das in der Studienbücherei Chemie im gleichen Verlag editierte Werk von Kaim/Schwederski „Bioanorganische Chemie"[C5].

Die *Carboanhydrase* besitzt ein zentrales Zink(II)atom in einem gestörten Tetraeder. Zink(II) ist von vier Liganden in der inneren Koordinationssphäre umgeben. Das sind drei Imidazol-Reste herrührend aus Histidinmolekülen und ein Wassermolekül (A) (Abb. 3.48). Die äußere Koordinationssphäre besteht aus Proteinen. Der pH-Wert um 7 hält diese Proteinhülle im konstanten Zustand. Ein erster und entscheidender Schritt für die Umwandlung von CO_2 in HCO_3^- ist die Bildung eines Hydroxo-Liganden OH^-,

Abb. 3.48 Koordination von CO_2 in der Carboanhydrase und seine Freisetzung in Form von Hydrogencarbonat, HCO_3^-

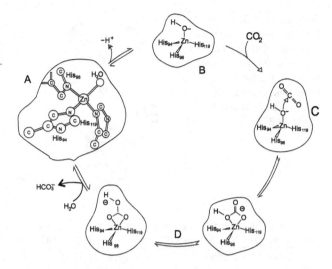

hervorgerufen durch eine Deprotonierung des Aqua-Liganden (B). Das Proton (Hydronium-Ion) wird durch ein aus Proteinen bestehendem Puffersystem aufgenommen. Das eintretende CO_2-Molekül ist in der Lage, sich über das positivierte Kohlenstoffatom $C\delta+$ mit dem OH-Liganden zu verbinden (C). Dabei wird der koordinierte Ligand η^2-HCO_3^- gebildet (D). Schließlich wird dieser Ligand wieder durch ein Wassermolekül vom Koordinationszentrum unter Rückbildung des Ausgangskomplexes verdrängt (A).

Die Carboanhydrase spielt die entscheidende Rolle zur Einhaltung des Gleichgewichts

$$CO_2 + 2\,H_2O \leftrightharpoons HCO_3^- + H_3O^+$$

im menschlichen Körper. Dieses Gleichgewicht ist von erheblicher Bedeutung für den Transport des bei Verbrennungsprozessen im Körper gebildeten CO_2 und seine Entfernung aus dem Organismus.

3.2.3.3 Metallkomplexe mit dem Liganden Kohlendioxid
Koordinationsformen

Es gibt entsprechend der Position der Orbitale im CO_2 zwei Vorzugsformen der Koordination an Übergangsmetalle in einkernigen Komplexen. Das sind die Monohapto-Form η^1(C) und die Dihapto-Form η^2(C, O) (Abb. 3.49 und Tab. 3.5). Eine weitere, theoretisch mögliche Monohapto-Form η^1 (O) wurde bisher weder durch ein reales Beispiel noch durch eine Röntgenkristallstrukturanalyse aufgefunden bzw. nachgewiesen [C49].

Die Bindungsform η^1(C) realisiert sich durch eine Überlappung von mit zwei Elektronen gefüllten d_{z^2}-Orbitalen des Metalls und einem leeren, antibindenden π^*-Molekülorbital von CO_2. Bei der Bindungsform η^2(C, O) wechselwirkt das $d\pi$-Orbital in einer Zweielektronen-Stabilisierung mit dem π^*-Orbital von CO_2 (Abb. 3.49b). Kohlendioxid

Abb. 3.49 Orbital-Über-
lappung und elektronische
Wechselwirkung von **a**
η^1(C) und **b** η^2(C, O)-side-
on-Koordination von CO_2.
(Aus: Yin, X.; Moss, J.R.:
Coord. Chem. Rev. **181**
(1999), S. 31 (Fig. 2))

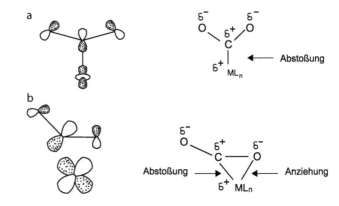

Tab. 3.5 Beispiele von Metallkomplexen mit CO_2 als Liganden, deren Koordinationsformen und
Strukturen. (Aus: Yin, X.; Moss, J.R.: Coord. Chem. Rev. **181** (1999), S. 32/33 (Fig. 4))

CO_2-Koordination	Strukturformel

Mononukleare Komplexe mit CO_2 als Liganden

η^1 (C)   [RhCl[diars] (η^1- CO_2)]

η^2 (C,O)   [Ni(η^2-CO_2)(PCy$_3$)$_2$]

Di-und polynukleare Komplexe mit CO_2 als Liganden

μ_2-η^2

μ_2-η^3 a)

μ_2-η^3 b)

μ_3-η^3

μ_3-η^4

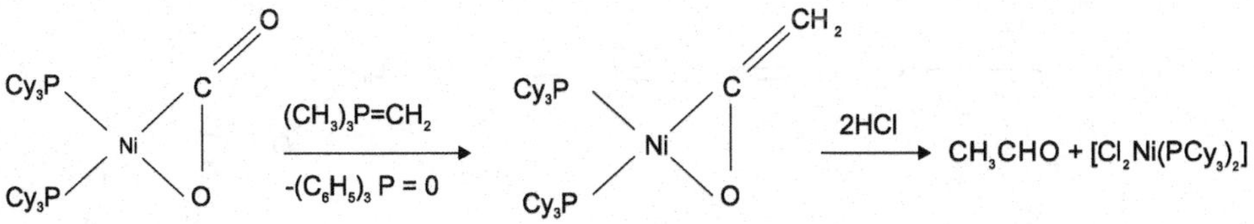

Abb. 3.50 Reaktion des Substrats $(CH_3)_3P=CH_2$ mit am Nickelatom koordiniertem CO_2 (Cy=Cyclohexyl; C_6H_{11}). (Aus: Yin, X.; Moss, J.R.: Coord. Chem. Rev. **181** (1999), S. 33 (Scheme 2))

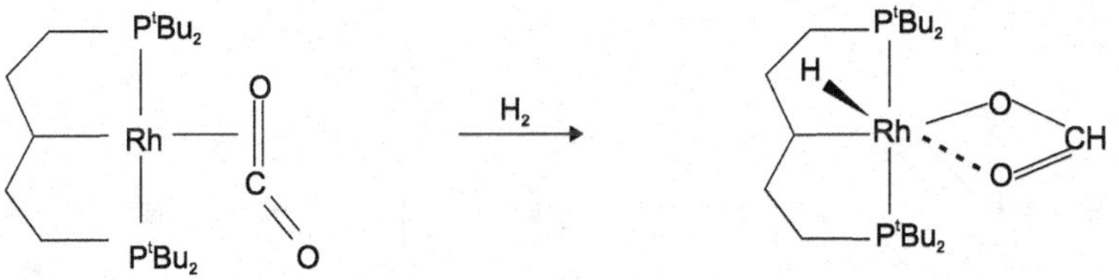

Abb. 3.51 Reaktion von Wasserstoff mit koordiniertem CO_2 in einem Rhodiumkomplex

besitzt die Fähigkeit, als Brückenligand in zwei- und mehrkernigen Komplexen zu fungieren (Tab. 3.5).

Reaktionsfähigkeit von Kohlendioxid in Metallkomplexen

Die Aktivierung von CO_2 in Wechselwirkung mit dem Zentralmetall im Komplex führt unter milden Reaktionsbedingungen zu neuen Verbindungen. Es können drei wichtige Klassen von Reaktionen eingeordnet werden.

Reaktionen von Substraten mit koordiniertem CO_2

Beispiel 1 Aus dem Edukt $[Ni(\eta^2\text{-}CO_2)(Cy_3P)_2]$ (Cy=Cyclohexyl) wird ein Sauerstoffatom eliminiert durch die Umsetzung des Komplexes mit $(CH_3)_3P=CH_2$. Trimethylphosphinoxid, $(CH_3)_3PO$, ist Abgangsprodukt, und das am Nickelatom koordinierte $H_2C=C=O$ kann bei Hydrolyse mit HCl leicht als Acetaldehyd, CH_3CHO, abgetrennt werden (Abb. 3.50).

Beispiel 2: Der Rhodiumkomplex mit dem Liganden $\eta^2\text{-}CO_2$ wird durch Wasserstoff, H_2, angegriffen und bildet dabei den koordinierten Formiat-Liganden, $HCOO^-$ (Abb. 3.51).

Oxidative Kopplung des CO_2 mit ungesättigten Substraten

Die oxidative Kopplung erfolgt simultan zwischen CO_2 und dem Substrat unter Einbeziehung des Zentralatoms, wie die folgende allgemeine Reaktionsgleichung verdeutlicht (Abb. 3.52):

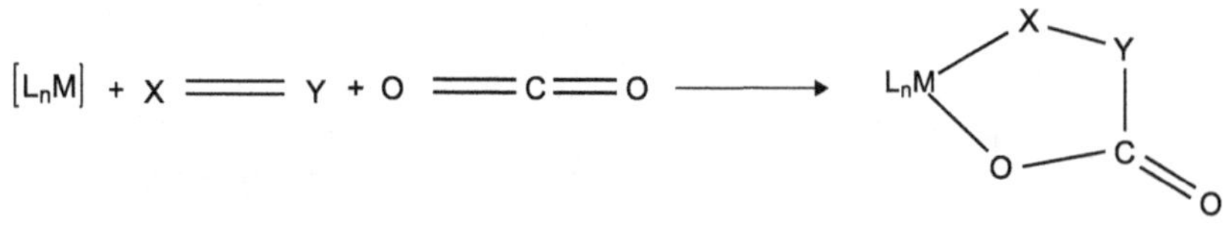

Abb. 3.52 Allgemeines Schema einer oxidativen Kupplung von CO_2 mit einem ungesättigten Substrat X=Y an einem Übergangsmetallkomplex. (Aus: Yin, X.; Moss, J.R.: Coord. Chem. Rev. **181** (1999), S. 34 (Scheme 4))

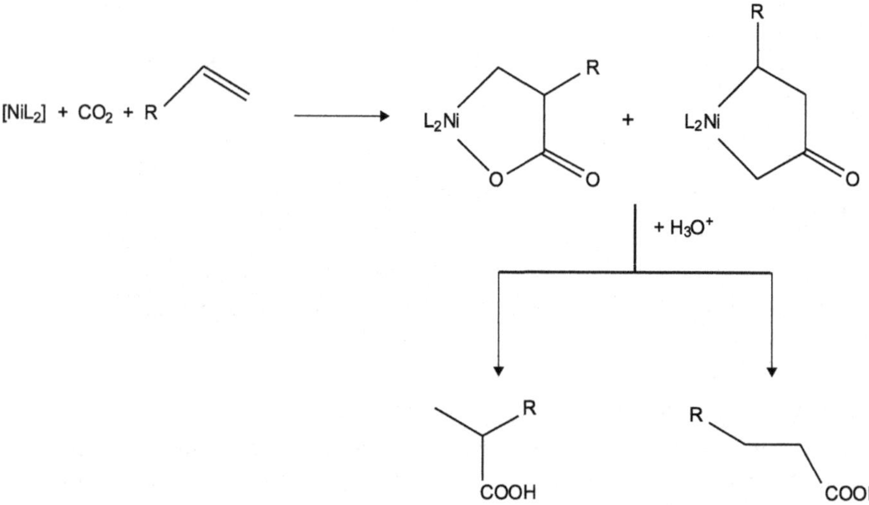

Abb. 3.53 Oxidative Kupplung von CO_2 mit einem ungesättigten Substrat R-CH=CH$_2$ an einem Nickelkomplex (Carboxylierung von Olefinen) mit nachfolgender saurer Hydrolyse zu isomeren Carbonsäuren. (Aus: Yin, X.; Moss, J.R.: Coord. Chem. Rev. **181** (1999), S. 34 (Scheme 5))

Beispiel 1 Nickel(0)-Komplexe, die reich an d-Elektronen sind, wie zum Beispiel der Komplex Bis-cyclooctadien-nickel(0), [Ni(COD)$_2$], sind sehr gut für die Carboxylierung von Olefinen unter Einsatz von CO_2 geeignet. Beim Ansäuern entstehen gesättigte Carbonsäuren (Abb. 3.53).

Beispiel 2 Aus Ethen, CO_2 und Methyliodid unter Verwendung von Ni^0-Komplexen mit dem Liganden 1,3-Bis(diphenyl)-propan lässt sich Acrylsäuremethylester in einem katalytisch geführten Zyklus herstellen [C50]. Eingeschlossen ist eine *in situ* Methylierung eines Nickelalactons und eine ß-Hydrid-Eliminierung mit der Freisetzung des Methylacrylats (Abb. 3.54).

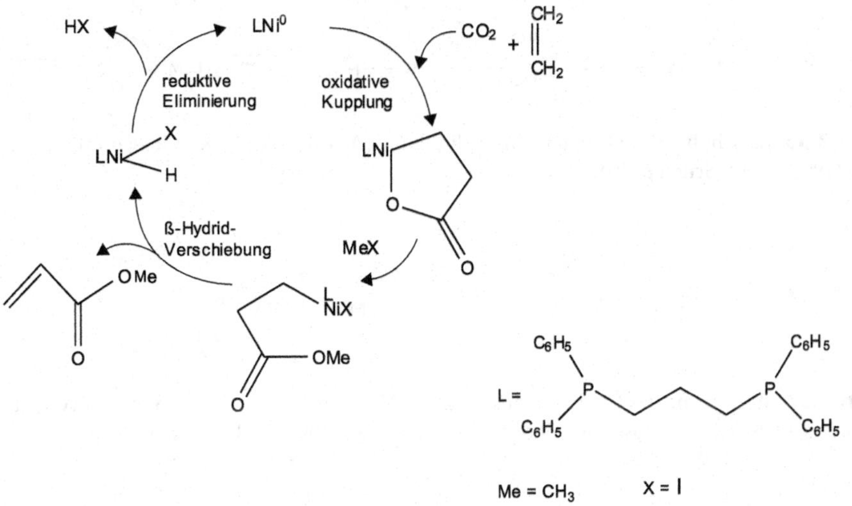

Abb. 3.54 Hypothetischer katalytischer Zyklus zur Bildung von Methylacrylat aus Ethylen, CO_2 und Methyliodid. (Aus: Bruckmeier, C.; Lehenmeier, M.W.; Reichardt, R.; Vagin, S.; Rieger, B.: Organometallics **29** (2010), S. 2200 (Scheme 3))

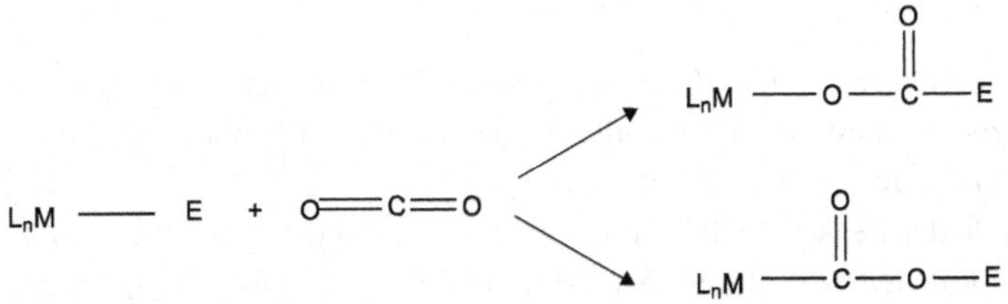

Abb. 3.55 Zwei allgemeine Möglichkeiten des Einschubs von CO_2 in eine Bindung M–E (E≅H, N). (Aus: Yin, X.; Moss, J.R.: Coord. Chem. Rev. **181** (1999), S. 40 (Scheme 17))

Einschubreaktionen von CO_2 in M–E-Bindungen

Der Einschub (*Insertion*) von CO_2 in Atomverknüpfungen M–E (M=Übergangsmetall; E=H, N, C, P, O und andere) verursacht die Trennung dieser chemischen Bindungen. Solche Reaktionen sind für industrielle Prozesse von Bedeutung. Man unterscheidet zwei Wege für die Trennung der Bindung M–E durch CO_2 (Abb. 3.55).

Wir haben zwei Beispiele von Insertionen des CO_2 in die Bindungen M–E (E≅H, N) ausgewählt, um solche Reaktionen zu charakterisieren. Für Insertionen in die Bindungen M–C bzw. M–P wird die Lektüre des Titels Elschenbroich „Organometallchemie" in der Reihe Studienbücherei empfohlen [C51] (Einschub in die M-O-Bindung, siehe unten).

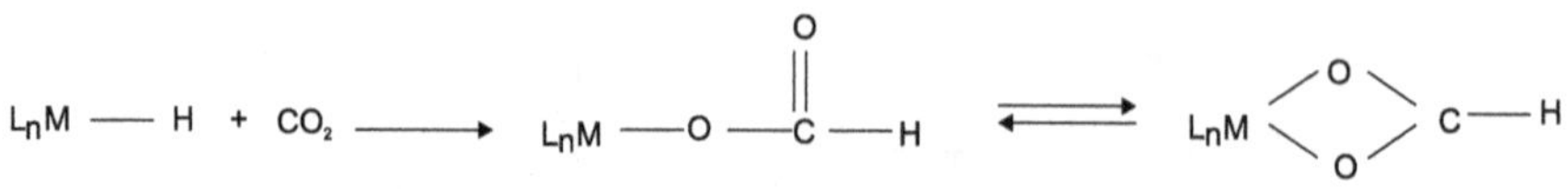

Abb. 3.56 Einschub von CO_2 in eine M–H-Bindung. (Aus: Yin, X.; Moss, J.R.: Coord. Chem. Rev. **181** (1999), S. 40 (Scheme 18))

Abb. 3.57 Skizzierung des Übergangszustandes im Verlaufe des Einschubs von CO_2 in die M–H-Bindung. (Aus: Yin, X.; Moss, J.R.: Coord. Chem. Rev. **181** (1999), S. 42 (Scheme 24))

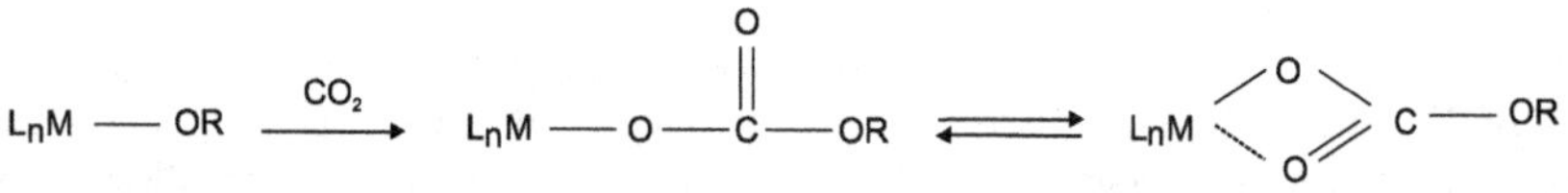

Abb. 3.58 Einschub von CO_2 in eine M–O-Bindung. (Aus: Yin, X.; Moss, J.R.: Coord. Chem. Rev. **181** (1999), S. 41 (Scheme 23))

Beispiel 1: Insertion von CO_2 in die Bindung M–H Die Insertion von CO_2 in die M–H-Bindung wird entsprechend dem folgenden Schema realisiert, wobei eine Koordination der Form η^1-O und/oder η^2-O,O erfolgt (Abb. 3.56).

Im Verlaufe der Reaktion wird ein Übergangszustand gebildet (Abb. 3.57):

Die Reaktion des Komplexes $[Mn(NO)_2\{P(CH_3)_3\}_2H]$ mit CO_2 führt zum Komplex $[Mn\{\eta^1$-$OC(O)H\}(NO)_2\{P(CH_3)_3\}_2]$ in einer Ausbeute von $>95\,\%$:

$$[Mn(NO)_2\{P(CH_3)_3\}_2] + CO_2 \xrightarrow{\text{Toluen/25°C}} [Mn\{\eta^1\text{-}OC(O)H\}(NO_2)\{P(CH_3)_3\}_2]$$

Beispiel 2: Insertion von CO_2 in die Bindung M–N Die folgende Reaktion ist instruktiv für den Einschub von CO_2 in die Bindung M–N:

$$[Cp^*Ti\{N(CH_3)_2\}_3] + CO_2 \xrightarrow{CO_2\text{ -Druck : 1 bar ; Toluen ; 20–25°C}} [Cp^*Ti\{\eta^2\text{-}O_2CN(CH_3)_2\}_3]$$

$$Cp^* = \text{Pentamethylcyclopentadienyl}$$

Es bildet sich der koordinierte Ligand Dimethylcarbamat, $(CH_3)_2NCOO^-$, der über zwei Sauerstoffatome an das Metall gebunden ist.

Carboanhydrase- ähnliche Komplexmodelle

Diese Komplexmodelle beziehen sich auf den Einschub von CO_2 in die Bindung M–O (Abb. 3.58).

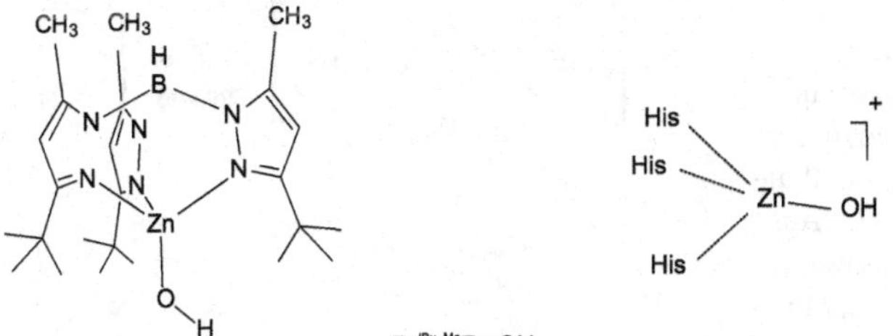

Abb. 3.59 Artifizielles Modell in Nachahmung der Carboanhydrase: Tris(3-^{t}butyl-5-methyl-pyrazolyl)hydridoborat-zink-hydroxid, [Zn(OH){η^3-HB(3-^{t}Bu-5-Mepz)$_3$}] (Me = Methyl, CH$_3$). (Aus: Alsfasser, R.; Trofimenko, S.; Looney, A.; Parkin, G.; Vahrenkamp, H.: Inorg. Chem. **30** (1991), S. 4099)

Sehr viele Übergangsmetallkomplexe mit den Atomgruppen M–OR (R = Alkyl, Aryl) können durch Insertion von CO$_2$ in die Bindung M–O neue Komplexe mit den koordinierten Liganden Alkylcarbonat oder Arylcarbonat bilden. Ist R = H, dann bilden sich Spezies mit koordiniertem Hydrogencarbonat. Eine ähnliche Situation tritt bei der Carboanhydrase auf (Abschn. 3.2.3.1). Diese Modelle seien an zwei Beispielen illustriert.

Beispiel 1 Heinrich Vahrenkamp (*1940) synthetisierte 1991 einen mononuklearen Zink(II)-Komplex mit Hydroxid, OH$^-$, als Liganden, der durch den tripodalen (= dreiarmigen) Liganden Tris(3-^{t}butyl-5-methyl-pyrazolyl)hydridoborat, [Zn(OH){η^3-HB(3-^{t}bu-5-Mepz)], stabilisiert wurde [C52]. Dieser Komplex ähnelt strukturell der Carboanhydrase (Abb. 3.59).

Der Komplex absorbiert in Lösung das CO$_2$ und bildet dabei den Komplex [Zn^{II}(OCOOH){η^3-HB(3-^{t}bu-5-Mepz)$_3$}] mit dem Liganden Hydrogencarbonat, HCO$_3^-$. [Zn(OH){η^3-HB(3-^{t}bu-5-Mepz)] kann auch mit Alkoholen, ROH, und CO$_2$ reagieren, wobei ein Komplex mit koordiniertem Alkylcarbonat, [Zn(OCOOR){η^3-HB(3-^{t}bu-5-Mepz)$_3$}], entsteht.

Beispiel 2 1990 wurde über einen dinuklearen, μ_2-Hydroxo-kupfer(II)-Komplex I berichtet, der strukturelle Ähnlichkeit mit der Carboanhydrase aufweist, wie in der Abb. 3.60 gezeigt wird.

Der Komplex I kann CO$_2$ absorbieren, wobei der zweikernige μ-Hydrogencarbonat-μ-hydroxo-Kupfer(II)-Komplex II entsteht, der H$_2$O abgibt und den zweikernigen μ-Carbonato-kupfer(II)-Komplex III bildet.

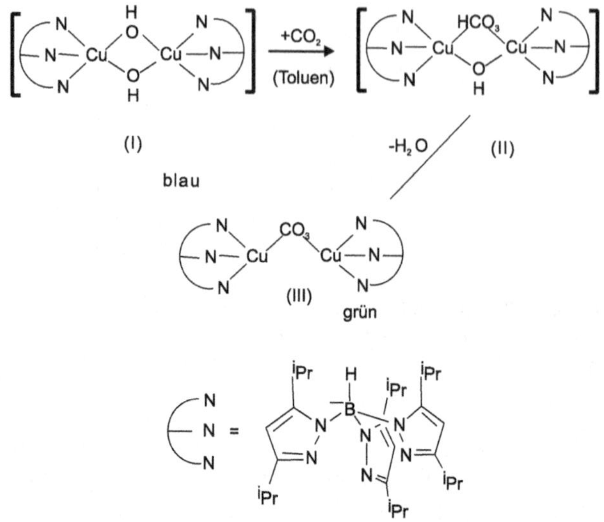

Abb. 3.60 Artifizielles Modell in Nachahmung der Carboanhydrase auf der Basis eines dimeren Kupfer-Komplexes und die Aufnahme von CO_2. (Aus: Kitayama, N.; Fujisawa, K.; Koda, T.; Hikichi, S.; Morooka, Y.: J. Chem. Soc. Chem. Commun. **1990**, S. 1358 (Scheme 1))

3.3 Metallkomplexe für Zukunftstechnologien

3.3.1 Metallkomplexe als molekulare Schalter

Die Entwicklung der Informationstechnologien erfordert die Kenntnis und den Umgang mit neuen Strategien, um Materialien mit spezifischen Eigenschaften, die eine größere Präzision als bisher zur Aufnahme und Übermittelung von Informationsdaten besitzen, anwenden zu können. Zusammenfassende Begriffe dafür sind Molekül- oder Nanotechnologie. In der Natur sind solche Prozesse realisiert. So falten oder entfalten sich Proteine, wenn sie einen adäquaten „Befehl" erhalten.

Hier wollen wir uns in diesem Sinne ausschließlich mit Metallkomplexen befassen, wobei die Änderung ihrer Eigenschaften durch äußere Einwirkungen (Belichtung, Variation der Redox-Potentiale oder des pH-Wertes, Energieübertragung, Variation der Temperatur und andere) erfolgt. Ein Metallkomplex kann als dualer, molekularer Schalter fungieren, wenn im System dafür zwei wesentliche Komponenten vorhanden sind: Das ist ein Ligandensystem mit zwei zur Metallkoordination befähigten Untereinheiten. Eine davon ist eine Kontrolleinheit und und die andere eine potenziell aktive Untereinheit. Die äußere Einwirkung (siehe oben) wirkt auf die Kontrolleinheit ein und verursacht eine Veränderung in diesem Komplexzentrum. Solche Veränderungen sind zum Beispiel der Oxidationszustand des Metalls, des Polyeders, der Elektronenkonfiguration u. a. Diese Veränderung in der Kontrolleinheit hat eine Destabilisierung dieser Subeinheit des Komplexes zur Folge und damit transformiert sich das System, indem die potenziell aktive Subeinheit nun aktiviert wird und sich in Gegenwart des Metalls durch einen *Platzwechsel des Metalls* (Translokation des Metalls) oder einen *Platzwechsel des Liganden* (Translokation des Liganden)

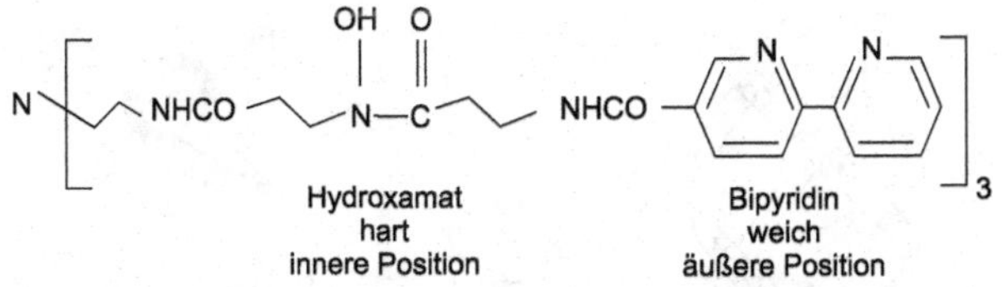

Abb. 3.61 Strukturbild eines tripodalen Liganden, der „harte" Chelatligandsubgruppen (Hydroxamat) in einer inneren und „weiche" Chelatligandsubgruppen (Bipyridin) in einer äußeren Position enthält

oder durch Energieübertragung stabilisiert. Als Anforderung an einen solchen dualen molekularen Schalter gilt, dass er in kürzester Zeit reversibel sein muss.

Diese neue Molekulartechnik ist ein Ergebnis von intelligenzintensiven Forschungen der letzten Dekade des 20. Jahrhunderts [C53]. Im folgenden Abschnitt werden einige Beispiele aufgezeigt, die die unterschiedlichen Wege zu den o.g. Zielstellungen verdeutlichen.

3.3.1.1 Molekulare Schalter durch Platzwechsel des Metalls
Platzwechsel des zentralen Metallatoms über Redox-Prozesse

Beispiel 1 Ein anschauliches Beispiel wurde von Abraham Shanzer publiziert [C54]. Ein helicoider tripodaler Ligand hat zwei verschiedene Kompartimente innerhalb desselben Liganden: Ein Subeinheit Hydroxamat, $-N(-OH)-C(=O)-$, (eine „harte Base" nach dem Pearson-Konzept) in einer inneren Position und eine Subeinheit Bipyridin (eine „weiche Base" nach dem Pearson-Konzept) in einer äußeren Position (Abb. 3.61).

Dieser tripodale Chelatligand bildet einen hellbraunen Tris-hydroxamato-eisen(III)-Komplex ($\lambda_{max} = 420$ nm). Durch Reduktion des Zentralatoms von Eisen(III) zu Eisen(II) mit Ascorbinsäure bildet sich der dunkelpurpurfarbene Bis-bipyridin-eisen(II)-Komplex ($\lambda_{max} = 540$ nm). Im Zuge dieses Prozesses hat das Zentralatom Eisen einen Platzwechsel, also eine Translokation, vollzogen. Die Zeitdauer des Wechsels ist sehr kurz. Wenn man das Oxidationsmittel Ammoniumperoxodisulfat, $(NH_4)_2S_2O_8$, hinzugibt und auf 70 °C erhitzt, wird der Ausgangskomplex mit Eisen(III) zurückgebildet (Abb. 3.62).

Prinzipiell ist es möglich, diese Redox-Prozesse auf elektrochemischem Wege zu realisieren.

Beispiel 2 Ein anderes, anschauliches Beispiel wurde von Jean-Luis Pierre im Jahre 1998 publiziert [C55]. Es handelt sich um einen Eisenkomplex mit einem mehrzähnigen Liganden, der Phenolat- und Pyridingruppen enthält. Dessen Zusammensetzung und Struktur ist in der Abb. 3.63a zu sehen. Die nach dem Pearson-Konzept „harte" Säure Fe^{III} koordiniert an die „harte" Base der Donoratome Sauerstoff in der Phenolat-Subeinheit unter Deprotonierung, während die „weiche" Säure Fe^{II} die Stickstoffatome der Pyridinreste zur Koordination bevorzugt (Abb. 3.63b). Das in der „Ligandenmitte" befindliche Phenolat

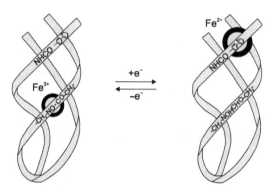

Abb. 3.62 Schematische Struktur eines Eisen-Komplexes mit dem in der Abb. 3.61 gezeigten tripodalen Liganden, der reversibel bei elektrochemischer Oxidation bzw. Reduktion den Oxidationszustand von Fe^{II}/Fe^{III} bzw. Fe^{III}/Fe^{II} wechselt, einhergehend mit einem Platzwechsel des Eisenatoms von den „weichen" Subgruppen (Bipyridin) zu den „harten" Subgruppen (Hydroxamat) und umgekehrt. (Aus: Zelikovich, L.; Libman, J.; Shanzer, A.: Nature **372** (1995) S. 790 (Fig. 1))

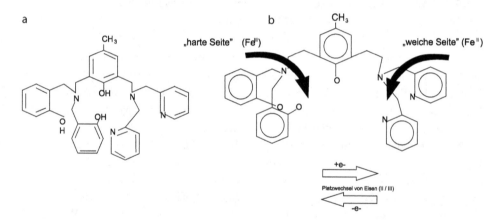

Abb. 3.63 Schematische Darstellung eines Redox-Schalters (*redox switch*) mit dem unter **a** abgebildeten Liganden, wobei mit Fe^{III} die „harte" Chelatsubgruppe bevorzugt (*linksseitig*) und bei Reduktion zu Fe^{II} die „weiche" Chelatsubgruppe (*rechtsseitig*) bevorzugt wird. (Aus: Belle, C.; Pierre, J.-L.; Saint-Aman, E.: New J. Chem. **1998**, S. 1399 (Scheme 1))

beteiligt sich mit seinem Sauerstoff-Donoratom an beiden Chelatkomplextypen, sowohl im Eisen(III)-Komplex C wie auch im Eisen(II)-Komplex A (Abb. 3.64).

Die Koordinationszahl 6 von Eisen wird in beiden Fällen durch die Koordination von zwei Lösungsmittelmolekülen L erreicht (Abb. 3.64b). Es erfolgt ein Platzwechsel der Eisenatome Fe^{III}/Fe^{II} in reversibler Weise bei Einsatz des Reduktionsmittel Ascorbinsäure bzw. des Oxidationsmittel Ammoniumperoxodisulfat zwischen den beiden Subeinheiten, vergleichbar mit einem „Pendeln" des Eisenatoms (Abb. 3.64a). Das „Pendel" schwingt sehr schnell, d. h., die Zeitdauer des Platzwechsels erfolgt rasch. Die in der Abb. 3.64b

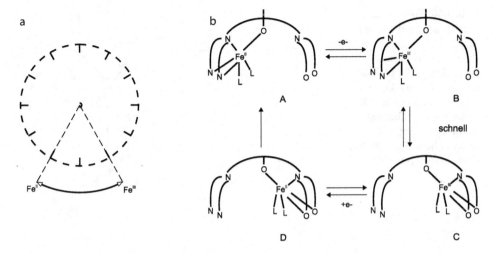

Abb. 3.64 Elektrochemischer Reaktionsmechanismus für das in der Abb. 3.63 dargestellte System, das wie ein Uhrzeiger in Bild **a** hin- und her pendeln kann. (Aus: Belle, C.; Pierre, J.-L.; Saint-Aman, E.: New J. Chem. **1998**, S. 1401 (Scheme 2))

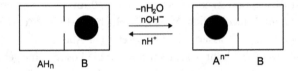

Abb. 3.65 Allgemeines Schema eines reversibel verlaufenden Platzwechsels von Metallionen zwischen zwei Chelatligandsubgruppen bei Änderung des pH-Wertes. (Aus: Amendola, V.; Fabbrizzi, L.; Licchelli, M.; Mangano, C.; Pallavicini, P.; Parodi, L.; Poggi, A.: Coord. Chem. Rev. **190–192** (1999), S. 661 (Fig. 10))

eingezeichneten und angenommenen Übergangszustände B und D konnten indes nicht nachgewiesen werden.

Platzwechsel des zentralen Metallatoms durch Änderung des pH-Wertes

Ein intramolekularer Platzwechsel des Zentralmetalls zwischen zwei potentiell zur Koordination befähigten Zentren kann durch eine Änderung des pH-Wertes ausgelöst werden (Abb. 3.65).

Die Überlegung beginnt mit der Annahme, dass eine „saure" Chelatsubeinheit **A** und eine „neutrale" Chelatsubeinheit **B** ein Metallatom in Abhängigkeit vom pH-Wert in verschiedener Weise binden können. Es ist nachvollziehbar, dass in einem mehr sauren Medium (kleiner pH-Wert) die zur Deprotonierung befähigte Subeinheit **A** nicht deprotonieren wird, während sie in einem mehr basischen Medium deprotoniert und mit dem Metallion zu einem Neutralchelat komplexiert. Insoweit wird das Metallion einmal bevorzugt mit **B** und das andere Mal bevorzugt mit **A** komplizieren.

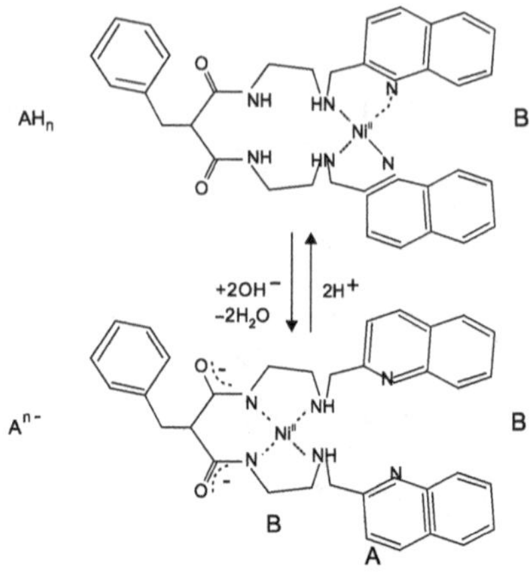

Abb. 3.66 Ein molekularer Schalter auf der Basis eines Nickel(II)-Komplexes mit einem Hexaza-Liganden bei Änderung des pH-Wertes. (Aus: Amendola, V.; Fabbrizzi, L.; Licchelli, M.; Mangano, C.; Pallavicini, P.; Parodi, L.; Poggi, A.: Coord. Chem. Rev. **190–192** (1999), S. 663 (Fig. 11))

Luigi Fabbrizzi [C56] „konstruierte" auf der Grundlage einer solchen Annahme einen mehrzähnigen Chelatliganden, der die beschriebenen Anforderungen erfüllt (Abb. 3.66).

In einem Dioxan-Wasser-Gemisch befindet sich das Nickel(II)-Atom bei einem pH-Wert=7.2 in der Amin-Chinolin-Subeinheit **B**. Der Komplex hat eine schwach violette Farbe und besitzt Absorptionsmaxima bei 606 und 820 nm (*d–d*-Banden). Diese korrespondieren mit einem oktaedrischen Nickel(II)-Hochspin-Komplex. Die axialen Koordinationsstellen sind durch Wassermoleküle besetzt (in Abb. 3.66 nicht eingezeichnet). Wenn der pH-Wert auf 9.0 erhöht wird, dann nimmt die Lösung eine gelbe Farbe an und absorbiert das Licht mit einem intensiven Maximum bei 444 nm. Das steht in Einklang mit einem gebildeten planar-quadratisch Nickel(II)-Komplex. In diesem Falle befindet sich das Metall in der Amin-Amid-Subeinheit **A** mit zwei koordinierten Amin- und zwei Amidligandresten. Es ist zu erkennen, dass Protonen der beiden Amidligandresten abgegeben worden sind. Die Reversibilität des Vorgangs ist bemerkenswert, wenn erneut ein pH-Wert=7.2 eingestellt wird und die Farbe nach schwach Violett umschlägt. Mit Hilfe einer gezielten Veränderung des pH-Wertes lässt sich somit der Platzwechsel des Metalls kontrolliert durchführen.

3.3.1.2 Molekulare Schalter durch Platzwechsel des Liganden

Nun soll eine zum Platzwechsel des Metalls inverse Situation erörtert werden, in der ein Kompartiment des mehrzähnigen Liganden auf Grund einer erheblichen Flexibilität bzw. Mobilität von einer Position an eine andere ausweichen kann, um sich mit dem Zentralmetall verbinden, koordinieren zu können. In diesem Falle verlässt eine chelatbildende Ligandeinheit das Metall und eine andere potenziell verfügbare, jedoch ursprünglich nicht favorisierte chelatbildende Ligandeinheit besetzt deren vorher eingenommene Positionen im Koordinationspolyeder. Dieser Vorgang kann durch eine Änderung des Oxidationszustandes des Zentralatoms ausgelöst werden. Auch diese Reaktionen verlaufen in Abhängigkeit vom Redox-Potential reversibel und ermöglichen so prinzipiell einen dualen molekularen Schaltvorgang.

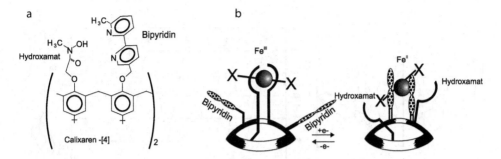

Abb. 3.67 a Struktur eines Calixaren-[4]-Moleküls, das unterschiedlich „harte" (*h*, Hydroxamat) und „weiche" (*w*, Bipyridin) Chelatligandsubgruppen enthält; b) mit Eisen[II/III] koordinieren die Chelatligandsubgruppen unterschiedlich (vgl. mit Abb. 3.62). Die am Calixaren fixierten Chelatgruppen „klappen" bildlich gesehen jeweils auf oder zu. X sind Moleküle der Pufferlösung. (Aus: Canevet, C.; Libman, J.; Shanzer, A.: Angew. Chem. **108** (1996), S. 2843 (Abb. 1 und 2))

Platzwechsel von Chelatligand-Subgruppen

Beispiel 1 Das erste Beispiel dazu hat Ähnlichkeiten mit den im Abschn. 3.3.1.1 beschriebenen, wobei Chelatligand-Subgruppen an Eisenatome unterschiedlicher Oxidationszustandes gebunden sind. Abraham Shanzer [C57] fixierte die Chelatligand-Subgruppen Hydroxamat („hart" im Sinne von Pearson) und Bipyridin („weich" im Sinne von Pearson) und ordnete sie „nebeneinander" und alternierend in einem Calixaren [4]-Ring an (Abb. 3.67a). Das gesamte mehrzähnige Ligandmolekül verfügt so über zwei intercalierte, im Korbgerüst des Calixarens, befindliche „harte" Chelatligandsubgruppen *h* und zwei „weiche" Chelatligandsubgruppen *w* in der Reihenfolge *hwhw*. In der Kavität bilden sich der Eisen(III)-Komplex Fe[III]*hh* bzw. der Eisen(II)-Komplex Fe[II]*ww* in alternierender Weise entsprechend dem jeweiligen Oxidationszustand. Jeder der beiden Komplexe erhöht seine jeweilige Koordinationszahl von 4 auf 6 durch Koordination von zwei Solvensmolekülen X.

Das Eisen bleibt während des Redox-Prozesses, bei dem erneut als Reduktionsmittel Ascorbinsäure und als Oxidationsmittel Ammoniumperoxodisulfat eingesetzt werden, lagestabil, während sich die beiden Chelatligandsubgruppen *hh* bzw. *ww* sehr schnell bewegen, sozusagen „atmen" (Abb. 3.67b). Jede der beiden gebildeten Komplexeinheiten besitzt spezielle, charakteristische Eigenschaften. So ist die reduzierte Komplexform rosafarben, und die oxidierte Komplexform ist orangefarben.

Beispiel 2 Ein anderes Beispiel für diesen Reaktionstyp wurde 1998 von James W. Canary ausgearbeitet [C58].

Sie nutzten das Kupfer(II)-Ion und den chiralen, stark chromophoren Liganden (*S*)-*N*,*N*-Bis[(2-chinolyl)methyl]-1-(2-chinolyl)-ethylamin, (*S*)-α-MeTQA, und das Ammoniumthiocyanat, NH$_4$SCN. Der mit diesen beiden Liganden gebildete Kupfer(II)-Komplex ist in der Abb. 3.68a mit B bezeichnet. Der Redox-Prozess (Cu[II] → Cu[I]) wird mit Ascorbin-

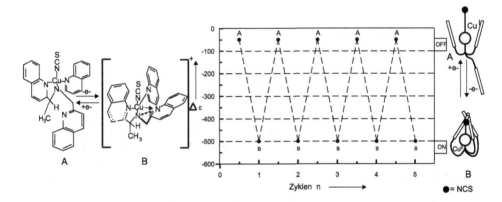

Abb. 3.68 Molekularer Schalter auf der Basis eines Kupferkomplexes mit dem Liganden (S)-*N*, *N*-Bis[2-chinolyl)methyl]-1-(2-chinolyl)ethylamin. Die Oxidation von Cu^I im Komplex A zu Cu^{II} im Komplex B erfolgt mit Ammoniumpersulfat und die Reduktion von B zu A mit Ascorbinsäure. Der *redox switch* wird durch die Aufnahme von Circulardichroismus-Spektren (CD-Spektren) detektiert (*rechtsseitig*). (Aus: Zahn, S.; Canary, J.W.: Angew. Chem. **110** (1998) S. 322, 324 (Schema 1; Abb. 2))

säure als Reduktionsmittel und Ammoniumperoxodisulfat als Oxidationsmittel realisiert. Zur Anzeige des „molekularen Schaltens" wird die Differenz in der Intensität der Bande bei 240 nm im UV-Spektrum im Lösungsmittel Methanol benutzt (Abb. 3.68b).

Man konstatiert zusammen mit dem Wechsel im Oxidationszustand des Metalls eine Änderung der Koordinationszahl: Das Cu^I in A bevorzugt die Koordinationszahl 4. Das Cu^{II} in B bevorzugt die Koordinationszahl 5.

Platzwechsel von einzähnigen Liganden

Während wir in den vorhergehenden Beispielen stets mononukleare Komplexe mit einem einzigen Zentralatom, das seinen Oxidationszustand reversibel ändert, vorgestellt haben, betrachten wir im folgenden Beispiel von Luigi Fabrizzi [C59] die heterodinukleare Komplexeinheit [Cu^{II}(tren)-(1,4-xylylen)-(cyclam)Ni^{II}]$^{4+}$ mit den Zentralatomen Kupfer(II) und Nickel(II). Die komplexbildende Ligand-Subeinheit *tren* (*tren* = Tris(2-aminoethylamin), N(C$_2$H$_4$NH$_2$)$_3$ ist am Cu^{II}-Atom koordiniert. Die komplexbildende Ligand-Subeinheit *cyclam* (*cyclam* = Cyclotetramin) ist am Ni^{II}-Atom koordiniert. Beide Ligand-Subeinheiten sind miteinander durch einen *Spacer*, die Brückengruppierung 1,4-Xylylen, miteinander verbunden (Abb. 3.69).

Die beiden Subeinheiten koordinieren an die angegebenen Metallatome in für sie charakteristischer Weise: Die tripodale Ligandeinheit *tren* ist sehr flexibel und eignet sich deshalb für das Cu^{II}, während die Subeinheit *cyclam* über den makrozyklischen Chelateffekt (Abschn. 1.6) das Nickel(II)chelat im Gesamtkomplex stabilisiert.

Wenn man ein Äquivalent Chlorid, Cl$^-$, in Acetonitril, CH$_3$CN, zum Komplex [Cu^{II}(tren)-(1,4-xylylen)-(cyclam)Ni^{II}]$^{4+}$ hinzufügt, orientiert sich das Chloridion Cl$^-$

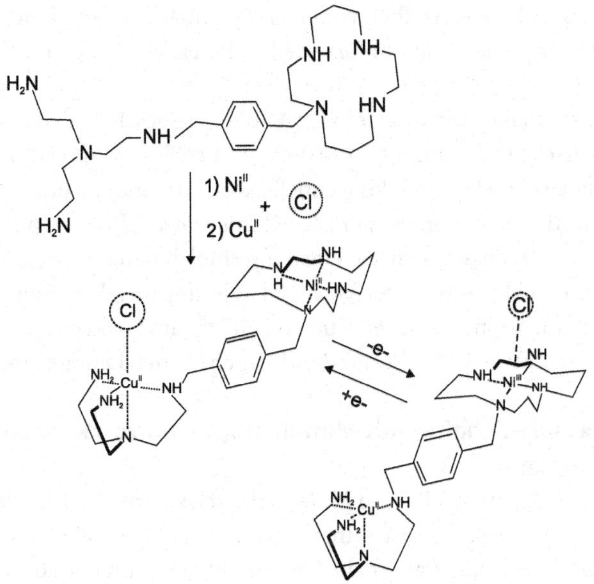

Abb. 3.69 Modell eines molekularen Schalters durch Translokation eines Chloridions in einem redoxaktiven Zweikernkomplex mit den Zentralatomen Cu^{II} (koordiniert an eine *tren*-Subeinheit) und $Ni^{II/III}$ (koordiniert an eine *cyclam*-Subeinheit). Beide Ligand-Subgruppen sind miteinander über einen 1,4-Xylylen-Spacer verbunden. Bei Oxidation/Reduktion wechselt Cl^- den Platz gemäß $Cl-Cu^{II} \cdots Ni^{II} \rightarrow Cu^{II} \cdots Ni^{III} - Cl \rightarrow Cl-Cu^{II} \cdots Ni^{II}$. (Aus: Amendola, V.; Fabrizzi, L.; Licchelli, M.; Mangano, C.; Pallavicini, P.; Parodi, L.; Poggi, A.: Coord. Chem. Rev. **190–192** (1999), S. 666 (Fig. 12))

zum Kupfer(II) und koordiniert. Die Lösung besitzt eine blaugrüne Farbe, die durch das Fragment $[Cu^{II}(tren)Cl]^+$ des heterodinuklearen Komplexes hervorgerufen wird. Die Absorptionsbande des Ladungsübergangs Ligand zu Metall (*charge transfer-Bande*) befindet sich bei 460 nm. Das Potential der Arbeitselektrode von 0,40 V vs Ferrocinium(Fc^+)/Ferrocen (Fc) verursacht eine Oxidation des Fragmentes $[Ni^{II}(cyclam)]^{2+}$ zu $[Ni^{III}(cyclam)]^{3+}$ innerhalb des Zweikernkomplexes. In diesem Augenblick verändert sich die Farbe in Gegenwart des Chlorids von blaugrün zu brilliantgelb. Diese Farbe ist verursacht durch das Fragment $[Ni^{III}(cyclam)Cl]^{2+}$, das eine intensive Absorptionsbande bei 315 nm im UV/vis-Spektrum aufweist. Das bedeutet, dass das Chloridion einen intramolekularen Platzwechsel vom Kupfer(II) zum Nickel(III)–Zentralatom kurzzeitig vorgenommen hat. Die Reaktionsgleichung dafür ist:

$$[Cu^{II} Cl(tren)\text{-}(1,4\text{-xylylen})\text{-}(cyclam)Ni^{II}]^{3+} \underset{-e^-}{\overset{T\,dir}{\rightleftarrows}}$$

$$[Cu^{II}(tren)\text{-}(1,4\text{-xylylen})\text{-}(cyclam)Ni^{III}]^{4+}$$

Der Redox-Prozess verläuft reversibel. Wenn das Potential der Arbeitselektrode auf 0.00 V Fc^+/Fc eingestellt wird, ändert sich sofort wieder die Farbe, wobei das Cl^--Ion zum Cu^{II} wandert.

Der molekulare Schalter wird „angeschaltet" oder „abgeschaltet" durch den Potential-wechsel der Arbeitselektrode um 0.40 V/0.00 V vs. Fc^+/Fc. Die *direkte Translokationszeit* T_{dir} ist so kurz, dass sie nicht durch konventielle spektroskopische oder elektrochemische Messmethoden bestimmbar war. Es handelt sich hier tatsächlich um molekulare Dimen-sionen. Bestätigt wurde, dass es sich um einen intramolekularen Prozess handelt und dass das Chlorid-Anion nicht während der Potenzialänderung aus der Lösung heraus koordi-niert wird. Der Atomabstand zwischen Cu^{II} und $Ni^{II/III}$ im Zweikernkomplex beträgt etwa 7,5 Å. Das bedeutet, dass sich das Cl^- außerordentlich schnell bewegen muss.

3.3.1.3 Molekulare Schalter mit Metallkomplexen von Kronenethern
Einfluss der Fluoreszenz

Dieser Typ von molekularen Schaltern ähnelt sehr stark dem Konzept des traditionellen Lichtschalters, bei dem wechselweise durch einen „switch" das elektrische Licht ein- oder ausgeschaltet wird. L. Fabrizzi startete die Untersuchungen mit der konzeptionellen Idee, Metallkomplexe zu nutzen, die in angeregtem Zustand in der Lage sind, Elektronen oder Energie auf Gruppen F* mit dem Ziel zu übertragen, in diesen Fluoreszenz zu löschen oder zu reproduzieren [C60]. F* sind Gruppen wie Anthracenyl, Dansyl, Naphthalenyl und andere, die fluoreszieren. Mit dieser Zielstellung wurden neue Liganden vom Typ der Thio(aza)-Kronenether mit daran angebrachten Resten F* synthetisiert, die befähigt waren, mit $Cu^{II/I}$ (Thia-Kronenether) oder mit $Ni^{III/II}$ (Aza-Kronenether) Komplexe zu bilden. Die Kontrolle der Fluoreszenzlöschung oder -erzeugung erfolgte mit Hilfe einer Arbeitselektrode von exakt eingestelltem Potential (Abb. 3.70 und 3.71). Es ist auch mög-lich, den Wechsel des Oxidationszustandes des Metalls durch Oxidationsmittel ($Na_2S_2O_8$) oder Reduktionsmittel ($NaNO_2$) in ethanolischer Lösung zu erzeugen.

Wenn eine reversible Energie- bzw. Ladungsübertragung stattfindet, wird die Fluores-zenz ausgelöscht und andernfalls erzeugt bzw. verstärkt. Dieser reversibel verlaufende Pro-zess ist in der Abb. 3.70 dargestellt.

In der Tab. 3.6 sind zwei praktische Beispiele angeführt.

In der Abb. 3.71 ist in grafischer Form der Fall der Nickel(III, II)-Komplexe dargestellt (Beispiel unten in der Tab. 3.6).

Inhibierung der Komplexbildung durch Bestrahlung

Dieses Konzept, das sich von den vorangegangenen Beispielen unterscheidet, wurde von S. Shinkai [C61] erarbeitet. Die Grundidee besteht darin, Liganden zu finden, die unter bestimmten Bedingungen Komplexe mit Alkali- oder Erdalkalimetallionen bilden, je-doch unter anderen, veränderten Bedingungen nicht dazu in der Lage sind. Der Über-gang von der einen zur anderen Form soll sich rasch vollziehen. Deshalb wurde der Effekt der *trans-cis*-Isomerisierung der Kronenether-Liganden, die einen zusätzlichen „Arm" mit einer $H_3N^+-(CH_2)_6$-Gruppierung tragen, durch Lichteinstrahlung als günstig erachtet

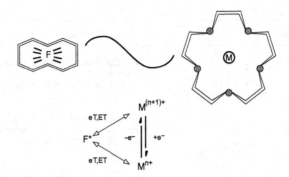

Abb. 3.70 Modell eines molekularen Schalters über ein Zweikomponenten-System. Die aktive Sub-einheit enthält einen makrozyklischen Thiaether-Komplex des Ligandentyps 14-ane-S_4 mit dem redoxaktiven Zentrum $Cu^{I/II}$, assoziiert mit einem fluoreszenzaktiven Anthracen-Fragment. Durch einen Elektronentransfer zwischen beiden Einheiten lässt sich beim Umschalten die Fluoreszenz anschalten bzw. löschen (eT = Elektronentransfer-Prozess; ET = Energietransfer-Prozess; F = Fluorophor; F* = angeregtes Fluorophor; $M = Cu^{II/I}$, n = 1). (Aus: Fabbrizzi, L.; Licchelli, M.; Pallavicini, P.: Acc. Chem. Res. **32** (1999) S. 847 (Fig. 2))

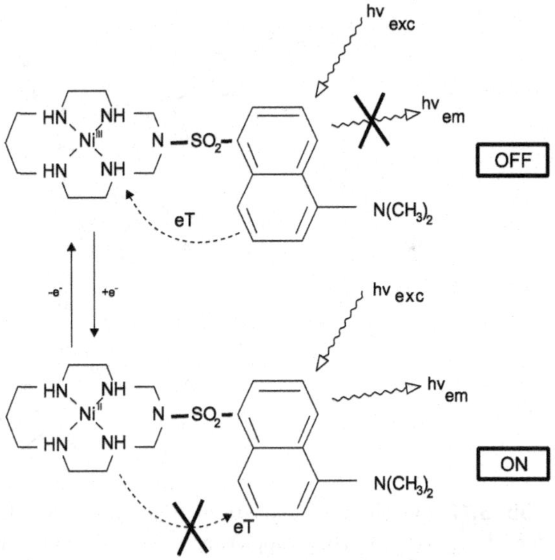

Abb. 3.71 Modell eines molekularen Schalters, in dem eine redoxaktive Nickel$^{II/III}$-cyclam-Komp-lex-Einheit mit einem zur Fluoreszenz befähigten Dansyl-Rest verknüpft ist. Im Zustand Ni^{II} fluores-zeiert das System (on); im oxidierten Zustand Ni^{III} dagegen nicht (off) (eT = Elektronentrans-fer). (Aus: Amendola, V.; Fabbrizzi, L.; Licchelli, M.; Mangano, C.; Pallavicini, P.; Parodi, L.; Poggi, A.: Coord. Chem. Rev. **190–192** (1999), S. 654 (Fig. 3))

(Abb. 3.72). Die Funktion des Liganden im Kontext mit dem entsprechenden Metallkom-plex als molekularer Schalter besteht darin, dass der Komplex mit M^{n+} als Zentralatom eine *trans*-Form des Liganden (Kronenform) besitzt, die diese Komplexierung ermöglicht; wenn dagegen mit Licht bestrahlt wird, nimmt der Ligand eine *cis*-Form an, wobei das Metallion eliminiert wird und dafür das Kation $H_3N^+-(CH_2)_6-$ dessen Platz in der Kavität des Kronenethers einnimmt. Dieser Prozess verläuft in umgekehrter Richtung, wenn das System erwärmt wird. Es ist somit reversibel und als „Schalter" geeignet (Abb. 3.72).

Tab. 3.6 Molekulare Schalter durch Aktivierung der Fluoreszenz

Liganden	Schalter
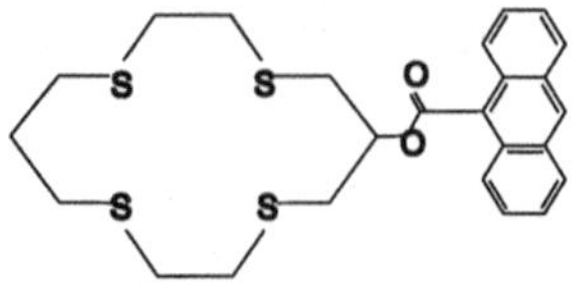 [14-ane-4] F* (Anthryl)	F* - Cu^{II} Wechselwirkung: ja „off" Fluoreszenz: nein (0,55V vs F*/Fc: quenching) F* - Cu^{I} Wechselwirkung: nein „on" Fluoreszenz: ja (λ=460 nm, emiss.) (-0,05V vs F*/Fc:) ja
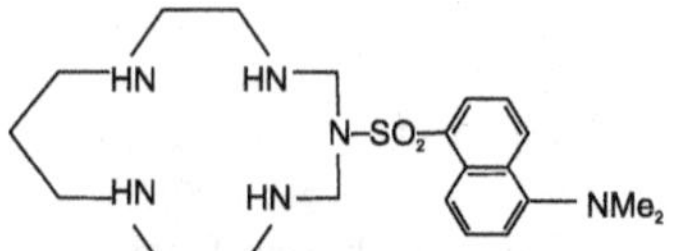 [Cyclam] F* (Dansyl)	F* - Ni^{III}Wechselwirkung: ja „off" Fluoreszenz: nein (0,23V vs F*/Fc: quenching) F* - Ni^{II} Wechselwirkung: nein „on" Fluoreszenz: ja (λ=510nm) (-0,07 V vs F*/Fc:)

F* = Fluoreszierende Gruppe = Wechselwirkung mittels Elektronenübertragung; Lösungsmittel: Acetonitril

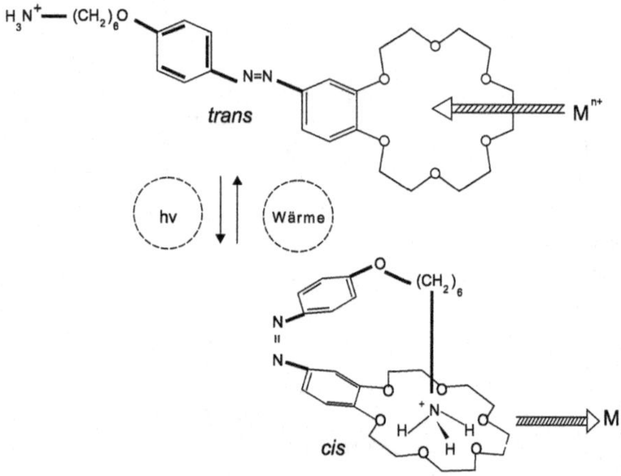

Abb. 3.72 Modell eines fotoaktiven molekularen Schalters. Die Bestrahlung (h·v) des wegen der inkorporierten Azo-Gruppierung (–N=N–) *trans*-ständigen Liganden verursacht eine *cis*-Isomerisierung, verbunden mit der Aufnahme der quartärneren H_3N^+-Gruppe in die Kavität des Kronenethers, die dadurch für den Eintritt eines Alkali- bzw. Erdalkalimetallions blockiert ist. Bei Abschaltung des Lichts bzw. Erwärmung verlässt die quarternäre H_3N^+-Gruppe den Kronenether, und dieser kann einen makrozyklischen Komplex mit dem Metallion M^{n+} bilden. (Aus: Shinkai, S.; Ishihara, M.; Ueda, K. Manabe, O.J. Chem. Soc. Chem. Commun **1984**, Nr. 11, S. 727)

Die Bedeutung dieser molekularen Schalter und ihre potenzielle Fähigkeit für Zukunftstechnologien sind evident. In der chemischen Fachliteratur gibt es viele illustrative Beispiele für die prinzipielle Eignung von Metallkomplexen als molekulare Schalter. Es ist ein Gebot der Zeit und des chemischen Sachverstandes, die Grundlagenforschungen auf diesem neuen Grenzgebiet der Koordinationschemie in Hinblick auf geeignete Anwendungen zu intensivieren.

3.3.2 Precursor für die Erzeugung von anorganischen Dünnschichten

Die modernen Techniken für die Produktion von Materialien für die Optoelektronik, die Mikroelektronik, die Fotovoltaik, die Hochtemperatursupraleitung, den Verschleißschutz u. v. a. erfordern dafür zwingend die Entwicklung neuer Materialien und optimierter Oberflächentechniken. Aus diesem Grunde sind aktuelle Forschungen über solche Materialien und technologische Prozesse sehr wichtig. Neben der chemischen Zusammensetzung und den Strukturen dieser Materialien sind ihre makroskopischen Eigenschaften, das sind morphologische, mechanische, optische und elektrische, in Hinblick auf die jeweiligen Applikationsfelder von besonderem Interesse.

Die Erzeugung von dünnen, dreidimensionalen Schichten (< 1 µm) oder feinen amorphen oder kristallinen Pulvern auf verschiedenen Unterlagen erfordert den Einsatz von Edukten höchster Reinheit für die Erzeugung von gewünschten Produkten höchster Reinheit. Es gibt mehrere Verfahren für die Erzeugung dünner Schichten oder von Pulvern, zu denen beispielsweise die *Sol-Gel-Prozesse* für die Herstellung von Pulvern spezifischer Dimensionen gehören. Eine weitere Methode ist die Abscheidung von Produkten aus der Gasphase, *Physical Vapour Deposition*, PVD, wobei die Elemente (Metalle) aus dem dampf- bzw. gasförmigen Zustand, in den sie u. a. durch katodische Zerstäubung gebracht worden sind, abgeschieden werden.

Im folgenden Abschnitt beschäftigen wir uns mit Prozessen der Erzeugung bzw. Abscheidung von Materialien aus anorganischen Edukten mittels der Chemischen Abscheidung aus der Dampfphase, *Chemical Vapour Deposition*, (CVD) und von Metallkomplexen und Organometallkomplexen mittels *Metal Organic Chemical Vapour Deposition* (MOCVD) und mit den technischen Verläufen. Solche anorganischen Edukte bzw. Vorstufen werden als *Precursor*-Substanzen bezeichnet. Das sind Verbindungen, deren Moleküle die chemischen Strukturelemente für die daraus gebildeten Schichten schon ganz oder teilweise enthalten. Das Studium spezieller Literatur dazu wird empfohlen [C62], [C63], [C64].

3.3.2.1 Chemische Abscheidung aus der Dampfphase (CVD)

In der Technik der so genannten Chemischen Abscheidung aus der Dampf- bzw. Gasphase (Chemische Dampfabscheidung, *Chemical Vapour Deposition*, CVD) werden Molekülverbindungen als Vorstufen (*Precursoren*) im gasförmigen Zustand als Edukte eingesetzt. Bei ihrem Übergang zur Oberfläche des Substrates nutzt man chemische Reaktionen an der Oberfläche aus, wobei die Substratoberfläche geschont wird. Diese schichtförmigen Abscheidungen sind dreidimensional. Sie besitzen eine definierte Natur, d. h. konstante Zusammensetzung und hohen Reinheitsgrad. Diese Technik ist ausgereift. Es gibt zahlreiche Möglichkeiten zur Prozessführung in Abhängigkeit von den spezifischen Charakteristika der Materialien:

Energieabhängige Prozesse:

Thermische Prozesse bei hohen und niederen Temperaturen,
Fotothermische Prozesse (<u>L</u>aser <u>A</u>ssisted CVD → LA-CVD),
Plasma-Prozesse (<u>P</u>lasma <u>E</u>nhanced CVD → PE-CVD),
Fotochemische Prozesse.

Druck- und strömungsabhängige Prozesse:

Abscheidung bei Normaldruck (<u>A</u>tmospheric <u>P</u>ressure CVD → AP-CVD),
Abscheidung bei vermindertem Druck (<u>R</u>educed <u>P</u>ressure CVD → RP-CVD; Druck von 104
 bis 102 Pa),
Abscheidung im Vakuum (<u>L</u>ow <u>P</u>ressure CVD → LP-CVD; Druck von 10^2 bis 1 Pa)
Abscheidung im Hochvakuum (<u>H</u>igh <u>V</u>acuum CVD → HV-CVD; Druck < 1 Pa)

Für die analytische Charakterisierung der Oberflächen der abgeschiedenen Dünnschichten aus Metall von keramischen Dünnschichten und Heteroelementschichten sowie von
Pulvern u. a. werden zerstörungsfreie spektroskopische Methoden eingesetzt, zu denen
die Fotoelektronenspektroskopie (<u>X</u>-ray-<u>p</u>hotoelectron *spectroscopy*, abgekürzt XPS, auch
<u>e</u>lectron <u>s</u>pectroscopy for <u>c</u>hemical <u>a</u>nalysis, abgekürzt ESCA), Auger-Elektronenspektro-
skopie, <u>S</u>ekundär-<u>I</u>onen-<u>M</u>assen<u>s</u>pektroskopie(SIMS), <u>R</u>öntgen<u>f</u>luoreszenz<u>a</u>nalyse (RFA),
und die Methoden der optischen Festkörperspektroskopie (IR, UV, Lumineszenz) gehö-
ren. Auch elektrische Untersuchungsmethoden, wie die Konduktometrie, kommen zum
Einsatz.
   Wenn die gasförmigen Reaktanten an die Oberfläche des Substrates gelangen, läuft die
chemische Reaktion unter Bildung und Ablagerung der Produkte ab. Dabei bilden sich primär Wachstumskeime bzw.-kerne. Die Bildung der Schichten und ihr Wachstum erfolgen
durch den Transport der Edukte mittels Diffusion an diese Wachstumskeime bzw. -kerne.
Überschüssige Reaktanten und unerwünschte Nebenprodukte werden desorbiert.
   In der Abb. 3.73 sind die grundlegenden Prozessabläufe der Chemischen Abscheidung
aus der Gasphase schematisch dargestellt.
   Für die Generierung der Materialien nach dem CVD-Prozess werden hauptsächlich
zwei Typen von Reaktoren benutzt (Abb. 3.74):

a) Der horizontale Heißwand-Rohrreaktor
b) Der vertikale Kaltwand-Rohrreaktor

Die Erzeugung von Galliumarsenid-Dünnschichten, GaAs, ist ein klassisches und typi-
sches Beispiel für die Anwendung der CVD-Methode. Dieses Material vom Typ III/V bzw.
13/15 (Elemente der III. und V. Hauptgruppe bzw. nach der IUPAC-Nomenklatur 13/15
des Periodensystems der Elemente) ist von eminenter Bedeutung für die Halbleiter-Tech-
nologie und in der Optoelektronik [C65]. Das Gallium ist ein Element der III. Hauptgrup-

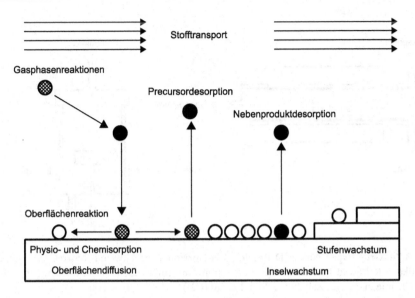

Abb. 3.73 Wesentliche Prozesse bei der chemischen Dampfabscheidung (Chemical Vapour Deposition, CVD). Stofftransport der Reaktanten zur Reaktionszone; homogene Gasphasenreaktionen der Reaktanten und Transport der Precursor zur Substratoberfläche, gefolgt von deren Adsorption auf der Oberfläche. Diffusion zu den Wachstumsbereichen und dort stattfindende Oberflächenreaktionen mit stufenweisem Schichtwachstum. Desorptionsprozesse mit Abtransport der Nebenprodukte. (Aus: Fischer, R.A.: Chemie in unserer Zeit **29** (1995) S. 141 (Abb. 1))

pe (13. Gruppe) und das Arsen ein Element der V. Hauptgruppe (15. Gruppe) des Periodensystems. Es gibt weitere Materialien vom Typ III/V (diese eingeführte Bezeichnung ist weiterhin üblich), wie zum Beispiel Galliumnitrid, GaN, und Indiumphosphid, InP.

Die Reaktion zwischen Trimethylgallium, $Ga(CH_3)_3$ und Arsan (Trivialname: Arsin), AsH_3, findet bei einer Temperatur von 650 °C und reduziertem Druck, also nach dem *RP-CVD-Prozess*, statt:

$$(CH_3)_3Ga_{(gas)} + AsH_{3(gas)} \rightarrow GaAs_{(fest)} + 3\ CH_4$$

Das Wachstum einer dünnen Schicht (eines Films), von GaAs und seine Orientierung wird durch das Substrat und dessen Oberfläche bestimmt. Die Schicht wird *homoepitaktisch* erzeugt. Das bedeutet ein orientiertes Kristallwachstum an der Oberfläche desselben Materials. Die GaAs-Schicht wächst auf dem Substrat GaAs. Um zu vermeiden, dass sich Kohlenstoff in die dünne Schicht einlagert, wird ein Überschuss von Arsan, AsH_3, in einem Verhältnis größer als $3AsH_3 : 1Ga(CH_3)_3$ angewandt. Weil Galliumarsenid eine erhebliche Bedeutung als Ausgangsmaterial für die Mikro- und Optoelektronik besitzt, wurden für seine technologische Herstellung auch andere, alternative und effiziente Precursor-Edukte eingesetzt (Tab. 3.7).

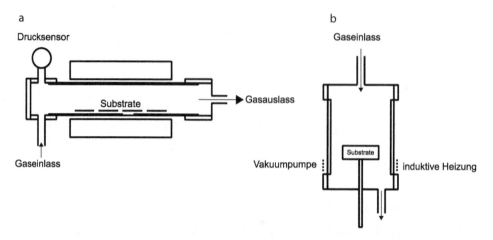

Abb. 3.74 Grundtypen von CVD-Reaktoren. **a** Horizontaler Heißwand-Rohrreaktor (isotherm); **b** vertikaler Kaltwand-Rohrreaktor (nicht isotherm) mit rotierendem Substrathalter. (Aus: Fischer, R.A.: Chemie in unserer Zeit **29** (1995) S. 142 (Abb. 2))

3.3.2.2 Precursor für CVD und MOCVD

In den chemischen Abscheidungsprozessen aus der Gasphase besitzen die Precursor für die Erzeugung dünner Schichten große Bedeutung, weil sie deren Qualität in chemischer und physikalischer Hinsicht verbessern können. Man erhält Schichten hoher Reinheit, wenn man von Precursor hoher Reinheit ausgeht, die außerdem reproduzierbare Ergebnisse unter anderen Reaktionsbedingungen bzgl. Druck und Temperatur erbringen. Es sei wiederholt, dass Precursor Verbindungen sind, die in ihrer Zusammensetzung und ihren Strukturelementen Komponenten enthalten, die in den zu erzeugenden anorganischen Dünnschichten teilweise oder komplett wieder angetroffen werden. In diesem Sinne beeinflusst die Modifizierung der Struktur der Precursor sowohl die Reaktionsbedingungen wie auch die Eigenschaften der erzeugten Schichten. Aus diesem Grund sind Metallkomplexe und Organometallverbindungen geeignete Precursor für die Erzeugung dünner anorganischer Schichten, wie Metalle, Legierungen, binäre und andere Oxide, Nitride, Carbide u. a. Solche Precursor können die Zersetzungsreaktionen zweckmäßig beeinflussen.

In den CVD-Prozessen werden vorzugsweise binäre anorganische Verbindungen angewandt, die leicht flüchtig sind. Es handelt sich um Halogenide ($AlCl_3$, $TiCl_4$ u. a.), Wasserstoffverbindungen (NH_3, N_2H_4, AsH_3 u. a.) Methyl-Verbindungen, wie $Ga(CH_3)_3$, $Al(CH_3)_3$, $N(CH_3)_3$, $Hg(CH_3)_2$ u. a.) und Oxide (NO, N_2O, CO_2 u. a.). Es eignen sich auch einige Metallkomplexe (Abschn. 3.3.2.3). Die Möglichkeiten sind limitiert. Man benötigt meist hohe Aktivierungsenergien und Temperaturen um >600 °C, damit die Prozesse ablaufen. Viele dieser Substanzen, wie Quecksilberdimethyl, $Hg(CH_3)_3$, und Arsan, AsH_3, oder andere Hydride oder Methyl-Verbindungen sind zudem außerordentlich toxisch. Oft lassen sich keine selektiven Schichtformen über den Substraten generieren.

Tab. 3.7 Häufig genutzte Precursoren im MOCVD-Prozess

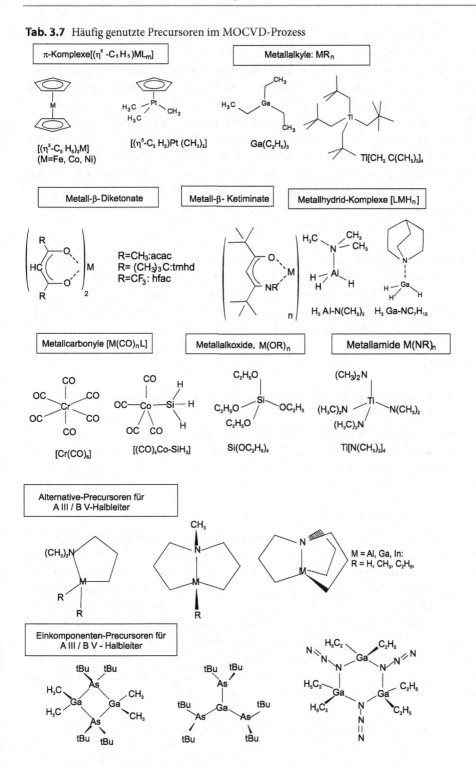

Der Vorteil der Anwendung von speziellen Metallkomplexen und Organometallkomplexen (ausgenommen die Methylverbindungen der Metalle) besteht in

- der Verfügbarkeit einer größeren Variabilität der Struktureinheiten, die u. a. die Anwendung einer geringeren Aktivierungsenergie und somit die Verringerung der Prozess-Temperatur auf einen Bereich von 25–600 °C gestattet;
- in einer größeren Varietät von Komponenten für die Erzeugung neuer Dünnschicht-Typen. Die Strategie besteht im Einsatz nur einer Precursor-Komponente. Solche Beispiele sind in der Tab. 3.7 unter „alternative Precursoren" für Halbleiterschichten vom Typ III/V aufgeführt. Die Strategie besteht weiterhin darin, die Toxizität der Reaktanten zu verringern und den Einsatz toxischer Gase zu vermeiden bzw. zu umgehen; und es eröffnet die Chance, anorganische Schichten auf Substraten in vielfältiger spezifischer-binärer, ternärer, quaternärer- Weise zu erzeugen.

Die wichtigsten Anforderungen, die an die Metallkomplexe und Organometallverbindungen als Precursor zu stellen sind, bestehen in ihrer Flüchtigkeit bei einem entsprechenden Sättigungsdampfdruck und in ihrer relativen thermischen Stabilität (Unzersetzlichkeit) beim Verdampfungsvorgang. In diesem Sinne sind zum Beispiel die Metallchelate von Hexafluoracetylaceton (Tab. 3.7 und 3.8) sehr gut geeignete Precursor.

Die Tab. 3.7 enthält in zusammengefasster Form eine Übersicht der am häufigsten in MOCVD-Prozessen eingesetzten Precursor.

3.3.2.3 Erzeugung anorganischer Dünnschichten mittels des MOCVD-Prozesses

Übersicht zu Materialien und Reaktionsbedingungen

Die Tab. 3.8 enthält einige ausgewählte Beispiele von Precursor, die Herstellungsbedingungen und die Materialien der Dünnschichten für praktische Anwendungen. Weitere Beispiele findet man bei [C64].

Erzeugung von Kupferschichten

In diesem ausgewählten Beispiel Hexafluoracetylacetonato-trimethylsilyl-ethen-kupfer(I), $[(\eta^2\text{-hfacac})Cu^I(\eta^2-H_2C=CHSi(CH_3)_3]$ als Precursor (Abkürzung Hhfacac = 1,1,1,5,5,5-hexafluoro-2,4-pentandion) werden sehr anschaulich die chemischen Reaktionen und das physikalische Verhalten während der Pyrolyse im MOCVD-Prozess deutlich (Nummer 1 in Tab. 3.8 [C63], Abb. 3.73). Im Folgenden studieren wir das selektive Verhalten des Precursor auf verschiedenen Substrat-Unterlagen: Kupfer (Abb. 3.75a), Silicium/Siliciumdioxid (Abb. 3.75b) und auf vorpräpariertem Silicium/Siliciumdioxid (Abb. 3.75c).

a) Der flüchtige Gemischtligandkomplex als Precursor $[(\eta^2\text{-hfacac})Cu^I(\eta^2-H_2C=CHSi(CH_3)_3]$ (Abb. 3.75a) wird unter partieller Zersetzung an der Oberfläche des Kupfer-Substrats adsorbiert. Die Zersetzung findet wie folgt statt:

$$2\,[(\eta^2\text{-hfacac})Cu^I(\eta^2-H_2C=CHSi(CH_3)_3] \xrightarrow[-2\,H_2=CHSi(CH_3)_3]{}$$

$$Cu + [\eta^2\text{-(hfacac)}_2Cu^{II}]$$

Tab. 3.8 Ausgewählte Beispiele von Precursoren, Reaktionsbedingungen und praktische Anwendungen im MOCVD-Prozess

Material	Precursor	Substrat	Methode	Verunreinigung	Anwendung
	ß-Diketonate				
Cu	$[(\eta^2\text{-hfacac})Cu^I\text{-}$ $(\eta^2\text{-CH}_2\text{=CH-}$ $Si\text{-}(CH_3)_3]$	Si, SiO_2	Pyrolyse		Mikroelektronik
Cu	$[(hfacac)$ $Cu^I\text{-}C_2H_5OH$	Si, SiO_2	Fotolyse/257 nm	C (10 %)	Mikroelektonik
Pt	$[Pt(acac)_2]$	Si	Pyrolyse/500–600 °C		
	$[Pt(hfacac)_2]$	Glas	Fotolyse/514,5 nm		
Pd	$[Pd(acac)_2]$	Glas	Pyrolyse/< 300 °C		
$YBa_2Cu_3O_7$	$[Cu(acac)_2]$ $[Ba(dpm)_2]$ $[Y(dpm)_3]$ H_2O	$SrTiO_3$	Pyrolyse LPCVD/> 500 °C	Gering	Supraleiter
Cr_2O_2	$[Cr(acac)_3]$	Ta Ni	Pyrolyse/750 °C Pyrolyse/650 °C		
Fe_2O_3	$[Fe(acac)_3]$	Al_2O_3	Pyrolyse/400–500 °C		
	ß-Ketiminate				
$BaPbO_3$	$Ba(ß\text{-ketimin})_2$ $[Pb(dpm)_2]$	MgO	Pyrolyse LPCVD/O_2 300–450 °C/890 °C	BaO	
	Dithiocarbamate				
CdS	$[Cd(dadtc)_2]$		Pyrolyse/370–420 °C		
	Carbonyle				
Cr	$[Cr(CO)_6]$	Stahl	Pyrolyse RPCVD; LPCVD/400–600 °C	C, O, Cr_2O_3	Schutzschicht
Cr	$[Cr(CO)_6]$	SiO_2	Fotolyse/260–270 nm		
Mn	$[Mn_2(CO)_{10}]$	ZnS	Fotolyse/337 nm	O	
Cr_2O_3	$[Cr(CO)_6] + O_2$		Plasma-Fotolyse		
Ni	$[Ni(CO_4]$	Stahl	Pyrolyse APVD/100°	Gering	
CoSi	$[(CO)_4CoSiH_3]$	Si	Pyrolyse LPCVD/500 °C	C(5 %), O (5 %)	Schottky-Kontakte (Si)
	π-Aromaten-Komplexe				
Co	$[Co(C_5H_5)_2]$	Glas	Pyrolyse/< 300 °C		
Fe	$[Fe(C_5H_5)_2]$	Si	Fotolyse/337 nm		
Pt	$[Pt(C_5H_5)(CH_3)_3]$	Si	Pyrolyse APV, H_2/150 °C	C(< 1 %)	Mikroelektronik
	Spezielle Komplexe				
GaN	$\{(C_2H_5)_3GaN_3\}_3$	SiO_2	Pyrolyse APCVD		Blaue Leucht-dioden
GaAs	$[\{(CH_3)_2GaAs(t\text{-}$ $butyl)_2\}_2]$	GaAs	Epitaxie/500 °C		Optoelektronik
Al	$[H_3Al\text{-}N(CH_3)_3]$	Si, Ga, As	Pyrolyse LPCVD	Wenig	Mikroelektronik

acac⁻ Acetylacetonat; *hfacac⁻* Hexafluoracetylacetonat; *dpm* Dipivaloylmethanat; *dadtc⁻* Dialkyldithiocarbamat

Trimethylsilyl-ethen, $H_2C=CHSi(CH_3)_3$, und Bis(hexafluoracetylacetonato)-kupfer(II), $[\eta^2\text{-(hfacac)}_2Cu^{II}]$, werden rasch desorbiert. Auf der Substratoberfläche bleiben Kupferkerne und Kupferinseln von elementaren Kupfer, die stetig anwachsen (Abb. 3.75a).

b) Es ist möglich, Kupfer-Dünnschichten auf Si/SiO$_2$-Substraten aufzubringen, indem man den Precursor Hexafluoracetylacetonato-trimethylsilyl-ethen-kupfer(I), $[(\eta^2\text{-hfacac)}$ $Cu^I(\eta^2\text{-CH}_2=CHSi(CH_3)_3)]$, in Prozessen einsetzt, die in den Abb. 3.75b und c schematisch dargestellt sind. Die jeweiligen beiden Substrat-Unterlagen werden in spezifischer Weise erzeugt. Die Substratschicht Siliciumdioxid, $(SiO_2)_n$ wird auf die Substratschicht Silicium aufgetragen. Die obere SiO$_2$-Schicht wird an einigen Stellen durch ein spezielles Ätzverfahren gezielt abgelöst, so dass „Löcher" entstehen. Die verbleibende SiO$_2$-Schicht enthält gebundene, reaktive OH-Gruppen an der Oberfläche. Die Abb. 3.75a zeigt, dass sich der an dieser so präparierten Substratoberfläche adsorbierte Precursor unter Zersetzungsreaktionen abscheidet und sich die Kupferkerne sowohl an der SiO$_2$-Oberfläche als auch am Siliciumsubstrat bilden und anwachsen. Die Zersetzungsprodukte werden desorbiert. In der Abb. 3.75c ist zu sehen, dass in einer speziellen Substratbehandlung nach der Ätzung die reaktiven OH-Gruppen an der SiO$_2$-Oberfläche durch Silylmethylierung in Form von $-O-Si(CH_3)_3$-Gruppen „maskiert" werden. Der Precursor wird an diesen so geschützten SiO$_2$-Schichten nicht adsorbiert, und auf diese Weise werden die Kupferkerne nur an der Siliciumschicht gebildet. Nur an dieser Si-Schicht findet das Schichtwachstum statt. Diese MOCVD-Prozesse sind autokatalytische und finden bei relativ niedrigen Temperaturen statt.

Erzeugung von Platin-Schichten

Materialien mit hohen Dielektrizitätskonstanten wie Tantalpentoxid, Ta$_2$O$_5$ und Barium-Strontiumtitanat, $[(Ba, Sr)TiO_3]$ werden für Kondensatoren in Speichern (DRAMs) benötigt. Diese müssen vor äußeren Einwirkungen, die zu Oxidationsprozessen führen, geschützt werden. Dazu eignet sich, wie japanische Forscher im Hitachi Forschungslaboratorium fanden [C66], eine Beschichtung mit Platin, die durch CVD mittels autokatalytischer oxidativer Zersetzung erzeugt wird. Als Precursor wird dafür (Methylcyclopentadienyl) trimethylplatin, $[Pt^I(CH_3C_5H_4)(CH_3)_3]$ eingesetzt. Es schmilzt bei 30 °C und besitzt bereits bei 35 °C einen erheblichen Dampfdruck. In einer Spezialapparatur wird in einem Sauerstoff/Argon-Strom eine kontrollierte oxidative thermische Zersetzung in Gegenwart der entsprechenden Unterlage bei hoher Temperatur durchgeführt. In der ersten Phase der Abscheidung erfolgt nur ein langsames Anwachsen der Schicht auf den Platinkernen, danach ein sehr rasches, geordnetes Schichtwachstum, verursacht durch einen autokatalytischen Prozess, der bei erhöhtem Sauerstoffanteil im Sauerstoff/Argon-Strom und mit Temperaturerhöhung noch zunimmt. Dafür lässt sich die Bruttoreaktionsgleichung formulieren:

$$[Pt^I(CH_3C_5H_4)(CH_3)_3] + 13\ O_2 \rightarrow Pt + 9\ CO_2 + 8\ H_2O$$

(abzüglich flüchtiger metallhaltiger Fragmente)

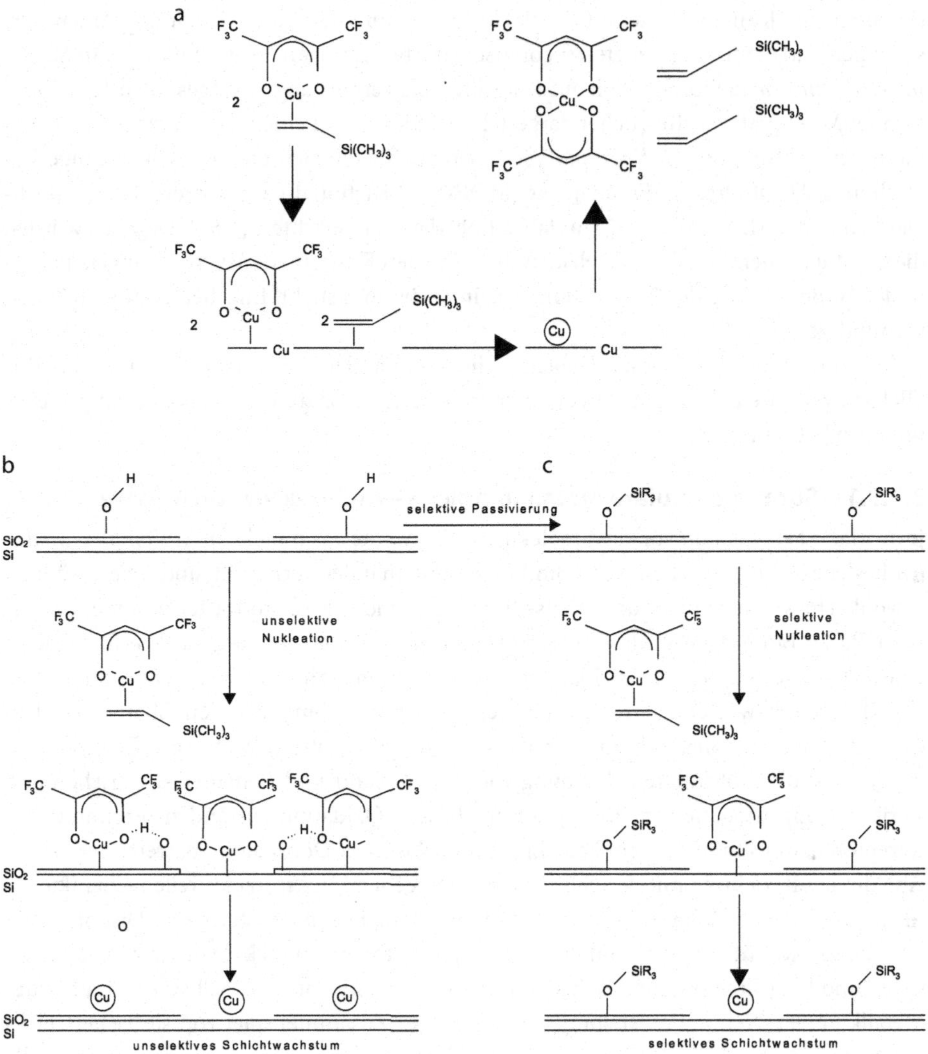

Abb. 3.75 a Die Abfolge der Pyrolyse-Prozesse bei der Bildung von Kupfer-Schichten aus dem Precursor $[(\eta^2\text{-hfacac})Cu^I(\eta^2\text{-}H_2C{=}CHSi(CH_3)_3]$ (Hfacac=hexafluoracetylacetonat); **b** MOCVD auf einer chemisch vorstrukturierten Oberfläche (SiO$_2$/Si) mit unselektivem Cu-Schichtwachstum; **c** Selektive MOCVD auf einer selektiv passivierten Oberfläche (-OSiR$_3$) mit selektivem Schichtwachstum. (Aus: Fischer, R.A.: Chemie in unserer Zeit **29** (1995) S. 149 (**a**: Abb. 8), S. 150 (**b, c**: Abb. 16)

3.3.3   Supramolekulare Koordinationschemie und funktionalisierte Koordinationspolymere

Die supramolekulare Koordinationschemie und das Gebiet der funktionalisierten Koordinationspolymere werden gegenwärtig von Koordinationschemikern in aller Welt inten-

siv bearbeitet. Jean-Marie Lehn (*1939; Nobelpreis für Chemie 1987) hat mit seinen Forschungen und daraus abgeleiteten theoretischen Überlegungen erstmals die Tür zur *Supramolekularen Chemie* in Hinblick auf Koordinationsverbindungen aufgestoßen [C67] und
in einer Monografie ausführlicher dargestellt [C68]. Erst seit einem ein Dutzend Jahre sind
die *funktionellen, porösen Koordinationspolymere*, für die sich die englischsprachige Bezeichnung *Metal-Organic-Frameworks* (MOFs) international eingebürgert hat, im Blick-
feld, seit Omar M. Yaghi (*1965) im Jahre 1999 darüber berichtete [C69]. Dagegen wurden
die „synthetischen Metalle", die elektrisch leitfähigen Koordinationsverbindungen, bereits
in der zweiten Hälfte des 20. Jahrhunderts intensiv untersucht. Ihre Bearbeitung hält un-
vermindert an.

Die Forschungen auf diesen Gebieten, die miteinander verzahnt sind, werden in Hinblick auf vertiefte Erkenntnisse in der bioanorganischen Chemie und auf zukünftige Tech-
nologien betrieben.

3.3.3.1 Supramolekulare Metallkomplexe – Architektur von Netzwerken

Jean-Marie Lehn schlug vor, dass molekulare Netzwerke aus molekularen *Komplex-Modu-
len* bestehen, die über chemische Bindungen miteinander verknüpft sind. Diese können
sowohl sehr schwache van der Waals-Bindungen und Wasserstoffbrückenbindungen als
auch starke Bindungen umfassen. Die Ausbildung solcher *Supramoleküle* erfolgt durch
eine *Selbstorganisation (self assembly)*. Dieser Prozess erfordert die *gegenseitige Erkennung*
der Moleküle bzw. elementaren Bestandteile und hängt somit von den Charakteristiken
der *Rezeptoren* und *Substrate* ab. Wenn das Substrat ein zentrales Metallion (Zentralatom)
ist, dann ist die molekulare Erkennung von dessen Natur und seinen elektronischen und
sterischen Eigenschaften in den unterschiedlichen Oxidationszuständen bestimmt. Die
Rezeptoren, das sind in diesem Falle Ligandmoleküle mit Donoratomen, treten selektiv in
eine direkte Beziehung mit den Substraten entsprechend ihren strukturellen Charakteristiken ein. Die molekulare Erkennung ist somit abhängig von der sterischen Disponibilität
und den zur Koordination befähigten Gruppen der Rezeptormoleküle sowie von den sterischen und koordinationschemischen Tendenzen des Substrats. Die Selbstorganisation der
Metallkomplex-Netzwerke ist somit ein komplexes Zusammenspiel von sterischen, elektronischen, enthalpischen und entropischen Faktoren, zu denen ausgewogen sowohl die
Metallionen wie auch die Liganden beitragen. Wenn diese Ausgewogenheit nicht gegeben
ist, dann wird keine einheitlich organisierte dreidimensionale Architektur des erhofften
Produktes erhalten, sondern es entsteht eine Produkt-Mischung. Deshalb ist die Voraussetzung für den Aufbau solcher supramolekularen Strukturen, dass die molekularen Rezeptoren optimales Design, abgestimmt auf die Natur des Substrats, besitzen müssen.

Die Selbstorganisation zum Aufbau von Supramolekülen beruht auf einer natürlichen
gegenseitigen Erkennung von Substrat und Rezeptor. Sie erfolgt spontan und ist durch drei
Faktoren bestimmt:

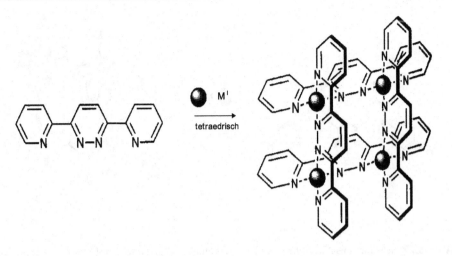

Abb. 3.76 Spontane Selbstorganisation eines [2×2]-Metallkomplexes [M^I_4{bis(pyridyl)pyridazin}$_4$] mit tetraedrisch koordinierenden Metallionen (Ag^I; Cu^I). (Aus: Ruben, M.; Rojo, J.; Romero-Salguero, F.J.; Uppadine, L.H.; Lehn, J.-M.; Angew. Chem. **116** (2004), S. 3734 (Abb. 8))

- Die Bindungsvorgaben für die Koordination garantieren eine korrekte Symmetrie und eine maximale Besetzung der Bindungsplätze;
- Die speziellen sterischen Anordnungen, unterstützt durch Stabilisierungskräfte intermolekularer Bindungen, verhindern die Ausbildung unerwünschter Produkte;
- Die Einbeziehung von Lösungsmittelmolekülen oder diskreten Anionen favorisiert die finale Netzwerkstruktur.

Die Konkordanz der drei Faktoren führt zu gut organisierten *geschlossenen Netzwerkstrukturen* und vermindert die Bildung von „offenen" Strukturen, dabei besonders die Bildung von polymeren Ketten.

Ein anschauliches Beispiel für die Bildung eines supramolekularen Komplexes vom Typ [2×2] mit vier Kernen zeigt die Abb. 3.76. In dieser Struktur koordinieren die Cu^I-Zentralatome tetraedrisch mit Ligandmolekülen L^1, Bis(pyridyl)-pyrazin, unter Bildung von [$Cu^I_4 L^1_4$]$^{4+}$. Jedes der vier Cu^I-Zentralatome besitzt eine gestört tetraedrische Koordinations-Konfiguration. Die vier Cu^I-Atome sind auf einer fast planaren Oberfläche angeordnet. Der Bindungsabstand zwischen den Cu^I-Atomen d_{Cu-Cu} beträgt 3,57 Å und die Bindungswinkel < $Cu^I Cu^I Cu^I$ sind 79° bzw. 101°.

Ein weiteres elegantes Beispiel ist der supramolekulare Eisen(II)-Komplex vom Typ [2×2] mit dem Liganden L^2, Bis(terpyridin), in oktaedrischer Koordinationsgeometrie [$Fe^{II}_4 L^2_4$]$^{8+}$ (Abb. 3.77).

Durch Variation der mehrzähnigen Liganden, die meist Stickstoff-Donoratome enthalten, werden unterschiedliche Netzwerke, wie die supramolekularen Komplexe des Typs [3×3] mit neun Zentralatom-Kernen, erhalten. Solche supramolekularen Komplexe verfügen über spezielle magnetische und optische Eigenschaften und ein charakteristisches

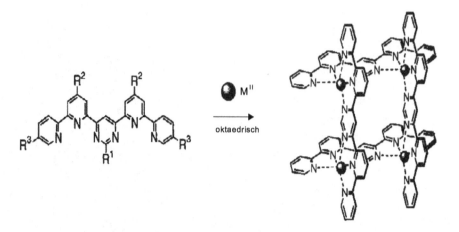

Abb. 3.77 Selbstorganisation eines [2×2]-Gitterkomplexes aus einem Bis(terpyridin)-Liganden und oktaedrisch koordinierenden Metallionen (M=Fe^{II}). (Aus: Ruben, M.; Rojo, J.; Romero-Salguero, F.J.; Uppadine, L.H.; Lehn, J.-M.: Angew. Chem. **116** (2004), S. 3734 (Abb. 9))

Redox-Verhalten, verursacht durch die Wechselwirkung der Kerne über die Liganden. Das Cyclovoltammogramm der Koordinationsverbindung $[Cu^I_4L^1_4](BF_4)_4$ (Abb. 3.76) zeigt sieben sehr gut voneinander separierte reversible Einelektronenpeaks. Die Variation der Substituenten in den Liganden kann in systematischer Weise die Redox-Potentiale beeinflussen. Von daher eröffnet sich die Möglichkeit für Anwendungen in der Elektronik. Der Komplex $[Fe^{II}_4L^2_4]^{8+}$ (Abb. 3.77) zeigt ein außergewöhnliches magnetisches Verhalten, weil die Spinzustände durch externe Faktoren, wie Bestrahlung mit Licht sowie Temperatur- oder Druckänderungen, beeinflusst werden können (Abb. 3.78). Von daher eröffnet sich die prinzipielle Möglichkeit, solche supramolekularen Netzwerkarchitekturen in der Computer-Elektronik (magnetische molekulare Speicher) zur Datenverarbeitung nutzen zu können.

3.3.3.2 Funktionale poröse Koordinationspolymere mit Netzwerkstruktur
Synthese und Strukturen von Metal-Organic Frameworks (MOFs)

Diese Klasse von Koordinationsverbindungen sind Festkörper mit einer dreidimensional vernetzten definierten Struktur, in der Metallkomplexeinheiten (*Konnektoren*) als Knotenpunkte über di-und meist multitopische Liganden (*Linker*) miteinander so verknüpft werden, dass eine *poröse Netzwerkstruktur* entsteht. Sie wird mit dem englischsprachigen Sammelbegriff *Metal Organic Frameworks*, abgekürzt *MOFs*, bezeichnet, der auch im deutschen Sprachraum so eingeführt ist. Poröse Verbindungen werden nach internationaler Übereinkunft auf Vorschlag der IUPAC eingeteilt in mikroporöse (Porendurchmesser < 2 nm), mesoporöse (Porendurchmesser 2–50 nm) und makroporöse (Porendurchmesser > 50 nm). Metal Organic Frameworks, die das gleiche Netzwerk haben, sind *isoreticulär*, und die entsprechenden Verbindungen tragen die Bezeichnung IRMOFs.

Abb. 3.78 Sukzessiver Schaltprozess zwischen Fe^{II}-Spinzuständen in $[2 \times 2]$-Gitterkomplexen mit einem Bis(terpyridin)-Liganden (Abb. 3.77) $[Fe^{II}_4\{bis(terpyridin)\}_4]$, veranlasst durch Druck (p), Temperatur (T) oder Licht (hv). *LS* Low Spin, Niederspin; *HS* High Spin; Hochspin. Die dunkel gezeichneten Kugeln symbolisieren Fe^{II}-Atome im Niederspin-Zustand; die heller gezeichneten im Hochspin-Zustand. (Aus: Ruben, M.; Rojo, J.; Romero-Salguero, F.J.; Uppadine, L.H.; Lehn, J.-M.: Angew. Chem. **116** (2004), S. 3742 (Abb. 23))

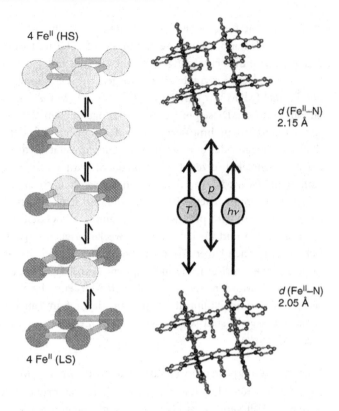

Von solchen nanoporösen Festkörpern oder nanoporösen Gerüstverbindungen vom Typ der *Metal Organic Frameworks, MOFs*, sind die C̲ovalent O̲rganic F̲rameworks, COFs, die aus kovalenten organischen kristallinen Gerüststrukturen bestehen, zu unterscheiden. Die COFs werden durch Kondensation von starren, symmetrischen molekularen Vorstufen synthetisiert, wie dies 2005 durch Kondensation von Phenyldiboronsäuren mit Hexahydroxytriphenylen realisiert wurde (COF-1; COF-5) [C70]. Sie stehen den *nanoporösen Polymeren* nahe, wie sie beispielsweise im Jahre 2009 von einer chinesisch-US-amerikanischen Arbeitsgruppe hergestellt wurden, indem aus tetraedrischen $n[C(C_6H_4)_4]$-Monomereinheiten ein poröses diamantähnliches Polymer (PAF-1) erzeugt wurde, das einen beträchtlichen inneren Hohlraum aufweist [C71]. Auch gewinnen zunehmend nanoporöse organische Festkörper, die aus einzelnen Molekülen aufgebaut sind, an Interesse, da sie gezielt aus einzelnen Modulen in Form eines Gerüstensembles aufgebaut werden können, wobei diesen Modul-Bausteinen bestimmte Funktionalitäten mitgegeben werden, die sie dann im porösen Festkörper beibehalten. Die Synthese solcher Käfigverbindungen gestaltet sich allerdings schwierig, weil hier im Gegensatz zu MOFs, COFs und nanoporösen Polymeren dirigierende Grundbausteine, z. B. Metallkomplexeinheiten, fehlen. Auf der Basis von inwandig funktionalisierten Käfigverbindungen ist der Aufbau solcher *porösen Molekülfestkörper* kürzlich 2011 in kristalliner Form gelungen [C72a], [C73]. Im Folgenden beschränken wir uns auf die porösen polymeren Koordinationsverbindungen, MOFs.

Strukturelle und funktionelle Ähnlichkeiten mit Zeolithen

Poröse Koordinationspolymere haben strukturelle und funktionelle Ähnlichkeiten mit den *Zeolithen*, die schon lange bekannt und gut untersucht sind [C74], [C75]. Zeolithe sind anorganische polymere Verbindungen, die aus Alumosilicat-Hydraten der allgemeinen Formel $(M^I, M^{II}_{1/2})_x[Al(O_2)_x(SiO_2)_y] \cdot x\ H_2O$ (M^I = Alkalimetallion; M^{II} = Erdalkalimetallion) bestehen. Diese porösen Verbindungen bilden Netzwerke mit Poren und Kanälen von definierten Durchmessern aus. In den Kanälen befindet sich Wasser, das man reversibel verdrängen oder einführen kann. Die Porosität wird somit durch die Eliminierung der Wassermoleküle erzeugt, während das Strukturskelett unverändert erhalten bleibt. Die Hohlräume (*Kavitäten*) in den Netzen werden hauptsächlich durch die sie umgebenden Polyeder bestimmt. Diese geordnete Netzwerkstruktur der Zeolithe mit definierten Kanälen und Poren wird praktisch zur Trennung von Gasen für Molekularsiebe (*Molsiebe*), zur Adsorption und für katalytische Zwecke ausgenutzt [C76]. Einige Zeolithe befinden sich in natürlichen Lagerstätten: Sie sind mineralogisch als besonders locker gebaute Tektosilicate charakterisiert, die in Gruppen: Natrolith-Gruppe mit dem Mineral Natrolith; D' Achiardit-Mordenit-Gruppe mit dem Mordenit; Heulandit-Stilbit-Gruppe mit dem Stilbit; Gsimondin-Philippsit-Gruppe mit Harmotom, Faujasit-Paulingit-Gruppe mit dem Faujasit, eingeteilt sind [C77]. Synthetische Zeolithe werden meist auf hydrothermalem Weg hergestellt.

Charakterisierung von porösen Koordinationspolymeren (MOFs)

Die porösen Koordinationspolymere bringen aufgrund ihrer Zusammensetzung und Strukturvielfalt vergleichsweise mehr Möglichkeiten zur Variation der Durchmesser der Kanäle in Hinblick aufzunehmender *Gastmoleküle* (*Wirt-Gast-Verbindungen*) als die Zeolithe ein und lassen wegen des Einbaus von Übergangsmetallionen in die Netzwerkstrukturen auch spezielle katalytische Eigenschaften erwarten. Funktionale poröse Koordinationspolymere sind Metallkomplexe mit organischen Liganden. Diese Zusammensetzung des Netzwerkes ist also der fundamentale Unterschied zwischen MOFs und Zeolithen, obgleich die Strukturen sehr ähnlich in ihrem regulären Aufbau und relativ einfach zugänglich sind. Die eingangs gegebene Definition der MOFs soll noch untersetzt werden: Im Falle der MOFs fungiert ein *polynuklearer Metallkomplex* als verbindendes Zentrum (Konnektor) für die Ausbildung einer Netzwerkarchitektur. Häufig wurden tetraedrische Zink-Komplexe mit der polynuklearen Zink(II)-Komplexeinheit $[Zn_4-\mu_4-O]^{6+}$, studiert (Abb. 3.79a). An dieses Zentrum koordinieren *multitopische*, das sind *polydentate organische Liganden* (*Linker*). Der Ligand Terephthalat ($^-OOC-C_6H_4-COO^-$; abgekürzt R-COO$^-$ mit R = $-C_6H_4-COO^-$) ist als Demonstrationsbeispiel geeignet. Im Detail sieht man, dass sechs von diesen Terephthalat-Anionen an die sechs Tetraederkanten von $[Zn_4-\mu_4-O]^{6+}$ angelagert sind und die Einheit $[\{[Zn_4-\mu_4-O](O_2CR)_6\}]$ ausbilden (Abb. 3.79b).

Diese Tetraederkanten besitzen an jeder ihrer Ecken ein Sauerstoffatom, so dass immer zwei der vier Tetreder um das Zn^{2+}-Ion herum miteinander durch einen Terephthalat-Liganden verbunden sind. Auf diese Weise bildet sich die oktaedrische Komplexeinheit $[\{[Zn_4-\mu_4-O](O_2CR)_6\}]$, die ihrerseits mit den sechs freien Resten R auf sechs Oktaeder-

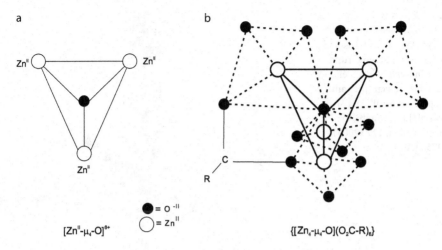

Abb. 3.79 a Zweidimensionale Abbildung des $[Zn_4-\mu_4-O]^{6+}$-Tetraeders. **b** Struktureinheit $\{[Zn_4-\mu_4-O](O_2C-R)_6\}$. Jedes der 4 Zn-Atome ist umgeben von 4 tetraedrisch angeordneten O-Atomen, die von den 6 R-COO-Gruppen kommen, wobei jeweils 2 Tetraeder durch eine verbrückende R-COO-Gruppe miteinander verbunden sind, wie dies die Abbildung zeigt. Jedes dieser 4 Tetraeder nutzt außerdem ein O-Atom der zentralen $[Zn_4-\mu_4-O]$-Einheit zur Komplettierung seiner Koordinationszahl. Die 6 Reste R zeigen in die 6 Ecken eines Oktaeders, wobei das in der Abb. 3.80 abgebildete Oktaeder entstehen kann

Ecken ausgerichtet ist und an die sich nun wiederum sechs gleiche Zentren ankoppeln können. So bildet sich ein dreidimensionales Netz, das als MOF-5 bezeichnet und in der Abb. 3.80 dargestellt ist. Diese Topologie ist sehr anschaulich in [C78] dargestellt. In dieser Gitterarchitektur kann man sehr gut das Vorhandensein der entsprechenden Löcher oder Kanäle verdeutlichen. Die Größe der Durchmesser ist primär von der Beschaffenheit der Linker abhängig. Die Strategie zur *Porenfunktionalisierung (pore surface engineering)* wurde von einer japanischen Arbeitsgruppe um S. KITAGAWA vorangebracht [C79]. Sie konnte zum Beispiel sogenannte Säulenschichten (*pillared layer*) in das Netzwerk einführen, wodurch *molekulare Türen* für das Ein-und Ausbringen von Gastmolekülen geschaffen werden [C80] (siehe Gastrennung).

Wir haben das Beispiel MOF-5 zur Erläuterung des Prinzips der Bildung von MOFs und aus historischen Gründen ausgewählt. Diese Verbindung wurde 1999 durch Omar M. Yaghi als erste dieses Typs synthetisiert [C69]. Sie hat eine spezifische Oberfläche von 2900 $m^2 \, g^{-1}$. In mikroporösen Verbindungen, wie Zeolithen, Aktivkohle und MOFs, versteht man unter der *spezifischen Oberfläche* die Kapazität, die interne Oberfläche vollständig mit atomaren oder molekularen Schichten des Adsorbats zu bedecken. Zur experimentellen Bestimmung der massenbezogenen spezifischen Oberfläche insbesondere von porösen Festkörpern wird die von Stephen Brunauer; Paul Hugh Emmet und Edward Teller entwickelte Methode (*BET-Methode*) mittels Gasadsorption (N_2) herangezogen. Die Adsorption der Gasmoleküle wird bei Temperaturerniedrigung begünstigt. Bei Tempera-

Abb. 3.80 Ausbildung
eines dreidimensionalen
Netzwerks auf der Basis von
Zn_4O-MOFs, deren Grund-
bausteine in die Ecken eines
Oktaeders zeigen (hier am
Beispiel von MOF-5). (Aus:
Rowsell, J.L.C.; Yaghi, O.:
Angew. Chem. **117** (2005)
S. 4755 (Abb. 6))

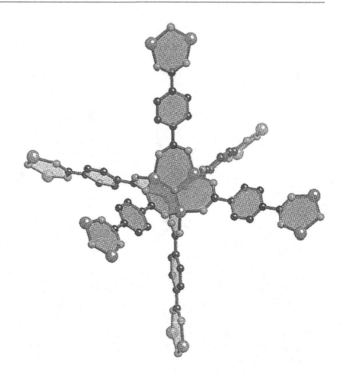

turerhöhung wird bevorzugt desorbiert. Aus den so mit einem *Areameter* aufgenommenen
Adsorption-Desorptions-Isothermen lässt sich die adsorbierte bzw. desorbierte Gasmenge
berechnen, die in $[m^2\,g^{-1}]$ angegeben wird. Sie ist in bestimmten Druckbereichen propor-
tional der Oberfläche. Die Zeolithe besitzen durchschnittlich eine spezifische Oberfläche
von etwa 1.000 $m^2\,g^{-1}$. Der Wert in MOF-5 ist also ungleich höher. Bereits 2004 wurde
über die Synthese von MOFs mit einer spezifischen Oberfläche von 4500 $m^2\,g^{-1}$ für MOF-
177 berichtet.

Nicht erläutert wurde bisher, was die Zahlen bedeuten, die der Abkürzung MOF (MOF-
5; MOF-177,…) beigegeben sind. Es ist die nummerierte Reihenfolge, die Omar M. Yaghi
für die Synthese neuer MOFs angegeben hatte und die auch von anderen Forschergrupp-
pen bei neu synthetisierten MOFs fortgeführt wurden. Inzwischen geht man von dieser
bisher international gebräuchlichen Yaghi-Nummerierung ab. So werden zum Beispiel die
an der Technischen Universität Dresden synthetisierten MOFs mit der Abkürzung DUT
(DUT 5, DUT 6,…) versehen und in der Fachliteratur so angegeben [C81]. In Frankreich
bezeichnet eine Arbeitsgruppe ihre synthetisierten MOFs mit den Bezeichnungen MIL
(Matériaux de l'Institut Lavoisier; MIL-58, MIL-88,…). Die Kurzbezeichnung HKUST hat
eine chinesische Forschergruppe gewählt (Hong Kong University of Science and Techno-
logy; HKUST-1;…). Daraus erhellt, dass von der IUPAC eine international verbindliche
Nomenklaturempfehlung fällig ist.

MOF-Verbindungen lassen sich in einfacher Weise aus preiswerten Edukten darstellen.
Man setzt beispielsweise Zinkoxid und Terephthalsäure in einer solvothermalen Synthese

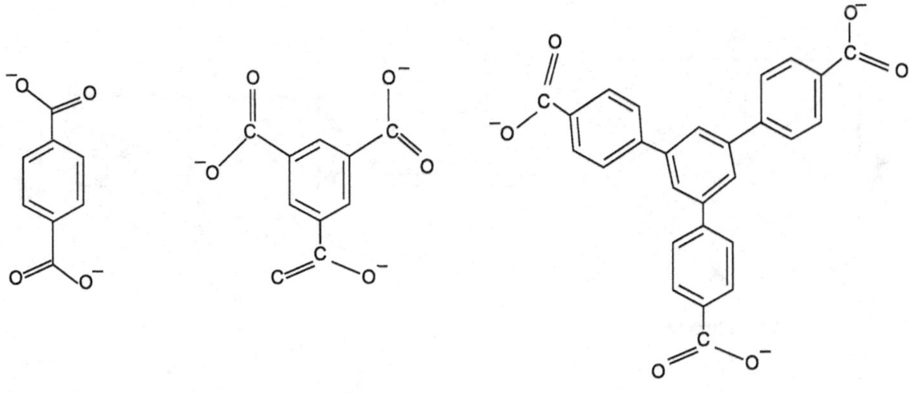

tc	btc	btb
Terephtalat	1,3,5-Benzentricarboxylat	1,3,5-Benzentribenzoat

Abb. 3.81 Polydentate organische Linker-Liganden, die als Brücken zwischen den Konnektoren häufig genutzt werden

ein. Dazu werden Lösungsmittel benutzt, die sich am Bildungsprozess durch ihre Präsenz in den Kanälen und gebildeten Hohlräumen beteiligen. Sie können bzw. sollen aus dem fertigen Netzwerk entfernt werden, ohne dass sich dessen Skelett verändert. Deshalb werden Liganden ausgewählt, die auf Grund ihrer Struktur keine Umformung des Netzwerks gestatten, wenn das jeweilige Lösungsmittel entfernt wird. In der Abb. 3.81 sind einige Beispiele von geeigneten Liganden für die Synthese von MOFs aufgeführt.

Es gibt jedoch Grenzen in der Zusammensetzung der Strukturen: Wenn zum Beispiel die Hohlräume, die durch die vorgebildete Struktur der Linker erzielt werden, sehr groß sind, dann kann es geschehen, dass die Verknüpfungszentren selbst diese Kavitäten besetzen, wobei neue Netzwerkstrukturen ausgebildet werden. Das bedeutet, dass ein Netzwerk in ein anderes Netzwerk eindringt und auf diese Weise eine neue Intercalationsverbindung bildet, wobei insgesamt die Hohlraumkapazität verringert wird. Dieser Effekt wird als *Katenation* (Durchdringung) bezeichnet. Der maximale Abstand solcher einzelnen Netzwerke voneinander wird *Interpenetration* genannt.

„Atmende" poröse Koordinationspolymere

Solche chemisch und anwendungstechnisch interessanten Typen aus der Klasse der MIL-53- und MIL-88-Verbindungen [C82], [C83] wurden von der französischen Arbeitsgruppe um Gérard Férey entwickelt [C84]. Beispielsweise hat der Typ MIL-53 die Zusammensetzung $[M(OH)\{OOC-C_6H_4-COO\}Gast]$ mit M=Cr^{3+}; Fe^{3+}, Al^{3+},... und Gast=H_2O. Als Kurzbezeichnung gilt Gast@MIL-53(M). Die „atmungsfähige" Verbindung mit M=Al^{3+} und Gast=H_2O hat somit die Nomenklatur H_2O@MIL-53(Al). Der *Atmungseffekt* (*breathing effect*) bezeichnet die Fähigkeit der hoch flexiblen Netzwerkstruktur, sich in Abhängigkeit von der Gastspezies drastisch in den Zellparametern zu verändern, so dass Aufnah-

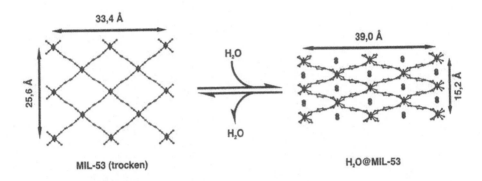

Abb. 3.82 Modell eines „atmenden" Metal-Organic Frameworks. In MIL-53(Al) kontrahiert sich die Struktur bei der Aufnahme von Wasser in die Mikroporen des Netzwerks (*rechtseitig*). Die hydratisierte Form nimmt nur etwa 70 % des Volumens der „offenen" Form ein. (Aus: Henke, S.; Fischer, R.A.: Nachr. aus der Chemie **58** (2010), S. 634 (Abb. 1))

me und Abgabe der Gastspezies wie bei der Atmung „pulsieren". Der experimentelle Nachweis für diesen Sachverhalt äußert sich in den unterschiedlichen Pulverdiffraktogrammen des Festkörpers. Im Falle der MIL-53-Typen sind eindimensionale Ketten von eckenverknüpften MO_6-Oktaedern über Terephthalat-Linker zu einem dreidimensionalen „dynamischen" Netzwerk miteinander verbunden. Im Falle von $H_2O@MIL$-53(Al) bewirken die im Netzwerk vorhandenen Al(OH)-Gruppen mit dem eingedrungenen Gastmolekül H_2O die Ausbildung starker Wasserstoffbrücken-Bindungen, wodurch sich das flexibel reagierende Netzwerk zusammenzieht und die hydratisierte Form nur noch 70 % des ursprünglichen Volumens der nicht hydratisierten, offenen Struktur beträgt. (Abb. 3.82). Der Prozess ist reversibel: Bei Abgang des Wassers aus den Poren weitet sich die Struktur wieder zum ursprünglichen „gastfreien" Volumen auf.

Ein gewisser Nachteil, wie ganz allgemein bei den MOFs, besteht in ihrer thermischen Instabilität: Sie zersetzen sich oberhalb von etwa 250°C und sind deshalb für industrielle Prozesse, die bei hohen Temperaturen ablaufen, nicht brauchbar. Andererseits besteht aber eine gewisse Verwandtschaft zu biochemischen Prozessen, die unter Normalbedingungen ablaufen, wenn man zum Beispiel an die Funktionsweise von Peptiden denkt.

Neuere Entwicklungen

Der Gedanke lag nahe, ähnlich der Kopolymerisation bei der Herstellung organischer Polymere auch bei der Synthese von porösen Koordinationspolymeren parallel verschiedene Linker, angefangen mit unterschiedlichen funktionellen Gruppen (Nitro-, Amino-, Olefin-…) versehene Terephthalsäurederivate zusammen mit dem traditionellen Zink-Konnektor in unterschiedlichen stöchiometrischen Mengen einzusetzen. Dabei entstanden die ersten Vertreter von multivariablen *(multivariate) MTV-MOFs*, die isoreticulär zum Stammnetzwerk sind, wobei die funktionellen Gruppen statistisch über das gesamte

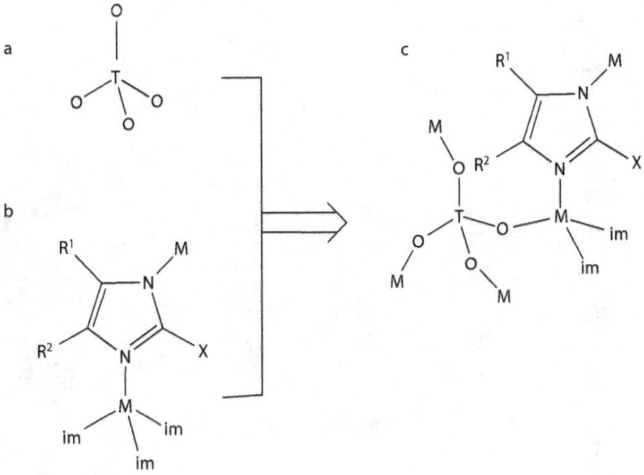

Abb. 3.83 Primärbausteine in **a** Zeolithen; **b** Zeolith-Imidazolat-Frameworks (ZIFs), **c** Hybrid-Imidazolate Frameworks (HZIFs) (T = Tetraederzentrum; im$^-$ = Imidazolat). (Aus: Wang, F.; Liu, Z.-S.; Yang, H.; Tan, Y.-Y.; Zhang, J.: Angew. Chem. **123** (2011), S. 470 (Scheme 1))

Netzwerk verteilt sind und in die Poren hineinragen [C85], [C83]. Dabei kommt es zu Synergieeffekten bei der Speicherung bzw. Trennung von Stoffen. Die Arbeitsgruppe um Omar M. Yaghi (2009) entwickelte zudem MOFs, bei denen das metallorganische Netzwerk mit Kronenethereinheiten verknüpft ist, wobei diese ihre Funktionen als Metallionenakzeptoren beibehalten.

Ein anderer Ansatz besteht darin, unterschiedliche MOFs epitaktisch in Schichten aufeinander wachsen zu lassen und so vielschichtige Mehrkomponenten-MOF-Strukturen zu erzeugen [C86]. Das gelang zum Beispiel mit dem System MOF-5@IRMOF-3@MOF-5 [C87]. Damit soll erreicht werden, dass verschiedene Prozessabläufe, wie Gastrennung und katalytisch geführte Stoffwandlung, miteinander in einem einzigen Multikomponenten-Mikroreaktor-Material durchgeführt werden können.

Eine neue, anwendungstechnisch zukunftsträchtige Entwicklungslinie wurden 2011 am Beispiel der einfachen Synthese von wohldefinierten MOFs im „Lösungsmittelsystem" superkritisches Kohlendioxid (SCCO$_2$) – das ist ein umweltfreundliches, sogenanntes *grünes Solvens* – und *ionische Flüssigkeit* (ILs) 1,1,3,3-Tetramethylguanidiniumacetat unter Zusatz eines oberflächenaktiven Stoffes aus den Edukten Zink(II)nitrat-hexahydrat, Zn(NO$_3$)$_2 \cdot$6H$_2$O, und 1,4-Phenylen-dicarbonsäure (C$_6$H$_4$)(COOH)$_2$ erfolgreich erprobt [C88]. Ein ebenfalls 2011 erstmals erprobter Weg zu Herstellung von *Zeolith-MOF-Hybriden* (HZIFs) verspricht die Vorteile hoher Gerüststabilität der anorganischen Zeolithe mit der Aufnahmekapazität und Flexibilität von MOFs miteinander zu kombinieren. Dabei werden metallorganische Imidazolat-Netzwerke (M^{2+} = Zn^{2+} oder Co^{2+}; im$^-$ = Imidazolat-Ion) mit zeolithischen, tetraedrischen TO$_4$-Strukturbausteinen (T = Mo^{6+}, W^{6+}) miteinander zu dreidimensional polymeren, zeolithischen Imidazolat-Hybrid-Netzwerken (*Hybridic Zeolitic Imidazolate Frameworks* (HZIFs) [M$_4$(im)$_6$TO$_4$] kombiniert (Abb. 3.83) [C89].

Aus dem Framework Solids Laboratory in Bangalore/Indien wurde 2008 berichtet [C90], welch großen Einfluss die gezielte Temperaturvariation und Zeitdauer auf die Strukturbildung von metallorganischen Netzwerken am Beispiel von Mangan-oxybis(benzoat) und Mangan-trimellitat ausübten, wobei im ersteren Falle sechs unterschiedliche,

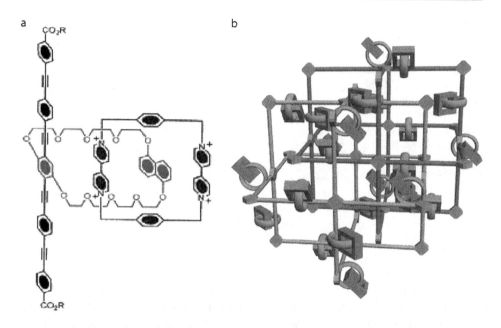

Abb. 3.84 Dreidimensionales Koordinationspolymer MOF-1030, das einen außergewöhnlich langen, catenierten Liganden enthält **a** der Ligandenstrang mit dem zur Komplexbildung befähigten [2]-Catenan; **b** Gerüststruktur mit eingebauten [2]-Catenanen. (Aus: Li, Q.; Sue, C.-H.; Basu, S.; Shveyd, A.K.; Zhang, W.; Barin, G.; Fang, L.; Sarjeant, A.A.; Stoddart, J.F.; Yaghi, O.M.: Angew. Chem. Int. Ed. **49** (2010) Nr. 38, 6752 (Fig. 1), 6753 (Fig. 5))

wohldefinierte Strukturphasen und im zweiten Falle drei Strukturphasen erhalten werden konnten.

Schließlich gelang wiederum der Gruppe um O. M. Yaghi ein Erfolg mit dem Einbau von molekularen Catenanen in einem dreidimensionalen MOF, die zur Verbindung MOF-1030 führte (Abb. 3.84 und 3.85), [C91], [C92]. Mit solchen in das kristalline Netzwerk eingebauten sehr speziellen Molekülen lassen sich das dynamische Verhalten von Atomen und Molekülen, wie Rotationen und Translationen, Erkennungsreaktionen und Schaltprozesse steuern. Solche Netzwerke werden mit der Bezeichnung MIMs (*mechanically interlocked molecules*) versehen und im speziellen Fall des eingebauten Catenans wird das Netzwerk als CATME (Catenan – Methyl-Ester) bezeichnet.

Eine weitere, in die Zukunft weisende, Entwicklung sind die Synthese von *chiralen Metal-Organic-Frameworks* und deren Anwendung für die asymmetrische Katalyse und die stereoselektive Trennung der Reaktionsprodukte. Dies ist von Bedeutung für die Herstellung von speziellen Arzneimittteln, die bisher in der Regel durch homogenkatalytische Reaktionen mit den dabei auftretenden prozessbedingten Nachteilen zugänglich sind [C93a]. Zunehmend gewinnen auch *nanostrukturierte Koordinationspolymere* an Bedeutung, über die jüngst berichtet wurde [C93b].

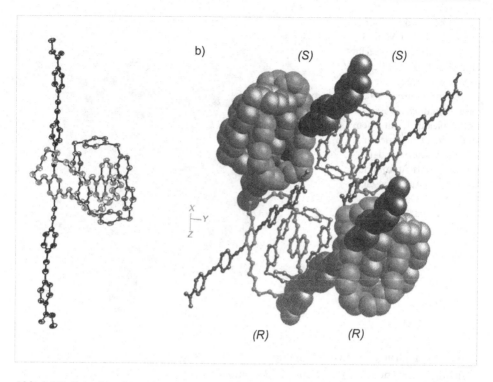

Abb. 3.85 Kristallstruktur von MOF-1030 (CATME). **a** Ortep-Zeichnung des in Abb. 3.84 unter **a** skizzierten Ligandenstrangs ohne Wasserstoffatome und Counterionen. **b** Packung im Festkörper, wobei zwei [2]-Catenan-Einheiten im Netzwerk abgebildet sind. (Aus: Li, Q.; Sue, C.-H.; Basu, S.; Shveyd, A.K.; Zhang, W.; Barin, G.; Fang, L.; Sarjeant, A.A.; Stoddart, J.F.; Yaghi, O.M.: Angew. Chem. Int. Ed. **49** (2010) Nr. 38, 6752 (Fig. 2))

Poröse Koordinationsnetzwerke für die Speicherung und Trennung von Gasen
Speicherung von molekularem Wasserstoff in MOFs

Seit geraumer Zeit fokussiert sich das Interesse von Forschung, Politik und Öffentlichkeit angesichts der abzusehenden Verknappung und Verteuerung fossiler Energiequellen (Kohle, Erdöl, Erdgas) auf die Erzeugung regenerativer Energiequellen. Dazu zählen rasch nachwachsende Pflanzen (Raps für Biodiesel u. a.), Ausnutzung von Wind- und Wasserenergie sowie die direkte Umwandlung der Sonnenenergie über Solaranlagen in elektrische Energie. Da man mittels so erzeugter elektrischer Energie das Wasser leicht elektrolytisch zerlegen kann, bietet sich der so gewonnene Wasserstoff, H_2, als ein effizienter *umweltfreundlicher, mobiler Energieträger* an: Wasserstoff besitzt die höchste gravimetrische Energiedichte aller Brennstoffe, bei seiner Verbrennung entsteht nur Wasser, und er ist in gespeicherter Form transportierbar. Abgesehen von der geringen volumetrischen Dichte (H_2 ist bis zum Siedepunkt bei 20 K gasförmig) und der im Gemisch mit Sauerstoff immanenten Explosionsgefahr (Knallgas; es sei an die Explosionen im Atomkraftwerk Fukushima erinnert) ist somit Wasserstoff ein sehr potenter Energieträger, wenn man insbesondere das Speicherproblem löst. Traditionelle Speicherung von Wasserstoff

Abb. 3.86 Poröses Koordinationspolymer MOF-5. Die im Zentrum dargestellte Pore besitzt einen Durchmesser von 15,2 Å. Dieser ist wesentlich größer als das darin befindliche Wasserstoff-Molekül H_2 mit einem kinetischen Durchmesser von 2,89 Å (hier mit dem van-der-Waals-Atomradius von 1,2 Å). (Aus: Rowsell, J.L.C.; Yaghi, O.: Angew. Chem. **117** (2005) S. 4752 (Abb. 2))

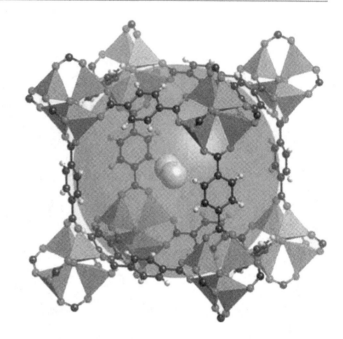

unter hohem Druck oder Verflüssigung bei sehr niedrigen Temperaturen sind für die beabsichtigte Anwendung zum Beispiel in Automobilen chancenlos, deshalb richtet sich das Interesse von Forschung und Industrie auf die Speicherung in Form von Hydriden (u. a. Hydridokomplexe der Seltenen Erden, Alanate, Borhydride) und besonders auf die Physisorption (physikalische Adsorption) von Wasserstoff an inneren Oberflächen poröser Feststoffe [C94], [C95]. In der Abb. 3.86 ist zu sehen, dass zum Beispiel MOF-5 prinzipiell für die Aufnahme von Wasserstoffmolekülen in seine Hohlräume geeignet ist.

Bei der Physisorption wird der Wasserstoff molekular durch schwache Bindungen (Van der Waals-Bindung) an die Oberfläche gebunden. Eine Imprägnierung der internen Oberfläche mit speziellen Verbindungen, zum Beispiel mit C_{60}-Fulleren, kann die Aufnahmekapazität der internen, spezifischen Oberfläche durch ihre Befähigung zu einer Physisorption von H_2 noch steigern. Die Abb. 3.87 zeigt MOF-177, das ein C_{60}-Fulleren-Molekül eingeschlossen hat und bereit zur Adsorption von noch mehr Wasserstoffmolekülen im Vergleich zu MOF-5 ist.

Eine Erhöhung des Gasdrucks steigert die Menge an adsorbiertem Gas in den MOFs, und es leuchtet ein, dass auch andere Gase, wie zum Beispiel das Methan, CH_4, eingeschlossen werden können. Bei tiefen Temperaturen (60–80 K) wird die Speicherkapazität im Zuge der sogenannten *Kryoadsorption*, die sehr schnell und bei geringer Wärmeentwicklung (im Gegensatz zur Wasserstoffaufnahme in Hydridspeichern) erfolgt, erhöht [C96]. Ein weiterer Vorteil besteht darin, dass der Adsorptions-/Desorptionsvorgang von H_2 vollständig reversibel ist. Es besteht ein linearer Zusammenhang zwischen der Wasserstoffaufnahme bei tiefen Temperaturen (77 K) und der spezifischen Oberfläche von MOFs [C97]. Daraus ergibt sich bezüglich der anwendungsorientierten Forschung die Optimie-

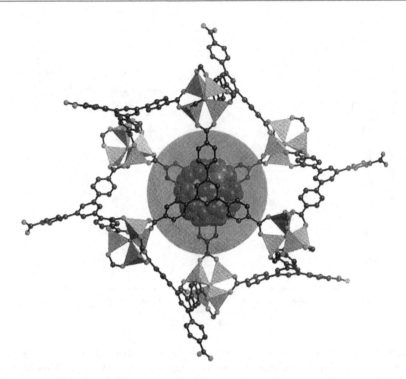

Abb. 3.87 Poröses Koordinationspolymer MOF-177. Die im Zentrum dargestellte Pore besitzt einen Durchmesser von 11,8 Å. Sie ist in der Lage, ein C_{60}-Fullerenmolekül einzuschließen, das seinerseits weitere innere Oberflächen für die Physisorption von H_2 bereithält. (Aus: Rowsell, J.L.C.; Yaghi, O.: Angew. Chem. **117** (2005) S. 4752 (Abb. 3))

rungsaufgabe, die innere Oberfläche von MOFs weiter zu erhöhen. Dies wird besonders durch Einbau spezieller Linker in das Gerüst verwirklicht [C81]. Im Jahre 2011 hält die von O.M. Yaghi hergestellte Verbindung MOF-210 mit einem BET-Wert von 6.240 m² g⁻¹ den Rekord (Abb. 3.88).

Sie besteht aus [$Zn_4O(COO)_6$]-Konnectoren und 4,4′,4″-(Benzen-1,3,5-triyltris(ethin-2,1-diyl)tribenzoat (BTE) und Biphenyl-4,4′-dicarboxylat (BPDC)-Linkern. Die Gesamtwasserstoffaufnahme (Adsorbatschicht und Gasphase in den Hohlräumen) beträgt 176 mg g⁻¹ bei 77 K und 80 bar. An siebenter Stelle befindet sich die von der Dresdener Gruppe um Stefan Kaskel im Jahre 2009 synthetisierte MOF (DUT-6) mit demselben Konnector und den Linkern 4,4′,4″-Benzen-1,3,5-triyltribenzoat (BTB) und 2,6-Naphthalindicarboxylat (NDC) [C81].

Ein optimistischer Weg, um die Wasserstoffaufnahmekapazität durch MOFs zu steigern, besteht darin, die inneren Oberflächen des Hohlraumes mit daran angebundenen Fluoratomen zu versehen, um die Physisorption von H_2 durch schwache H...F-Bindungen zu verstärken. Das gelang an partiell fluorierten Zn(bpe)(tftpa)·cyclohexanon-MOFs (bpe = 1,2-bis(4-pyridal)ethan; tftpa = tetrafluoroterephthalat). Das Cyclohexanon-Mole-

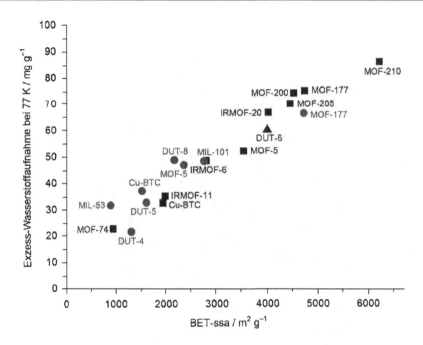

Abb. 3.88 Exzess-Wasserstoff-Aufnahme bei 77 K versus BET-Oberfläche in verschiedenen porösen MOFs. Die Symbole kennzeichnen die jeweiligen Arbeitsgruppen (*Kreis*: AG Hirscher; *Dreieck*: AG Kaskel, *Quadrat*: AG Yaghi). (Aus: Hirscher, M.: Angew. Chem. **123** (2011), S. 606 (Abb. 1))

kül, das als Template bei der Synthese wirkt, kann leicht entfernt werden, so dass dann die kovalent gebundenen Fluoratome wirksam in die inneren Hohlräume ragen und zur Wechselwirkung mit Wasserstoff befähigt sind. Es werden 1,04 Gewichtsprozent H_2 bei 77 K und 1 atm adsorbiert [C98].

Speicherung von Kohlenwasserstoffen und Kohlendioxid

Die Speicherung von Methan und anderen Kohlenwasserstoffen ist von erheblicher praktischer Bedeutung im Alltag. So lässt sich zum Beispiel die Speicherkapazität von Propan in Druckgasflaschen bis um das Dreifache bei gleichem Druck von 10 bar erhöhen, wenn MOF-5-Pellets mit dem Markennamen Basocube™, die von der Bayer AG entwickelt wurden, in Propangasflaschen gefüllt werden (Abb. 3.89) [C83].

Die vergleichsweise bislang höchste Volumenspeicherkapazität mit 195 cm³/cm³ für Methan, CH_4, wurde 2011 mit dem Metal-Organic Framework UTSA-20 (UTSA=University of Texas at San Antonio), einem Kupfer(II)-Komplex mit dem Liganden H_6BHB (3,3′,3″,5,5′,5″ Benzen-1,3.5-triyl-hexabenzoesäure) bei Raumtemperatur und 35 bar erreicht. Dank offener Kupferpositionen und optimaler Porenräume beträgt die Methanspeicherdichte in den Mikroporen 0,22 g/cm³ [C99].

Erfolgversprechende Versuche zur Speicherung und Trennung von Kohlendioxid mit Hilfe von MIL-Netzwerken wurden jüngst publiziert [C72b].

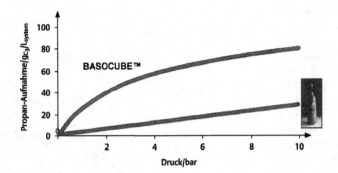

Abb. 3.89 Druckgasflaschen, die mit MOF-5 Pellets gefüllt sind (Basocube™, *obere Kurve*), neh-men bei gleichem Druck mehr Propan auf als die nicht mit MOF-5 Pellets gefüllten Druckgasfla-schen (*untere Kurve*). (Aus: Bauer, S.; Stock, N.: Chemie in unserer Zeit, **42** (2008) S. 18 (Abb. 11))

Trennung von Gasen

Poröse Koordinationspolymere vom Typ HKUST-1 (Cu-BTC) sind für die Abtrennung polarer Komponenten aus unpolaren Gasen sehr geeignet. Dies ist von erheblichem indus-triellen Interesse, wenn es zum Beispiel um die Abtrennung von schwefelhaltigen Bestand-teilen, wie Tetrahydrothiophen, aus dem Erdgas geht. In Cu-BTC sind zwei quadratisch pyramidal umgebene Kupfer(II)-Ionen durch zweizähnige Carboxylatreste vom Linker Benzentricarboxylat (Anion der Trimesinsäure) miteinander so verknüpft, dass sie so-genannte Schaufelradeinheiten (*paddle wheel*) bilden, wobei die Koordinationszahl 6 für beide Cu^{II}-Zentralatome durch je ein Wassermolekül aufgefüllt wird(Abb. 3.90).

Diese Konnektoren sind ihrerseits über den Linker zu einem dreidimensionalen Netz-werk miteinander verknüpft [C100]. Beim Erhitzen verliert HKUST-1 das Wasser und nimmt eine tiefblaue Farbe an. Bei der Anlagerung von Tetrahydrothiophen ändert sich die Farbe nach grün, womit die vollständige Aufnahme der polaren Substanz angezeigt wird. Beim Regenerieren von HKUST-1 im Vakuum oder durch Erhitzen wird sie wieder leicht desorbiert und die tiefblaue Farbe kehrt zurück.

Das mit dem schon oben erwähnten „atmungsaktiven" MIL-53 (Al)-Typ isoreticula-re MIL-53(Cr–OH) ist in der Lage, Kohlendioxid/Methan-Gasgemische selektiv zu tren-nen. Eine selektive Trennung von CO_2/CH_4 gelang allerdings auch kürzlich 2011 mit einer porösen Salicylbisimin-Käfig-Verbindung, die zu den oben erwähnten kristallinen porö-sen organischen Molekülverbindungen gehört, und bei einer spezifischen BET-Oberfläche von 1566 $m^2 \, g^{-1}$ bevorzugt CO_2 (9,4 Gew.-%) gegenüber Methan (0,98 Gew.-%) reversibel aufnehmen kann [C72a]. Eine weitere intelligente Anordnung für die Trennung von pola-ren (z. B. CO_2) und unpolaren Molekülen (z. B. N_2, O_2) besteht in der Konstruktion von porösen Koordinationspolymeren mit eingebauten Säulen-Schicht-Strukturelementen CPLs (*coordination polymers with pillared layer structures*). Sie besitzen *molekulare Türen*, in die nur polare Substanzen in das Innere eindringen können und die auch bei deren De-sorption für unpolare Moleküle verschlossen bleiben.

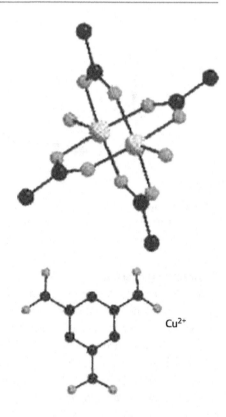

Abb. 3.90 Die Verknüpfung zweier quadratisch-pyramidal umgebener Cu^{2+}-Ionen durch die Carboxylatreste der Trimesinsäure liefert „Schaufelrad-Einheiten" (*paddle wheel*). Beispiel: HKUST-1. (Aus: Bauer, S.; Stock, N.: Chemie in unserer Zeit, **42** (2008) S. 12 (Abb. 3))

Cu^{2+}

Katalyse mit MOFs

Eine aussichtsreiche, potentielle Anwendungsmöglichkeit der MOFs besteht in der Nutzung für katalytische Prozesse. Zeolithe können in ihre Hohlräume Metallionen, wie die der Seltenen Erden, des Kupfers oder Palladiums u. a. aufnehmen, die katalytisch geführte Reaktionen ermöglichen. In den funktionalisierten Koordinationspolymeren MOFs können die Verbindungszentren (*Konnektoren*) des Netzwerks direkt katalytisch wirken, wenn zum Beispiel anstelle der $[Zn_4O]^{6+}$-Einheit entsprechende andere Metall(II)-Einheiten als integrale Bestandteile eingebaut sind, und natürlich können auch katalytisch aktive Verbindungen in die porösen Koordinationspolymere eingelagert werden und Reaktionen katalysieren. Jüngste Beispiele dafür sind die Anwendung heteronuklearer MOFs für die selektive Oxidation von Cycloalkenen, der Einsatz kupferhaltiger MOFs für die Niedertemperaturoxidation von Kohlenmonoxid oder die Olefinoxidation mit cobalthaltigen MOFs [C101]. Allerdings können sie, wie schon oben geschrieben, zeolithische Katalysatoren in Hochtemperaturprozessen, zum Beispiel dem Cracken von Kohlenwasserstoffen, aufgrund ihrer relativen thermischen Instabilität nicht ersetzen. Aussichtsreich hingegen ist die Immobilisierung von Katalysatoren der Homogenkatalyse und der enantioselektiven Katalyse.

Ausblick und Übersicht

Eine weitere Anwendungsmöglichkeit wird mit der retardierten Freisetzung von durch MOFs aufgenommenen Wirkstoffen für die medizinische Therapie erwartet. Entsprechend der Dynamik der Forschung an porösen Koordinationspolymeren ist die Publikationsdichte enorm hoch. In ausgewählten Übersichtspublikationen [C102], [C103], [C104], [C105], [C106], [C82], [C83] sind Hinweise auf grundlegende und weitere spezielle Sachverhalte mit Literaturangaben aufgeführt.

3.3.3.3 Synthetische Metalle

Diese interessante Klasse von Metallkomplexen bzw. Koordinationsverbindungen wird unter den Bezeichnungen *synthetische Metalle* (*synthetic metals*), *molekulare Metalle* und *elektrisch leitfähige Koordinationspolymere* in der chemischen Fachliteratur geführt. Die elektrische Leitfähigkeit (Konduktivität) σ gibt die Fähigkeit eines Stoffes an, den elektrischen Strom zu leiten. Diese physikalische Größe wird in den Einheiten Siemens/Meter [$S \cdot m^{-1}$] bzw. Siemens/Zentimeter [$S \cdot cm^{-1}$] oder 1/Ohm $\cdot$ Meter [$\Omega^{-1} \cdot m^{-1}$] bzw. 1/Ohm $\cdot$ Zentimeter [$\Omega^{-1} \cdot cm^{-1}$] angegeben. Wir benutzen hinfort vorzugsweise die Einheiten [$S \cdot cm^{-1}$], wobei 1 $S \cdot cm^{-1} = 100$ $S \cdot m^{-1}$ ist, und gelegentlich [$\Omega^{-1} \cdot cm^{-1}$]. Man unterscheidet bei Festkörpern hinsichtlich ihrer elektrischen Leitfähigkeit unter Isolatoren ($\sigma < 10^{-15}$ $S \cdot cm^{-1}$), Halbleitern ($\sigma \approx 1$ $S \cdot cm^{-1}$) und Metallen ($\sigma \approx 1$ bis 10^5 $S \cdot cm$-1) (Abb. 3.91). Die meisten organischen Verbindungen und die meisten Koordinationsverbindungen mit organischen Liganden sind Isolatoren. Eine elektrische Leitfähigkeit in derartigen Verbindungen kann prinzipiell durch die Möglichkeit zu einer Ladungsübertragung im System selbst oder durch eine Elektronenübertragung von Donor- zu Acceptorsystemen ermöglicht werden. Beide Varianten sind bei synthetischen Metallen realisierbar. Deshalb kann man solche Koordinationsverbindungen in zwei große Gruppen einteilen [C107]:

- niederdimensionale (*low-dimensional*; LD), eindimensionale (*one-dimensional*; 1-D) leitfähige Koordinationspolymere mit Metall–Metall-Wechselwirkung bzw. Metall–π-System-Wechselwirkungen
- leitfähige Ladungs-Übertragungs-Metallkomplexsalze (*charge-transfer*; CT) mit ausgedehnten π–π-Wechselwirkungen zwischen Donor- und Akzeptor-Systemen.

Eindimensionale leitfähige Koordinationspolymere
Krogmannsche Salze

Nachdem Leopold Gmelin (1788–1853) das Kaliumtetracyanoplatinat(II) $K_2[Pt(CN)_4]$ durch Glühen von Platinschwamm mit Blutlaugensalz, $K_4[Fe(CN)_6]$ dargestellt und in einem davon unabhängigen Experiment durch Einwirkung von Chlor auf das Blutlaugensalz eine rotfarbige Verbindung erhalten hatte, veranlasste dies im Jahre 1842 Wilhelm Knop (1817–1891) im Labor von Friedrich Wöhler (1800–1882) in Göttingen zunächst zu einer einfachen Darstellung von $K_2[Pt(CN)_4]$ durch Umsetzung von Platin(II)-chlorid mit Kaliumcyanid

$$PtCl_2 + 4\,KCN \rightarrow K_2[Pt(CN)_4] + 2\,KCl$$

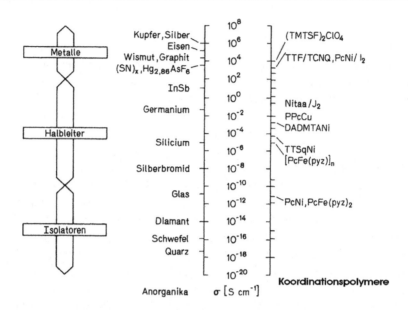

Abb. 3.91 Elektrische Leitfähigkeiten von Nichtmetallen, Metallen und Koordinationspolymeren. Abkürzungen: *PcNi* Phthalocyanin-Nickel; *PcFe(pyz)*₂ pyrazin-verbrücktes Phthalocyanin-Eisen; *TTSqNi* Nickelkomplex von Tetrathioquadratsäure (Square); *DADMTANi* 6,13-Diacetyl-5,14-dimethyl-1,4,8,11-tetraazacyclotetradeca-4,611,13-tetraenato-Nickel; *PpcCu* flächenvernetztes polymeres Kupferphthalocyanin; *Nitaa* Nickelkomplex von Dihydrodibenzotetraazacyclotetracin; *TTF* Tetrathiofulvalen; *TCNQ* Tetracyanoch(qu)inodimethan; *TMTSF* Tetramethyltetraselenofulvalen. (Gekürzt aus: Hanack, M.; Pawlowski, G.: Naturwissenschaften **69** (1982) S. 266 (Fig. 1))

Es lässt sich so rein erhalten. Aus einer gesättigten wässrigen Lösung dieses Salzes entstehen beim Einleiten von Chlor sehr bald feine, kupferrote Kristallnadeln, die in der Masse wie ein verwebbarer Metallfilz aussehen.

$$K_2[Pt(CN)_4] + Cl_{2(gas)} \xrightarrow{H_2O} \text{Kaliumplatinsesquicyanür}$$
$$\underset{\text{gelb}}{} \qquad \underset{\text{kupferrot}}{\phantom{\text{Kaliumplatinsesquicyanür}}}$$

Die so entstandene kristalline Verbindung bezeichnete Wilhelm Knop als Kaliumplatinsesquicyanür und beschrieb sie mit den Worten: *Das Kaliumplatinsesquicyanür gehört zu den schönsten Salzen, welche die Chemie aufzuweisen hat* [C108], [C109]. Knop konnte natürlich damals nicht erkennen oder erahnen, dass er mit dieser Verbindung erstmalig eine elektrisch leitfähige Koordinationsverbindung in den Händen hatte. Diese Erkenntnis gewann erst über 120 Jahre später Klaus Krogmann (*1925) im Jahre 1968 in Stuttgart, der diese Verbindung nach derselben Methode wie Knop herstellte [C110]:

6,5 g (16,43 mMol) K₂[Pt(CN)₄] · H₂O werden in H₂O zu 26 g Lösung gelöst, 4 g der Lösung werden mit Cl₂, gesättigt, überschüssiges Chlor verkocht. Man lässt bei 0 °C auskristallisieren, saugt ab und kristallisiert aus wenig heißem Wasser um. Die Ausbeute beträgt bis 81 %. Aus der Mutterlauge kristallisiert der Rest aus, das Produkt ist kaum verunreinigt.

Abb. 3.92 Kristallstruktur von
$K_2[Pt(CN)_4]Cl_{0,32} \cdot 2,6H_2O$.
(Aus: Krogmann, K.:
Angew. Chem. **81** (1969)
S. 15 (Abb. 9))

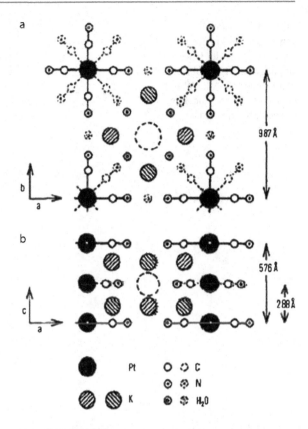

K. Krogmann identifizierte das Produkt als $K_2[Pt^{II}_{0,84}Pt^{IV}_{0,16}(CN)_4]Cl_{0,32} \cdot 2,6\ H_2O$ und wies in einem orientierenden ersten Versuch – die Kristalle zersetzten sich rasch- eine spezifische elektrische Leitfähigkeit von $10^{-3}\ \Omega^{-1} \cdot cm^{-1}$ nach. Am strukturell ähnlichen $K_2[Pt(CN)_4]Br_{0,3} \cdot 3\ H_2O$ ($Pt–Pt_{intra}$=2,89) wurden 300 $\Omega^{-1} \cdot cm^{-1}$ gemessen [C111], [C112]. Krogmann fertigte von der reproduzierbar nichtstöchiometrischen Verbindung $K_2[Pt^{II}_{0,84}Pt^{IV}_{0,16}(CN)_4]Cl_{0,32} \cdot 2,6\ H_2O$ eine Röntgenkristallstrukturanalyse an (Abb. 3.92) [C110].

An diesem Metallkomplex soll Wesentliches eindimensionaler leitfähiger Koordinationspolymere erläutert werden: Es ergab sich die in der Abb. 3.93 vereinfacht dargestellte kolumnare Kettenstruktur, in der planare [Pt(CN)$_4$]-Einheiten übereinander gestapelt sind, wobei die Cyanidgruppen von einer Ebene zur anderen gegeneinander verdreht sind, sozusagen auf Lücke stehen [C112]. Eine Kolumnar-Struktur liegt auch im grünen Magnus'schen Salz, $[Pt(NH_3)_4][PtCl_4]$ (Tab. 1.1), vor.

In der Verbindung sitzen im Gitter noch Chlor- und Kaliumatome sowie Wassermoleküle. Durch die partielle Oxidation mit Chlor entsteht eine gemischtvalenter Komplex mit Platin(IV)- und Platin(II)-Atomen. Das $K_2[Pt^{II}_{0,84}Pt^{IV}_{0,16}(CN)_4]Cl_{0,32} \cdot 2,6\ H_2O$ ist ein Vertreter des Typs der Anion-Defizitären Salze (*AD-Typ*). Es entsteht bei der partiellen Oxidation von Platin(II) zu Platin(IV), wobei das Oxidationsmittel Chlor in reduzierter Form

Abb. 3.93 Gestaffelt-
kolumnare Struktur von
$[Pt(CN)_4]^{n-}$ mit der Überlappung von $5d_{z^2}$-Orbitalen.
(Aus: Underhill, A.E.; Watkins, D.M.: Chem. Soc. Rev.
9 (1980), Nr. 4, S. 431)

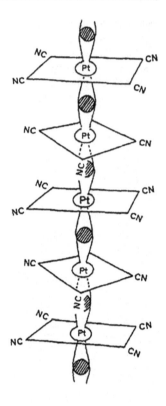

nichtstöchiometrisch als Cl^- in das Kristallgitter eingebaut wird. Beim anderen, Cation-
Defizitären Salz (*CD-Typ*), zum Beispiel $K_{1,75}[Pt(CN)_4] \cdot 1,5\ H_2O$, ($Pt–Pt_{intra} = 2,96$ Å), bei
dem die Oxidation auch auf elektrochemischem Wege erfolgen kann, wird die Ladungs-
bilanz bei der Oxidation von Platin(II) zu Platin(IV) nichtstöchiometrisch durch einen
Unterschuss an Kaliumionen ausgeglichen. Bei $K_2[Pt^{II}_{0,84}Pt^{IV}_{0,16}(CN)_4]Cl_{0,32} \cdot 2,6\ H_2O$ beträgt der Abstand zwischen zwei Pt-Atomen innerhalb einer Kette (intra) nur 2,88 Å, der
intermolekulare Pt–Pt-Abstand zwischen jeweils benachbarten Strängen beträgt 9,87 Å.
Wir vergleichen mit den entsprechenden Pt–Pt-Abständen im Kristallgitter des Stamm-
komplexes $K_2[Pt(CN)_4] \cdot H_2O$ [C113] ($Pt–Pt_{intra} = 3,579$ Å; $Pt–Pt_{inter} = 8,514$ Å) und im Platinmetall selbst, wo ein Pt–Pt-Abstand von 2,78 Å bestimmt wurde. Daraus ist ersichtlich,
dass im *Knop-Krogmannschen Salz*, $K_2[Pt^{II}_{0,84}Pt^{IV}_{0,16}(CN)_4]Cl_{0,32} \cdot 2,6\ H_2O$, ein vergleichsweise extrem kurzer intramolekularer Platin-Platin-Abstand existiert, der in der Nähe der
Platin-Platin-Abstände im Platinmetall liegt und die Elektronenleitung eindimensional
innerhalb der Kettenstränge erfolgen muss. Dies ist möglich, weil eine Hybridisierung von
$5d_{z^2}$-Orbitalen mit $6p_z$-Orbitalen und eine Überlappung mit den entsprechenden Hybridorbitalen des benachbarten Platin-Atoms erfolgen kann, wodurch es zu einer Metall–
Metall-Bindungswechselwirkung, die man mit der VB- bzw. MO-Methode beschreiben
kann, kommt [C114]. Inzwischen sind zahlreiche solcher und ähnlicher Platin-Komplexe
mit CN^- und anderen Liganden ($oxalat^{2-}$, $dioxim^-$) sowie mit Iridium(I) und Rhodium(I)

	Farbe	Pt–Pt$_{intra}$ [Å]	ν_{max} [cm^{-1}]
Ca[Pt(CN)$_4$]·5H$_2$O	Gelb	3,38	22.800
Ba[Pt(CN)$_4$]·4H$_2$O	Gelbgrün	3,32	22.000
Mg[Pt(CN)$_4$]·7H$_2$O	Dunkelrot	3,16	18.000

dargestellt worden, die unter dem Namen *Krogmannsche Salze* bekannt sind. Es besteht zudem ein Zusammenhang zwischen den Pt–Pt$_{intra}$-Abständen innerhalb einer Kette von planaren Platinkomplexen und der Farbe: Eine Absorptionsbande tritt bei umso größerer Wellenlänge auf, je kürzer der Abstand der Komplexzentren voneinander ist, wobei diese Absorption in Richtung der Pt–Pt-Achse polarisiert ist [C115], [C114] (s.o. tabell.Übersicht).

Koordinationspolymere mit Brückenliganden

Eine andere Gruppe eindimensionaler leitfähiger Koordinationspolymere ist über eine Bindungswechselwirkung durch Überlappung von Metall und Brückenligandorbitalen erhältlich, wobei vorzugsweise vierzähnige makrozyklische, planare Metallkomplexstruktureinheiten mit delokalisierten Elektronensystemen (Komplexe von Phthalocyanin, Pc; Tetraphenylporphin, TPP; Hemiporphyrazin, Hp; Dihydrodibenzotetraazacyclotetradecin, taa, *Jäger-Komplexe* u. a.) gestapelt werden, die axial durch geeignete Brückenliganden, wie Pyrazin, 4,4′-Bipyridin, p-Disocyanobenzen,u. a. (Abb. 3.94) *via* Metall-π-Wechselwirkung verknüpft werden. Die elektrische Leitfähigkeit solcher Koordinationspolymere (M. Hanack), die als mikrokristalline Pulver vorliegen und bis zu 300°C stabil sind, haben eine relativ geringe elektrische Leitfähigkeit, z. B. polymeres Phthalocyaninato(μ-pyrazin)eisen, [PcFe(pyz)$_n$], von $2·10^{-5}$ S cm^{-1} (7 Zehnerpotenzen höher als das Monomer [PcFe(pyz)$_2$] von $7·10^{-12}$ S cm^{-1}!). Bei Dotierung mit Iod wird die elektrische Leitfähigkeit von [PcFe(pyz)$_n$] nochmals erhöht, wobei eine stabile Verbindung der Zusammensetzung [{PcFe(pyz I$_y$)$_n$] mit I$_y$=0–2,6 entsteht [C116], [C117]. Die Leitfähigkeit kann also durch Dotierung mit Reagenzien, die Elektronenakzeptoreigenschaften wie Iod besitzen, drastisch gesteigert werden. Dies führt zu einer partiellen Oxidation der metallorganischen Verbindung, wodurch teilweise besetzte Leitungsbänder entstehen, die wiederum eine erhöhte Leitfähigkeit verursachen. Die Steigerung der elektrischen Leitfähigkeit beträgt bis zu 14 Zehnerpotenzen.

Leitfähige charge-transfer-Metallkomplexsalze

Am Anfang der Entwicklung elektrisch leitfähiger, ja sogar supraleitender *charge-transfer-Metallkomplexsalze* (CT-Salze), standen zwei Entdeckungen (Abb. 3.95):

- Der Nachweis hoher elektrischer Leitfähigkeit im System des organischen Salzes TTF-TCNQ (TTF=tetrathiafulvalen; TCNQ=7,7′, 8,8′-tetracyano-p-quino-dimethan) im Jahre 1973 [C118]. Es besitzt bei Raumtemperatur eine stark anisotrope Leitfähigkeit von 650 S · cm^{-1}, die bei Temperaturerniedrigung auf 60 K den Wert von 10^4 S · cm^{-1} erreicht. Das liegt in der Größenordnung der elektrischen Leitfähigkeit von Graphit bzw. Wismut. Unterhalb von 60 K fällt die Leitfähigkeit stark ab, so dass das Salz Isola-

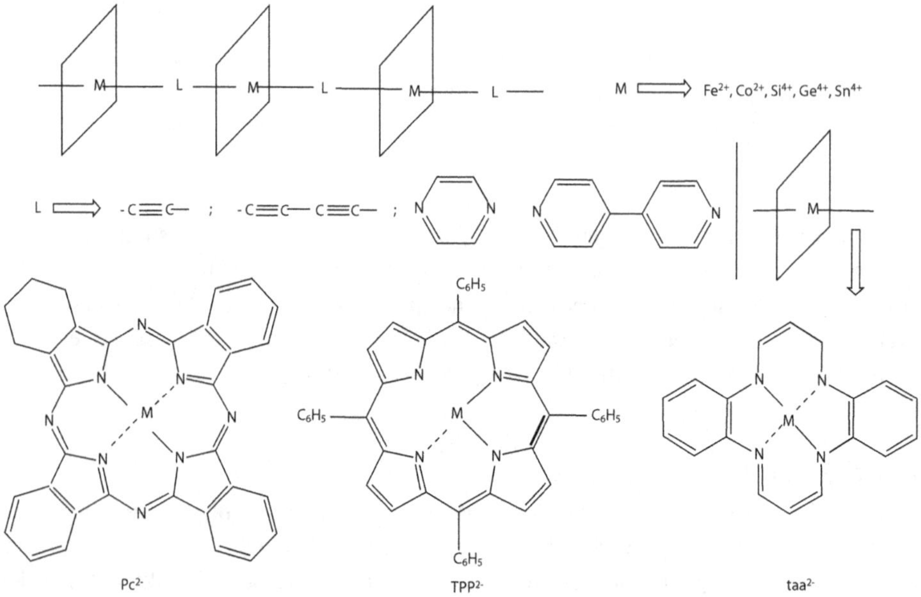

Abb. 3.94 Leitfähige Koordinationspolymere mit Baueinheiten und Brückenliganden (*Pc* Phthalocyanin; *TPP* Tetraphenylporphyrin; *taa* Dihydrodibenzotetraazacyclotetradecin). (Aus: Hanack, M.; Pawloswski, G., Naturwissenschaften **69** (1982) S. 273 (Fig. 10))

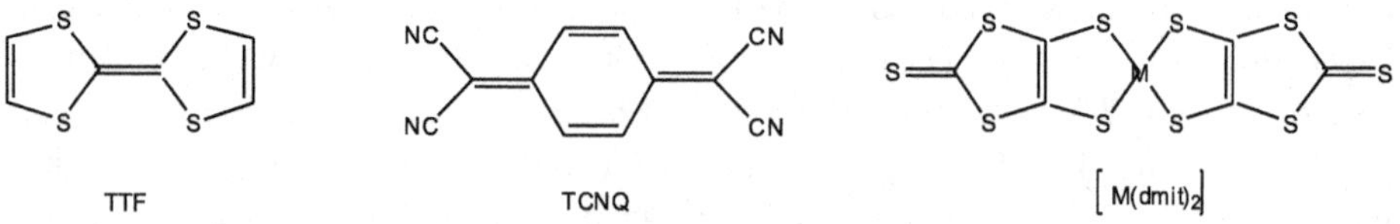

Abb. 3.95 Strukturformeln von Tetrathiafulvalen (TTF), 7,7,8,8-Tetracyano-*p*-chinodimethan (TCNQ) und Bis(2-thioxo-1,3-dithiol-4,5-dithiolat)-metall(II), [M(dmit)$_2$]

toreigenschaften annimmt.

• Die Synthesen des anionischen Liganden *dmit²⁻* (Dimercaptoisotrithion) in Form des haltbaren Derivates 4,5-Bis(benzoylthio)-1,3-dithiol-2-thion über das Tetraalkylsalz seines anionischen Zink(II)-Komplexes, (R$_4$N)$_2$[Zn(dmit)$_2$] und von Metallkomplexen erfolgten im Jahre 1975 durch Günter Steimecke (*1950) und Eberhard Hoyer (*1931) (Abb. 3.96 und 3.97) [C119], [C120], [C121].

Mit der Entdeckung der hohen elektrischen Leitfähigkeit von TTF-TCNQ, die durch Ladungsübertragung aus dem Elektronendonor TTF zum Elektronenakzeptor TCNQ durch Bindungswechselwirkung über die beiden ausgedehnten π-Systeme verursacht wird, lag es prinzipiell nahe, diese Eigenschaften und Wirkungsweise auch auf strukturtopologisch

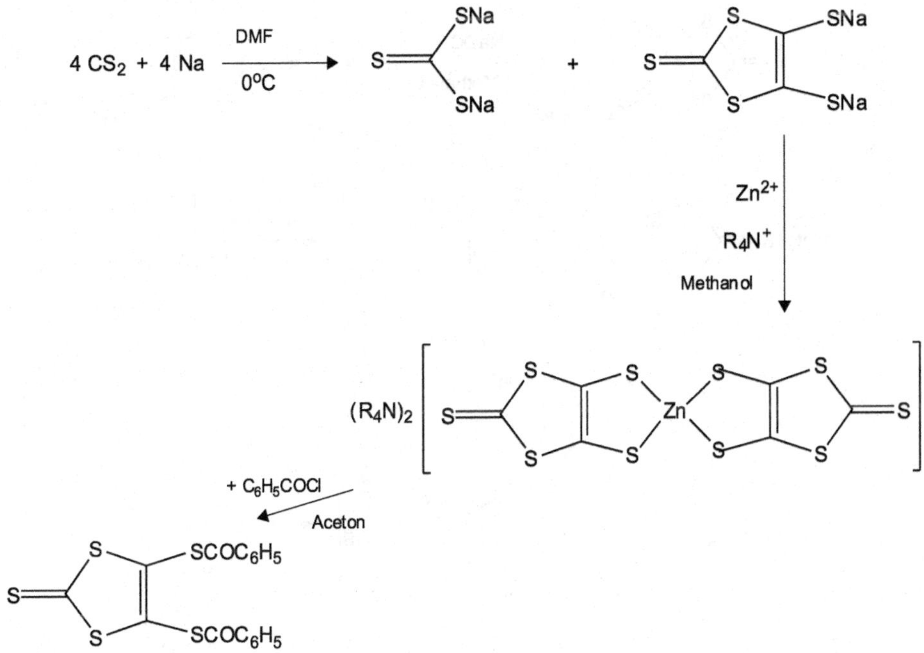

Abb. 3.96 Syntheseschema für Cat[M(dmit)$_2$]-Teil1 Synthese von 4,5-Bis(benzoylthio)-1,3-dithiol-2-thion nach Steimecke und Hoyer. (Aus: Cassoux, P.: Coord. Chem. Rev. **185–186** (1999), S. 216 (Scheme 2))

und elektronisch verwandte Metallkomplexe zu übertragen. Diese boten sich bezüglich der Elektronenakzeptoren mit den kurz darauf synthetisierten [M(dmit)$_2$]-Komplexeinheiten geradezu an, zumal sich *dmit*$^{2-}$ auch noch zu Tetrathiafulvalen, TTF, oxidieren lässt.

Donormoleküle D und Akzeptormoleküle A bilden wohlstrukturierte Schichten, Stapel oder Netzwerke in kristalliner Form aus (Abb. 3.98). Die Schichten oder Stapel können separiert a) versetzt, b)alternierend gemischt oder c) zueinander geneigt sein.

D und A verfügen über jeweils ausgedehnte π-Elektronensysteme und im Falle der [M(dmit)$_2$] – Komplexeinheiten als Akzeptoren über leicht variierbare Oxidationszustände der Zentralmetalle. So können [M(dmit)$_2$]-Spezies in di- und monoanionischer Form und als Neutralkomplexeinheit erzeugt werden. Aufgrund der in der Abb. 3.98 gezeigten Anordnungen der Moleküle A und D können die partiell delokalisierten π-Molekülorbitale überlappen, wodurch die metallähnliche Leitfähigkeit durch leichte Elektronenübertragung erzeugt wird. Schwefel- und selenreiche organische Verbindungen bzw. Ligandensysteme sind dazu besonders geeignet. Als Zentralmetalle wurden Nickel, Palladium und Platin diesbezüglich sehr intensiv untersucht [C122], [C123]. Beispielhaft sei TTF[-Ni(dmit)$_2$] näher beleuchtet: Die Einkristalle wurden durch eine langsam verlaufende Umsetzung (Ineinanderdiffundieren) von Lösungen von (TTF)$_3$(BF$_4$)$_2$ mit einer Lösung von (n-C$_4$H$_9$)$_4$N[Ni(dmit)$_2$] bei 30–46 °C erhalten. Die Struktur entspricht der Form a) in der

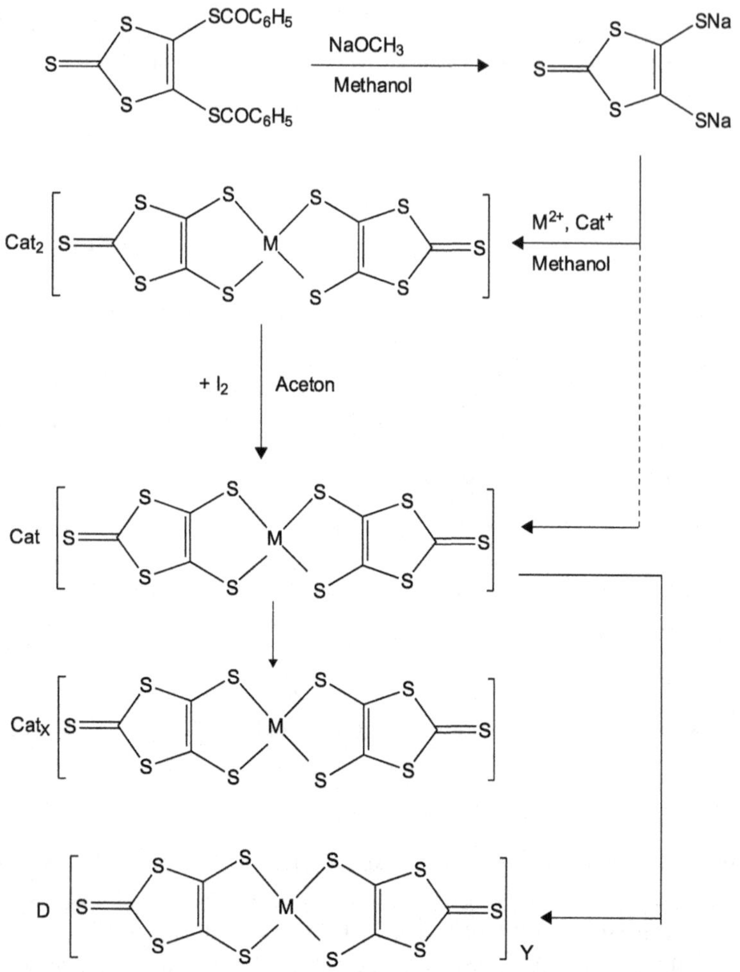

Abb. 3.97 Syntheseschema für Cat$_{(x)}$[M(dmit)$_2$]-Teil 2 Umwandlung des Thioesters (Abb. 3.96) mit NaOCH$_3$ und *in situ*-Behandlung mit Metallsalzen zum Komplex Cat[M(dmit)$_2$]. (Aus: Cassoux, P.: Coord. Chem. Rev. **185–186** (1999), S. 217 (Scheme 4))

Abb. 3.98 entlang der b-Achse. Beide Molekü[lteile TTF und [Ni(dmit)$_2$] sind planar [C122] angeordnet. Die elektrische Leitfähigkeit entlang der Nadelachse des Einkristalls beträgt bei Raumtemperatur ca. 300 · S cm^{-1}. Bei Temperaturerniedrigung bis 4 K steigt die Leitfähigkeit bis auf einen Wert von ca. 1,5 · 10^5 S · cm^{-1} an (Abb. 3.99). Bei 1,62 K und unter einem Druck von 7 kbar wird das Material supraleitend (Abb. 3.100). TTF[Ni(dmit)$_2$] war

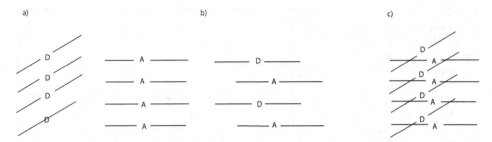

Abb. 3.98 Gestaffelte Formen von Charge-Transfer (CT)-Salzen. **a** geneigte Stapelung, **b** gemischte Stapelung, **c** gespannte Stapelung. (Aus: You, X.-Z.; Zhang, Y.: Adv. Trans. Metal Coord. Chem. **1** (1996), S. 255 (Fig. 8))

Abb. 3.99 Logarithmus der elektrischen Leitfähigkeit σ [S · cm^{-1}] *versus* Temperatur für einen TTF[-Ni(dmit)$_2$]-Kristall (o Kühlung, □ Erwärmung). (Aus: Cassoux, P.; Valade, L.; Kobayashi, H.; Kobayashi, A, Clark; R.A.; Underhill, A.E.: Coord. Chem. Rev. **110** (1991), S. 125 (Fig. 3))

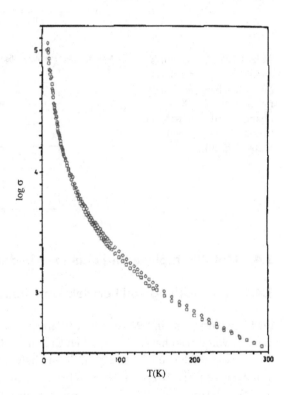

der erste aufgefundene molekulare Supraleiter (1986), der als Struktureinheit eine Metallkomplexeinheit enthielt (Patrick Cassoux).

Zur praktischen Anwendung von leitfähigen Metallkomplexen bieten sich die in der Abb. 3.101 aufgeführten Möglichkeiten an.

Dafür sind erfolgreiche Ansätze gegeben [C107]. Problematisch ist dabei, geeignete materialtechnische Eigenschaften (mechanische, thermische, Haltbarkeit u. a.) mit den intrinsischen Eigenschaften der Metallkomplexe zu optimieren.

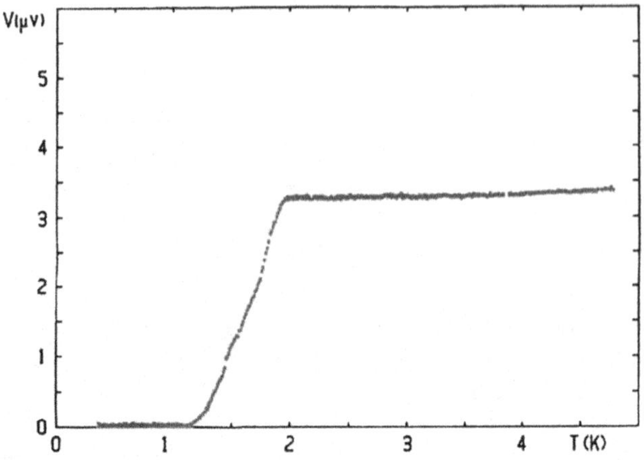

Abb. 3.100 Übergang zur Supraleitung im TTF[Ni(dmit)$_2$] – Kristall bei 7 kbar; I = 67,5 μA; Tc = 1,62 K; ΔTc = 0,57 K. (Aus: Cassoux, P.; Valade, L.; Kobayashi, H.; Kobayashi, A; Clark; R. A.; Underhill, A.E.: Coord. Chem. Rev. **110** (1991), S. 125 (Fig. 4))

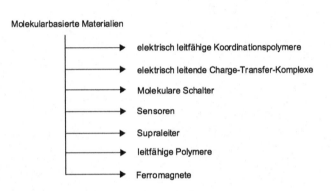

Abb. 3.101 Anwendungsmöglichkeiten von auf Molekülen basierten Materialien. (Aus: You, X.-Z.; Zhang, Y.: Adv. Trans. Metal Coord. Chem. **1** (1996), S. 280 (Fig. 20))

Molekularbasierte Materialien

- elektrisch leitfähige Koordinationspolymere
- elektrisch leitende Charge-Transfer-Komplexe
- Molekulare Schalter
- Sensoren
- Supraleiter
- leitfähige Polymere
- Ferromagnete

3.4 Metallkomplexe und Liganden in der Hydrometallurgie

3.4.1 Entwicklung und Perspektiven der Hydrometallurgie

Im Periodensystem sind 92 chemische Elemente verzeichnet, die in der Natur vorkommen. 74 von diesen haben metallischen Charakter. Die Metalle lassen sich entsprechend ihren physikalischen und chemischen Eigenschaften und in Hinblick auf ihre Anwendung in unterschiedliche Gruppen einteilen bzw. benennen, so zum Beispiel, Edelmetalle (Au, Ag,…), Schwermetalle (Pb, Fe,…) Leichtmetalle (Al, Zn…), Alkalimetalle (Li, Na,…), Schwarzmetalle (Fe, Mn…), Münzmetalle (Cu, Ag,…) u. a. Die Metalle können sich miteinander in einer Vielzahl von Verhältnissen verbinden, die als Legierungen bezeichnet werden, deren Eigenschaften im Vergleich mit ihren reinen Metallkomponenten verschieden sind.

Die Metalle und die Legierungen waren und sind wichtige Materialien in der Entwicklung der menschlichen Gesellschaft seit dem Altertum bis in unsere Zeit. Sie werden benutzt für den Gebäude-und Maschinenbau, die Produktion von Werkzeugen, Fahrzeugen,

Flugzeugen, für antikorrosive Gegenstände, Kommunikationsmaterialien, für die Mikroelektronik, allgemeine Gerätschaften, Katalysatoren, Schmuck, u. a. Ausgehend von reinen
Metallen lassen sich Verbindungen hohen Reinheitsgrades herstellen, die man ihrerseits
wieder in andere nutzbare Materialien und Verbindungen, zum Beispiel in Metallkomplexe, überführen kann (Kap. 3). Unter diesem Blickwinkel gesehen ist es notwendig, Metalle
in einem zweckbestimmten Reinheitsgrad für spezielle Anwendungen zur Verfügung zu
haben.

Es gibt nur wenige Metalle, die auf der Erde in gediegenem Zustand vorkommen. Als
solche chemisch einheitlich und natürlich gebildeten Bestandteile der Erdkruste bilden
sie eine Mineralklasse, die in Mineralgruppen eingeteilt sind: Kupfer-Silber-Gold-Gruppe;
Amalgam-Gruppe; Eisen-Nickel-Gruppe (einschließlich Meteoriten); Platin-Iridium-Os-
mium-Gruppe; Arsen-Wismut-Gruppe. Mit Ausnahme von Gold sind die in den aufgeführten Mineralgruppen genannten Elemente in der Natur nur sehr selten in elementarer
Form vorhanden. Deshalb ist für Metalle in gediegener Form eine industrielle bergmänni-
sche Gewinnung, mit Ausnahme von Gold, unökonomisch. Sie sind in gebundener Form
mineralisiert und in *Erzen*, das sind Mineralien mit Gangart, in Lagerstätten angereichert.
Unter dem Begriff *Mineral* versteht man einen homogenen, meist festen kristallinen und
anorganischen Grundbaustein der natürlichen Materie, unter *Mineralart* einen idealisierten Ausdruck für alle Mineralindividuen, deren chemische Zusammensetzung und Struktur gleich ist und für ein *Mineralindividuum* das jeweils konkrete, an einem bestimmten
Fundort, angetroffene Mineral mit seinen nur für dieses zutreffenden Besonderheiten, wobei alle Mineralindividuen einer Mineralart wiederum zu *Mineralvarietäten* zusammengefasst werden [C124]. Als elektropositive Elemente kombinieren sie mit Anionen, wie Sul-
fid, Disulfid, Halogenid, Oxid und komplexen Anionen, wie Hydroxid, Silicat, Phosphat,
Arsenat, Vanadat, Sulfat, Chromat, Molybdat, Wolframat, Carbonat, Borat, und Nitrat. Auf
der Basis dieser Sachverhalte wurde eine sinnvolle Gliederung der Minerale entwickelt, die
der angeführten Ordnung in der Hierarchie von oben nach unten mit einem → und mit
einem Beispiel versehen folgen: *Typ* (der chemischen Verbindung; Beispiel: Sulfide im weiteren Sinne) → *Klasse* (Art der Anionen Beispiel: Sulfide im engeren Sinne) → *Unterklasse*
(Anionenart; Beispiel: Subsulfide) → *Abteilung* (Strukturtyp des Radikals; Beispiel: koordinativ) → *Unterabteilung* (Abart des Strukturtyps) → *Gruppe* (Chemismus, Typ und
Struktur, einschließlich polymerer Modifikationen; Beispiel Sphalerit-Wurtzit) → *Unter-
gruppe* (einheitlicher Chemismus, Typ, Struktur; Beispiel: Sphalerit) → *Mineralart* (konstante Struktur und ununterbrochene Mischkristallreihe; Beispiel: Sphalerit) → *Mineral*
(Zwischen- und Endglieder isomorpher Reihen; Beispiel: Sphalerit = α-ZnS) → *Varietät*
(Abart nach Form, Chemismus usw.; Beispiele für α-ZnS je nach Eisengehalt: Honigblende, gelb; Marmatit, schwarz; Cleiophan, weißlich) folgen. Die Genese der Mineralien beruht auf geochemisch-geologischen Prozessen: endogene, exogene, metamorphische Prozesse. Deshalb treten sie gemeinsam mit anderen auf. Der Bergbau ist in erster Linie auf die
Ausbeutung bzw. Gewinnung der Hauptvorkommen der jeweiligen Lagerstätte gerichtet,
jedoch auch auf die Anreicherung der Mineralien von geringerem Metallgehalt.

Die aktuelle Situation in den Industriestaaten ist besonders alarmierend, denn es existieren nur relativ wenige Lagerstätten von Erzen, die sehr reich an bestimmten, für die weitere technologische Entwicklung erforderlichen Metallen, wie zum Beispiel der Edelmetalle oder der Seltenen Erden, sind. Viele Lagerstätten wurden bereits in erheblichem Maße ausgebeutet. Dagegen hat sich die „Verteilung" der durch die Gesellschaft erzeugten und nicht über ein Recycling zurückgewonnenen metallhaltigen Produkte erhöht. Deshalb stehen aktuell und in naher Zukunft bezüglich der Reserven an Gebrauchsmetallen zwei wesentliche zu lösende Probleme an, um das Wachstum einer Volkswirtschaft zu sichern:

• Die Ausbeutung von erzarmen Lagerstätten
• Die Rückgewinnung von Metallen aus festen Abfallprodukten, Bergbau- und Industrieabwässern u. a. Damit werden die Umweltbelastung, speziell besonders durch pyrometallurgische Erzaufbereitung und Schwermetallanreicherung im Boden, verringert und die Abfallprodukte (Schrott) auf Metalle „recycled". Das bedeutet auch eine Energieeinsparung. Die Kosten für die Metallproduktion mit Bezug auf die Ausbeutung der Lagerstätten werden reduziert.

Deshalb hat sich die Hydrometallurgie in den letzten Jahren zunehmend entwickelt, gestattet sie doch, die angeführten Probleme zu lösen oder zumindest einen Beitrag zu leisten.

Die *Hydrometallurgie* ist mit der Anreicherung und Gewinnung von Metallen hoher Reinheit aus wässerigen, sauren Lösungen in Kreisprozessen im Regelfall bei Normaltemperatur und Normaldruck befasst. In hydrometallurgischen Prozessen werden komplex- bzw. chelatbildende *Extraktionsmittel* (*Extraktanten*) eingesetzt, die in der Lage sind, aus einer wässerigen Phase Metallionen in Form von Metallkomplexen bzw. Koordinationsverbindungen zu binden und diese in eine organische Lösungsmittelphase in gelöster Form zu überführen. Diese Prozessführung wird als *Flüssig–Flüssig-Extraktion von Metallen* (*liquid–liquid-extraction*) bezeichnet. Aus der organischen Phase lassen sich die extrahierten Metalle abscheiden und gewinnen. Verschiedene Metalle können aus ein und derselben wässerigen, sauren Prozesslösung durch Variation des pH-Wertes gewonnen werden. Das Extraktionsmittel und das organische Lösungsmittel werden zurückgewonnen.

3.4.2 Flüssig-Flüssig-Extraktion von Metallen

Die Extraktion von Metallen in flüssiger Phase ($_w$ = flüssige Phase; $_{org}$ = organische Phase) lässt sich in drei Gruppen einteilen [C125], [C126]:

1. *Extraktion mit sauren Extraktionsmitteln (potentiell deprotonierbare Liganden)*
   Beispiel:

$$\mathrm{Cu^{2+}}_{w} + 2\,\mathrm{HL}_{org} \leftrightarrows [\mathrm{CuL_2}]_{org} + 2\,\mathrm{H^+}_{w}$$

2. *Extraktion mit solvatisierenden Extraktionsmitteln (komplexbildende Lösungsmittel)*
   Beispiel:

$$UO_2(NO_3)_2\,_w + 2\,TBP\,_{org} \leftrightharpoons [UO_2(NO_3)_2(TBP)_2]\,_{org}$$

$$TBP = Tributylphosphat$$

3. *Extraktion unter Ionenpaar-Bildung*
   Beispiel:

$$cat^+[Fe^{III}Cl_4]^-\,_w + R_4N^+Cl^-\,_{org} \leftrightharpoons R_4N^+[Fe^{III}Cl_4]^-\,_{org} + cat^+Cl^-\,_w$$

$$cat^+ = Kation$$

Weitere Gruppen, wie Extraktion unter Oxoniumsalzbildung sowie *Flüssiger Kationenaustausch* bzw. *Flüssiger Anionenaustausch*, lassen sich als Spezialfälle einordnen [C127].

Technisch verläuft die Flüssig–Flüssig-Extraktion zur Gewinnung von Metallen in drei aufeinander folgenden Prozess- bzw. Verfahrensschritten: Extraktionprozess → Waschprozess → Reextraktionprozess.

3.4.2.1 Verfahrensstufen
Der Extraktionsprozess

Hydrophile Metallionen M werden bei Anwesenheit anderer hydrophiler Metallionen M^1, M^2…: extrahiert.

Die Extraktion verläuft ausgehend von wässerigen, sauren Lösungen von Mineralien, Erzen, Abwässern und anderen Lösungen, die folgend als Phase I_w bezeichnet wird. Es wird ein organisches Lösungsmittel in der Phase II_{org} verwendet, das den darin gelösten Extraktanten, den Liganden L, enthält. Die allgemeine Extraktionsgleichung lautet:

$$\{M, M^1, M^2, \ldots I_w\} + \quad \{LII_{org}\} \quad \rightleftarrows \{[ML]\,II_{org}\} + \{M^1M^2, \ldots I^R_w\}$$

| Metallionen in wässeriger Phase | Ligand im organischen Solvens | Metallkomplex in organischer Phase | restliche Metallionen in wässeriger Phase |

Die hydrophilen Metallionen M wechseln von der wässerigen Phase I_w in die organische Phase unter Bildung eines in der organischen Phase II_{org} löslichen Metallkomplexes ML, während die Metallionen M^1, M^2,… in der wässerigen Phase $I^R w$ zurückbleiben. Das Symbol $I^R w$ bedeutet die von Metallionen M befreite wässerige Restlösung.

Die Komplexbildung zu ML vollzieht sich an der Grenzfläche zwischen der wässerigen und der organischen Phase, weil der Ligand L fast unlöslich in der wässerigen Phase und die hydratisierten Metallionen M, M^1, M^2,… unlöslich in der organischen Phase sind. Die Geschwindigkeit der Bildung des Komplexes an der Grenzfläche ist ein entscheidender Schritt aus der Sicht der technischen Machbarkeit des Extraktionsprozesses. Um den Kontakt zwischen dem Liganden und den Metallionen zu erleichtern, müssen die beiden Phasen kräftig gerührt werden, um sie zu homogenisieren. Damit wird die Berührungsfläche zwischen Ligand und Metallionen vergrößert. Danach ist ein Ruhestadium erforderlich,

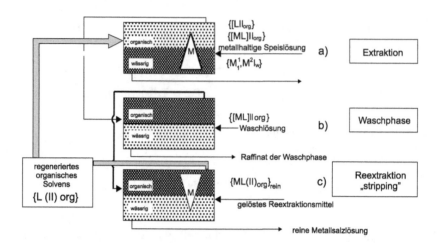

Abb. 3.102 Fließschema für die Flüssig-Flüssig-Extraktion von Metallionen

um die Trennung der nicht mischbaren Phasen aufgrund ihrer unterschiedlichen Dichte zu vollziehen und eine Schaumbildung zu verhindern. Anschließend wird die organische Phase $\{ML\ II_{org}\}$, die den Metallkomplex ML enthält, von der wässerigen Phase $\{M^1M^2,\ldots I^R_w\}$, die kein M mehr enthält, abgetrennt.

Der Waschprozess

Das „Waschen" ist notwendig, um den Extrakt in der organischen Phase $\{[ML]\ II_{org}\}$ von den aus der wässerigen Phase mitgenommenen Verunreinigungen zu befreien. Das wird durch mehrfachen Zusatz einer entsprechenden Menge Waschwasser erreicht.

Der Reextraktionsprozess

Die Reextraktion, englischsprachig und in der Fachsprache als *stripping* bezeichnet, ist ein entscheidender Prozessschritt, um das extrahierte Metall M rein zu erhalten und den verwendeten kostenintensiven Extraktanten zusammen mit dem organischen Lösungsmittel $\{L\ II_{org}\}$ wieder zurück zu gewinnen, um diese extraktanthaltige, organische Lösung im Zuge eines technisch geführten Kreisprozesses erneut für die Extraktion einer weiteren Charge $\{M, M^1, M^2,\ldots I_w\}$ verwenden zu können. Die Reextraktion erfordert die Zerlegung des Komplexes $\{[ML]\ II_{org}\}$ aus der organischen Phase heraus. Dazu bedient man sich verschiedener Methoden, so zum Beispiel der Anwendung starker Säuren zur Zerlegung der Metallkomplexe, der Umkomplexierung, der Reduktion der Metallkomplexe auf elektrochemischem Wege u. a. (Abschn. 3.4.2.3)

Die Abb. 3.102 zeigt ein allgemeines Verfahrensschema der Flüssig-Flüssig-Extraktion von Metallionen.

Tab. 3.9 Übersicht zu industriell häufig benutzten Extraktanten

Verbindungen	Formeln
Saure Extraktanten	
N-Acylthioharnstoffe	$R\underset{O}{\overset{NH}{\diagup}}\underset{S}{\overset{}{\diagdown}}NR'_2$
Carbonsäuren	RCOOH
Phosphorsäurederivate	$(RO)_2\,P{\overset{O}{\diagdown}}_{OH}$
Neutrale Extraktanten	
Phophorsäureester	$(RO)_3P=0$
Dialkylsulfane	R-S-R
(Oxa-thia)-alkane	RS-R'-O-R'-SR
Alkylamine	$R-NH_2$
(Oxa-thia)-Kronenether	

3.4.2.2 Theoretische Grundlagen
Extraktion von Metallen durch Bildung von Neutralkomplexen

Sehr häufig werden in Extraktionsprozessen für bestimmte Metalle Extraktanten verwendet, die als Komplexbildner HL deprotonierbar sind. Mit den in der wässerigen Lösung vorhandenen Metallionen werden Neutralmetallkomplexe ML gebildet (Tab. 3.9; LIX-Prozess und andere, Abschn. 3.4.2.4).

Die Effizienz des Extraktionsprozesses mit Chelatliganden, die elektrisch neutrale Metallkomplexe bilden, ist abhängig von verschiedenen Faktoren, die nachfolgend aufgezeigt werden. Spezielle Gleichungen, die sich von der allgemeinen Extraktionsgleichung ableiten, untersetzen die theoretischen Grundlagen des Gesamtprozesses. Die Effizienz der Extraktion in Abhängigkeit vom pH-Wert und der Konzentration des Extraktanten wird mit Hilfe von Grafiken dargestellt.

Die Bildung und die Extraktion des Neutralmetallchelates lässt sich mit dem folgenden Gleichgewicht (1) beschreiben. Der Einfluss der Metalle M^1, M^2,…wird hier vernachlässigt. Der Index „org", charakterisiert die organische Phase, und der Index „w" die wässerige Phase. Die Charakterisierung des Komplexes ML durch Einbindung in eckige Klammern [ML] wird bei den nachfolgenden Gleichungen vernachlässigt.

$$M^{n+}_{w} + nHL_{org} \leftrightarrows ML_{n(org)} + nH^{+}_{w} \tag{1}$$

Bei Anwendung des Massenwirkungsgesetzes ergibt sich:

$$K_{ex} = \frac{c_{MLn(org)} \cdot c^{n}_{H+(w)}}{c_{M^{n+}(w)} \cdot c^{n}_{HL (org)}} \tag{2}$$

K_{ex} ist die *Extraktionskonstante*. Ihre Größe ist abhängig von der Temperatur und der Ionenstärke der Lösung. Zur Vereinfachung um des besseren Verständnis wegen sind in der Gleichung (2) die Aktivitätskoeffizienten vernachlässigt. Die Aktivität ist definiert durch a=f·c (a=Aktivität; f=Aktivitätskoeffizient; c=Konzentration). Somit drückt Gl. (2) lediglich die Verhältnisse der Konzentrationen aus und setzt die Wasserstoffionenkonzentration zur Konzentration des Extraktanten-Liganden ins Verhältnis.

Eine andere Form zur Abschätzung der Effizienz der Extraktion ist die *Extraktionsausbeute* P_{ex}, erfasst in Gl. (3):

$$P_{ex} = \frac{M_{org}}{M_{org} + M_{w}} \cdot 100\,\% \tag{3}$$

P_{ex} ist eine Größe, die die Verteilung des Metalls zwischen der organischen Phase und der wässerigen Phase angibt und ist in diesem Sinne ein Maß für die Effizienz der Extraktion.

Um die Handhabung dieser Ausdrücke für praktische Zwecke zu vereinfachen, wird der *Verteilungskoeffizient* D eingeführt, der durch die Gl. (4) definiert wird:

$$D = \frac{c_{M^{n+}(org)}}{c_{M^{n+}(w)}} \tag{4}$$

Der Verteilungskoeffizient D beschreibt das Verhältnis zwischen der Konzentration des Metalls in der organischen Phase und der Konzentration des Metalls in der wässerigen Phase. Man kann sehr gut und einfach dieses Konzentrationsverhältnis D durch Anwendung analytisch-chemischer Methoden bestimmen, so zum Beispiel durch Atomabsorptionsspektroskopie (AAS) oder in einer sehr effektiven Weise durch eine radiometrische Methode, wobei in Spuren *Radiotracer*, das sind Radioisotope des zu bestimmenden Metalls, hinzugefügt werden, die gemeinsam und im gleichem Verhältnis wie das zu bestimmende Metall extrahiert bzw. verteilt werden. Anschließend wird die Strahlung in beiden Phasen gemessen [C128]. Beispielsweise wurden bei den Extraktionsexperimenten zur Trennung von Cu^{2+}, Fe^{3+}, Pb^{2+}, Ni^{2+}, Zn^{2+}, Cd^{2+}, Co^{2+}-Ionen mit *N*-Acylthioharnstoffen,

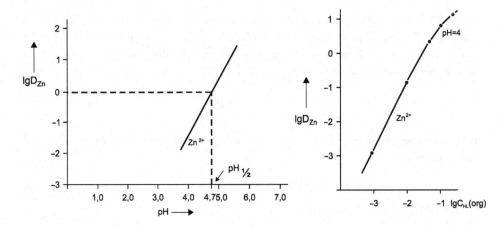

Abb. 3.103 a Grafische Ermittlung des $pH_{1/2}$-Wertes (lgD_{Zn} *versus* pH) für die Extraktion von Zn^{2+}-Ionen mit dem Extraktanten N',N'-Di-^{n}butyl-N-benzoylthioharnstoff. **b** Extraktionskurve (lgD *versus* lgc_{HL}) von Zn^{2+}-Ionen bei pH = 4. Experimentelle Bedingungen: $c_{ZnCl2} = 10^{-3}$ M; $c_{KCl} = 10^{-1}$ M; $c_{HL} = 10^3$ bis $2 \cdot 10^{-1}$ M; Lösungsmittelgemisch Toluen/n-Decan 1:1.

deren Ergebnisse in der Abb. 3.105 grafisch dargestellt sind, die Radioisotope ^{64}Cu, ^{59}Fe, ^{60}Co, ^{65}Ni, ^{65}Zn und ^{14}C als Tracer eingesetzt.

Die Konzentration des Metalls in der organischen Phase ist annähernd gleich der Konzentration des Neutralchelates in dieser Phase:

$$C_M{}^{n+}{}_{(org)} \approx C_{MLn\,(org)} \tag{5}$$

Nun wird Gln. (4) in (2) eingesetzt. So wird die Gl. (6) erhalten, die das Verhältnis der Extraktionskonstante K_{ex} mit der Verteilungskonstante D bestimmt:

$$K_{ex} = D \cdot \frac{C^n_{H^+(w)}}{C^n_{HL\,(org)}} \tag{6}$$

In logarithmischer Form und nach Umstellung wird aus der Gln. (6) die (7):

$$lg\,K_{ex} = lg\,D + n\,lg\,c_{H^+\,(w)} - n\,lg\,c_{HL\,(org)}$$

$$pH = -\,lg\,C_H{}^+(w)$$

$$lg\,D = lg\,K_{ex} + n\,lg\,c_{HL\,(org)} + n\,pH \tag{7}$$

Diese Gl. (7) zeigt sehr klar die Abhängigkeit der Verteilung des Metalls in den beiden Phasen (s. Gl. 4) von der Konzentration des Extraktanten $c_{HL\ (org)}$ und dem pH-Wert. Da K_{ex} eine Konstante ist, kann man lg D grafisch gegen pH auftragen (lg D *versus* pH bei konstant bleibender Extraktant-Konzentration n lg $C_{HL\ (org)}$; (Abb. 3.103a)

$$lg\ D = \kappa_1 + n\ pH \tag{8}$$

und in ähnlicher Weise lg D *versus* n lg $c_{HL\ (org)}$, wenn der pH-Wert konstant gehalten wird (Abb. 3.103b):

$$lg\ D = \kappa_2 + n\ lg\ c_{HL(org)} \tag{9}$$

Aus den Gln. (7) und (8) ergibt sich

$$\kappa_1 = lg\ K_{ex} + n\ lg\ c_{HL\ (org)} \tag{10}$$

und aus den Gln. (7) und (9) folgt

$$\kappa_2 = lg\ K_{ex} + n\ pH \tag{11}$$

Die Werte für diese Paare lg D/pH bzw. lg D/lg $c_{HL\ (org)}$ werden experimentell ermittelt.

Zum besseren Verständnis sind in der Abb. 3.103 die grafischen Darstellungen für die Extraktion von Zink(II)-Ionen mit dem Extraktanten, dem Chelatliganden N-Benzoyl-N',N'-di-^{n}butyl-thioharnstoff, $C_6H_5-CO-NH-CS-N(^nC_4H_9)_2$, gezeigt. In der Legende sind die experimentellen Bedingungen notiert.

Ein sehr wichtiger und praktisch nützlicher Aspekt ist der *pH*$_{1/2}$*-Wert*, das ist der pH-Wert bei gleicher Verteilung (1:1 bzw. 50 %) des Metalls in der organischen und wässerigen Phase oder anders ausgedrückt: der *pH-Wert hälftiger Extraktion*. Er kann grafisch ermittelt werden, wenn lg D gegen den pH-Wert aufgetragen wird (Abb. 3.103a), denn für $cM^{n+}_{(org)} = cM^{n+}_{(w)}$ und Gl. (4) folgt D=1 und lg D=0.

Für das praktische Beispiel der Extraktion von Zink (Abb. 3.103a) erhält man unter den angegebenen Bedingungen (cHL (org)=konstant) einen Wert für $pH_{1/2}$ (Zn^{2+})=4,7. Das bedeutet, dass bei einem pH-Wert=4.7 genau 50 % des Gesamtgehaltes von Zn^{2+} aus der wässerigen Phase I_w in die organische Phase II_{org} übergegangen sind.

Die Erhöhung des pH-Wertes – im genannten Beispiel der Extraktion von Zink auf einen pH-Wert von 5.0 und höher – führt zwar theoretisch zu einer verbesserten Extraktion (s. lg D in Abb. 3.103a), allerdings kann man in der Praxis den pH-Wert nicht willkürlich unkontrolliert erhöhen, um bessere Extraktionsausbeuten zu erzielen. Es können die Extraktionsausbeute störende Konkurrenzreaktionen auftreten, so zum Beispiel die Bildung von Hydroxo-Komplexen mit der Folge von Niederschlagsbildung im basischen Milieu. Diese Situation ist gut nachvollziehbar in der Grafik der Abb. 3.104, in der P_{ex} *versus* pH für das Beispiel der Extraktion von Nickel(II) mit Oxin, das ist 8-Oxychinolin, aufgetragen ist (Tab. 3.9). Im Bereich zwischen pH 9 bis pH 12 nimmt die Extraktionsausbeute drastisch ab.

Abb. 3.104 Extraktions-kurve (P_{ex} *versus* pH) von Ni^{2+}-Ionen mit Oxin (8-Oxychinolin). (Aus: Uhlemann, E.: Einführung in die Koordinationsche-mie, VEB Deutscher Verlag der Wissenschaften Berlin, **1977**, S. 180 (Abb. 9.4))

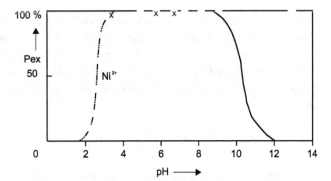

Abb. 3.105 Extraktions-kurven (lgD_M *versus* pH) von $3d$-Metallionen mit N',N'-Di-^{n}butyl-N-benzoylthioharnstoff im Lösungsmittel n-Decan. Experimentelle Bedin-gungen: $c_M = 10^{-3}$ M; $c_{KCl} = 10^{-1}$ M; $c_{HL} = 10^{-2}$ M

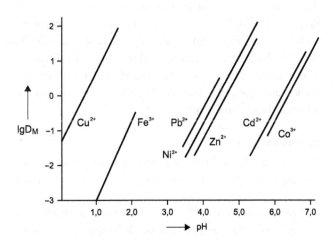

Der oben gemachte vereinfachende Ansatz, dass lediglich ein einziges Metall M in Gegenwart von anderen Metallen M^1, M^2,… mit einem Extraktanten HL entsprechend der Gl. (1) extrahiert wird, ist eine Idealvorstellung, die man nur selten mit sehr spezifischen Liganden und unter speziellen Bedingungen verwirklichen kann. In der Praxis können mit einem Extraktanten HL in selektiver Weise verschiedene Metalle extrahiert werden, indem man den pH-Wert der Lösung oder die Konzentration des Extraktanten verändert. Die *Selektivität* S eines Liganden HL für ein Metall M oder ein anderes Metall M^1 bzw. M^2, M^3,… lässt sich mit Hilfe der Gl. (12) bestimmen, und zwar beachtend, dass die Selektivität ein relativer Terminus von einem Metall gegenüber einem anderen Metall unter denselben Bedingungen ist:

$$S = \frac{D_M}{D_M{}^1} \qquad (12)$$

Dieses zunächst als Nachteil empfundene unspezifische Verhalten des Liganden HL gegen-über Metallionen in der Extraktion kann jedoch nützlich für die Trennung der Metalle M, M^1, M^2,… gestaltet werden, indem der pH-Wert der Lösung systematisch verändert wird und so unter diesen Bedingungen die Metalle selektiv getrennt werden. Die Abb. 3.105 zeigt eindrucksvoll die Trennung einiger Metalle mit dem schon erwähnten Extraktions-Chelatliganden N-Benzoyl-N',N'-di-^{n}butyl-thioharnstoff, C_6H_5–CO–NH–CS–$N(^nC_4H_9)_2$, wobei dieselben Bedingungen, die in der Legende zur Abb. 3.103 angegeben sind, eingehalten werden. Aus dieser Grafik lassen sich auch die $pH_{1/2}$-Werte hälftiger Extraktion ablesen:

$$Cu^{2+}0,6 \quad Fe^{3+}2,1 \quad Pb^{2+}4,2 \quad Ni^{2+}4,5 \quad Zn^{2+}4,7 \quad Cd^{2+}6,2 \quad Co^{n+}6,4$$

Wenn die $pH_{1/2}$-Werte genügend weit voneinander entfernt liegen, ist eine gute Trennung der Metalle gegeben. So ist es im vorgenannten Beispiel (Abb. 3.105) sehr gut möglich, die klassischen Metallpaare Ni^{2+}/Co^{n+} oder Zn^{2+}/Cd^{2+} voneinander zu trennen [C129]. Beide Fälle sind von industrieller Relevanz. Es lässt sich jedoch nicht mit diesem Extraktanten das Paar Ni^{2+}/Zn^2 trennen. Die Abtrennung von Kupfer (II/I) ist für praktische Zwecke sehr begünstigt, denn man kann es vom Rest der verbliebenen anderen Metallionen in stark saurer Lösung abtrennen. Die Extraktionsausbeute lässt sich steigern, wenn die Verfahrensschritte wiederholt werden.

Einflussfaktoren

Die Flüssig-Flüssig-Extraktion von Metallen ist von verschiedenen Einflussfaktoren und Gleichgewichtsprozessen abhängig, auf die das Massenwirkungsgesetz anwendbar ist.

Komplexstabilitäten und Säurestärke der Extraktanten

1. Das Verteilungsgleichgewicht des Komplexes ML_n zwischen der organischen Phase und der wässerigen Phase (die Löslichkeit des Komplexes) wird durch die *Verteilungskonstante des Komplexes* K_{MLn} beschrieben:

$$K_{MLn} = \frac{c_{MLn\,(org)}}{c_{MLn\,(w)}} \tag{13}$$

$$c_{MLn(org)} = K_{MLn} \cdot c_{MLn\,(w)} \tag{13a}$$

2. Das Verteilungsgleichgewicht des Extraktanten HL zwischen der organischen Phase und der wässerigen Phase (die Löslichkeit des Liganden) ist definiert durch die *Verteilungskonstante des Extraktanten* K_{HL}:

$$K_{HL} = \frac{c_{HL\,(org)}}{c_{HL\,(w)}} \tag{14}$$

$$c_{HL\,(org)} = K_{HL} \cdot c_{HL\,(w)} \tag{14a}$$

$$c^n_{HL\,(org)} = (K_{HL})^n \cdot c^n_{HL\,(w)} \tag{14b}$$

3. Die Komplexstabilität wird durch die *Bruttostabilitätskonstante* ß wiedergegeben (Abschn. 1.5)

$$M^{n+} + n\,L^- \leftrightarrows ML_n$$

$$\beta_n = \frac{c_{MLn\,(w)}}{c_M{}^{n+} + c_L{}^{n-}{}_{(w)}} \tag{15}$$

4. Die *Säuredissoziationskonstante* des Extraktanten HL wird durch K_{ac} ausgedrückt:

$$HL \leftrightarrows H^+ + L^-$$

$$K_{ac} = \frac{c_{H+\,(w)} \cdot c_L{}^-{}_{(w)}}{c_{HL\,(w)}} \tag{16}$$

$$c_H{}^+(w) = \frac{K_{ac} \cdot c_{HL\,(w)}}{c_L{}^-{}_{(w)}} \tag{16a}$$

$$c^n{}_H{}^+(w) = \frac{(K_{ac})^n \cdot c^n{}_{HL\,(w)}}{c^n{}_L{}^-{}_{(w)}} \tag{16b}$$

Nach Einsetzen der Gln. (13a), (13b) und (16b) in die (2) folgt:

$$K_{ex} = \frac{K_{MLn} \cdot (K_{ac})^n}{(K_{HL})^n} \cdot \frac{c_{MLn\,(w)} \cdot c^n{}_{HL(w)}}{c_M{}^{n+}{}_{(w)} \cdot c_L{}^{n-}{}_{(w)} \cdot c^n{}_{HL\,(w)}} \tag{17}$$

Einsetzen der Gl. (15) in die (17) vereinfacht:

$$K_{ex} = \frac{K_{MLn} \cdot \beta_n \cdot K_{ac})}{(K_{HL})^n} \tag{17a}$$

Wenn n = 1 ist, vereinfacht sich die Gl. (17a) zu:

$$K_{ex} = \frac{K_{MLn} \cdot \beta_n \cdot (K_{ac})}{(K_{HL})} \tag{17b}$$

Somit lässt sich aus den Gleichungen verbal ableiten, dass sich die Extraktion K_{ex} eines Metallions aus der wässerigen in die organische Phase mit der Stabilität des extrahierten Komplexes β_n und mit seiner besseren Löslichkeit in der organischen Phase K_{MLn} erhöht. Je saurer der Extraktionsligand ist (K_{ac}), desto günstiger verläuft die Extraktion. Von der theoretischen Ableitung her scheint es günstiger, dass der Extraktionsligand eine bessere Löslichkeit in der wässerigen Phase habe ($1/K_{HL}$). Dies ist jedoch kontraproduktiv zur Praxis, die eine sehr geringe (oder am besten gar keine) Löslichkeit des Extraktionsliganden in der wässerigen Phase wegen seiner nachfolgenden Wiedergewinnung zur erneuten Verwendung hat. Aus diesem Grunde erfolgt die Komplexbildung lediglich an der Grenzfläche beider Phasen.

Die Bestimmung der Säuredissoziations- und Komplexbildungskonstanten wird nach den im Abschn. 1.5 beschriebenen Methoden durchgeführt.

Weitere Einflussfaktoren

In Kenntnis der oben angegebenen Gleichgewichte, die den Extraktionsprozess bestimmen, ist es möglich und ratsam, diesen über die Säurestärke der Extraktionsliganden, die Stabilität der Komplexe und die Verteilung der Komplexe zwischen den Phasen aktiv zu beeinflussen.

1. Das lässt sich praktisch realisieren durch die Modifizierung der Zusammensetzung und der Struktur des Extraktionsliganden:

- Variation der Donoratome (O, S, Se, NH,…)
- Variation der Substituenten (Alkylgruppen verschiedener Kettenlänge, Löslichkeitseffekte)
- Einführung voluminöser Gruppen (sterische Effekte, Änderung der Koordinationszahlen,…)
- Variation der organischen Lösungsmittel (Änderung der Löslichkeitsverhältnisse und damit der Verteilung der Metallionen in den Phasen). Deshalb werden oft Lösungsmittelgemische eingesetzt, zum Beispiel Toluen/n-Decan, u. a. (Abschn. 3.4.3)

2. Beeinflussung der Reaktions-bzw- Prozessgeschwindigkeiten

Da sich die Komplexbildung bevorzugt an den Phasengrenzflächen vollzieht, gewinnen Diffusionsprozesse der Ionen und Liganden innerhalb der Phasen für die Kinetik der ablaufenden Reaktionen an Gewicht. Diese lassen sich durch die Viskosität der Lösungen, die Temperatur und die Intensität der Durchmischung der Phasen beeinflussen. So kann man zum Beispiel eine höhere Geschwindigkeit bei der Extraktion von Kupfer bewirken, wenn man einem Extraktionsliganden, zum Beispiel einem Hydroxyoxim, der relativ langsam extrahiert, eine gewisse Menge eines ähnlichen Extraktionsliganden mit höherer Reaktionsgeschwindigkeit beim Extraktionsprozess, zum Beispiel ein α,β-Dioxim, zusetzt.

3. Beeinflussung durch Coliganden

In sauren Lösungen, zum Beispiel Industrieabwässern, aus denen die Metalle extrahiert werden sollen, befinden sich meist unerwünschte Liganden oder Salze, die den Extraktionsprozess beeinflussen. So sind zum Beispiel Thiosulfat-Ionen, $S_2O_3^{2-}$, in Abwässern aus der fotografischen Industrie auf AgX-Basis (AX = Silberhalogenid) vorhanden, die eine Rückgewinnung von Silber stören. Um solche Effekte auszugleichen, benutzt man in der Praxis zur Erzielung höherer Extraktionsausbeuten oft simultan zwei Extraktanten, zum Beispiel einen „sauren" Extraktionsliganden HL zusammen mit einem „neutralen" Extraktanten, wie Tributylphosphat oder Lösungsmittel mit komplexbildenden Eigenschaften, wie Dimethylsulfoxid, $(CH_3)_2SO$, Acetonitril, CH_3CN, Amine u. a.

Solche Komplexbildner können Wassermoleküle aus der inneren und/ oder äußeren Koordinationssphäre der Neutralkomplexe ML_n, die deren unerwünschte Hydrophilie verursachen, verdrängen. Solche Neutralliganden können selbst als zusätzliche Komplexliganden unter Bildung von Gemischtligandkomplexen fungieren. Damit ergibt sich ein *synergistischer Effekt*.

Zusammenfassend lässt sich schlussfolgern, dass letztlich jeder industrielle Metall-Extraktions-Prozess seine charakteristischen Besonderheiten hat, die eine spezielle Optimierung erfordern. Das ist für Chemiker, die in hüttenchemischen Betrieben oder praxisorientiert in Hochschullaboratorien arbeiten, eine anspruchsvolle, dennoch reizvolle Forschungsaufgabe.

Extraktion von Metallen mit komplexbildenden Neutralliganden und durch Ionenpaar-Bildung

Wie bereits in der Einführung zu diesem Abschnitt geschrieben, gibt es viele Prozesse der Extraktion von Metallen, die nicht mit dem Einsatz saurer Extraktanten HL, die Neutralmetallchelatkomplexe $[ML_n]$ bilden, verbunden sind. Zahlreiche Neutralliganden, wie Ether, Alkohole, Ketone, Ester, Kronenether, Podanden, Kryptanden und andere haben sich dabei als nützliche Extraktionsmittel bewährt. Die Metallionen bilden mit diesen Extraktanten Kationen, die sich mit bestimmten Anionen assoziieren, wobei *Ionenpaare* bzw. *Ionenassoziate* entstehen, die als solche aus der wässerigen Phase in die organische Phase übergehen. Andererseits können, wie einleitend beschrieben, anionische Metallkomplexe, wie $[FeCl_4]^-$, mit entsprechend großvolumigen Kationen ebenfalls Ionenpaare bilden, die als solche in die organische Phase übergehen. Nachfolgend wollen wir nicht im Detail die theoretischen Grundlagen dafür abhandeln, sondern nur die vorherrschenden Gleichgewichte beschreiben:

$$M^{n+}_w + n\,A^-_w + s L_{neutr\,(org)} \leftrightarrows \{ML_{(neutr)s}A_n\}_{(org)}$$

$$A^- = \text{Anion}; \; L_{neutr} = \text{Neutralligand}$$

$$K_{ex} = \frac{c_{\{ML(neutr)sAn\}\,(org)}}{c_{M^{n+}_w} \cdot c^{n-}_{A\,w} \cdot c^s_{L(neutr)\,(org)}} \tag{18}$$

Auch in diesem Falle sind die Bruttostabilitätskonstanten des Ionenpaar-Komplexes β_s und die Verteilungskonstanten $K_{L(neutr)}$ und $K_{\{ML(neutr)sAn\}}$ zu berücksichtigen, wobei die Gl. (19) erhalten wird:

$$K_{ex} = \frac{\beta_s \cdot K_{\{ML(neutr)sAn\}}}{K_{L(neutr)}} \tag{19}$$

Das Anion A^- besitzt in diesen Systemen eine bedeutende Funktion. Großvolumige Anionen wie das Pikrat-Ion und andere sind favorisiert wegen ihrer Hydrophobie; es können jedoch auch einfache Anionen, wie Nitrat, NO_3^-, zum Beispiel für die Extraktion

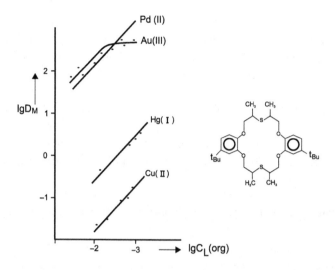

Abb. 3.106 Extraktionskurven [lgDM *versus* lg $c_{L(org)}$] von Cu^{2+}, Hg^{2+}, Au^{3+}, Ag^+, Pd^{2+} mit dem zyklischen Oxathiakronenether vom Typ Di-benzo-1,10-dithia[18]-krone-6 im Extraktionssystem Metallnitrat bzw. Metallchlorid-Pikrinsäure-Wasser/Thiakronenether-Chloroform. Experimentelle Bedingungen: $c_{M(NO3)n} = 1 \cdot 10^{-4}$ M (Ag^I, Hg^{II}, Cu^{II}); $c_{MCln} = 1 \cdot 10^{-4}$ M (Pd^{II}, Au^{III}); $c_{Hpic} = 5 \cdot 10^{-3}$ M; $c_L = 2,5 \cdot 10^{-4}$ M bis $1 \cdot 10^{-2}$ M L/CHCl$_3$. (Aus: Gloe, K.; Mühl, P.; Beyer, L.; Mühlstädt, M.; Hoyer, E.: Solv. Extr. Ion Exch. **4** (1986), S. 912 (Fig. 1))

von Ag^+ mit Thioethern, oder Perchlorat, ClO_4^-, oder komplexe Anionen, wie $[Fe^{III}Cl_4]^-$, $[Co^{II}(SCN)_4]^{2-}$ in speziellen Fällen eingesetzt werden.

In der Abb. 3.106 ist ein Beispiel für die selektive Extraktion und Trennung von Edelmetallen: Au^{III}, Pd^{II}, Ag^I sowie von Cu^{II} und Hg^{II} mit einem Oxa-thia-Kronenether aufgeführt [C130].

3.4.2.3 Experimentelle Anforderungen

Nachdem in den vorhergehenden Abschnitten einige theoretische Grundlagen der Flüssig-Flüssig-Extraktion beschrieben worden sind, sollen nun detaillierter praktische Probleme mit Extraktanten und die experimentelle Durchführung des Extraktionsprozesses erörtert werden.

Extraktanten

Die Tab. 3.9 gibt einen Überblick zu den sehr häufig in der industriellen Praxis genutzten Extraktanten.

Die Extraktionsmodelle in industriellem Maßstab werden aufbauend auf Labor- und Pilotversuchen entwickelt. Die Auswahl der geeigneten Extraktanten spielt sowohl im Labormaßstab wie auch im Industriemaßstab eine wichtige Rolle, insbesondere was die hohe Selektivität und ein gutes Extraktionsvermögen betrifft. Besonders sind die aufzuwendenden Kosten für die Synthese und Verfügbarkeit der Extraktanten zu berücksichtigen, um

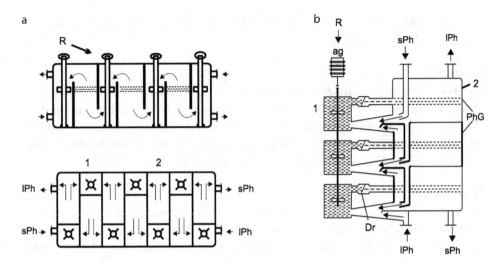

Abb. 3.107 a Schema einer industriellen MIXER-SETTLER-Anlage (Mischerabscheider) in Kastenbauweise (System DENVER). *oben*: Seitenansicht; *unten*: Aufsicht. *1* Mischzone; *2* Abscheidezone. *lPh* leichte Phase; *sPh* schwere Phase, *R* Rührer. **b** Schema einer industriellen MIXER-SETTLER-Anlage (Mischerabscheider) in Turmbauweise (System LURGI). *1* Mischzone; *2* Abscheidezone; *R* Rührer; *PhG* Phasengrenzfläche; *lPh* leichte Phase; *sPh* schwere Phase; *Dr* Drosselklappen. (Aus: Schubert, H.: Aufbereitung fester mineralischer Rohstoffe, Band III, DVG Leipzig, **1984**, S. 51 (Bilder 21 und 22))

ökonomische Bedingungen zu erfüllen.Zudem soll ihre Eignung für eine schnelle Phasen-Trennung nach der Extraktion beachtet werden, um den Kreisprozess zügig führen zu können. Die Extraktanten sollen sich nicht während der Kreisläufe zersetzen, insbesondere müssen sie in stark sauren Lösungen (siehe Reextraktion!) stabil sein. Um eine effiziente Kombination mit der organischen Phase zu haben, werden Extraktanten benötigt, die sich im organischen Lösungsmittel auflösen.

Organische Lösungsmittel für die Extraktion

Bevorzugte *Lösungsmittel* sollen industriell verhältnismäßig preisgünstig in großen Tonnagen zugänglich sein. In diesem Sinne werden Kerosin, Petroleum, n-Hexan, n-Octan, n-Decan, Toluen, Methylcyclohexan, Escaid, Solvesso u. a. eingesetzt. Solche industriell verwendeten Lösungsmittel sollen nicht toxisch sein, da geringe Mengen davon in die Abwässer gelangen (können). Beim Umgang mit ihnen darf keine gesundheitliche Gefährdung ausgehen. Aus diesem Grund können Solventien, die sich ausgezeichnet für die Extraktionsprozesse eignen würden, im industriellen Maßstab nicht verwendet werden. Das betrifft besonders die Lebergifte Chloroform, $CHCl_3$ (Abb. 3.106), Tetrachlorkohlenstoff, CCl_4, das cancerogen wirkende Benzen u. a. Das Lösungsmittel muss außerdem befähigt sein, sowohl den Extraktanten als auch die Neutralkomplexe oder Ionenpaar-Komplexe (Assoziate) aufzulösen. Daraus resultiert, dass vielfach Lösungsmittelgemische wie Toluen/n-Decan oder Toluen/n-Heptan u. a., eingesetzt werden (Abb. 3.103). Um das Lösevermögen zu modifizieren, werden Zusätze, wie langkettige Alkohole, Alkyl-Phenole, Tri-butyl-phosphat u. a. zugefügt.

Gerätepark

Zur Durchführung der Extraktion kommen Geräte vom Typ *Mixer-Settler* zur Anwendung (Abb. 3.107a), die mehrfache, hintereinander geschaltete Extraktionsschritte gewährleisten. Eine andere Variante von Extraktionsgeräten sind *Extraktionssäule*n (Abb. 3.107b), die im Gegenstromprinzip arbeiten. Für Metall-Extraktionen im Labormaßstab nutzt man automatische Extraktionsapparaturen vom Typ *AKUFVE* [C131].

Reextraktion

Für die Reextraktion (*stripping*) sind spezielle Anforderungen zu beachten. Die Extraktanten müssen, wie oben bereits geschrieben, im sauren Medium stabil sein, so dass sie möglichst vollständig wieder gewonnen und erneut eingesetzt werden können. In den folgenden Reaktionen werden Möglichkeiten der Reextraktion unter Abscheidung der Metalle, Metalloxide, der Thioharnstoffkomplexe von Metallen und der Zerlegung von ML durch Säure unter gleichzeitiger Freisetzung der Extraktanten aufgezeigt:

- Reduktion des Metallkomplexes zum Metall in organischer Phase mit Wasserstoff:

$$ML_{(org)} + 1/2\ H_2 \rightarrow M_\downarrow + HL_{(org)}$$

- Hydrolyse des Metallkomplexes zur Gewinnung des Metalloxids:

$$2\ ML_{(org)} + H_2O \rightarrow M_2O_\downarrow + 2\ HL_{(org)}$$

- Umkomplexierung durch Ligandenaustausch mit Thioharnstoff, $(NH_2)_2CS$, tu:

$$ML_{(org)} + n\ tu + H^+_w \rightarrow [M(tu)_n]^+_w + HL_{(org)}$$

- Zerlegung des Metallkomplexes durch starke Säuren:

$$ML_{(org)} + H^+_w \rightarrow M^+_w + HL_{(org)}$$

Bei den zuletzt genannten beiden Reextraktionsprozessen werden die Metallionen aus der wässrigen Phase elektrolytisch abgeschieden.

3.4.2.4   Ausgewählte industrielle Extraktionsverfahren von Metallen
Kupfer – Extraktion mit LIX-Extraktanten

Extraktanten vom Typ der Aldoxime mit dem industriellem Sammelnamen LIX (das ist eine von der Firma General Mills Inc./USA patentierte Bezeichnung) und vom Typ der Hydroxy-chinoline mit dem industriellen Sammelnamen KELEX (das ist eine von der Firma Ashland Chemical Corp./USA patentierte Bezeichnung) sind die bedeutendsten für die Kupfer(II)-Extraktion im industriellen Maßstab [C132], [C133]. Als erste Verbindung dieses Typs wur-

Tab. 3.10 Extraktanten vom LIX- und KELEX-Typ

Bezeichnung	Zusammensetzung

LIX 63

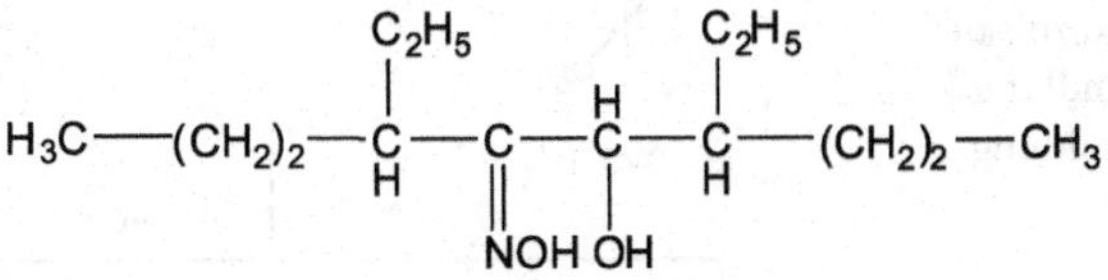

LIX 64

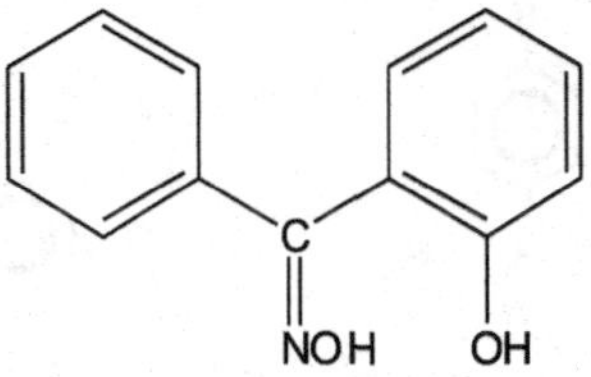

+ LIX 63

LIX 64 N   LIX 65 N + LIX 63 (1 Vol.-%)

LIX 65 N

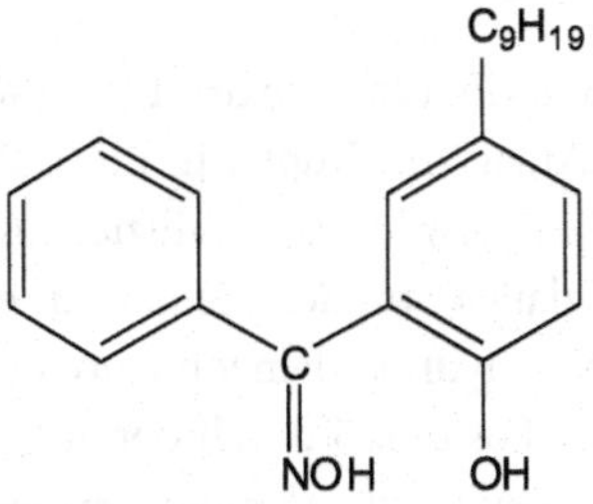

LIX 70

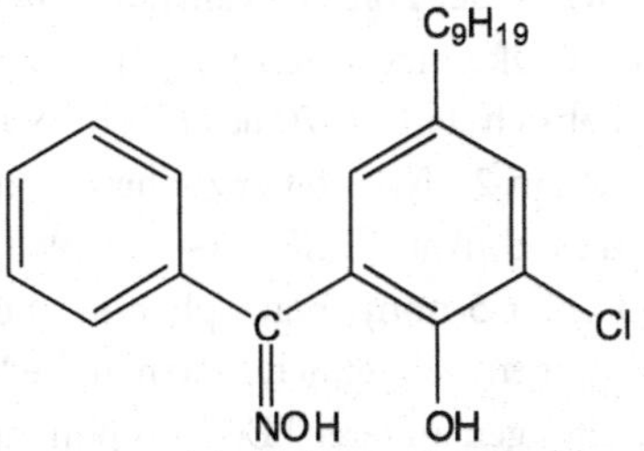

+ LIX 63

LIX 73   LIX 70 + LIX 65 N + LIX 63

KELEX 100

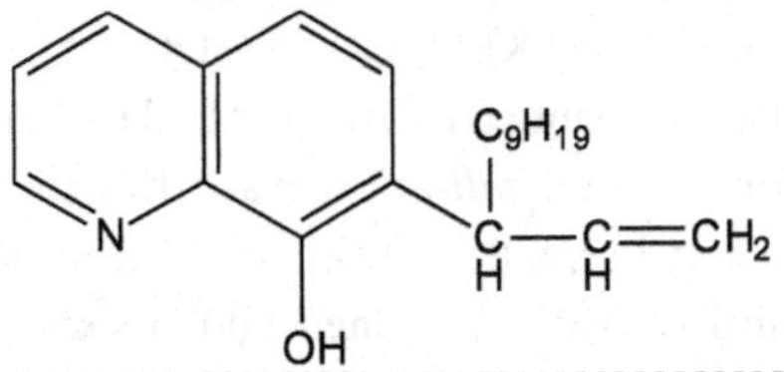

KELEX 120   KELEX 100 + 20 Vol.-% p-Nonylphenol

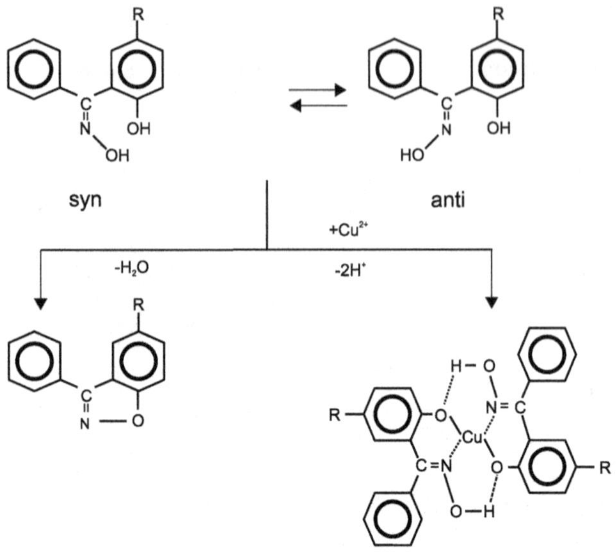

Abb. 3.108 *Syn-* und *anti-*Formen von 2-Hydroxybenzophenonen (LIX 64 und LIX 65), Bildung des heterozyklischen Benzoxazols bei thermischer Behandlung und die Komplexbildung mit Kupfer(II)

de das aliphatische 5,8-Diethyl-7-hydroxy-6-dodecanonoxim 1963/1964 eingeführt und als LIX 63 bezeichnet. 1968 wurde die erste Anlage für Kupfer in Betrieb genommen, und bereits 1977 wurden 200.000 Tonnen/Jahr auf diese Weise produziert. Anfang der 80er Jahre betrug der Durchsatz schon 5.000 m³ Erzlauge/Stunde. Die danach entwickelten LIX-Extraktanten leiten sich vom substituierten 2-Hydroxy-benzophenonoxim ab. Es folgte LIX 64, ein 2-Hydroxyphenonoxim, das in der Position 5 durch den langkettigen Dodecylrest R=C₁₂H₂₅ substituiert ist und dessen Wirksamkeit durch einen geringen Zusatz von LIX 63 verbessert wurde. Überhaupt hat es sich in der Folge bewährt, Mischungen von Extraktanten zur Verbesserung der Reaktionskinetik einzusetzen [C134]. Als ein besonders erfolgreich eingesetztes Extraktionsmittel hat sich dann 1970 das LIX 64 N bewährt, das sich aus einer Mischung von LIX 65 N (das ist ein 2-Hydroxybenzophenon, das in 5-Position den Nonylrest R=C₉H₁₉ besitzt) und dem Modifikator LIX 63 (~1 Vol.-%) zusammensetzt. LIX 70- eine Mischung aus 2-Hydroxy-3-chlor-5-nonyl-benzophenon und LIX 63, ist nützlich für Extraktionen aus stark sauren Lösungen. Schließlich bestehen die Weiterentwicklungen LIX 71 und LIX 73 ebenfalls aus Mischungen anderer LIX-Komponenten.

Im Jahre 1968 wurden Extraktanten vom Typ KELEX industriell mit 7-Alkenyl-8-hydroxy-chinolin, KELEX 100 eingeführt. In der Tab. 3.10 sind die genannten industriell genutzten Extraktanten der Typen LIX und KELEX aufgelistet.

Die in der Abb. 3.108 gezeichneten Liganden LIX 64 (R=C₁₂H₂₅) und LIX 65 (R=C₉H₁₉) treten in einem Gleichgewicht von *syn-* und *anti-*Formen auf. Das zum Einsatz gelangende LIX 64 hat einen 85 %igen Anteil *anti-*Form. Beim Erhitzen wird ein Wassermolekül unter Bildung des Benzisoxazols eliminiert. Mit Cu²⁺-Ionen bilden sich 2:1-Neutralkomplexe (Ligand:Metall).

Abb. 3.109 Fließschema einer industriellen Flüssig-Flüssig-Extraktionsanlage von Kupfer(II) und die elektrolytische Kupfer-Abscheidung (nach Rawling)

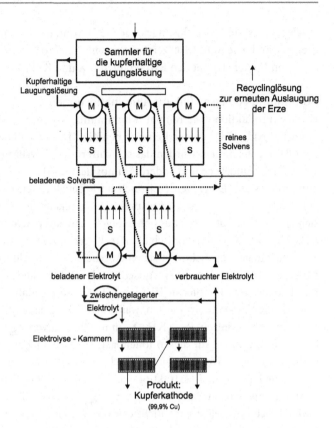

Der Kupfer(II)-Komplex des Stammliganden von LIX, dem Salicylaldoxim, o-HO–C$_6$H$_4$–CH=N–OH, ist viel stabiler als die Komplexe mit anderen $3d$-Metallen [C135]:

$$\lg\beta_2 : Cu^{II}\,21{,}5 \quad Fe^{II}\,16{,}7 \quad Ni^{II}\,14{,}3 \quad Co^{II}\,13{,}5 \quad Zn^{II}\,13{,}5 \quad Mn^{II}\,11{,}9$$

(die Werte wurden in 75-Vol.-% Dioxan/Wasser ermittelt)

Diese relativ hohe Stabilität der Kupfer(II)-Komplexe ist eine Ursache für die gute Eignung der LIX-Extraktanten für die Flüssig-Flüssig-Extraktion von Kupfer.

Als Lösungsmittel werden die in der Industrie gebräuchlichen Lösungsmittel Kerosin, Napoleon 470 oder 470 B, Escaid 100 oder Shellsol eingesetzt. Eine Abschätzung ergab, dass für jede produzierte Tonne an Kupfer ein Verlust von 0,08 m^3 des Lösungsmittels anfällt. In der sauren Extraktionslösung beträgt die Kupfer-Konzentration zwischen 0,9 bis 6 kg m^{-3}. Der Anteil an Schwefelsäure liegt zwischen 1,0 bis 3 kg m^{-3}. Es können auch saure, kupferhaltige Lösungen aus dem sogenannten *Bioleaching-Prozess,* einem durch Bakteriumstämme (*bacterium thiooxidans*) in saurer Lösung bewirkten Auslaugungprozess kupferarmer Erze extrahiert werden. Es werden bis vier Kreisläufe in Mixer-Settler-Apparaturen geführt, wobei in jedem Mixer bis zu 16 Extraktionsschritte zu durchlaufen sind (Abb. 3.107). Die Prozess-Zeiten für die Reextraktion sind relativ kurz. Es wird darauf geachtet, dass die Prozesslösungen für die Gewinnung reinen Kupfers durch Elektrolyse geeignet sind. Die Abb. 3.109 zeigt ein allgemeines Prozessschema für die Extraktionsprozesse von Kupfer (II) mit den Extraktanten LIX und KELEX.

Abtrennung von Eisen (III) aus Aluminatlösungen

Für die Produktion von reinem Aluminium werden Bauxit, AlO(OH), oder Aluminium(III)oxid, Al_2O_3, hoher Reinheit benötigt. Da die natürlichen Lagerstätten von reinem Bauxit abnehmen, wurden das schichtförmige Polysilicat Kaolinit, $Al_2(OH)_4[Si_2O_5]$, sowie Kaolin und Tone und andere Alumosilicate als Rohstoffe für die Aluminiumgewinnung interessant. Diese werden jedoch im Regelfall durch Eisen(III)-oxide oder -hydroxide begleitet bzw. sind damit verunreinigt. Ein alkalischer Aufschluss, der in Betracht zu ziehen wäre, kommt wegen des hohen Siliciumgehaltes nicht infrage. Ein einfacher saurer Aufschluss ist ebenfalls technisch nicht realisierbar, weil das ebenfalls gelöste Eisen(III) bei einer nachfolgenden elektrolytischen Abscheidung des Aluminiums stören würde. Deshalb muss das beim salzsauren Aufschluss des Rohproduktes mit konzentrierter Salzsäure gebildete Tetrachloroferrat(III), $[Fe^{III}Cl_4]^-$, vom ebenfalls gebildeten Aluminium(III)-chlorid, $AlCl_3$, abgetrennt werden, was durch Flüssig-Flüssig-Extraktion mit langkettigen Alkylammoniumsalzen, $R_{2n+1}NH_3^+X^-$ unter Bildung von $R_{2n+1}NH_3^+[Fe^{III}Cl_4]^-$ und Paraffin als Lösungsmittel für diesen Ionenpaar-Komplex möglich ist. Der Prozess selbst wird in drei Schritten in Drehrohrsäulen durchgeführt, die ein Durchsatzvermögen von 800 Liter/Stunde haben. Die Reextraktion von Eisen(III)-chlorid bzw. Tetrachloreisen(III)-säure erfolgt aus dem in Paraffin gelösten $R_{2n+1}NH_3^+[Fe^{III}Cl_4]^-$ mit Salzsäure. Das Aluminium(III)-chlorid selbst wird nicht extrahiert, sondern verbleibt in der stark salzsauren Lösung. Diese wird neutralisiert und mit Aluminium(III)-hydroxid angeimpft, so dass es zu Kristallisation kommt. Danach wird abfiltriert und der Rückstand thermisch behandelt, wobei reines Aluminium(III)-oxid, Al_2O_3, als Produkt erhalten wird.

Rückgewinnung von Metallen aus Sekundärrohstoffen und industriellen Abwässern

Die Rück- bzw. Wiedergewinnung der *Edelmetalle* Pt, Pd, Au, Rh, Ir u. a. aus Rückständen der Mikroelektronik-Industrie (Mobiltelefone, Personalcomputer, Fernsehgeräte u. a.) ist zweifellos eine sehr wichtige ökonomische und Ressourcen schonende Notwendigkeit. Im Flüssig-Flüssig-Extraktionsprozess zur Abtrennung solcher Metalle werden bevorzugt schwefelhaltige Extraktanten eingesetzt und entwickelt. Zum Beispiel werden für die Rückgewinnung von Palladium Dialkylsulfide, R_2S, benutzt. Die Industrierückstände werden in Salpetersäure oder Königswasser gelöst. Man kann direkt diese sauren Lösungen für die Extraktion von Gold, Silber und Palladium einsetzen, zum Beispiel mit Extraktanten vom Typ der Oxathiaether, R-S-R'-O-R''-O-R'-S-R. Für die Reextraktion werden Lösungen von

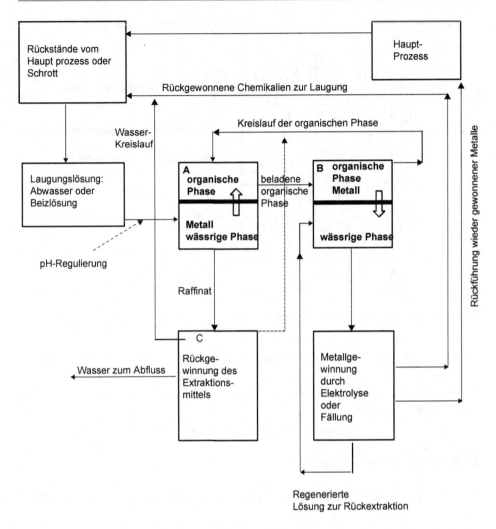

Abb. 3.110 Allgemeines Verfahrensschema zur Gewinnung von Metallen aus Sekundärrohstoffen mittels Flüssig-Flüssig-Extraktion. (Aus: Mühl, P.; Gloe, K.: Mbl. Chem. Gesellsch. DDR **27** (1980) S. 158 (Abb. 7))

Rückstände; Industrieabwässer	Gewonnene Metalle	Extraktionsmittel
Metallschrott	Mo, W, Cr, Co, Ni	Tertiäre Amine
Schlackenreste	Fe, Co, Ni	Tertiäre Amine
Abwässer Viskoseindustrie	Zn	Dialkylphosphorsäure
Beiz-Lösungen, verbrauchte	Cr, Fe, Ni, Mo	Tributylphosphat
Chromhaltige Abwässer	Cr	Tributylphosphat
Grubenwässer	Cu, Zn, Fe	o-Hydroxyoxim; Dialkylphosphorsäure
Quecksilberhaltige Abwässer	Hg	N-Acylthioharnstoffe

Alkylaminen oder Thioharnstoff/HCl verwendet. Die Extraktionsaubeute wird verbessert, wenn Kronen-Liganden, also zyclische Oxa(thia)-ether, benutzt werden (Abb. 3.106).

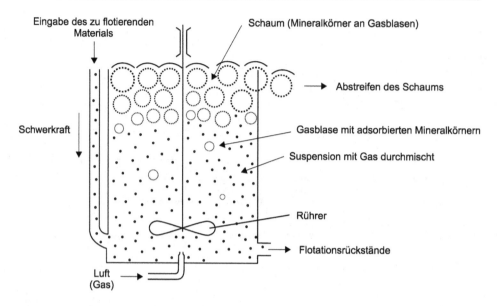

Eingabe des zu flotierenden Materials

Schaum (Mineralkörner an Gasblasen)

Abstreifen des Schaums

Schwerkraft

Gasblase mit adsorbierten Mineralkörnern

Suspension mit Gas durchmischt

Rührer

Flotationsrückstände

Luft (Gas)

Abb. 3.111 Funktionsmodell einer Flotationsanlage

Die folgende Tafel enthält einige Beispiele für die Rückgewinnung von Metallen aus Sekundärrohstoffen und Industrieabwässern [C125], [C136]

Die Abb. 3.110 enthält ein allgemeines Verfahrensschema zur Gewinnung von Metallen aus Sekundärrohstoffen.

Feststoffpartikel − Flüssigkeit-Gas

3.4.3 Flotation von Erzen

Die Flotation von Erzen betrifft die Trennung von drei miteinander koagulierenden Phasen

mit dem Ziel, Erze bzw. Mineralien, die Wert-und Gebrauchsmetalle (Pb, Zn, Sn, Cu, W u. a.) in gebundener Form enthalten, anzureichern und sie von taubem Gestein, Gangart oder minder wertvollen Mineralien abzutrennen. Im Vergleich und im Gegensatz zur Flüssig–Flüssig-Extraktion von Metallen (Abschn. 3.4.2) aus Metallionen und Anionen enthaltenden Prozesslösungen besteht die Flotation in einer Vortrennung der Metalle und einer Anreicherung als Mineral-Konzentrate, die einen hohen Gehalt am gewünschten Metall in gebundener Form enthalten. In diesen industriellen Prozessen spielen Metallkomplexe ebenfalls eine wichtige Rolle. Weltweit werden etwa 2 Billionen Tonnen Erze pro Jahr flotiert.

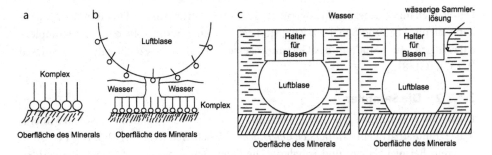

Abb. 3.112 Abläufe beim Einsatz der Sammler in der Flotation von Erzen. **a** Anordnung der Moleküle des Sammlers an der Mineraloberfläche unter Bildung von Oberflächenkomplexen. **b** Unterbrechung des Wasserfilms auf den Monoschichten des Sammlers durch Luftblasen. **c** Fixierung der Luftblasen auf Galenit in Wasser (*linksseitig*) und bei Eintrag des wässerigen Lösung des Sammlers Natriumethylxanthogenat (*rechtsseitig*)

3.4.3.1 Beschreibung des Flotationsprozesses

Die aus den Minen beförderten Erze müssen auf mechanischem Wege auf eine Korngröße von ca. 0.25 mm Durchmesser sehr fein gemahlen sein, damit sie für den Flotationsprozess aufbereitet und geeignet sind. Danach wird eine wässerige Suspension mit einem Gehalt von etwa 30 Gew.-% an gemahlenem Granulat und speziell eingestelltem pH-Wert bereitet. Diese Suspension enthält zudem *Sammler, Regulatoren* und *Schäumer*.

Durch Einleitung eines kräftigen Gasstromes werden alle Komponenten gut durchgemischt. Dabei bilden sich Blasen von geringer Dichte, die mit den Partikeln der wertvollen Erze beladen sind und an die Oberfläche der Suspension flotieren. Die unter diesen Bedingungen nicht anreicherungsfähigen Erz- bzw. Mineralpartikel bleiben in der Suspension und sinken zu Boden und sammeln sich dort an. Sie werden abgenommen und auf die Halde gebracht oder für spezielle andere Zwecke aufgearbeitet. Die Schäume dagegen, bestehend aus den Gas-Partikel-Schaum-Aggregaten, werden mechanisch von der Oberfläche abgezogen. Auf diese Weise erhält man ein Erzkonzentrat, das dann für die Gewinnung der jeweiligen Wertmetalle nach speziellen Methoden zur Verfügung steht. Die Abb. 3.111 enthält ein Schema des Flotationsprozesses mit der Darstellung der Suspension und des flotierten, Granulat enthaltenden, Schaumes.

Im solchermaßen prinzipiellen Verständnis des Flotations-Prozesses verdienen zwei Aspekte Beachtung:

1. Optimierung des Regimes der eingesetzten Reagenzien Sammler, Regulatoren und Schäumer, angepasst an die speziellen Erfordernisse;
2. Optimierung der hydrodynamischen Abläufe, insbesondere betreffend die Dichte der Suspension und der Gase, deren Einleitungsgeschwindigkeit, die Temperatur, die Korngröße der Partikel, die Blasenbildung u. a.

Der erstgenannte Aspekt soll näher an ausgewählten Beispielen der Flotation der Mineralien Galenit, PbS, und Sphalerit, ZnS, studiert werden, um die Rolle der Metallkomplexe
aufzuzeigen. Zum Studium des Gesamtprozesses sei auf die Spezialliteratur hingewiesen
[C137], [C138].

3.4.3.2 Die Sammler

Die *Sammler* haben die prinzipielle Funktion, an den zu sammelnden wertvollen Minera-
lien- Granulatpartikeln *hydrophobe Oberflächen* zu schaffen (Abb. 3.112a). Das betrifft in
unserem Beispiel Galenit und Sphalerit. Die Oberflächen der in der Suspension verblei-
benden Granulate aus taubem Gestein (Silicate, Quarz u. a.) dagegen sind hydrophil. Die
Partikel mit hydrophoben, wasserabstoßenden Oberflächen sind für die Einbringung in
die Gas-Flüssigkeits-Blasen geeignet (Abb. 3.112b).

Für sulfidische Erze, hier speziell Galenit und Sphalerit, werden *anionenaktive, sulfidische Sammler* eingesetzt. In der industriellen Praxis sind dies: Natriummethylxanthoge-
nat, $Na[S-C(=S)N-OC_2H_5]$; Natriumdiethyldithiocarbamat, $Na[S-C(=S)-N(C_2H_5)_2]$;
Kaliumalkyl(aryl)dithiophosphate, $K[S-P(=S)(OR)_2]$; n-Butylester von *N*-Benzoyldi-thio-
carbamat, $C_6H_5-CO-NH-C(=S)-O^nC_4H_9$. Außerdem kommen 2-Mercaptobenzthiazol
(MBT) und 2-Mercaptobenzoxazol (MBO) zum Einsatz.

Die Synthese der Xanthogenate, Dithiocarbamate und Dithiophosphate geschieht industriell wie folgt:

- Xanthogenate:

$$MOH + CS_2 + ROH \rightarrow RO - C(=S)S^-M^+ + H_2O$$
$$M = Na, K$$

- Dithiocarbamate:

$$MOH + CS_2 + R_2NH \rightarrow R_2N - C(=S) - S^-M^+ + H_2O$$

- Dithiophosphate:

$$4\,ROH + P_2S_5 \rightarrow 2\,(RO)_2P(=S)SH + H_2S$$

Sammler sind polare Substanzen. Sie besitzen im Molekül eine hydrophile Gruppe,
$E(=S)S^-$, und eine unpolare Gruppe (Alkyl, Aryl) bzw. im Falle von MBT und MBO
die hydrophile Mercaptogruppe und den hydrophoben heterozyklischen Ring. Metallionen M^{2+} (Pb^{2+}, Zn^{2+},…) sind befähigt, mit Xanthogenatliganden die Chelatkomplexe
$[M^{II}\{SC(=S)OR\}_2]$, mit Dithiocarbamatliganden die Chelatkomplexe $[M^{II}\{SC(=S)NR_2\}_2]$
und mit Dithiophosphatliganden die Chelatkomplexe $[M^{II}\{SP(=S)(OR)_2\}_2]$ hoher Stabilität zu bilden. Die Analysen der Oberflächen von Mineralien nach Zugabe der Sammler mit
der modernen spektroskopischen ESCA-Methode [C139] haben bestätigt, dass sich die

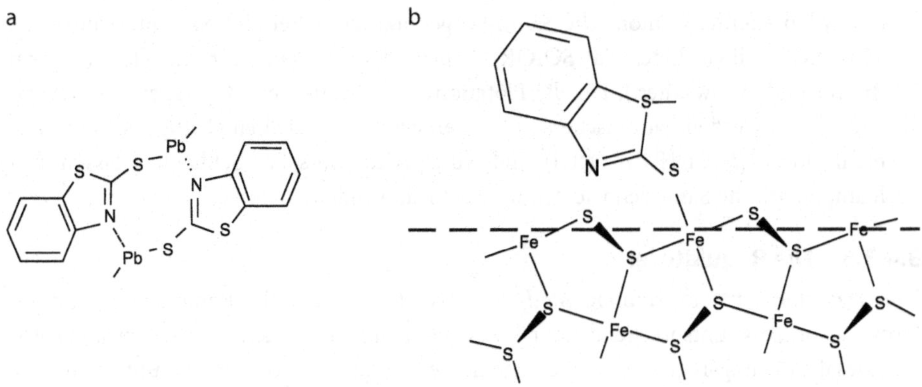

a

b

Abb. 3.113 Oberflächenkomplexe bei der Flotation von Galenit und Pyrit mit 2-Mercapto-ben-zo-1,3-thiazol (MBT); **a** Bindung von MBT an der Oberfläche von Galenit, PbS; **b** Disposition des Adsorptionskomplexes von MBT mit Pyrit, FeS$_2$. (Aus: Szargan, R.; Schaufuß, A.; Rossbach, P.: J. Electron Spectr. & Relat. Phen. **100** (1999) a) S. 360 (Fig.1); b) S. 364 (Fig. 5))

Sammler an das thiophile Metallion der Mineralien über den ionischen, schwefelhaltigen Molekülteil anlagern.

Die Befähigung zur Bildung von Oberflächenkomplexen ist abhängig von der Größe der beteiligten Atome bzw. Atomgruppen R. Der an der Oberfläche gebildete Metallkomplex schützt die Mineralpartikel bzw. hüllt sie ein, weil die hydrophoben Reste R einen weiteren Zutritt von Wassermolekülen behindern. Auf diese Weise bilden sich Monoschichten des Sammlers an der Partikel-Oberfläche. Diese Situation ist in der Abb. 3.113 für Galenit und Pyrit, FeS$_2$, mit dem Sammler 2-Mercaptobenzthiazol (MBT) gezeigt worden [C139].

Die Bildung derartiger Oberflächenkomplexe ist nicht die alleinige Ursache für das hydrophobe Verhalten an der Mineral-Oberfläche. Es wurde nachgewiesen, dass die Sammler durch die Oxidation mit dem Sauerstoff des Luftstromes partiell oxidiert werden. So zum Beispiel erfolgt die Bildung von Dixanthogen aus Natriumethylxanthogenat:

$$2\ C_2H_5O - C(=S) - SNa + O_2 + H_2O \rightarrow$$
$$C_2H_5O - C(=S) - S - S - C(=S) - OC_2H_5 + 2\ NaOH$$

Deshalb kann sich dieses Produkt an der Mineraloberfläche aggregieren und dort reduziert werden. Außerdem muss berücksichtigt werden, dass durch den Luftsauerstoff auch Galenit bzw. Sphalerit selbst an der Oberfläche partiell oxidiert werden können unter Bildung von Oxiden, Sulfaten u.a., wobei die chemischen Prozesse bei der Flotation beeinflusst werden. Von Bedeutung sind ferner die elektrostatischen Kräfte, die Bildungpotentiale (ξ-Potenzial), die Ausbildung von Doppelschichten, die partielle Löslichkeit der Minerale und der pH-Wert der Suspension. Es handelt sich insgesamt um Vorgänge der *Chemisorption* und *physikalischen Adsorption*.

Für die Flotation von oxidischen Erzen bzw. Mineralien, wie zum Beispiel Oxide von Eisen, Mangan und Zinn (Kassiterit, SnO$_2$) sowie Fluorite, Baryt (BaSO$_4$), Phosphate

u. a., werden ebenfalls anionische Sammler genutzt, zum Beispiel Natriumcarboxylate, $Na^+(COOR)^-$, Alkylsulfate, $Na^+(SO_3OR)^-$, auch Hydroxamate (für die Flotation von Wolframit und Perowskiten). Für die Flotation von silicatischen Mineralien, wie Quarz, Glimmer u. a., werden kationische Sammler eingesetzt, speziell langkettige Alkylammoniumchloride, R_4N^+Cl (R≥n-Octyl) und Alkylpyridiniumsalze. Schließlich lassen sich auch ampholytische Sammler, wie Aminosäuren, anwenden.

3.4.3.3 Die Regulatoren

Die *Regulatoren* (*Modifikatoren, Modyfier*) bewirken spezifische Randbedingungen im Flotationsprozess. Entsprechend ihrer jeweiligen Aufgabe werden Aktivierungsregulatoren, Desaktivierungsregulatoren und allgemeine Regulatoren voneinander unterschieden.

Die *Aktivierungsregulatoren* erleichtern die Adsorption des Sammlers an der Oberfläche des zu flotierenden Erzes durch die Zerstörung der oberflächlichen Hydrathülle und die Erzeugung von Hilfsschichten an der Partikeloberfläche, um die Sammler dort besser anzureichern. Die Funktion der *Desaktivierungsregulatoren* besteht in der Erhöhung der Hydrophilie an der Partikeloberfläche. Die *allgemeinen Regulatoren* greifen in die Schaffung spezieller Reaktionsbedingungen, wie pH-Wert, Ionenstärke, Konzentrationsverhältnisse u. a. ein.

Die Wirkungsweise von Regulatoren wird nachfolgend am Beispiel der Flotation von Galenit und Sphalerit gezeigt: Die Trennung von Galenit, PbS, und Sphalerit, ZnS, durch Flotation wird in zwei Etappen durchgeführt, wobei in beiden Xanthogenate als Sammler verwendet werden.

Erste Etappe: Es wird ein Desaktivierungsregulator (Natriumsulfid, Na_2S, oder Natriumcyanid, NaCN) zur Flotationslösung zugesetzt. Er dient zur Anreicherung von Galenit im Flotationsschaum und zur Eliminierung von Cu^{II} von der Oberfläche des Sphalerits, indem sich unlösliches Cu$_2$S/CuS (bei Zusatz von Natriumsulfid) bzw. die Koordinationsverbindung $Na[Cu^I(CN)_2]^-$ (bei Zusatz von NaCN) entsprechend der Reaktion

$$Cu^{2+} + 3\ CN^- \rightarrow [Cu^I(CN)_2]^- + 1/2\ (CN)_2$$

bilden. Die Adsorption des Sammlers Xanthogenat an der Oberfläche des Sphalerits, durch das Vorhandensein von Kupfer(II)-Ionen an dessen Oberfläche begünstigt, wird verhindert bzw. vermindert und damit die Flotierung von Sphalerit erschwert.

Zweite Etappe: Nach der Abtrennung des an Galenit angereicherten Schaumes wird die verbliebene Suspension durch Hinzufügung eines Regulators wieder reaktiviert. Dieser Aktivierungsregulator ist Kupfer(II)-sulfat, wobei die Kupfer(II)-Ionen in ein Austauschgleichgewicht mit dem ZnS an der Oberfläche des Sphalerits treten:

$$\{ZnS\} + Cu^{2+}_w \rightarrow \{CuS\} + Zn^{2+}_w$$

Abb. 3.114 Einfluss der Konzentration des Sammlers Natriumdiethyl-di-thiophosphat, NaSP(=S)$(OC_2H_5)_2$, in Abhängigkeit vom regulierenden pH-Wert auf die Flotation von Pyrit, FeS_2, Galenit, PbS, und Chalcopyrit, $CuFeS_2$

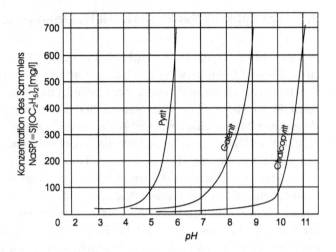

Der schwefelhaltige Sammler Xanthogenat adsorbiert nun bevorzugt an die Kupfer (II)-Ionen an der Oberfläche des Sphalerits, und nachfolgend erfolgt die Flotation und Austragung des an Sphalerit konzentrierten Schaums.

Andere Typen von Desaktivierungsregulatoren sind Chelatbildner, die zum Beispiel eine schwefelhaltige Gruppierung wie in den Xanthogenaten oder Dithiocarbamaten besitzen, jedoch anstelle des hydrophoben Restes R (Alkyl, Aryl) über einen hydrophilen Rest R' verfügen. Es handelt sich um Alkohole, Glycol, Carboxylate. In diesem Falle werden Metallkomplexe an der Oberfläche gebildet, jedoch keine Hydrophobie der Partikel erzeugt.

In der Abb. 3.114 wird die Wirkung eines allgemeinen Regulators (pH-Regulator) im Zusammenhang mit der Konzentration des Sammlers Natriumdiethyldithiophosphat an Pyrit, Galenit und Chalcopyrit, $CuFeS_2$, in einer Grafik gezeigt.

Die Kapazität der Sammler zur Bildung von Metallkomplexen an der Oberfläche wird beträchtlich vom pH-Wert der Suspension beeinflusst. Der Sammler Natriumdiethyl-di-thiophosphat wird wie die Xanthogenate, allerdings nicht so leicht, durch Luftsauerstoff zum Dithiophosphatogen $(RO)_2P(S)–S–S–P(S)(OR)_2$ oxidiert. Dieser Prozess ist pH-abhängig, wie in der Abb. 3.114 gezeigt wird. Oberhalb von pH=6 wird Natriumdiethyl-dithiophosphat in Gegenwart von Pyrit nicht mehr oxidiert bzw. das Dithiophosphatogen wird instabil. Deshalb findet bei pH>6 keine Flotation mehr statt. Analoge Verhältnisse, allerdings bei noch größeren pH-Werten, werden bei Galenit und Chalcopyrit angetroffen.

3.4.3.4   Die Schäumer

Der Zusatz von *Schäumern* hält die bei der Flotation gebildeten Schäume während eines bestimmten Zeitraumes stabil. Damit werden die technischen Abläufe in der dafür erforderlichen Zeit realisierbar. Die Schäumer sind weder Komplexbildner noch Metallkomplexe. Sie beeinflussen die Oberflächenspannung der Suspensionen. Es handelt sich um Tenside wie aliphatische Alkohole, ROH, alkoxysubstituierte Alkane $(R'O)_nR$ und andere.

3.5 Katalytische Reaktionen mit Übergangsmetallkomplexen

Wilhelm Ostwald (1853–1932, Nobelpreis für Chemie 1909) schrieb 1907 in den „Prinzipien der Chemie" [C140], dass viele Substanzen, selbst wenn sie in kleinen Mengen in einem Reaktionsgemisch vorhanden sind, eine Erhöhung der Reaktionsgeschwindigkeit hervorrufen. In der Mehrzahl der Fälle würden diese Verbindungen augenscheinlich nicht am chemischen Prozess teilnehmen und keine chemischen Veränderungen erfahren, denn sie befänden sich unverändert im Verlaufe des Gesamtprozesses, also vor, während und nach den abgelaufenen chemischen Reaktionen. Trotzdem schließe das nicht ihre Teilnahme am Reaktionsgeschehen aus, die vermutlich in Übergangszuständen erfolge und das würde bedeuten, dass sie sich von den Reaktionsprodukten trennen, ohne Veränderungen zu erleiden. Eine Definition des Katalysators aus thermodynamischer und kinetischer Sicht gibt Christoph Elschenbroich [C51]: Ein Katalysator erhöht die Reaktionsgeschwindigkeit, und das ist thermodynamisch begründet durch die Erniedrigung der Aktivierungsenergie. Ein Katalysator kann selektiv einen spezifischen Reaktionsweg begünstigen, wenn mehrere konkurrierende Reaktionswege möglich sind.

Auf der Grundlage solcher Definitionen ist es koordinationschemisch interessant, einige Übergangsmetallkomplexe bezüglich ihrer Fähigkeit als Katalysator und der spezifischen Katalysatorfunktion zu charakterisieren. Die Bedeutung von vielen Metallkomplexen als Katalysatoren besteht in ihrer Wechselwirkung mit organischen, vorwiegend ungesättigten Verbindungen, die in interessante Zielprodukte überführt werden können.

Faktoren, die Übergangsmetallkomplexe als Katalysatoren kennzeichnen, sind:

- Die Zentralatome nehmen in ihre Koordinationssphäre Edukte auf und ordnen sie in geeigneter Weise an. Durch solche Lokalisierung wird eine Wechselwirkung möglich. Der Komplex wirkt wie eine Schablone.
- Die Koordination der Liganden und der Edukte führt zur Aktivierung der Reaktanten in der Koordinationssphäre.
- Die Koordination der Edukte erfolgt in spezifischer Form. Einige Liganden im Katalysatorkomplex sind nur schwach (*hemilabil*) gebunden. Es existiert ein gewisses Gleichgewicht zwischen dem koordinierten Zustand und dem Zustand der Dekoordinierung der Liganden. Dieser Sachverhalt erlaubt es, dass auch schwach koordinierende ungesättigte Verbindungen unter Erhöhung der Koordinationszahl einbezogen werden können. Ein solches Verhalten wird besonders häufig bei d^8- und d^{10}- Übergangsmetallkomplexen des Ru, Rh, Co, Ni, Pd und Pt beobachtet.
- Die Variation der Oxidationszustände der Zentralatome in den Katalysatorkomplexen unter Beibehaltung der Ligandenhülle gestattet die Elektronenübertragung über das Zentralmetall. Dies wiederum erleichtert katalytische Redox-Reaktionen, zum Beispiel die der oxidativen Addition.
- Manche Metallkomplexe können Strahlungsenergie im sichtbaren und ultravioletten Spektralbereich aufnehmen, wobei angeregte Zustände* entstehen:

$$\text{Präkatalysator-Komplex} \xrightarrow{h \cdot \nu} \text{Katalysatorkomplex}^*$$

Diese Extraenergie wird auf die Edukte übertragen, wobei deren Aktivierungsenergie für die angestrebten katalytischen Reaktionen vermindert wird.

Außerdem sind Konsequenzen von nukleophilen Angriffen zu berücksichtigen, die durch die Edukte in der Reaktion mit koordinierten Liganden erleichtert werden. Der Vorzug der Organometallkomplexe als Katalysatoren erhält seine Berechtigung in den aktivierten organischen Gruppen in der Koordinationssphäre (C_1-, C_2-...Fragmente).

Die Katalysatorkomplexe sollen reproduzierbar und vollständig (im Idealfall bis zu 100 %) wiederverwendet werden können, wenn die Reaktion beendet ist. In der Praxis gelingt dies in der Mehrzahl der Fälle nicht. Besonders bei homogenkatalytischen Reaktionen treten bei der Abtrennung der Produkte oder durch partielle Zersetzung des Katalysators Verluste auf, wenn mehrere Zyklen durchlaufen worden sind. Und trotzdem: Auch wenn solche Verluste des Katalysators auftreten bzw. in Rechnung gestellt werden müssen, besitzen homogenkatalytisch geführte Reaktionen viele Vorteile gegenüber der Katalyse in heterogenen Phasen, insbesondere deshalb, weil die Reaktionen in einer sehr spezifischen Weise ablaufen und sich bei Normaltemperaturen durchführen lassen. Dagegen laufen die katalytischen Reaktionen in heterogener Phase in einem begrenzten Reaktionsrahmen an den Grenzflächen zwischen der festen Phase (mit dem Katalysatorkomplex an der Oberfläche) und der flüssigen- bzw. Gasphase ab. Solche Prozesse sind also stark limitiert, sie erfordern zudem meist hohe Reaktionstemperaturen und beinhalten komplizierte Reaktionsmechanismen. Der große Vorteil besteht allerdings bei heterogenen Katalysatoren in ihrer leichten Wiedergewinnung.

3.5.1 Homogenkatalyse

Die homogenkatalytischen Reaktionen mit Katalysatorkomplexen verlaufen miteinander gekoppelt. Jeder Reaktionsschritt folgt auf den anderen, ohne dass man meist deren unmittelbar gebildeten Produkte noch die Zwischenzustände kennt. Das lässt viel Spielraum für hypothetische Ansätze bzw. Interpretationen.

Zunächst seien fotokatalytische Reaktionen mit Übergangsmetallkomplexen beschrieben.

3.5.1.1 Fotokatalyse mit Übergangsmetallkomplexen

Wir beschränken uns hier auf das Studium von chemischen Reaktionen mit Metallkomplexen, die durch Licht beeinflusst werden. Es handelt sich um fotochemische Reaktionen. Dabei werden katalytische Aspekte mit Bezug auf Transformationen von Substraten berührt, die durch Wechselwirkungen mit Katalysatorkomplexen zustande kommen und durch Bestrahlung mit Licht ausgelöst oder erzeugt werden.

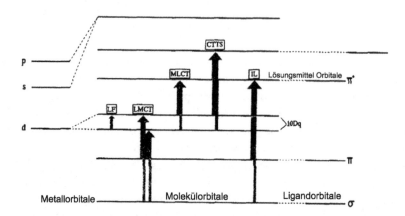

Abb. 3.115 Fotochemisch angeregte elektronische Übergänge in oktaedrischen Metallkomplexen in einem Molekülorbital-Diagramm. *LF* Ligand-Feld-Übergänge (Elektronenübergänge *d-d*-Übergänge des Metalls); *LMCT* Ligand-to-Metal-Charge-Transfer: Elektronenübergänge vom Liganden zum Metall; *MLCT* Metal-to-Ligand-Charge-Transfer: Elektronenübergänge vom Metall zum Liganden. Im Extremfall: Oxidation des Metallions, Reduktion des Liganden; *CTTS* Charge-Transfer-To-Solvent: Elektronenübergänge von besetzten Metall-Orbitalen zum Lösungsmittel (auch als *MSCT* Metal to Solvent Charge Transfer bezeichnet); *IL* Intra-Ligand- Übergänge: Ladungsübergänge zwischen den Ligand-Orbitalen (σ–π–; π–π^*-Übergänge)

Für eine Systematisierung der Vorgänge werden drei Typen von fotokatalytischen Reaktionen unter Beteiligung von Koordinationsverbindungen unterschieden [C141], [C142]:

- Fotoinduzierte katalytische Reaktionen
- Fotoassistierte katalytische Reaktionen
- Fotosensibilisierte katalytische Reaktionen

Die betreffenden Metallkomplexe verfügen über die charakteristische Eigenschaft, dass sie Licht absorbieren können. Dieser Vorgang verursacht einen Ladungsübergang aus dem Grundzustand der Molekülorbitale in angeregte elektronische Zustände. Die Molekülorbitale in Organometallkomplexen werden aus Metall- und Ligandorbitalen generiert. Für ein besseres Verständnis der unterschiedlichen Möglichkeiten zur Absorption des Lichtes dient die Abb. 3.115, die die charakteristischen Ladungsübertragungsbanden in einem oktaedrischen Komplex in vereinfachter Weise [C143] zeigt.

Fotoinduzierte katalytische Reaktionen

Die fotoinduzierten Reaktionen laufen über die Erzeugung eines Katalysatorkomplexes durch Bestrahlung aus einem Präkatalysatorkomplex ab. Der auf diese Weise erzeugte Katalysator tritt in den katalytischen Prozess ein und kann in einem Kreisprozess funktionieren. Die Zahl der Zyklen wird mit $N = \Delta c_p / \Delta t \cdot c_{cat(0)}$ angegeben, wobei $c_p =$ Konzentration des Produktes P; $t =$ Zeit; $c_{cat(0)} =$ konstante Konzentration des Katalysators bedeuten. Die Präkatalysatoren fungieren nicht unter bestimmten thermischen Bedingungen. Ein Maß

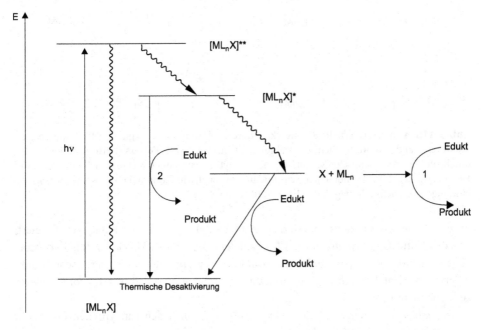

Abb. 3.116 Jablonski-Diagramm. Vereinfachtes Schema einer fotoinduzierten katalytischen Reaktion (*1*) und einer fotoassistierten Reaktion (*2*) auf der Basis lichtempfindlicher Metallkomplexe [ML$_n$X]

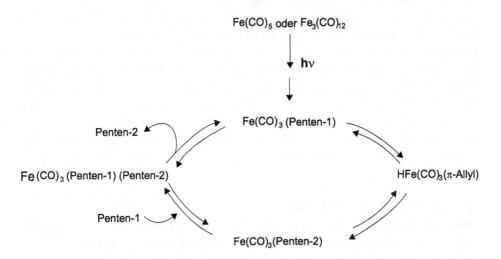

Abb. 3.117 Isomerisierung von Penten-1 zu Penten-2, ausgelöst durch die fotokatalytisch aktive Spezies Eisenpentacarbonyl [Fe(CO)$_5$] in einem katalytischen Zyklus. (Aus: Wrighton, M.S.; Graff, J.L.; Kazlauskas, R.J.; Mitchener, J.C.; Reichel, C.L.: Photogeneration of reactive organometallic species, Pure Appl. Chem. **54** (1982), S. 166)

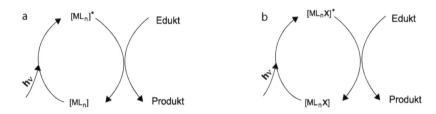

Abb. 3.118 a Fotoassistierte Reaktionszyklen durch elektronisch angeregte Metallkomplexspezies, die durch ständig kontinuierliche Bestrahlung erzeugt werden; **b** Fotoassistierte Reaktionszyklen durch ständige fotochemische Neubildung der katalytisch wirkenden Metallkomplexspezies. (Aus: Hennig, H.; Rehorek, D.: Photochemische und photokatalytische Reaktionen von Koordinationsverbindungen, Akademie-Verlag Berlin **1987**, S. 102 (Abb. 4.3))

für die Effizienz des Katalysators sind die Zahl der Zyklen, in der der Katalysator fungiert, und die Brutto-*Quantenausbeute* Φ (Φ = Zahl der reagierenden Moleküle/ Zahl der absorbierten Lichtquanten). Als Konkurrenzreaktionen sind prinzipiell die thermische Desaktivierung des Katalysatorkomplexes und die Rekombination des Präkatalysatorkomplexes zu berücksichtigen.

Das *Jablonski-Diagramm* (Abb. 3.116) gibt anschaulich den katalytischen Prozess in einer vereinfachten Weise wieder.

Aus der Vielzahl an Beispielen sei eines ausgewählt und erläutert [C144]. In diesem Falle ist der Präkatalysatorkomplex $[Fe(CO)_5]$ (oder $[Fe_3(CO)_{12}]$), der bei niedrigen Temperaturen mit ultraviolettem Licht bestrahlt wird und die Isomerisierung von Penten-(1), $H_2C=CH-CH_2-CH_2-CH_3$, zu Penten-(2), $CH_3-CH=CH-CH_2-CH_3$, bewirkt (Abb. 3.117). Um den Katalysatorkomplex, die koordinativ ungesättigte Komplexspezies $[Fe(CO)_3]$ zu bilden, werden durch die Bestrahlung zwei CO Liganden aus dem Pentacarbonyleisen(0) abgespalten. Diese Spezies besitzt die Fähigkeit, das Penten-(1) zu koordinieren und in Penten-(2) zu isomerisieren, wobei ein Zwischenprodukt $HFe(CO)_3(\pi\text{-allyl})$ auftritt. Experimentell wird dieser katalytische Prozess durch eine kurzzeitige Argon-Laserbestrahlung (2,5 Watt; 333, 351, 364 nm; 5 Sekunden) auf den Präkatalysator $[Fe(CO)_5]$ in einer Konzentration von $8 \cdot 10^{-3}$ M in Penten-(1) ausgelöst Die Zahl der Zyklen beträgt N = 3700 min^{-1}; die Quantenausbeute Φ = 68. Das Ergebnis: 27 %ige Isomerisierung zu Penten-(2).

Fotoassistierte katalytische Reaktionen

Fotoassistierte katalytische Reaktionen laufen ausschließlich während der Bestrahlung mit Licht ab. Die Reaktion erlischt, wenn das Licht ausgeschaltet wird. Bei diesem Reaktionstyp gibt es aus der Sicht des Katalysatorkomplexes zwei Wirkmöglichkeiten:

- Der Komplex wirkt unzersetzt als Katalysator lediglich im angeregten Zustand* (siehe den Vergleich mit dem vorangehenden Beispiel von $[Fe(CO)_5]$). Das bedeutet, dass die katalytische Aktivität des Komplexes in einer speziellen Situation nur im elektronisch

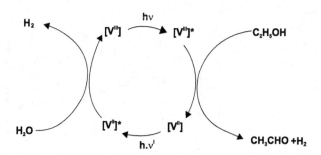

Abb. 3.119 Fotoassistierte katalytische Reaktion mit einem Vanadium^{III}-Katalysator. (Aus: Hennig, H.; Rehorek, D.: Photochemische und photokatalytische Reaktionen von Koordinationsverbindungen, Akademie-Verlag Berlin **1987**, S. 116 (Abb. 4.12))

angeregten Zustand* wirksam ist, die sich vom Zustand des Präkatalysators unterscheidet (Abb. 3.118a).

• Der Komplex benötigt eine Dauerbestrahlung, um ein Maximum an Reaktionsausbeute zu erzielen, weil die Rekombination zum nicht katalytisch aktiven Grundzustand außerordentlich rasch verläuft (Abb. 3.118b).

Diese katalytischen Reaktionen erinnern an die molekularen Schalter (Abschn. 3.3.1), deren Reaktionen durch Bestrahlung in Gang gesetzt bzw. abgebrochen werden können. Die Brutto-Quantenausbeute Φ kann bei fotoassistierten katalytischen Reaktionen nicht den Wert von 1 übersteigen, da ein Photon lediglich einen Reaktionszyklus initiieren kann.

Am Beispiel der Oxidation von Alkoholen zu Aldehyden mit ethanolischen Lösungen von Vanadium(III)-chlorid-hexahydrat, $VCl_3 \cdot 6 H_2O$, als komplexes Katalysatorsystem [C145], [C146] lassen sich fotoassistierte katalytische Reaktionen erläutern. Das komplexe Vanadium(III)-System, in Kurzform [V^{III}], fungiert als Präkatalysator. Es wird durch Bestrahlung mit Licht zum Komplex-Katalysatorsystem [V^{III}]* angeregt, das ein höheres Oxidationspotential als der Präkatalysator besitzt. In diesem Zustand ist es in der Lage, Alkohole zu Aldehyden zu oxidieren, wobei [V^{III}]* zu [V^{II}] reduziert wird. Diese [V^{II}]-Spezies werden mit Licht bestrahlt und in einen angeregten Zustand [V^{II}]* gebracht.

Diese elektronisch angeregte Spezies ist in der Lage, Wasser zu H_2 zu reduzieren. Als Reaktionsprodukt erhält man erneut den Präkatalysator [V^{III}]. Es existieren somit zwei ausschließlich durch Lichteinstrahlung erzeugte elektronisch angeregte Komplexspezies: [V^{III}]* und [V^{II}]* mit erhöhtem Oxidations/Reduktions-Potential im Reaktionsgeschehen (Abb. 3.119).

Fotosensibilisierte katalytische Reaktionen

Bei den oben behandelten fotoinduzierten und fotoassistierten katalytischen Reaktionen werden durch Bestrahlung mit Licht elektronisch angeregte Zustände des Katalysatorkomplexes erzeugt. Der Spektralbereich ist begrenzt und von den Maxima der Absorptionsbanden des Katalysatorkomplexes abhängig. Eine Erweiterung des Spektralbereiches ist

Abb. 3.120 Energie-
Diagramm für fotosen-
sibilisierte katalytische
Reaktionen

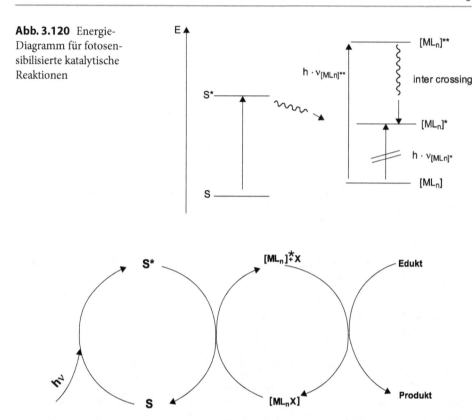

Abb. 3.121 Allgemeines Schema der sensibilisierten Fotolyse (*S* Sensibilisator; *S** elektronisch
angeregter Sensibilisator; *[ML_nX]* fotoempfindlicher Metallkomplex; *[ML_n]** elektronisch angeregter Metallkomplex; *X* katalytisch aktive Spezies. (Aus: Hennig, H.; Rehorek, D.: Photochemische
und photokatalytische Reaktionen von Koordinationsverbindungen, Akademie-Verlag Berlin **1987**,
S. 103 (Abb. 4.5))

möglich durch die Erzeugung von Katalysatorkomplexen mit Hilfe von *spektralen Sensibilisatoren S*. Diese spektralen Sensibilisatoren können das Licht in Frequenzbereichen
absorbieren, die sich von den Maxima der Absorptionsbanden des Komplexes unterscheiden. Dabei entsteht ein energetisch-elektronisch angeregter Sensibilisator *S**. Das Wesentliche besteht nun darin, dass dieser angeregte spektrale Sensibilisator *S** die aufgenomme-
ne Energie auf den Katalysatorkomplex übertragen kann, wobei dieser in einen energetisch angeregten Zustand $[ML_n]^*$ übergeht. Diese Aktivierung kann auf unterschiedlichen
Wegen und durch unterschiedliche Mechanismen erfolgen. Das können bimolekulare Reaktionen zwischen dem angeregten Sensibilisator *S** und dem Präkatalysatorkomplex oder
die Bildung von Ionenpaaren oder Gemischtligandkomplexen sein.

Aus der Abb. 3.120 lassen sich Aspekte der Fotosensibilisierung ableiten: Die Bestrahlungsenergie $h \cdot \nu_{(sens)}$ kann geringer sein als die Bestrahlungsenergie $h \cdot \nu_{[MLn]}$**. Der reaktive Zustand für den katalytischen Prozess $[ML_n]^*$ hat einen geringeren Energiegehalt

als der reaktive Zustand $[ML_n]^{**}$, der durch Energieeinfang durch direkte Bestrahlung mit Licht entsprechend $h \cdot v_{[MLn]**}$ erreicht wird. Der Übergang vom Anregungszustand $[ML_n]^{**}$ zu $[ML_n]^{*}$ wird als *inter-crossing* bezeichnet.

In der Abb. 3.121 ist der katalytisch geführte Kreisprozess mit spektralen Sensibilisatoren dargestellt.

Ein treffliches Beispiel für sensibilisierte fotokatalytische Reaktionen ist die *Fotosynthese* durch grüne Pflanzen und Blätter. Als Präsensibilisator *S* wirken das Chlorophyll a und das Chlorophyll b. Der angeregte Sensibilisator S^{*} überträgt die Energie auf das Enzym, das seinerseits die katalytische Umwandlung von Kohlendioxid, CO_2, und Wasser, H_2O, zu Kohlenhydraten und Sauerstoff, O_2, realisiert (CO_2-Assimilation). Bedeutende Beiträge zum Verständnis des biochemischen Prozesses wurden von Hans Wilhelm Kautsky (1891–1966) erbracht [C147].

3.5.1.2 Homogenkatalytische Reaktionen mit Organometallkomplexen
Charakteristika der Reaktionen

Die in Abschn. 3.5.1.1 vorgestellten fotokatalytischen Reaktionen in homogener Phase sind zumeist Vorlauf-Forschungen für zukünftige industrielle Prozesse. Dagegen gehören die homogenkatalytischen Reaktionen mit Organometallkomplexen schon seit geraumer Zeit zum unverzichtbaren Repertoire in der chemischen Industrie. Einige wichtige Aspekte solcher katalytischen Reaktionen sind:

- Eine wirkliche katalytische Reaktion kann immer durch einen geschlossenen Kreisprozess dargestellt werden [C148].
- Die Katalysatorkomplexe verändern im Verlaufe der Reaktionen die Zahl der Elektronen in der Valenzschale des Metalls, vorwiegend zwischen 16 und 18 Elektronen (Abschn. 1.4), womit logischerweise ihr formaler Oxidationszustand wechselt.
- Während des katalytischen Prozesses ändert sich die Koordinationszahl des Metalls durch Dissoziation (Eliminierung) oder Assoziation (Addition) von Liganden.
- Die katalytischen Prozesse erfolgen über sukzessiv aufeinander folgende Elementarschritte. Die Zwischenprodukte besitzen eine sehr kurze Lebensdauer, die prinzipiell durch physikalisch-chemische Methoden identifiziert werden können. Allerdings können sie in der Praxis oft nicht detektiert bzw. identifiziert werden und erscheinen so als hypothetische Produkte mit dem Ziel, den Reaktionsmechanismus erklären zu können.

Die Reaktionen werden in organischen Lösungsmitteln durchgeführt. Deshalb ist vorauszusetzen, dass die Organometallkomplexe und die Edukte in solchen Lösungmittel gut löslich sein müssen. Es gibt erfolgversprechende Ansätze zur Durchführung homogenkatalytischer Reaktionen in *ionischen Flüssigkeiten*. Die weiteren Reaktionsbedingungen (Reaktionstemperatur, Druck) sind variabel.

Im Folgenden sollen wenige, inzwischen klassische, Reaktionen, die mit Organometallkomplexen als Katalysatoren ablaufen, dargestellt werden (Tab. 3.11).

Tab. 3.11 Reaktionstypen in Prozessabläufen mit Organometallkatalysatoren

1. *Dissoziation/Assoziation einer Lewis-Säure*
Beispiel:
$[CpRh(C_2H_4)(SO_2)] \leftrightarrows [CpRh(C_2H_4)] + SO_2$

2. *Dissoziation/Assoziation einer Lewis-Base*
Beispiel:
$[Pt\{(C_6H_5)_3P\}_4] \leftrightarrows [Pt\{(C_6H_5)_3P\}_2] + 2(C_6H_5)_3P$

3. *Reduktive Eliminierung/Oxidative Addition von Liganden*
Beispiel:
$[Ir^{III}Cl(H_2)(CO)\{(C_6H_5)_3P\}_2] \leftrightarrows [Ir^{I}Cl(CO)\{(C_6H_5)_3P\}_2] + H_2$

4. *Insertion/Extrusion von Liganden*
Beispiel:
$[(CH_3)Mn(CO)_5] \leftrightarrows [H_3CCOMn(CO)_4]$

5. *Oxidative Kupplung/Reduktive Entkupplung*
Beispiel:
$[(C_2F_4)_2Fe^0(CO)_3] \leftrightarrows [(C_4F_8)Fe^{II}(CO)_3]$

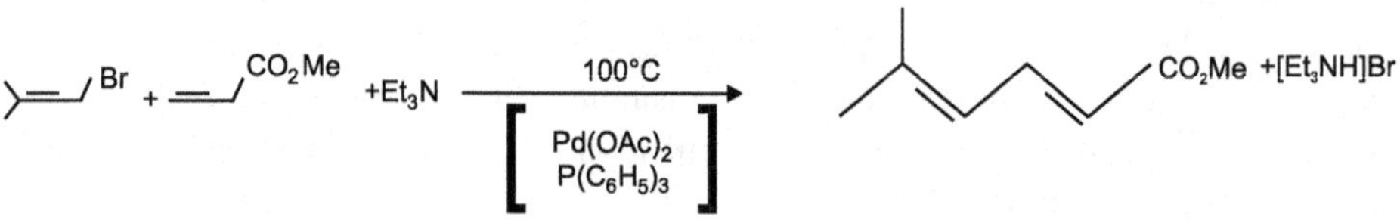

Abb. 3.122 Die Heck-Reaktion ($Et = -C_2H_5$; $Me = -CH_3$; $OAc = CH_3COO^-$)

Einen ausgezeichneten, vollständigen Überblick vermittelt Christoph Elschenbroich in seinem in der Reihe Studienbücherei Chemie mehrfach aufgelegten Buch „Organometall-chemie" [C51], das zum Studium empfohlen wird und rechtfertigt, dass hier nur kurz diese Thematik behandelt wird.

Homogenkatalytische industrielle Verfahren

Um die in der industriellen Praxis gängigen homogenkatalytischen Prozesse mit Organo-metallkomplexen als Katalysatoren zu illustrieren, wurden die folgenden Beispiele aus-gewählt:

Die Heck-Reaktion, der Wacker-Prozess, das Monsanto-Essigsäureverfahren, die Oxo-Synthese (Hydroformylierung) und das Ziegler-Natta-Verfahren.

Diese Prozesse bzw. Reaktionen beinhalten die vorher genannten Elementarschritte.

Die Heck-Reaktion

Es handelt sich um eine typische organisch-chemische Reaktion für die Vinylierung/Ary-lierung von Olefinen, die durch Organometallkomplexe des Palladiums katalysiert wird. Sie wurde von Richard F. Heck (*1931, Nobelpreis für Chemie 2010) [C149] im Jahre 1972 ausgearbeitet. Ein Wasserstoffatom der Vinyl-Gruppe der Verbindung R^1-X wird durch eine Vinyl-Gruppe (Benzyl oder Aryl) substituiert.

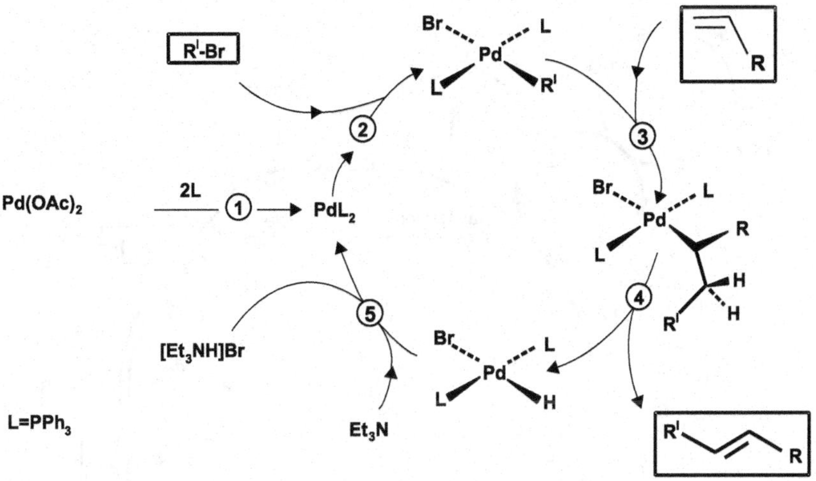

Abb. 3.123 Der katalytische Heck-Zyklus

Die Bruttoreaktion ist in der Abb. 3.122 und der katalytische Zyklus in Abb. 3.123 wiedergegeben.

In der Abb. 3.123 sind die Elementarschritte der oxidativen Addition, Insertion und Eliminierung im katalytischen Kreisprozess schematisch aufgezeichnet.

Als Präkatalysator fungiert Palladium(II)-acetat, $[\{Pd^{II}(OOCCH_3)_2\}_3]$, ($\to$ Präparat 2), das zum Katalysator Bis-triphenylphosphin-palladium(0), $[Pd\{C_6H_5)_3P\}_2]$ durch Reaktion mit Triphenylphosphin, $P(C_6H_5)_3$, und Triethylamin, $N(C_2H_5)_3$, umgesetzt wird (1). Durch oxidative Addition von R^1–Br (2) bildet sich trans-$[R^1Pd^{II}Br\{P(C_6H_5)_3\}_2]$ als Zwischenprodukt. Danach erfolgt eine Insertion des Olefins $H_2C=CH$–R (3) in die Bindung Pd–R^1 (Palladium-Kohlenstoff-Bindung). Der nächste Schritt im katalytischen Kreislauf ist eine Eliminierung (4) unter Freisetzung des Zielproduktes, das substituierte Olefin R^1–CH=CH–R. Die folgende Reaktion (5) des Zwischenkomplexes $[PdBr(H)\{(C_6H_5)_3\}_2]$ mit Triethylamin $N(C_2H_5)_3$, führt zu $\{(C_2H_5)_3NH\}Br$. Damit wird der originale Katalysator Bis-triphenylphosphin-palladium(0), $[Pd\{C_6H_5)_3P\}_2]$ regeneriert, der nun erneut im katalytischen Kreislauf mit R^1–Br reagieren kann (2).

Der Wacker-Prozess

Es handelt sich um einen industriellen Prozess zur *Oxidation von Olefinen* mit dem Zugang zu organischen Ausgangsprodukten für chemische Synthesen: Acetaldehyd, CH_3CHO (daraus wird u. a. Essigsäure, CH_3COOH, gewonnen), Vinylaldehyd, $H_2C=CH$–CHO und Vinylacetat, $H_2C=CH$–OCOCH$_3$. Diese Sauerstoff enthaltenden Massenprodukte können auch alternativ aus Acetylen, HC≡CH, durch Addition entsprechender Verbindungen erhalten werden. So wird zum Beispiel Acetaldehyd aus Acetylen mit Wasser unter speziellen Reaktionsbedingungen zugänglich. Die Produktionskosten dafür sind allerdings vergleichsweise sehr hoch, so dass ein neuer katalytischer Prozess mit dem Edukt Ethylen,

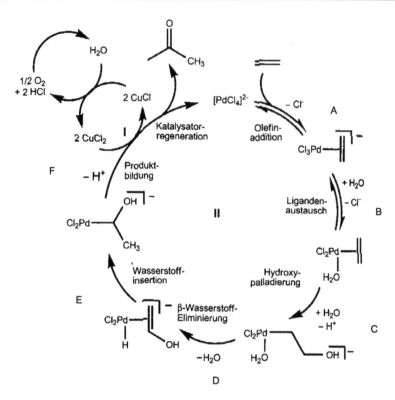

Abb. 3.124 Der Wacker-Katalyse-Zyklus. (Aus: Keith, J.A.; Henry, P.M.: Angew. Chem. **121** (2009), S. 9200 (Scheme 2))

$H_2C=CH_2$, ausgearbeitet wurde [C150], der wesentlich ökonomischer als das vom Acetylen ausgehende Verfahren ist. Die ersten Laborversuche wurden 1956 von Walter Hafner bei der Wacker-Chemie durchgeführt, und das erste Patent am 4.1.1957 eingereicht [C151]. Zwei Pilotanlagen nahm man 1958 in Betrieb. Eine umfassende Publikation zum Wacker-Verfahren erschien 1959 [C152], und bereits im Januar 1960 ging die Produktionsanlage in Betrieb [C153]. Im Jahre 2009 betrug die Produktionskapazität aller installierten Anlagen über 2 Millionen Tonnen Acetaldehyd/Jahr.

Der Prozess der Oxidation von Ethylen, C_2H_4, zum Acetaldehyd, CH_3CHO, erfolgt mit Palladium(II)-chlorid-Katalysatorkomplexen. Er lässt sich mit drei vereinfachten Reaktionsgleichungen beschreiben:

- Oxidation von Ethylen durch Pd^{II}:

$$[Pd^{II}Cl_4]^{2-} + C_2H_4 + H_2O \xrightarrow[-2\ HCl;\ -2\ Cl^-]{} Pd^0 + CH_3CHO \qquad (1)$$

- Reoxidation von Pd^0 durch Cu^{II}:

$$Pd^0 + 2\ Cu^{II}Cl_2 + 2\ Cl^- \rightarrow 2\ Cu^ICl + [Pd^{II}Cl_4]^{2-} \qquad (2)$$

- Reoxidation von Cu^I durch O$_2$:

$$2Cu^ICl + \tfrac{1}{2}O_2 + 2\,HCl \rightarrow 2\,Cu^{II}Cl_2 + H_2O \qquad (3)$$

Brutto: $C_2H_4 + \tfrac{1}{2}O_2 \rightarrow CH_3CHO$

Die Verfahrensoptimierung im Laufe des letzten halben Jahrhunderts erbrachte detaillierte Ergebnisse zu den Teilreaktionen, die jüngst zur neuesten Darstellung des Wacker-Katalyse-Zyklus führten (Abb. 3.124) [C154].

Ein „kleiner" Zyklus I ist dem „großen Zyklus" II beigeschaltet und sorgt für die Katalysator-Regenerierung: In I wird Sauerstoff zur Oxidation von Cu^{I}Cl zu Cu^{II}Cl$_2$ eingeführt und das so regenerierte Cu^{II}Cl$_2$ bewirkt die Oxidation des im Zuge des großen Zyklus II reduzierten Pd^0 erneut zum wirksamen Katalysatorkomplex [Pd^{II}Cl$_4$]$^{2-}$, wobei Cu^{I}Cl in den Zyklus I zurückgeht. Im Kreisprozess II wird Ethylen zu Acetaldehyd über Additions-, Substitutions-, Insertions-, Eliminierungs- und Extrusionsreaktionen transformiert. Das eingeführte Ethylen wird an [Pd^{II}Cl$_4$]$^{2-}$ unter Substitution von Cl$^-$ addiert, wobei der anionische Olefinkomplex [Pd^{II}Cl$_3$(C$_2$H$_4$)]$^-$ gebildet wird (**A**). Durch Ligandenaustausch Cl$^-$/H$_2$O entsteht Aqua-dichloro-ethylen-palladium(II), [Pd^{II}Cl$_2$(H$_2$O)(C$_2$H$_4$)], (**B**). Eine Schlüsselreaktion, als *Hydroxopalladierung* bezeichnet, besteht nunmehr in der folgenden Addition von Wasser an das palladiumkoordinierte Ethylen unter Abspaltung eines Protons zu [Cl$_2$(H$_2$O)Pd^{II}–CH$_2$–CH$_2$–OH]$^-$ (**C**). Unter ß-Wasserstoff-Eliminierung und Wasseraustritt wird erneut ein über die Doppelbindung des hydroxylierten Ethylens π-gebundener Palladiumkomplex [Cl$_2$(H)Pd^{II}(CH$_2$CH–OH)]$^-$ gebildet (**D**), und anschließend insertiert der hydrische Wasserstoff zu [Cl$_2$Pd^{II}–(CH(OH)(CH$_3$))]$^-$ (**E**). Daraus wird in einer intramolekularen Elektronenübertragung vom organischen Liganden zum Pd^{II} (→ Pd^0) und Eliminierung von H$^+$ (**F**) durch Eintakten des Zyklus I wieder [PdCl$_4$]$^{2-}$ für den nun wieder neu startenden Zyklus II bereitgestellt und das Zielprodukt Acetaldehyd, CH$_3$CHO, aus dem Kreisprozess herausgeführt.

Der Wacker-Prozess wird nicht nur in Wasser als Lösungsmittel für die Produktion von Acetaldehyd genutzt, sondern bei Einsatz anderer Lösungsmittel werden andere Produkte erhalten. Im Lösungsmittel Essigsäure wird Vinylacetat, H$_2$C=CH–OCOCH$_3$, im Lösungsmittel Methanol wird Vinylmethylether, H$_2$C=CH–OCH$_3$, und in inerten Lösungsmitteln kann Vinylchlorid, H$_2$C=CH–Cl, dargestellt werden. Durch die große Variationsbreite des Prozesses werden wichtige organisch-chemische Produkte zugänglich.

Das Monsanto-Essigsäureverfahren

Dieser großindustrielle Prozess dient der Darstellung von Essigsäure, CH$_3$COOH, aus den Edukten Methanol, CH$_3$OH, und Kohlenmonoxid, CO. Das Produktionsvolumen von Essigsäure beträgt etwa 10^6 Tonnen/Jahr.

Methanol wird in großen Mengen aus Synthesegas dargestellt:

$$CO + 2\,H_2 \xrightarrow{\text{Zn/Co-Oxid}} CH_3OH$$

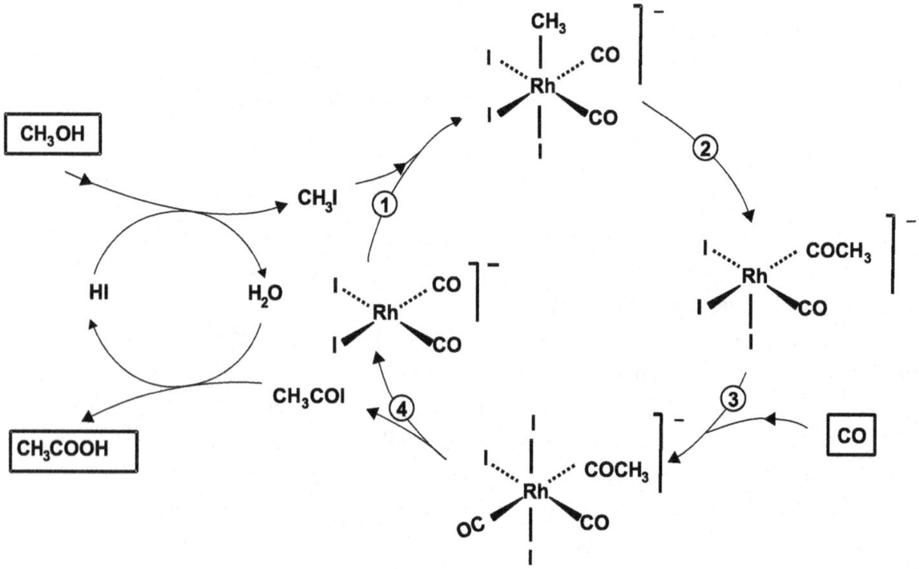

Abb. 3.125 Katalytische Kreisprozesse im Monsanto-Essigsäure-Verfahren

Als Katalysator zur Synthese der Essigsäure aus Methanol wird der Rhodiumkomplex $[Rh^I(CO)_2I_2]^-$ eingesetzt, den man bei Eingabe von Rhodium(III)-chlorid, $RhCl_3$, und Iod, I_2, in den Prozess mit Kohlenmonoxid, CO, erhält. Das im Kreisprozess auftretende Methyliodid, CH_3I, wird aus Methanol mit Iodwasserstoff, HI, gebildet. Das Zentralatom Rh, das im Zyklus involviert ist, pendelt in den Komplexen zwischen den Oxidationsstufen Rh^I und Rh^{III}. Das Auftreten des wichtigen Zwischenproduktes $[CH_3RhI_3(CO)_2]^-$ wurde im Kreislauf nachgewiesen [C155]

Die vereinfachte Reaktionsgleichung lautet:

$$CH_3OH + CO \xrightarrow[150-200°C/30\ bar]{[Rh^I(CO)_2I_2]^-} CH_3COOH$$

Es handelt sich also in Brutto um einen Einschub von CO in das Methanolmolekül. Die katalysierte Reaktion läuft schon bei Normaldruck ab. Sie wird allerdings in der Praxis bei erhöhtem Druck durchgeführt, um die Reaktionen zu beschleunigen.

Die Analyse des Kreisprozesses, deren Zwischenprodukte und ablaufenden Reaktionen sollen hier nicht weiter im Detail erörtert werden. Die Abb. 3.125 veranschaulicht die stattfindenden Elementarschritte oxidative Addition, Insertion und reduktive Eliminierung.

Die Oxo-Synthese (Hydroformylierung)

Dieser katalytische Prozess, als *Hydroformylierung* oder *Oxo-Prozess* bezeichnet, ist die Basis für das größte jährliche Produktionsvolumen (ca. $7 \cdot 10^6$ to/a) an Oxo-Verbindungen und deren Derivaten [C156]. Die Edukte Olefin, $RHC=CH_2$, Kohlenmonoxid, CO, und

Abb. 3.126 Der katalytische Kreisprozess bei der Oxo-Synthese

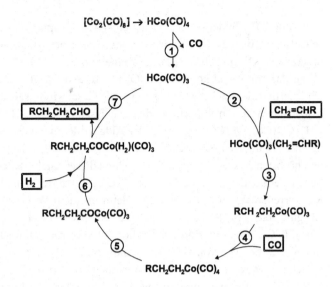

Wasserstoff, H_2, (das Gasgemisch CO/H_2 ist das *Synthesegas*) reagieren bei Anwesenheit von Cobalt- oder Rhodiumkatalysatoren miteinander unter Bildung von Aldehyden. Diese Verbindungen wiederum fungieren als Zwischenprodukte für die Synthese von primären Alkoholen, Carbonsäuren, Aminen u. a. Otto Roelen (1897–1993) von der Ruhr-Chemie meldete 1938 für diese Reaktion bei Anwendung von Cobaltoxid im Jahre 1938 ein Patent an [C157]. Der eigentlich wirksame Katalysatorkomplex ist Cobaltcarbonylhydrid, [$HCo(CO)_4$], das sich durch Reduktion von Cobaltoxid mit Wasserstoff in Gegenwart von Kohlenmonoxid gebildet hat. Bei Einsatz von Octacarbonyl-di-cobalt(0), [$Co_2(CO)_8$], wird in Gegenwart von Wasserstoff ebenfalls das wirksame [$HCo(CO)_4$] (18-Elektronen-Schale) gebildet.

Die Reaktion wird durch folgende Brutto-Reaktionsgleichung beschrieben:

$$H_2C = CH_2 + CO + H_2 \xrightarrow[90-250°C/100-400 \text{ bar}]{[HCo(CO)_4]} CH_3 - CH_2 - CHO$$

Ethylen   Propionaldehyd

Die Bezeichnung *Hydroformylierung* rührt von der Auffassung her, wonach eine formale Addition von *H* (Hydro) und *HCO* (Formylgruppe) an olefinische Doppelbindungen erfolgt, in deren Folge sich die Kohlenstoffkette um ein C-Atom verlängert und gleichzeitig ein Sauerstoffatom eingeführt wird.

Außer Ethylen werden auch andere olefinische Edukte eingesetzt, wodurch sich die dargestellten Aldehyde mit einer Kettenlänge von 3 bis 15 Kohlenstoffatomen variieren lassen. Von besonders ökonomischer Bedeutung ist die Überführung von Propen in Butyraldehyd und daraus folgend zu n-Butanol bzw. 2-Ethyl-hexanol. In der Abb. 3.126 lässt sich der Mechanismus des Kreisprozeses ablesen [C158].

[HCo(CO)$_4$] bildet durch Verlust einer CO-Gruppe (1) den 16-Elektronen-Komplex [HCo(CO)$_3$], der eine freie Koordinationsposition besitzt, die durch das Olefin R–CH=CH$_2$ besetzt wird (2). Im Schritt (3) erfolgt eine intramolekulare Wanderung und Addition von H$^-$ an das am Metall koordinierte Olefin. In den Schritten (4) wird CO addiert und in (5) insertiert. Der Schritt (6) bestimmt die Geschwindigkeit der Gesamtreaktion mit der oxidativen Addition von H$_2$ an den Katalysator [R–CH$_2$CH$_2$COCo(CO)$_3$] zu [R–CH$_2$–CH$_2$–CO(Co)(H)$_2$(CO)$_3$], woraus der Aldehyd R–CH$_2$–CH$_2$–CHO aus dem Prozess ausgeführt (7) und der Katalysator-Komplex [HCo(CO)$_4$] reaktiviert werden und dieser in den nächsten Zyklus eingreift. Der Nachteil dieses katalytischen Prozesses besteht im partiellen Verlust des Katalysators [HCo(CO)$_3$], da dieser sehr flüchtig ist und weil es eine Konkurrenzreaktion zwischen dem Olefin mit dem Wasserstoff ohne Einbeziehung von CO gibt. Solche Nachteile lassen sich partiell durch Anwendung von Rhodium-Katalysatoren, z. B. Carbonyl-hydrido-tris(triphenylphosphin)rhodium(I), [H(CO)Rh^I{P(C$_6$H$_5$)$_3$}$_3$], umgehen, die 1968 von Geoffrey Wilkinson (1921–1996, Nobelpreis für Chemie 1973) eingeführt wurden [C159]. Rhodium-Katalysatoren werden aktuell besonders bei der Propen-Hydroformylierung angewendet. Der *Wilkinson-Katalysator* lässt sich unter Erhalt seiner katalytischen Wirkung auch auf der Oberfläche einer organischen polymeren Matrix, zum Beispiel Polystyrol, immobilisieren.

Das Ziegler-Natta-Verfahren

Obschon die katalyierte Polymerisation von Ethylen bzw. Propylen bei Normaltemperatur und Normaldruck zum Polyethylen bzw. Polypropylen unter Verwendung eines Organometall-Katalysatorsystems eine außerordentlich große volkswirtschaftliche Bedeutung hat und heute jedem Bürger an Dingen des täglichen Gebrauchs vor Augen geführt wird (die jährliche Produktion beträgt mehr als 15 Millionen Tonnen), stellen wir das *Ziegler-Natta-Verfahren (Z-N-Verfahren)* der Olefinpolymerisation als letztes in diesem Abschnitt vor, weil es sich im eigentlichen Sinne nicht um eine ideale homogene Phase handelt, denn der aus Titantetrachlorid, TiCl$_4$, und Diethylaluminiumchlorid, (C$_2$H$_5$)$_2$AlCl, gebildete Katalysator, ein oberflächenalkyliertes ß-TiCl$_3$, ist im Lösungsmittel Hexan nicht homogen gelöst, sondern suspendiert.

Die Entwicklung des *Mühlheimer-Normaldruck-Polyethylen-Verfahrens* wurde im Jahre 1955 durch Karl Waldemar Ziegler (1898–1973; Nobelpreis für Chemie 1963) eingeleitet [C160]. Die Reaktion lässt sich mit einer Bruttogleichung beschreiben:

$$n H_2C = CH_2 \xrightarrow[25^\circ C, 1\ bar]{TiCl_4/(C_2H_5)_2AlCl} (-CH_2 - CH_2 -)_n$$

Ethylen   Polyethylen, HDPE

Die Niederdruckpolymerisation des Propylens H$_3$C–CH$_2$=CH$_2$ unter Anwendung von *Ziegler-Katalysatoren* wurde im gleichen Jahr 1955 durch Giulio Natta (1903–1979, Nobelpreis für Chemie 1963) vorgenommen [C161], der auch den Zusammenhang zwischen dem stereochemischen Aufbau und den Materialeigenschaften am Polypropylen erkannte.

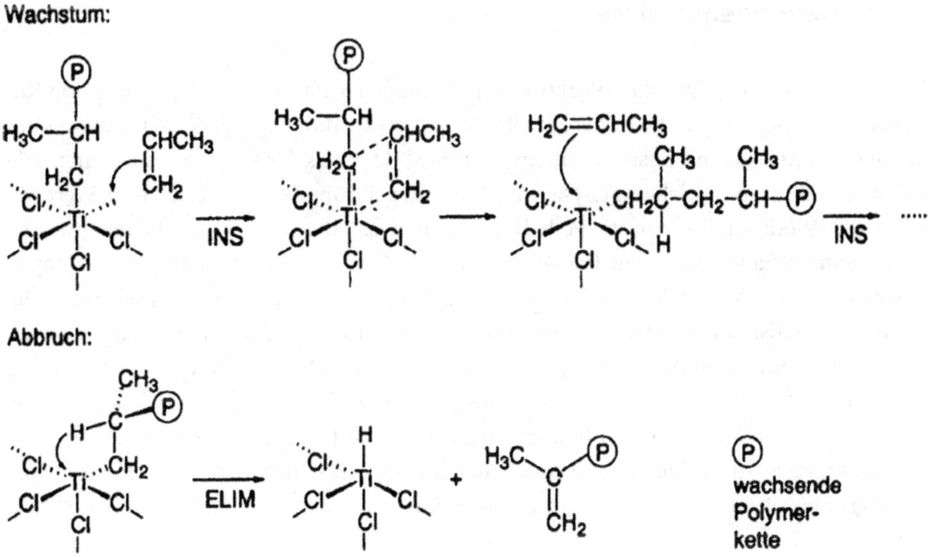

Wachstum:

H₃C—CH   CHCH₃   H₃C—CH   CHCH₃   H₂C≡CHCH₃

INS → → INS →

Abbruch:

CH₃

ELIM →

+   H₃C   ℗ wachsende
                      Polymer-
                      kette

Abb. 3.127 Arlamann-Cossee-Mechanismus des Ziegler-Natta-Prozesses. (Aus: Elschenbroich, Ch.: *Organometallchemie*, Teubner Studienbücher Chemie, B. G. Teubner Stuttgart-Leipzig-Wiesbaden, 4. Aufl. **2003**)

$$nH_3C - H_2C = CH_2 \xrightarrow[25°C,1\ bar]{TiCl_4/(C_2H_5)_2AlCl} (-C(CH_3)H - CH_2-)_n$$

Propylen   Polypropylen, ipp

HDPE ist die Abkürzung für das bei niederem Druck hergestellte *High Density PolyEthylene* einheitlicher, unverzweigter Kettenstruktur. Das ist ein verhältnismäßig starres, trüb bis opakes Polyethylen hoher Dichte (0,94–0,97 g/cm^{-3}). Die Molmasse beträgt $10^4 - 10^5$ D. In der Abkürzung HDPE verbirgt sich also eine Charakterisierung bestimmter Eigenschaften, die sich von denen nach dem bis dahin industriell durchgeführten Hochdruckverfahren hergestellten LDPE (*Low Density PolyEthylene*) unterscheiden. Dieses wird bei Drücken von ≤2800 bar und Temperaturen von ≤275 °C durch eine radikalische Polymerisation erzeugt und besitzt daher aufgrund von uneinheitlichen Kettenverzweigungen eine geringere Dichte (0,90–0,94 g/cm^{-3}), ist flexibel und transparent. iPP ist die Abkürzung für *isotaktisches PolyPropylen*. Das bedeutet, dass alle C-Atome die gleiche Konfiguration besitzen. Das iPP besitzt aufgrund dieser Struktur eine hohe Dichte, Härte und Zähigkeit und eignet sich deshalb hervorragend als Werkstoff.

In vereinfachter Form ist die katalytische Reaktion zur Polymerisation von Propylen am aktiven Titan-Zentrum, bestehend aus Insertions- und Eliminierungsstufen, schematisiert (Abb. 3.127) (*Arlmann-Cossee-Mechanismus* [C162], [C163], siehe Ch. Elschenbroich [C51], S. 658]). Die Aluminiumverbindung wirkt als Cokatalysator.

3.5.2   Heterogenkatalyse

Der Nachteil von katalytischen Reaktionen in homogener Phase unter Benutzung von Katalysatorkomplexen besteht in deren teilweisem Verlust durch partielle Zersetzung oder durch ihren Austrag mit Lösungsmitteln oder Produkten aus der Reaktionsmischung. Wie bereits erwähnt, sind solche Katalysatoren in der Regel Komplexe von Edel- bzw. Wertmetallen wie Rhodium, Ruthenium, Palladium, Platin u. a. (Abschn. 3.5.1.2), die relativ selten sind. Deshalb haben sie einen hohen Preis und außerdem braucht man große Mengen davon, wenn mit deren Hilfe organische Grundchemikalien, wie Alkohole, Essigsäure u. a. im Tonnenmaßstab hergestellt werden sollen. Weiterhin muss die Belastung der Umwelt durch solche Schwermetalle berücksichtigt werden, wenn sie in Abwässern oder in den Produkten selbst aus den Kreisprozessen ausgetragen werden. Solche Metalle können die Wirksamkeit von Enzymen in Pflanzen und Lebewesen blockieren oder verstärken. Um solche aufgezeigten Probleme zu vermeiden, hat in den letzten Jahren eine verstärkte Forschungstätigkeit zur Entwicklung von Katalysatorkomplexen in Festkörpern stattgefunden.

Es war die Aufgabe, die inneren und äußeren Oberflächen von Festkörpern mit den oben für die Homogenkatalyse genannten Katalysatorkomplexen zu belegen, damit sie sich in einer stabilen, nicht ablösbaren Form durch die Lösungsmittel, befinden und ihre hohe katalytische Aktivität in vielen Zyklen (*turnover*) behalten. Eine andere Problemlösung besteht darin, Festkörper als Matrices (Unterlagen) auszuwählen, die ein dreidimensionales Tunnelsystem besitzen, das es erlaubt, die Katalysatorkomplexe aufzunehmen und zu fixieren. In diesem Falle besteht der Vorteil in einer Vergrößerung der aktiven Oberfläche des Katalysators und infolge dessen in einer höheren Aktivitätseffizienz. Als Matrices zur Fixierung von Katalysatorkomplexen an der Oberfläche benutzt man vorzugsweise Derivate von Siliciumdioxid und Aluminiumoxid. Als Matrices mit einer hohen inneren Oberfläche werden Schichtsilicate oder Zeolithe eingesetzt. In diesem Abschnitt haben wir zur Erklärung der Wirkungsweise einige Beispiele für derartige Katalysatoren ausgewählt. Katalysatoren auf der Basis von MOFs wurden im Abschn. 3. 3.3.2 betrachtet und werden hier an dieser Stelle nicht behandelt.

3.5.2.1   Palladiumkatalysatoren auf Siliciumdioxid-Substraten

Die auf Siliciumdioxid-Derivaten aufgebrachten Palladiumkatalysatoren eignen sich für die *Heck-Reaktion*. Dieser katalytische Kreisprozess wurde bereits in Abschn. 3.5.1.2 erörtert. Deshalb verzichten wird hier auf eine Wiederholung, sondern richten den Fokus auf die Präparierung des heterogenen Katalysators. Die Präparierung der Matrices kann unter Nutzung von unterschiedlichen Siliciumdioxid-Modifikationen erfolgen [C164].

- Das amorphe Siliciumdioxid besitzt einen definierten Porositätsbereich (Silicagel 60, Silicagel 100,...). Es wird mit einem Silanderivat des Typs $R-Si(OCH_3)_3$ umgesetzt. Der Substituent R soll eine zur Koordination an Metalle befähigte Gruppe, wie $-CN$, $NH-$, bzw. eine zur Chelatbildung befähigte Gruppe tragen. Die Reaktion wird ermöglicht,

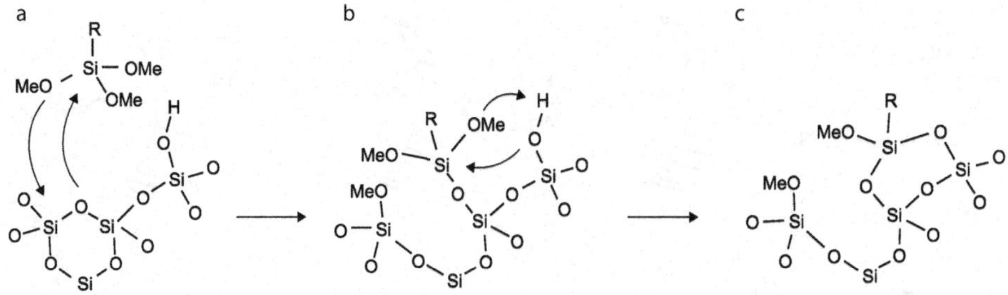

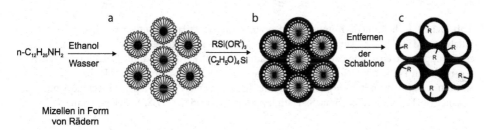

Abb. 3.128 Präparierung der Oberfläche für das Aufbringen von Palladiumkomplexen für die heterogene Katalyse. (Aus: Macquarrie, D.J.; Gotov, B.; Toma, S.: Platinum Metals Rev. **45** (2001), S. 103 (Fig. 1))

Abb. 3.129 Sol-Gel-Synthese von Micellen, die als Schablonen (*template*) für die auf der Basis von siliciumhaltigen Unterlagen (*supports*) für die heterogene Katalyse mit aufgebrachten Metallkomplexen geeignet sind. (Aus: Macquarrie, D.J.; Gotov, B.; Toma, S.: Platinum Metals Rev. **45** (2001), S. 103 (Fig. 2))

weil amorphes Siliciumdioxid reaktive Gruppen –OH besitzt. Der Substituent R gestattet es, gewünschte spezifische Katalysatoren anzubinden. Die Präparierung solcher Matrizes ist in der Abb. 3.128 dargestellt.

- Im so genannten *Sol-Gel-Prozess* werden *Mizellen* eingesetzt, um eine poröse Struktur der Matrices, die sich vom Siliciumdioxid ableiten, zu erzeugen. Man spricht von silicatischen Schablonenmizellen (*micelle templated silicas, MTS*). Die Mizellen besitzen eine Schablonen-Funktion (*template*), die in gewisser Weise vergleichbar ist mit der in Abschn. 1.6.3.3 erwähnten Funktion von Metallkomplexen bei Template-Reaktionen. Die vorgebildeten Mizellen werden ausgehend von einem primären Amin mit einer langen Alkyl-Gruppe, wie zum Beispiel n-$C_{12}H_{25}$–NH_2, in einer Ethanol-Wasser-Mischung erhalten. Diese Mizellen besitzen annähernd die Form von Rädern (Abb. 3.129a). Die Bildung der Mizellen erfolgt durch eine Kokondensation der Precursor-Substanzen in einer Ethanol-Wasser-Mischung. Das Silanderivat R–$Si(OCH_3)_3$ und das Silanderivat Tetraethoxysilan, $Si(OC_2H_5)_4$, bilden ein Netz mit zylindrischen Poren von definiertem Volumen und definierten Durchmessern (Abb. 3.129b).

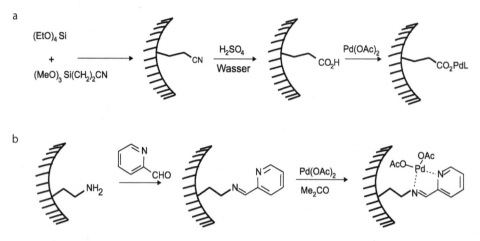

Abb. 3.130 Palladium(II)-Komplexe auf präparierten Unterlagen (*supports*) für die heterogene Katalyse **a** MTS (*Micell Templates Silicas*) bzw. amorphe mesoporöse Silicate werden mit Cyanoethylgruppen versehen, die dann zu Carbonsäuren verseift werden und mit Palladiumkomplexsalzen reagieren können **b** Palladiumkomplex-modifizierte Katalysatoren auf MTS bzw. amorphem Silicatunterlagen, die mit Pyridyliminen für die Umsetzung mit Palladiumsalzen geeignet sind. (Aus: Macquarrie, D.J.; Gotov, B.; Toma, S.: Platinum Metals Rev. **45** (2001), S. 104 (Figs. 3 und 4))

In einem folgenden Schritt werden die „Amin-Schablone" und die Sekundärprodukte entfernt, wobei die so gebildeten Poren bereit für die Aufnahme von Katalysatorkomplexen und den katalytischen Prozess sind (Abb. 3.129c).

Die Matrix mit dem Substituenten R in der Vorstufe (Abb. 3.128c) ist zur Bildung von Derivaten befähigt, die sich danach zum Beispiel mit Palladiumverbindungen über ihre koordinationsfähigen Gruppen zu Katalysatorkomplexen verbinden können. Dies ist in der Abb. 3.130 an zwei Beispielen veranschaulicht, bei denen die Matrices entweder a) $R = -CN$ oder b) $R = -CH_2-CH_2-NH_2$ enthalten. Beide auf den festen Matrices fixierten Katalysatorkomplexe besitzen hohe katalytische Aktivitäten in der Heck-Reaktion, zum Beispiel bei der Umsetzung von Phenyliodid, $I-C_6H_5$, mit Methylacrylat, $H_2C=CH-COOCH_3$.

In praxi werden nicht alle Substituenten R als potentielle Liganden funktionalisiert und somit zugänglich für die Komplexbildung mit Palladium. Bei Matrices vom Typ *MTS* erreicht man eine aktive Oberfläche von 80 %. Bei Matrices von funktionalisiertem, amorphen Siliciumdioxid werden nur 50 % der Oberfläche für die Komplexbildung aktiviert. Die katalytische Aktivität verringert sich nach dem Durchlaufen vieler katalytischer Zyklen (*turnover*) bis zu 80 %. Die Hauptursache dafür ist die partielle Belegung der aktiven Oberfläche mit den Syntheseprodukten, was zu einer Blockade des katalytischen Prozesses führt. Die Regenerierung der ursprünglichen Aktivität erreicht man durch Filtration und Waschen. Das erfordert aber zusätzliche technologische Prozess-Schritte. Ein Vorteil der heterogenen Katalyse mit matrixfixierten Palladiumkomplexen besteht darin, dass keine Spuren von Palladium in den Lösungen und in den Produkten enthalten sind.

3.5.2.2 Katalysatorkomplexe in Schichtsilicaten und Zeolithen

Die Matrices von Schichtsilicaten bzw. Zeolithen besitzen eine sehr gut definierte Struktur in den Intercalationsschichten bzw. im dreidimensionalen Netzwerk. Beide eignen sich für die Aufnahme von Metallkomplexen in das Innere der Festkörper: Intercalations-Komplexe in den Schichtsilicaten bzw. eingelagerte Komplexe im den Zeolith-Röhrensystem. Die Komplexe erhalten eine Umgebungstruktur, die durch den Festkörper vorgegeben ist. Eine gewisse Analogie erkennt man mit der Situation bei Enzymen, bei denen die aktiven Metallkomplexe von einer Proteinhülle umgeben sind (Abschn. 3.2). Aus diesem Grund spricht man von solchen in Schichtsilicaten oder Zeolithen eingelagerten Metallkomplexen auch von *anorganischen Enzymen*. Der prinzipielle Unterschied bei diesem Vergleich besteht in der Flexibilität der Proteinhülle bei Enzymen und der Starrheit der Gerüststruktur bei den genannten Festkörpern [C165]. Mit den gegenüber den silicatischen Gerüststrukturen flexibleren Gerüststrukturen der *Metal Organic Frameworks*, MOFs, (Abschn. 3.3.3.2) wird dieser Unterschied geringer.

Bei den silicatischen Gerüststrukturen als Matrices für heterogene Metallkomplex-Katalysatoren sind problematisch:

- Die Einführung der Komplexe in das Innere der Matrizes
- Einstellung einer adäquaten Beziehung zwischen der Position der Komplexe im Inneren der Matrices (Volumen, Abstände) und den eindringenden Reaktionspartnern.

Eingekapselte Metallkomplexe in Schichtsilicaten

Die Strukturen solcher Schichtsilicate – repräsentativ ist die Struktur von Montmorillonit (Abb. 3.131a) – werden aus SiO_4-Tetraederbausteinen und AlO_6-Oktaederbausteinen, angeordnet in Schichten, gebildet. Die partielle Substitution von Al^{III} durch Magnesiumionen Mg^{2+} führt zu einer negativen Gesamtladung, die durch Kationen M^{n+}, zum Beispiel Na^+ oder K^+, ausgeglichen wird. Sie sind hydratisiert zwischen den Schichten verteilt. Die Abstände zwischen den Schichten verringern sich durch Dehydratisierung bis zu 12 Å und erweitern sich durch Hydratisierung um 20 bis 50 Å. Der Raum zwischen den Schichten ist flexibel. Die eingelagerten Kationen können mit externen Kationen im Sinne eines Ionenaustauschs wechselwirken, so zum Beispiel mit dem kationischen Komplex $[Mn^{III}(Por$phyrin$)]^{4+}$ (Abb. 3.131b). In Gegenwart von Verbindungen mit Sauerstoff-Donoren, wie C_6H_5IO, ist dieses System Montmorillonit-Mn^{III}-Porphyrin in der Lage, eine Mischung aus Pentan/Adamantan zu Pentanol/Adamantol zu oxidieren. Das Verhältnis der gebildeten Produkte ist ein anderes, wenn anstelle des heterogenen Katalysatorkomplexes eine katalytische Reaktion mit demselben Katalysatorkomplex in homogener Phase, also ohne Fixierung im Montmorillonit, durchgeführt wird.

Durch die Intercalierung des Komplexes zwischen den Alumosilicatschichten erweitert sich der Schichtabstand. Man hat gefunden, dass eine gewisse Wellung der Schichten in Abhängigkeit von den ausgetauschten Ionen erzeugt wird. Die intercalaren Abstände lassen sich in Gegenwart der Komplexe durch Generierung von *Pilars* (Säulen) versteifen (Abb. 3.132).

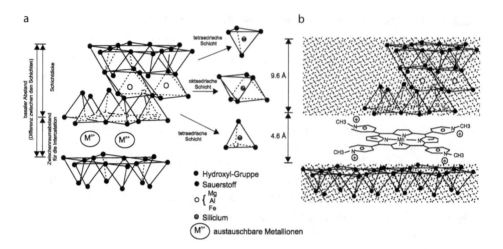

Abb. 3.131 a Schematisierte Struktur von Montmorillonit **b** Schematische Darstellung eines in den Zwischenschichten von Montmorillonit eingekapselten (intercalierten) [Mn(III)-Porphyrins]$^{4+}$. (Aus: Bedioui, F.: Coord. Chem. Rev. **144** (1995) **a** S. 43 (Fig. 3); **b** S. 48 (Fig. 7))

Eingekapselte Metallkomplexe in Zeolithen

Zeolithe sind Alumosilicat-Hydrate mit einer wohldefinierten, kristallinen Netzwerkstruktur. Die Poren, Käfige und Röhren haben verschiedene definierte Formen und definierte Dimensionen, die in das Netz aus tetraedrischen SiO_4-Baugruppen und den damit verbundenen tetraedrischen AlO_4-Baugruppen eingefügt sind. Kationen und Wasser in den Käfigen und Röhren sind austauschbar. Zeolithe besitzen eine große industrielle Bedeutung als Adsorbentien, als Molekularsiebe und als Katalysatoren (s. Abschn. 3.3.3.2).

Die Abb. 3.133 zeigt die Struktur von vier Zeolithtypen: Zeolith A, Zeolith Y, ZSM-5 und Mordenit. Jeder Punkt in den Zeichnungen steht für ein SiO_4- oder AlO_4-Tetraeder.

Relativ großvolumige Metallkomplexkationen können nicht einfach durch Ionenaustausch durch die Zeolithporen im Prozess eines Ionenaustauschs in das starre Röhrensystem der Zeolithe eindringen, um heterogene Metallkomplexkatalysatoren im Innern des Gerüstes zu bilden. Trotzdem ist es möglich, derartige aktive zeolithische Metallkomplex-Katalysatoren zu präparieren, das System sozusagen zu überlisten. Dafür wurden drei Strategien entwickelt.

Methode des flexiblen Liganden

Durch Ionenaustausch lässt sich ein für den später zu generierenden Komplex erforderliches Metallion, zum Beispiel hydratisiertes Cu^{2+}, problemlos einführen. Ebenso ist es möglich, bestimmte flexible Precursorkomplexe, zum Beispiel Bis(acetylacetonato)kupfer(II), [Cu(acac)$_2$], eindiffundieren zu lassen (→ Präparat 44), [C166]. Mit diesen soll nun in den Kavitäten des Zeoliths durch Umsetzung mit einem separat einzubringenden Liganden der gewünschte, katalytisch aktive Kupfer(II)-Komplex hergestellt werden. Der eingesetzte

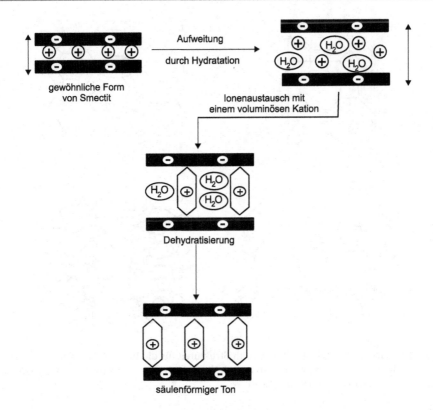

Abb. 3.132 Intercalation von großvolumigen Kationen in Tonschichten zur Bildung von Säulen (*pillars*) in den Zwischenschichten von Tonen (Schichtsilicaten). (Aus: Bedioui, F.: Coord. Chem. Rev. **144** (1995) a) S. 45 (Fig. 5))

Ligand, zum Beispiel o-HO–C_6H_4–CH=N–$(CH_2)_2$–N=CH–C_6H_4-o–OH, H_2salen, dringt bei erhöhter Temperatur in das Innere der Hohlräume über die Porenöffnungen ein. Dort trifft er auf die bereits vorhandenen freien Cu^{2+}-Ionen oder auf $[Cu(acac)_2]$, wobei sich der Komplex, in diesem Falle $[Cu(salen)]$, durch Ligandenaustausch (2 acac⁻ gegen salen²⁻⁾ bildet. Das so gebildete $[Cu(salen)]$ adaptiert sich an die Form der Kavität und kann nicht mehr durch die Poren nach außen diffundieren. Der Komplex bleibt eingeschlossen. Die Voraussetzung ist, dass der Ligand, in diesem Falle H_2salen, eine gewisse Flexibilität besitzt, um durch die Fenster der kristallinen Struktur eindringen zu können. Diesen Typ Flexibilität besitzen die Schiffschen Basen H_2salen, Kondensationsprodukte von Salicylaldehyd mit Diaminen (→ Präparat 41). Diese Komplexe eignen sich als Redox-Katalysatoren. Pd^{II}-salen fungiert im Zeolith Y als ein selektiver Katalysator für die Hydrierung von Butadien [C167]. Das $[Co^{II}(salen)_2]$ (→Präparat 41) im Zeolith Y kann aus eindringender Luft den Sauerstoff, O_2, in reversibler Form binden und von Stickstoff, N_2, trennen. Das Gerüst vom Zeolith Y schützt den Komplex und verhindert dessen Dimerisierung [C168].

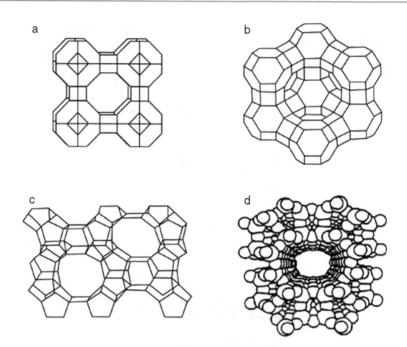

Abb. 3.133 Geeignete, repräsentative Zeolith-Strukturen für die Intercalation von Metallkomplexen für katalytische Zwecke **a** Zeolith A; **b** Zeolith Y; **c** Zeolith ZSM-5; **d** Mordenit. (Aus: Bedioui, F.: Coord. Chem. Rev. **144** (1995) S. 46 (Fig. 6))

Template-Methode

Der Mechanismus von *Template-Reaktionen* wurde im Abschn. 1.6.3.3 erläutert. Im Falle des Einschlusses von Metallchelaten der Porphyrine und Phthalocyanine wird wieder der Ionenaustausch zum Einbringen von Übergangsmetallionen vorgenommen. Für die Synthese eines speziellen Metallphthalocyanins (Kap. 2, Präparat 57) innerhalb des Zeolithen sind vier Moleküle Dicyanobenzen pro Metallion erforderlich. Dazu wird eine Aktivierung mittels 150 °C bei 10^{-3} Torr im Verlaufe von zwei Stunden vorgenommen. Danach wird auf Normaltemperatur gefahren und ein Überschuss an Dicyanobenzen hinzugefügt (10^{-3} Torr). Schließlich wird 24 Stunden lang auf 300 °C erhitzt.Das feste Produkt wird im Soxhlet gewaschen, um Reste von Dicyanobenzen und an der Oberfläche gebildetem Komplex zu entfernen. Der in den Hohlräumen des Zeolithen gebildete Komplex bleibt wegen seiner Größe im Netzwerk eingeschlossen und kann nicht durch die Lösungsmittel entfernt werden.

Methode der Zeolith-Synthese

In diesem Falle übernimmt der Komplex, zum Beispiel ein Metallphthalocyanin, selbst die Rolle einer Schablone im Verlaufe der Synthese des jeweiligen Zeolithen. Ein vorher synthetisierter Neutralkomplex fungiert als strukturdirigierendes Edukt bei der *Hydrothermalsynthese* des Zeolithen.

Die Synthese von Katalysatoren in Zeolithen und ihre Anwendung verspricht einen wesentlichen Fortschritt bei industriellen katalytischen Prozessen. Sie eröffnet die Möglichkeit der Synthese organischer Verbindungen in regio- und stereoselektiver Form, wobei intra-zeolithische Katalysatorkomplexe wirksam werden. Die Reinigung von Abgasen, zum Beispiel von Stickoxid, NO, mit Eisen-Zeolith-Katalysatoren ist ein weiteres fruchtbares Anwendungsfeld von in Zeolithen eingeschlossenen Katalysatorkomplexen.

Literaturverzeichnis

Grundlagen

Neuere Lehrbücher zur Koordinationschemie

[A1]   Holleman A, F., Wiberg, E. (N.): *Lehrbuch der Anorganischen Chemie*, 102. Aufl., Walter de Gruyter Verlag Berlin, 2007 (2.149 Seiten).
[A2]   Gade, L.: *Koordinationschemie*, korr. Nachdruck, WILEY-VCH Weinheim, 2008 (562 Seiten).
[A3]   Riedel, E. (Hg): *Moderne Anorganische Chemie*, Walter de Gruyter Berlin-New York, 1999 (764 Seiten).
[A4]   Reinhold, J.: *Quantentheorie der Moleküle. Eine Einführung*, 3. Aufl., Studienbücher Chemie, Teubner- Wiesbaden 2009 (354 Seiten).
[A5]   Ribas Gispert, J.: *Coordination Chemistry*, WILEY-VCH Weinheim, 2008 (640 Seiten)
[A6]   Lawrance, G. A.: *Introduction to Coordination Chemistry*, WILEY-John Wiley & Sons, Ltd, Publication Chichester, West Sussex, UK, 2010 (290 Seiten).
[A7]   Comba, P.; Kerscher, M.: *Coordination Chemistry. Concepts and Applications*, WILEY-VCH Weinheim, 2011 (ca. 450 Seiten).

Ältere Lehrbücher zur Koordinationschemie

[A8]   Werner, A.: *Neuere Anschauungen auf dem Gebiete der Anorganischen Chemie*, Friedrich Vieweg & Sohn, Braunschweig, 1905.
[A9]   Schläfer L., Gliemann, G.: *Einführung in die Ligandenfeldtheorie*, Akadem. Verlagsgesellsch., 1967.
[A10] Jörgensen, C. K.: *Modern Aspects of Ligand Field Theory*. Elsevier, New York, 1971.
[A11] Hein, F.: *Chemie der Komplexverbindungen- chemische Koordinationslehre*, Hirzel-Verlag Leipzig, 1971 (602 Seiten).
[A12] Uhlemann, E.: *Einführung in die Koordinationschemie*, VEB Deutscher Verlag der Wissenschaften Berlin, Studienbücherei Chemie für Lehrer, 1977 (202 Seiten).
[A13] Uhlig, E. (ff.A.): *Reaktionsverhalten und Syntheseprinzipien*, Lehrbuch Band 7, 3. Aufl.; Lehrwerk Chemie, VEB Deutscher Verlag für Grundstoffindustrie Leipzig, 1985.
[A14] Ackermann, G. (ff.A.): *Elektrolytgleichgewichte und Elektrochemie*, Lehrbuch Band 5, 5. Aufl., VEB Deutscher Verlag für Grundstoffindustrie Leipzig, 1987.
[A15] Cotton, F. A.; Wilkinson, G.; Gaus, P. L.: *Grundlagen der anorganischen Chemie*, VCH Weinheim, 1990 (800 Seiten).

L. Beyer, J. A. Cornejo, *Koordinationschemie*, Studienbücher Chemie,
DOI 10.1007/978-3-8348-8343-8,
© Vieweg+Teubner Verlag | Springer Fachmedien Wiesbaden 2012

Neuere Lehrbücher zur Organometallchemie

[A16] Elschenbroich, C.: *Organometallchemie*, 6. Aufl., Teubner-Vieweg/GWV Fachverlage GmbH Wiesbaden, 2008 (759 Seiten).
[A17] Elschenbroich, C.: *Organometallics*, 3. Aufl. WILEY-VCH Weinheim, 2006.
[A18] Steinborn, D.: *Grundlagen der metallorganischen Komplexkatalyse*, 2. Aufl., Vieweg+Teubner/GWV Fachverlage GmbH Wiesbaden, 2010 (434 Seiten).

Neuere Lehrbücher zur Bioanorganischen Chemie

[A19] Kaim, W.; Schwederski, B.: *Bioanorganische Chemie. Zur Funktion chemischer Elemente in Lebensprozessen*, Studienbücher Chemie, 4. Aufl. Vieweg+Teubner Wiesbaden 2010 (460 Seiten).
[A20] Lippard, S. J.; Berg, J. M.: *Bioanorganische Chemie*, Spektrum Akademischer Verlag GmbH, Heidelberg-Berlin- Oxford, 1995 (430 Seiten).
[A21] Roat-Malone, R. M.: *Bioinorganic Chemistry – A Short Course*, 2. Ed. Wiley Interscience, John Wiley & Sons, Ltd., Hoboken, New Yersey/USA, 2007 (501 Seiten).
[A22] Kraatz, H.-B.; Metzler-Nolte, N. (Hg): *Concepts and Models in Bioinorganic Chemistry*, WILEY-VCH Weinheim 2006 (443 Seiten).

Monografien

[A23] McCleverty, J. A. (Hg): *Comprehensive Coordination Chemistry II. From Biology to Nanotechnology*, 10 Bände, Elsevier Oxford-Heidelberg, 2004.
[A24] Mingos, D. M. P.; Crabtree, R. H. (Hg): *Comprehensive Organometallic Chemistry III*, 13 Bände, Elsevier Amsterdam- Heidelberg, 2007.

Nomenklatur
[A25] Liebscher, W., Fluck, E.: *Die systematische Nomenklatur der anorganischen Chemie*, Springer-Verlag Berlin-Heidelberg-New York, 1999.
[A26] Liebscher, W. (Hg): *IUPAC. Nomenklatur der anorganischen Chemie. Deutsche Ausgabe der Empfehlungen*. VCH Weinheim, 1995.
[A27] Block, P.P.; Powell, W. H.; Fernelius, H.C.: *Inorganic chemical Nomenclature*, Washington, 1990.

Komplexstabilität
[A28] Sillen, L. G.; Martell, A. E.: *Stability Constants of Metal complexes*, The Chemical Society, London, 1964.
[A29] Schläfer, H. L.: *Komplexbildung in Lösung. Methoden zur Bestimmung der Zusammensetzung und der Stabilitätskonstanten gelöster Komplexverbindungen*, Springer Verlag Berlin-Göttingen-Heidelberg, 1961.
[A30] Schwarzenbach, G.; Flaschka, H.: *Die komplexometrische Titration*, F.-Enke-Verlag Stuttgart, 5. Aufl. 1965.
[A31] Pribil, R.: *Komplexone in der chemischen Analyse*, Deutscher Verlag der Wissenschaften Berlin, 1961.

Weitere Themen

[A32] Taube, H.: *Electron Transfer Reactions of Complex Ions in Solution*, Academic Press New York-London, 1970.

[A33] Hong, M.-C.; Chen, L. (Hg): *Design and Construction of Coordination Polymers*, John Wiley & Sons, Inc. Hoboken, New Yersey, USA, 2009.

[A34] Kawaguchi, S.: *Variety in Coordination Modes of Ligands in Metal Complexes*, Springer-Verlag Berlin-Heidelberg, 1998.

[A35] Horvath, O.; Stevenson, K. L.: *Charge Transfer Photochemistry of Coordination Compounds*, VCH Chemie Weinheim, 1993.

[A36] González-Moraga, G.: *Cluster Chemistry*, Springer-Verlag Berlin-Heidelberg-New York, 1993.

[A37] Sone, K.; Fukuda, Y.: *Inorganic Thermochromism*, Springer-Verlag Berlin-Heidelberg-New York, 1987.

Spezielle Grundlagen

[A38] Kauffman, G. B.: *Early Experimental Studies of Cobalt-Ammines*, Isis **68** (1977) Nr. 3, S. 392–403.

[A39] Werner, A.; Miolati, A.: *Beiträge zur Konstitution anorganischer Verbindungen*, Z. phys. Chem. **12** (1893) Nr. 1, S. 35–55.

[A40] Werner, A.: *Beitrag zur Konstitution anorganischer Verbindungen*, Zeitschr. Anorgan. Chem. **3** (1893) Nr. 1, S. 267–330.

[A41] Gade, L. H.: *Eine geniale Frechheit. Alfred Werners Koordinationstheorie*, Chemie in unserer Zeit **36** (2002) Nr. 3, S. 168–175.

[A42] Werner, A.: *Zur Kenntnis des assymmetrischen Kobaltatoms*, Ber. Dtsch. Chem. Ges. **44** (1911) Nr. 2, S. 1887–1898.

[A43] Pfeifer, P.: *Vorwort zu Beitrag zur Konstitution anorganischer Verbindungen von Alfred Werner*, in: Ostwalds Klassiker der exakten Wissenschaften, Nr. 212, Akademische Verlagsgesellschaft M.B.H. Leipzig, 1924.

[A44] Huber, R.: *Nachruf auf Alfred Werner*, Schweizerische Chemiker-Zeitung 1920, S. 73.

[A45] Kauffman, G. B.; Pentimalli, R.; Doldi, S.; Hall, M. D.: *Michele Peyrone (1813-1883) Discoverer of Cisplatin*. Platinum Metals Rev. **54** (2010) Nr. 4, S. 250–256.

[A46] Hunt, B. L.: *The First Organometallic Compounds. William Christopher Zeise and his Platinum Complexes*, Platinum Metals Rev. **28** (1984) Nr. 2, S. 76–83.

[A47] Hein F.: *Notiz über Chromorganoverbindungen*, Ber. Dtsch. Chem. Ges. **52** (1919) S. 195–196.

[A48] Peters W.: *Ueber das Verhalten aromatischer Sulfinsäuren gegen Mercurisalze*, Ber. Dtsch. Chem. Ges. **38** (1905) Nr. 3, S. 2567–2570.

[A49] Brush, J. E.; Cookson, P. G.; Deacon, G. B.: *Sulphinate complex intermediates in the Peters reaction*, J. Organomet. Chem. **34** (1972) S. C1–C3.

[A50] Kossel, W.: *Bildung von Molekülen und ihre Abhängigkeit von der Atomstruktur*, Ann. Phys. **49** (1916), S. 229–362.

[A51] Kossel, W. *Über die physikalische Natur der Valenzkräfte*, Die Naturwissenschaften 7 (1919), S. 339–345; 360–366.

[A52] Stone, F. G. A.: *Metall-Kohlenstoff- und Metall-Metall-Mehrfachbindungen als Liganden in der Übergangsmetallchemie: Die Isolobal-Beziehung*, Angew. Chem. **96** (1984) Nr. 2, S. 85–96.

[A53] Hoffmann, R.: *Brücken zwischen Anorganischer und Organischer Chemie* (Nobel-Vortrag), Angew. Chem. **94** (1982), Nr. 10, S. 725–739.

[A54] Tsuchida, R.: *Absorption spectra of coordination compounds I.*, Bull. of the Chem. Soc. Jap. **13** (1938), S. 388–400.

[A55] Shannon, R. D.: *Revised efective Ionic Radi*, Acta Cryst. **A 32** (1976) S. 751–767.

[A56] Jahn, H. A.; Teller, E.: *Stability of polyatomic molecules in degenerate electronicstates I. Orbital Degeneracy*; Proceed. of the Royal Soc. of London, Series A, Mathem, Physic. and Enginee-ring Sciences **161** (1937), S. 220–235.

[A57] Bjerrum, J.: *Metal Amine Formation in Aqueous Solution*, Thesis, Kopenhagen, 1941.

[A58] Griesser, H.; Sigel, H.: *Ternary Complexes in Solution XI. Complex Formation between the cobalt(II), nickel(II, copper(II) and zinc(II) 2,2-bipyridyl 1:1 complexes and ethylendiamine, glycinate or pyrocatecholate* Inorg. Chem. **10** (1971) Nr. 10, S. 2229–2232.

[A59] Jordan, R. B.; Sargeson, A. M.; Taube, H.: *The Preparation and Properties of Some Pentaammi-necobalt(III)Complexes*, Inorg. Chem. **5** (1966) Nr. 7, S. 1091–1094.

[A60] Piriz Mac Coll, C.; Beyer, L.: *Synthesis, Characterization and Some Reactions of (Dimethyl sulfoxide)pentaammincobalt(III)Salts*, Inorg. Chem. **12** (1973) S. 7–11.

[A61] Reynolds, W. L.: *Induced and Spontaneous Aquation of (Dimethyl- sulfoxide) pentaammin
co-balt(III)perchlorate*, Inorg. Chem. **14** (1975) Nr. 3, S. 680–683.

[A62] Allen, A. D.; Senoff, C.V.: *Nitrogenopentammineruthenium(II) complexes*.Chem. Commun. **1965**, Nr. 23, S. 621–622.

[A63] Beyer, L.; Widera, R.: *N-(Aminothiocarbonyl)-benzimidchloride*, Tetrahedron Letters **23** (1982) Nr. 18, S. 1881–1882.

[A64] Curtis, N. F.: *Some Metal-ion Complexes with Ligands formed by Reactions of Amines with Aliphatic Carbonyl Compounds. Part I. Nickel(II) and Copper(II) Complexes formed by the Diaminoethane-Acetone Reaction*, J. of. Chemical Society, Dalton Trans. **1972**, S. 1357–1362.

[A65] Seidelmann, O.; Beyer, L.; Richter, R.: *Nickel(II)chelate eines ferrocensubstituierten Tetraa-za[14]annulens und eines ferrocensubstituierten 2-Amino-propenaldimins. Ferrocensubstitu-ierte 3-Chloropropenaldimine*, J. Organometall. Chem. **572** (1999) S. 73–79.

Synthesepraktikum

Praktikumsbücher, Monografien

[B1]   Kolbe, H.: *Kurzes Lehrbuch der Anorganischen Chemie*, Verlag Friedrich Vieweg und Sohn, Braunschweig, 1877.

[B2]   Brauer, G.: *Handbuch der Präparativen Anorganischen Chemie*, F. Enke-Verlag Stuttgart, 2 Bände, 1962.

[B3]   Gmelins *Handbuch der Anorganischen Chemie*, VCH Chemie, Weinheim, 1932 ff.

[B4]   Herrmann, W. A./ Brauer, G.: *Synthetic methods of Organometallic and Inorganic Chemistry*, G. Thieme-Verlag, Stuttgart-New York **1-8**, 1996/1997.

[B5]   Heyn, B.; Hipler, B.; Kreisel, G.; Schreer, H.; Walther, D.: *Anorganische Synthesechemie-ein integriertes Praktikum*, Springer-Verlag Berlin-Heidelberg-New York-London-Paris-Tokyo, 1987.

[B6]   *Inorganic Synthesis*, **I-XXXII** Mc Graw Hill Book Compan., New York-Toronto-London, 1939/1998.

[B7]   Wiskamp, V.: *Umweltfreundlichere Versuche im Anorganisch-Analytischen Praktikum*, VCH Weinheim, 1995.

[B8]   Woollins, J. D. (Hg): *Inorganic Experiments*, 3. Edition, WILEY-VCH Chemie Weinheim, 2010.

[B9]   Thiele, K.-H. (ff): *Lehrwerk Chemie AB 7, Reaktionsverhalten und Syntheseprinzipien*, Deut-scher Verlag für Grundstoffindustrie Leipzig, 1976.

[B10]   Institut für Anorganische Chemie, Universität Leipzig: *Praktikumsanleitung Grundlagen der anorganischen Synthesechemie*, 2010.
[B11]   Hecht, H.: *Präparative Anorganische Chemie*, Springer, Berlin-Göttingen-Heidelberg, 1951.
[B12]   Kolditz, L. (Hg): *Lehr- und Praktikumsbuch der anorganischen Chemie mit einer Einführung in die physikalische Chemie*, VEB Deutscher Verlag der Wissenschaften Berlin, 1977.
[B13]   Becker, H. G. O.; Beckert, R.: *Organikum*, 23. Aufl., WILEY-VCH Weinheim, 2009.
[B14]   Heinicke, G.; Meinert, H.; Prösch, U.; Scholz, G.: *Methoden des anorganisch-chemischen Experimentierens*, Studienbücherei Chemie, VEB Deutscher Verlag der Wissenschaften Berlin, 1976.

Übersichtsartikel

[B15]   Pangborn, A. B.; Giardello, M. A.; Grupps, R. H.; Rosen, R. K.; Timmers, F. J.: *Safe and Convenient Procedure for Solvent Purification*, Organometallics **15** (1996), S. 1518–1520.
[B16]   Thomas, G.: *Beiträge zur anaeroben Arbeitstechnik*, Chemiker-Ztg. **85** (1961), Nr. 16, S. 567–574.
[B17]   Vicente, J.; Chicote, M. T.: *The 'acac' method for the synthesis of coordination and organometallic compounds: synthesis of gold complexes*, Coord. Chem. Rev. **193–195** (1999), S. 1143–1163.

Anwendungen

Metallkomplexe als Therapeutica in der Medizin

[C1]   Agricola, Georgius: *De re metallica Libri XII*, Froben Basel, 1556.
[C2]   Agricola, Johannes: *Chymische Medizin*, Leipzig, 1638/39.
[C3]   Cox, P. A.: *The elements, their origen, abundance and distribution*, Oxford University Press, Oxford, 1989.
[C4]   a) Guo, Z.; Sadler, P. J.: *Metalle in der Medizin*, Angew. Chem. **111** (1999) S. 1610–1630; b) Hillard, E. A.; Jaouen, G.: *Bioorganometallics: Future Trends in Drug Discovery, Analytical Chemistry and Catalysis*, Organometallics **30** (2011), Nr. 1, S. 20–27; c) Ma, Z.; Moulton, B.: *Recent Advances of discrete coordination complexes and coordination polymers in drug delivery*, Coord. Chem. Rev. **255** (2011), S. 1623–1641.
[C5]   Kaim, W.; Schwederski, B.: *Bioanorganische Chemie. Zur Funktion chemischer Elemente in Lebensprozessen*,. B. G. Teubner Stuttgart-Leipzig-Wiesbaden, 3. Aufl. 2004.
[C6]   Rosenberg, B.; VanCamp, L.; Krigas, T.: *Inhibition of Cell Division in Escherichia coli by Electrolysis Products from a Platinum Electrode*, Nature **205** (1965) S. 698–699.
[C7]   Rosenberg, B.; VanCamp, L.; Trosko, J. E.; Mansour, V. H.: *Platin Compounds: a New Class of Potent Antitumour Agents*, Nature **222** (1969) S. 385–386.
[C8]   Lippert, B: *Cisplatin-Chemistry and Biochemistry of a Leading Anticancer Drug*, WILEY-VCH, 1999.
[C9]   Pasini, A.; Zunino, F.: *Neue Cisplatin-Analoga-auf dem Weg zu besseren Cancerostatica*, Angew. Chem. **99** (1987), S. 632–641.
[C10]   Mock, C.; Puscasu, I.; Rauterkus, M. J.; Tallen, G.; Wolff, J. E. A.; Krebs, B.: *Novel Pt(II) anticancer agents and their Pd(II) analogous: syntheses, crystal structures, reactions with nucleobases and cytotoxicities*, Inorg. Chim. Acta **319** (2001) S. 109–116.
[C11]   a) Lippert, B.; Beck, W.: *Platin-Komplexe in der Krebstherapie*, Chemie in unserer Zeit, **17** (1983) Nr. 6, S. 190–199; b) Kozelka, J.; Legendre, F.; Reeder, F.; Chottard, J.-C.: *Kinetic aspects of interactions between DNA and platinum complexes*, Coord. Chem. Rev. **190–192** (1999), S. 61–82.

[C12] Kratochwill, N. A.; Parkinson, J. A.; Bednarski, P. J.; Sadler, P. J.: *Platinierung von Nucleotiden, induziert durch sichtbares Licht*, Angew. Chem. **111** (1999) Nr. 10, S. 1566–1569.

[C13] Köpf, H.; Köpf-Maier, P.: *Titanocendichlorid, das erste Metallocen mit cancerostatischer Aktivität*, Angew. Chem. **91** (1979) Nr. 6, S. 509.

[C14] Köpf, H., Köpf-Maier, P.: *Metallocendihalogenide als potentielle Cytostatika*, Nachr. Chem. Tech. Lab. **29** (1981) Nr. 3, S. 154–156.

[C15] Köpf-Maier, P.; Köpf, H.: *Cytostatische Platin-Komplexe: eine unerwartete Entdeckung mit weitreichenden Konsequenzen*, Naturwissenschaften **73** (1986) S. 239–247.

[C16] Köpf-Maier, P.; Köpf, H.: *Non-Platinum Metal Antitumor Agents: History, Current Status, and Perspectives*, Chem. Rev. **87** (1987) S. 1137–1152.

[C17] Keppler, B. K.; Hartmann, M.: *Wechselwirkungen neuer tumorhemmender Metallkomplexe mit Biomolekülen*, GIT Fachz. Lab. (1993) Nr. 10, S. 829–837.

[C18] Wang, J.-T.; Wang, Y.-J.; Mao, Z.-W.: *Studies and Activity of some Bioinorganic Coordination complexes*, Kap. 13, S. 372–403, in: Hong, M.C.,; Chen, L. (Hg): *Design and Construction of Coordination Polymers*, John Wiley & Sons Inc. Hoboken, N. Y./USA, 2009.

[C19] Sadler, P. J.; Guo, Zijian: *Metal complexes in medicine: design and mechanism of action*, Pure & Appl. Chem. **70** (1998) Nr. 4, S. 863–871.

[C20] Lazarini, F.: Cryst. Struct. Commun. 8 (1979), S. 69–74.

[C21] Holleman, Wiberg: *Lehrbuch der Anorganischen Chemie*, Verlag Walter de Gruyter Berlin-New York, 102. Aufl. 2007.

[C22] Sun, H.; Li, H.; Sadler, P. J.: *The Biological and Medical Chemistry of Bismuth*, Chem. Ber/Recueil **130** (1997) S. 669–681.

[C23] Butler, A. R.; Calsy-Harrison, A. M.; Glidewell, C.; Johnson, I. L.; Reglinski, J.; Smith, E. W.: *The oxidation of glutathione by nitroprussid. Changes in glutathione in intact erythrocytes during incubation with sodium nitroprusside*, Inorg. Chim. Acta **151** (1988) 281–286.

[C24] Glidewell, C.; Johnson, I. L.: *The definitive identification of the primary reduction product of the nitroprusside ion, pentacyanonitrosylferrate(2-) in aqueous solution*, Inorg. Chim. Acta **132** (1987) S. 145–147.

[C25] Rauws, S. G.; Canton, J. H.: *Adsorption of thallium ions by Prussian Blue*, Bull. Environmental Contam. and Toxicology **15** (1976) Nr. 3, S. 335.

[C26] Godoy, J. M.; Guimaraes, J. R. D.; Carvalho, Z. L.: *Cesium-137 pre-concentration from water samples using a Prussian blue impregnated ion-exchanger*, J. of Environmental Radioactivoty **20** (1993) Nr. 3, S. 213–219.

[C27] Wiechen, A.; Tait, D.: *Eine schnelle Methode zur Abtrennung von Cäsium-Radioisotopen aus flüssiger Milch durch Verwendung von Berliner Blau auf einem Silicagel*, Kieler Milchwirtschaftliche Forschungsberichte **42** (1990) Nr. 3, S. 323–328.

[C28] Faa, G.; Crisponi, G.: *Iron chelating agents in clinical practice*, Coord. Chem. Rev. **184** (1999) S. 291–310.

Metallkomplexe in der medizinischen Diagnostik

[C29] Thunus, L.; Lejeune, R.: *Overview of transition metal and lanthanide complexes as diagnostic tools*, Coord. Chem. Rev. **184** (1999) S. 125–155.

[C30] Götte, H.; Kloss, G.: *Nuklearmedizin und Radiochemie*, Angew. Chem. **85** (1973) Nr. 18, S. 793–802.

[C31] Schwochau, K.: *Technetium-Radiodiagnostica. Grundlagen, Synthese, Struktur, Entwicklung*, Angew. Chem. **106** (1994) Nr. 22, S. 2349–2358.

[C32] Münze, R.: *Technetium-Chemische Eigenschaften und Anwendungen*, Isotopenpraxis **14** (1978) S. 81–90.

[C33] Schwochau, K.: *Zur Chemie des Technetiums*, Angew. Chem. **76** (1964) Nr. 1, S. 9–19.

[C34] Molter, M.: *Technetium-99 m- Die Basis der modernen nuklearmedizinischen in-vivo-Diagnostik*, Chem.-Ztg. **103** (1979) S. 41–52.

[C35] Johannsen, B.; Werner, G.: *99 m-Technetium: Generator. Radiopharmaka*. Dresden, 1988.

[C36] Johannsen, B.; Spies, H.: *Chemie und Radiopharmakologie von Technetiumkomplexen*, Akademie der Wissenschaften der DDR, ZfK Rossendorf 1981.

[C37] Alberto, R.; Abram, U.: *99 m Tc: labeling chemistry and labeled compounds*, Handbook of Nuclear Chemistry **4** (2003) S. 211–256.

[C38] Dilworth, J. R.; Parrott, S. J.: *The biomedical chemistry of technetium and rhenium*, Chem. Soc. Rev. **27** (1998) S. 43–55.

[C39] Werner, E. J.; Datta, A.; Jocher, C. J.; Raymond, K. N.: *MRI-Kontrastmittel mit hoher Relaxivität: Komplexchemie im Dienste medizinischer* Bildgebung, Angew. Chem. **120** (2008) Nr. 45, S. 8696–8709.

[C40] a) Ruloff, R.; Gelbrich, T.; Hoyer, E.; Sieler, J.; Beyer, L.: *Gesteuerte Kristallisation des Gadolinium(III)-Komplexes von Diethylentriaminpentaacetat: Monomere und dimere* Struktur, Z. Naturforsch **53 b** (1998) S. 955–959; b) Venkataramani, S.; Jana, U.; Dommaschk, M.; Sönnichsen, F. D.; Tuczek, F.; Herges, R.: Science **331** (2011) S. 445–448; Herges, R.: *Spinschaltung und intelligente Kontrastmittel in der MRT*, Nachrichten aus der Chemie **59** (2011) S. 817–821.

Komplexchemische Modelle für biochemische Prozesse

[C41] Kaim, W.; Sarkar, B.: $N_2^{\cdot 3-}$: *eine Lücke in der* N_2^{n-} *Reihe gefüllt*, Angew. Chem. **121** (2009), S. 9573–9575.

[C42] Sellmann, D.; Utz, J.; Blum, N.; Heinemann, F. W.: *On the function of nitrogenase FeMo cofactors and competitive catalysts: chemical principles, structural blue-prints, and the relevance of iro sulfur complexes for* N_2 *fixation*, Coord. Chem. Rev. **190–192** (1999) S. 607–627.

[C43] Allen, A. D.; Senoff, C. V.: *Nitrogenopentammineruthenium(II)complexes*, Chem. Commun. 1965, Nr. 23, S. 621/622.

[C44] Sacco, A.; Rossi, M.: *Nitrogene Fixation I. Hydrido and nitrogene complexes of cobalt*, Inorg. Chim. Acta **2** (1968) Nr. 2, S. 127–132.

[C45] Davis, B. R.; Payne, N. C.; Ibers, J. A.: *The Bonding of Moleculare Nitrogen. I. The Crystal and Molecular Structure of Hydridodinitrogentris(triphenylphosphine)cobalt(I)*, Inorg. Chem. **8** (1969), Nr. 12, S. 2719–2728.

[C46] Chatt, J.; Pearman, A. J.; Richards, R. L.: *Reduction of monocoordinated molecular nitrogen to ammonia in a protic environment*, Nature **253** (1975) (5486) S. 39–40.

[C47] Mori, M.; Hori, K.; Akashi, M.; Hori, M.; Sato, Y.; Nishida, M.: *Fixierung von Luftstickstoff: Heterocyclensynthesen mit Luftstickstoff als* Stickstoffquelle, Angew. Chem. **110** (1998) Nr. 5, S. 659–661.

[C48] M. F. Perutz, M. F.; Fermi, G.; Luisi, B.; Shanaan, B.; Liddington, R. C.: *Stereochemistry of cooperative mechanisms in hemoglobin*, Acc. Chem. Res. **20** (1987) S. 309–321.

[C49] Yin, X.; Moss, J. R.: *Recent developments in the activación of carbon dioxide by metal complexes*, Coord. Chem. Rev. **181** (1999), S. 27–59.

[C50] Bruckmeier, C.; Lehenmeier, M. W.; Reichardt, R.; Vagin, S.; Rieger, B.: *Formation of Methyl Acrylate from* CO_2 *and Ethylene via Methylation of Nickelalactones*, Organometallics **29** (2010), S. 2199–2202.

[C51] Elschenbroich, Ch.: *Organometallchemie*, Teubner Studienbücher Chemie, B. G. Teubner Stuttgart-Leipzig-Wiesbaden, 4. Aufl. 2003.

[C52] Alsfasser, R.; Trofimenko, S.; Looney, A.; Parkin, G.; Vahrencamp, H.: *A mononuclear zinc hydroxide complex stabilized by an highly substituted tris(pyrazolyl)hydroborato ligand: analogies with the enzyme carbonic anhydrase*, Inorg. Chem **30** (1991) Nr. 21, S. 4098–4100.

Metallkomplexe als molekulare Schalter

[C53] Kay, E. R.; Leigh, D. A.; Zerbetto, F.: *Synthetic Molecular Motors and Mechanical Machines*, Angew. Chem., Int. Ed. **46** (2007) Nr. 1–2, S. 72–191.

[C54] Zelikovich, L. Libman, J.; Shanzer, A.: *Molecular redox switches based on chemical triggering of iron translocation in triple-stranded helical* complexes, Nature **374** (1995) S. 790–792.

[C55] Belle, C.; Pierre-J.-L.; Saint-Aman, E.: *A molecular redox switch via iron translocation in a bicompartmental ligand*, New. J. Chem. **1998**, S. 1399–1402.

[C56] Amendola, V., Fabbrizzi, L.; Licchelli, M.; Mangano, C.; Pallavicini, P.; Parodi, L.; Poggi, A.: *Molecular events switched by transition metals*, Coord. Chem. Rev. **190–192** (1999) S. 649–669.

[C57] Canevet, C.; Libman, J.; Shanzer, A.: *Molekulare Redoxschaltungen durch Ligandenaustausch*, Angew. Chem. **108** (1996) Nr. 22, S. 2842–2845.

[C58] Zahn, S.; Canary, J. W.: *Redoxschaltbarer, excitonengekoppelter Circulardi-chroismus: eine neue Strategie für die Entwicklung molekularer Schalter*, Angew. Chem. **110** (1998), Nr. 3 S. 321–323.

[C59] Fabrizzi, L.; Gatti, F.; Pallavicini, P.; Zambarbieri, E.; *Redox-Driven Intramolecular Anion Translocation between Transition Metal Centres*, Chem Eur. J. **5** (1999) Nr. 2, S. 682–690.

[C60] De Santis, G.; Fabbrizzi, L.; Liccelli, M.; Mangano, C.; Sacchi, D.: *Redox Switching of Anthracene Fluorescence through the Cu II/I Couple*, Inorg. Chem. **34** (1995) Nr. 14, S. 3581–3582.

[C61] Shinkai, S.; Ishihara, M.; Ueda, K.; Manabe, O.: *On –off switched crown ether- metal ion complexation by photoinduced intramolekular ammonium group "tail-biting"*, J. Chem. Soc. Commun. **1984**, S. 727–729.

Precursor zur Erzeugung dünner Schichten

[C62] Fischer, R. A.: *Erzeugung dünner Schichten: neue Herausforderungen für die Metallorganische Chemie*, Chemie in unserer Zeit **29** (1995) Nr. 3, S. 141–152.

[C63] T. Kodas, T.; Hamden-Smith, M.: *The Chemistry of Metal CVD*, Verlag Chemie Weinheim, 1994.

[C64] Spencer, J. T.: *Chemical Vapour Deposition of Metal-Containing Thin-Film Materials from Organometallic Compounds*, Prog. Inorg. Chem. **41** (1994), S. 145–237.

[C65] Cowley, A. H.; Jones, R. A.: *Niedermolekulare III/V-Komplexe, ein möglicher neuer Weg zu Galliumarsenid und verwandten Halbleitern*, Angew. Chem. **101** (1989) S. 1235–1243.

[C66] Hiratani, M.; Nabatame, T.; Matsui, Y.; Imagawa, K. Kimura, S.: *Platinum Film Growth by Chemical Vapor Deposition Based on Autocatalytic Oxidative Decomposition*, J. Electrochem. Soc. **148** (2001) Nr. 8, S. C 524-C 527.

Supramolekulare Koordinationsverbindungen und poröse funktionalisierte Koordinationspolymere

[C67] Lehn, J.-M.: *Supramolekulare Chemie-Moleküle, Übermoleküle und molekulare Funktionseinheiten*, Angew. Chem. **100** (1988), S. 91–116.

[C68] Lehn, J.-M.: *Supramolekulare Chemie*, VCH Chemie Weinheim, 1995.

[C69] Li, H.; Eddaoundi, M.; O'Keffe, M.; Yaghi, O. M.: *Design and Synthesis of an exceptionally stable and highly porous metal organic Framework*, Nature **402** (1999) Nr. 6759, S. 276–279.

[C70] Coté, A. P.; Benin, A. I.; Ockwig, N. W.; O'Keeffe, M.; Matzger, A. J.; Yaghi, O. M.: *Porous Crystalline, Covalent Organic Frameworks*, Science **310** (2005) S. 1166–1170.

[C71] Ben, T.; Ren, H.; Ma, S.; Cao, D.; Lan, J.; Jing, X.; Wang, W.; Xu, J.; Deng, F.; Simmons, J. M., Quiu, S.; Zhu, G.: *Target Synthesis of a Porous Aromatic Framework with High Stability and Exceptionally High Surface Area*, Angew. Chem. **121** (2009) Nr. 50, 9621–9624.

[C72] a) Mastalerz, M.; Schneider, M. W.; Oppel, I. M.; Presly, O.: *Eine Salicylbisimin-Käfigverbindung mit großer spezifischer Oberfläche und selektiver CO₂/CH₄-Adsorption*, Angew. Chem. **123** (2011) Nr. 5, 1078–1083. b) Li, J.-R.; Ma, Y.; McCarthy, M. C.; Scalley, J.; Yu, J.; Ilong, H.-K.; Balbuena, P. B.; Zhou, H.-C.: *Carbon dioxide capture- related gas adsorption and separation in metal-organic frameworks*, Coord. Chem. Rev. **255** (2011), S. 1791–1823.

[C73] Cooper, A. I.: *Nanoporöse organische Festkörper im Zeichen des Käfigs*, Angew. Chem. **123** (2011), S. 1028–1030.

[C74] Cejka, J.C.; Corma, A.; Zones, S. (Hg): *Zeolites and Catalysis. Synthesis, Reactions, Applications*, Vol 1 und 2, WILEY-VCH Weinheim, 2010.

[C75] Xu, R.; Pang, W.; Yu, J.; Huo, Q.; Chen, J.: *Chemistry of Zeolites and Related Porous Materials. Synthesis and Structure*, J. Wiley & Sons (Asia) Ltd., Singapore, 2007.

[C76] Van Bekkum, H.; Flanigen, E. M.; Jacobs, P. A.; Jansen, J. C.: *Introduction to Zeolithe Science and Practice*, Elsevier, Amsterdam, 2001.

[C77] Strunz, H.: *Mineralogische Tabellen*, 8. Aufl. Akadem. Verlagsgesellsch. Geest & Portig K.G., Leipzig, 1982.

[C78] Kaskel, S.: *Poren per Baukasten*, Nachr. Chem. **53** (2005), S. 394–399.

[C79] Kitagawa, S.; Noro, S.; Nakamura, T.: *Pore surface enineering of microporous coordination polymers*, Chem. Commun. **2006**, S. 701–707.

[C80] Seo, J; Matsuda, R.; Sakamoto, H. Bonneau, C.; Kitagawa, S.: *A Pillared-Layer Coordination Polymer with a Rotable Pillar Acting as a Molecular Gate for Guest Molecules*, J. Amer. Chem. Soc. **131** (2009) Nr. 35, S. 12792–12800.

[C81] Klein, N.; Senkovska, I.; Gedrich, K.; Stoeck, U.; Henschel, A.; Mueller, U.; Kaskel, S.: *Eine mesoporöse Metall-organische Gerüstverbindung*, Angew. Chem. **121** (2009) Nr. 52, S. 10139–10142.

[C82] Bauer, S.; Stock, N.: *MOFs-Metallorganische Gerüststrukturen*, Chemie in unserer Zeit, **42** (2008) S. 12–19.

[C83] Henke, S.; Fischer, R. A.: *Atmend und multivariant*, Nachrichten aus der Chemie **58** (2010), S. 634–639.

[C84] Serre, S.; Millange, F.; Thouvenot, C.; Nogues, M.; Marsolier, G.; Louer, D.; Ferey, G.: *Very Large Breathing Effect in the First Nanoporous Chromium(III)-Based Solids: MIL-53 or $Cr^{III}(OH) \cdot \{O_2C\text{-}C_6H_4\text{-}COO_2\} \cdot \{HO_2C\text{-}C_6H_4\text{-}CO_2H\}_x \cdot H_2O_y$*; J. Amer. Chem. Soc. **124** (2002) S. 13519–13526.

[C85] Deng, H.; Doonan, C. J.; Furukawa, H.; Ferreira, R. B.; Towne, J.; Knobler, C. B.; Wang, B.; Yaghi, O. M.: *Multiple Functional Groups of Varying Ratios in Metal-Organic Frameworks*, Science **327** (2010) S. 846–850.

[C86] Furukawa, S.; Hirai, K.; Nakawaga, K.; Takashima, Y.; Matsuda, R.; Tsuruoko, T.; Kondo, M.; Haruki, R.; Tanaka, D.; Sakamoto, H.; Shimomura, S.; Sakata, O. Kitagawa, S.: *Heterogeneously Hybridized Porous Coordination Polymer Crystals: Fabrication of Heterometallic Core-Shell Single Crystals with an In-Plane Rotational Epitaxial Relations-Ships*, Angew. Chem. **121** (2009) Nr. 10, S. 1798–1802.

[C87] Koh, K.; Wong-Foy, A. G.; Matzger, A. J.: *MOF@MOF: microporous core-shell architectures*, Chem. Commun. 2009, S. 6162–6164.

[C88] Zhao, Y.; Zhang, J.; Han, B.; Song, J.; Li, J.; Wang, Q.: *Metal-Organic Framework Nanospheres with Well-Ordered Mesopores Synthetised in an Ionic Liquid/CO$_2$/Surfactant System*, Angew. Chem. **123** (2011) S. 662–665.

[C89] Wang, F.; Liu, Z.-S.; Yang, H.; Tan, Y.-Y.; Zhang, J.: *Hybridic Zeolitic Imidiazolate Frameworks with Catalytically Active TO$_4$ Building Blocks*, Angew. Chem. **123** (2011), S. 470–473.

[C90] Mahata, P.; Prabu, M.; Natarajan, S.: *Role of Temperature and Time in the Formation of Infinite –M-O-M Linkages and Isolated Clusters in MOFs: A Few Illustrative Examples*, Inorg. Chem. **47** (2008) Nr. 19, S. 8451–8463.

[C91] Li, Q.; Sue, C.-H.; Basu, S.; Shveyd, A.K.; Zhang, W.; Barin, G.; Fang, L.; Sarjeant, A. A.; Stoddart, J. F.; Yaghi, O. M.: *A Catenated Strut in a Catenated metal-Organic-Framework*, Angew. Chem. **122** (2010) Nr. 38, 6903–6907.

[C92] Holman, K. T.: *Mikroporöse Materialien auf Molekülbasis: auf den Geschmack gekommen*, Angew. Chem. **123** (2011) S. 1263–1265.

[C93] a) Nickerl, G.; Henschel, A.; Grünker, R.; Gedrich, K.; Kaskel, S.: *Chiral Metal-organic Frameworks and their application in assymmetric catalysis and stereoselective separation*, Chemie Ing.-Technik, **83** (2011) Nr. 1-2, S. 90–103; b) Facchetti, A.: *Nanostrukturierte Koordinationspolymere*, Angew. Chem. **123** (2011) S. 6125–6127.

[C94] Pan, L.; Li, K.-H.; Lee, J. Y.; Olson, D. H.; Li, J.: *Microporous Metal-Organic Frameworks as Functional Material for Gas Storage ad Separation*, Kap. 11, S. 307–352, in: Hong, M.C.,; Chen, L. (Hg): *Design and Construction of Coordination Polymers*, John Wiley & Sons Inc. Hoboken, N. Y./USA, 2009.

[C95] Ma, S.-Q.; Collier, C. D.; Zhou, H.-C.: *Design and Construction of Metal-Organic Frameworks for Hydrogen Storage and Selective Gas Adsorption*, Kap. 12, S. 353–374, in: Hong, M.C.,; Chen, L. (Hg): *Design and Construction of Coordination Polymers*, John Wiley & Sons Inc. Hoboken, N. Y./USA, 2009.

[C96] Hirscher, M.; Panella, B.: *Maßgeschneiderte Wasserstoffspeicher*, Nachrichten aus der Chemie **55** (2007) Suppl. 1 (Energie), S. 12–13.

[C97] Hirscher, M.: *Wasserstoffspeicherung durch Kryadsorption in hoch porösen Metall-organischen Verbindungen*, Angew. Chem. **123** (2011), S. 605–606.

[C98] Hulvey, Z.; Sava, D. A.; Eckert, J.; Cheetham, A. K.: *Hydrogen Storage in a Highly Interpenetrated and Partially Fluorinated Metal-Organic-Framework*, Inorg. Chem. **50** (2011), Nr. 2, S. 403–405.

[C99] Guo, Z.; Wu, H.; Srinivas, G.; Zhou, Y.; Xiang, S.; Chen, Z.; Yang, Y.; Zhou, W.; O'Keeffe, M.; Chen, B.: *A Metal-Organic Framework with Optimized Open Metal Sites and Pore Spaces for High Methane Storage at Room Temperature*, Angew. Chem. **123** (2011), S. 3236–3239.

[C100] Chui, S.S.Y.; Lo, S.M.F.; Charmant, J. P. H.; Orpen, A.G.; Williams, I. D.: *A Chemically Functionalizable Nanoporous Material [Cu$_3$(TMA)$_2$(H$_2$O)$_3$]$_n$*, Science **283** (1999) S. 1148–1150.

[C101] 44. Jahrestreffen Deutscher Katalytiker, Weimar, März 2011, Vortragsprogramm.

[C102] Yaghi, O. M.; Li, H.; Davis, C.; Richardson, D.; Gray, T. L.: *Synthetic Strategies, Structure Patterns and Emerging Properties in the Chemistry of Modular Porous Solids*, Acc. Chem. Res. **31** (1998) S. 474–484.

[C103] Ruben, M.; Rojo, J.; Romero-Salguero, F. J.; Uppadine, L. H.; Lehn, J.-M.: *Metallionen-Git-terarchitekturen: funktionelle supramolekulare Metallkomplexe*, Angew. Chem. **116** (2004), S. 3728-3747.

[C104] Janiak, C.: *Engineering Coordination Polymers towards Applications*, Dalton Trans. 2003, S. 2781-2804.

[C105] Kitagawa, S.; Kitaura, R.; Noro, S.: *Functional Porous Coordination Polymers*, Angew. Chem. Int. Ed. **43** (2004), S. 2334-2375.

[C106] Rowsell, J. L. C.; Yaghi, O. M.: *Strategies for Hydrogen Storage in Metal-Organic Frameworks*, Angew. Chem. Int. Ed. **44** (2005), 4670-4679.

Elektrisch leitfähige Koordinationsverbindungen

[C107] You, X.-Z.; Zhang, Y.: *Conducting Metallic Complexes*, Adv. Trans. Metal Coord. Chem. **1** (1996), S. 239-286.

[C108] Knop, W.: *Ueber eine neue Platinverbindung*, Justus Liebigs Ann. Chem. **43** (1842), S. 111-115.

[C109] Knop, W.; Schnedermann, G.: *Ueber die Cyanverbindungen des Platins*, J. prakt. Chem. **37** (1846), S. 461-475.

[C110] Krogmann, K.; Hausen, H. D.: *Strukturen mit Pt-Ketten I. „Violettes Kaliumtetracyanoplatinat, $K_2[Pt(CN)_4]X_{0,3} \cdot 2,5\,H_2O$; $X=Cl$, Br*, Z. Anorg. Allg. Chem. **358** (1968), Nr. 1, S. 67-81.

[C111] Zeller, H. R.: *Electrically Conductivity of One-Dimensional Conductors*, Phys. Rev. Lett. **28** (1972) Nr. 28, S. 1452-1455.

[C112] Underhill, A. E.; Watkins, D. M.: *One-dimensional Metallic Complexes*, Chem. Soc. Rev. **9** (1980), Nr. 4, S. 429-448.

[C113] Mühle, C.; Nuss, J.; Dinnebier, E.; Jansen, M.: *Über Kaliumtetracyano-platinat(II), Kalium-tetracyanopalladat(II) und deren Monohydrate*, Z. anorg. allg. Chem. **630** (2004), Nr. 10, S. 1462-1468.

[C114] Krogmann, K.: *Planare Komplexe mit Metall-Metall-Bindungen*, Angew. Chem. **81** (1969), Nr. 1, S. 10-17.

[C115] Yamada, S.: *Researches on Dichromism of Planar Complexes III. The Color and the Structure of the Crystals of Tetracyanoplatinates(II)*, Bull. Chem. Soc. Japan **24** (1951) Nr. 3, 125-127.

[C116] Hanack, M.; Deger, S.; Lange, A.: *Bisaxially Coordinated Macrocyclic Transition Metal Complexes*, Coord. Chem. Rev. **83** (1988), S. 115-136.

[C117] Hanack, M.; Pawlowski, G.: *Organische Leiter*, Naturwissenschaften **69** (1982) S. 266-275.

[C118] Ferrraris, J.; Cowan, D. O.; Walatka, V. J.; Perlstein, J. H.: *Electron transfer in a new highly conducting donor-acceptor complex*, J. Amer. Chem. Soc. **95** (1973) Nr. 3, S. 948-949.

[C119] Steimecke, G.: Dissertation Universität Leipzig, 1977.

[C120] Steimecke, G.; Kirmse, R.; Hoyer, E.: *Dimercaptoisotrithion - ein neuer ungesättigter Ligand*, Z. Chem. **15** (1975) S. 28-29.

[C121] Steimecke, G.; Sieler, J.; Kirmse, R.; Hoyer, E.: *1,3-Dithiol-2-thion-4,5-dithiolat aus Schwefel-kohlenstoff und Alkalimetall*, Phosphorus and Sulfur **7** (1979), S. 49-55.

[C122] Cassoux, P.; Valade, L.; Kobayashi, H.; Kobayashi, A., Clark; R. A.; Underhill, A. E.: *Molecular Metals and Superconductors derived from Metal Complexes of 1,3-Dithiol-2-thione-4,5-dithiolate (dmit)*, Coord. Chem. Rev. **110** (1991), S. 115-160.

[C123] Cassoux, P.: *Molecular (super)conductors derived from bis-dithiolate metal complexes*, Coord. Chem. Rev. **185-186** (1999), S. 213-232.

[C124] Rösler, H.-J.: *Lehrbuch der Mineralogie*, Deutscher Verlag für Grundstoffindustrie Leipzig, 5. Aufl., 1991.

Flüssig-Flüssig-Extraktion von Metallen und Hydrometallurgie

[C125] Marcus, Y.; Kertes, A. S.: *Ion Exchange and Solvent Extraction of Metal Complexes*, Wiley-Interscience, London, 1969.

[C126] Mühl. P.; Gloe, K.: *Flüssig-Flüssig-Extraktion von Metallionen*, Mbl. Chem. Gesellsch der DDR, **27** (1980) Nr. 8, S. 153–161.

[C127] Schubert, H.: *Aufbereitung fester mineralischer Rohstoffe*, Deutscher Verlag für Grundstoffindustrie Leipzig, Band 2, 1984, S. 45–54.

[C128] Gloe, K.; Mühl, P.: *Determination of Metal Extraction Process Parameters Using Tracer Technique*, Isotopenpraxis **19** (1983) S. 257–260.

[C129] Mühl, P.; Gloe, K.; Hoyer, E.; Dietze, F; Beyer, L.: *N-Acylthioharnstoffe- effektive Extraktionsmittel in der Flüssig-Flüssig-Extraktion von Metallionen*, Z. Chem. **26** (1986), S. 81–94.

[C130] Gloe, K.; Mühl, P.; Beyer, L.; Mühlstädt, M.; Hoyer, E.: *Liquid-Liquid Extraction Studies of Metal Ions with Dithiacrown Compounds*, J. Solv. Extr. & Ion. Exch. **4** (1986) S. 907–925.

[C131] Rydberg, J.; Reinhardt, J.; Liljenzin, J. O. (Hg Marinsky, J. A.; Marcus, V.): *Ion Exchange and Solvent Extraction*, Marcel Decker Inc. New York, Vol. **3** (1973), S. 111.

[C132] Ashbrook, A. W.: *Chelating Reagents in Solvent Extraction Processes: The present Position*, Coord. Chem. Rev. **16** (1975), S. 285–307.

[C133] Biswas, A.K.; Davenport, W. G.: *Extractive Metallurgy of Copper*, Pergamon Press Ltd, 1980.

[C134] Preston, J. S.: *Solvent Extraction of Copper(II) with ortho-Hydroxyoximes. II. Effect of aliphatic Oximes on Extraction Kinetics*, J. Inorg. Nucl. Chem. **42** (1980), S. 441–447.

[C135] K. Burger, K.; Egyed, I.: *Some theoretical and practical problems in the use of organic reagents in chemical analysis.-V. Effect of electrophilic and nucleophilic substitutents of the stability of salicyl aldoxime complexes of transition metals*, J. Inorg. Nucl. Chem. **27** (1965), Nr. 11, S. 2361–2370.

[C136] Mühl, P.; Gloe, K.: *Flüssig-Flüssig-Extraktion von Metallionen- Einheitsverfahren für Hydrometallurgie, Recycling, Umweltschutz und Hochtechnologien*, Chem. Techn. **41** (1989) Nr. 11, S. 457–462.

[C137] Fürstenau, M. C.; Miller, J. D.; Kuhn, M. C.: *Chemistry of Flotation*, Publ. Society of Mining Engineers, New York, 1985;

[C138] Forssberg, K. S. (Hg): *Flotation of Sulphide Minerals 1990*, Intern. J. of Mineral Processing **33**, No. 1–4, Elsevier Amsterdam-London-New York-Tokio, 1991.

[C139] Szargan, R.; Schaufuß, A.; Roßbach, P.: *XPS investigation of chemical states in monolayers. Recent progress in adsorbate redox chemistry on sulphides*, J. Electr. Spectr. and Rel. Phen. **100** (1999), S. 357–377.

Katalyse mit Metallkomplexverbindungen

[C140] Ostwald, W.: *Prinzipien der Chemie: Eine Einleitung in alle chemischen Lehrbücher*, Akadem. Verlagsgesellsch. Leipzig, 1907.

[C141] Hennig, H.; Rehorek, D.: *Photochemische und photokatalytische Reaktionen von Koordinationsverbindungen*, Akademie-Verlag Berlin und Teubner Leipzig, 1987.

[C142] Hennig, H.: *Homogeneous photo catalisis by transition metal complexes*, Coord. Chem. Rev. **182** (1999), S. 101–123.

[C143] Sutin, N.; Inorg. React. Meth. **15** (1986) S. 260.

[C144] Wrighton, M. S.; Graff, J. L.; Kazlauskas, R. J.; Mitchener, J. C.; Reichel, C. L.: *Photogeneration of rective organometallic species*, Pure & Appl. Chem. **54** (1982), S. 161–176.

[C145] Koryakin, B. V.; Tshabiev, Shilov, A. E.: *Fotokatalytische Wasserstoffentwicklung aus wässerig-alkoholischer Lösung von Vanadium(III)chlorid (russ.)*, Dokl. Akadem. Nauk **229** (1976) Nr. 1, S. 128–130.

[C146] Hennig, H.; Rehorek, D.; Archer, R. D.: *Photocatalytic Systems with Light-sensitive Coordination Compounds and Possibilities of their Spectroscopic Sensitization-an Overview*, Coord. Chem. Rev. **61** (1985), S. 1–53.

[C147] Kautsky, H., Hirsch, A.: *Neue Versuche zur Kohlensäureassimilation*, Naturwissenschaften **19** (1931), S. 964.

[C148] Tolman, C. A.: *The 16 and 18-electron rules in organometallic Chemistry and homogeneous catalysis*, Chem. Soc. Rev. **1** (1972), Nr. 3, S. 337–353.

[C149] Heck, R. F.; Nolley, J. P. jr: *Palladium-catalyzed vinylic hydrogen substitution reactions with aryl, benzyl and styryl halides*,: J. Org. Chem. **37** (1972), Nr. 14, S. 2320–2322.

[C150] Jira, R.: *Acetaldehyd aus Ethylen – ein Rückblick auf die Entdeckung des Wacker-Verfahrens*, Angew. Chem **121** (2009), S. 9196–9199.

[C151] Smidt, J.; Hafner, W.; Sedlmeier, J.; Jira, R.; Rüttinger, R.: (Consortium f. elektrochem. Ind.) DE 1049845, **1959**.

[C152] Smidt, J.; Hafner, W.; Jira, R.; Sedlmeier, J.; Sieber, R.; Rüttinger, R.; Kojer, H.: *Katalytische Umsetzungen von Olefinen an Platinmetall-Verbindungen*, Angew. Chem. **71** (1959) Nr. 5, S. 176–182.

[C153] Smidt, J.; Hafner, W.; Jira, R.; Sieber, S.; Sedlmeier, S.; Sabel, A.: *Olefinoxydation mit Palladiumchlorid-Katalysatoren*, Angew. Chem. **74** (1962), Nr. 3, S. 93–102.

[C154] Keith, J. A.; Henry, P.M.: *Zum Mechanismus der Wacker-Reaktion: zwei Hydroxypalladierungen*, Angew. Chem. **121** (2009), S. 9200–9212.

[C155] Haynes, A.; Mann, B. E.; Gulliver, D.J.; Morris, G. E.; Maitlis, P. M.: *Direct observation of* $MeRh(CO)_2I_3$– *the key intermediate in rhodium-catalyzed methanol carbonylation*, J. Amer. Chem. Soc. **113** (1991), Nr. 22, S. 8567–8569.

[C156] Orchin, M.: *Tetracarbonylhydrocobalt – the quintessential catalyst*, Acc. Chem. Res. **14** (1981), S. 259–266.

[C157] Roelen, O.: *Synthese von Aldehyden und Derivaten aus Olefinen, Kohlenmonoxid und Wasserstoff*, Angew. Chem. A (1948).

[C158] Heck, R. F.; Breslow, D. S.: *The Reaction of Cobalt Hydrotetracarbonyl with Olefins*, J. Amer. Chem. Soc. **83** (1961), Nr. 19, S. 4023–4027.

[C159] Evans, D.; Osborn, J. A.; Wilkinson, G.: *Hydroformylation of alkenes by use of rhodium complex catalyst*, Journ. Chem. Soc. A, **1968**, S. 3133.

[C160] Ziegler, K.; Holzkamp, E.; Breil, H.; Martin, H.: *Das Mühlheimer Normaldruck-Polyäthylen-Verfahren*, Angew. Chem **67** (1955) Nr. 19–20, S. 541–547.

[C161] Natta, G.; Giannini, U.; Mazzanti, G.; Pino, P.: *Kristallisierbare Organometallkomplexe, die Titan und Aluminium enthalten*, Angew. Chem. **69** (1957) Nr. 21, S. 686.

[C162] Cossee, P.: *Ziegler-Natta-catalysis I. Mechanism of polymerization of α-olefins with Ziegler-Natta-catalysts*, J. Catal. **3** (1964), Nr. 1 S. 80–88; II. Surface structure of layer-lattic transition metal chlorides, S. 89–98.

[C163] Arlmann, E. J.; Cossee, P.: *Ziegler-Natta catalysis III. Stereospecific polymerization of propene with the catalyst system* $TiCl_3...AlEt_3$, J. Catal. **3** (1964), Nr. 1, S. 99–104.

[C164] Macquarrie, D.J.; Gotov, B.; Toma, S.: *Silica-Supported Palladium-Based Catalysts for Clean Synthesis*, Platinum Metals Rev. **45** (2001) S. 102–110.

[C165] Bedioui, F.: *Zeolite-encapsulated and clay-intercalated metal porphyrin, phthalocyanine and Schiff-base complexes as models for biomimetic oxidation catalysts: an overview*, Coord. Chem. Rev. **144** (1995) S. 39–68.

[C166]   Ferreira, R.; Silva, M.; Freire, C.; de Castro, B.; Figueiredo, J. L.: *Encapsulation of copper(II) complexes with pentadentate N_3O_2 Schiff base ligands derived from acetylacetone in NaX zeolite*, Micropor. and Mesopor. Mater. **38** (2000) 391–401.

[C167]   Kowalak, S.; Weiss, R. C.; Balkus jr., K. J.: *Zeolite Encapsulated Pd(salen), a Selective Hydrogenation Catalyst*, J. Chem. Soc. Chem. Commun. **1991**, S. 57–58.

[C168]   Herron, N.: A *cobalt oxygen carrier in zeolithe Y. A molecular "shipin bottle"*, Inorg. Chem. **25** (1986) Nr. 26, S. 4714–4717.

Sachverzeichnis

A

Abschirmkonstante σ, 31, 32
Acetaldehyd, 249, 337–339
Acrylsäuremethylester (Methylacrylat),
    Darstellung, 250
N-Acylthioharnstoffe, 320
Adamantan, 347
Addition, oxidative, 104, 167, 239, 328, 335
Adenin, 201
Adenosindiphosphat (ADP), 225
Adenosintriphosphat (ATP), 225
Adsorptions-Desorptions-Isotherme, 280
Aktivierungsbarriere, 67
Aktivierungsenergie, 67, 91, 100, 227, 246, 270,
    328
Aktivierungsregulator, 326
Aktivierungsvolumen, 96
Aktivitätskoeffizient, 306
AKUFVE, 316
Alkylammonium-Salze, langkettige, 320
Allochrosin, 206
Aluminium(III)-oxid, 320
A-Metall, 71
Amine, tertiäre, 124, 320
Ammoniumperoxodisulfat, 167, 255, 256, 259,
    260
Antidots, 212, 213
Aquation, 106, 107, 154
Areameter, 280
Argyrose, 211
Arlmann-Cossee-Mechanismus, 343
π-Aromatenkomplex, 271
Arsan, 267, 268
Ascorbinsäure, 255, 256, 259, 260

Atmospheric Pressure CVD (AP-CVD), 266
Atmungseffekt (breathing effect), bei MOFs,
    281
Ätzverfahren, 272
Aufbauprinzip (s. auch Pauli-Regel), 41, 43
Auger-Elektronenspektroskopie, 266
Auranofin, 206
Aurum potabile, 195
Außersphärenmechanismus, 99 ff

B

Back donation (s. auch d_π-p_π-Rückbindung),
    43, 65
BAL, 213
Bariumstrontiumtitanat, 272
Base
    harte, 74, 75, 255
    weiche, 74, 75
Basocube, 288
Bauxit, 320
Begegnungskomplex, 99, 100
N-Benzoyl-N',N'-di-n-butyl-thioharnstoff, 308,
    310
Berliner Blau (Preußisch Blau), 1, 210
    Resorption von ^{137}Cs, 210
    histologischer Eisennachweis, 210
BET
    Methode, 279
    Oberfläche, 290
Bildungskurve, 84, 85
Bindung, chemische, in Metallkomplexen, 30 ff
    elektrostatisches Bindungsmodell, 31
    an linearen, anionischen Komplexen, 32

L. Beyer, J. A. Cornejo, *Koordinationschemie*, Studienbücher Chemie,
DOI 10.1007/978-3-8348-8343-8,
© Vieweg+Teubner Verlag | Springer Fachmedien Wiesbaden 2012

an tetraedrischen, anionischen
  Komplexen, 32
an trigonal-planaren, anionischen
  Komplexen, 32
Verhältnis Ladungen/Radien, 33
Polarisationseffekte, 34
Ligandenfeldtheorie/LF-Theorie, 43 ff
  Absorptionsspektren von Chrom(III)-
    Komplexen, im LF, 52
  Aufspaltungsenergie ΔO, 49
  Eisen(III)-Komplexe, im schwachen und
    starken Ligandenfeld, 54
  Energieaufspaltung, d-Orbitale im
    sphärischen und oktaedrischen LF,
    44, 47, 48, 50
  Energieerhaltungssatz, d-Orbitale, 48
  f- und g Faktoren, 51
  Klassifizierung der d-Orbitale im LF, 46
  Ligandenbanden, im UV/Vis-Spektrum,
    44
  Ligandenfeldstabilisierungsenergie/
    LFSE, 57 ff
  Ligandfeldstärke, 50
  magnetisches Verhalten, 53 ff
  oktaedrisches LF, 46 ff
  quadratisch-planares Ligandenfeld, 55
  schwaches LF, 50
  spektrochemische Reihe, der Liganden,
    50
  spektroskopisches Verhalten, Titan(III)-
    Komplexe, 52
  Spinpaarungsenergie P, 55, 59
  starkes LF, 50
  tetraedrisches Ligandenfeld, 55
  Zentralionenbanden im Vis-Spektrum,
    44
Linearkombination von Orbitalen, 63
MO-Diagramm, oktaedrische Metallkomplexe, 63, 330
Molekülorbitale/MO, 63
  α_{1g}- und e_g-MO, 64
  antibindende MO, 64, 100, 104
  bindende MO, 64
  nichtbindende MO, 64
  σ- und π- MO, 64
Molekülorbital-Theorie/MO-Theorie, 63 ff
Valenzbindungstheorie/
  Elektronenpaartheorie, 35 ff
Bioelement
  %-Anteil im menschlichen Körper, 196

Erkrankungen bei Mangel, 196
Bioleaching-Prozess, 319
Biometall
  essentielles, 196, 197, 212
  nichtessentielles, 196
  toxisches, 196
Bipyridin, 255, 259
4,5-Bis(benzoylthio)-1,3-dithiol-2-thion,
  Synthese, 296, 297
Bismut, 207
Bismutnitrat, basisches (magisterium Bismutii),
  208
Bismutsubcitrat (CBS), 209
Bismutsubsalicylat (BBS), 209
Bis(pyridyl)pyrazin, 275
Bis(terpyridin), 275
Bis(2-thioxo-1,3-dithiol-4,5-dithiolat)
  metall(II), Synthese, Oxidation, 296
Border line, 74, 75, 208
Breathing effect, 281
Brückenligand, 12, 14, 20, 23, 99–104, 239, 295
Budotitan, 206
Butyraldehyd, 341

C
Calixaren[4], 259
Chalkopyrit, 327
Carboanhydrase, 246, 247
  artifizielle Modelle, 254
  Koordination von, CO_2 246
Carboplatin, 200
Catenan, 111, 112, 284
Catenation, 281
CATME (Catenan-Methylester), 284
Charge-transfer-Salze (CT-Salze), gestaffelte
  Strukturen, 295
Chelateffekt, 76, 77, 111
  statistischer kinetischer, 76
Chelatkomplex, makrozyklischer, 82
Chelatligand, 108
  als Extraktanten, 302
  Subgruppen, 255, 256, 259
  tripodaler, 255
Chelatring, 76
Chelattherapie, 212
Chelatsubgruppen, 256
Chemical Vapour Deposition (CVD; chemische
  Dampfabscheidung), 265
Chemisorption, 325

Chiralität, 28 ff
  chirale Cobalt-Ammin-Komplexe, Trennung
    durch A. Werner, 25, 29
  chirale Metallkomplexe, 29
  chirale Verbindung, 27
  3-(Chloro-phenyl-methylen)-1,1-
    diethylthioharnstoff,$(C_2H_5)_2$ N-C(S)-
    N = C(Cl)-C_6H_5, 189
  Definition, 27
Chlorophyll, 1, 82, 245, 246, 334
Chromium(III)-Komplexe
  cis Dichlorobis(ethylendiamin)-chrom(III)-
    chlorid, cis-[$CrIIICl_2(en)_2$]Cl, 179
  trans-Dichloro-bis(ethylendiamin)
    chrom(III)-chlorid, trans-
    [$CrIIICl_2(en)_2$]Cl, 179
  Kaliumhexathiocyanatochromat(III),
    $K_3[Cr(SCN)_6]$, 140
  Kaliumtrioxalatochromat(III)-trihydrat,
    $K_3[CrIII(C_2O_4)_3]$ • 3 H_2O, 171
  Pentaammin-1-κ^5N-chrom(III)-μ-
    cyano-1κN:2κC-pentacyano-2-κ^5
    ^{N}-eisen(III)-hydrat, [(CN)5Fe^{III}-(μ-
    CN)-$Cr^{III}(NH_3)_5$] • H_2O, 149
  Tris(acetylacetonato)chrom(III), [$Cr(acac)_3$],
    174
  Tris(3bromacetylacetonato)-
    chrom(III),[Cr^{III}{3-Br-(acac-H}3],
    187
  Tris(ethylendiamin)chrom(III)-chlorid-
    trihydrat-hemihydrat, [Cr(en)3]Cl_3 •
    3,5 H_2O, 146
  Tris(ethylendiamin)chrom(III)-sulfat,
    [$Cr(en)_3]_2(SO_4)_3$, 146
  Trisglycinato-chrom(III),
    [$Cr(NH_2CH_2COO)_3$], 132
Cobalt(I)-Komplexe
  Carbonylhydrid, 341
  Chloro-tris(triphenylphosphan)-cobalt(I),
    [$CoICl\{(C_6H_5)_3P\}_3$], 168
  Hydridodinitrogentris(triphenylphosphan)
    cobalt(I), 229, 230
Cobalt(II)-Komplexe
  Cobalt(II)-salen, 349
  N, N'-Ethylen-bis- (salicylidenaldiminato)-
    cobalt(II), [$Co^{II}(salen)_2$], 173
  Kaliumtetracyanatocobaltat(II), K_2
    [$Co(OCN)_4$], 137
  Kaliumtetrathiocyanatocobaltat(II),
    $K_2[Co(SCN)_4]$, 136

Cobalt(III)-Komplexe
  Carbonatopentammincobalt(III)-nitrat,
    [$Co^{III}(CO_3)(NH_3)_5$]NO_3, 162
  Carbonatotetrammincobalt(III)-nitrat,
    [$CoCO_3(NH_3)_4$]NO_3 • ½ H_2O, 160
  Chloroaquatetrammincobalt(III)-sulfat,
    [$CoIIICl(H_2O)(NH_3)_4$]SO_4, 150
  Chloropentammincobalt(III)-chlorid,
    [$CoCl(NH_3)5$]Cl_2, 154
  Cobalt(III)ammin-Komplexe, oktaedrische,
    5 ff
    Farbigkeit, Ordnung nach Fremy, 2
    optisch aktive, 6, 28
    Leitfähigkeit, elektrische, 6
    trans- und cis-isomere Formen, 5, 25
  Hexammincobalt(III)hexacyanoferrat(III),
    [$Co(NH_3)_6$][$Fe(CN)_6$], 148
  Hexammincobalt(III)-trichlorid,
    [$Co^{III}(NH_3)_6$]Cl_3, 152
  Hydroxoaquatetrammincobalt(III)-sulfat-
    monohydrat, [$Co(OH)(H_2O)(NH_3)_4$]
    SO_4 • H_2O, 151
  Kalium-tetranitrodiammin-cobalt(III)
    K[$Co^{III}(NO_2)_4(NH_3)_2$], 156
  Kalium-tetraoxalato-di-μ-hydroxo-
    dicobaltat(III)-trihydrat,
    $K_4[(ox)_2Co^{III}$-μ_2-$(OH)_2$-[$Co^{III}(ox)_2$],
    151
  Kaliumtricarbonatocobaltat(III),
    $K_3[Co^{III}(CO_3)_3]$, 163
  Natriumtricarbonatocobaltat(III)-trihydrat,
    $Na_3[Co^{III}(CO_3)_3]$ • 3 H_2O, 163
  Nitritopentammin-cobalt(III)-chlorid,
    [$Co(ONO)(NH_3)_5$]Cl_2, 182
  Nitropentammin-cobalt(III)-chlorid,
    [$Co(NO_2)(NH_3)_5$]Cl_2, 182
  Pentaammin-nitrito-cobalt(III)-chlorid,
    Isomerisierung, 97
  Tetrammincobalt(III)-di-μ-hydroxo-
    tetrammincobalt(III)-chlorid,
    [$(NH_3)_4$CoIII-μ-$(OH)_2$-$Co^{III}(NH_3)_4$]
    Cl_4, 150
  Trinitrotriammincobalt(III),
    [$Co^{III}(NO_2)_3(NH_3)_3$], 155
  Tris(acetylacetonato)cobalt(III),
    [$Co^{III}(acac)_3$], 158
  Tris(3bromacetylacetonato)cobalt(III), 187
  Tris(glycinato)cobalt(III)-, fac, mer-
    [$CoIII(H_2$ N-CH_2-COO)$_3$], 185
Cokatalysator, 343

Coligand, in der Extraktion, 312
Coordination polymers with pillared layer
    structure (CPL), 290
Covalent Organic Framework (COF), 277
CPL, siehe Coordination polymers with pillared
    layer structure
Creutz-Taube-Komplex, 103
Cyclam (cyclotetramin), 260, 261, 263
Cytochrome, 106
Cytosin, 201, 203

D

Dansyl-Gruppe, 262
Desaktivierungsregulator, 326
Desferrioxamin B, 196, 212, 213
Destillationsbrücke, 127
Desoxi-Form, 235, 237
Desoxihämoerythrin, Struktur, 238
Dialkylphosphorsäure, 320
Diazen (Diimin), 227, 232
Diethylaluminiumchlorid, 342
Diethylentriaminpentaacetat (dtpa^{5-}), 208, 213
Diethyl-7-hydroxy-6-dodecanonoxim (LIX 63),
    316
Dimethylsulfoxid, 312
2,3-Dimercaptopropanol (BAL), 213
Dinitrogenase, 226
    Reduktase, 226
Dioxygenyle, 239 ff
    Reaktionsverhalten, 242
    Synthesen, 242
Dipolmoment μ 34
Disproportionierung von Liganden am
    Metallzentrum, 108
Dithiophosphat, 324
Dithiophosphatogen, 327
Dixanthogen, 325
dmit (Dimercaptoisotrithion), 296
DNA, 200, 201–203
Donoratom (Dadoren, Haftatom), 71, 74, 79,
    81, 97, 106, 312
dπ-pπ-Rückbindung (s. auch back donation),
    43, 65
Dünnschicht, anorganische
    Erzeugung mittels MOCVD-Prozess, 268 ff
    Kupferschichten, 270
    Platinschichten, 272
    stufenweises Schichtwachstum, 264
DUT, 280, 287

E

Escherichia coli, 198
Edelgaskonfiguration bei Metallkomplexen, 36
Edelmetall, 300, 302, 314
Effekt
    kooperativer (Hämogobin/Myoglobin), 237
    makrozyklischer, 73, 81, 111
    synergistischer, 313
Einschubreaktion (s. auch Insertion), 251 ff
Eisen(II)-Komplexe
    [2×2]-Eisen(II)-Komplex, supramolekularer,
        275
    Schaltprozess zwischen Spinzuständen,
        277
    Bis(bipyridin)-Eisen(II), 255
Eisen(III)-Komplexe
    Kaliumtrioxalatoferrat(III)-trihydrat,
        $K_3[Fe(C_2O_4)_3]$ • 3 H_2O, 165
    Natriumpentacyanonitrosylferrat(II)
        (Natriumnitroprussid-dihydrat;
        Natriumnitroprussiat; Natriumpenta-
        cyano-nitrosylferrat; Nipruss), 209
    Mechanismus der NO-Freisetzung, 210
    Pentaammin-1-κ^{5}N-chrom(III)-μ-
        cyano-1κN:2κC-pentacyano-
        2-κ^{5}N-eisen(III)-hydrat,
        $[(CN)_5Fe^{III}$-(μ-CN)-CrIII(NH$_3$)$_5]$ •
        H_2O, 149
    Tetrachloroferrat(III), 320
    therapeutisch wirksame, 207
    Tris(acetylacetonato)-eisen(III), [Fe(acac)$_3$],
        175
Eisen-Nitrogenase, 226
Eisenpentacarbonyl, als Fotokatalysator, 331
Eisen(II)-Porphyrin, 234
Eisen-Zeolith-Katalysator, 351
Elektronenaffinität, 74
Elektronenkonfiguration von 3d-Metallen, 42
    im starken und schwachen Ligandenfeld, 54
18-Elektronen-Regel, 36, 38, 104
    am dimeren Pentacarbonylmangan(0), 38
    an Organometallkomplexen, 38
Elektronenübertragungsreaktionen, an
    Metallkomplexen, 98 ff
Eliminierung, reduktive, 104, 335
End-on-Koordination, 229, 236
Energie, freie, Beziehung zu
    Gleichgewichtskonstanten, 68
Entkupplung, reduktive, 335
Entropieeffekt, 111

Enzym, anorganisches, 347
Epitaxie (s. auch Dünnschicht, anorganische),
 271
Erdmann'sches Salz, 2
Erkennung, molekulare (Rezeptor/Substrat),
 274
Escaid, 315, 319
ESCA-Methode (XPS), 98, 266, 324
Essigsäure, Darstellung, 339
Ethylen 337 ff, 341
Ethylendiamintetraacetat (edta4⁻), 213
Ethylglycinat, Verseifung mit Cu^{II}, 109
Extraktionsausbeute, 306, 308, 312
Extraktionskonstante, 306, 307
Extraktionsmittel (Extraktant), 302
 industriell genutzte, 305, 310
 Komplexstabilitäten, Säurestärke, 310
 saure, solvatisierte, 303
 Strukturen, 312
 Verteilungskonstanten, 310
Extrusion von Liganden, 335

F
Faujasit, 278
Ferredoxin/Flavodoxin, 226
Ferrichrom A, 212
Ferrioxamin B, 212
Flotation von Erzen, 322 ff
 Flotationsprozess, 322
Fluoreszenz, 262
 Aktivierung, 264
 Löschung, 262
Fluorophor, 263
Flüssig-Flüssig-Extraktion (liquid-liquid
 extraction) von Metallen, 302 ff
 Einflussfaktoren, 310
 Eisen-Extraktion aus Aluminat-Lösungen,
 320
 Extraktion von Zink, 308
 Extraktion von Nickel(II), mit Oxin, 309
 Kupfer-Extraktion mit LIX, 316 ff
 mit Neutralliganden, 313
 organische Lösungsmittel, 315
 theoretische Grundlagen, 305
 Trennung von Metallen
 mit N-Benzoyl-N', N'-di-n-butyl-
 thioharnstoff, 310
 von Edelmetallen, 314

Verfahrensstufen 303 ff
 Extraktionsprozess, 303
 Reextraktionsprozess (s. auch stripping),
 304, 316
 Waschprozess, 304
Folgekomplex, 101, 103
Fotokatalyse, mit Übergangsmetallkomplexen,
 329 ff
Fotolyse, sensibilisierte, 334
Fotosynthese, 246, 334
Fragment, isoelektronisches, 39
Franck-Condon-Barriere, 100
Frontorbitale, 40
Fulleren C$_{60}$ 286

G
Gadolinium, 214
Gadolinium(III)
 Paramagnetismus, 216
 Gadolinium(III)-Komplexe, mit
 Polyaminopolyessigsäuren, 219 ff
 als Kontrastmittel in der
 Magnetresonanztomografie, 219
 Relaxivitäten, 219
Gadovist (Gadobutrol), 221
Galenit, 323 ff
Galliumarsenid, 266, 267
Galliumnitrid, 267
Gasreinigungsapparatur, 126
Gemischtligandkomplexe (s. auch
 heteroleptische Komplexe), 90, 140
Geschwindigkeitskonstante, 96, 109
Glove-box, 125
Glucantime, 207
Gold(I)-Komplexe, 204
 Bis(1,2-ethan-diphenyldiphosphan)gold(I),
 206
 (1-D-glucosylthio)gold(I) (Solganol), 206
 Dicyanoaurat (I), 206
 Natriumthiomalato-gold(I) (Myochrisin),
 206
 Natriumthiopropansulfonato-gold(I)
 (Allochrosin), 206
 2,3,4,6-Tetra-O-acetyl-1-thio-ß-glucopyrano
 sato(triethylphosphan)gold(I)
 (Auranofin, Ridaura), 206
Guanidinium-Kation, 222
Guanin, 201, 203

H
Haber-Bosch-Verfahren, 228
Hahnleiste, 127,128
Häm, 1, 82, 234, 235
Hämachromatose, 196
Hämerythrin (hr), 233, 234
Hämin, 194
Hämocyanin (hc), 233, 234
Hämoglobin (hb), 106, 234 ff
    artifizielle Modelle, 242, 243
Harmotom, 278
Härte η 74
HDPE, siehe high density polyethylene
Heck-Reaktion, 336, 344, 346
    Katalyse-Zyklus, 337
Heißwand-Rohrreaktor, horizontaler, 266, 268
Heliobacter pylori, 208
Heterogenkatalyse, 344 ff
Hexaquacadmium(II), Komplexbildung, 76 ff
High density polyethylene (HDPE), 342
High Vacuum CVD (HV-CVD), 266
Histidin, 234 ff, 244
HKUST, 280, 289
Hochspin-Komplexe, 41, 55, 58, 61, 237, 258,
    277
Homogenkatalyse, 329 ff
Honigblende, 301
Höllenstein, 210
HSAB-Konzept (Konzept der harten und
    weichen Säuren und Basen), 71 ff, 208
H2salen, Komplexe, 349
Hund'sche Regel, 43, 53, 59
Hybridic Zeolitic Imidazolate Framework
    (HZIF), 283
Hybrid-Orbitale, 41
Hydratationsenthalpie, 73
Hydrazin, 227
Hydrido-tris(3,5-isopropyl-1-pyrazolyl)borat,
    244
Hydroformylierung (s. auch Oxo-Synthese),
    340 ff
    Katalyse-Zyklus, 341
Hydrogencarbonat, 247, 253
Hydrometallurgie, 300, 302
Hydrothermalsynthese, 350
Hydroxamat, 255, 256, 325
Hydroxopalladierung, 339
2-Hydroxybenzophenone, 318
Hypersodämie, 221
Hyperquad 85

HZIF, siehe Hybridic Zeolitic Imidazolate
    Framework

I
Imidiazol, 239
Indiumphosphid, 267
Innersphärenmechanismus, 101 ff
Insertion (s. auch Einschubreaktion), 251 ff, 335
    in statu nascendi, 108
Intercalations-Komplexe, 347, 350
Inter-crossing, 334
Interpenetration, 281
Ionisierungsenergie, 74
Ionenaustausch, 348, 350
Ionenassoziate, 313
Ionenpaar-Bildung, 303, 313, 334
Ionenpotential der Zentralatome, 71
Ionenradien, effektive von 3d-Metallionen, 60
Ionenstärke, 70
iPP, siehe Polypropylen, isotaktisches
Iproplatin, 203
Iridium-Komplex, 239
    Carbonyl-chloro-bis(triphenylphosphan)
        iridium(I) (s. auch Vasca-Komplex),
        239
Irving-Williams-Serie, 72
Isolobal-Konzept, 39 ff
Isolobal-Paare, 39
Isolobal-Prinzip, 40
Isomerie, von Koordinationsverbindungen, 21
    ff
    Definition, 22
    Strukturisomerie/Konstitutionsisomerie,
        22 ff
        Bindungsisomerie, 23
        Hydratisomerie, 22
        Ionisationsisomerie, 22
        Koordinationsisomerie, 23
        Ligandenisomerie, 24
        Polymerisationsisomerie, 23
    Stereoisomerie, 24 ff
        Allogon-Isomerie, 26
        cis-trans-Isomerie, 24 ff
        Diastereoisomerie/geometrische
            Isomerie, 24
        Enantiomerie/Optische Isomerie/
            Spiegelbildisomerie/
            Chiralitätsisomerie, 27 ff
        Konfigurationsisomerie, 24

Konformationsisomerie, 24
Isomerisierung, von Penten, 331, 332
isoreticulär, 276, 282
Isosterie, 229

J
Jablonski-Diagramm, 330
Jäger-Komplexe, 82, 295
Jahn-Teller-Effekt, 61 ff
  Besetzung der d-Orbitale, 62
  Kupfer(II)-Komplexe, oktaedrische, 62, 63
JOB'sche Methode (s. Methode der
  kontinuierlichen Variation), 88

K
Kaliummethylxanthogenat, CH_3OCS_2K, 141
Kaliumsuperoxid, 237
Kaltwand-Rohrreaktor, vertikaler, 266, 268
Kaolinit, 320
Katalysator
  Definitionen, 328
  Katalysator-Komplex, 328, 341, 344
    in Schichtsilicaten und Zeolithen, 347
    heterogener, 347, 348
Kavität, 259, 263, 278, 348
KELEX, 316 ff
Ketten-Hypothese, nach Jörgensen/Blomstrand,
  2, 3
Kepert-Modell, 15
Ketyl-Methode, zur Trocknung von
  Lösungsmitteln, 123
Knop-Krogmannsches Salz, 294
  Kristallstruktur, 293
Kochsalzlösung, physiologische, 216
Kofaktor (FeMoco), 225 ff
Kohlendioxid
  Assimilation, 335
  Charakteristika, 246
  Einschubreaktionen (Insertion) von CO_2
    251
  Koordinationsformen, 247
  Kreislauf, natürlicher, 244
  oxidative Kupplung, 250
  superkritisches ($SCCO_2$), 283
Kohlenmonoxid, 339, 340, 341
Kolumnar-Struktur, 293
Komplex
  inerter, 67, 68

labiler, 67
Komplexbildung, stufenweise, 68
Komplexeinheit, multitopische, 278
Komplexstabilität (s. auch Stabilität, von
  Metallkomplexen), 71 ff
Komplexstabilitätskonstante (s. auch
  Stabilitätskonstante, von
  Metallkomplexen), 69 ff
Komplexzusammensetzung
  grafische Bestimmung, 90
  spektrofotometrische Bestimmung, nach
    JOB, 88 ff
Konkurrenzreaktion, 330
Konnektor, 276, 278, 281, 290
Konzept der harten und weichen Säuren und
  Basen (s. auch HSAB-Konzept), 71 ff
Koordinationschemie
  Historisches, 1 ff
  Meilensteine, 10
  supramolekulare, 273 ff
  Theorie nach A. Werner, 4, 5
Koordinationseinheit, 10, 11, 99, 100
Koordinationsgeometrie, 14 ff
Koordinationslücke, 107
Koordinationspolymere, funktionalisierte, 273
  ff
  atmende, 281
  elektrisch leitfähige, 291 ff
    Charge-transfer-Metallkomplexsalze
      (CT-Salze), 292
    eindimensionale, 292
    mit Brückenliganden, 295 ff
  nanostrukturierte, 284
Koordinationssphäre, innere und äußere
  (sekundäre), 4, 11, 99, 106, 209, 220,
  246
Koordinationsverbindungen
  Definitionen, 10 ff
  Chelatkomplex, 12
  Donoratome/Dadoren/Haftatome/
    Ligatoren, 12
  Koordinationseinheit, 11
  Komplex/Metallkomplex
    anionische, kationische, neutrale, 11
    homoleptische, heteroleptische
      (s. Gemischtligandkomplexe), 14
    homonukleare, heteronukleare, 14
    Mehrkernkomplexe, 14
    symmetrische, asymmetrische, 14
  Koordinationsverbindung, Typen, 12

Liganden, 12
  Abkürzungen, 13
  Chelatliganden, saure, neutrale, 13
  Podanden, 13
  spezielle Ligandennamen, 19
  Zentralatom, 13–15
Koordinationszahl, 15, 208, 235, 328
Krogmann'sche Salze, 292 ff
18-Krone-6 112, 114
Kronenether, Komplexe mit A-Metallen, 82,
  111, 112
Krümmer, 128
Kupfer(I)Komplexe
  [2×2]-Kupfer(I)-Komplex, supramoleku-
    larer, 275
  Hexafluoracetylacetonato-trimethylsilyl-
    ethen-kupfer(I), 270, 272
  Kupfer(I)-tetraiodomercurat(II), $Cu_2[HgI_4]$,
    169
  Verfahrensschema, 321
Kupfer(II)-Komplexe
  Bis(acetylacetonato)-bis-pyridin-kupfer(II),
    [CuII(acac)$_2$ (py)$_2$], 148
  Bis(acetylacetonato)-kupfer(II), [Cu(acac)$_2$],
    176, 348
  Bis(hexafluoracetylacetonato)kupfer(II), 272
  Bis(tetraethylammonium)
    tetrachlorocuprat(II),
    {(C$_2$H$_5$)$_4$N}$_2$[CuIICl$_4$], 139
  Kaliumbisoxalatocuprat(II)-dihydrat,
    K$_2$[Cu(C$_2$O$_4$)$_2$] • 2 H$_2$O, 177
  Kaliumtricyanatocuprat(II), K[Cu(OCN)$_3$],
    138
  Kupferphthalocyanin, 193, 291
  mit Tetraaminen, 111
  Tetramminkupfer(II)-sulfat-hydrat,
    [Cu(NH$_3$)$_4$] SO$_4$ • H$_2$O, 145
  Tetrapyridinkupfer(II)tetrafluoborat,
    [Cu(py)$_4$](BF4)$_2$ 144
Kupplung, oxidative, 250, 335
Kurnakov-Probe, 93
Kryoadsorption, 286

L
Ladung/Radien-Verhältnis, 71
Laser-Assisted CVD (LA-CVD), 266
LDPE, siehe low density polyethylene
Leguminose, 224
Leichtmetall, 300

Leitfähigkeit, elektrische, bei
  Koordinationspolymeren, 291–293
Leishmaniasis, 207
Lewis-Base, 35, 74, 335
Lewis-Säure, 35, 74, 335
Ligand
  flexibler, 348
  flüchtiger, 184
  hemilabiler, 328
  in der Hydrometallurgie, 300 ff
  makrozyklischer, 81, 110
    Kavität, 112
    Synthesen, 112
  mit therapeutischer Wirkung (Antidots),
    213
  zyklischer, 110, 112
Ligandenfeldtheorie, 43 ff
Linker, 276, 278
Linker-Liganden, polydentate, 276, 281
Liquid-liquid-Extraktion (s. auch Flüssig-Flüs-
  sig-Extraktion), von Metallen, 302 ff
LIX, 317, 318
  LIX 64, syn- und anti-Form, 318
Lone-pair, 64
Lösungsmittel
  Trocknung, 122
    mit Molekularsieben, 122
    mit Natrium, 122
    nach der Ketyl-Methode, 124
    mit Natriumsulfat/Magnesiumsulfat, 123
    von Aceton, 123
    von Cyclohexan, 123
    von Ethanol, 123
    von Methanol, 123
    von Tetrahydrofuran/1-4-Dioxan, 123
  Umgang mit entflammbaren
    Lösungsmitteln, 121
Low density polyethylene (LDPE), 343
Luft, natürliche Zusammensetzung, 224

M
Magisterium bismutii, 208
Magnetismus
  magnetisch anormale Komplexe
    (s. auch Niederspinkomplex,
    Durchdringungskomplex), 41
  magnetisch normale Komplexe (s.
    auch Hochspinkomplexe,
    Anlagerungskomplexe), 41

von 3d-Metallkomplexen, 42
Magnetresonanztomografie (MRT, MRI), 219
Magnevist (Gadopentetat-Dimeglumin;
    Gd-DTPA), 221
    Strukturen in Lösung und im Festzustand,
        222
Magnus-Salz, 2, 293
Mangan-Komplexe
    Bis(diethyldithiophosphinato)mangan(II),
        [MnII{(C_2H_5)$_2$PS$_2$}$_2$], 167
    {Bis(salicylaldehydbenzoylhydrazonato(2-)}
        mangan(IV), [Mn IV(L-2 H)2], 184
    Pentacarbonylmangan(0), 38
    Mangan(III)-Porphyrine, 347
    Tris(acetylacetonato)mangan(III),
        [Mn(acac)$_3$], 159
Marcus-Theorie, 100
Marmatit, 301
Massenwirkungsgesetz, 66, 306
Materialien, molekulare, Anwendungen, 300
Mechanically interlocked molecules (MIMS),
    284
Meglumin 220
2-Mercaptobenzoxazol (MBO), 324
2-Mercaptobenzthiazol (MBT), 324, 325
Metal Organic Chemical Vapour Deposition
    (MOCVD), 265, 268, 270
Metal Organic Framework (MOF), 274, 276 ff,
    347
    Charakterisierung, 278
    chirale, 284
    Gastrennung, 289
    Katalyse, 290
    MOF-5 279, 280, 286
    MOF-177 286
    MOF-210 287
    MOF-1030 284, 285
    multivariate (MTV-MOFs), 282
    Nomenklatur, 280
    Speicherung
        von H$_2$ 285
        von Kohlenwasserstoffen und CO$_2$ 288
    Synthesen, 276
Metallcarbonyle, 271
Metall-ß-Diketonate, 271
Metall-Dithiocarbamate, 271
Metall-ß-Ketiminate, 271
Metalle
    molekulare, siehe synthetische

synthetische (synthetic metals, molekulare
    Metalle), 274, 291 ff
Metallkomplexe
    als molekulare Schalter, 254 ff
        auf Basis eines Kupferkomplexes, 260
        durch Isomerisierung von
            Kronenetherliganden, 262
        durch Platzwechsel des Metalls, 254
        durch Platzwechsel des Liganden, 254
        durch Translokation von Chlorid, 261
        fotoaktiver, 265
        mit einer Nickel(II)-cyclam-Einheit, 261
        mit Metallkomplexen von Kronenethern,
            262
    für Zukunftstechnologien, 254 ff
    in Biosystemen, 223 ff
    in der Humanmedizin, 195 ff
        als Cancerostatica, 198 ff
        Platinkomplexe, 198 ff
        von Ti, Nb, Ta, V, W, Mo, Au, Ru, Ir, Rh,
            Fe, 204 ff
        als Therapeutica, 198 ff
        antiarthritische und antirheumatische,
            206
        Komplexe von Bi, Fe, Ag u. a. 207
        für fotodynamische Therapie, 211
        für die Diagnostik, 214 ff
    in der Hydrometallurgie, 300 ff
    makrozyklische, 82, 110
    mit CO$_2$ als Liganden, 244 ff
        Bindung in Komplexen, 251
        Reaktionsfähigkeit, 249 ff
    supramolekulare, 274 ff
Metallocendihalogenide, 204
Metall-Phthalocyanine, 82, 113, 350
Methanol, 339
Methode
    der kontinuierlichen Variation (s. JOB'sche
        Methode), 88 ff
    radiometrische, in der Flüssig-Flüssig-
        Extraktion, 306
N-Methyl-imidazolin, 242
MIL, 288
MIMS, siehe mechanically interlocked
    molecules, 284
Mineralart, 301
Mineralien, Einteilung, Genese, 301
Mineralvarietäten, 301
Miniquad 85
Mixer-Settler, 315

Mizellen, in Radform, 345
Modifikatoren (Modifier), 326
MO-Diagramm, 64
MOF, siehe Metal Organic Frameworks
Molekülfestkörper, poröser, 277
Molsieb, 278
Monsanto-Essigsäure-Verfahren, 339 ff
    katalytischer Zyklus, 340
Montmorillonit, Struktur, 347
Mordenit, 278, 348, 350
MR-Angiographie, 222
MRT, Magnetresonanztomografie
Mühlheimer-Normaldruck-Polyethylen-
    Verfahren, 342
Münzmetall, 300
Myochrisin, 206
Myoglobin (mb), 234, 235
    artifizielle Modelle, 242, 243
    magnetisches Verhalten, 276
    Sauerstoffaufnahme und Struktur, 23, 238

N
Napoleon, 319
Natriumdiethyldithiocarbamat, 204, 324
Natriumpertechnetat-99m, 215
    Darstellung, 215
    ^{99}Mo/^{99m}Tc-Generator, 215, 216
Natriumdiethyldithiophosphat, 327
Natriumdiethyldithiocarbamat, 324
Natriumethylxanthogenat, 323–325
Natriumtetrachloropalladat(II), $Na_2[PdCl_4]$, 135
Natriumthiosulfat, gegen Intoxikationen, 210
Natrolith, 278
Netzwerkstruktur, 275, 276
    poröse, 276
Nickel(II)-Komplexe
    Bis(acetylacetonato)-nickel(II), $[Ni(acac)_2]$,
        133
    Bis(3-benzoyl-1,1-diethylthioureato)-
        nickel(II), $[Ni\{C_2H_5\}_2$ N-C(S)N-CO-
        $C_6H_5\}_2]$, 189
    Bis(methylxanthogenato)-nickel(II), $[Ni(S$
        2COCH3)2], 141
    Dibromo-bis(triphenylphosphan)-nickel(II),
        $[NiIIBr_2\{(C_6H_5)_3P\}_2]$, 142
    5,7,7.12,14,14-Hexamethyl-1,4,8,11-
        (tetraazacyclotetra-4,11-dien)-
        nickel(II)-thiocyanat-monohydrat,
        $[C_{16}H_{30}N_4Ni](SCN)_2 \bullet H_2O$, 192

Hexamminnickel(II)-chlorid, $[Ni(NH_3)_6]$
    Cl_2, 143
Nickel(II)-diacetyldioxim, $NiC_8H_{14}N_4O_4$
    (Tschugaeffs Reagens), 131
Nickel(II), mit Hexazaliganden, 258
Nickel(II)-Porphyrine, 223
Nickeltetracarbonyl, $[Ni(CO)_4]$, 129
    Reaktionen mit $SOCl_2$ und C_6H_5COCl, 110
    Tris(ethylendiamin)nickel(II)-chlorid-dihy-
        drat, $[NiII(en)_3]Cl_2 \bullet 2 H_2O$, 146
    5,7,12,14-Tetramethyl-2,3,9,10-benzo2-14-
        hexaenato(2)N4-nickel(II), 190
Niederdruckpolymerisation, Propylen, 342
Niederspinkomplexe, 41, 55, 58, 61, 237, 277
Nitrogenase, 99, 224
    chemische Bindung, 224
    Modelle, nach Sellmann, 227, 232 ff
    Molekülstruktur, 225
    native, 227
Nitrogenyle, 108, 228 ff
Nitropruss 209
Nomenklatur von Koordinationsverbindungen,
    15 ff
    Formelschreibweise, 15
        einkernige Metallkomplexe, 15
        Mehrkernkomplexe, 20
    Benennung, 17 ff
        einkernige Metallkomplexe,
            monodentate Liganden, 17
        Kappa-Symbolik/Kursivschreibweise, 19
        kationische, anionische Metallkomplexe,
            18
        Ligandennamen, spezielle, 18
        Mehrkernkomplexe, 20
        Metallkomplexe, bi- und polydentate
            Liganden, 19
        Prioritätsabfolge, der Metalle, 21

O
Oberfläche
    spezifische, 279
    hydrophobe, 324
Oberflächenkomplexe, 323
Oberflächenreaktion, 267
Oktett
    erweitertes, 36
    Regel, 36
Olefinoxidation, 290
Olefinpolymerisation, 342

Orbitale, degenerierte/entartete, 46, 48
Organometallkatalysator, 335
Oxa-thia-Kronenether, 314
Oxidans, 101 ff
Oxidationszahlen, formale und effektive, 98, 104
Oxidationszustand, 104
   gemischter, 103
Oxi-Formen, 235
Oxihämoerythrin, 238
Oxo-Synthese (Hydroformylierung), 340 ff
   Katalyse-Zyklus, 344

P
Paddle wheel (Schaufelrad-Einheiten), 290
Palladium-Katalysator, 344
   Präparierung auf Matrices, 344, 346
Palladium-Komplexe
   Bis(triphenylphosphin)palladium(0), 336, 337
   Palladium(II)-acetat, [{PdII(OOCCH3)2}3], 130, 336
   Palladium-Organometallkomplexe, 336
   Palladium(II)-salen, 341
Pauling'sches Bindungskonzept, 41 ff
Pauli-Prinzip/-Regel, 41
d-Penicillamin, 213
Pentaphenylantimon, Strukturformen, 28
Pentostam, 207
Peroxokomplexe, 240
Perutz-Mechanismus, 237
Peters-Reaktion, 9
pH-Regulatoren, in der Flotation, 325
pH-Wert hälftiger Extraktion (pH1/2-Wert), 308
Phthalocyanin-Komplexe, 295
Physical Vapour Deposition (PVD), 264
Physisorption von H_2 286, 287
Pilars (Säulen), in Tonschichten, 347
Pikrat-Ionen, 313
Pillared layer (Säulenschichten), 279
Plasma Enhanced CVD (PE-CVD), 266
Platin-Komplexe als Cancerostatica, 199 ff
   aktive Komplexspezies, 200
   Eigenschaften, 199
   Halbwertzeit, im Organismus, 200
   Löslichkeit, 199
   Nebenwirkungen, 204
Platin(I)-Komplexe

(Methylcyclopentadenyl)trimethylplatin(I), 272
Platin(II)-Komplexe, 199
   Cisplatin* (Platinex*, Platinol*), 198
   cis-Diammin-dichloro-platin(II), cis-[PtIICl2(NH3)2 180, 181, 198
     Hydrolysemechanismus, 199
     Wechselwirkung mit der DNA, 201
   Trichloro-ethylen-platinat(II)-hydrat, (Zeise-Salz), $K[PtIICl_3(C_2H_4)] \cdot H_2O$, 181
   Chlorotris(triphenylphosphan)-platin(II) chlorid, cis-trans-Isomerisierung, 98
Platin(II/IV)-Komplexe, gemischtvalente, 293
Platin(IV)-Komplexe, 203
   cis-Dichloro-trans-dihydroxo-bis(isopropylamin)platin(IV) (Budotitan), 203
   Kaliumtetracyanoplatinat(II), 292
   Kaliumplatinsesquicyanür (s. Knop-Krogmannsches Salz), 292
   Wirkmechanismus als Cancerostatica, 199
Plattenspieler-Design, an Nickelkomplexen, 223
p_L-Methoden, 83
p_M-Methode, 86
Polyamide, zyklische, Komplexe mit A-Metallen, 82
Polyeder/Polygone, 14 ff, 26, 43
   Oktaeder, gestauchtes, gestrecktes, 62
   Transformierung Tetraeder/quadratisch planar an Nickel(II)-Komplex, 98
Polyethylen (HDPE), 342
Polypropylen, isotaktisches (iPP), 342, 343
Porenfunktionalisierung (pore surface engineering), 279
Porphin, 234
Porphyrin, 106, 234, 242
Präkatalysator-Komplex, 330, 332, 334
Präorganisation, von Liganden, 110
Precursoren, für anorganische Dünnschichten, 264 ff
   für CVD- und MOCVD-Prozesse, 268 ff
Precursor-Komplex, 101, 264, 348
Propan, Speicherung, 288
Propen, 341, 342
Pseudochalkogenid, 39
Pseudohalogenid, 39
Purinbasen, 201
Pyrit, 325, 327
Pyrolyse, 270, 271

Q

Quacksalber, 196
Quantenausbeute, 330, 332

R

Radiodiagnostikum, 215
Radiografie, 215
Radiotracer, 306
Ramitidin, 209
Ranitidin-Bismutcitrat (RBS), Reaktionen
    koordinierter Liganden, 209
    an Hexaquaaluminium(III), 106
    an Pentammincobalt(III)-Komplexen, 107,
        108
Reaktion
    fotoassistierte katalytische, 331, 332 ff
        Reaktionszyklus, 333
        mit einem Vanadiumkomplex, 333
    fotoinduzierte katalytische, 330 ff
    fotosensibilisierte katalytische, 333, 334
        Energiediagramm, 333
    homogenkatalytische, 335 ff
        mit Organometallkomplexen, 335
        industrielle Verfahren, 336 ff
        Reaktionstypen, 335
Reaktionsenergie, freie versus
    Reaktionskoordinate, 103
Reaktionsfalle, 106
Reaktionskoordinate, 67, 103, 228
Recycling von Metallen, 302
Reextraktion, 304
Redox switch (Redoxschalter), 256
Reduced Pressure CVD (RP-CVD), 266
Reduktans, 103
Regulator, 322, 323, 326
Reinecke-Salz, 2
Reinigung von Gasen/Gasreinigungsapparatur,
    126
Relaxivität, longitudinale, 219
Remote attack, 101
Resonanzmechanismus, 104
Rhodium-Komplexe, 206
    Carbonylhydrido-tris(triphenylphosphin)
        rhodium(I), 342
    Rhodium(III)-chlorid, 339
Ribosetriphosphat, 201
Ridaura 206
Röntgenfluoreszenzanalyse (RFA), 266
Rotation, intramolekulare, 97, 98

Rubisco, 246
Ruthenium-Komplexe
    Chloropentamminruthenium(III)-chlorid,
        [RuIIICl(NH$_3$)$_5$]Cl$_2$, 171
    Pentammin-nitrogenyl-ruthenium(II)-chlo-
        rid, [RuII(NH$_3$)$_5$N$_2$]Cl$_2$, 171, 172
    Ruthenium(II)-Komplexe, mit molekularem
        N$_2$, 234
    Ruthenium(II)-Nitrogenyle, 229

S

Salz
    anion-defizitäres (AD-Typ), 293
    cation-defizitäres (CD-Typ), 294
Sammler, 322, 324
Sandwich-Komplexe, 82, 112
Sauerstoff, molekularer, komplexchemische
        Fixierung und Umwandlung, 233 ff
    Koordinationsformen, Verbindungstypen,
        240 ff
Säulen-Schicht-Strukturen, 290
Säure
    harte, 74, 75, 255
    weiche, 74, 75
Säuredissoziationskonstante, 75, 311
Schablonenmizellen (micelle template silicas,
        MTS), 345
Schalter, molekularer (s. auch Metallkomplexe),
        254 ff
Schaufelrad-Einheiten (paddle wheel), 289, 290
Schäumer, 322, 323
Schichtsilicate, intercalierte Metallkomplexe,
        347 ff
Schichtwachstum, selektiv und unselektiv, 272
Schlenk-Geräte, 126
Schlenk-Kreuz, 127, 128
Schlenk-Technik (s. anaerobe Synthesetechnik),
        117, 125 ff
Schwan, 127
Schwarzmetall, 300
Schwermetall, 300
Selbstorganisation (self assembly), 274
Sekundär-Ionen-Massenspektrometrie (SIMS),
        266
Sekurierung, 128
Selektivität S eines Liganden, 309
Shellsol, 319
Sensibilisator, spektraler, 334
Siderophor, 212

Siderose, 196

Silber-Komplexe

Bis(1,10-phenanthrolin)-silber(II)-peroxo-disulfat, [AgII (phen)$_2$] S$_2$O$_8$, 166

Silber(I)sulfadiazin, 210

Silbernitrat (Höllenstein), 210

Siliciumdioxid, als Substrat, 270, 344 ff

Sinerem, 219

Singulettsauerstoff, 211

Slater-Regeln/-Parameter, 60, 98

Solganol, 206

Sol-Gel-Prozess, 264, 345

Solvesso, 315

Sphalerit, 301, 324

Spin-cross-over, 55

Spingleichgewicht, 55

Spin-only-Wert, 55

Spiroplatin® 199

Stabilität, von Metallkomplexen, 65 ff

kinetische Komplexstabilität, 65

thermodynamische Komplexstabilität, 65, 71 ff

Einfluss des Ligandenfeldes, 73

Einfluss des Zentralatoms, 71

Einfluss der Basizität der Liganden, 74

Einfluss der Donoratome, 74

von Hexaquametall(II)-Komplexen, 73

von A-Metallkomplexen, 71

von 3d-Übergangsmetallkomplexen, 72

Stabilitätskonstanten, von Metallkomplexen, 65 ff

Bestimmung, 82 ff

p$_L$-Methoden, 83

p$_M$-Methode, 86

potentiometrische Methoden, 87 ff

Bruttostabilitätskonstanten, 68, 69, 70, 311, 313

versus Säuredissoziationskonstante, 76

von Kupfer(II)-Komplexen mit Diaminen, 80

individuelle Stabilitätskonstanten, 69, 85

stöchiometrische Komplexstabilitätskonstanten, 70

statistische Effekte, 69, 76

Stickstoff, molekularer, 224

Bindung und Stabilität, 230

komplexchemische Fixierung und Reduktion, 224 ff, 230 ff

Chatt-System, 230

elektrochemisches System, 231

Heterozyklensynthese mit Titan-Komplexen, 231

Modelle für komplexchemische Fixierung, 224

katalysierte Reduktion, 228

Stickstoffkreislauf, natürlicher, 224, 225

Stilbit, 278

Stockbürette, 127

Stripping (s. Reextraktionsprozess), 304, 316

Superoxo-Komplexe, 240, 241

Switch, 262

Symmetrie, 14

Synthesegas, 340

Synthesen

durch Addition der Komponenten, 129 ff

durch Eliminierung von Komponenten, 149 ff

durch Isolierung aus Naturstoffen, 194

durch Ligandensubstitution, 184 ff

durch Reaktion koordinierter Liganden, 187 ff

durch Redox-Reaktionen, 152 ff

Gesundheits- und Arbeitsschutz, 120 ff

Umgang mit Glasgeräten, 121

Umgang mit Stahlflaschen, 122

Umgang mit toxischen Stoffen, 120

Planung und Ausführung, 119 ff

Syntheseprotokoll, 120

von Metallkomplexen, 117 ff

Synthesetechnik, anaerobe (s. Schlenk-Technik), 125 ff

T

Tantalpentoxid, 272

Technetium, 215

^{99m}-Technetium, 215, 216

Eigenschaften, 215

Technetium-99 m-Komplexe, als Radiodiagnostika, 215, 216 ff

erste Generation, 216, 217

zweite Generation, 218

dritte Generation, 219

Template (Schablonenfunktion), 345

Methode, für heterogene Metallkomplex-Katalysatoren, 350

Reaktionen (s. Schablonen-Reaktionen), 82, 110 ff, 190 ff, 345, 350

Synthese azamakrozyklischer Metallchelate und Liganden, Beispiele, 111

7,7,8,8-Tetracyano-p-chinodimethan (TCNQ), 296

Tetrathiafulvalen (TTF), 296, 297

Terephthalat, 278, 282

Teslacan 219

Tetraamine, zyklische u. offene, als Liganden, 111

1,4,7,10-Tetraazacyclodecan-N',N'',N''',N''''-tetraacetat (dota4-), 208

Tetraethoxysilan, 345

Thioharnstoff, 204

Thio(aza)kronenether, 262

Thymin, 201

Titan-Komplexe
　Ammoniumhexachlorotitanat(IV), $(NH_4)_2[TiCl_6]$, 135
　Bis(ß-diketonato)-bis(ethoxidato)titan(IV), 206
　Titanocendichlorid, 204, 206

Titantetrachlorid, 342

trans-Effekt
　bei Platinmetallen, 7
　Nutzung zur Synthese von cis-und trans-Diammindichloroplatin(II), 8

Translokationszeit, 262

Treibhauseffekt, 245

Tributylphosphat, 312, 320

Triethylamin, 336, 337

Trimesinsäure, 289, 290

Trimethylgallium, 267

Trimethylsilyl-ethen, 272

N, N',N''-Trimethyl-triazacyclononan (Me3TAN), 243

Triphenylphosphin, 336

Triplettsauerstoff, 211

Tris(3-butyl-5-nethyl-pyrazolyl)hydridoborat-zink-hydroxid, 253

Tschugaeffs Reagens, 131

TTF, 296, 297
　TTF[Ni(dmit)$_2$], temperaturabhängige elektrische Leitfähigkeit, 298
　TTF-TCNQ, 295

Tür, molekulare, 279, 290

Turnover (katalytische Zyklen), 344, 346

U

Übergänge, elektronische, fotochemisch angeregte, Diagramm, 330

Übergangsmetallkomplexe, katalytische
　Reaktionen, 327 ff
　Charakterisierung, 327
　Fotokatalyse, 329 ff

Umkomplexierung, 110

Uracil, 201

UTSA-20, 288

V

Vanadium-Nitrogenase, 226

Vasca-Komplex, 104, 239
　oxidative Addition mit H_2 104

Verteilungskoeffizient (Verteilungskonstante), 306

Vinylacetat, Darstellung, 337

Vinylchlorid, Darstellung, 339

Vinylierung von Olefinen, 336

VSEPR-Modell, 15

W

Wacker-Prozess, 336
　Katalyse-Zyklus, 338

Watson-Crick-Paar, 202, 203

Wilkinson-Katalysator, 342

Wirt-Gast-Verbindung, 278

Y

Yaghi-Nummerierung, 280

Z

Zeise-Salz, 8, 181

Zentralatom, 11, 71

Zeolith, 278, 347
　A, 348, 350
　intercalierte Metallkomplexe, 348
　Strukturen, 347, 350
　Synthesemethode, für heterogene Metallkomplexkatalysatoren, 350
　Y, 348, 348, 350

Ziegler-Katalysator, 342

Ziegler-Natta-Verfahren (Z-N-Verfahren), 342 ff

ZSM-5, 348, 350

Zweikernkomplex, 102, 103

Zweischritt-Mechanismus, 103

Personenverzeichnis

In diesem Verzeichnis sind nur die Namen der im fortlaufenden Text genannten Personen aufgeführt. Die Namen der weiteren in den Literaturzitaten bei Abbildungen, Tabellen, im Kapitel Synthesepraktikum und im Gesamtliteraturverzeichnis aufgeführten Personen sind nachfolgend nicht enthalten. Die Lebensdaten aller Wissenschaftler ließen sich nicht ermitteln.

Agricola, Georgius (1494–1555), 195
Agricola, Johannes (1590–1668), 195
Allen, A. D., 108, 109
Ballhausen, Carl Johann (1926–2010), 7, 44
Bethe, Hans Albrecht (1906–2005), 7, 44
Bjerrum, Jannik (1909–1992), 10, 68, 72, 83
Blomstrand, Christian Wilhelm (1826–1897), 2, 3, 5
Brintzinger, Hans Herbert (*1935), 232
Brunauer, Stephen (1903–1986), 279
Cahn, Robert Sidney (1899–1981), 28
Canary, James, 259, 260
Cassoux, Patrick, 297, 298, 299, 300
Chatt, J., 230
Cram, Donald J. (1919–2001), 10
Debye, Peter Joseph Wilhelm (1884–1966), 34, 71
Diesbach, Heinrich, 1
Elschenbroich, Christoph (*1939), 251, 328, 336, 343
Emmet, Paul Hugh, 279
Erdmann, Otto Linné (1804–1869), 2
Fabrizzzi, Luigi, 260, 262
Férey, Gérard (*1941), 281
Fischer, Ernst Otto (1918–2007), 9
Fremy, Edmond (1814–1894), 2, 3
Gade, Lutz (*1963), 63
Gillespie, Ronald James (*1924), 10, 15
Gliemann, Günter (1931–1990), 8, 9
Gmelin, Leopold (1788–1853), 2, 291
Graham, Thomas (1805–1869), 2
Gray, Harry Barkus (*1935), 90, 91

Grignard, Francois A. V. (1871–1935), 10
Grinberg, Alexander (1898–1966), 93
Guldberg, Cato Maximilian (1836–1902), 66
Hafner, Walter (*1927), 338
Hanack, Michael (*1931), 292, 295, 296
Hantzsch, Arthur (1857–1935), 4, 8
Hartmann, Hermann (1914–1984), 7, 44
Heck, Richard F. (*1931), 336, 337, 344, 346
Hein, Franz (1892–1976), 8, 125
Helmholtz, M., 10
Hieber, Walter (1895–1976), 10
Hoffmann, Roald (*1937), 40
Horn, Michael Heinrich (1623–1681), 195
Hoyer, Eberhard (*1931), 296, 297
Huber, Robert (*1937), 6
Hund, Friedrich (1896–1997), 43, 53, 59
Ibers, James A., 229, 230
Ilse, F., 7, 44
Ingold, Christopher Kelk (1893–1970), 28
Irving, Harry M. N. H. (1905–1993), 10, 72, 80
Jäger, Ernst-Gottfried (1936–2007), 82, 295
Jahn, Hermann Arthur (1907–1979), 7, 61, 62
Job, Wolfgang, 10, 88, 90
Jörgensen, Christian Klixbüll (1931–2001), 10, 44, 52
Jörgensen, Sophus Mads (1837–1914), 2, 3, 5, 6
Kaskel, Stefan (*1969), 288, 287
Kautsky, Hans Wilhelm (1891–1966), 335
Kealy, T. J., 10
Kepert, D. L., 15
Kim, J., 225
King, V. L., 6, 29

L. Beyer, J. A. Cornejo, *Koordinationschemie*, Studienbücher Chemie,
DOI 10.1007/978-3-8348-8343-8,
© Vieweg+Teubner Verlag | Springer Fachmedien Wiesbaden 2012

Kitagawa, S., 279
Knop, Wilhelm (1817–1891), 291, 292, 294
Kolbe, Herrmann (1818–1894), 118
Köpf, Hartmut, 204, 205
Köpf-Maier, Petra, 204, 205
Kossel, Walter (1888–1956), 31
Krogmann, Klaus (*1925), 291, 292, 293, 294, 295
Kurnakov, Nikolai S. (1860–1941), 10, 93, 94
Langford, Cooper H., 90, 91
Le Bell, Joseph Achille (1847–1930), 2
Lehn, Jean-Marie (*1939), 10, 274, 275, 276, 277
Lewis, Gilbert Newton (1875–1946), 35, 36, 74
Libavius, Andreas (1540–1615), 1
Linstead, H., 10
Magnus, Heinrich Gustav (1802–1870), 2, 293
Marcus, Rudolf A. (*1923), 99, 100
Marignac, Jean C. (1817–1894), 219
Miolati, Arturo (1869–1950), 5, 6
Mond, Ludwig (1839–1909), 10, 130
Mori, M., 231, 232
Natta, Giulio (1903–1979), 10
Nyholm, Ronald S. (1917–1971), 10, 15
Olivier, H., 232
Orgel, Leslie Eleazar (1927–2007), 93
Ostwald, Wilhelm (1853–1932), 328
Paracelsus (1493–1541), 195, 196
Pauli, Wolfgang (1900–1958), 41, 43
Pauling, Linus (1901–1994), 7, 40, 41, 43
Pauson, P. L., 10
Pearman, A. J., 230
Pearson, Ralph G. (*1919), 10, 71, 74, 75, 91, 208, 255, 259
Pèligot, Eugéne Melchior (1811–1890), 2
Perrier, Carlo (1886–1948), 215
Perutz, Max Ferdinand (1914–2002), 236, 237
Peters, Walter (1876–?), 8, 9
Peyrone, Michele (1813–1883), 2, 7
Pfeiffer, Paul (1875–1951), 6
Pierre, Jean-Luis, 255, 256, 257
Piriz Mac Coll, Carlos R., 107
Prelog, Vladimir (1906–1998), 28
Rees, D., 225
Reinecke, A., 2
Reinhold, Joachim (*1940), 63
Reiset, Jules de (1818–1896), 2

Reppe, Walter Julius (1892–1969), 10
Richards, E. L., 230
Roelen, Otto (1897–1993), 10, 341
Rosenberg, Barnett (1926–2009), 198
Ruloff, Robert (*1965), 222
Sargeson, Alan McLeod (1930–2008), 107
Schäffer, Claus, 7, 10, 44
Schlenk, Wilhelm sen. (1879–1943), 117, 119, 125, 127, 128
Schönflies, Arthur Moritz (1853–1928), 14
Schwarzenbach, Gerold (1904–1978), 10, 76
Segré, Emilio (1905–1989), 215
Sellmann, Dieter (1941–2003), 226, 227, 228, 232, 234
Senoff, C. V., 108, 171, 229
Shanzer, Abraham, 255, 256, 259
Shinkai, Seji (*1944), 262, 264
Shur, V. B., 232
Sidgwick, Nevil Vincent (1873–1952), 36
Slater, John Clarke (1900–1976), 7, 60, 99
Steimecke, Günter (*1950), 296, 297
Sugano, Satoru, 10
Tanabe, Yukito, 10
Tassaert, B. M. Citoyen, 2
Taube, Henry (1915–2005), 10, 99, 102, 103
Teller, Edward (1908–2003), 7, 61, 62, 63
Tschernjajev, Iliya (1893–1966), 7
Tsuchida, Ryotaru, 10, 50
Vahrencamp, Heinrich (*1940), 253
Van Tamelen, Eugene Earle (1925–2009), 232
Van Vleck, John Hasbrouk (1899–1980), 7, 44
Van't Hoff, Jacobus Hendricus (1852–1911), 2
Vasca, L., 240
Vauquelin, Louis Nicolas (1763–1829), 2
Volpin, M. E., 232
Waage, Peter (1833–1900), 66
Werner, Alfred (1866–1919), 4, 5, 6, 7, 10, 29, 64, 118
Wilkinson, Geoffrey (1921–1996), 9, 342
Williams, Robert, J. P. (*1926), 10, 72, 80
Wolfsberg, M., 10
Yaghi, Omar S. (*1965), 10, 274, 279, 280, 282, 283, 284, 287, 288
Zeise, William Christopher (1789–1847), 2, 8, 181, 182
Ziegler, Karl Waldemar (1898–1973), 10, 336, 342, 343